インド算術研究

『ガニタティラカ』＋シンハティラカ注

全訳と注

林　隆夫

A Study of Arithmetic in India

Annotated Japanese Translations of Śrīpati's Gaṇitatilaka and Siṃhatilaka's Commentary with an Introduction and Appendices

by

Takao Hayashi

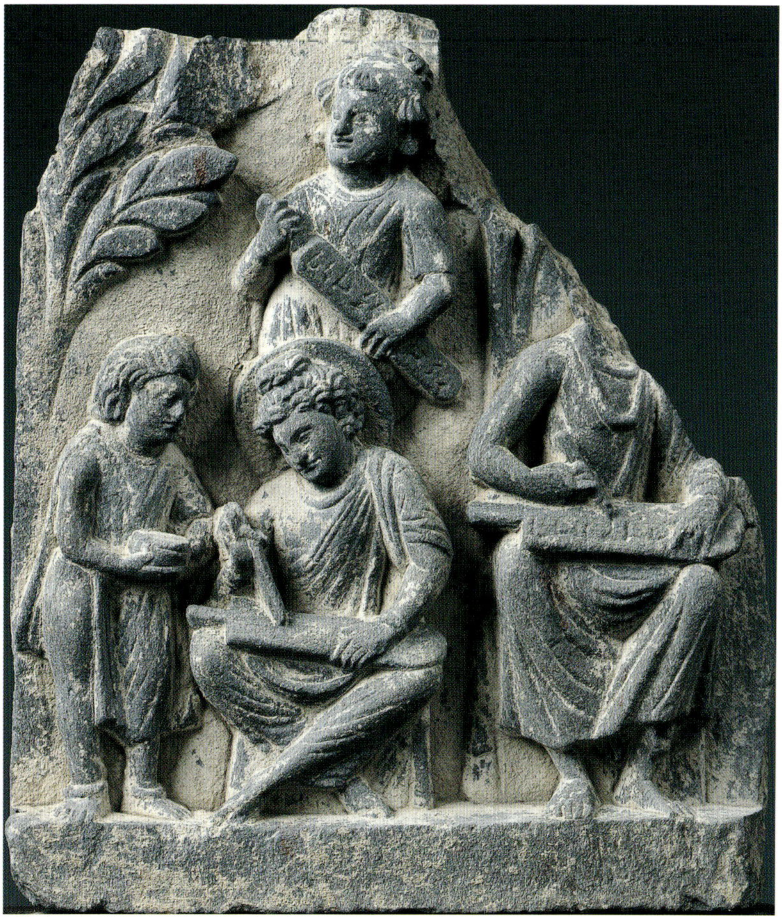

書板 (phalaka) を使う太子時代のブッダ.

平山郁夫シルクロード美術館所蔵仏伝浮彫「勉学」パキスタン・ガンダーラ出土，2–3 世紀．前列中央に太子，右にヴィシュヴァーミトラ先生，左にチョーク入れ (?) を持つ侍者，後ろに学友．筆算は 6 世紀頃からか．序説 § 1.7.1 参照.

はじめに

『ガニタティラカ』は，11 世紀半ばにローヒニー・カンダ（マハーラーシュトラ州）で，星学（天文学を含む数学・ホロスコープ占星術・一般吉凶占い）に関する少なくとも 7 編の著作を残したシュリーパティよる算術の教科書である．それに対する注釈を書いたシンハティラカ・スーリは 13 世紀後半に北西インドで活躍したジャイナ教徒の学者である．

『ガニタティラカ』は，シンハティラカ・スーリの注を伴う唯一の写本によって 20 世紀前半まで伝えられた．20 世紀のジャイナ教研究者，H. R. Kāpadīā は，その写本に基づいて同書を編集し，1937 年にバローダ（現ヴァドーダラ）で出版した．しかし，同書はこれまでほとんど研究や利用の対象にならなかった．研究の対象とならなかった理由はおそらく，写本がほとんど現存しないことからもわかるように，後世に与えた影響の重要性という点で，600 以上の写本が現在に伝わるバースカラ II の算術教科書『リーラーヴァティー』(AD 1150) とは比べものにならないこともあって，研究者に後回しにされたからである．利用の対象にならなかった理由はおそらく，Kāpadīā の編集したテキストが難解な箇所を多く含んでいたからである．

それでも,『ガニタティラカ』に関しては，編者 Kāpadīā が彼の編集本の巻末に付した『ガニタティラカ』の例題の英訳と K. N. Sinha による規則と例題の英訳 (Sinha 1982) によって，その内容が英語文化圏に紹介されている．しかし，シンハティラカ・スーリの注に関しては，まだ現代語訳も研究もない．これは残念な状況である．散文で書かれたシンハティラカ注は，書板上で行われた算術計算の細部に関して，韻文で書かれた『ガニタティラカ』よりはるかに多くの有益な情報を我々に与えてくれる．その意味で，シンハティラカ注は，中世インドの算術の歴史を解明するための重要な資料である．

そこでここに,『ガニタティラカ』をシンハティラカ・スーリの注とともに，あくまで原文に忠実に全訳する．また，数学的内容の理解の補助のために，原則として段落ごとに，現代的表現による注 (Note) を付す．Kāpadīā が底本とした写本は現在行方不明なので，彼が編集し出版したテキストを和訳の底本とした．ただし，著者たち（シュリーパティとシンハティラカ）の意図を正しく理解するために，多くの箇所で編者 Kāpadīā の読みを訂正せざるを得なかった．それらの訂正提案は，Kāpadīā の読みとともに，すべて脚注に明示しておいた．その正否の評価は読者に委ねる．

以前から折に触れて書き留めておいたノートを元に『ガニタティラカ』とシンハティラカ注の和訳を始めたのは 2013 年頃からだったと思う．しかし当初は時間がなくてなかなか思うように進まなかった．多くの時間をそのためにあてることができるようになったのは，2015 年 3 月に大学を定年退職してからである．同年 6 月からは，英国ケンブリッジ大学大学院で PhD 論文のテーマとして『ガニタティラカ』とシンハティラカ注を研究しているという

Alessandra Petrocchi さんから質問を受けるようになり，それに答えることが自分の考えを整理したり解釈を修正したりする機会にもなった．また彼女の指摘により，シュリーパティとシンハティラカが引用する詩節の出典についても新たな知見を得た（和訳 GT 98, SGT 63.1 参照）．彼女はその研究により，昨年（2017 年）9 月にケンブリッジ大学から PhD を取得した.*

私の和訳の本体，すなわちシンハティラカ注を伴う『ガニタティラカ』の和訳は，2016 年にほぼ完成した．それが本書の第 2 章である．しかし，現存する『ガニタティラカ』は不完全なので，シュリーパティの数学の全体像に光を当てるために，彼の天文書『シッダーンタシェーカラ』の中の数学を扱う 2 つの章，13 章「既知数学」と 14 章「未知数学」を和訳した（付録 A）．

また，中世インドにおいて，数字を用いる算術計算，特に掛け算，が書板上でどのように行われたかを見るために，7 種のテキストの該当箇所を和訳した．それらのテキストはすべて韻文で書かれているが，そのうち 6 種は散文で書かれた注釈を利用できたので，それらも併せて和訳した．上で述べたように，具体的な計算手順の細部を知るためには，韻文資料より散文資料のほうがはるかに有益な情報を含んでいる．これらの和訳は，すべて付録に収めた（付録 B–H）．そして，これらの資料と他の資料に基づいて「中世インドの算術計算」をまとめ，それを第 1 章「序説」に含めた (§1.7).

「序説」ではまた，ともに既知数学を扱う『ガニタティラカ』と『シッダーンタシェーカラ』13 章の比較対照 (§1.3.1)，同 14 章のインド代数学（未知数学）における位置づけ (§1.3.2)，シンハティラカ注の特長や術語の検討 (§1.5-6)，それに，『ガニタティラカ』で比較的多くの詩節（現存 133 詩節中 29 詩節）を用いて扱われるトピック「類問題」のインド数学史における位置づけ (§1.8)，などを行った．

これらの付録と序説に 2 年近くを費やしたが，ようやくここに『インド算術研究』としてまとめることができた．

既知数学に関しては，すでにバースカラ II の名著『リーラーヴァティー』の和訳が『インド天文学・数学集』（朝日出版社 1980，第 3 刷 1988）にあるが，ここに訳出したシンハティラカ注を伴う『ガニタティラカ』が，中世インドの算術（既知数学）のより良き理解に資することを願う．

2018 年 9 月
嵯峨　　　　　　　　林　隆夫

* その PhD 論文を母体とする研究成果については，文献 2 の Petrocchi 2019 参照.

目次

口絵 iii

はじめに v

目次 vii

略号 xi

第 1 章　序説 1

1.1 シュリーパティ 3

1.1.1 年代・活躍地 3
1.1.2 著作 3

1.2 『ガニタティラカ』 5

1.2.1 写本 5
1.2.2 内容 6
1.2.3 用語 8
1.2.4 物数表記 9

1.3『シッダーンタシェーカラ』13-14 章（梗概） 10

1.3.1 13 章「既知数学」 10
1.3.2 14 章「未知数学」 13

1.4 シンハティラカ・スーリ 16

1.5 シンハティラカのガニタティラカ注 19

1.5.1 概観 19
1.5.2 特色と問題点 21
1.5.3 引用 24
1.5.4 シンハティラカのサンスクリット 26

1.6 シンハティラカの算術表現 27

1.6.1 算術全般 28
1.6.2 規則 29
1.6.3 数・量・数字 29
1.6.4 位取り 30
1.6.5 書板上の作業 30
1.6.6 八種の基本演算 33

1.6.7 分数 36
1.6.8 略号 40

1.7 中世インドの算術計算 41

1.7.1 概論 41
1.7.2 足し算・引き算 43
1.7.3 掛け算 46
1.7.4 割り算 67
1.7.5 平方 71
1.7.6 開平 77
1.7.7 立方 81
1.7.8 開立 86

1.8 類問題 91

1.9 凡例 102

第 2 章　『ガニタティラカ』＋シンハティラカ注：全訳と注 105

2.1 序詞 107

2.2 定義 108

2.3 基本演算 114

（整数の八則）
2.3.1 足し算 114
2.3.2 引き算 117
2.3.3 掛け算 118
2.3.4 割り算 126
2.3.5 平方算 128
2.3.6 平方根 135
2.3.7 立方算 139
2.3.8 立方根 146
（分数の八則）
2.3.9 分数の足し算 154
2.3.10 分数の引き算 161
2.3.11 分数の掛け算 166
2.3.12 分数の割り算 169
2.3.13 分数の平方 172
2.3.14 分数の平方根 175
2.3.15 分数の立方 178

2.3.16 分数の立方根 ……182
付　ゼロの一般則 ……187
（分数の同色化）
2.3.17 部分類 ……192
2.3.18 重部分類 ……199
2.3.19 部分付加類 ……202
2.3.20 部分除去類 ……207
2.3.21 蔓の同色化 ……214
（類問題）
2.3.22 顕現数類 ……218
2.3.23 残余類 ……226
2.3.24 差類 ……230
2.3.25 残余根類 ……235
2.3.26 根端部分類 ……240
2.3.27 両端顕現数類 ……248
2.3.28 分数部分顕現数類 ……257
2.3.29 部分根類 ……261
2.3.30 減平方類 ……266
（その他）
2.3.31 逆提示 ……272
2.3.32 三量法, 33 逆三量法 ……277
2.3.34 五量法 ……291
2.3.35 品物対品物 ……305
2.3.36 生物売り ……307

2.4 混合に関する手順 ……310

2.4.1 元金と利息の分離 ……310
2.4.2 保証人手数料等 ……312
2.4.3 利息 ……316
2.4.4 元金が 2 倍などになる時間 ……317
2.4.5 証書の一本化 ……319
2.4.6 元金の等利息分割 ……327

付録 ……335

A:『シッダーンタシェーカラ』13-14 章（和訳） ……337

A.1: 13 章「既知数学」 ……337
A.2: 14 章「未知数学」 ……354

B:『マーナサウッラーサ』2.2.95-125（国庫の長官） ……370

C: 『ブラーフマスプタシッダーンタ』12.55-56（掛け算）と
プリトゥーダカ・スヴァーミン注 377

C.1: 和訳 377
C.2: テキスト 380

D:『パーティーガニタ』18-22（掛け算・ゼロ・割り算）と古注 ...383

E:『トリシャティカー』5-8（掛け算・ゼロ）とサンスクリット注 .394

E.1: 和訳 394
E.2: テキスト 402

F:『パンチャヴィンシャティカー』4-8（掛け算）と
シャンブダーサ注 408

G:『リーラーヴァティー』14-17（掛け算）と
ガネーシャ注 423

H:『ガニタマンジャリー』16-18 & 20（掛け算） 432

I:『ガニタティラカ』とシンハティラカ注に引用された詩節 434

I.1: 『ガニタティラカ』に引用された詩節 434
I.2: シンハティラカ注に引用された詩節 435

文献 439

1. 一次資料 439
2. 二次資料 447

サンスクリット単語索引 455

1.『ガニタティラカ』 455
2.『シッダーンタシェーカラ』13-14 章 464
3. シンハティラカ注 470

Contents（英文目次） 476

あとがき 480

略号

AB	*Āryabhaṭīya* of Āryabhaṭa I.
AŚ	*Arthaśāstra* of Kauṭilya.
BAB	AB に対する Bhāskara I の注釈.
BBA	PV に対する Śambhudāsa の注釈, Bālabodhāṅkavṛtti.
BG	*Bījagaṇita* of Bhāskara II.
BM	*Bakhshālī Manuscript.*
BSS	*Brāhmasphuṭasiddhānta* of Brahmagupta.
CESS	*Census of the Exact Sciences in Sanskrit* by David Pingree.
E	Example, 例題 (udāharaṇa/uddeśaka).
Eggeling	Eggeling 1896.
GK	*Gaṇitakaumudī* of Nārāyaṇa.
GL	L に対する Gaṇeśa の注釈, *Buddhivilāsinī.*
GM	*Gaṇitamañjarī* of Gaṇeśa.
GOS	Gaekwad's Oriental Series.
GP	Śrīdhara に帰される *Gaṇitapañcaviṃśī.*
GSK	*Gaṇitasārakaumudī* of Ṭhakkura Pherū.
GSS	*Gaṇitasārasaṃgraha* of Mahāvīra.
GT	*Gaṇitatilaka* of Śrīpati.
HJJM	Hemacandrācārya Jaina Jñāna Mandira, Pattan.
IOL	India Office Library, London.
J	K が基づく Jhaveri 所蔵写本. Kāpadīā 1937, p.Lxix 参照.
K	Kāpadīā による GT+SGT の公刊本，および編者 Kāpadīā.
KA	*Kāvyālaṅkārasūtra* of Vāmana.
L	*Līlāvatī* of Bhāskara II. 脚注の異読注記では，L/ASS と L/VIS に共通する読みに用いる.
L/ASS	Ānandāśrama Sanskrit Series 107 の L.
L/VIS	Vishveshvaranand Indological Series 66 の L.
LDI	Lalbhai Dalpathbhai Institute of Indology, Ahmedabad.
MMW	*A Sanskrit-English Dictionary* by Sir Monier Monier-Wiliams.
MRR	*Mantrarājarahasya* of Siṃhatilaka Sūri.
MS	*Mahāsiddhānta* of Āryabhaṭa II.
Ms.	Manuscript, 写本.
MU	*Mānasollāsa* of Someśvara.
NPS	Nāgarī Pracāriṇī Sabhā, Vārāṇasī.
OIB	Oriental Institute, Baroda.
p	詩節番号に付されたとき，その詩節に続く散文 (prose) を指す.
Pb	Paribhāṣā (定義・規約・メタ規則).

PBSS	BSS に対する Pṛthūdaka Svāmin の注釈 (Ms.: IOL, Eggeling 2769).
PC	*Parikarmacatuṣṭaya* (著者未詳).
PG	*Pāṭīgaṇita* of Śrīdhara.
PGT	PG に対する古注 (著者未詳).
Pkt	Prakrit.
PSM	*Pāṭīsāra* of Munīśvara.
PV	*Pañcaviṃśatikā* (著者未詳).
R	Rule, 術則 (karaṇa-sūtra).
RORI	Rajasthan Oriental Research Institute.
S	GT の注釈者 Siṃhatilaka Sūri.
Sh	Shukla 編 PGT のテキスト.
Skt	Sanskrit.
SGT	GT に対する Siṃhatilaka Sūri の注釈.
SSD	*Samarāṅgaṇasūtradhāra* of Bhoja.
SŚ	*Siddhāntaśekhara* of Śrīpati.
TA	*Tattvārthādhigamasūtra* of Umāsvāti.
Tr	*Triśatikā* (alias *Triśatī*) of Śrīdhara.
TrC	Tr に対する著者未詳の注釈 (Ms.: LDI 6967).
UTA	TA に対する Umāsvati の自注.
VP	*Vākyapadīya* of Bhartṛhari.

第1章

序説

1.1 シュリーパティ

1.1.1 年代・活躍地

シュリーパティは11世紀の星学者である．星学 (jyotiḥśāstra) は，6世紀のヴァラーハミヒラによれば，数学（天文学を含む），ホロスコープ占星術，一般吉凶占いの三つの幹からなるが，シュリーパティはそのすべてで著作を残した．

彼の生没年は不明だが，彼の簡易暦算書『ディーコーティダ』と『ドゥルヴァマーナサ』はそれぞれシャカ暦961年 (AD 1039) と978年 (AD 1056) を計算起点に用いているので，11世紀中頃に活躍したことがわかる．彼はまた，『ドゥルヴァマーナサ』の最後で自分の出自に触れ，「バッタ・ケーシャヴァの息子ナーガデーヴァの息子である〈私こと〉シュリーパティが，ローヒニー・カンダでこの星学〈の書〉を作った（書いた）」[1]と記している．このローヒニー・カンダ (Rohiṇī-khaṇḍa) の所在地はまだ確定していないが，マハーラーシュトラ州ブルダナ地域のマルカプル (Malkapur, 20;52N 76;18E) から南に約32kmのところにある村ローヒナ・ケーダ (Rohiṇa-kheḍa) 付近とする説が有力である.[2]

1.1.2 著作

シュリーパティの著作としては現在次の七書が知られている．

1. 『シッダーンタシェーカラ』(Siddhāntaśekhara)
2. 『ガニタティラカ』(Gaṇitatilaka)
3. 『ディーコーティダ』(Dhīkoṭida)
4. 『ドゥルヴァマーナサ』(Dhruvamānasa)
5. 『ジャータカパッダティ』(Jātakapaddhati)
6. 『ジュヨーティシャラトナマーラー』(Jyotiṣaratnamālā)
7. 『ダイヴァジュニャヴァッラバ』(Daivajñavallabha)

ヴァラーハミヒラの分類法に従うなら，1～4が天文学を含む数学，5がホロスコープ占星術，6と7が一般吉凶占いに分類される．

『シッダーンタシェーカラ』(数理天文学の王冠) は20章に分かれた全895詩節からなり，ブラフマグプタの『ブラーフマスプタシッダーンタ』(AD 628) に代表されるブラーフマ学派の天文学を扱う包括的天文学書である．シュリーパティは，ブラフマグプタの天文学に基づきつつ，惑星運動の定数に補正を加えるなど，いくつかの点で改良を加えた．構成（章分け）はおおむねラッ

---

[1] bhaṭṭakeśavaputrasya nāgadevasya nandanaḥ/
śrīpatī rohiṇīkhaṇḍe jyotiḥśāstramidaṃ vyadhāt//

[2] Shukla's introduction (p.2) to his edition of the *Dhīkoṭida* of Śrīpati.

ラ（8世紀）の『シシュヤディーヴリッディダ』をモデルとするが，ラッラのような「惑星計算」と「天球」の2部構成はとらない．また，13章と14章はそれぞれ「既知数学」「未知数学」というタイトルで数学を扱うが，これらは『シシュヤディーヴリッディダ』にはなく，『ブラーフマスプタシッダーンタ』の12章「数学」と18章「クッタカ」に対応する．これらの章についてはは§1.3参照.

『ガニタティラカ』（数学のティラカ：ティラカは額の飾り）は算術の書である．これについては§1.2参照.

『ディーコーティダ』（理知の頂点を授けるもの）と『ドゥルヴァマーナサ』（不動の心）はどちらもカラナと呼ばれる実用的簡易暦算書である．前者は2章に分かれた20詩節からなり，1章の13詩節で月食を，2章の7詩節で日食を扱う．後者は，105詩節で惑星の平均運動，真位置計算，月食，日食などの通常のトピックのほかに，パンチャーンガ（暦の五支）の章を含む.[1]

『ジャータカパッダティ』（誕生占星術の手引き）あるいは『ジャータカカルマパッダティ』（誕生占星術計算の手引き）は，『ブリハットパーラーシャラホーラー』の前半部 (Pūrvakhaṇḍa, AD 600-750頃) の流れを汲むホロスコープ占星術の書である．後世への影響が大きく，ガネーシャの父ケーシャヴァの『ジャータカパッダティ』(AD 1500頃)，ディヴァーカラの『ジャータカマールガパッダティ』(AD 1625) などの類本や，スールヤデーヴァ(AD 1250頃)，パラメーシュヴァラ (AD 1425頃)，アチュユタ (AD 1525頃)，スールヤダーサ (AD 1550頃)，ラグナータ (AD 1610頃)，スマティハルシャ(AD 1616)，『ビージャパッラヴァ』の著者クリシュナ (AD 1625頃),[2] その他によって多数の注釈が書かれた.[3]

『ジュヨーティシャラトナマーラー』（星学宝石瓔珞）あるいは『ラトナマーラー』（宝石瓔珞）はムフールタと呼ばれるジャンルの書である．ムフールタ (muhūrta) は古くからインドで用いられている時間の単位で，1日の30分の1に相当するが,[4] ジャンル名としては，さまざまな行動を起こすのにふさわしい「とき」（ムフールタ）に関する占いの集成を指す．ヴァラーハミヒラの分類では三つ目の一般吉凶占いに含まれるが，ラッラはムフールタに特化した吉凶占いの書『ラトナコーシャ』を著した．シュリーパティの『ラトナマーラー』はそれに基づくとされる．全21章からなる．注釈書には，シュリーパティ自身がマラーティー語で書いたものの他に，マハーデーヴァ(AD 1264) やダーモーダラのサンスクリット注釈書が知られている．また，ガナパティの『ムフールタ・ガナパティ』(AD 1686) はその伝統を受け継ぐとされる．

『ダイヴァジュニャヴァッラバ』（天命知者の恋人）は20章から成る．そ

---

[1]Panse's introduction (p.7) to his edition of Śrīpati's auto-commentary in Marāṭhī on the *Jyotiṣaratnamālā*.

[2]林 2016, 13-16.

[3]Pingree 1981, 89-90.

[4]Hayashi 2017a.

の章名は『ジュヨーティシャラトナマーラー』の章名と類似し，重なり合う内容も多いが，ジャンルとしてはプラシュナ（質問）に属する．これは，質問の時刻のホロスコープに基づいて，質問者の人生を占うものである．

これらの他，ムニーシュヴァラ (AD 1603 生) は『リーラーヴァティー』の注釈『ニスリシュタアルタドゥーティー』でシュリーパティの『ビージャガニタ』に言及するが,[1] 現在までにその写本は発見されていない．

1.2 『ガニタティラカ』

1.2.1 写本

シュリーパティの『ガニタティラカ』は，シンハティラカの注釈とともに，ジャイナ・デーヴァナーガリーで書かれた唯一の不完全な写本によって伝えられている．出版本の編者 Kāpadīā によれば,[2] 写本の材質，形状などは次の通り．

材質：貝多羅葉 (palmyra).

サイズ：長さ 33.0–37.8cm，幅 3.6–3.8cm.

各頁形態：1 頁 4 行，1 行 52–57 文字．1 頁は 2 欄に分けられ，それぞれ 3 本線で囲まれているが，各行は左欄から右欄へ連続する．その 2 欄のあいだのスペースに，全体を束ねるための紐が通されている．

葉数:171 葉 (folios) + 白葉 2 枚．これら全 173 葉が，やや大きめ (39.1×4.6cm) の 2 枚の木板で挟まれている．

葉番号:

1, 2, ..., 36, [37], 38, ..., 63, [64], 65, ..., 102, 103, 103, 104, ..., 172.

Fols.37 と 64 は欠損.[3] また，Fol.60 の裏 (b) から fol.61 の表 (a) にかけて汚れのために難読部分がある.[4] Fol.103 は 2 葉あるが，同じものではなく，内容が連続．Fol.1a と fol.172b は無記入．Fol.172 の後に，白葉 2 枚が付されている．

編者 K は,[5] 注釈者シンハティラカが 14 世紀に属すること，貝多羅葉写本が 15 世紀の後あまりはやらなくなったこと，を根拠として，写本の年代を，早く

[1] Kāpadīā's introduction (p.lxiv) to his edition of the *Gaṇitatilaka*. 筆者未見.

[2] Kāpadīā's introduction (p.lxvii) to his edition of the *Gaṇitatilaka*.

[3] Fol.37 は，出版本 p.19, l.16 の欠落部分に当たる．和訳では，SGT 39.3 の途中から 39.4 の途中までに相当．シンハティラカのスタイルに沿って復元した．Fol.64 は，出版本 p.32, l.28 の欠落部分に当たる．和訳では，SGT 54.3 末尾から 56.1 の末尾近くまでに相当．関連する残存部分と平行文を参照して，部分的に復元した．

[4] Fols.60b-61a の難読部分は，出版本 p.31, ll.21-24 に当たる．和訳では，SGT 54.1 の終わり近くに相当．平行文を参照して復元した．

[5] Kāpadīā's introduction (p.lxviii) to his edition of the *Gaṇitatilaka*.

て15世紀，遅くて16世紀と推定している．しかし，後で見るように(§1.4)，シンハティラカが活躍したのは14世紀ではなく13世紀後半だから，「早くて15世紀」を「早くて14世紀」としてもよいだろう．

なお，編者Kによれば，[1] 当時，『ガニタティラカ』の唯一現存する写本の所有者はSheth Mohanlal Hemacand Jhaveriという人であり，編集のために同氏からそれを借用したが，使用後まもなく返却したという．その後の写本の行方はわからない．

1.2.2 内容

『ガニタティラカ』は既知数学の書である．その現存部分は，すべて韻文で書かれた術則（アルゴリズム）と例題，合わせて133詩節から成る．

7世紀以降のインドの狭義の数学(gaṇita)は，既知数学(vyakta-gaṇita)と未知数学(avyakta-gaṇita)の2大分野からなる．『ガニタティラカ』の著者シュリーパティは，天文書『シッダーンタシェーカラ』の13章と14章をそれぞれ既知数学・未知数学と名づけている（§1.3参照）．これらはそれぞれ，パーティーガニタ（アルゴリズム数学），ビージャガニタ（種子数学）とも呼ばれるが，パーティーガニタは「ガニタ」を付けずに，「パーティー」だけのことが多い．シュリーパティも，『シッダーンタシェーカラ』で一度だけパーティーガニタという語を用いているが，[2]『ガニタティラカ』では8回の用例すべてで単独の「パーティー」を用いる．[3] これらの2大分野はおおむね算術と代数に対応する．

ブラフマグプタは『ブラーフマスプタシッダーンタ』(AD 628)の12章「ガニタ」で既知数学を，18章「クッタカ」で未知数学を扱った．[4] これらのタイトルはそれら2章の内容を正確に表してはいない．「ガニタ」は数学を意味する一般的な語であり，「クッタカ」は18章で最初に扱われるトピック，一次不定方程式の解法を指す語である．しかし，内容的にはそれぞれシュリーパティの既知数学と未知数学に対応する．つまり，7世紀にはまだ既知数学・未知数学という名称も，パーティーガニタ・ビージャガニタという名称も存在しなかったが，内容的にはそれらに対応する2分野に分かれていた．

シュリーダラ(AD 800頃)には『パーティーガニタ』と呼ばれる書がある．厳密に言うとこの書名は，唯一現存する不完全な写本をカタログに載せた編者が付けたものであるが，[5] この書のダイジェスト版『トリシャティカー』の冒頭の詩節でシュリーダラは「パーティー」という語を用いている．

---

[1] Kāpadīā's introduction (p.lxix) to his edition of the *Gaṇitatilaka*.

[2] 13章の最後の詩節(SŚ 13.55)．本書付録A.1参照．

[3] 本書サンスクリット単語索引1のpāṭīの項参照．

[4] これら2章の解説と部分和訳は，楠葉1987a, 1987bにある．また，英訳はColebrooke 2005, 277-378参照．

[5] Shukla's introduction (p.i) to his edition of the *Pāṭīgaṇita*. 一般に，著者自身が書の冒頭または末尾の詩節で書名に触れることが多いが，この書(PG)の場合，冒頭の詩節に書名は含まれず，唯一の写本は図形の手順の途中から失われているので，書末の詩節は欠損している．

> シヴァに礼拝し，数学の (gaṇitasya) 自ら著したパーティーから (pāṭyāḥ) 精髄を (sāram) 抽出し，世間の仕事のために (loka-vyavahārāya)，シュリーダラ先生が語るだろう．/Tr paribhāṣā 1/[1]

ここで 3 つの語 pāṭyāḥ, gaṇitasya, sāram の関係には何通りかの解釈が可能であるが，上の和訳は『ガニタティラカ』(GT) と『リーラーヴァティー』(L) それぞれの冒頭の詩節に見られる類似表現を参考にしたものである．

GT 1: karomi ... gaṇitasya pāṭīm（私は数学のパーティーを作る）
L 1: pāṭīṃ sadgaṇitasya vacmi（私は良き数学のパーティーを語る）

これら 3 書の「パーティー」は「パーティー〈の書〉」と補うのが自然であると思われる．実際，GT 38 には，「パーティーの書」(pāṭī-nibandha) という表現が見られる．

さてその既知数学の書は，一般に，足し算•引き算などの「基本演算」(parikarmāṇi) と応用数学的な「手順」(vyavahārāḥ) からなる.[2]

「基本演算」は，通常の四則に平方・開平・立方・開立の四則を加えた整数と分数の「八則」，三量法などの比例算法と逆三量法（反比例），品物対品物（物々交換），などを含む.『ガニタティラカ』の「基本演算」の数は，本来『シッダーンタシェーカラ』13 章と同じ 20 だったと思われるが（§1.3.1 参照），注釈者シンハティラカは 36 を数える．これは，シンハティラカのテキストに部分部分類がない代わりに，分数の八則を整数の八則とは別に数え，さらに 9 種の類問題（§1.8 参照）を基本演算に含めることによる．整数と分数を一緒に数えるか別々に数えるかは意見が分かれるところだが，類問題を基本演算に含めることには問題がある．しかし，この和訳ではシンハティラカの考えを尊重して「基本演算」を 36 と数えた（本書目次, pp.viii-ix 参照）．

『ガニタティラカ』は，整数と分数の八則のあとで，ゼロの一般則（加減乗除と平方・立方）を簡潔に述べる (GT 52)．ゼロに関する規則は，内容も扱う位置も書物によって少しづつ異なる．ブラフマグプタは，正負ゼロの演算規則（加減乗除と平方・開平の 6 則）を既知数学ではなく未知数学，すなわち『ブラーフマスプタシッダーンタ』18 章で与える (BSS 18.30-35).[3] シュリーダラは，整数の掛け算規則の直後にゼロの四則のみを与える (PG 21 = Tr 8)．本書付録 D, E 参照．マハーヴィーラは,『ガニタサーラサングラハ』1 章「術語」の中の記数法の一部として，正負ゼロの規則 (GSS 1.49-52) を与える．シュリーパティは,『ガニタティラカ』の規則とは別に,『シッダーンタシェーカラ』14 章「未知数学」で，正数•負数の 8 則に続けてゼロの 6 則（加

---

[1] natvā śivaṃ svaviracitapāṭyā gaṇitasya sāramuddhṛtya/
lokavyavahārāya pravakṣyati śrīdharācāryaḥ//Tr paribhāṣā 1//

[2] 林 1993, 表 6.1.1, 7.1, 7.2, 7.8, 7.13, 7.14 参照．これらの表では，vyavahārāḥを「実用算」と訳したが，本書では「手順」とする.『パーティーガニタ』の編者 Shukla はその英訳でこの語を determination と訳す.

[3] 林 1993, 196-97，および表 6.1.2 参照.

減乗除と平方・開平）を与える (SŚ 14.6)．バースカラ II は,『リーラーヴァティー』では，整数・分数の 8 則に続けてゼロの 8 則を与え (L 45-46),『ビージャガニタ』では，1 章「正負に関する 6 種」に続けて 2 章を「ゼロに関する 6 種」とする.「6 種」は加減乗除と平方・開平である．既知数学では負数を扱わないので，ゼロから正数を引く場合の規則がないのが普通である．また，シュリーパティの場合，既知数学を扱う『ガニタティラカ』では数をゼロで割るとゼロとし,「未知数学」ではその割り算の結果を「ゼロ分母」と呼んでいるのが興味深い．シュリーパティはその価値に言及しないが，バースカラ II は「ゼロ分母」の無限性と不変性をヴィシュヌ神に喩える (BG 6).[1]

「手順」は,「混合」「数列」「図形」「堀」「積み重ね」「鋸」「堆積物」「影」の 8 種の手順からなり，これらがこの順序で扱われるのが通例である．ただし，シュリーダラの『パーティーガニタ』では，失われた部分に,「ゼロの真理」(śūnya-tattva) と名づけられた 9 番目の「手順」があったことが，目次 (PG 6) から知られる.[2] また，マハーヴィーラの『ガニタサーラサングラハ』では，これらの「手順」の分類の仕方に他書と異なる点がある.[3]

『ガニタティラカ』の原典に明瞭な章分けはないが，序詞に続く基本演算は，整数の八則，分数の八則，ゼロの六則，分数の同色化，類問題，その他，から成る.「分数の同色化」(kalā-savarṇana) とは，帯分数などの複合分数を，演算の対象とするために，分子・分母一つづつの単純な分数に変形することである.「類問題」(jāti) とは，一次または二次の方程式に帰着する特定のタイプ（類）の問題である．これに関しては，この序説 §1.8 で詳述する．

現存する『ガニタティラカ』に見られる「手順」は「混合」のみであり，それさえ完結していないと思われる．しかし,「既知数学」を扱う同じ著者の『シッダーンタシェーカラ』13 章（本書付録 A.1 参照）の内容から推測すると,「混合」のあとには，他の「既知数学」の書と同様,「数列」「図形」「堀」「積み重ね」「鋸」「堆積物」「影」の「手順」があったと思われる．また,『シッダーンタシェーカラ』13 章の最初から「混合」までの規則の詩節の半分以上（19 詩節中 11 詩節半）が『ガニタティラカ』と共通である（『シッダーンタシェーカラ』に例題はない）.『ガニタティラカ』の失われた部分にも『シッダーンタシェーカラ』13 章の対応する部分と共通する詩節が多くあったことが想像できるが，詳細は不明である．両書の対応関係については §1.3.1 参照.

1.2.3　用語

『ガニタティラカ』のサンスクリット表現は，ほとんど通常の数学書に見られるものであるが，次の 6 語の用法は珍しい．

---

[1] インドのゼロに関して，詳しくは林 2018 参照.
[2] 林 1993, 表 7.2 参照.
[3] 林 1993, 表 7.4 参照.

karaṇī, 平方 (GT 76). この語は『ガニタティラカ』で一度だけ用いられているが，そこでは「平方」を意味する．本来の意味は「作るもの」であり，元々『シュルバスートラ』では,「正方形を作る紐（辺）」を意味した．そこから，平方根が取られるべき数，すなわち $\sqrt{a}$ の a を意味するようになるが，平方や平方根の意味で用いられることもある． Hayashi 1995a, 60-64 参照.

guṇa, 積 (GT 86). この語は通常「乗数」または「掛け算」を意味するが，GT 86 の例題では「積」の意味が妥当と思われる．ただし，その詩節の解釈には若干の曖昧さが残る．GT 86 の Note 参照.

rajju, 長さの単位 (GT 9). この語は通常「紐」を意味する.『シュルバスートラ』では śaṅku（杭）とともに作図に用いられる「紐」を指す.『ガニタティラカ』は rajju を 1920 aṅgulas（約 36.48m）に等しい長さの単位とするが，この用法は他の数学書には見られない．数学書以外でも珍しいが，古くは『アルタシャーストラ』が，1 rajju = 960 aṅgulas としている (AŚ 2.20.8-21).『ガニタティラカ』の rajju はその 2 倍ということになる．ジャイナ宇宙論では，rajju は基本的な長さ（距離）の単位であり，想像上の海の大きさや神の移動速度などによって定義される.[1]

śata-phala, 百果 (GT 127). 「百に対する果」で，月利のパーセンテージを意味する．個々の利息は，例えば pañcaka-śata（五パーセント）というように，数詞-ka-śata と表現される．GT 108 参照．また，林 2016, 295 参照.

saṃvarga, 平方 (GT 87). 通常は積を意味する．例えば，バースカラ I は,「saṃvarga, ghāta, guṇanā, hati, uddhartanā は交換可能である」という (BAB 2.3ab, p.49). シュリーパティ自身,『シッダーンタシェーカラ』ではその意味で用いている（付録 A.2, SŚ 14.2, 14.35 参照）. この語を「平方」の意味で用いる例は極めて稀である.

hara, 割り算 (GT 43). 通常は除数または分母を意味する．サンスクリット単語索引 1 にあげられている 13 用例中,「割り算」の意味で用いられているのは GT 43 のケースのみ．これも極めて稀な用法である.

1.2.4 物数表記

『ガニタティラカ』が用いる物数表記（連想式数表現）も，通常の数学書に見られるものである．ただ，分数表現の分母にそれが用いられているのはやや珍しい.「五分の一」は通常 pañcama-bhāga または pañca-bhāga であるが（bhāga の代わりに aṃśa も用いる），それを，GT 69 は iṣv-aṃśa, GT 81 は iṣu-bhāga, GT 89 は śara-aṃśa（いずれも「矢分の一」）としている．GT 86 は，tattva-bhāga（原理分の一）で $\frac{1}{25}$ を表す.

$\frac{1}{4}$: aṃhri (足), caraṇa (足), pāda (足)

[1] Kāpadīā's introduction (p.xlvi) to his edition of the *Gaṇitatilaka*. Cf. Tatia 1994, 276-77.

$\frac{1}{2}$: dala (切断，破片)
1: candra (月), rūpa (単位)
2: yugala (対)
4: abdhi (海), jalanidhi (海), veda (ヴェーダ)
5: iṣu (矢), śara (矢)
6: rasa (味)
7: turaṅga (馬), śaila (山)
8: phaṇi (蛇族), bhujaṅga (蛇族), vasu (ヴァス神群)
9: go (牛)
11: rudra (ルドラ神群)
12: arka (太陽)
13: viśva (全神)
25: tattva (原理)
0: antarikṣa (空そら), kha (空そら), gagana (空そら), viyat (空そら), vyoman (空そら), śūnya (空虚)

これらの出現箇所については，サンスクリット単語索引 1 参照．他の物数については，林 1993, 23-26, Sarma 2003 参照．

1.3 『シッダーンタシェーカラ』13-14 章（梗概）

1.3.1 13 章「既知数学」

『シッダーンタシェーカラ』13 章「既知数学」は全 55 詩節から成り，未知数 (avyakta) を用いない既知数 (vyakta) だけの数学の規則を与える．概ね算術と計算幾何学に相当する．例題は含まない．本書付録 A.1 でその和訳を試みた．下の表はその内容目次である．‘SŚ 13’ の下（第 1 列）の数字は詩節番号.『ガニタティラカ』(GT) に同じ詩節がある場合はその詩節番号も添える（第 3 列）．表現は異なるが同じ内容（アルゴリズム）を持つ詩節が『ガニタティラカ』にある場合は，詩節番号を [　] に入れる．また，詩節もアルゴリズムも異なるが同じトピックを扱う場合は (　) に入れる．

『シッダーンタシェーカラ』13 章の原文に節分けはないが，付録 A.1 とここでは，冒頭の詩節 (SŚ 13.1) のことば「二十の基本演算と，混合に始まり影を八番目とする手順」に従って節分けした.「二十の基本演算」(parikarmāṇi) は，

整数と分数の 8 則—
(1) 足し算　(2) 引き算　(3) 掛け算　(4) 割り算
(5) 平方　(6) 平方根　(7) 立方　(8) 立方根

分数の同色化 6 類—
(9) 部分付加類　(10) 部分除去類　(11) 部分類
(12) 部分部分類　(13) 重部分類　(14) 蔓

(15) 逆提示（一般には逆算法）

比例・逆比例関連５種— { (16) 三量法 (17) 逆三量法 (18) 五量法 / (19) 品物対品物 (20) 生物売り }

である.[1] ただし,『シッダーンタシェーカラ』13 章では，整数と分数の８則の一部と部分部分類は省略されている.「混合に始まり影を八番目とする手順」は，よく知られた次の８種の「手順」(vyavahārāḥ) である.

(1) 混合 (miśra) (2) 数列 (śreḍhī) (3) 平面図形 (kṣetra)
(4) 堀 (khāta) (5) 積み重ね (citi) (6) 鋸 (krākacika)
(7) 堆積物 (rāśi) (8) 影 (chāyā)

これらの数学規則には，先行する数学書『パーティーガニタ』『ガニタサーラサングラハ』や，天文書『アールヤバティーヤ』と『ブラーフマスプタシッダーンタ』の数学の章の影響が窺われる．付録 A.1 の和訳に対する Note でそれらの対応詩節を指摘したが，詳細な比較研究は今後の課題である.

SŚ 13	トピック	GT
	1. 序	
1	序	(1)
	2. 基本演算	
2	掛け算	17
3	割り算	[21]
4ac	平方の定義	(24b)
4bd	立方の定義	(29d)
5	平方根	26
6-7	立方根	32-33
8	分数の足し算・引き算	[35, 38]
9ab	分数の掛け算	40
9cd	分数の平方	44
10ab	分数の割り算	42ab
10cd	部分付加類・部分除去類	[57a, 60ab]
11ab	重部分類	[55]
11cd	蔓の同色化	[62]
12	部分類	(53)
13	逆提示	93
14	三量法・逆三量法	95
15	五量法	107

（続く）

[1]SaKHYa 2009, xl-xlvi 参照.

SŚ 13	トピック	GT
	3. 手順	
	3.1. 混合の手順	
16ab	品物対品物	112
16cd	生物売り	115
17	元金と利息の分離	118
18	保証人手数料等	120
19ab	投資額に比例する利益配分	
19cd	商品の値段の比例分割	
	3.2. 数列の手順	
20	等差数列の末項・中央値・和	
21	サンカリタ・サンカリタの和	
22	平方サンカリタ・立方サンカリタ	
23	等差数列の初項・増分	
24	等差数列の項数	
25	倍増数列 (等比数列) の和	
26ab	数列の応用問題 (等行程)	
	3.3. 平面図形の手順	
26cd-27ab	非図形	
27cd	（欠損）	
28	四腕形・三腕形の面積 1 (拡張ヘロン，垂線を用いない)	
29	三腕形の射影線・垂線	
30	四腕形・三腕形の面積 2 (垂線を用いる)	
31-32	外円の心紐・直径	
33	二等腕・全等腕四腕形の耳	
34	不等腕四腕形の耳	
35	円の周・面積	
36	近似根	
37-38ab	弦・矢・直径	
38cd	食分の矢	
39-40	弧・矢・弦・直径	
41	高貴三腕形の作成	
42	不等腕四腕形の作成	
	3.4. 堀の手順	
43	堀・針の果	
44	堀の密果	
45-46	標準立体・石ハスタ	
	3.5. 積み重ねの手順	
47	煉瓦の数・層の数	

（続く）

SŚ 13	トピック	GT
	3.6. 鋸の手順	
48-49	鋸断面積	
	3.7. 堆積物の手順	
50-51	堆積物の体積	
52	壁と角の堆積物	
	3.8. 影の手順	
53	影と時間	
54	灯火が作る影	
55	灯火までの距離	

1.3.2 14 章「未知数学」

『シッダーンタシェーカラ』14 章「未知数学」は全 37 詩節からなり，未知数 (avyakta) を用いる数学を扱う．概ね代数学に相当する．例題は含まない．和訳は本書付録 A.2 参照．下にその内容目次を掲げる．13 章と同様，原文に節分けはないが，冒頭の序詞 (SŚ 14.1) に述べられたトピックを参考にして節分けした．

SŚ 14	トピック	備考
	1. 序	
1	序	BSS 18.2
	2. 未知数の記号と積	
2ab	未知数記号	BG 7, 68p1
2cd	未知数の積	BSS 18.42. Cf. BG E55p2.
	3. 正数・負数の八則	
3	足し算・引き算	BSS 18.30ab, 31, 32cd, BG 3
4	掛け算・割り算	BSS 18.33ab, 34, BG 4ab
5abc	平方・平方根	BSS 18.35cd, BG 4cd
5d	立方・立方根	
	4. ゼロの六則	
6	ゼロの六則	BSS 18.30bcd, 32ab, 33cd, 34b, 35abd, BG 5. Cf. BG 6.
	5. カラニーの六則	
7ab	カラニーの定義	
7cd	単項カラニーとルーパの乗除	BG 13d
8	足し算・引き算	BSS 18.38ab, BG 13abc, 14

（続く）

Śś 14	トピック	備考
9	多項カラニーの掛け算 （と和の条件）	Cf. BSS 18.38cd, BG 10. （和の条件：BSS 37d, BG 14d）
10-11ab	多項カラニーの割り算	BSS 18.39abc, BG 16-17ab
11cd	多項カラニーの平方	BSS 18.39d. Cf. BG E14abp1.
12	多項カラニーの平方根	BSS 18.40, BG 19-20.
	6. 並立算・不等算	
13ab	並立算 (和差算)	BSS 18.36ab, L 56
13cd	不等算 (差差算)	BSS 18.36cd, L 58
	7. 四つの種子	
14	未知数等式	AB 2.30, BSS 18.43ab, BG 57
15-16	色等式	BSS 18.51, BG 65-68
17-18	未知数等式の中項除去，算法 1	BSS 18.43cd-44. Cf. BG 59-61.
19	未知数等式の中項除去，算法 2	BSS 18.45
20-21	バーヴィタ	BSS 18.60, 62-63, BG 91-93
	8. クッタカ	
22-25	余りを伴わないクッタカ	BG 27-29. 固定クッタカ：BSS 18.9-11, 13, BG 36cd-37ab
26ab	不可解性	BG 26cd
26cd	付数がない場合	BG 35
27ab	最大共約数	BSS 18.9, BG 27ab
27cd	一般解	BG 36ab
28-29	余りを伴うクッタカ	BSS 18.3-6
30-31	積日計算への応用	BSS 18.7(-8?)
	9. 平方始原	
32	定義	Cf. BSS 18.67-68.
33	試行錯誤による解	BG 40
34-35	付数 1 に対する解	BSS 18.64-65, BG 41-44
	10. 素因数分解	
36	方法 1	
37	方法 2	

冒頭の序が暗示するように,[1] 14 章「未知数学」は『ブラーフマスプタシッダーンタ』(BSS) の 18 章「クッタカ」から大きな影響を受けている．14 章の規則が基づく BSS の規則は，上の表の備考欄に示しておいた．ここでは，14 章「未知数学」が BSS の 18 章と異なる点を指摘しておこう．

[1] 付録 A.2, Śś 14.1 に対する Note 参照.

(1) 多項カラニーの掛け算 (14.9) に，部分乗法ではなくカパータ連結乗法を用いたこと.

(2) バースカラ II の「四種子」に繋がる四つの種子 (14.14-21) を意識化したこと.

(3) 「余りを伴うクッタカ」(14.28-29) より「余りを伴わないクッタカ」(14.22-25) を優先したこと.

(4) クッタカが解を持つための条件 (14.26ab) にはじめて言及したこと.

(5) クッタカの一般解 (14.27cd) にはじめて言及したこと.

(6) 素因数分解にはじめて規則を与えたこと (14.36-37).

ここで，(2) に関して少し敷衍しよう．シュリーパティの四つの種子は，

未知数等式 (avyakta-sadṛśī-karaṇa)
色等式 (varṇa-sadṛśī-karaṇa)
中項除去 (madhyamāharaṇa)
バーヴィタ (bhāvita)

である．これらの各々のトピックはすでに BSS の 18 章で扱われているが，四つの種子として意識されていたかどうかはっきりしない．同章には「種子」(bīja) という言葉さえ用いられていない．シュリーパティは，バースカラ II が用いるような「四種子」(bīja-catuṣṭaya) という熟語こそ用いないが，14 章冒頭の序で「未知数と色の等式という二つの種子，さらに，中項除去とバーヴィタという二つのそれら（種子）を知れば」と云うから，これらの四つのトピックをそれぞれ「種子」(bīja) として認識していたことは明らかである.[1] しかし，その内容は BSS で扱われたそれら四つのトピックと大差なかった．これらを内容的に大きく発展させたのは，バースカラ II である．彼は「四種子」を「未知数学」の中心テーマに据え，シュリーパティが「未知数学」の他のトピックと並列的に並べていたクッタカと平方始原を「四種子」のための道具として位置づけた．そして彼は，自分の未知数学の書を Bījagaṇita（種子数学）と名づけた.

バースカラ II の四種子は，

一色等式 (ekavarṇa-samīkaraṇa)
中項除去 (madhyamāharaṇa)
多色等式 (anekavarṇa-samīkaraṇa)

[1] BSS 18 章に対する著者不詳の注釈は「四種子」(bīja-catuṣṭaya) という言葉でこれらを指すが（Mss.: NPS 6135, fols. 9a & 16a; IOL, Eggeling 2771, fols. 15b & 30b)，年代不詳（バースカラ II 以降の可能性も十分ある）．また，BSS の著者ブラフマグプタと同時代のバースカラ I は,『アールヤバティーヤ註解』で，8 種の手順数学 (vyavahāra-gaṇita) を生み出す「四つの種子」(catvāri bījāni) に言及し，それらの名称を「第一，第二，第三，第四」あるいは，yāvattāvat (未知数?), vargāvarga (平方?平方・非平方?), ghanāghana (立方?立方・非立方?), viṣama (異種?) とする (BAB 1.1, p.7)．ここで，手順数学（既知数学）を生み出すという意味で「種子」という言葉を用いる点はシュリーパティやバースカラ II の場合と同じだが,「種子」の中味は不明である．林 1993, 217-18 参照.

バーヴィタ (bhāvita)

である．これらはシュリーパティの「未知数等式」などに対応するが，バースカラIIが大きく貢献したのは「中項除去」である．ブラフマグプタとシュリーパティの「中項除去」は，未知数等式のそれ，すなわち一元二次方程式の解の公式を指す．それに対して，バースカラIIの「中項除去」は,「解の公式」ではなく，完全平方化とそれに続く開平からなる等式の同値変形を意味する．それはまた，多色等式（多元高次方程式）の解にも応用される．バースカラIIの『ビージャガニタ』の最大の貢献は,「多色等式における中項除去」(BG 70-90)において，クッタカと平方始原を用いてさまざまな定方程式と不定方程式の解または解のヒントを与えたことである．

ところで，シュリーパティが平方始原 (SŚ 14.32-35) で円環法 (cakravāla) に言及していないことは注目に値する．円環法は，バースカラIIの平方始原で用いられる重要な算法であり,『ビージャガニタ』(BG 46cd-55) で詳しく論じられているが，その方法はバースカラIIの発見ではなく，ジャヤデーヴァに帰せられている．ジャヤデーヴァの書は現代に伝わらず，彼の年代も不明だが，円環法を述べる彼の20詩節が，ウダヤディヴァーカラ (Udayadivākara) によって,『ラグバースカリーヤ』に対する彼の注釈『スンダリー』(*Sundarī*, AD 1073) の中で引用されている.[1] したがって，ジャヤデーヴァの年代の下限はAD 1073であるが，シュリーパティ(AD 1039/56) が彼の円環法に言及していないということは，ジャヤデーヴァは，シュリーパティより早いとしても余り離れていない時代に生きていたことを意味すると思われる．

1.4 シンハティラカ・スーリ

シンハティラカ・スーリはジャイナ教白衣派 (Śvetāmbara) の有力分派の一つ，カラタラ・ガッチャ(Kharatara-gaccha) に属する学者だった.「スーリ」(sūri) は，ジャイナ教団の先生や指導者 (ācārya) たちのなかで特に卓越した人に付けられる敬称である．彼は,『ガニタティラカ注』冒頭の祈祷で，クンダリニー女神 (Kuṇḍalinī-devī)[2]と自分の師ヴィブダチャンドラ・スーリ (Vibudhacandra) に言及している．

シンハティラカ・スーリの名前は『マントララージャラハスヤ』（真言王秘事, MRR）の奥書にも現れる．

> 以上，ヤショーデーヴァ・スーリの弟子ヴィブダチャンドラ・スーリの弟子シンハティラカ・スーリにより，マントララージャラハ

[1]Shukla 1954 参照．その20詩節のうちの最初の7詩節は,『リーラーヴァティー』に対するシャンカラ・ヴァーリヤルの注釈 (AD 1540 頃) にも引用されている（出版本 pp.158-67）．

[2]クンダリニー女神は，タントリズムで脊柱の下端に宿るとされる性力シャクティが神格化されたものであり，ふだんは潜在力として，3回半 (adhyuṣṭa) とぐろを巻いて眠る蛇の姿をしているが，ヨーガによって覚醒するといわれる．立川 2008, 117-18, 山下 2009, 144-45 参照．

> スヤは編まれた．グランタ総数 800．真言大王の儀軌は完結した．[1]

師の名前が同じことから，これら二人のシンハティラカは同一人物だった可能性が生ずるが，その可能性は，この二人が共に，adhika の代わりに adhi という不規則形を多用したり，稀な単語 adhyuṣṭa を使用するなどの共通の言語的特長[2]を持つことや,『ガニタティラカ注』冒頭の祈祷と次に引用する『マントララージャラハスヤ』の最後 (MRR 625) とで特徴的なフレーズ「歓喜する神格」(sāhlāda-devatā) を用いること，などによって高まる．

上に引用した『マントララージャラハスヤ』の奥書は，師ヴィブダチャンドラの師がヤショーデーヴァ(Yaśodeva) だったことも教えてくれるが，さらに，奥書直前の結語は『マントララージャラハスヤ』の著作年にも言及する．

> 以上，著名な方々の蓮のような御口から，私が自分の記憶のために集めたものが，〈この〉『導師真言秘事』である．この計算[3]が，教団の繁栄をもたらすことを望む．// 見解 (mata) という〈ことについて云えば〉，師の口から真言 (mantra) が発せられて，そこに〈師によって〉多くの違いがあるときは，我々の見解はこれである，という良き師の言葉 (vacana) こそが判断基準である．// ヴィブダチャンドラ導師の弟子シンハティラカ・スーリが,『リーラーヴァティー』なる注釈[4]とともに，これ（マントララージャラハスヤ）を作った．〈本書が教団に〉繁栄をもたらすべし．// 制御された特質・十三 (1327) の年，ディーパーリカー節[5]の良き日に，私は，歓喜する神格で輝く心を持って，これを完結に導いた．/MRR 622-25/ [6]

この「1327 年」は，ヴィクラマ暦とすると AD 1270 年に対応し，後述の『ブヴァナディーパカ注』著作の翌年であるから，年代に関して不都合な点はない．また，この年代表現の前半の物数表記,「制御された特質」(saṃyata-guṇa) = 27 の由来は不明だが，この数的価値自体は，もう一カ所の用例から確認される．すなわち，詩節 341 は，あるカテゴリーの真言に含まれる音節数 635

---

[1] iti śrīyaśodevasūriśiṣyaśrīvibudhacandrasūriśiṣyaśrīsiṃhatilakasūribhir mantrarājarahasyaṃ racitam// granthāgram 800// śrīmantrādhirājakalpaḥ saṃpūrṇaḥ//

[2] 後述，シンハティラカのサンスクリット (§1.5.4) 参照.

[3] この「計算」(gaṇita) は,『マントララージャラハスヤ』で扱われているさまざまな真言に含まれる語句 (pada)，音節 (akṣara/varṇa)，詩節 (śloka) の数の計算を指すと思われる．次の MRR 341 からの引用にその一例がある.

[4] この注釈の委細は不明.

[5] dīpa-ālikā-parvan. 光列節．現代のディーワーリー．朔終わり月でアシュヴィン月の朔日.

[6] ityavacintya bahuśrutamukhapadmebhyo mayātmasaṃsmṛtyai/
gaṇabhṛnmantrarahasyaṃ gaṇitamidaṃ diśatu gaṇalakṣmīm//MRR 622//
matamiti gurumukhato yanmantroccāraṇe bhavanti bahubhedāḥ/
tatrāsmanmatametatsadguruvacanaṃ pramāṇamiha//MRR 623//
śrīvibudhacandragaṇabhṛcchiṣyaḥ śrīsiṃhatilakasūriridam/
līlāvatyā vṛttyā sahitaṃ vidadhe śriyaṃ diśatām//MRR 624//
saṃyataguṇatrayodaśavarṣe dīpālikāparvasaddivase/
sāhlādadevatojjvalamanasā pūrtiṃ mayedamānītam//MRR 625//
622a: avacintya > avacitya. 623b: mantroccāraṇe > mantroccaraṇe.

を32音節からなるシュローカ（グランタとも呼ばれる）の数と残りの音節数に換算している．

> 全プラスターナの文字の和から，五・原質・味(635)の音節〈が生ずる〉．ここには，九・月(19)のシュローカと，制御された特質だけの数の〈音節〉がある．/MRR 341/[1]

すなわち，

$$635\text{音節} = 32\text{音節} \times 19\text{シュローカ} + 27\text{音節},$$

で，この‘27’を「制御された特質」と呼んでいる．

同書の通称に含まれる語「真言王」(mantra-rāja)，その奥書に出る書名の「真言大王」(mantra-adhirāja)，さらに結語(MRR 622)に出る書名の「導師真言」(gaṇabhṛn-mantra)はすべて同じものを指す．それはまた，一般にスーリマントラ（スーリによって伝承されるべき秘密の真言）とも呼ばれる.[2] その中核は,「オーム，勝利者たちに礼拝．オーム，千里眼[3]を持つ勝利者たちに礼拝．オーム，最高の千里眼を持つ勝利者たちに礼拝．オーム，無限の千里眼を持つ勝利者たちに礼拝．… 私が礼拝して用いるこの呪句(vidyā)が私に成功をもたらしますように，スヴァーハー」というような礼拝文から成る.[4]

シンハティラカが伝える伝承によれば,[5] スーリマントラはもともとジャイナ教初代唱道者リシャバ(Ṛṣabha)が弟子のプンダリーカ(Puṇḍarīka)に伝授した300シュローカ（= 9600音節）からなる真言であったが，口伝は時代と共に破損し(bhinna)，第24代唱道者マハーヴィーラ（ジャイナ教の開祖とされることもある）が受け継いで弟子のガウタマに伝授したものは2100音節[6]になっていた．ガウタマはそれをさらに32シュローカ（= 1024音節）にまとめて弟子に伝えた．この劣化のプロセスはその後も進み(hīyamāna)，世界の終わりに現れる最後のスーリ，ドゥフプラサバに伝えられるスーリマントラは3シュローカ半[7]（= 112音節）になっているだろう，とされる．

シンハティラカの『マントララージャラハスヤ』は，そのスーリマントラの用法をまとめたもので，現存するものとしては最初のマニュアルとされる.[8]

シンハティラカは,『マントララージャラハスヤ』以外にも，ジャイナ・タントリズムの儀式で用いられる呪句(vidyā)や真言(mantra)，また，それらと共に用いられる図(maṇḍala/yantra)など[9]に関する著作を残している．

---

[1]sarvaprasthānākṣarasaṃyogātpañcaguṇarasā varṇāḥ/
ślokā navendavastviha saṃyataguṇapramitāḥ//MRR 341//

[2]Dundas 1998, 36, fn.19

[3]ohi, Skt. avadhi < avadhi-jñāna,「限定的〈直観〉知」

[4]oṃ ṇamo jiṇāṇaṃ/ oṃ ṇamo ohijiṇāṇaṃ/ oṃ ṇamo paramohijiṇāṇaṃ/ oṃ ṇamo aṇaṃtohijiṇāṇaṃ/ ... natvā prayuñje yāṃ vidyāṃ sā me vidyā prasidddhyatu svāhā// (MRR の出版本, 1980, p.63)　MRR 13-14 参照．Cf. Dundas 1998, 40.

[5]MRR 87-90. Cf. Dundas 1998, 39.

[6]MRR 89b: 出版本は，ekādiviṃśatiśatāni であるが，これは ekādhiviṃśatiśatāni が正しい．adhi は adhika の意味で，シンハティラカが SGT でも MRR でも多用する．

[7]adhyuṣṭa-śloka-mitam (MRR 90c).

[8]Dundas 1998, 38. Cf. Petrocchi 2016, 8.

[9]Cf. Gough 2015, 2017.

『ヴァルダマーナヴィドヤーカルパ』(Vardhamāna-vidyā-kalpa)[1]
『パラメーシュティヴィドヤーヤントラ』(Parameṣṭhi-vidyā-yantra)[2]
『ラグナマスカーラチャクラ』(Laghu-namaskāra-cakra)[3]
『リシマンダラスタヴァヤントラアーレーカナ』(Ṛṣi-maṇḍala-stava-yantra-ālekhana)[4]

シンハティラカはまた，AD 1269 にヴィジャープラ (Vijāpura in Gujarat, 23;34N, 72;47E) で，占星術書の注釈，

『ブヴァナディーパカ注』(Bhuvana-dīpaka-ṭīkā),

を書いた.[5] 『ブヴァナディーパカ』は，シュリーパティの『ダイヴァジュニャヴァッラバ』と同様,「質問」(praśna) と呼ばれる分野の一般向けの占星術書である．著者は，やはりジャイナ教徒で，ナーガプラのタパー・ガッチャ (Tapā-gaccha) に属するデーヴァ・スーリ (Deva) の弟子パドマプラバ・スーリ (Padmaprabha)，著作年は Saṃvat 1221 = AD 1164 である.[6] 人気があったらしく，多くの写本が現存し,[7] その中に，シンハティラカの注を伴うものが少なくとも 8 本ある．これまでに，ナーラーヤナ・バッタの注を伴うもの，シンハラ語訳を伴うもの，などは出版されているが，シンハティラカ注は未出版である.

1.5 シンハティラカのガニタティラカ注

1.5.1 概観

『ガニタティラカ注』の正確な著作年は分からないが，前節で見たように，年代が分かっている彼の著作は AD 1265-70 に書かれているから,『ガニタティラカ注』もおよそこの頃に書かれたと考えてよいだろう.

シンハティラカも注の冒頭 (SGT 1) でいっているように，学術書は簡潔さを旨とする．これはインドの伝統的文化伝達様式の一つである口頭伝承と関係する．口頭伝承は記憶に基づく．記憶のためには簡潔さが求められる．インドの多くの学術書が韻文化されたのも記憶のためである.

『ガニタティラカ』に限らず一般に韻文で著された数学書では，韻律の制約もあって,「術則」(karaṇa-sūtra) と呼ばれる数学規則（アルゴリズム）は凝縮された言葉使いで簡潔に，場合によっては自然な文章の流れに沿わない形で，表現されているので，その意図するところを分かり易く説明すること

---

[1] Jhavery 1944, 159. 同 p.339 によれば，著作年は Saṃ 1322 = AD 1265.
[2] MRR の出版本 (1980), pp.126-32, 付録 15. 76 詩節.
[3] MRR の出版本 (1980), pp.132-42, 付録 16. 115 詩節.
[4] MRR の出版本 (1980), pp.142-44, 付録 17. 36 詩節.
[5] Pingree 1981, 61, 112; CESS 4, 173b. Cf. Jhavery 1944, 339.
[6] Pingree 1981, 111-12; CESS 4, 173b.
[7] CESS 4, 173-79; 5, 206-08.

が注釈の目的になる．シンハティラカの注は，ほとんどの規則と例題に対して「解説」(vyākhyā) という言葉で始まり（後の方ではときどき脱落），『ガニタティラカ』の詩節で用いられている語句を必要に応じて，同義語の置き換えや文法によって説明し，それらの語句の文章中の関係 (統語)[1]を解説し，そうすることで，意図されている数学規則（アルゴリズム）を明らかにする．

文法的説明は，現存テキストでは 4 カ所にある (SGT 17-18.3, 28-29.5, 63.1, 64) が,『ビージャガニタ』に対するクリシュナの注釈『ビージャパッラヴァ』や『リーラーヴァティー』に対するガネーシャの注釈『ブッディヴィラーシニー』のように[2]文法書から規則を引用したり，文法書に言及することはない．ただ，上記 4 カ所の一つ (SGT 63.1) で，修辞学の書『カーヴヤアランカーラスートラ』から代名詞の用法に関する半詩節を引用している.[3]

他の多くの数学書同様,『ガニタティラカ』の例題 (udāharaṇa) も韻文で与えられている．その多くでシンハティラカは，他の数学書の注釈同様，数詞や物数表記で与えられている数値データを数字に変換して「書置」(nyāsa) と呼ばれる一覧表にし，直前の詩節で与えられている計算規則（アルゴリズム）を逐一その数値に適用して，解を導く．類問題と逆提示の例題では，解に続いて「適用」(ghaṭanā) と呼ばれる検算を行う.[4]

解の計算プロセスの説明は他の一般的注釈と比較して群を抜いて詳しく，ほとんどすべての計算ステップを，分数の足し算のための通分にいたるまで，微に入り細に入り丁寧に解説する.『ガニタティラカ』の最初の例題 (GT 14) は整数の足し算に関するものだが，その注 (SGT 14.1) でシンハティラカは，「書板または地面に書かれた数字列」に対して行うべき演算（この場合は足し算）を説明している．この例から見て，シンハティラカがそれぞれの例題の注で逐一説明する演算は，当時の人たちが実際に書板などで行っていた計算そのままか，あるいはそれにいくらか説明的要素を加えたものと考えられる．その意味で，シンハティラカ注は中世インドの算術の歴史にとって極めて重要な資料である．

シンハティラカはまた,『ガニタティラカ』の規則と例題を他書からの引用で補うこともある．最も多く引用されているのはバースカラの『リーラーヴァティー』で，その 16 詩節が引用されている．次に多いのはシュリーダラの『トリシャティカー』で，8 詩節が引用されている．典拠は明示されていないが，同じ著者の『パーティーガニタ』からも 1 詩節が引用されている．

下 (§1.5.3) でそれらの引用の目的を検討・整理するが，そこから見えてくるのは，シンハティラカが『リーラーヴァティー』を模範的で信頼できる数学教科書とみなしていたらしいことである．このことは,『ガニタティラカ』

---

[1]sambandha, saṇṭaṅka.

[2]『ビージャパッラヴァ』に関しては，林 2016, 291-92, 327-28 参照.『ブッディヴィラーシニー』に関しては，本書付録 G, GL 14.1 参照.

[3]Alessandra Petrocchi (University of Cambridge) が私信 (18 December 2015) で指摘.

[4]SGT 66.2, 68.2, 69.2, 71-72.4, 74.2, 75.2, 77.2, 78.2, 79.2, 81.3, 82.2, 83.2, 85.2, 86.2, 88.2, 89.4, 91.2, 92.3, 94.2, 94.5 参照.

が部分類などを分数の八則の後に置くのに対して,『リーラーヴァティー』は逆に前に置くことを，分数の八則の最後 (SGT 51.7) で彼があえて指摘していることにも現れている.

一方『トリシャティカー』は，シンハティラカにとって，少なくとも基本演算に関しては『ガニタティラカ』の規則より先にその規則を思い出すほどに慣れ親しんだ教科書だったらしいことが引用の状況から覗える．§1.5.3 参照.

シンハティラカはまた，言及も引用もしていないが，ジャイナ教徒の先学マハーヴィーラの『ガニタサーラサングラハ』の影響も受けていると思われる．次節参照.

1.5.2 特色と問題点

シンハティラカ注の特色を理解するために，その問題点を中心に注意すべき点をここにまとめておく.

シンハティラカは,『ガニタティラカ』の詩節で用いられている言葉に無理な意味を付与することによって，本来は与えられていない規則をそこに読もうとすることがある．ゼロに関する『ガニタティラカ』の規則 (GT 52) の解説で彼は,「『リーラーヴァティー』の意図を考慮して解説するなら」[1]とことわりつつ，本来『ガニタティラカ』にはない『リーラーヴァティー』の規則 (L 46)，$a \times 0 \div 0 = a$，を『ガニタティラカ』の規則に加えるために，その詩節 (GT 52) に出る「ゼロの除去 $(a - 0)$ と付加 $(a + 0)$ においては」という表現が「ゼロが除数であり乗数でもあるとき」という意味も持ちうる，と苦しい説明をしている．SGT 52.2 とその Note 参照.

また彼は，その同じ規則 (GT 52) には明記されていないゼロの平方根と立方根の規則も「も」(ca) という接続詞が暗示している，と解釈する．これもまた「『リーラーヴァティー』の意図を考慮して」の解釈と思われる．SGT 52.4 とその Note 参照.

また彼は,『ガニタティラカ』の掛け算規則の文言「位置または整数を分割して」(GT 18a) を「乗数または被乗数を分割して」と曲解する (SGT 17-18.4-7). 彼がここで「位置」(sthāna) ＝乗数,「整数」(rūpa) ＝被乗数，というありえない等置を行うのは,『ガニタサーラサングラハ』の掛け算規則 (GSS 2.1) から多大な影響を受けているからと思われる．§1.7.3.3, §1.7.3.6 参照.

シンハティラカは，例題で要求されていない計算を行うこともある．分数の同色化の例題で彼は，求められていない同色化のあとの足し算まで実行している．SGT 58 および 59.2-3 とそれぞれの Note 参照.

『ガニタティラカ』の表現に曖昧さがあるときは，可能な解釈を複数提示することもある．部分除去類の規則 (GT 60) に出る語 rāśer は，その前の語

---

[1] līlāvatyabhiprāyam āmṛśya vyākhyāne ... (SGT 52.2)

句との関係で属格 (gen.) にも奪格 (abl.) にもとれるので，それぞれに応じた解釈を試みている．SGT 60 とその Note 参照．

例題の計算で，結果としての答えを明示せず，自然に（うやむやに）検算に連続している場合がある．SGT 63.1-3 とその Note 参照．

文法的説明がやや的外れのときもある．SGT 64 でシンハティラカは，bahuvrīhi 複合語 dṛśya-ākhya を karmadhāraya として説明している．

シンハティラカは引用した規則を正確に理解していたと云いきれない場合がある．彼は，顕現数類の最初の例題に対する注の最後 (SGT 65.2) で,『リーラーヴァティー』の任意数算法の規則 (L 51) を「顕現数類の術則」として紹介し引用する．確かに，任意数算法の用途で大きな割合を占めるのは顕現数類だが，それに用途を特化した規則ではない．また彼がその規則を 2 番目の例題に適用する際 (SGT 66.1)，術語の使い方が規則のそれと一致しない．SGT 66.1 の Note 参照．また，これらに先だって，ゼロの計算を含むある問題に同じ規則を適用するとき (SGT 52.7)，答えとなるはずの 14 を任意数として選んでいる．そのため，任意数算法の特長がはっきり見えない．そのうえ彼は，その計算を途中で止め,「容量がかさばりすぎるので」「残りは『リーラーヴァティー』の散文注で学んで欲しい」という．しかし「残り」の計算は，$14 \times 63 \div 63 = 14$，といういたって簡単なものである．SGT 52.7 の Note 参照．さらに，任意数算法に関わるこれら 3 つの場面で彼が一度もこの規則の固有名称「任意数算法」(iṣṭa-karman) に言及しないことも不思議である．

また，逆提示（「逆算法」という名前のほうが一般的）の例題に対する注 (SGT 94.3) でシンハティラカは,『ガニタティラカ』にはない，自己部分を加減した場合の規則を『リーラーヴァティー』(L 49) から引用するが，明らかに彼はその規則を誤解している．SGT 94.3 とその Note 参照．

『ガニタティラカ』の規則を誤解している場合もある．「品物対品物」（いわゆる物々交換）の規則 (GT 112) は，値段の交換のあと五量法の演算を行う，と規定するが，シンハティラカはこの規則が分母の交換も含むと解釈している．しかし，分母の交換は五量法の演算に含まれるので，彼の解釈は誤りである．彼は，自分の解釈の根拠として『リーラーヴァティー』から同じ目的の規則 (L 88) を引用する．そこには確かに「分母と値段を交換してから」という文言があるが，実は,「分母」を含まないヴァージョンが存在し，そのほうが正しい．SGT 112 の Note 参照.『リーラーヴァティー』の誤った伝承がシンハティラカの解釈を誤らせた例といえる．

またシンハティラカは,『ガニタティラカ』の逆三量法の規則 (GT 95d) に関連して，逆三量法の用途を指摘する『リーラーヴァティー』の詩節 (L 78) を導入文とともに引用するが (SGT 95.2)，その導入文では，逆三量法の第 4 項を意味する「果」(phala) という語が「値段」(mūlya) という語に置き換えられている．同じ語法は彼自身の文章 (SGT 106.2) にも見られる．これも，シンハティラカが，改変された写本の影響を受けた例かもしれない．ただし，この場合は，誤った読みというより，計算結果を一般的な「果」から「値段」に特化した読みといえる．

シンハティラカは，基準となる時間と元金が固定されている利息の計算のための規則 (GT 122) を例題 (GT 123) に適用するとき，規則にある「月を掛け」という言葉を，基準月数と要求月数の両方を掛けるという意味に解釈している．この場合，基準月数は常に 1 なので結果に相違はないが，正しいアルゴリズムは要求月数を掛けるだけである．SGT 123 とその Note 参照．

例題に規則を適用するとき，通常は規則に与えられた手順に忠実に従うが，稀に手順を変える場合もある．両端顕現数類の規則の注 (SGT 80) でシンハティラカは，規則通りの手順を一通り説明したあと，まとめの文章では，足し算の順序を入れ替えている．そして，それに続く 3 つの例題 (GT 81, 82, 83) にその規則を用いるときも彼は，規則に述べられた手順ではなく，自分で足し算の順序を入れ替えた手順を採用している．

分数の平方の規則 (GT 44) に対する例題の解説 (SGT 45.1-3) では，その規則を使わず，分数の掛け算の規則を用いる．分数の立方の例題の解説 (SGT 49.1) でもやはり掛け算の規則を用いる．

また，シンハティラカは，元金と利息の分離に関する規則の解説 (SGT 118) で，規則 (GT 118) の一連の演算の中で割り算と掛け算の順序を逆にしている．意図したものかどうかは分からないが，割り算が割り切れない場合，割り算を掛け算のあとで行うほうが，割り算で生ずる誤差が掛け算で増幅されないので，実用的なアルゴリズムとしては優れている．SGT 118 の Note 参照．

また，シンハティラカは，元金の等利息分割の規則 (GT 131) を例題に適用するとき (SGT 132-33.1)，規則に忠実に従うなら 1 を掛けるべきところで，それを省略している．もちろんこれは結果に影響しない．SGT 132-33.1 の Note 参照．

彼は，その同じ目的（元金の等利息分割）のための『リーラーヴァティー』の規則 (L 92) を引用し，それを同じ例題 (SGT 132-33) に適用するが，『ガニタティラカ』のアルゴリズムでは必要だった 1 による掛け算は『リーラーヴァティー』のアルゴリズムでは不要なのに，書置にそれを残している．アルゴリズムの違いをはっきり意識していなかったのかもしれない．ただし，実際の計算ではその 1 を無視しているので，書置に残したのは単なる不注意かもしれない．

シンハティラカは『ガニタティラカ』の規則の欠陥を指摘することもある．彼は，減平方類の規則の注 (SGT 90) で，その規則の詩節 (GT 90) には，途中のステップで必要な足し算への言及がないことを指摘している．『ガニタティラカ』の著者シュリーパティ自身がそれを忘れたのかどうかは分からないが，少なくともシンハティラカが見ていた『ガニタティラカ』の写本では，その規則は不完全だったことになる．SGT 90 とその Note 参照．

シンハティラカは，例題に対して誤った解を与えている場合もある．三量法の第4例題の解 (SGT 99) で彼は，基準値 (単位は dhaṭaka) と要求値 (単位は pala) の単位を統一せずに三量法の計算をしているうえに，得られた結果も基準値果のそれ (paṇa) ではなく，いきなり dramma としているので，二重に誤りである．SGT 99 とその Note 参照．なお,『ガニタティラカ』の編者カーパディーアーは Appendix I で『ガニタティラカ』全体の例題の英訳と解を与えているが，彼もシンハティラカの誤答をそのまま踏襲している．Kāpadīā 1937, 99 参照．

単純な誤記と思われるものもある．五量法の例題 (GT 108) で元金が求められている場合の計算手順を記述する際 (SGT 108.2),「これに一を掛けてそのまま，すなわち 22800」[1]とすべきところを，シンハティラカは誤って「一を分母として，すなわち $\begin{array}{|r|} 22800 \\ 1 \\ \hline \end{array}$ 」[2]と述べている．

また，同じ五量法の例題 (GT 108) で基準時間が求められている計算 (SGT 108.6) では，被除数と除数を取り違えている．この場合は両者が同じ (22800) なので結果は変わらない．

ここで指摘したシンハティラカ注の特長はネガティヴなものが多いが，シンハティラカに責任のないものも含まれている可能性がある．すなわち，それらの中には写本伝承の過程で紛れ込んだものがあるかもしれない．しかし，現在所在不明の唯一の写本に基づいて 80 年前に出版された公刊本があるだけの現状では，詳しいことはわからない．

1.5.3 引用

シンハティラカの引用の目的は，1. 文法説明，2. 他書の紹介，3. 代替あるいは補充，の 3 つに大別できる．上に述べたように，文法説明は数カ所にあるが，根拠となる詩節を引用するのは 1 カ所だけである．ただし出典は明示しない．あとの 2 種の目的で詩節が引用されるのは，ほとんどが『トリシャティカー』(略号 Tr) と『リーラーヴァティー』(L) からで，それら以外では『パーティーガニタ』(PG) から一度引用されるだけである．伝承 (āmnāya) への言及も一度ある．

ここでは，引用された詩節への言及は書名の略号 (Tr, PG, L) と詩節番号のみによる．詩節そのものについては，本書付録 I.2 参照．また，引用が生ずるシンハティラカ注の段落を [ ] で表す．

文法説明

KA 5.1.11 [SGT 63.1]: 代名詞の用法に関する規則．

[1] iyamekaguṇā saiva/ yathā 22800/

[2] ekacchedā/ yathā $\begin{array}{|r|} 22800 \\ 1 \\ \hline \end{array}$

他書の紹介（引用順）

L 19 [SGT 24b.2]: 平方規則．規則の正しい提示順序の実例として．

Tr 11a (= PG 24a) [SGT 24b.5]: 平方規則．Tr 11b を SGT 24b.4 で引用したついで．下の「代替・補充」参照．

Tr 11b (= PG 24b) [SGT 28-29.5]: 平方規則．立方には使えない規則として．

L 24ab [SGT 28-29.9]: 立方規則．規則の正しい提示順序の実例として．

L 45-46 [SGT 52.5]: ゼロの計算規則．L 47 を SGT 52.6 で引用するついで．下の「代替・補充」参照．

Tr Pb4 (= PG 9) [SGT 63.1]: 例題 (GT 63) に出る貨幣単位 dramma が Tr では purāṇa と呼ばれていることを指摘するため．

L 48 [SGT 94.3]: 逆提示（逆算法）の規則．L 49-50 を SGT 94.3, 94.4 で引用するついで．下の「代替・補充」参照．

L 88 [SGT 112]: 品物対品物（物々交換）規則．GT 112 の解釈の根拠として．

L 92 [SGT 132-33.3]: 元金の等利息分割規則．GT 131 より明解な規則として．

代替・補充（引用順）

L 20ab [SGT 24b.3]: 平方規則．

Tr 11b (= PG 24b) [SGT 24b.4]: 平方規則．

Tr 15ab (= PG 28ab) [SGT 28-29.2]: 立方規則の補足説明．

Tr 24ab (= PG 39ab) [SGT 37.1]: 部分付加類の同色化．GT 57 に同じ規則があるにもかかわらず Tr の規則を引用するのは，シンハティラカが Tr に慣れ親しんでいたからと思われる．

Tr 16a (= PG 26a) [SGT 50]: 立方根規則．これも，GT 32-33 に同じ規則がある．前項参照．

L 47 [SGT 52.6]: ゼロを含む計算の例題．

PG 37 [SGT 54.2]: 分数の足し算規則．部分類の同色化のステップを踏まない足し算のアルゴリズム．

L 51 [SGT 65.2]: 任意数算法．顕現数類の規則として．

L 49 [SGT 94.3]: 自己部分の加減を含む逆提示の規則．

L 50 [SGT 94.4]: 逆提示の例題．

L 78 [SGT 95.2, 117.2]: 逆三量法の用途．

Tr 31b (= PG 45b) [SGT 108.2]: 五量法以上の規則．GT 108 は五量法の例題だから，GT 107 が適用可能．実際，GT 108 の最初の問題パターンの解 [SGT 108.1] では GT 107 を使用．

（『ガニタティラカ』には五量法の規則 (GT 107) と例題 (GT 108-111) はあるが，七量法以上がないので，それらを含む次の規則と例題を『リーラーヴァティー』と『トリシャティカー』から補う.）

L 82 [SGT 111.2]: 五 ~ 十一量法の規則.
Tr E51 (= PG E45) [SGT 111.3]: 七量法の例題.
Tr E52 (= PG E46) [SGT 111.4]: 九量法の例題.
L 86 [SGT 111.5]: 九量法の例題.
L 87 [SGT 111.6]: 十一量法の例題.
Tr 31b (= PG 45b) [SGT 111.5, 111.6]: 五量法以上の規則.『リーラーヴァティー』の規則 (L 82) を既に SGT 111.2 で引用しているにもかかわらず,『リーラーヴァティー』からの 2 例題 (L 86, 87) の解で，その規則 (L 82) ではなく,『トリシャティカー』の規則 (Tr 31b) を引用していることに注意.

伝承 (āmnāya) [SGT 32-33.2]: 具体的な言語表現は引用されていないが，数学的内容は「立方割る平方は立方根」($n^3 \div n^2 = n$) というもの.

1.5.4 シンハティラカのサンスクリット

特徴的表現

adhi [SGT 66.1, etc.]: 数学書では通常 adhika を用いる所で.
例：caturadhipañcaśata（四大きい五百）. これはふつう，caturadhika-pañcaśata- あるいは pañcaśatacatur- (504) と表現されるものである. adhi の同じ用法はシンハティラカの『マントララージャラハスヤ』にも頻出する.[1]

adhyuṣṭa [SGT 41.1]: GT 41 に出る「三つ半」を意味するふつうのサンスクリット表現 sadala-tritaya（半分を伴う三）を説明するために，シンハティラカは数学書では見かけない単語 adhyuṣṭa に置き換えている. シンハティラカの MRR 90 にも出る. この語はサンスクリット ardha-caturtha（あと半分で四つ目）に対応するプラークリット addhuṭṭha (< ardha-*turtha = ardha-caturtha) から誤ったサンスクリット化によって作られた単語である.[2] サンスクリットの辞書にも載っている語ではあるが，数学文献では見かけない. シンハティラカにとってこの語は，SGT 冒頭の祈祷 (S 1) で言及されているクンダリニー女神との関連で慣れ親しんだ表現だったのかもしれない. §1.4 参照.

bhāga-jāti [SGT 41.3 etc]: 部分類と訳したこの語は，通常は分数の同色化 (kalāsavarṇana) の一つに数えられる通分を意味するが（GT 53 参照）, シンハティラカは分子・分母一つづつの単純分数（用例はすべて分子が 1 の単位分数）の意味でも用いている.

lakṣaṇa [SGT 23, etc.]: a *b*-lakṣaṇa の ‘*b*-lakṣaṇa’ は bahuvrīhi comp. として「*b*（数）を徴（しるし）として持つ a」の意味で用いられる.

[1]MRR 14, 69, 89, 99, 111, 116, 154, 183, 200, 203, 221, 247, 254, 264, etc. 参照.
[2]MMW. Cf. Pischel 1981, 376.

例：khaṇḍayor dvitrilakṣaṇayoḥ prāguktayor vargau yau caturnavalakṣaṇau tayor aikyaṃ jātās trayodaśa/ [SGT 24b.3]「前に述べられた両部分，二と三を徴とするもの，の平方，四と九を徴とするもの，の和として十三が生ずる.」
lakṣaṇa の同じ用法は,『トリシャティカー』に対する著者未詳の注にも見られる．本書付録 E, TrC E4.6 参照.

珍しい省略形

tri for tṛtīya（三つ目）[SGT 132-33.1]: tri-khaṇḍa
dvi for dvitīya（二つ目）[SGT 92.2, 109, etc.]: dvi-khaṇḍa, dvi-pakṣa, dvi-stha, dvi-sthāna

母音衝突

-a e- for -ai-
例 1: rūpa ekakṣepe for rūpaikakṣepe [SGT 94.1]
例 2: -guṇa ekabhaktaṃ for -guṇaikabhaktaṃ [SGT 102]

不規則変化

nom. sg. m. -u for -aḥ: bhāgu [SGT 94.1, 94.4]
dvādaśama for dvādaśa [SGT 97]
dvir for dvi: dviruttarā pañcaśatī for dvyuttarā pañcaśatī (502) [SGT 66.1]
sye for se: vinyasyed for vinyased [SGT 23]

古典サンスクリットでは一般的でない意味・用法で用いられた語

upajīvin, 保証人手数料 [SGT 120.0]
grāhaka, 借り主 [SGT 131.0]
tatra（副詞）を tad（代名詞）の loc.sg. のように用いる [SGT 128-29]
pratyutpanna, 利息 [SGT 131]
bhāvyaka, 保証人手数料 [SGT 120]
vyāja, 利息 [SGT 107, 120.0, 120]. ただし，kalāntara も用いる [SGT 121.2]

1.6 シンハティラカの算術表現

ここでは，シンハティラカが算術計算に関連して用いるサンスクリット語をトピックごとに列挙し，必要に応じて説明を加える．出現箇所については，サンスクリット単語索引 3 参照.

1.6.1　算術全般

uttara, 答え
udāharaṇa, 例題
uddeśaka, 出題
krama, ステップ，手順，正順
kramaśaḥ, 順番に，ステップごとに
kriyā, 計算
gaṇita, 計算，数学
　-cārin, 計算士
　-jña, 計算・数学を知る者
　-śāstra, 計算の教え，数学（書）
gāṇitika, 計算士
ghaṭanā, 適用，検算
tattva, 原理，要点 → nyāya, yukti
nyāya, 原理・原則，理屈．術則としては与えられていないが,「掛けたら乗数は去る（消される）」[SGT 47.3] というように，一般に従うべき原理・原則のようなもの．ただし，術則に言及してこの言葉を使う場合もある．例えば,「'掛け算の果は' という理屈 (nyāya)」[SGT 130.7] が言及するのは，分数の掛け算の術則 (GT 40)． → tattva, yukti
nyāsa-vṛtta, 書置の詩節，数値を与える詩節
pakṣa, 翼，二つ以上の並立項の一つ
pada, 項
prakriyā, 演算，手順
pracaya, 積み重ね．GT 29 では「増分」の意味に用いられているが，シンハティラカはそれを「縦に並べた数列（の一部）」と解釈する．
praśna, 質問，問題
yukti, 道理（計算根拠）.「部分付加の道理」[SGT 39.4] というように，実際に術則として与えられている計算根拠を指すことが多い． → tattva, nyāya
lakṣaṇa, 徴．SGT では，数詞を前項とする bahuvrīhi comp. で用いられる．§1.5.4 参照.
loka-pratyakṣa, 直接人々の目に見えるもの → dṛśya (§1.6.3).
viparīta-uddeśaka, 逆提示．逆算法 (viparīta-karman, vyasta-vidhi) という呼称のほうが一般的.
vyavahāra, 慣用，業務，作業，仕事，手順
vyākhyā, 説明，解説
samuccaya, 累積
hṛdaya, 心，肝心

1.6.2 規則

adhyāhāra, 補充規則
āmnāya, 伝承
upāya, 方法
karaṇa, 計算方法，計算術，術
  -ghaṭanā, 術の適用
karaṇam ā-√dhā, 術を適用する
rīti, 方法，やりかた
vidhi, 演算，また演算を述べた規則
sūtra, 規則，計算方法 (karaṇa) を言葉（一般に詩節）で表現したもの

1.6.3 数・量・数字

aṅka, 数字（しばしば「数」saṃkhyā の意味で用いる）
  -taḥ, 数字により
  -pracaya, 数字の積み重ね
  -rāśi, 数字の集まり
  -rīti, 数字を用いる方法，数字表記
  -vidhi, 数字の演算
  -śreṇi, 数字の列
  -sammīlana-vidhi, 数字の足し算
  -sahacārin, 数字に付随するもの（＝ゼロ）
  -sthāna, 数字の位置
ajñāta, 未知の（数）
āya, 収入，正数 → vyaya.
dṛśya, 見える，顕現する（数），既知数 → loka-pratyakṣa (§1.6.1).
dhana, 財産，値，正数
pūrṇa, 満，完全な（数）（＝整数）
pramāṇa, 量
miti, 大きさ
mūla-prakṛti, 根元，すなわち，元の数
rāśi, 集まり，量，数
rūpa, 単位，集合名詞として，単位の集まり，すなわち整数. Cf. rūpa-gaṇa (Tr 24b = PG 39b)，単位の集合（＝整数）. SGT 37.1 の冒頭参照. おそらく，SŚ 14.12 に出る rūpa-guṇa は，出版本の Tr 24b に出る rūpa-guṇa と同様，rūpa-gaṇa の誤記. 本書付録 A.2, SŚ 14.12 の Note 参照. また，本書付録 D, PGT E3.1 に出る rūpa-vṛnda も rūpa-gaṇa の同義語.
rūpaka, 貨幣単位の一つ，＝ dramma [SGT 39.1]

viṣama-aṅka, 奇数字（奇数）　→ sama-aṅka
vyaya, 支出，負数（減数）　→ āya.
sadṛśa, 同じ，等しい
sama, 同じ，等しい
　-aṅka, 偶数字（偶数）→ viṣama-aṅka
samāna, 同じ，等しい

1.6.4　位取り

位取りの順序に関する表現「正順」(anukūla, anuloma)「逆順」(pratiloma, viloma) はその指す向きが定まっていないことに注意．参考までに GT と引用された Tr の表現もここにあげる．§1.6.5 の「数字の移動に関する語」参照.

anukūla, 正順，位取りで右（一位）から左（最上位）へ進行
anuloma (GT 17), 正順，位取りで右（一位）から左（最上位）へ進行
　-gati (SGT 23), 順行，位取りで左（最上位）から右（一位）へ進行
niryukta-rāśi (Tr 15a), 連結量（隣接する複数桁）
pratiloma-gati (SGT 23), 逆行，位取りで右（一位）から左（最上位）へ進行
viloma (GT 17), 逆順，位取りで左（最上位）から右（一位）へ進行
sthāna, 位，桁
　-adhikatā, 位を〈一つ〉増やすこと（右に一桁移動すること）
　-cyuta, 位を落とした（右に移動した）

1.6.5　書板上の作業

計算をする場所

paṭṭaka, 書板
bhūmi, 地面

以下，この節の記述では「書板」に統一する．§1.7.1 も参照.

書板上の数字の位置・配置に関する語

aṅka-sthāna, 数字の位置
adhaḥsthita, 下にある（数字）
anyatra, 他の場所で（書板上の）→ mūla-sthāna.
utkrama, 逆順（下から上）
uparitanastha, 上にある
ūrdhva-gatyā, 上向きに，上下方向に（数字の配置）
tala-sthita, 下にある（数字）

ni-$\sqrt{}$yuj, 採用する，割り当てる（数字の位置を定める）
neya, もたらされるべき（数字が書板上に置かれるべき）
$\sqrt{}$maṇḍ, caus. 配置する（数字を書板上に）
mūla-sthāna, 元の場所（書板上の） → anyatra.
rūpa-pracaya, 整数の積み重ね（縦に並べたもの）
vallī, 蔓（数字を縦に連ねたもの）
śṛṅkalā-kalita, 鎖状にした（2つ以上の連続する部分付加の数字を縦に並べたものの形容） → vallī.
$\sqrt{}$sthā, caus. 置く（数字を書板上に）
sthāna, 位置,

数字の移動に関する語

書板上での「数字の移動」とは，書かれてある数字を消して別の位置に書き直すこと．この操作は，乗数や除数の移動で必要になる．

ut-$\sqrt{}$sṛ, caus. 移動する（数字を）
eka-adhika-sthānatayā, 一大きい位を持つように（一桁右に移動して）
eka-adhikatayā, ひとつ〈位を〉増やして（一桁右に移動して）
eka-sthāna-ūnatayā, 一つ位を減らして（一桁左に移動して）
$\sqrt{}$cal, caus. 移動する（数字を）
sañ-$\sqrt{}$car, caus. 移動する（数字を）

数字の消去に関する語・表現

書板は計算用なので，計算に不要となった数字は書板から消される．これは，書板の狭いスペースを有効に使うためと，不要になった数字とまだ（後で）必要な数字の混在による混乱を防ぐためと思われる．

ukta-arthatvāt, 目的が述べられた（達成された）ので（書板上の数字を消す理由の一つ）.「目的が述べられた」(ukta-artha) が「目的が達成された」(kṛta-artha) の意味になるか疑問が残るが，この表現は SGT の現存部分に 12 回も出現するから，誤記ではない．
gata, 去った，消えた（書板上の不要な数字が消された）
nivṛtta, 消えた（同上）
pra-$\sqrt{}$yā, 去る（消される）
bhagna, 破棄された（同上）
$\sqrt{}$bhaj, 破棄する（書板上の数字を消す）
bhañjanīya, 破棄されるべき（書板上の不要な数字が消されるべき）
$\sqrt{}$yā, 去る（消される）

vinaṣṭa, 消された

これらは，例えば次のような文脈で用いられる．

例 1: tatra lavāś cāntarālasthā uktārthatvāt prayāti [SGT 73]，「そこで，間にある部分は目的が述べられたので去る．」

例 2: etena bhāgonarūpavihṛte dṛśyamūle iti siddham/ yathā

mū 24 14	dṛ 64 7

rūpaśeṣaṃ gatam/ [SGT 79.1]「これによって『顕現数と根が部分を引いた単位で割られるとき』(GT 76) が達成された．すなわち

mū 24 14	dṛ 64 7

単位の残り ($\frac{7}{8}$) は去った（書板から消された）．」

特に，インドの位取り掛け算法として最も普及したカパータ連結乗法 (§1.7.3.2 参照) で，掛け算が終わると，不要になった乗数は消される．そのとき，被乗数は積に変わっているので，被乗数を消す，という文言はない．

例 3: guṇite guṇako yāti [SGT 47.3]「掛けたら乗数 (sg.) は去る（消される）．」

例 4: guṇakāḥ sarvatra yānti [SGT 61.3]「⟨ 役目が終わった ⟩ 乗数 (pl.) はどこでも去る（消される）．」

例 5: guṇako yāti sarvatra [SGT 63.2]（同上）

これらの例はいずれも分数計算に関わるもので，計算途中で一時的に生じた乗数を書板上に書いておき，役目が終わったら消す，という操作である．最初の例ではこれを nyāya（理屈あるいは原則）と呼んでいる．『トリシャティカー』注では，カパータ連結乗法を実行して最後に不要になった乗数を消すとき，vinaṣṭaṃ yena guṇitaṃ（それによって掛けられたものは消される）という定型句に何度か言及している．本書付録 E.1, TrC E3.1 の Note 参照．

書板上に数字を残す表現

目下の計算に不要でも，後で必要になる数字は書板上に残される．

sthāpya, 置かれるべき

例 6: ayam aṅkaḥ sthāne sthāpyaḥ [SGT 59.2]「この数字は，⟨ 一時的に書板上の適当な ⟩ 所に置かれるべきである．」

例 7: ayaṃ sthāne sthāpyaḥ [SGT 61.3]「これは，⟨ 一時的に書板上の適当な ⟩ 所に置かれるべきである．」

例 8: ayaṃ tṛtīyasthāne niścalaḥ sthāpyaḥ [SGT 71-72.1]「これ ($\frac{9}{40}$) は ⟨ 書板上で ⟩ 三番目の位置に，変わらないものとして置かれるべきである．」この $\frac{9}{40}$ は，一番目の位置の $\frac{1}{5}$ と二番目の位置の $\frac{1}{8}$ から，「その差

の二倍に自分の半分を加えたもの」(GT 71) として得られたもの．これら ($\frac{1}{5}$, $\frac{1}{8}$, $\frac{9}{40}$) に対して顕現数類の規則 (GT 64) を適用する．

sthita, 存在する，残る（書板上に数字が）

1.6.6 八種の基本演算

parikarmāṣṭaka, 八種の基本演算

足し算

anvita, 伴う，加えられた
abhyupeta, 伴う，加えられた
kṣipta, 投じられた，加えられた
kṣepa, 投ずる（付加する）こと，加数
madhya-kṣepya, 中に投じられるべき，加えられるべき
  a-madhye *b*-kṣepe jāta- *c*, *a* の中に *b* を投じて（加えて）*c* が生ずる
milana/mīlana, 付加
milita, 加えられた
melanīya, 加え合わせられるべき
yukta/yojita, 加えられた
yuta, 加えられた
yoga, 和
yojana/yojanā, 足し算
yojya, 加えられるべき
saṃmīlana, 足し算
saṃyoga, 和
saṃyojita, 加え合わされた
saṅkalita-vidhi, 足し算（の規則）
samāsa, 和

引き算

apagama, 除去（引き算）
apanayana, 除去，引くこと
apahāra, 除去，引くこと
ākarṣaṇa, 引くこと
ā-√kṛṣ, 引き抜く，引く
ākṛṣṭa, 引かれた
nir-√gam, caus. (nirgamayya の意味で nirgamya) 除去する，引く
niṣ-√kāś, 除去する，引く

$\sqrt{}$pat, caus. 落とす，引く
pāta/pātana, 落とすこと，引くこと
　a-madhyāt b-pāte/viśleṣe jāta- c, a の中から b を落として/分離して（引いて）c が生ずる
pra-$\sqrt{}$ujjh, 捨てる，引く
viyojana, 引き算
vi-$\sqrt{}$śudh, caus. 引く
viśodhana, 引き算
vyavakalita, 引き算，差
śeṣa, 残り，余り
　-aṅka, 余りの数字

掛け算

abhihati, 積
abhyāsa, 積
āhata, 掛けられた
āhati, 積
ā-$\sqrt{}$han, 掛ける
$\sqrt{}$guṇ, 掛ける
guṇa, 乗数
guṇaka, 乗数
　-adhika-kāri-khaṇḍa-guṇana, 乗数拡大部分乗法
　-tā, 乗数性，乗数であること
　-līnatā-kāri-khaṇḍa-guṇana, 乗数分解部分乗法
guṇakāra-vidhi, 掛け算
guṇana, 掛け算，積
guṇanā, 掛け算
　-vidhi, 掛け算（の規則）
$\sqrt{}$guṇaya, 掛ける
guṇita, 掛けられた
ghāta, 掛け算，積
tāḍita, 掛けられた
nighna, 掛けられた
pratyutpanna, 積，掛け算
prahati, 掛け算
vadha, 積
saṃvarga, 積
saṅguṇa, 掛けられた
saṅguṇanā, 掛け算.

a (gen.) madhye saṅguṇanā,「a の中に掛ける」
$\sqrt{}$han, 掛ける

割り算

apavarta/apavartana, 共約．ardhenāpavartaṃ kṛtvā「半分で共約して」は，2 で共約することを意味する．その複合語 ardhāpavarta(na) が頻出する．同様に，ṣaḍbhāgāpavartana, catuṣcatvāriṃśadadhiśatabhāgenāpavarta もある．前者は 6 で，後者は 144 で共約することを意味する．
apavṛtti, 共約
kuliśa-apavartana, 稲妻共約（分数 2 つのたすきがけの共約）．具体的数字に言及して，catuṣkaś catuṣkenaivāpayātaḥ [SGT 121.2],「四は四とともに（あるいは四によって）去る」というときもある．
kuliśatā, 稲妻状態 [SGT 42]
chid, 除数，分母
cheda, 除数，分母
datta-bhāga, 部分が与えられた，割られた
prahāṇi, 減少（に導く数＝除数）
$\sqrt{}$bhaj, 割る（割り算を行う）
bhāga, 部分
-aṅka, 部分の数字，除数
-grāhako 'ṅkaḥ, 部分を得させる数字，除数
-dāyin, 部分を与えるもの，除数
bhāga-hāra, 割り算
-vidhi, 割り算（の規則）
bhāgaṃ $\sqrt{}$grah, caus. 部分を得させる，すなわち，割る
bhāgaṃ $\sqrt{}$dā, 部分を与える，割る
bhāgaṃ pradāpyate yo 'ṅkaḥ, 部分を与えさせられる数字，すなわち，被除数
bhāgo na prāpyate, 部分が得られない（被除数が除数より小さくて，割れない）
labdha, 商．最終的な商は余りの上に置く：labdhasyopari sthāpyamānatvāt [SGT 49.2], labdhaṃ copari niyojyam [SGT 51.2], labdhasyopari nyāsaḥ [SGT 51.4].
vibhājita, 割られた
vihṛta, 割られた
hara, 除数，分母
$\sqrt{}$hṛ, 割る

平方算

karaṇī, 平方
kṛti, 平方
varga, 平方
　-vidhi, 平方算（の規則）

開平算

kṛti-mūla, 平方根
pada, 足，平方根
bīja, 種子（平方に対してその元になった根）[SGT 46]
mūla, 根，平方根
varga-mūla, 平方根
viṣama-sama, 奇数〈位〉と偶数〈位〉
　-vidhi, 奇偶の演算（GT 26 の開平算）
　-ityādi, 奇偶云々（GT 26 の開平算）

立方算

ghana, 立方
　-vidhi, 立方算（の規則）

開立算

ghana-mūla, 立方根
　-vidhi, 立方根の演算，開立算（の規則）

1.6.7　分数

分数表現

サンスクリットでは一般に，分数は序数詞を用いて表す．例えば．あるものの「五分の一」すなわち $\frac{1}{5}$ は,「五番目」を意味する序数詞 pañcama と「部分・分け前」を意味する語 bhāga を用いて，pañcama-bhāgaḥ (sg.)．その五分の一が三個あるとき，すなわち $\frac{1}{5} \cdot 3 = \frac{3}{5}$ は，trayaḥ pañcama-bhāgāḥ (pl.)「三つの五分の一」．基数詞 pañca を序数詞 pañcama に代用して，trayaḥ pañca-bhāgāḥ (pl.) という場合もある．次の例もこの類である．ヴァッラ (valla) は重量単位.

例 1: $11\frac{35}{49}$ ヴァッラ: labdham ekādaśa vallā dvādaśamasya* caikona-pañcāśadbhāgāḥ pañcatriṃśat/ yathā vallāḥ $\begin{array}{|c|c|} 11 & 35 \\ & 49 \\ \hline \end{array}$ [SGT 97],「商は十一ヴァッラと十二番目の〈ヴァッラの〉四十九分の三十五. すなわち $\begin{array}{|c|c|} 11 & 35 \\ & 49 \\ \hline \end{array}$ ヴァッラ.」(*dvādaśama-は変則的. 規則形は dvādaśa-.)

一つの複合語にすることもある. 最初の例でいえば, tri-pañca-bhāgāḥ (pl.) または tri-pañca-bhāgaḥ (sg.) である. その bhāga を分離して, bhāgais tri-pañcabhiḥ, さらに bhāga を省略して, tri-pañcabhiḥあるいは tri-pañcakaiḥ ということもある.

例 2: $\frac{67}{102}$: dviruttaraśatasaptaṣaṣṭiḥ [SGT 130.7]「百と二・六十七」

もこの類だが, 分子分母の順序が逆になっている. また, この dvir-は dvy-が正しい. bhāga を省略して分子・分母を並置する形が「除数」など他の語を修飾する場合は, 接尾辞-ka を付加したり, -rūpa (〜の形を持つ), -lakṣaṇa (〜を徴とする) と複合語を作ったりする. 例えば,

例 3: $\frac{4}{9}$: caturnavakasya bhāgadāyinaḥ [SGT 78.1]「四・九という除数の」

例 4: $\frac{3}{2}$: mūlatridvirūpasya madhye [SGT 79.1]「三・二という形の根の中に」

例 5: $\frac{8}{3}$: dalam aṣṭatrilakṣaṇaṃ [SGT 92.2]「八・三を徴とする半分」

などがそうである.

例 6: $\frac{3}{5}$: bhāgas tripañcabhir āhataṃ [SGT 89.2]「部分三・五を掛けた」

は不規則表現. bhāgas は, 文法的には bhāgais が正しい. これは, 単なる筆写の誤りか, そうでなければ, GT 87 の規則の「部分を掛けたもの」(bhāgāhataṃ) を適用するとき, bhāga と āhataṃを分離し, その間に tripañcabhir を挟んだために, 不用意に bhāga に単数主格語尾 (-s) を付けてしまった結果と推察される.

例は少ないが, 分母を基数詞の属格 (gen.) で表現する場合もある.

例 7: $\frac{5}{12}$: dvādaśānāṃ pañca bhāgāḥ [SGT 130.7]「十二のうちの五部分」

例 8: $\frac{7}{20}$: viṃśateḥ sapta bhāgāḥ [SGT 128-29]「二十のうちの七部分」

例 9: $9\frac{7}{20}$ 月: nava māsāḥ saviṃśateḥ sapta bhāgāḥ [SGT 128-29]「九月と, 二十のうちの七部分」

例 10: $\frac{14}{29}$: bhāgāś ca ekonatriṃśataś caturdaśa [SGT 104]「部分 (pl.) は, 二十九のうちの (sg.) 十四」(二十九分の十四)

三番目の例の saviṃśateḥ は, viṃśateś ca のほうがいいが, これはシンハティラカの語法かもしれない.

物の部分を表すときは,

例 11: $\frac{1}{3}$ ドランマ: tr̥tīyaṃ dramma-bhāgaṃ [SGT 39.1]「三番目の，ドランマの部分」すなわち「ドランマの三分の一」

例 12: $\frac{9}{40}$ 群れの数: yad yūthasaṃkhyāpramāṇaṃ tasya catvāriṃśatā bhaktasya yan navame syāt tat [SGT 71-72.1]「群れの数量を四十で割ったものの九番目〈まで〉にあるもの」

このように，分数 $\frac{b}{a}$ の「分子」b は,「部分」bhāga である $\frac{1}{a}$ の個数を意味するから，我々の「分子」に相当する言葉は bhāga（部分〈の個数〉）である．この「個数」に当たる語は常に省略される．これは，例えば，GT 87 で「根」(mūla) という語が「根の個数」を意味するのと同じである．bhāga の代わりに，aṃśa, lava も同じように用いられる．例えば，

例 13: $\frac{2}{3}$: lavatryaṃśadvaya [SGT 74.1]「部分三分の一が二つ」

前に例示した $\frac{3}{5}$ はまた,「五」を意味する基数詞 pañca と「除数」を意味する語 cheda で bahuvrīhi comp. を作り，trayaḥ pañca-cchedāḥ (pl.)「五を除数とする三」と表現されることもある．特に，分子が分母より大きい分数には常に cheda が用いられる．このように，我々の（現代日本語の）「分母」に相当する言葉は cheda である．cheda の代わりに,「除数」を意味する同義語 chedana, hara, hāra なども同じように用いられる．

例 14: $\frac{3}{2}$: dvicchedās trayaḥ [SGT 104]「二を分母とする三」

例 15: $\frac{161}{2}$: dvicchedam ekaṣaṣṭyadhiśatam [SGT 101]「二を分母とする六十一大きい百」

例 16: $\frac{19}{3}$: tricchedā ekonaviṃśatiḥ [SGT 101]「三を分母とする十九」

例 17: $\frac{9}{4}$: catuśchedā nava [SGT 101]「四を分母とする九」

例 18: $\frac{21}{4}$: catuśchedā ekaviṃśatiḥ [SGT 99]「四を分母とする二十一」

例 19: $\frac{1}{10}$: daśaccheda ekaḥ [SGT 75.1]「十を分母とする一」

例 20: $\frac{5}{24}$: pañcacaturviṃśaticchedasya [SGT 61.5]「二十四を分母とする五の」

例 21: $\frac{10}{24}$: daśa caturviṃśaticchedāḥ [SGT 61.5]「二十四を分母とする十」

例 22: $\frac{300}{5}$: pañcacchedā triśatī [SGT 89.2]「五を分母とする三百」

cheda を残したまま-lakṣaṇa と複合語を作り，他の語を修飾することもある．

例 23: $\frac{5}{2}$: phalaṃ dvicchedapañcalakṣaṇaṃ [SGT 109],「二を分母とする五を徴とする果」

分数の共約（約分）

例 24: ardhena caturṇāṃ ṣaṇṇāṃ cāpavartane [SGT 41.2]「半分で四と六を共約して」．意図されているのは，$\frac{4}{6} = \frac{2}{3}$.

例 25: a-bhāgenāpavarte [SGT 61.3, 71-72.2]「a 分の一で共約すると」．意図されているのは a で共約すること．

分数を半分にすること

分数が半分に「適さない」(na sahate, na ghaṭate) とき，すなわちその分子が奇数のとき，分母を 2 倍することによってその分数を半分にする．これを次のように表現する．

例 26: eko nārdhaṃ sahate [SGT 71-72.2] $\frac{1}{a}$ を 2 で割るとき,「一は半分に適さない」ので分母を 2 倍して，$\frac{1}{2a}$ とする．

例 27: yadā ca padaṃ nārdhaṃ sahate tadādhaśchedaṃ dviguṇaṃ kṛtvā tasya padasyārdhitasya [SGT 76]「根が半分に適さないときは，下の分母を二倍することでその根を半分にし」

例 28: padaṃ navārdhaṃ na sahate/ tadadhaścaturṇāṃ dviguṇatāyāṃ jātā aṣṭau/ etena jātaṃ padārdham/ [SGT 78.1]「根九は半分に適さない．⟨ だから，⟩ その下の四を二倍して八が生ずる．これで『根の半分』が生ずる.」($\frac{9}{4} \div 2 = \frac{9}{8}$)

例 29: padasya saptakasya dvyaṃśakatā ardhaṃ na ghaṭate/ tadardhaṃ chedasyādhastriko dviguṇo jātāḥ ṣaṭchedāḥ sapta/ [SGT 82.1]「根七の二分の一状態は半分に適さない．その半分は，分母の，すなわち下の，三を二倍して生じた六を分母とする七である.」($\frac{7}{3} \div 2 = \frac{7}{6}$)

例 30: pañcakam ardhaṃ na sahate/ tato 'dhastrayāṇāṃ dviguṇatāyāṃ jātā adhaḥ ṣaḍ upari pañca/ [SGT 91.1]「五は半分に適さないので，下の三を二倍して，下に六，上に五が生ずる.」($\frac{5}{3} \div 2 = \frac{5}{6}$)

これを一般的に表現する文章もある．

例 31: evam ardhāsaha uparyaṅke 'dhaḥsthasya dviguṇatāyām uparyaṅko 'rdhito bhavatīti sarvatra jñeyam/ [SGT 77.1]「このように，上の数字が半分に適さないとき，下にあるものを二倍にすると，上の数字が半分にされたことになる，とどこでも知るべきである.」

分数の慣用表現

慣用では (vyavahāre)，部分付加（帯分数）$a\frac{c}{b}$ で $c = b - 1$ のとき，部分除去にして $(a+1) - \frac{1}{b}$ と表現することもある．

例 32: $32\frac{2}{3}$: tribhāgonas trayastriṃśat [SGT 41.2]「三分の一少ない三十三」

例 33: $4\frac{3}{4}$: pādonapañca [SGT 47.2]「四半分引く五」

例 34: $2\frac{23}{24}$ ドランマ: drammadvayaṃ tṛtīyaś caikabhāgonaḥ [SGT 39.4]「二ドランマと一部分を欠く三番目 ⟨ のドランマ ⟩」ここでは分母の 24 は明示されていない．

分数に関連する語

aṃśa(-ka), 部分，分子
adhyuṣṭa, 三つ半 [SGT 41.1] Cf. §1.5.4.
ardha, 半分
dala, 半分
prabhāga-jāti, 重部分類
bhāga, 部分，分子
　-anubandha, 部分付加（帯分数）
　-anubandha-jāti, 部分付加類
　-apavāha-vidhi, 部分除去類の演算（規則）
　-jāti, 部分類
bhinna, 分数
　-ghana, 分数の立方
　-ghanamūla, 分数の立方根
　-pratyutpanna, 分数の掛け算
　-bhāgahāra, 分数の割り算
　-varga, 分数の平方
　-vargamūla, 分数の平方根
　-vyavakalita, 分数の引き算
　-saṅkalita, 分数の足し算
lava, 部分，分子
vallī-savarṇana-jāti, 蔓の同色化類
vibhinna, 分数
śṛṅkalā-kalita, 鎖状にした（2 つ以上の連続する部分付加の数字を縦に並べたものの形容）
savarṇana, 同色化（部分付加類などの複合分数を，計算の対象にするため，単純分数にすること）
savarṇita, 同色化された

1.6.8　略号

シンハティラカは，次の略号を用いる（ほとんどは書置で）．出現箇所については，サンスクリット単語索引 3 参照.

aṃ = aṃśa, 部分
udā° = udāharaṇa, 例題
ū = ūna，減数
ka = karmakāra, 労働者
kro = krośa, 長さ（距離）の単位の一つ

gu = guṇaka, 乗数
gu° = guṇaka, 乗数.
gu. = guṇaka, 乗数
ca = caraṇa, 四半分
di = dina, 日
dṛ = dṛśya, 顕現数
dra = dramma, ドランマ
dha = dhana, 正数
pa = paṇa, 貨幣単位の一つ
pa = pala, 重量単位の一つ
bhā = bhāga, 部分
bhā° = bhāgāṅka, 除数
mā = mānikā, 容積単位の一つ
mā =māsa, 月（暦の）
mū = mūla, 根，元金
mū = mūlya, 値段
yū = yūtha, 群れ
yo = yojana, 長さ（距離）の単位の一つ
rū = rūpa, 単位
la = lava, 部分
va = varṣa, 年
va = vastu, もの
vyā = vyāja, 利息
śe = śeṣa, 余り

1.7 中世インドの算術計算

1.7.1 概論

インド数字は 10 進法位取り原理に則り，記録だけでなく計算にも用いることができる便利な数字として世界に広まったが，インド数字がそのような使われ方をするようになったのはおそらく 5〜6 世紀ころであり，その前のインド数字は位取りではなく，計算は，少なくとも 2〜6 世紀頃の北西インドでは，10 進法位取りで棒 (vartikā) あるいはビーズ (gulikā) をカウンター（駒）に用いる一種のアバクス（算板）で行っていた.[1]

[1]アバクス使用の根拠はヴァスバンドゥ（4〜5 世紀）が『アビダルマコーシャ註解』で引用するヴァスミトラ（1〜2 世紀）の次の比喩である.「存在の構成要素 (dharma) は〈過去・現在・未来の三時の〉道にあって新しい場面に至るごとに他の名で呼ばれる．これは場面が異なるからであって物自体が異なるからではない．恰も一つの棒 (vartikā) が一の標 (aṅka) を持つところに投じられると一と呼ばれ，百の標を持つところでは百，また千の標を持つところでは千と呼ばれるのと同じである.」(*Bhāṣya* on *Abhidharmakośa* 5.26ab, p.296; cf. Ruegg 1978.)

その時期から次世代の筆算への変わり目に位置すると思われる『アールヤバティーヤ』(AD 499 または少し後) には，位取りによる開平と開立の算法が述べられているが，そのために用いられた手段がアバクスだったのか筆算だったのかはテキスト自体からは明らかではない．ただ，アバクスのカウンターにも使われたビーズを意味する語 gulikā が，一度だけ，一次方程式の未知数を意味する語として用いられている (AB 2.30)．このことは，詳細は不明だが，方程式の表現と解にビーズが関わっていた可能性を示唆する．

ヴァラーハミヒラの『パンチャシッダーンティカー』(AD 550 頃) にはゼロの加減に加えてゼロ記号を意味する語「点」(bindu) が用いられている．ゼロ記号としての「点」が用いられるのは 9 つの数字と共にであり，アバクスのカウンターと共にではない．したがって，遅くとも 500 年代前半にはゼロ記号を伴う 10 進法位取り数字が完成していたと考えられる．

『アールヤバティーヤ註解』(AD 629) を書いたバースカラ I は，10 進法位取り名称を規定する詩節 (AB 2.2) に対する注で，非位取りに対する位取りの優位性を強調している．そこでの彼の言葉遣い自体は，その位取りがアバクスのそれであった可能性も排除しないが，1 ユガの太陽年数 (4320000) を物数で表現するとき (BAB 3.4cd, p. 181),「虚空」「雲」とともに「点」(bindu) をゼロの意味で用いているから，やはりゼロ記号を伴う位取り数字を用いていたことがわかる．

バースカラ I はまた,『アールヤバティーヤ』(AB 2.30) で使われた語 gulikā を説明して,「これらの gulikā は，⟨ 値段などの ⟩ 量（あるいは数値）がわからないものであり，yāvattāvat と呼ばれる」[1] という．後世の数学書は,「〜だけ，それだけ〜」を意味するこの yāvattāvat の第一音節 yā を，方程式表現で未知数を表す第一の記号として使い，さらに未知数が必要なときは，色の名前の第一音節を使う.[2] バースカラ I もその語 yāvattāvat を用いて例題を与えるが，彼はまだそれを方程式中の記号 yā としては使っていない．同時代のブラフマグプタが『ブラーフマスプタシッダーンタ』(AD 628) で未知数を表す言葉は「未顕現 ⟨ 数 ⟩」(avyakta) であり (BSS 18.43, 45)，複数個の未知数を扱うときは「色」(varṇa) という言葉を用いる (BSS 18.51, 62, 63)．彼は，gulikā も yāvattāvat も使わない．これらの事実から，6〜7 世紀頃，方程式の未知数を表すものが，ビーズ (gulikā) から yāvattāvat と色名称の頭文字に変化したと推論される．その変化は，算術計算のアバクスから筆算への変化に伴って，それに引き続いて生じたものかもしれない．

マイナス記号は必ずしも筆算を前提とするものではないが,『アールヤバティーヤ註解』も含めて散文で書かれた 7 世紀以降の多くの数学文献でそれが使用されていることもここで指摘しておきたい．SGT 61.1 の Note 参照．

ブラフマグプタが教える掛け算法「牛綱」(go-sūtrikā) も，アバクス上で行われた時代があった可能性も否定できないが，数字を用いる筆算のほうが向

[1] et⟨ā⟩ eva gulikā ajñātapramāṇā yāvattāvanta ucyante/ BAB 2.30 (p.128)
[2] kālaka (黒) の kā，nīlaka (青) の nīなど．詳しくは，林 2016 参照.

いている（§1.7.3.1 参照）.『ブラーフマスプタシッダーンタ』は全 24 章から成るが，前半を締めくくる第 10 章の終わりで，そこまでに述べてきた天文学全体を指して「粉仕事」(dhūli-karman) と呼ぶ (BSS 10.62, 66, 67). これは，天文学上の計算や作図に粉を敷いた板などを用いたからだと考えられている.

インドでは古くからパラカ (phalaka) と呼ばれる木製の書板が用いられていた. それは膝上サイズの横長長方形黒板で，短辺の一つに握り突起がついていた. それに関する記述がジャータカなどの仏教文献に，また，それが描かれたレリーフが 2 世紀頃のガンダーラ美術に見られる.[1]

インドで現存する最古の数学写本『バクシャーリー写本』では，ゼロ記号（点）を伴う完成された十進法位取り数字が用いられている. 字体（前期シャーラダー文字）から判断すると書写されたのは 8〜12 世紀だが，著作年代はもう少し遡ると思われる. 同書は「チャジャカの息子にして計算士たちの王であるバラモン」(chajaka-putra-gaṇaka-rāja-brāhmaṇa) と名乗る編者（編者は複数の可能性もある）が規則と例題を他書から集めて例題に解を付けたものである. その術語や著述形式がバースカラ I の『アールヤバティーヤ註解』によく似ていることや，未知数を意味する記号 yā がただ一度だけ，それも極めて限定的に用いられていることなどから見て，その編纂年代はバースカラ I と同じ頃か，後としてもさほど時を隔てない時期だったと思われる.[2]

インドの十進法位取り表記とそれによる計算法が 7 世紀中頃までにメソポタミア地域まで到達していたことは，シリア人司教セーボーフトの書の断片 (AD 662) から知られる. 彼は，シリア人を励ますために，学問はギリシャ人やバビロニア人の専売特許ではなく，例えばインド人も天文学において精妙で独創的な発見をしているとし，たった 9 つの記号を用いて行う計算を発明したインド人を称賛している.[3]

以下の小節では，インド数字を用いた筆算による整数の加減乗除と平方・開平・立方・開立の八則を，歴史的展開に留意しつつ原典に基づいて見てゆく.

1.7.2 足し算・引き算

位取りによる整数の足し算と引き算を成文化（韻文化）しているのは，シュリーダラ (AD 800 頃) に帰される『ガニタパンチャヴィンシー』，本書で和訳したシュリーパティの『ガニタティラカ』(AD 1040 頃)，バースカラ II の名著『リーラーヴァティー』(AD 1150)，それに時代が下ってムニーシュヴァラの『パーティーサーラ』(17 世紀前半）などの算術書・数学書である.『ガ

---

[1] Sarma 1985; 林 1993, 34; 林 2001, 120; 山田 1990, 53. 本書口絵参照. また，SGT 14.1 に出る paṭṭaka 参照.

[2] Hayashi 1995a; Hayashi 2016. 『バクシャーリー写本』を所蔵する Bodleian Library (Oxford) の研究者が，2017 年 9 月，同写本から抽出した 3 葉を放射性炭素 (^{14}C) で年代測定したところ，それぞれ，AD 224-383, 680-779, 885-993 という結果を得た，とマスコミに発表した. これらの数値に対する我々の見解については，Plofker et al. 2017 参照.

[3] Nau 1910, 225-27; Smith 1958, vol.1, 166-67; Pingree 1976, 147-48.

ニタティラカ』の規則については GT 13 & 15 参照.『リーラーヴァティー』の規則 (L 12) もそれとほとんど同じである.

アールヤバタ I の『アールヤバティーヤ』(AD 499 頃), ブラフマグプタの『ブラーフマスプタシッダーンタ』(AD 628), シュリーパティの『シッダーンタシェーカラ』(AD 1040 頃) などの天文書にも数学の章があるが, それらは足し算と引き算には言及しない. アールヤバタ II の天文書『マハーシッダーンタ』(AD 950 または 1500 頃) は例外的に言及するが, 定義を与えるだけで計算には触れない.

1.7.2.1『ガニタパンチャヴィンシー』(GP 1ab)

シュリーダラの真作かどうか疑問も残る簡易算術教科書『ガニタパンチャヴィンシー』は, 位取りによる足し算と引き算を簡潔に述べる.

> 和と差は位に応ずる. ゼロを ⟨ 加減 ⟩ しても, ⟨ 元の数は ⟩ 不変である. /GP 1ab/ [1]

シュリーダラの『トリシャティカー』と『パーティーガニタ』で足し算と引き算の規則として与えられているのは, それぞれ自然数列の和と二つの自然数列の和の差である.

ゼロに関しては, この詩節はゼロの加減に言及するだけだが, 分数の八則のあとで (GP 9ab), 積, 平方, 立方等に触れる.[2]

1.7.2.2『ガニタティラカ』のシンハティラカ注 (SGT 13, 14.1-2, 15, 16.1-2)

『ガニタティラカ』の足し算規則 (GT 13) に出る「正順」「逆順」は, 自然に解釈すれば, それぞれ位に沿って右からの順と左からの順であるが, シンハティラカは上から下へが「正順」, 下から上へが「逆順」と解釈する (SGT 13, 14.1-2). 引き算では, 被減数を上に, 減数を下に書く場合が「正順」, その反対が「逆順」とする (SGT 15, 16.1-2). これらの解釈はシンハティラカに独特なものである.

1.7.2.3『マハーシッダーンタ』(MS 15.2)

年代がはっきりしない『マハーシッダーンタ』は定義を与えるが, 計算法には触れない.

---

[1] yogāntare yathāsthānaṃ cetkhenāvikṛto bhavet//GP 1ab//

[2] śūnyaṃ khena vadhe syātkhaṃ khasya vargaghanādiṣu//GP 9ab//

> 数〈という属性〉を有する多くのものを一つにすること，それが足し算 (saṅkalita) である．全財産から除去されたもの，それが引かれたもの (vyavakalita) であり，残っているものが余り (śeṣa) である．/MS 15.2/[1]

詩節後半によると，語 vyavakalita は「減数」($A-B=C$ の B) を意味する．文法的にはその通りだが，通常この語は「引き算」($A-B$) または「差」(C，すなわち上の詩節の「余り」) の意味で用いられることが多い．GT 15 参照．語 vyavakalita のこの定義も，詩節前半の「足し算」の哲学的定義も，数学書では異例である．

1.7.2.4『パーティーサーラ』(PSM 8-9)

『パーティーサーラ』は 2 詩節 (PSM 8-9) で足し算と引き算を述べる．

> さて，足し算と引き算に関する術則．
>
> 被加数と加数の位の順に，あるいは逆順に，位に応じて和が作られるべきである．被減数と減数も同じ．// あるいは，文字は別様でもよい．〈単位に〉異種性があれば差と和はない．なぜなら，世間では非異種の〈数の〉差と和が納得を生むから．/PSM 8-9/[2]

数が非異種 (avijātīya) のときだけ和と差が成立するという条件を付けるのは，他書には見られない特徴である．「文字は別様でもよい」は，数字は地方により，あるいは言語により，異なって良い，ということか．

この規則に続けて足し算と引き算の例題を与える詩節一つづつと散文によるそれらの解がある．足し算のほうは具体的計算手順に触れているので，ここに全文を引用する．

> 例題．
>
> 東を初めとする〈4つの〉方角〈のそれぞれ〉から，味・ヴェーダ・月 (146)，原理・アシュヴィン (225)，ヴェー

---

[1] saṃkhyāvatāṃ bahūnāmekīkaraṇaṃ tadeva saṅkalitam/
yadapāstaṃ sarvadhanāttadvyavakalitaṃ tu śeṣakaṃ śeṣam//MS 15.2//

[2] PSM Ms., fol.1b. 原文に文や数を区切るダンダ (/) はほとんどない．以下では適宜補う．
atha saṃkalitavyavakalitayoḥ karaṇasūtraṃ/
yojyayojakayo⟨ḥ⟩ sthānakramādutkramato ⟨'⟩thavā/
aikyaṃ kāryyaṃ yathāsthānaṃ śodhyaśodhakayostathā(ṃ)//PSM 8//
[akṣaraṃ vānyathā(ṃ)] na sto vaijātyādaṃtaraikyake /
yato loke ⟨'⟩vijātīyāṃtarekye stau pratītije//PSM 9// ([ ] 内は右マージン)
9a: na sto > na stau. 9d: -rekye > -raikye

ダ・矢・海 (454)，八・山・六 (678) だけの金貨が，ある人に集まった．彼の財産を述べよ．/PSM 10/ [1]

書置．146, 225, 454, 678．これらのうち，まず一の位にある数字の和は，23．十の位にある数字の和は，18．百の位にある数字の和は，13．前の和の十位を十の位に加えて，20．これの百位，2, に百位 ⟨ の和 ⟩ を加えて，15．このように，和は，1503．最初に百にあるもの，十のもの，⟨ 一にあるもの，という順序でも ⟩，あるいは，百にあるもの，一にあるもの，十にあるものでも，あるいは，十にあるもの，百にあるもの，一にあるものでも，位に応じて和をとれば，それと同じ 1503 である．/PSM 10p/ [2]

すなわち，一位の和= 23, 十位の和= 18, 百位の和= 13（順不同）だから，十位 $= 18 + 2 = 20$, 百位 $= 13 + 2 = 15$. 合わせて 1503. この手順は，シンハティラカの手順によく似ている．本書 SGT 14.1 とその Note 参照．この後，引き算の例題 (PSM 11: 8526 − 146 − 225 − 454 − 678) と解があるが，解は「順に引くと残りは 7023 である」[3] というだけで，具体的手順を述べない．

ムニーシュヴァラはこれに続く 4 詩節 (PSM 12-15) で，一つの数を表現するときの数詞と数字の列挙順序の違い（数詞は大から小，数字は小から大）とその理由を説明する．彼の議論は，彼の伯父クリシュナが『ビージャガニタ』の注釈『ビージャパッラヴァ』で展開する議論に似ている.[4]

1.7.3 掛け算

表 1-1 と 1-2 は，中世インドの算術書，数学書，天文書の数学の章などで説明あるいは言及されている 8 種類の掛け算法の名称の対応を示す．あとで名称の変化を議論するので，ここでは原語（またはその略号）を用いる．名称（またはその略号）の下の数字は，それぞれの書物でその規則を述べる詩節の番号．表の後で書物別に解説を加える．

---

[1] udāharaṇaṃ/
pūrvādidigbhyo rasavedacaṃdrā 146 sta⟨t⟩tvāśvino vedaśarābdhayaśca /
aṣṭādriṣaṭkāḥ kanakasya mudrāḥ samāgatā yasya vada svamasya//PSM 10// (fol.1b)

[2] nyāsaḥ 146/ 225/ 454/ 678/ eṣāṃ prathamamekasthānasthitāṃkānāṃ yogaḥ 23/ daśakasthānasthitāṃkānāṃ yogaḥ 18/ śatasthānasthitāṃkānāṃ yogaḥ 13/ pūrvayogadaśako daśakasthāne yuktaḥ 20/ asya śatasthānaṃ 2 śatasthānena yutaṃ 15/ evaṃ saṃkalitaṃ 1503/ prathamataḥ śatasthānāṃ daśakānāṃ athavā śatasthānāmekasthānāṃ daśakasthānāṃ athavā daśasthānāṃ śatasthānāmekasthānāmapi yathāsthānaṃ saṃkalite tadeva 1503//PSM 10p// (fol.1b)

[3] krameṇa nyūnamavaśiṣṭaṃ 7023//

[4] 林 2016, 63-64, T23,4 の段落参照.

表 1-1 と 1-2 で用いる名称と略号の意味

名称：

kapāṭa (*kavāṭa*, *kavāḍa* とも) (観音開き戸)
khaṇḍa (*khaṃḍa*) (部分)
gomūtrikā (牛尿)
gosūtrikā (牛綱)
tatstha (そこにある)
tatsthāna (その場所)
bhāga (部分)

略号：

a. = *adhika* (増)
a/lī. = *adhikakāri/līnatākāri* (拡大・分解)
akh. = *akhaṇḍa* (非部分，整数)
ko. = *koṣṭha* (箱，マス目)
kha. = *khaṇḍaguṇana* (部分乗法)
gu1. = *guṇaka* (乗数)
gu2. = *guṇana* (乗法)
rū. = *rūpa* (整数)
vi. = *vibhāga* (分割)
śī. = *śīrṣa* (頭)
sa. = *saṃdhi* (連結),
sthā. = *sthāna* (位置)
hī. = *hīna* (減)
nn = 名無し

表 1-1: 掛け算の規則

書名	BSS	Tr/PG	GSS	GT	L
年代	628	800 頃	850 頃	1040 頃	1150
1	—	*kavāṭa-sa.*	*kavāṭa-sa.*	*kapāṭa-sa.*	nn
		5-6ab/18-19ab	2.1abd	17abc	14ab
2	—	—	—	—	—
3	—	*tatstha*	*tatstha*	*tatstha*	—
		6cd/19cd	2.1cd	17d	—
4	—	—	—	—	—
5	*gosūtrikā*	*rū.vi.kha.*	*khaṇḍa*	*rū.vi.kha.*	*rū.vi.kha.*
	12.55d	7ab/20ab	2.1cd	18	14cd
6	*gosūtrikā*	*sthā.vi.kha.*	*khaṇḍa*	*sthā.vi.kha.*	*sthā.vi.kha.*
	12.55abc	7ab/20ab	2.1cd	18	15d
7		(*rū.vi.kha.*)	—	—	*rū.vi.kha.*
		7ab/—			15ab
8	nn	—	—	—	nn
	12.56	—	—	—	16

表 1-2: 掛け算の規則（続）

	SGT 1269 頃	GSK 1315 頃	GK 1356	PV/BBA —/1428	GL 1545	GM 1570 頃
1	*kapāṭa-sa.* 17-18.2	*kavāḍa-sa.* 1.27	*kapāṭa-sa.* 1.13	*kapāṭa-sa.* 5	*rū.gu2.* on L 14	*akh.gu2.* 16a
2	—	—	—	*gomūtrikā* 6	*tatsthāna-gu2.* on L 17	—
3	*tatstha* 17-18.3	—	—	*tatstha-śī.* 7	—	—
4	—	—	—	*tatstha-ko.* 7	*kapāṭa-sa.* on L 17	*kapāṭa-sa.* 17-18
5	*rū.vi.kha.* 17-18.4-5	*khaṃḍa* 1.29(?)	*rū.vi.kha.* 1.14ab	*rū.vi.kha.* 8	*rū.vi.gu2.* on L 14	nn 16b
6	*sthā.vi.kha.* 17-18.6-7	*khaṃḍa* 1.29(?)	*sthā.vi.kha.* 1.14cd	*sthā.vi.kha.* 8	*sthā.gu2.* on L 15-16	nn 16cd
7	—	—	nn 1.15ab	*hī.a.kha.* 8	*rū.vi.gu2.* on L 15-16	—
8	*gu1.a/lī.kha.* 17-18.8-9	—	—	—	nn on L 15-16	—

1.7.3.1『ブラーフマスプタシッダーンタ』(BSS 12.55-56)

ブラフマグプタは天文書『ブラーフマスプタシッダーンタ』12 章の基本演算に関する補遺的な部分 (12.55-65) の冒頭で 2 種の掛け算法を記述する．その一つ (12.55) は「牛綱」(go-sūtrikā) と呼ばれるもので，実際に地面や書板上で行われる掛け算の手順であり，もう一つ (12.56) は，名前はつけられていないが，速算法としても使われたと思われる恒等式である．

「牛綱」には，乗数を位ごとに分割した「乗数部分」(guṇaka-khaṇḍa) を被乗数に掛けて和を取るものと，乗数を整数和に分割した「乗数割分」(guṇaka-bheda) を被乗数に掛けて和を取るものの 2 種があった．この 2 種の掛け算は表 1-1 と 1-2 で取り上げたすべての書で説明あるいは言及されているが，8 世紀以降，それぞれ「位置分割部分乗法」(sthāna-vibhāga-khaṇḍa-guṇana)「整数分割部分乗法」(rūpa-vibhāga-khaṇḍa-guṇana) という呼称が一般的となる．それらの具体的手順については，本書 SGT 17-18.4-7；付録 C.1, BSS 12.55 の Note と PBSS 12.55.1-2；付録 D, PGT E3.2-3；付録 E, TrC E4.4-7；付録 F, BBA 8.8；付録 G, L 17p2, p4；付録 H, GM 20.1 参照．また，「牛綱」という名称については，本書付録 C.1, BSS 12.55 の Note 参照．

恒等式 (BSS 12.56) は，a を任意に選んで，

$$nm = n(m \pm a) \mp na.$$

とするものである．これは後に,『リーラーヴァティー』(L 16) とそのガネーシャ注（付録 G, GL 15-16），それに『ガニタティラカ』のシンハティラカ注 (SGT 17-18.8-9) でも述べられる．

上で述べたように，これら 2 つの掛け算法は『ブラーフマスプタシッダーンタ』12 章の補遺的部分で与えられる．同章は「算術」(gaṇita) と名づけられているが，整数の加減乗除は周知の前提とされ，いきなり分数の加減から始まる．その周知とされた乗法は，補遺的な部分で述べられる牛綱でも速算法でもなかった可能性が大きい．なぜなら，その補遺的な部分では整数の掛け算の他に，割り算，分数計算，60 進法小数の計算なども扱うが，いずれもそれぞれの中心的・基本的な規則ではなく，付則的なことばかりである．したがって，牛綱や速算法と違う基本的な掛け算法，誰でも知っているがゆえに述べる必要のない掛け算法，が存在したと考えるのが自然である．

では，それは何かといえば，シュリーダラの『パーティーガニタ』と『トリシャティカー』以降のすべての算術書で掛け算の筆頭に置かれる「カパータ連結」乗法（16 世紀のテキストでは「整数乗法」）だった可能性が高い.『ブラーフマスプタシッダーンタ』で「掛け算」に関連して用いられる語 āhata（殺された → 掛けられた）， ghāta（殺し → 積），vadha（殺し → 積）などもこのことを示唆する．

「殺す，打ち倒す」などを意味する語 ($\sqrt{}$taḍ, $\sqrt{}$vadh, $\sqrt{}$han) が掛け算を意味するようになったのは，カパータ連結乗法（§1.7.3.2 参照）で被乗数が乗数に「殺される，消される」からだと考えられている.[1] このダッタとシンの仮説が正しいとすれば,『ブラーフマスプタシッダーンタ』で用いられているそれらの語は，カパータ連結乗法の存在を証明することになる．

さらに，ダッタとシンが指摘するように,[2]『アールヤバティーヤ』でも hata が用いられているから,[3] カパータ連結乗法は『アールヤバティーヤ』の時代（AD 500 頃）まで遡ることになる．しかし同書には，hata 以外に上記の動詞に関連する語は見られないから，カパータ連結乗法に由来する語はまだあまり発達していなかったと思われる．

1.7.3.2『パーティーガニタ』(PG 18-20) と『トリシャティカー』(Tr 5-7)

シュリーダラ（AD 800 頃）の『パーティーガニタ』はその名の通りパーティー数学（アルゴリズム数学，算術）を扱うが，現存する唯一の写本は不完全で，図形の手順に入ったところで終わっている．それでも 251 詩節が残存しており，量的にはマハーヴィーラの『ガニタサーラサングラハ』（約 1130 詩節）に次ぐパーティー数学の大著であったことが窺える．

---

[1] Datta & Singh 2001, vol.1, p.134.

[2] Datta & Singh, *loc. cit.*

[3] AB 2.7, 19, 26, 27; 4.28, 30.

その『パーティーガニタ』を要約したものが『トリシャティカー』(「三百〈の詩節〉から成るもの」), 別名『ガニタサーラ』(「算術の精髄」), であるとされている. これは, 同書冒頭の詩節の表現「シヴァに礼拝し, 自分が書いた算術のパーティー〈の書〉から精髄を抽出して, 世間の仕事のために, シュリーダラ先生が語るだろう.」(Tr Pb 1)[1] によっているが, シュリーダラには他にもパーティー数学の大著があったらしいので, それらとの関係も排除できない. すなわち, マッキバッタは『シッダーンタシェーカラ』に対する注釈 (AD 1377) で, シュリーダラの『ナヴァシャティー』(「九百〈の詩節〉から成るもの」) という著作から PG 7-8 (= Tr Pb 2-3) に等しい 2 つの詩節 (10 進数名称を与える) を引用する. また, ラーガヴァバッタ (AD 1493) の証言によれば, シュリーダラの『ブリハットパーティー』(「大パーティー」) という著作では, 円周率の粗な値として $\sqrt{10}$, 密な値として 22/7, が用いられていた.[2] したがって,『トリシャティカー』冒頭で触れられている「自分が書いた算術のパーティー〈の書〉」はそれらを指している可能性もある.

シュリーダラの著作の中で最も良く読まれたのは『トリシャティカー』である.『パーティーガニタ』などに比して簡便な『トリシャティカー』が初心者のための算術教科書として好まれたことは容易に想像できる. 12 世紀の半ば以降はバースカラ II の『リーラーヴァティー』(AD 1150) に算術教科書としての人気の座をゆずることになるが, 今でも 10 を超える数の写本が南北インドで伝えられているから,『トリシャティカー』には,『リーラーヴァティー』(約 270 詩節) の出現以前はもちろんだが, 以降も引き続き簡便な教科書としての需要があったと思われる.

なお,『トリシャティカー』というタイトルは「三百〈の詩節〉から成るもの」を意味するが, 現行の刊本は, 欠落部分があるとは思われないのに, 180 詩節しか含まない. これには納得のゆく説明がまだない.

『パーティーガニタ』と『トリシャティカー』は当然のことながら多くの詩節を共有する. 掛け算規則を述べる 3 詩節も両書でまったく同じである. ただし例題は,『パーティーガニタ』で 1 詩節,『トリシャティカー』ではそれに加えてもう 1 詩節ある. 本書付録 D と E 参照.

その 3 詩節で述べられている掛け算は, 1) カヴァータ連結乗法 (kavāṭa-sandhi), 2) 定位置乗法 (tat-stha), 3) 整数分割部分乗法 (rūpa-vibhāga-khaṇḍa-guṇana), 4) 位置分割部分乗法 (sthāna-vibhāga-khaṇḍa-guṇana), の 4 種である. いずれに関しても, 詩節の表現は極めて簡潔であり, 注釈を援用せずに詩節の意図する計算手順を読み取ることは困難である. 本書付録 D, PG 18-21; E, Tr 5-8 参照.

「カヴァータ連結乗法」(またはカパータ-, またはカヴァーダ-) は, 書板上で乗数を被乗数の上に書き, 乗数を 1 桁づつ移動しながら, 被乗数の各位

[1] natvā śivaṃ svaviracitapāṭyā gaṇitasya sāramuddhṛtya/ lokavyavahārāya pravakṣyati śrīdharācāryaḥ//Tr Pb 1//

[2] Cf. Hayashi 1995b.

に掛けてゆく方法である．この方法は，表 1-1 と 1-2 で取り上げた『ブラーフマスプタシッダーンタ』以外のすべての書物で，しかもどの書物でも掛け算の最初に，述べられているだけでなく，表にはないが，帝王学の書『マーナサウッラーサ』(MU, AD 1130 頃) でも取り上げられている (本書付録 B, MU 2.2.106-08)．またアラブ世界 (アラビア語文化圏) でも，9 世紀のアル=フワーリズミーを初めとして，アル=ウクリーディスィー (10 世紀) やクーシュヤール・イブン・ラッバーン (AD 1000 頃) の著書で，インドの掛け算法として紹介されている.[1]

このように，カヴァータ連結乗法は，中世インドの掛け算法の中で最も基本的で最も普及したものだった．前述のセーボーフトが称賛したインドの計算法にもカヴァータ連結乗法が含まれていたことは十分考えられる．

インドの書板はいわばラップトップ式黒板のようなものだったので，筆算でも，いったん書いた乗数を消して隣の位に書き直すことが容易だった．また，カヴァータ連結乗法のもっとも洗練されたバージョンでは，どんな桁数の掛け算でも最初から最後まで 2 行で行うことができたので,[2] ラップトップ式黒板の狭いスペースに向いていた．

しかし，乗数を移動する方向，乗数を被乗数の各位に掛けた部分積を置く場所など，作業手順の細部に関しては，書物により若干の相違が見られる．

まず，乗数を移動する方向に関して，逆順 (左から右) と正順 (右から左) の両方に言及するのは,『パーティーガニタ』と『トリシャティカー』,『ガニタサーラサングラハ』,『ガニタティラカ』とシンハティラカ注,『ガニタサーラカウムディー』，それに『パンチャヴィンシャティカー』とシャンブダーサ注である．左から右 (逆順) だけに言及するのは,『ガニタパンチャヴィンシー』,『リーラーヴァティー』とガネーシャ注,『ガニタカウムディー』，それにアラビア語文化圏の後継者たち，フワーリズミー，ウクリーディスィー，クーシュヤールである．『マーナサウッラーサ』は乗数の移動に触れないが，おそらく右から左 (正順) である．多くは上の数字を乗数とし，それを移動するが，フワーリズミー，ウクリーディスィー，クーシュヤール,『マーナサウッラーサ』それに『ガニタカウムディー』は下の数を移動し，フワーリズミー以外はそれを乗数とする．フワーリズミーだけはそれを被乗数とするが，もちろんこれは本質的な違いではない．

各ステップで得られた部分積を置く場所に関しては，韻文で与えられた規則はほとんど触れないが,『パーティーガニタ』の古注，ウクリーディスィー，クーシュヤールは，被乗数と同じ行に書き，必要ならそれを前の結果に加えると同時に，不要になった被乗数の数字を消す．したがって，被乗数の行が最終的に積に変わる (フワーリズミーの場合は乗数と被除数の名前が逆)．付録 D, PGT E3.1, E3.4 の Note 参照.

『トリシャティカー』の著者年代未詳の注と『パンチャヴィンシャティカー』

---

[1] Folkerts 2001, 25; Saidan 1978, 49-54; Levey & Petruck 1965, 52-57.
[2] 付録 D, PGT E3.4 の Note 参照.

のシャンブダーサ注は，前に得られた結果をそのままにして，部分積を次々に位を合わせて下に書き加えてゆき，得られた全部を最後に加え合わせて積を得る．付録 E, TrC E3.1-3, E4.1-2; F, BBA 8.5 参照.

『マーナサウッラーサ』は，乗数の上に被乗数を書くが，部分積はさらにその上の行に，桁を合わせて，必要なら前の結果に加えながら，書く．付録 B, MU 2.2.106-08 参照.

『ガニタティラカ』に対するシンハティラカ注の「カパータ連結乗法」は，乗数が 2 桁の場合を例にとり，被乗数も 2 桁づつ掛ける．これは他書に見られない独特な方法である．彼は，部分積を書く場所には言及しない．SGT 17-18.2 参照.

カパータ連結という名称は，乗数と被乗数の相対的位置関係を，閉まった状態の観音開きドア（カパータ）を上から見たときの 2 枚のドア板の相対的位置関係になぞらえたことに由来する，とダッタとシンは指摘している.[1] カパータ連結乗法では，乗数と被乗数は掛け算が進行しても常に 1 桁づつ重なり合う．この特徴が，閉まった観音開きドアに似ているということらしい．図 1 は 1196 × 18 をカパータ連結の逆順で計算する場合の乗数 (18) と被乗数 (1196) の相対的位置関係の変化を表す．付録 F, BBA 8.5 参照.

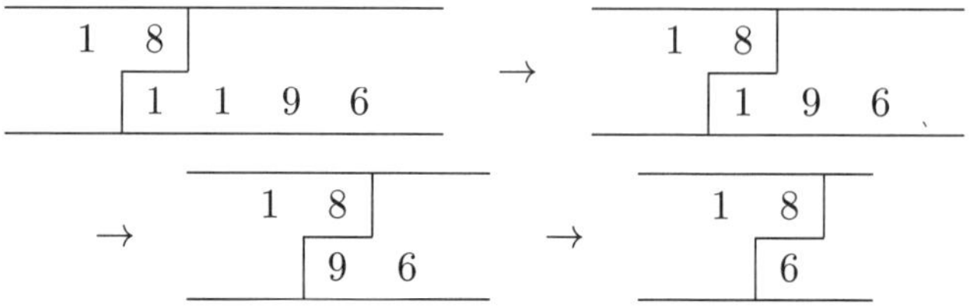

図 1：カパータ連結乗法における乗数と被乗数の相対的位置関係の変化

なお，表 1-2 の 16 世紀の 2 つのテキスト,『リーラーヴァティー』のガネーシャ注ともう一人のガネーシャ著『ガニタマンジャリー』では，カパータ連結乗法は「整数乗法」(前者では rūpa-guṇana，後者では akhaṇḍa-guṇana) と呼ばれ，格子状のマス目を利用した掛け算法（『パンチャヴィンシャティカー』の定位置乗法の箱種）が「カパータ連結 ⟨ 乗法 ⟩」と呼ばれている．また,『パンチャヴィンシャティカー』のもう一人の注釈者シャンブナータ（AD 1562 と 1730 の間）も定位置乗法の箱種を「カパータ連結 ⟨ 乗法 ⟩」と呼ぶいっぽう，カパータ連結乗法の逆順を「定位置 ⟨ 乗法 ⟩ の頭種」(tatstha-śīrṣa-bheda)，正順を「定位置 ⟨ 乗法 ⟩ の背種」(tatstha-pṛṣṭha-bheda) と呼んでいる．背種では乗数を被乗数の下に置く.[2] これら三人の用例から見て，カパータ連結乗法と定位置乗法という名称の指すものが 16 世紀に変化したといえそうだが，なぜ変化したのかも，新しく付与された意味がどれくらい普及したのかも不明.

[1] Datta & Singh 2001, vol.1, p.137.
[2] Cf. Hayashi 1991, 417 & 420.

「定位置〈乗法〉」(tatstha) は，乗数の移動が特徴的なカパータ連結乗法に対して，被乗数はもちろん，乗数も動かさないということからの命名と思われる．付録 D, PG 19; E, Tr 6, TrC 5-8.2 参照．しかし，これらの詩節も注釈も，具体的手順についてほとんど何も語らない．ただ,『トリシャティカー』の注は，計算の初期状態を示す「書置」で，乗数を被乗数の下に置いている．付録 E, TrC E4.3 参照．プリトゥーダカも定位置乗法に言及するが説明はない．付録 C, PBSS 12.55.3 参照.『ガニタティラカ』と『パンチャヴィンシャティカー』も名称に言及するだけで手順を語らないが，それぞれの注釈が具体的手順復元のヒントを与えてくれる．

シャンブダーサは，例題の計算を実行し，最初と最後のステップに加えて最後から 2 番目のステップの数字配列を残してくれているので，復元の大きな手がかりとなった．彼は乗数を被乗数の上（おそらく中央）に固定し，乗数の最高位から順に各数字を被乗数の最高位以下の数字に掛けて，その結果得られる部分積を，位を考慮して下に書く．最後にそれら部分積の和を取る．付録 F, BBA 8.7 の Note 参照．シャンブダーサは,『トリシャティカー』の注とは逆に，乗数を被乗数の上に書くが，もちろんこれは本質的な違いではない．

いっぽうシンハティラカは，定位置乗法にも正順と逆順があるとする．彼も乗数を被乗数の上に置くが，右端を揃えるのが正順，左端を揃えるのが逆順とする．そして，計算の間中それを動かすことなく，被乗数のすべての数字に掛ける，という．SGT 17-18.3 参照．

シャンブダーサとシンハティラカの違いは，乗数を書く位置（中央か端か），計算方向（左から右だけか両方向か），一度に掛ける桁数（1 桁か 2 桁か）にある．最後の点に関しては，乗数が 3 桁以上のときシンハティラカがどうしたかは不明である．

なお『パンチャヴィンシャティカー』は，もう 1 種の定位置乗法すなわち「定位置〈乗法〉の箱種」(tatstha-koṣṭha-bheda) と区別して，これを「定位置〈乗法〉の頭種」(tatstha-śīrṣa-bheda) と呼ぶ．シャンブダーサによれば，乗数を被乗数の「頭」すなわち上に書くから「頭種」と呼ばれる．付録 F, BBA 7.1 参照．

「整数分割部分乗法」と「位置分割部分乗法」は,『ブラーフマスプタシッダーンタ』の「牛綱」と同じである．§1.7.3.1 参照．ただし,『トリシャティカー』の注釈によれば，整数分割部分乗法は，被乗数または乗数を積に分割する $nm = \frac{n}{a} \cdot (ma)$ または $nm = (na) \cdot \frac{m}{a}$ のタイプの速算法も含む．本書付録 E, TrC E4.6 参照．プリトゥーダカはその算法を「スカンダセーナたち」(skandasenādi) に帰す．本書付録 C, PBSS 12.55.3 参照．

1.7.3.2a『ガニタパンチャヴィンシー』(GP 1cd)

シュリーダラに帰される『ガニタパンチャヴィンシー』は，足し算と引き算に続いて，掛け算の規則を次のように述べる．

> 被乗数の最後を初めとする数字に乗数を掛けるべきである．/GP 1cd/ [1]

これはカパータ連結乗法と思われる．極めて簡潔な表現であり，定位置乗法でも類似の表現になり得るが，簡易算術教科書で規則を一つに限るとすれば，やはりカパータ連結乗法だったに違いない．

1.7.3.3『ガニタサーラサングラハ』(GSS 2.1)

マハーヴィーラは『ガニタサーラサングラハ』の第2章「第一の手順，基本演算」の冒頭の詩節で，掛け算の規則を与える．

> カヴァータ連結の手順で〈乗数と被乗数を〉配置し，乗数を被乗数に掛けるべきである．〈あるいは〉量または値段の部分，あるいは定位置〈の乗数〉によって〈掛けるべきである〉．〈いずれの場合も〉正順あるいは逆順の行程によって./GSS 2.1/ [2]

ここに簡潔に表現されているのは，1) カヴァータ連結乗法，2) 部分乗法，3) 定位置乗法，である．部分乗法に関連して用いられている語「値段」(argha) と「量」(rāśi) は，掛け算の実用上の典型例である商品の値段の計算で，それぞれ単価と購入量を指すと思われる．『パンチャヴィンシャティカー』ではそれらをそれぞれ「値段」(mūlya) と「問題」(praśna) と呼ぶ．本書付録 F, PV 5-6 参照．シャンブダーサは後者を「問題の項」(prasna-pada) と呼ぶが (BBA 5.1-2, 6.1-2, etc.)，これは問題に与えられた量を指す．どちらの場合も，それらの積が購入量の値段になる．したがってこの部分乗法は，乗数または被乗数を部分に分割してから行え，ということらしい．その分割が整数分割（和分割）なのか位置分割なのか，マハーヴィーラは指定しないが，他書から判断して，両方と見るのが自然だろう．定位置乗法に関しては，前項 (§1.7.3.2) 参照．最後の句「正順あるいは逆順の行程によって」は，これら3つの乗法すべてに関わると思われる．2) と 3) の場合の「順序」は，乗数や被乗数を移動する順序（方向）ではなく，計算が進行する順序である．定位置乗法の場合も正順と逆順があることは，シンハティラカが述べている．SGT 17-18.3 参照．

---

[1] guṇyasyāntyādikānaṅkānguṇayedguṇakena tu//GP 1cd//

[2] guṇayedguṇena guṇyaṃ kavāṭasandhikrameṇa saṃsthāpya/
rāśyarghakhaṇḍatatsthairanulomavilomamārgābhyām//GSS 2.1//

1.7.3.4『ガニタティラカ』(GT 17-18)

『ガニタティラカ』も『トリシャティカー』および『パーティーガニタ』と同じ4つの方法，すなわち，1) カパータ対連結乗法（正順と逆順），2) 定位置乗法，3) 位置分割部分乗法，4) 整数分割部分乗法，を述べる．ここでは，「カパータ」の後に「対」(dvaya, 二つ) という語を挿入し,「カパータ」が1対のドア板であることを強調する形となっている．GT 17-18とそれに対するNote参照．ただし,『ガニタティラカ』の「正順に，または逆順に，はたまた定位置で」(GT 17cd = SŚ 13.2cd) という表現は，定位置乗法をカパータ対連結乗法の一種とみなしていた可能性も示唆する．その場合，カパータ対連結乗法には，乗数を正順（右から左）に移動する場合，逆順（左から右）に移動する場合，そして乗数を移動しない場合，の3種があることになる．SGT 17-18.3参照．同じ著者の『シッダーンタシェーカラ』は，その3種を述べる最初の詩節 (GT 17 = SŚ 13.2) しか含まない．本書付録A.1参照．

1.7.3.5『リーラーヴァティー』(L 14-16)

12世紀以来のインドで最も普及した算術教科書『リーラーヴァティー』も4種の掛け算法を教えるが，定位置乗法には触れず，代わりに『ブラーフマスプタシッダーンタ』(BSS 12.56) が補遺的に与えた，任意数を用いる速算法を採用する．また，整数分割部分乗法は，和分割と積分割の両方を含む．ここでも最初に述べられるもっとも基本的な掛け算法はやはりカパータ連結乗法であるが，この名称には触れない．また，乗数の移動は逆順（左から右）だけである．付録G, L 14-16参照．

1.7.3.6『ガニタティラカ』のシンハティラカ注 (SGT 17-18.1-10)

ジャイナ教徒シンハティラカは,『ガニタティラカ』が教える4種の掛け算，すなわち，1) カパータ対連結乗法，2) 定位置乗法，3) 位置分割部分乗法，4) 整数分割部分乗法，に加えて，5) 乗数拡大分解部分乗法，を解説するが，彼の説明の一部には無理がある．彼はまず，カパータ対連結乗法と定位置乗法にはともに正順と逆順を認める．定位置乗法の正順と逆順とは，乗数の移動方向ではなく，計算の進行方向である．次に，位置分割と整数分割（和分割）の部分乗法には，それぞれ乗数を分割する場合と被乗数を分割する場合の2種があるとする．この部分乗法の解釈には，ジャイナ教徒の先達マハーヴィーラが書いた『ガニタサーラサングラハ』の影響があると思われる．マハーヴィーラは「部分」をとる対象を「量または値段」と呼び，これによって乗数と被乗数の区別をしている．§1.7.3.3参照．シンハティラカはそれに倣おうとして『ガニタティラカ』の掛け算規則に，本来はないはずのその区別を見出そうとしたらしい．彼がGT 18aの「位置または整数を分割して」という句を牽強付会に解釈して,「位置」＝乗数,「整数」＝被乗数，という無謀な説明をしているのは，そのためと思われる．SGT 17-18.4-5 参照.

乗数拡大分解部分乗法は，$xy = x(y \pm a) \mp xa$ の形の速算法である．SGT 17-18.8-9 参照．これは『ブラーフマスプタシッダーンタ』(BSS 12.56) が先鞭をつけたものだが，シンハティラカは『リーラーヴァティー』(L 16) の影響を受けてここでそれを取り上げたたと思われる．彼は『リーラーヴァティー』から多くの詩節を引用している．本書付録 I.2 参照．ちなみに,「乗数拡大分解部分乗法」という名称は,「乗数拡大部分乗法」(guṇaka-adhika-kāri-khaṇḍa-guṇana),「乗数分解部分乗法」(guṇaka-līnatā-kāri-khaṇḍa-guṇana) という 2 つの複合語の和訳を合成したものだが，この速算法に名前を付けているのは私の知る限りシンハティラカだけである

なお，シンハティラカは一度だけ (SGT 78.2) 九九の表の一部かもしれない表現を用いている．それは，catuṣka-pañcakena viṃśatiḥで「四・五で二十」を意味する．しかし，仮にこれが九九の一部だとしても，この一例だけではシンハティラカの時代にサンスクリットの九九の表が存在したとするには不十分である．プラークリットで暗唱された九九を彼がいわば即興でサンスクリット化した可能性もあるから．§1.7.3.11 参照.

1.7.3.7『ガニタサーラカウムディー』(GSK 1.27, 29)

ジャイナ教徒タックラ・ペールーがアパブランシャ語で書いた『ガニタサーラカウムディー』では，掛け算の規則と例題が次のように述べられる．

> カヴァーダ連結のように，被乗数を下に，乗数を上に置き，順行または逆行で，乗数が正しい順序で〈被乗数に〉掛けられるべきである．// 二十百〈掛ける〉三十二，九百六十四〈掛ける〉二十七，百八掛ける六十．それぞれ，果（積）は何になるか．// また，乗数を分割し，一つ一つの数字を掛け，〈それら部分積の〉団子を作れ（和をとれ）．他方の順序で...，列を分割し，正しい（自分の?）順序でさらに掛けられる．/GSK 1.27-29/ [1]

ここでは，掛け算規則を与える二詩節の間に 3 つの例題を与える詩節が挟まれている．

GSK 1.27. カヴァーダ連結乗法

GSK 1.28. 例題：2000×32，964×27，108×60.

[1] テキストは SaKHYa 2009, 10-11.
ṭhavi gunnarāsi hiṭṭhe kavāḍasaṃdhī va uvari guṇarāsī/
anulomavilomagaī guṇijja sukameṇa guṇarāsī//GSK 1.27//
vīsā saü battīsihi nava saï caüsaṭṭha sattavīsehiṃ/
aḍahiya saü saṭṭhiguṇaṃ kiṃ kiṃ patteya hoṃti phalaṃ//GSK 1.28//
aha guṇarāsī khaṃḍivi igegaaṃkeṇa guṇavi kari piṃḍaṃ/
parakami caḍaṃti paṃtī cheya karavi sukami guṇiya puṇo//GSK 1.29//

GSK 1.29ab. 部分乗法.

最後の詩節の前半 (29ab) が部分乗法を述べていることは確かだが，それが位置分割なのか整数分割なのか不明．詩節後半 (29cd) でそれに言及している可能性もあるが，その部分（「他方の順序で」以下）は理解不能.

1.7.3.8『ガニタカウムディー』(GK 1.13-15)

ナーラーヤナは算術書『ガニタカウムディー』の第 1 章で『リーラーヴァティー』と同じ掛け算法を述べる．ただし，L 16 で述べられた任意数を用いる速算法には触れない．乗数と被乗数の互換性に言及するのは珍しい.

> カパータ連結の方法で被乗数の下に乗数を置き，被乗数の最後〈の桁〉（最高位）に乗数を掛けるべきである．〈乗数を〉移動して，〈被乗数の〉それぞれ〈の位に掛けるべきである〉. // あるいはまた，乗数の部分による．〈すなわち〉，被乗数が〈乗数の〉整数分割〈された部分〉によって掛けられる．〈それら部分積の〉和が果（積）である．あるいは，〈被乗数が〉位置分割〈された部分〉によって掛けられ，それぞれの位置で加えられたものが果（積）である．// あるいは，〈乗数が〉ある〈数〉によって割り切れるとき，〈被乗数が〉それと商を掛けられると果（積）になるだろう．乗数と被乗数に区別はない．乗数が被乗数によって掛けられてもそのままである（すなわち，逆の場合と結果は同じである）. /GK 1.13-15/ [1]

ここでは次のことが述べられている.

GK 1.13. カパータ連結乗法
GK 1.14ab. 整数分割部分乗法（和分割）
GK 1.14cd. 位置分割部分乗法
GK 1.15ab. 整数分割部分乗法（積分割）
GK 1.15cd. 乗数と被乗数の互換性

1.7.3.9『パンチャヴィンシャティカー』(PV 4-8) とシャンブダーサ注 (BBA 4.0-8.19)

『パンチャヴィンシャティカー』は，1) カパータ連結乗法—正順，逆順，2) 牛尿乗法—正順，逆順，3) 定位置乗法—頭種，箱種，4) 部分乗法—整数

[1] guṇyasyādho guṇakaṃ vinyasya kapāṭasandhividhinaiva/
guṇyāntyaṃ guṇakenāhanyādutsārya pṛthageva//GK 1.13//
guṇakhaṇḍairvā guṇyo rūpavibhāgāhato yutistu phalam/
sthānavibhāgairguṇitaḥ svasthānayutaḥ phalaṃ vāpi//GK 1.14//
bhakto yena viśudhyati tena ca labdhyāhataḥ phalaṃ vā syāt/
guṇaguṇyayorabhedastathaiva guṇyāhate guṇake//GK 1.15//

（和）分割，位置分割，減増分割，の4方法9種の掛け算法を述べる．本書付録F, PV 4とその Note 参照.『パンチャヴィンシャティカー』の詩節自体は他の数学書と同様簡潔で，決して分かり易くはない．古グジャラーティーで書かれたシャンブダーサの注も詳しく説明するわけではないが，それぞれの方法で計算した場合の3つのステップ，すなわち，最初と最後に加えて最後から2番目，すなわち部分積の和をとる直前の数字配列，を残してくれているので，それぞれの掛け算法の手順を復元することができる．また，牛尿乗法と定位置乗法の箱種はこの『パンチャヴィンシャティカー』に初めて現れる掛け算法である．その意味で,『パンチャヴィンシャティカー』とシャンブダーサ注は，インドの算術の歴史にとって重要な資料である．

9種の掛け算法の内，カパータ連結乗法の正順と逆順，部分乗法の整数（和）分割，位置分割は既に他書で見たものと同じである．カパータ連結乗法では，計算途中で得た部分積をすぐには前の結果に加えず，最後に和を取る一歩手前まで累積的に位に従って書き加えてゆく点が他書と異なるが，これは説明のためであって，実際は他書と同様，その都度前の結果に加えていた可能性もある．本書付録F, PV 5, BBA 5.1-2, BBA 8.5 参照.

定位置乗法の頭種 (śīrṣa-bheda) は，おそらく『トリシャティカー』と『パーティーガニタ』以来の定位置乗法と同じだが，それらの書が意図した定位置乗法に関する情報が少なすぎるので断定は出来ない.『ガニタティラカ』とシンハティラカ注は定位置乗法をカパータ連結の一種であるかのように扱うが，独立の計算法として具体的手順を明らかにするのはこの『パンチャヴィンシャティカー』とシャンブダーサ注が初めてである．本書付録F, PV 7 BBA 7.1, BBA 8.7 参照.

部分乗法の減増分割 (hīna-adhika-bhāga) は，$nm = (na) \cdot \frac{m}{a}$ のタイプの整数（積）分割部分乗法である．本書付録F, PV 7 & BBA 8.7 参照.『リーラーヴァティー』や『ガニタカウムディー』の整数分割部分乗法もこのケースを含む．プリトゥーダカはこの掛け算法をスカンダセーナたちに帰し,『トリシャティカー』の整数分割部分乗法もこれを含むと解釈する．ただし,「減増分割」(hīna-adhika-bhāga) という名称は他書には見られない．

牛尿乗法 (go-mūtrikā) の具体的手順については，本書付録F, BBA 8.6 とその Note 参照．この方法の名称「牛尿」(go-mūtrikā) は,「まっすぐ，交互に」(PV 6b の 'saralaṃ mithaḥ', BBA 6.1 の 'pādharūṃ anai anyonyi', BBA 6.2 の 'pādharū anyonyi', BBA 8.6 の 'sarala anyonya') と表現されたその手順に由来すると思われる．話を単純化して，二つの2桁の整数を $(a_2, a_1) = 10a_2+a_1$ および $(b_2, b_1) = 10b_2 + b_1$ とすると，牛尿乗法の基本原理は次のように表せる．

$$\begin{pmatrix} a_2 & a_1 \\ b_2 & b_1 \end{pmatrix} \quad \rightarrow \quad (a_2b_2, a_1b_2 + a_2b_1, a_1b_1)\,,$$

ここで，a_2b_2 と a_1b_1 は「まっすぐ」な，すなわち垂直方向の掛け算により，また $a_1b_2 + a_2b_1$ は「交互」の，すなわち交差した掛け算により，得られる．

ダッタとシンはAD 1935に「天文学の数量の掛け算方法は，今でも学者たちにより牛尿 (go-mûtrikâ) と呼ばれている」と云っている.[1] おそらくその「天文学の数量」は，整数部分が10進法位取り，小数部分が60進法位取り，というインド天文学古来の方法で表現されたものだったに違いない.

スマティハルシャは，バースカラIIの簡易天文計算書 *Karaṇakutūhala* (AD 1183頃) に対する注釈 (AD 1621) で，60進法小数表記の掛け算を「牛尿によって」(gomūtrikayā) 行うと表現している.[2] 彼はその具体的手順を述べていないが，原理は，上の単純化した基本原理と同じと考えられる．シュクラによれば,[3] マンジュラ（またはムンジャーラ）の簡易天文書『ラグマーナサ』(AD 932頃) に対するある注釈は，それを「四つ足の原理」(catuṣpadī-nyāya) と呼んでいる．その注釈は著者も年代も未詳だが，シュリーパティより後にカルナータカ地方で書かれたものらしい．そこでは60進法位取り小数を整数部分の下に書く.[4] 今，2つの数を $\begin{pmatrix} a_1 \\ a_2 \end{pmatrix} = a_1 + a_2/60$ および $\begin{pmatrix} b_1 \\ b_2 \end{pmatrix} = b_1 + b_2/60$ とすれば，その積は

$$\begin{pmatrix} a_1 & b_1 \\ a_2 & b_2 \end{pmatrix} \quad \rightarrow \quad \begin{pmatrix} a_1 b_1 \\ a_1 b_2 + a_2 b_1 \\ a_2 b_2 \end{pmatrix}$$

によって得られる．ただし，上から順に，整数項，小数第一位 (1/60)，小数第二位 ($1/60^2$) である.『パンチャヴィンシャティカー』の表現「まっすぐ，交互に」は，90度回転すれば，ここでもあてはまる．牛尿乗法は元来，インド天文学で60進法小数を伴う整数の掛け算のために考案された可能性がある．算術書で取り上げるのが遅れたのはそのためかもしれない.

『リーラーヴァティー』の注釈者ガネーシャが教える「タットスターナ乗法」(tat-sthāna-guṇana) も牛尿乗法の一種である．乗数の移動はないが，牛尿乗法の特徴である交差した掛け算が行われる．ガネーシャはそれを「稲妻積」(vajra-abhyāsa) と呼ぶ．本書付録G, GL 17.7参照．彼は，この乗法は「大変に奇抜なものであり，頭が鈍い人には，代々の教え (pāramparya-upadeśa) なしには理解できない」(GL 17.7) と云っている．その難しさは,『パンチャヴィンシャティカー』のように，乗数の移動を行えばいくらか解消される.「代々の教え」がそれを忘れたのかもしれない.

『パンチャヴィンシャティカー』のもう一人の注釈者シャンブナータが教える牛尿乗法は上で見たいずれの牛尿乗法とも異なり,「稲妻積」さえ用いない．その最初の数字配列は,

---

[1] Datta & Singh, *op.cit.*, p.147, fn.4.
[2] Sumatiharṣa on *Karaṇakutūhala* 2.19-20 (p.31); 10.2 (p.116)
[3] Shukla 1990, 40-44.
[4] Shukla 1990, 49.

a_1	a_2
b_1	
b_2	b_1
	b_2

である.[1] 彼はこの後の計算を実行しないが，容易に復元できる．すなわち，各列で，上の a_1, a_2 を下の b_1, b_2 に掛け，各行で得られた数の和を取る．

→

a_1	a_2
a_1b_1	
a_1b_2	a_2b_1
	a_2b_2

→

a_1	a_2
a_1b_1	
$a_1b_2+a_2b_1$	
a_2b_2	

シャンブナータの正確な年代は不明だが，AD 1562-1730 頃の人である.[2] この頃になると,「牛尿」の本来の意味が忘れられつつあったのかもしれない．

「牛尿」(gomūtrikā) という語の数学での用法は，サンスクリット修辞学での用法と似ている.[3] サンスクリット修辞学では，二行詩で1行目と2行目の音節が一つおきに等しいタイプの詩節を「牛尿」という．牛尿の詩節は，1行目と2行目の音節を交互に（ジグザグに）読むと，元の詩節とまったく同じになる．例えば，バーラヴィ(Bhāravi) の叙事詩 *Kirātārjunīya* (6 世紀) に次のような例が見られる．

nāsuro 'yaṃ na vā nāgo dharasaṃstho na rākṣasaḥ/
nā sukho 'yaṃ navābhogo dharaṇistho hi rājasaḥ//15.12//

この詩節では，1行目の偶数番目の音節が2行目のそれらと完全に等しい．

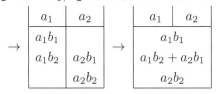

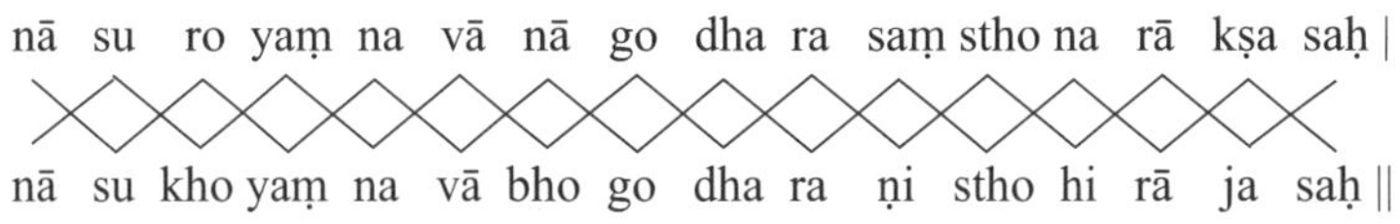

サンスクリット修辞学における牛尿詩節の例

定位置乗法の箱種 (tatstha-koṣṭha-bheda) は，マス目を利用したいわゆる格子乗法 (lattice multiplication) である．手順の詳細については，本書付録 F, PV 7, BBA 7.2, 8.7 参照．前述のように,『リーラーヴァティー』の注釈者ガネーシャ,『ガニタマンジャリー』を書いたもう一人のガネーシャ，それに『パンチャヴィンシャティカー』の注釈者シャンブナータはこの乗法を「カパータ連結」(kapāṭa-sandhi) と呼ぶ．この名称変化の理由は不明である．

Chabert 等の調査によれば，格子乗法のもっとも早い使用例は AD 1256 にマラケシュで生まれたイブン・アル=バンナーの算術書にある．その次は AD

[1] Hayashi 1991, 419.
[2] Hayashi 1991, 399.
[3] Peterson 2003, 151.

1300頃のイギリスのラテン語写本，次はAD 1450に書かれた呉敬の『九章算法比類大全』などとなっている.[1] Chabert等は触れていないが，Smithは AD 1430頃のフィレンツェ写本の図を紹介している.[2] 『パンチャヴィンシャティカー』は年代未詳だが，シャンブダーサ注(AD 1428)より前であることはもちろんである．したがってどちらもフィレンツェ写本より下ることはない．これらを年代順に並べると次の通り.

イブン・アル=バンナーの算術書（13世紀後半）
イギリスのラテン語写本（AD 1300頃）
『パンチャヴィンシャティカー』（AD 1428以前）
『パンチャヴィンシャティカー』のシャンブダーサ注（AD 1428）
フィレンツェ写本（AD 1430頃）
呉敬の『九章算法比類大全』（AD 1450）

対角線のないマス目を用いた掛け算方法の説明がすでに10世紀のアル=ウクリーディスィーの『インドの計算についての諸章の書』に見られる.[3] そこでは，対角線は引かずに，乗数と被乗数の各桁の積（1桁または2桁）を，双方に対応する1つのマス目 (*bayt*) に入れ，右下のマス目から始めて十位の数字は上のマス目の一位に加え，一位の数字は斜め右上の一位に加える．この掛け算の原理は格子乗法と同じだが，頭の中で各マス目の数を十位と一位に分けて足し算をするのは煩瑣である．これに対角線を書き加えることによって各マス目の十位と一位の数字を分け，足し算を機械的にできるようにしたのが格子乗法である．この対角線のないマス目乗法は，アル=ウクリーディスィーの書の名から見てインドから伝えられた可能性もあるが，インド側の資料にはまだそのような掛け算は見つかっていない.

1.7.3.10『マハーシッダーンタ』(MS 15.3)

『マハーシッダーンタ』は，掛け算に関しては次の一規則を一詩節で述べるだけである.

> 被乗数の最後の位の上に，乗数の最初〈の位〉を置くべきである．それから，乗数のすべての位を被乗数のすべての位に掛けるべきである．/MS 15.3/[4]

最初の文が指示する乗数と被乗数の初期配置はカパータ連結乗法の名前の由来ともなったそれらの配置と一致するから，おそらくこれはそれを意図し

---

[1] Chabert 1999, 21-26.
[2] Smith 1958, vol.2, p.116.
[3] Saidan 1978, 133-48.
[4] guṇyāntyasthānopari guṇakādyaṃ sthāpayettato guṇayet/ guṇakasthānairakhilairguṇyasthānāni sarvāṇi//MS 15.3//

ていると思われるが，その名前には言及せず，またもう一つの特徴である乗数の移動に一言も触れていないのは不思議である．

1.7.3.11『リーラーヴァティー』のガネーシャ注 (GL 14-17)

ケーシャヴァの息子ガネーシャは，『リーラーヴァティー』の掛け算規則 (L 14-16) を解説したあと，例題 (L 17) に対する注の最後で，『リーラーヴァティー』には述べられていない2つの掛け算法を説明する．

『リーラーヴァティー』の最初の規則は通常「カパータ連結」(kapāṭa-sandhi) と呼ばれる中世インドで最も良く知られた基本的な掛け算法である．しかし不思議なことに『リーラーヴァティー』はその名称に触れない．ガネーシャは，その規則で用いられている用語を文法的に説明したあと，「これが整数乗法 (rūpa-guṇana) である」という．本書付録 G, GL 14.1 参照.

そしてその正起次第 (upapatti) で，九九に相当する掛け算表に言及する．GL 14.2 参照．サンスクリットの数学書で掛け算表が言及されることはほとんどないので，ガネーシャのこの一節は重要である．彼は，「一を初めとする数字に，一を初めとし十を終わりとするものを掛けて，すべての人々に暗唱される (paṭhyante)」と云って，次の表を与える．ただし，テキスト（公刊本）には，太字にした最初の3列が印刷されているだけある．

1	**2**	**3**	4	5	6	7	8	9	10
2	**4**	**6**	8	10	12	14	16	18	20
3	**6**	**9**	12	15	18	21	24	27	30
4	**8**	**12**	16	20	24	28	32	36	40
5	**10**	**15**	20	25	30	35	40	45	50
6	**12**	**18**	24	30	36	42	48	54	60
7	**14**	**21**	28	35	42	49	56	63	70
8	**16**	**24**	32	40	48	56	64	72	80
9	**18**	**27**	36	45	54	63	72	81	90
10	**20**	**30**	40	50	60	70	80	90	100

「一を初めとする数字」(acc. pl.) が被乗数，「一を初めとし十を終わりとするもの」(inst. pl.) が乗数である．乗数に関しては「十を終わりとする」と限定するいっぽう，被乗数に関してはそれがないから，11 以降もあったかもしれない.[1] 第1行は被乗数であると同時に，それに乗数1を掛けた結果も表

[1] ボンベイ銀行の副主計官だった Walter Taylor が 1849 年に書いたインドの児童向け算術入門書には，$(2 \sim 15) \times (2 \sim 13)$ の掛け算表が与えられている (Taylor 1849, xii)．また，Sarma 1997, 192, が引用する 1901 年の *Gazetteer of the Bombay Presidency* によれば，グジャラート地方のバニヤー（商人カースト）の子供たちは 20 以上の数表を暗記していた．その内，掛け算に関するものは次の3種である．(1) $(1 \sim 10) \times (1 \sim 40)$, (2) $(11 \sim 20) \times (11 \sim 20)$, (3) $(\frac{1}{4}, \frac{1}{2}, \frac{3}{4}, 1\frac{1}{4}, 1\frac{1}{2}, 2\frac{1}{2}, 3\frac{1}{2}) \times (1 \sim 100)$.

している．同様に，第1列は乗数であると同時に，それを被乗数1に掛けた結果も表している.『パーティーサーラ』の掛け算表 (§1.7.3.13) 参照.

これに先だってガネーシャは，1×1 から始まる掛け算を次のように表現する．

$1 \times 1 = 1$: ekena guṇenaika ekaḥ（乗数一によって一は一）
$1 \times 2 = 2$: dvābhyāṃ guṇa eko dvau（二掛ける一は二）
$1 \times 3 = 3$: tribhis trayaḥ（三〈掛ける一〉は三）
$1 \times 4 = 4$: caturbhiś catvāraḥ（四〈掛ける一〉は四）
...
$2 \times 1 = 2$: ekena guṇau dvau dvau（一掛ける二は二）
$2 \times 2 = 4$: dvābhyāṃ catvāraḥ（二〈掛ける二〉は四）
$2 \times 3 = 6$: tribhiḥ ṣaṭ（三〈掛ける二〉は六）
$2 \times 4 = 8$: caturbhir aṣṭau（四〈掛ける二〉は八）
...

この後に，上で引用した「一を初めとする数字に...」が続く．一見するとこれは「暗唱される」九九のようでもあるが，暗唱するには語呂が良くない．また，第1ブロックの3行目以下と第2ブロックの2行目以下では被乗数（〈〉で囲まれた部分）が省略されている．被乗数を省略した暗唱が掛け算表として機能したか，疑問が残る．したがってこのサンスクリットによる掛け算の表現は，暗唱されるべき掛け算表ではなく，掛け算を 1×1 から順にサンスクリットで説明しただけのものだった可能性が大きい．

とすると，ガネーシャの時代には，サンスクリットで暗唱される掛け算表が存在しなかった可能性も大きくなる．もしあれば，彼はそれを上の表に添えていただろう．掛け算はものの売り買い（商業活動）などで頻繁に用いられる日常的に必要な計算である．いっぽうサンスクリットは，日常生活から離れた学術用の言語となって久しかった．だから，サンスクリットの掛け算表は必要なかったと思われる．それを必要としたのは，日常言語である．実際,『パンチャヴィンシャティカー』に対して古グジャラーティーで書かれた2つの注釈には，掛け算表の一部らしい表現が見られる．次の表のAはシャンブナータ注 (AD 1562-1730) を，Bはシャンブダーサ注 (AD 1428) を指す.[1]

[1] Cf. Hayashi 1991, 446. 『ガニタサーラサングラハ』には Pāvulūri Mallana（11世紀）によるテルグ語訳があるが，それに対する著者年代未詳のテルグ語注釈の中にプラークリットの平方表 ($1 \sim 9$)，平方根表 (平方表の逆)，立方表 ($1 \sim 9$)，立方根表 (立方表の逆) と断片的な掛け算表が引用されていることを Sarma 1987, 174-76; 1997, 194-96 が指摘している．次の表はそれに基づく．

プラークリットの掛け算表の一部

$2 \times 3 = 6$	bi tiyyā cāhā	$7 \times 3 = 21$	sapta tiyyaṃ yakkāvīsā
$3 \times 3 = 9$	tiṃ tiyyā navvā	$12 \times 3 = 36$	bārā tiyyā chatrīsā
$4 \times 3 = 12$	cāri tiyyaṃ bārā	$6 \times 6 = 36$	cha chakkaṃ chātrīsā

古グジャラーティーの掛け算表の一部		
	A	B
$2 \times 2 = 4$:	dū dū cyāra	—
$3 \times 3 = 9$:	traṇa trī nava	—
$4 \times 2 = 8$:	cyāra dū āṭha	cyāri dū āṭha
$4 \times 4 = 16$:	cyāra co kūṃ solaṃ	cyāri cu kū sola
$9 \times 3 = 27$:	nava trī sattāvīsa	—
$10 \times 10 = 100$:	dāhe dohe so	—

ガネーシャが「よく知られた暗唱」(suprasiddha-pāṭha) と呼んだのは，数字で表された上の掛け算表を，この表のように，それぞれの言語（地方語）で読んだ（表現した）掛け算表だったのではないだろうか．

そのあとガネーシャは，『リーラーヴァティー』の整数分割部分乗法 2 種 (GL 14.3, 15.1)，位置分割部分乗法 (GL 15.4)，任意数を利用する速算法を説明する (GL 16.1-2) が，部分乗法の呼び方を簡略にしている．すなわち，

整数分割部分乗法 (rūpa-vibhāga-khaṇḍa-guṇana)
→ 整数分割乗法 (rūpa-vibhāga-guṇana);
位置分割部分乗法 (sthāna-vibhāga-khaṇḍa-guṇana)
→ 位置乗法 (sthāna-guṇana)，日本語的には「位取り掛け算」

次にガネーシャは，『リーラーヴァティー』の例題 (L 17) を文法的に説明し (GL 17.1-4)，引き続いて，『リーラーヴァティー』には述べられていない，「カパータ連結乗法」と「タットスターナ乗法」を説明する．

ここで「カパータ連結乗法」(kapāṭa-sandhi-guṇana) というのは 15 世紀までそう呼ばれていた掛け算法ではなく，『パンチャヴィンシャティカー』で「定位置乗法の箱種」と呼ばれたもの，すなわち格子乗法である．本書付録 G, GL 17.6 参照．格子乗法については，§1.7.3.9 参照．

また，「タットスターナ乗法」(tatsthāna-guṇana) の tatsthāna は「その場所」を意味し，定位置乗法と訳した tatstha（「そこにある」）に似ているが，意味する掛け算法は定位置乗法と異なり，『パンチャヴィンシャティカー』で初めて現れる「牛尿乗法」と本質的に同じものである．ただし，乗数を移動しない．本書付録 G, GL 17.7 参照．牛尿乗法については，§1.7.3.9 参照．

1.7.3.12『ガニタマンジャリー』(GM 16-18 & 20)

ドゥンディラージャの息子ガネーシャは『ガニタマンジャリー』で，1) 整数乗法 (GM 16a)，2) 整数分割部分乗法 (GM 16b)，3) 位置分割部分乗法 (GM 16cd)，4) カパータ連結乗法 (GM 17-18)，の 4 つの掛け算法を与える．本書付録 H, GM 16-18, 20, & 20.1 参照．最初の「整数乗法」(akhaṇḍa-guṇana) は，『リーラーヴァティー』の注釈者ガネーシャの場合と同様，15 世紀までカ

パータ連結と呼ばれていた掛け算を指す．その名称「整数乗法」は詩節中にはないが，例題 (GM 20) に対する自注に出る．2 種の部分乗法の名前（整数分割，位置分割）には触れない．整数分割は和分割のみである．最後の「カパータ連結」乗法は，やはり『リーラーヴァティー』の注釈者ガネーシャの場合と同様，格子乗法を指す．最初の 3 つの方法は 1 詩節 (GM 16) で簡潔に述べるいっぽう，4 番目の「カパータ連結」は 2 詩節を用いて，格子の描き方から説明している．このことは，最初の 3 つは説明が不要なほどよく普及していたのに対して，格子乗法はあまり知られていなかったことを物語ると思われる．

1.7.3.13『パーティーサーラ』(PSM 16-17)

ムニーシュヴァラ（AD 1603 生）の『パーティーサーラ（アルゴリズム数学の精髄)』では，2 詩節 (PSM 16-17) で 2 つの掛け算法を述べる．

> 掛け算に関する術則．
>
> 乗数で測られた（それだけの数の）場所 (sthala) に配置された被乗数の和こそ，乗数と被乗数の掛け算によって生ずる果（積）である．もしそれとは別のものが一つの果から成るものでないなら (?)．あるいは，// 被乗数の最後の数字に乗数を掛けるべきである．同様に，移動したもの（乗数）を，最後から二番目等にも〈掛けるべきである〉．このように，〈被乗数の〉すべての数字が乗数によって掛けられる．それを〈人々は〉掛け算と呼ぶが，〈この算法は〉よく知られている．/PSM 16-17/ [1]

最初の詩節は，掛け算の定義と同時に究極の整数分割部分乗法も意図していると思われるが（本書付録 F, BBA 8.8 参照），条件節（「もし...」）は理解できない．英訳者は「この方法は乗数が単独の数字から成るとき用いられる．そうでなければ，もう一つの方法が採用される」と訳す.[2] 確かに乗数が大きいとき，これは掛け算法として機能しないと思われるが，私が使用したバローダ写本 (Oriental Institute, Baroda, No. 11856) では，この部分 (PSM 16cd: yadi ...) がその意味になるか疑問である．

2 番目の詩節は，明らかに 15 世紀までのカパータ連結乗法，二人のガネーシャの整数乗法を述べているが，ここでは名前には言及せず,「よく知られている」と形容するだけである．

---

[1] OIB 11856, fol.2a: guṇane sūtram/
guṇamitasthalasaṃsthitaguṇyakaprayutireva phalaṃ guṇaguṇyayoḥ/
guṇanajaṃ yadi naikaphalātmakastaditarotpadapaṃca(?) tadāthavā//PSM 16//
guṇyāṃtyamaṃkaṃ guṇakena hanyādutsāritenaivamupāṃtimādīn/
evaṃ guṇaghnāḥ sakalā yadā syuraṃkāstadāhurguṇanaṃ prasiddhaṃ//PSM 17//

[2] Singh & Singh 2004, 63: ‘This process is adopted when the multiplier is of single digit: otherwise another method is adopted.’

『パーティーサーラ』のバローダ写本では，平方の例題 (PSM 24) の詩節の途中 (fol.2b) に下のような掛け算表が説明なしに挿入されている．サンスクリット数学写本では図や表がスペースの関係で本来の位置でないところに置かれることは珍しくない．しかし，本来この表が置かれるべき掛け算規則やその例題 (PSM 16-18) のあたりにもこの表の説明はない．

1	2	3	4	5	6	7	8	9
1	2	3	4	5	6	7	8	9
2	4	6	8	10	12	14	16	18
3	6	9	12	15	18	21	24	27
4	8	12	16	20	24	28	32	36
5	10	15	20	25	30	35	40	45
6	12	18	24	30	36	42	48	54
7	14	21	28	35	42	49	56	63
8	16	24	32	40	48	56	64	72
9	18	27	36	45	54	63	72	81
10	20	30	40	50	60	70	80	90

この掛け算表には，ガネーシャの掛け算表 (S 1.7.3.11) と異なる点が 2 つある．一つは．ガネーシャの表では，第 1 行が被乗数とそれに乗数 1 を掛けた積，第 1 列が乗数とそれを被乗数 1 に掛けた積を表すのに対して，この表では，第 1 行が被乗数を表し，それに乗数 1 を掛けた積はそれとは別に第 2 行として存在すること，もう一つは，ガネーシャの表では乗数がどこまであったか不明だが，この表では九で終わっていることである．

1.7.3.14『パリカルマチャトゥシュタヤ』(PC 20-21)

著者未詳の簡易算術書『パリカルマチャトゥシュタヤ（四基本演算）』は四則演算だけを扱うが，足し算と引き算は，シュリーダラの『パーティーガニタ』や『トリシャティカー』などと同様，自然数列の和と差を扱う．掛け算も，『パーティーガニタ』などと同じ 4 つの計算法に言及する．その説明もそれらの書と同様，簡潔である．なお，底本とした写本 (Oriental Library, Baroda, No. 4660, AD 1391, fol.1b) での PC 20ab の読みは修正が必要だが，2 通りの修正が可能．それに応じて，乗数と被乗数の上下関係が逆になる．

> ⟨ 被乗 ⟩ 数の上に，カパータ連結の手順で乗数を置き,[1] 正順と逆順の道 ⟨ のいずれか ⟩ により，順番に掛けるべきである．// 定位置乗法，二種の部分 ⟨ 乗法 ⟩，そしてカパータ連結 ⟨ 乗法 ⟩．この算法四種が掛け算で教示されている．/PC 20-21/ [2]

[1] これは，PC 20b の-rāśeḥを Pattan 写本 (HJJM, 9550, fol.1b) のように-rāśim と読んだ場合．もしこれをそのままにして，PC 20a の rāśer を rāśiṃに修正すれば,「⟨ 被乗 ⟩ 数を，カパータ連結の手順で乗数の上に置き」となる．

[2] rāśervinyasyopari kapāṭasandhikemaeṇa guṇarāśeḥ/

1.7.4 割り算

算術書で教えられる割り算法には 2 種ある．一つは被除数と除数を共通因数で割るだけのものである．これは『ガニタサーラサングラハ』(GSS 2.18) のみに見られる．

もう一つは，被除数から除数の倍数を引くもので，被除数が除数の 10 倍以上なら，左から除数を移動しながら，各桁ごとにその引き算をする．その際，被除数の下に除数を置くことはすべての書に共通であるが，各桁での部分商をどこに置くかについては決まりがない．韻文で書かれた算術書は商の置き場所に全く触れない．その情報をいくらか提供してくれるのは，割り算の例題の計算を実行する散文の注釈と帝王学の書『マーナサウッラーサ』である．『パーティーガニタ』の古注 (PGT 22, p.15) は被除数の上に，除数の一位と位を合わせて部分商を置く.『ガニタティラカ』のシンハティラカ注は「別の所」(anyatra),『マーナサウッラーサ』は被除数とは異なる「一カ所」(ekatra) に置く．これらは書板上で，割り算を実行中の場所以外の空きスペースを指すと思われる．SGT 32-33.2，付録 B, MU 2.2.111 参照.

1.7.4.1『ブラーフマスプタシッダーンタ』(BSS 12.57)

『ブラーフマスプタシッダーンタ』は 12 章の補遺部分で次のように述べる．

> 任意数 (a) を加減した除数 (m) によって〈割られた〉被除数 (n) から得られたもの（商）は消さずに置く．〈それとは別の所でその商に〉任意数を掛け，元あった除数で割り，〈その〉商で，消さずに置いたものを加減する．/BSS 12.57/ [1]

これは，現代表記では，恒等式

$$\frac{n}{m} = \frac{n}{m \pm a} \pm \frac{n}{m \pm a} \cdot \frac{a}{m}$$

を意味する．しかし，掛け算の場合と同様，これはあくまで割り算規則の補遺であり，通常の割り算法は省略されていると考えるのが妥当と思われる．§1.7.3.1 参照.

1.7.4.2『パーティーガニタ』(PG 22) と『トリシャティカー』(Tr 9)

『パーティーガニタ』は一詩節 (PG 22 = Tr 9) で割り算規則を述べるが，その内容は，共通因数によって除数と被除数を共約し，逆順（左から右）に

---

anulomavilomābhyāmmārgabhyāṃ tāḍayetkramaśaḥ//PC 20//
tatsthaḥ pratyutpannaḥ ṣaṇḍo dvividhaḥ kapāṭasandhiśca/
karaṇacatuṣṭayametatpratyutpanne vinirdiṣṭam//PC 21//

[1] chedeneṣṭayutonenāptaṃ bhājyādanaṣṭamiṣṭaguṇam/
prakṛtisthacchedahṛtaṃ labdhyā yutahīnakamanaṣṭam//BSS 12.57//

割り算をする，というだけの簡潔なものである．本書付録 D, PG 22 参照．これだけではまったく要領を得ないが,『パーティーガニタ』の古注はこのアルゴリズムを解説し (付録 D, PGT 22.1)，さらに，2 つの計算例を実演するので (PGT 22.2-3)，そのアルゴリズムを完全に復元できる．それによれば，除数は被除数の下に左を揃えて置かれ，可能なら共約数で約してから，被除数の左から除数と同じ桁数だけ割って，すなわち，除数に適当な数を掛けて被除数から引いて，その乗数（すなわち商）を被除数の上に除数の一位と位をそろえて置く．次に除数を右に 1 桁移動して，被除数の残りに対しても同じようにする．

これは，商を置く場所などに若干違いがあるものの,『ガニタティラカ』のアルゴリズム (GT 21) と基本的に同じである．

共通因数による被除数と除数の共約は古くから行われていたことを Datta & Singh が指摘している.[1] その典拠はジャイナ教の哲学者ウマースヴァーティ著『タットヴァアルタアディガマスートラ』の自注である.[2] 彼らはその年代を AD 160 頃としているが，3 世紀あるいは 5 世紀とする説もある．

1.7.4.2a『ガニタパンチャヴィンシー』(GP 2ab)

『ガニタパンチャヴィンシー』(GP 2ab) は,『パーティーガニタ』などよりさらに簡単に次のように述べる．

> 割り算では，被除数から，除数に何か〈ある数〉を掛けたものが
> 清算されるとき，そ〈の数〉が果（商）である．/GP 2ab/[3]

ここには，位取りによる計算を示す言葉,「逆順に」,「順番に」,「最後から」などがないから，位取りによるアルゴリズムではなく，$m - qn = 0$ のとき，q が割り算 (m/n) の商である，ということを述べたものか．

1.7.4.3『ガニタサーラサングラハ』(GSS 2.18-19)

『ガニタサーラサングラハ』は 2 つの詩節 (GSS 2.18-19) で二つの割り算を教える．

> 第二の基本演算，割り算，の術則は次の通り．
>
> 被除数を置き，〈それを〉その下にある除数で，同じ
> ものによる共約演算をすることによって，割って，果
> （商）を述べるがよい．/GSS 2.18/
>
> あるいは，

---

[1] Datta & Singh 2005, vol.1, p.151.

[2] Umāsvāti 1903, 63-65. *Tattvārthādhigama* 2.52 の自注.

[3] bhāge bhājyāddharo yena hataḥ śudhyetphalaṃ tu saḥ//GP 2ab//

> 逆行で，被除数を下にある除数で割るがよい．もし，
> 同じものによる共約演算が ⟨ 可能で ⟩ あれば，それを
> 両者に施してから．/GSS 2.19/ [1]

一番目の詩節 (GSS 2.18) は，2 つの具格の関係が分かりにくいが，意図されているアルゴリズムは，被除数と除数を可能な限り繰り返し共通因数で共約する，というものらしい．割り切れる場合は最終的に除数が 1 になる．割り切れない場合，2 以上の除数が残るが，その場合は，二番目の規則に引き継がれたと見られる．その二番目の規則 (2.19) も要領を得ないが，おそらく『パーティーガニタ』の古注が伝えるアルゴリズムと同じ．

1.7.4.4『ガニタティラカ』(GT 21) と『シッダーンタシェーカラ』(SŚ 13.3)

『ガニタティラカ』(GT 21) のアルゴリズム表現は,『パーティーガニタ』同様簡潔であるが，具体的手順はシンハティラカ注から復元できる．彼は，被除数の各桁から引くために除数に掛ける乗数すなわち部分商を，その引き算が済むまでは除数の下に仮置きするが，それが済んだら書板上の別の所 (anyatra) に移す．SGT 32-33.2 とその Note 参照．

同じ著者の『シッダーンタシェーカラ』(SŚ 13.3) は，同じアルゴリズムを『ガニタティラカ』よりやや要領よく表現している．本書付録 A.1, 詩節 3 参照．

1.7.4.5『マーナサウッラーサ』(MU 2.2.109-12)

帝王学の書『マーナサウッラーサ』は 4 詩節 (MU 2.2.109-12) を用いてアルゴリズムを詳述する．韻文だが 4 詩節なので，1 詩節しか使わない数学書より詳しい．そのアルゴリズムは『パーティーガニタ』の古注が伝えるものとほとんど同じだが，商の列を被除数・除数とは別の所に作る．この点はシンハティラカ注と同じである．本書付録 B, MU 2.2.109-12 とその Note 参照．

1.7.4.6『リーラーヴァティー』(L 18)

『リーラーヴァティー』(L 18) は，除数と被除数の共約に言及し，割り算の最初のステップ「最後の被除数（被除数の最高位）から数を掛けた除数を引く」にも言及するが，それに続く除数の移動と下位の計算には触れない．

---

[1] dvitīye bhāgahāraparikarmaṇi karaṇasūtraṃ yathā/
vinyasya bhājyamānaṃ tasyādhassthena bhāgahāreṇa/
sadṛśāpavartavidhinā bhāgaṃ kṛtvā phalaṃ pravadet//GSS 2.18//
athavā/
pratilomapathena bhajedbhājyamadhassthena bhāgahāreṇa/
sadṛśāpavartanavidhiryadyasti vidhāya tamapi tayoḥ//GSS 2.19//
18d: kṛtvā > hṛtvā.

1.7.4.7『ガニタサーラカウムディー』(GSK 1.33)

『ガニタサーラカウムディー』(GSK 1.33) は，被除数と除数の定義と，計算におけるそれらの位置関係（被除数の下に除数）を述べるだけである．

1.7.4.8『ガニタカウムディー』(GK 16)

『ガニタカウムディー』(GK 16) の表現は『リーラーヴァティー』(L 18) のそれとほとんど同じである．

1.7.4.9『マハーシッダーンタ』(MS 15.4)

一詩節だけの割り算の説明でもっとも要領を得ているのはおそらく『マハーシッダーンタ』(MS 15.4) である．

> 被除数の下に除数を置き，被除数から，任意数（適当な数）を掛けた除数を引くべきである．⟨ その ⟩ 任意数が商である．除数を移動してから，残りを ⟨ 同じように ⟩ 割るべきである．/MS 15.4/ [1]

同書はこのあと (MS 15.5)，より一般的な状況 $(a \cdot b)/c$ での a と c および b と c の共約について述べている．これは『ブラーフマスプタシッダーンタ』12章の補遺部分 (BSS 12.61cd) にもあるが，この状況は，三量法（比例算法）で必然的に生ずる．

1.7.4.10『パリカルマチャトゥシュタヤ』(PC 37-38)

著者年代未詳の『パリカルマチャトゥシュタヤ』は2詩節で次のように割り算規則を与える．

> 二数を置き，下にある数，すなわち除数が ⟨ 適当な数を掛けたあと ⟩ 上の数から引かれるべきである．順番に，逆向きに．⟨ これが ⟩ 割り算である．// 被除数と除数の二つを，⟨ 可能なら ⟩ 常に同じ数で割ってから ⟨ そうすべきである ⟩．余りを除数で割ったものは部分（分数）から成る果となる．/PC 37-38/ [2]

割り算の規則自体は『リーラーヴァティー』(L 18) などと同じだが，最後に (PC 38cd)，割り切れない場合の余りの処理についての付則がある．これは，余りを分子，除数を分母として，分数表記する，ということらしいが，このような付則は他書では見られない．

---

[1] bhājyasyādho hāraṃ vidhāya bhājyāttyajedabhīṣṭaguṇam/
hāramabhīṣṭaṃ labdhaṃ śeṣaṃ vibhajeddharaṃ samutsārya//MS 15.4//

[2] rāśī vinyasyādhorāśirnirhārako viśodhyastu/
uparimarāśeḥ kramaśaḥ pratilomaṃ bhāgahāravidhiḥ//PC 37//
bhājyaṃ hāraṃ ca dvau tulyena hi rāśinā sadā cchitvā/
śeṣaṃ cchedavibhaktaṃ phalamatha bhāgātmakaṃ bhavati//PC 38//

1.7.4.11 その他

『パンチャヴィンシャティカー』(PV 9),『ガニタマンジャリー』(GM 19),『パーティーサーラ』(PSM 19) の規則は内容的に『リーラーヴァティー』(L 18) とほとんど同じであるが，除数と被除数の共約には言及しない.

1.7.5 平方

算術書が与える平方の規則には，1) 定義，2) 位取りを用いる計算のアルゴリズム，3) 恒等式．4) 級数を利用する計算法，の 4 種がある.

定義には，図形的定義と数量的定義がある．図形的定義を与えるのは『アールヤバティーヤ』と『シッダーンタシェーカラ』だけである．数量的定義，$n^2 = n \times n$，は多くの書が与えるが，これはもちろん計算法の一つでもある.

アルゴリズムは，

$$(a \cdot 10 + b)^2 = a^2 \cdot 10^2 + 2ab \cdot 10 + b^2$$

を原理とし（次の恒等式 I, Ia 参照）,『パーティーガニタ』以降のほとんどの算術書がよく似た表現で与える．しかし，いくつかの注釈書が伝えるその手順の細部には違いもある.

恒等式は，

(I) $n = a + b$ のとき，$n^2 = (a^2 + b^2) + 2ab$,
(Ia) $n = a_1 + a_2 + \cdots + a_m$ のとき，
$n^2 = (a_1^2 + a_2^2 + \cdots + a_m^2) + (2a_1a_2 + 2a_1a_3 + \cdots)$,
(II) $n = a + b$ のとき，$n^2 = (a + 2b)a + b^2$,
(III) $n = a + b$ のとき，$n^2 = (a - b)^2 + 4ab$,
(IV) $n^2 = (n + a)(n - a) + a^2$

である.

級数は，初項 1，公差 2，項数 n の等差級数，すなわち，最初の n 個の奇数の和である：

$$n^2 = \sum_{k=1}^{n} (2k - 1).$$

なお,「定義」「アルゴリズム」などの区別はここで便宜的に行ったもので，級数を利用する計算法は恒等式とみなすこともできる．元のテキストでは，どれも区別なく,「平方」(varga, kṛti)，あるいは「平方計算」(varga-prakriyā, -kriyā, -vidhi)，あるいは「平方を導く方法」(varga-ānayana-prakāra, -rīti, -upāya) などと呼ばれている.

表 2-1 と 2-2 は，各算術書が与える規則の一覧である.

表 2-1: 平方の規則

書名	AB	BSS	PG/Tr	GSS	GT/SŚ
年代	499 頃	628	800 頃	850 頃	1040 頃
定義	2.3ab	12.62d	24a/11a	2.29a	24b/13.4ac
アルゴリズム	—	—	23/10	2.31	23
恒等式 I	—	—	—	—	—
恒等式 Ia	—	—	—	2.30	—
恒等式 II	—	12.63ab	—	—	—
恒等式 III	—	—	—	—	—
恒等式 IV	—	12.63cd	24cd/11cd	2.29b	24a
級数	—	—	24b/11b	2.29cd	—

表 2-2: 平方の規則（続）

書名	L	GSK	GK	GM
年代	1150	1315 頃	1356	1570 頃
定義	19a	1.35ab	1.17a	2.3a
アルゴリズム	19bcd	1.34	1.17bcd	23abc
恒等式 I	20ab	—	—	
恒等式 Ia	—	—	—	—
恒等式 II	—	—	—	—
恒等式 III	—	—	1.18d	23d
恒等式 IV	20cd	1.35bcd	1.18ab	—
級数	—	—	1.18c	—

『パンチャヴィンシャティカー』(PV 10_1),『マハーシッダーンタ』(MS 15.6a),『パーティーサーラ』(PSM 21a) は，定義だけなのでこの表では省略した．

1.7.5.1『アールヤバティーヤ』(AB 2.3ab)

『アールヤバティーヤ』の定義は次の通り．

> 平方 (varga) とは，⟨図形的には⟩等四辺形（正方形）であり，⟨数量的なその⟩果は二つの等しいものの積 (saṃvarga) である．/AB 2.3ab/[1]

1.7.5.2『ブラーフマスプタシッダーンタ』(BSS 12.62c-63)

『ブラーフマスプタシッダーンタ』は12章の補遺部分で，定義 (BSS 12.62d)，恒等式 II (63ab)，恒等式 IV (63cd)，を与える．詩節63は次の通り．

[1] vargaḥ samacaturaśraḥ phalaṃ ca sadṛśadvayasya saṃvargaḥ//AB 2.3ab//

> 量の〈二部分の内〉，小の二倍に大を加えかつ掛けて，小の平方を加えると，平方である．あるいは，任意数を加減した量からの積に，任意数の平方を加えると，平方である．/BSS 12.63/[1]

1.7.5.3『パーティーガニタ』(PG 23-24) と『トリシャティカー』(Tr 10-11)

『パーティーガニタ』は 2 詩節 (PG 23-24 = Tr 10-11) で次のように述べる．

> 最後の項（最高位）の平方を作り，最後の二倍に残りの項（位）〈のそれぞれ〉を掛けるべきである，〈結果を置く位置を 1 桁づつ〉繰り返し移動しながら．〈次に，その最後の〉項からの残り〈の項〉を〈1 桁右に〉移動〈し，同じ操作を繰り返〉すべきである，平方のために．// 同じ二量の積，あるいは，単位を初めとし二を公差とする項の和，あるいは，任意数を減加した項の積にその任意数の平方を加えたもの，が平方である．/PG 23-24/[2]

ここで与えられているのは 4 つの規則，すなわち，アルゴリズム (PG 23 = Tr 10)，定義 (PG 24a = Tr 11a)，級数 (PG 24b = Tr 11b)，恒等式 IV (PG 24cd = Tr 11cd)，である．

アルゴリズムの表現（詩節 23）は簡潔すぎて要領を得ないので，上の和訳では多くの言葉を補ったが，それでもまだわかりにくい．そこで，古注が伝える具体的手順を見よう．『パーティーガニタ』の例題 (PG E4 = Tr E5) で与えられたいくつかの例のなかから，古注は 25 の平方を求める場合の手順を詳述しているが，ここではそれを 3 桁の例 (257) に適用して説明する．

1) 平方したい数 257 を書く:

2	**5**	**7**

2) 最後の項 2 の平方 4 を 2 の上に書く:

4		
2	5	7

3) 最後の二倍 4 に残りの項 5 を掛け，結果 20 を 5 の上に加える:

6	**0**	
2	5	7

4) 同じく 7 を掛け，結果 28 を 7 の上に加える:

6	**2**	**8**
2	5	7

---

[1] rāśerūnaṃ dviguṇaṃ bahutaraguṇamūnakṛtiyutaṃ vargaḥ/
rāśeriṣṭayutonādvadhaḥ kṛtirveṣṭakṛtiyutaḥ//BSS 12.63//
Datta & Singh 2005, vol.1, p.156, はこの前半 (63ab) がアルゴリズムを与えると解釈し，次のように訳す．'Combining the product, twice the digit in the less (lowest) place into the several others (digits), with its (i.e., of the digit in the lower place) square (repeatedly) gives the square.'

[2] kṛtvāntyapadasya kṛtiṃ śeṣapadairdviguṇamantyamabhihanyāt/
utsāryotsārya padāccheṣaṃ cotsārayetkṛtaye//PG 23// (= Tr 10)
sadṛśadvirāśighāto rūpādidvicayapadasamāso [vā]/
iṣṭonayutapadavadho vā tadiṣṭavargānvito vargaḥ//PG 24// (= Tr 11)

5) 不要になった2は除去される (nivartate):

6	2	8
	5	7

6) 残りを1桁右へ移動:

6	2	8	
		5	**7**

7) 最後の項5の平方25を5の上に加える:

6	**5**	**3**	
		5	7

8) 最後の二倍10に残りの項7を掛け，結果70を7の上に加える:

6	**6**	**0**	**0**
		5	7

9) 不要になった5は除去される:

6	6	0	0
			7

10) 残りを1桁右へ移動:

6	6	0	0	
				7

11) 最後の項7の平方49を7の上に加える:

6	6	0	**4**	**9**
				7

12) 残りの項がないので演算は終わり，7は除去される:

6	6	0	4	9

『パーティーガニタ』自体のアルゴリズム表現は『ガニタティラカ』のそれ (GT 23) とほとんど同じだが，ここに見た古注の手順はシンハティラカ注の手順と細部で異なる．SGT 23 とその Note 参照.

1.7.5.3a『ガニタパンチャヴィンシー』(GP 2c)

『ガニタパンチャヴィンシー』はわずか四分の一詩節 (GP 2c) で定義を与えるのみ.

> 同じ二つの〈数の〉積が平方である．/GP 2c/[1]

1.7.5.4『ガニタサーラサングラハ』(GSS 2.29-31)

『ガニタサーラサングラハ』は3つの詩節で5つの規則を，定義 (GSS 2.29a)，恒等式 IV (2.29b)，級数（2.29cd)，恒等式 Ia (2.30)，アルゴリズム (2.31)，の順序で与える．詩節 2.30（恒等式 Ia）は次の通り.

> 二つ等の位置を持つ量すべての平方の和に，それらを〈二つづつ〉
> 順に掛けたものの二倍を加えると，平方である．/GSS 2.30/[2]

[1]samadvighāto vargaḥ syāt//GP 2c//
[2]dvisthānaprabhṛtīnāṃ rāśīnāṃ sarvavargasaṃyogaḥ/
teṣāṃ kramaghātena dviguṇena vimiśrito vargaḥ//GSS 2.30//

これは，掛け算の整数分割部分乗法に対応する恒等式 Ia に加えて，位置分割 ($n = a_1 \cdot 10^{m-1} + a_2 \cdot 10^{m-2} + \cdots + a_{m-1} \cdot 10 + a_m$) にも対応している，という指摘もある.[1] 「位置」(sthāna) は，位取りでは日本語の「位」を意味するから，その解釈は可能である.

1.7.5.5『ガニタティラカ』(GT 23-24b) と『シッダーンタシェーカラ』(SŚ 13.4ac)

『ガニタティラカ』はアルゴリズム (GT 23)，恒等式 IV (24a)，定義 (24b) を与える．シンハティラカが伝えるアルゴリズムの手順は『パーティーガニタ』の古注が伝えるものとは異なり，途中の計算結果を元の数の下に書く．SGT 23 とその Note 参照．また彼は,『リーラーヴァティー』から定義 (L 19a) とアルゴリズムの冒頭 (L 19b)，恒等式 I (L 20ab) を引用し,『トリシャティー』(=『トリシャティカー』) から，級数 (Tr 11b = PG 24b) と定義 (Tr 11a = PG 24a) を引用する．

『シッダーンタシェーカラ』は,『アールヤバティーヤ』と同じように，数量的定義 (SŚ 13.4a) と図形的定義 (13.4c) を与える．本書付録 A.1, 詩節 4a & 4c 参照.

1.7.5.6『リーラーヴァティー』(L 19-20) とガネーシャ注

『リーラーヴァティー』は，2 つの詩節で 4 つの規則，すなわち，定義 (L 19a)，アルゴリズム (L 19bcd)，恒等式 I (L 20ab)，恒等式 IV (L 20cd) を与える．アルゴリズムは，他書と同様，最高位から始めるが，立方のアルゴリズムの最後 (L 25cd) で，一位から始めてもよいことを付け加える．また，途中の計算結果は,『パーティーガニタ』の古注と同様，元の数字の桁に合わせて「それぞれ自分の上に」(svasvopariṣṭāt) 置くことが明記されている．

ガネーシャは，ビージャガニタ（種子数学）を用いて,『リーラーヴァティー』のアルゴリズム，恒等式 I，恒等式 IV の「正起次第」を与える．例えば，アルゴリズムの正起次第は次の通り.

> これに関する正起次第．位置乗法（すなわち以前の位置分割部分乗法）により，未知数学の方法で（すなわち未知数記号を用いて)，三桁の数字の平方が作られつつあるとき，〈元の数の〉百位には yā 1，十位には kā 1，一位には nī 1〈があるとしよう〉．これらの列は，yā 1 kā 1 nī 1，である.「被乗数が乗数の部分と等しく別々に置かれるべきである」(BG 10a) 云々により生ずる平方は，yāva 1 yākābhā 2 yānībhā 2 kāva 1 kānībhā 2 nīva 1，である．ここで，最初の位置に「最後の平方」がある．二番目と三番目の

[1] Cf. Raṅgācārya 1912, 13, fn.30.

位置に「最後の二倍を掛けた」kālaka と nīlaka がある．だから，「置かれるべきである，最後の平方と，最後の二倍を掛けた他の数字がそれぞれ自分の上に」(L 19bc) という．四番目の位置には kālaka の平方，五番目には kālaka の二倍を掛けた nīlaka，六番目には nīlaka の平方，がある．だから,「最後を捨て，〈残りの〉量を移動し，さらに同様に」(L 19d) と云われた．位置乗法によって平方が作られたから位に応じて和が作られるべきなので,「量を移動し」という．〈以上でアルゴリズムは〉正起した．/GL 19/[1]

すなわち，3 桁の数の百位，十位，一位を 3 つの未知数 (avyakta)，yā 1, kā 1, nī 1, で表し，その数をそれらの列 (paṅkti), yā 1 kā 1 nī 1, で表すとき，その平方は,『ビージャガニタ』の部分乗法の規則 (BG 10) により，次のように計算される.[2]

yā 1	|	yā 1	kā 1	nī 1
kā 1	|	yā 1	kā 1	nī 1
nī 1	|	yā 1	kā 1	nī 1

↓

yāva 1	yākābhā 1	yānībhā 1
yākābhā 1	kāva 1	kānībhā 1
yānībhā 1	kānībhā 1	nīva 1

↓

yāva 1 yākābhā 2 yānībhā 2 kāva 1 kānībhā 2 nīva 1

これを現代の未知数記号で表せば，

$$[x, y, z]^2 = \begin{bmatrix} x(x, y, z) \\ y(x, y, z) \\ z(x, y, z) \end{bmatrix} = \begin{bmatrix} x^2, xy, xz \\ xy, y^2, yz \\ xz, yz, z^2 \end{bmatrix} = [x^2, 2xy, 2xz, y^2, 2yz, z^2]$$

これに桁情報を加えれば，

$$(x \cdot 10^2 + y \cdot 10 + z)^2$$
$$= x^2 \cdot 10^4 + 2xy \cdot 10^3 + (2xz + y^2) \cdot 10^2 + 2yz \cdot 10 + z^2.$$

[1] atropapattiḥ/ sthānaguṇanenāvyaktarītyā sthānatrayasthitāṅkasya varge kriyamāṇe śatasthāne yā 1 daśakasthāne kā 1 ekasthāne nī 1/ eṣāṃ paṅktiḥ yā 1 kā 1 nī 1/ guṇyaḥ pṛthagguṇakakhaṇḍasamo niveśya ityādinā jāto vargo yāva 1 yākābhā 2 yānībhā 2 kāva 1 kānībhā 2 nīva 1/ atra prathamasthāne 'ntyavargaḥ/ dvitīyatṛtīyasthānayordviguṇāntyanighnau kālakanīlakau/ ataḥ sthāpyo 'ntyavargo dviguṇāntyanighnāḥ svasvopariṣṭācca tathāpare 'ṅkā(ḥ) iti⟨/⟩ caturthasthāne kālakavargaḥ/ pañcame dviguṇakālakanighnau nīlakaḥ/ ṣaṣṭhe nīlakavargaḥ/ ato 'ntyaṃ tyaktvā rāśimutsārya punarevamityuktam/ sthānaguṇanena kṛtavargatvādyathāsthānayoge kartavye rāśimutsāryetyupapannam/GL 19/

[2] 林 2016, 86-90 参照.

だから，万の桁に x^2 の項があり，xy, xz の項は 1 桁づつ下がり，y^2 はその xz と同じ桁，その後の yz, z^2 の項はさらに 1 桁づつ下がる．だから,『リーラーヴァティー』の平方のアルゴリズム (L 19bcd) では,「置かれるべきである,... それぞれ自分の上に」や「量を移動し」と云われたのである，という趣旨．上で見た『パーティーガニタ』の古注が伝える手順参照.

1.7.5.7 その他

『ガニタサーラカウムディー』は，アルゴリズム (GSK 1.34)，定義 (1.35ab)，恒等式 IV (1.35bcd) を与える．

『ガニタカウムディー』は，定義 (GK 1.17a)，アルゴリズム (1.17bcd)，恒等式 IV (1.18ab)，級数 (1.18c)，恒等式 III (1.18d)，を与える．アルゴリズムで，途中の計算結果は元の数の上に置く．

『ガニタマンジャリー』は，定義 (GM 23a)，アルゴリズム (23abc)，恒等式 III (23d) を与える．アルゴリズムで，途中の計算結果は元の数の上に置く．

『パーティーサーラ』は，平方の規則としては定義 (PSM 21a) を与えるのみであるが，開平計算の正起次第 (28-31) のための準備として平方の仕組みを説明する (26-27)．その仕組みはアルゴリズムに基づいているように見えるが，アルゴリズムそのものではない．

1.7.6 開平

『アールヤバティーヤ』以来,『ブラーフマスプタシッダーンタ』を除いて，ほとんどの数学書が，位取りを利用する開平のアルゴリズムを述べる．それは，平方のアルゴリズムの場合と同じ式,

$$(a \cdot 10 + b)^2 = a^2 \cdot 10^2 + 2ab \cdot 10 + b^2$$

で，右辺から左辺を求める操作である．

1.7.6.1 『アールヤバティーヤ』(AB 2.4)

そのアルゴリズムを，Āryā 韻律 1 詩節で，簡潔に要点だけを述べたのが『アールヤバティーヤ』である．

> 常に，平方根の二倍で非平方〈位〉を割るべきである，平方〈位〉から平方が引かれたとき．商は別（隣）の位の根である．/AB 2.4/[1]

[1] bhāgaṃ haredavargānnityaṃ dviguṇena vargamūlena/
vargādvarge śuddhe labdhaṃ sthānāntare mūlam//AB 2.4//

例えば，2 桁の数を平方した数（3 桁または 4 桁）の場合（上式の右辺），最大の平方位 (百位) から平方数 a^2 を引き，その根の二倍 $2a$ で隣の非平方位 (十位) を割ると，商は b だから，その平方 b^2 を次の平方位（一位）から引く．この例のようにもし元の数が平方数なら，上式の右辺は消えて，その平方根 $(a \cdot 10 + b)$ が得られる．

1.7.6.2『パーティーガニタ』(PG25-26) と『トリシャティカー』(Tr 12-13)

『パーティーガニタ』は，同じアルゴリズムを,『アールヤバティーヤ』と同じ Āryā 韻律の 2 詩節で，やや詳しく表現する．

> 奇数項（奇数位すなわち平方位）から平方を除去し，位置を落とした（右の位に移動した）根の二倍で残りを割るべきである．商を〈根の〉列に入れるべきである．// その平方を〈次の奇数位から〉引き，前のように，商を二倍するべきである．それから，〈根の列を 1 桁右へ〉移動し，残りを割るべきである．〈この操作を繰り返し，最後に，〉二倍されたもの（すなわち根の列にあるもの）を半分にすべきである．/PG 25-26/ [1]

『パーティーガニタ』の古注は，186624 の開平を例示する．その手順は次の通り．

1) 開平したい数 186624 を置き，一位から順に，viṣama(奇), sama(偶), viṣama(奇), sama(偶), と名づける:

sa	vi	sa	vi	sa	vi
1	**8**	**6**	**6**	**2**	**4**

2) 最後の奇数位 8 を初めとする数 18 から可能な最大の平方数 16 を引く $(18 - 16 = 2)$:

2	6	6	2	4

3) その平方数 16 の根 4 の二倍 8 を 1 桁右の 6 の下に置く $(2\sqrt{16} = 8)$．これを根の「列」(paṅkti) という:

2	6	6	2	4
	8			

4) 「列」の 8 で上の 26 を割ると，商は 3，余りは 2 $(26 = 8 \cdot 3 + 2)$．その商を「列」の 8 の右，上の 6 の下に置く:

2	6	2	4
8	**3**		

5) その商 3 の平方をその上の 26 から引く $(26 - 3^2 = 17)$:

[1] viṣamātpadatastyaktvā vargaṃ sthānacyutena mūlena/
dviguṇena bhajeccheṣaṃ labdhaṃ viniveśayetpaṅktau//PG 25// (= Tr 12)
tadvargaṃ saṃśodhya dviguṇaṃ kurvīta pūrvavallabdham/
utsārya tato vibhajeccheṣaṃ dviguṇīkṛtaṃ dalayet//PG 26// (= Tr 13)

1	**7**	2	4
8	3		

6) その商 3 を二倍する $(3 \cdot 2 = 6)$:

1	7	2	4
8	**6**		

7) 「列」を 1 桁右へ移動する:

1	7	2	4
	8	**6**	

8) 「列」86 で上の 172 を割ると，商は 2，余りはない $(172 = 86 \cdot 2 + 0)$．その商 2 を今ある列の右に置く:

		4
8	6	**2**

9) その商 2 の平方をその上の 4 から引くと余りはない $(4 - 2^2 = 0)$:

8	6	2

10) その商 2 を二倍する $(2 \cdot 2 = 4)$:

8	6	**4**

11) 元の数の残りがなくなったので，得られた数 864 を半分にする $(864/2 = 432)$．これが平方根である:

4	**3**	**2**

ここで，各ステップの説明は古注に従うが，数字配列の図（書置 nyāsa と呼ばれる）は，古注ではステップ 1), 3), 7), 11) で与えられているだけで，あとは省略されている．

興味深いことに，古注では，得られた根 (mūla, pada) や商 (labdha, phala) は，「置かれ」(sthāpyaṃ) たり，「導かれ」(neyaṃ) たり，「列に入れられ」(paṅktau niveśyaṃ) たりするものであり，「書かれる」(lekhyaṃ) という表現は見られない．これは，棒やビーズをカウンターに用いたアバクス時代の表現の名残の可能性もある．

1.7.6.2a『ガニタパンチャヴィンシー』(GP 3-4ab)

『ガニタパンチャヴィンシー』は一詩節半 (GP 3-4ab) で次のようにアルゴリズムを与える．

> 最後の奇数〈位〉から平方を除去し，〈右隣の〉偶数〈位〉を根の二倍で割り，商の平方をその前の位から除去し，〈その割り算の〉商の二倍を置くべきである//〈商の〉列に．〈根の二倍で〉偶数〈位〉を割り，〈その商の平方を右隣の奇数位から〉除去し，と〈いう手順を〉繰り返す．その（根の列の）半分が根である．/GP 3-4ab/[1]

[1] tyaktvāntyādviṣamādvargaṃ dvighnamūlahṛte same/
labdhavargaṃ tadādyasthāttyaktvāptaṃ dviguṇaṃ nyaset//GP 3//
paṅktyāṃ bhakte same tyaktveti muhustaddalaṃ padam//GP 4ab//

これは『パーティーガニタ』などと同じアルゴリズムであるが，それらよりむしろ表現が自然で，要領を得ている.「前」はもちろん「右」である.

1.7.6.3『ガニタサーラサングラハ』(GSS 2.36)

『ガニタサーラサングラハ』は，一詩節 (GSS 2.36) で同じアルゴリズムを述べるが，それは要点だけを列挙した簡潔なものである.[1]

1.7.6.4『ガニタティラカ』(GT 26) と『シッダーンタシェーカラ』(SŚ 13.5)

『ガニタティラカ』と『シッダーンタシェーカラ』も一詩節 (GT 26 = SŚ 13.5) だが，少し長めの Vasantatilakā 韻律を用いて,『パーティーガニタ』によく似た表現でアルゴリズムを与える．シンハティラカが伝えるアルゴリズムの手順も『パーティーガニタ』の古注のそれとほとんど同じだが，最後の商以外の根の列を半分にし，それに最後の商を二倍せずそのまま加える，という点が異なる.

1.7.6.5『リーラーヴァティー』(L 22)

『リーラーヴァティー』も一詩節 (L 22) だが，さらに長い Śārdūlavikrīḍita 韻律を用いて,『パーティーガニタ』や『ガニタティラカ』とまったく同じアルゴリズムを与える.

1.7.6.6 その他

『ガニタサーラカウムディー』は Gāthā 韻律の 2 詩節 (GSK 1.37-38) で,『ガニタカウムディー』は Gīti 韻律と Udgīti 韻律の 2 詩節 (GK 1.19-20,) で,『パンチャヴィンシャティカー』は Anuṣṭubh 韻律の 2 詩節 (PV 11-12) で,『マハーシッダーンタ』は Ārya 韻律の半詩節と Gīti 韻律の 1 詩節 (MS 15.6c-7) で，すべて同じアルゴリズムを与える.

『ガニタマンジャリー』は Vasantatilakā 韻律の 1 詩節で述べる．偶数位を割るために 2 倍した根の列を，アルゴリズムの最後で半分にするステップがない（触れられていない）ところを見ると，根の列は 2 倍せず，除数として用いるとき暗算で 2 倍していたのかもしれない.

『パーティーサーラ』は Anuṣṭubh 韻律の 3 詩節弱 (PSM 21b-23) で述べるが,『ガニタマンジャリー』と同様，アルゴリズムの最後で根の列を半分にするステップがない.

---

[1] antyaujādapahṛtakṛtimūlena dviguṇitena yugmahṛtau/
labdhakṛtistyājyauje dviguṇadalaṃ vargamūlaphalam//GSS 2.36//

1.7.7 立方

平方の場合と同様，算術書が与える立方の規則には，1) 定義，2) 位取りを用いる計算のアルゴリズム，3) 恒等式．4) 級数を利用する計算法，の 4 種がある．

定義には，図形的定義と数量的定義があるが，図形的定義を与えるのは『アールヤバティーヤ』と『シッダーンタシェーカラ』だけであること，また，数量的定義，$n^3 = n \times n \times n$，は多くの書が与えるが，これは計算法の一つでもあること，も平方の場合と同じである．

アルゴリズムは，

$$(a \cdot 10 + b)^3 = a^3 \cdot 10^3 + 3a^2b \cdot 10^2 + 3ab^2 \cdot 10 + b^3$$

を原理とし（次の恒等式 III 参照），『ブラーフマスプタシッダーンタ』以降のほとんどの書がよく似た表現で与える．

恒等式は，

(I) $n^3 = (n-1)^3 + 3n(n-1) + 1$,
(II) $n^3 = (\sqrt{n})^3 \cdot (\sqrt{n})^3$,
(III) $n = a + b$ のとき，$n^3 = \bigl(3a^2b + 3ab^2\bigr) + \bigl(a^3 + b^3\bigr)$,
(IIIa) $n = a + b$ のとき，$n^3 = 3abn + \bigl(a^3 + b^3\bigr)$,
(IIIb) $n = a + b$ のとき，$n^3 = 4abn + (a-b)^2 n$,
(IV) $n^3 = n(n+a)(n-a) + a^2(n-a) + a^3$

である．

級数を利用する計算法は次の通り．これらの規則を与えるのは『ガニタサーラサングラハ』のみ．

$$\text{級数 I:} \qquad n^3 = \sum_{k=1}^{n} \{n + 2n(k-1)\},$$

$$\text{級数 II:} \qquad n^3 = n^2 + (n-1)\sum_{k=1}^{n} (2k-1),$$

$$\text{級数 III:} \qquad n^3 = 3\sum_{k=1}^{n-1} k(k+1) + n.$$

なお，平方の場合と同様，「定義」「アルゴリズム」などの区別はここで便宜的に行ったもので，級数を利用する計算法は恒等式とみなすこともできる．元のテキストでは，どれも区別なく，「立方」(ghana)，あるいは「立方計算」(ghana-prakriyā, -kriyā, -vidhi)，あるいは「立方を導く方法」(ghana-ānayana-prakāra, -rīti, -upāya) などと呼ばれている．

表 3-1 と 3-2 は，各算術書が与える規則の一覧である．

表 3-1: 立方の規則

書名	AB	BSS	PG/Tr	GSS	GT/SŚ
年代	499 頃	628	800 頃	850 頃	1040 頃
定義	2.3cd	12.62d	28b/15b	2.43a	29d/13.4bd
アルゴリズム	—	12.6	27-28b/14-15b	2.47	28
恒等式 I	—	—	28cd/15cd	—	29abc
恒等式 II	—	—	—	—	—
恒等式 III	—	—	—	2.46	—
恒等式 IIIa	—	—	—	—	30
恒等式 IIIb	—	—	—	—	—
恒等式 IV	—	—	—	2.43bcd	—
級数 I	—	—	—	2.44ab	—
級数 II	—	—	—	2.44bcd	—
級数 III	—	—	—	2.45	—

表 3-2: 立方の規則（続）

書名	L	GSK	GK	GM
年代	1150	1315 頃	1356	1570 頃
定義	24a	1.41ab	1,21a	27a
アルゴリズム	24b-25	1.39-40	1.21b-22b	27b-28
恒等式 I	—	1.41cd	1.22cd	—
恒等式 II	26cd	—	1.23cd	—
恒等式 III	—	—	—	—
恒等式 IIIa	26ab	—	1.23ab	—
恒等式 IIIb	—	—	—	29
恒等式 IV	—	—	—	—
級数 I	—	—	—	—
級数 II	—	—	—	—
級数 III	—	—	—	—

『パンチャヴィンシャティカー』(PV 10_2) と『マハーシッダーンタ』(MS 15.6b) は，定義を与えるだけなのでこの表では省略する.『パーティーサーラ』は立方を扱わない.

1.7.7.1『アールヤバティーヤ』(AB 2.3cd)

『アールヤバティーヤ』の定義 (AB 2.3cd) は次の通り.

> 立方 (ghana) とは，⟨ 数量的には ⟩ 等しい三つのものの積であり，⟨ 図形的には ⟩ 十二稜体 (dvādaśāśri) である/AB 2.3cd/[1]

[1]sadṛśatrayasaṃvargo ghanastathā dvādaśāśriḥ syat//AB 2.3cd//

1.7.7.2『ブラーフマスプタシッダーンタ』(BSS 12.6 & 62d)

『ブラーフマスプタシッダーンタ』は，12 章の最初で扱う基本演算の一部としてアルゴリズム (BSS 12.6) を与え，補遺部分で定義 (12.62d) を与える．アルゴリズムは次の通り．

> 最後の立方が置かれるべきである．最後の平方を三倍し後続を掛けたものはその前に ⟨ 置かれる ⟩．後続の平方に最後を掛け，三倍したものと，後続の立方も ⟨ 順にその前に置かれる．これが ⟩ 立方である．/BSS 12.6/ [1]

プリトゥーダカ注は 27 の立方を例示する.[2] 27 の 2 が「最後」(antya)，7 が「後続」(uttara) である．

$2^3 = 8$:		8			
$3 \cdot 2^2 \cdot 7 = 84$:		8	4		
	1	6	4		
$3 \cdot 2 \cdot 7^2 = 294$:		2	9	4	
	1	9	3	4	
$7^3 = 343$:			3	4	3
	1	9	6	8	3

ただし，プリトゥーダカ注の写本は，このように縦書きにしているわけではなく，8 を置いたあとは，それに 84，294，343 を 1 桁づつ右に加えながら，それらの結果，164, 1934, 19683 を書いてゆく．プリトゥーダカは，3 桁以上の数は左から 1 桁づつ増やしながら計算することを付け加えている．すなわち，まず，左から 2 桁の立方を求め，次に，それを「最後の立方」，左から 3 番目の桁を「後続」とみなし,「最後の平方」は別に求め，上の規則により，左から 3 桁の立方を求め，以下同様にする．

1.7.7.3『パーティーガニタ』(PG 27-28) と『トリシャティカー』(Tr 14-15)

『パーティーガニタ』と『トリシャティカー』は，定義 (PG 28b = Tr 15b)，アルゴリズム (PG 27-28b = Tr 14-15b)，恒等式 I (PG 28cd = Tr 15cd) を与える．アルゴリズムの表現は，3 桁以上の場合に関して,『ブラーフマスプタシッダーンタ』より明示的である．恒等式 I は，数列の用語で与えられる．

> 最後の立方が置かれるべきである．また，最後の平方に三と前を掛けたものが位を増やして（1 桁右に）⟨ 置かれるべきである ⟩．前の平方に最後を掛け，三を掛けたもの，さらに前の立方が ⟨ そ

[1] sthāpyo 'ntyaghano 'ntyakṛtistriguṇottarasaṅguṇā ca tatprathamāt/ uttarakṛtirantyaguṇā triguṇā cottaraghanaśca ghanaḥ//BSS 12.6//
[2] Ms.: India Office Library, Eggeling 2769, fol.46b.

> れぞれ位を増やして置かれるべきである〉. // 〈3 桁以上の場合〉, 結合した量（すなわち最後の 2 桁）が最後である〈とみなされる〉. その立方がこれ（今得られたもの）である．同じ三量の積〈が立方である〉. あるいは，一を初項および公差〈とし，与えられた数を項数〉とする〈数列〉で，最後に三と前を掛け一を加えたものに，前の立方を加える〈と立方である．〉/PG 27-28/ [1]

『パーティーガニタ』の古注もプリトゥーダカ注と同じ計算手順を伝える．両書とも，結果を置く位置には言及しないから，元の数とは無関係に，書板上の空いているスペースで，各ステップの結果を「位を増やして」(sthānādhikyaṃ) 前の結果に加えていったと思われる．

1.7.7.3a『ガニタパンチャヴィンシー』(GP 2d)

『ガニタパンチャヴィンシー』はわずか四分の一詩節 (GP 2d) で定義を与えるのみ．

> 同じ三つの〈数の〉積が立方である．/GP 2d/ [2]

1.7.7.4『ガニタサーラサングラハ』(GSS 2.43-47)

『ガニタサーラサングラハ』は，定義 (GSS 2.43a)，アルゴリズム (2.47)，恒等式 III (2.46)，恒等式 IV (2.43bcd)，級数 I (2.44ab)，級数 II (2.44bcd)，級数 III (2.45)，を与える．級数を利用した計算法を 3 つ与えているが，これは，他書の立方算に見られない特徴である．もともと『ガニタサーラサングラハ』は数列に詳しいことで知られる．第 6 章「混合の手順」に含まれる数列に関するいくつかの節だけでなく，第 2 章「基本演算の手順」の加法と減法の節，第 3 章「分数の同色化の手順」の加法と減法の節，などでも数列が扱われる．林 1993, 236-37, 表 7.4 参照．著者マハーヴィーラが数列に造詣が深いのは，ジャイナ教徒たちの数学文化の伝統に根ざす.[3]

級数を利用する 3 つの計算法は次のように表現される．

> 任意数を初項，任意数の二倍を公差，任意数を項数とする数列の和[4]〈はその数の立方である〉. あるいは，任意数の平方に，一少ない任意数を掛けた，一を初項，二を公差，任意数を項数とする〈数列の〉和を加えたもの〈はその数の立方である〉.// 一を初項

---

[1] sthāpyo 'ntyaghano 'ntyakṛtiḥ sthānādhikyaṃ tripūrvaguṇitā ca/
ādyakṛtirantyaguṇitā triguṇitā ca ghanastathādyasya//PG 27// (= Tr 14)
niryuktarāśirantyaṃ [tasya] ghano 'sau samatriraśihatiḥ/　（[　] 内は編者が補う）
ekādicaye vāntye tryādihate pūrvaghanayutiḥ saike//PG 28// (= Tr 15)

[2] samatrayahatirghanaḥ//GP 2d//

[3] Cf. Sarasvati 1961/62. インドの数列全般に関しては，林・楠葉 1993 参照.

[4] anvaya を「数列の和」と訳したが，その意味での用例は極めて稀で，辞書にはない．基本的意味は「付き従うこと」.

および公差とし任意数を項数とする〈数列〉で，前の量に後（直後）のものを掛けるべきである．掛けられたもの（積）の和を三倍し，最後を加えると，立方になる．/GSS 2.44-45/[1]

1.7.7.5『ガニタティラカ』(GT 28-30) と『シッダーンタシェーカラ』(SŚ 13.4bd)

『ガニタティラカ』は，アルゴリズム (GT 28)，恒等式 I (29abc)，定義 (29d)，恒等式 IIIa (30)，を与える．シンハティラカ注はアルゴリズムの使用例で，各ステップで得られた結果を元の数の下に書き加えてゆき，最後にそれらの和をとる．SGT 28-29.1-4 とその Note および SGT 49.2 参照．これは，『ブラーフマスプタシッダーンタ』のプリトゥーダカ注や『パーティーガニタ』の古注が伝える方法と異なる．また,『ガニタティラカ』には，アルゴリズムを 3 桁に適用する場合の「最後」の取り扱いに関する規定がないので，シンハティラカはそれを『トリシャティー』(Tr 15a = PG 28a) から引用する．

『シッダーンタシェーカラ』は,『アールヤバティーヤ』と同じように，数量的定義 (SŚ 13.4b) と図形的定義 (13.4d) を与える．本書付録 A.1, 詩節 4b & 4d 参照．

1.7.7.6『リーラーヴァティー』(L 24-26)

『リーラーヴァティー』は，定義 (L 24a)，アルゴリズム (24b-25),[2] 恒等式 IIIa (26ab)，恒等式 II (26cd)，を与える．与えられた平方と立方のアルゴリズムは，他書と同様，最高位から始まるが，一位からも可であることを最後に付け加える．

1.7.7.7 その他

『ガニタサーラカウムディー』は，アルゴリズム (GSK 1.39-40)，定義 (1.41ab)，恒等式 I (1.41cd)，を与える．

『ガニタカウムディー』は，定義 (GK 1.21a)，アルゴリズム (1.21b-22b)，恒等式 I (1.22cd)，恒等式 IIIa (1.23ab)，恒等式 II (1.23cd)，を与える．

---

[1] iṣṭādidviguṇeṣṭapracayeṣṭapadānvayo 'tha veṣṭakṛtiḥ/
vyekeṣṭahataikādidvicayeṣṭapadaikyayuktā vā//GSS 2.44//
ekādicayeṣṭapade pūrvaṃ rāśiṃ pareṇa saṅguṇayet/
guṇitasamāsastriguṇaścarameṇa yuto ghano bhavati//GSS 2.45//

[2] 我々は『リーラーヴァティー』の和訳（林・矢野 1988, 217）で，このアルゴリズムの 3 桁以上の場合に関する部分 (prakalpya tatkhaṇḍayugaṃ tato 'ntyam/ evaṃ muhur) を,「それ（原数）に，〈位に関して〉一対の部分を想定したのち，〈高位を〉あと〈の数〉とみなして，〈二桁の場合と〉同様〈の操作を〉繰り返す」としたが，これを次のように訂正する.「その二部分（二桁）を後〈の数，最後から三番目の位を前の数〉とみなして，〈二桁の場合と〉同様〈の操作を〉繰り返す.」

『ガニタマンジャリー』は，定義 (GM 27a)，アルゴリズム (27b-28)，恒等式 IIIb (29)，を与える．恒等式 IIIb の表現は次の通り．

> あるいは，量に二つの部分の積を掛け，海 (4) を掛け，部分の差の平方を量に掛けたものを加えると，立方である．/GM 29/ [1]

1.7.8 開立

『アールヤバティーヤ』以来多くの数学書が位取りを利用する開立のアルゴリズムを述べる．それは，立方のアルゴリズムの場合と同じ式，

$$(a \cdot 10 + b)^3 = a^3 \cdot 10^3 + 3a^2b \cdot 10^2 + 3ab^2 \cdot 10 + b^3$$

で，右辺から左辺を求める操作である．

1.7.8.1『アールヤバティーヤ』(AB 2.5)

『アールヤバティーヤ』(AB 2.5) は，開平の場合と同様 Āryā 韻律 1 詩節で，そのアルゴリズムを簡潔に要点だけ述べる．

> 第二非立方〈位〉を，〈立方位から引かれた〉立方の根の平方の三倍で割るべきである．〈その商の〉平方に三と前を掛けたものが第一〈非立方位〉から，〈同じ商の〉立方が立方〈位〉から，引かれるべきである．/AB 2.5/ [2]

立方根を求める数の各桁を一位から順に 3 桁づつ，立方位 (10^{3n})，第一非立方位 (10^{3n+1})，第二非立方位 (10^{3n+2})，と名づける ($n = 0, 1, 2, ...$)．上の式のように，2 桁の数の立方（4〜6 桁）が対象の場合，まず，最大の立方位（千位）から最大の立方数 a^3 を引き，$3a^2$ で第二非立方位（百位）を割って商 b を得る．ただし，場合によっては，後続の引き算（$3ab^2$ を第一非立方位すなわち十位から，また，b^3 を次の立方位すなわち一位から，それぞれ引く）が成立するように商 b の大きさを調節する必要がある．これを繰り返すと，元の数が立方数なら最後に右辺は消えて，立方根 $(a \cdot 10 + b)$ が得られる．

1.7.8.2『ブラーフマスプタシッダーンタ』(BSS 12.7)

『ブラーフマスプタシッダーンタ』の表現も『アールヤバティーヤ』と大差ない．

---

[1] rāśiḥ khaṇḍadvayāghātaguṇitaḥ sāgarairhataḥ/
khaṇḍāntarālavargaghnarāśiyukto ghano 'thavā//GM 29//

[2] aghanādbhajeddvitīyāttriguṇena ghanasya mūlavargeṇa/
vargastripūrvaguṇitaḥ śodhyaḥ prathamādghanaśca ghanāt//AB 2.5//

> 第二非立方〈位〉の除数は〈立方位から引いた〉立方の根の平方の三倍である．〈その割り算の〉商の平方に三と前を掛けたものが第一〈非立方位〉から，立方が立方〈位〉から，引かれるべきである．〈最初の根とそのあとの割り算の商を並べたものが，立方〉根である．/BSS 12.7/ [1]

1.7.8.3『パーティーガニタ』(PG 29-31) と『トリシャティカー』(Tr 16-18)

『パーティーガニタ』は 3 詩節 (PG 29-31 = Tr 16-18) でそのアルゴリズムをやや詳しく説明する．

> 立方項（立方位）が一つ，非立方項が二つ，〈一位から順に想定される〉．〈最高位から始めて〉立方項から立方を除去し，その根を〈その立方項からそれを含めて右に〉三番目の項の下に置き，それを消さずに〈その〉平方に// 三を掛けたもので，一桁減らして（すなわち右隣で）残りを割るべきである．その商を〈根の〉列に入れ，その平方を三倍し〈根の列の〉「後」を掛けたものを// 上の量から，また，〈根の列の〉「前」の立方を前のように自分の項（立方位）から，除去すべきである．〈元の数に残りがあれば〉，さらに，「三番目の項の下に」云々という演算がある．〈その結果，列に得られた数が，立方〉根である．/PG 29-31 = Tr 16-18/ [2]

位取りの順序は一位を先頭とするので，根の列の「前」は列の右端の位を，「後」はそれ以外のすべての位を指す．

『パーティーガニタ』の古注は，立方の例題 (PG E5) に注釈者自身が付け加えた例，$652^3 = 277167808$ を用いて，開立の手順を次のように説明する．ただし，ステップ 4), 6), 10) の図は Shukla 編テキストにないので補った．

1) 立方根を求めたい数 277167808 を置く．各位は，一位から三桁ごとに，ghana(立方), aghana(非立方), aghana(非立方) と呼ばれる:

a	a	gha	a	a	gha	a	a	gha
2	**7**	**7**	**1**	**6**	**7**	**8**	**0**	**8**

2) 最後の立方位 (gha) を初めとする数 277 から可能な最大の立方数 216 を

---

[1] chedo 'ghanāddvitīyādghanamūlakṛtistrisaṃguṇāptakṛtiḥ/
śodhyā tripūrvaguṇitā prathamādghanato ghano mūlam//BSS 12.7//

[2] ghanapadamaghanapade dve ghana[pada]to 'pāsya ghanamadomūlam/
saṃyojya tṛtīyapadasyādhastadanaṣṭavargeṇa//PG 29// (= Tr 16)
ekasthānonatayā śeṣaṃ triguṇena [saṃ]bhajettasmāt/
labdhaṃ niveśya paṅktyāṃ tadvargaṃ triguṇamantyahatam//PG 30// (= Tr 17)
jahyāduparimarāśeḥ prāgvadghanamādimasya [ca] svapadāt/
bhūyastṛtīyapadasyādha ityādikavidhirmūlam//PG 31// (= Tr 18)

この最後の行 (PG 31cd) は編者 Shukla によって修正されている．写本の読みは，ityādika の代わりに sthityapika．対応する Tr 18cd は，Dvivedin のテキストでは，bhūyastu tṛtīyapadasyādha ityādividhimūlam. Shukla の読みが最もよいが，韻律 (Āryā) に乱れがある．Tr のいくつかの写本に当たってみたが，納得できる読みはなかった．

引き $(277-216=61)$,「その根」6 をその立方位から（その位を含めて）「三番目の項の下」，すなわち 6 の下に置く．これが根の「列」になる:

6	**1**	1	6	7	8	0	8
			6				

3) その立方位（左の ‘1’）から「一桁減らして残りを」，すなわち 611 を，「消さずに」おいた根 6 の平方の三倍 $(6^2 \cdot 3 = 108)$ で割るために，除数 108 を仮にその被除数の下に置く（*図中のこの ‘6’ は Shukla のテキストにない）:

6	1	1	6	7	8	0	8
1	**0**	**8**	6*				

4) 割り算を実行し $(611 = 108 \cdot 5 + 71)$，その商 5 を「列に入れる」，すなわち，6 の前，7 の下，に置く:

	7	**1**	6	7	8	0	8
1	0	8	6	**5**			

5) 除数 108 は「目的を達成したので除去される」(kṛtārthatvān nivṛttaḥ):

7	1	6	7	8	0	8
		6	5			

6) その割り算をした位 1 からさらに「一桁減らして」，716 から，その商の平方に三と根の列の「後」を掛けたものを引く $(716-5^2 \cdot 3 \cdot 6 = 716-450 = 266)$:

2	**6**	**6**	7	8	0	8
		6	5			

7) 次の位，すなわち立方位から，根の列の「前」5 の立方を引く $(2667-5^3 = 2542)$:

2	**5**	**4**	**2**	8	0	8
		6	5			

8) 「その根」65 を，その立方位から「三番目の項の下」に置く:

2	5	4	2	8	0	8
				6	**5**	

9) その立方位から「一桁減らして残りを」，すなわち 25428 を，その「消さずに」おいた根 65 の「平方に三を掛けたもの」$(65^2 \cdot 3 = 12675)$ で割るために，仮にその下に除数 12675 を置く（*Shukla のテキストでは図中にこの ‘65’ の列はなく，全体が 2 列である）:

2	5	4	2	8	0	8
				6	5*	
1	**2**	**6**	**7**	**5**		

10) 割り算を実行し $(25428 = 12675 \cdot 2 + 78)$，その商 2 を「列に入れる」:

			7	**8**	0	8
				6	5	**2**
1	2	6	7	5		

11) 除数は「目的を達成したので除去される」:

7	8	0	8
	6	5	2

12) さらに一桁下の位 780 から，その商 2 の平方に三と根の列の「後」65 を掛けたものを引く $(780 - 2^2 \cdot 3 \cdot 65 = 0)$:

		8
6	5	2

13) 次の位，すなわち立方位 8 から，その商の立方を引く $(8 - 2^3 = 0)$:

6	5	2

14) 元の数の残りがなくなったので，652 が立方根である．

1.7.8.3a『ガニタパンチャヴィンシー』(GP 4c-6b)

『ガニタパンチャヴィンシー』は 2 詩節 (GP 4c-6b) で次のように同じアルゴリズムを与える．

> 最初が立方〈位，次に〉，非立方〈位〉が二つづつ，という〈ように桁を名づける〉．最後の立方から立方を//除去し，〈その〉根は別にし，〈その根の〉平方の三倍でその前の位置を割るべきである．〈その〉商を列に置くべきである．その平方に後を掛けたものをその前〈の位置〉から，//また立方をさらにその前から，引くべきである．〈立方〉根のために．同じように，〈元の数が尽きるまで〉演算を繰り返す．//GP 4c-6b/ [1]

開平の規則 (§1.7.6.2a) 同様，ここでも要領よく必要な手順を述べている．根の列は「別に」(pṛthak) して，書板上の適当な所に置く．『パーティーガニタ』などと同様，位取りの順序に従って，「前」が右，「後」が左である．

1.7.8.4『ガニタサーラサングラハ』(GSS 2.53-54)

『ガニタサーラサングラハ』は 2 詩節 (GSS 2.53-54) のそれぞれで上と同じアルゴリズムを述べるが，どちらも簡潔すぎて要領を得ない．これらの詩節が正しく伝えられているかどうかも疑問である．

> 最後の立方〈位〉から除去した立方の根の平方と三の積で被除〈位〉が割られたとき，〈その〉商の平方に「前」と三を掛けたものが被減〈位〉で引かれ，また〈その商の〉立方が立方〈位〉で〈引かれる〉.// 立方〈位〉が一つ，非立方〈位〉が二つ．立方の根の三倍で非立方〈位〉を割るべきである．〈その〉商の平方に「前」と三を掛けたものが，〈次の位から〉引かれるべきである．

---

[1] ādyaṃ ghano 'ghanadvandvamityantādghanato ghanam//GP 4cd//
tyaktvā pṛthakpadaṃ kṛtyā trighnyādyasthaṃ bhajetphalam/
paṅktyāṃ nyasedasya vargaṃ tadādyāttryantyatāḍitam//GP 5//
jahyādghanaṃ ca tatpūrvānmūlāyaivaṃ punarvidhiḥ//GP 6ab//

〈その商の〉立方も〈さらに次の位から引かれるべきである〉．得られた根により，前と同様〈次の位が割られる〉．/GSS 2.53-54/ [1]

ここで,「被除〈位〉」(bhājya) と「被減〈位〉」(śodhya) はそれぞれ『アールヤバティーヤ』の「第二非立方位」と「第一非立方位」，また,「前」(prāk, pūrva) は『パーティーガニタ』の「後」に相当する．

1.7.8.5『ガニタティラカ』(GT 32-33) と『シッダーンタシェーカラ』(SŚ 13.6-7)

『ガニタティラカ』と『シッダーンタシェーカラ』は，2 詩節 (GT 32-33 = SŚ 13.6-7)) を費やして,『パーティーガニタ』とよく似た表現で同じアルゴリズムを与える．シンハティラカが伝える手順も,『パーティーガニタ』の古注のそれとほぼ等しい．SGT 32-33.1 とその Note 参照.

1.7.8.6『リーラーヴァティー』(L 28-29)

『リーラーヴァティー』の規則 (L 28-29) は，表現も含めて,『パーティーガニタ』や『ガニタティラカ』のアルゴリズムによく似ているが，根の列は「別に置かれる」(pṛthakstha)．これはおそらく，立方根を求める数とは切り離して，書板上の空きスペースに根の列を作ることを意味する．

1.7.8.7『ガニタサーラカウムディー』(GSK 1.43-45)

『ガニタサーラカウムディー』の規則 (GSK 1.43-45) も『パーティーガニタ』や『ガニタティラカ』とほとんど同じだが，根の列の「前」(puvva, Skt. pūrva) と「後」(aṃta, Skt. anta) という表現が,『パーティーガニタ』などとは逆になっている．これは，同書では一貫して位取りの左を「前」，右を「後」とするからである．

1.7.8.8『ガニタカウムディー』(GK 1.24-25)

『ガニタカウムディー』の規則 (GK 1.24-25) は，根の列を「別の所に置く」(anyatra nyasya) ことも含めて,『リーラーヴァティー』の規則に似ている．ただし，同じ操作の「繰り返し」への言及はない．

---

[1] antyaghanādapahṛtaghanamūlakṛtitrihatibhājite bhājye/
prāktrihatāptasya kṛtiśśodhyā śodhye ghane 'tha ghanam//GSS 2.53//
ghanamekaṃ dve aghane ghanapadakṛtyā bhajettriguṇayāghanataḥ/
pūrvatriguṇāptakṛtistyājyāptaghanaśca pūrvavallabdhapadaiḥ//GSS 2.54//

1.7.8.9『マハーシッダーンタ』(MS 15.8-10b)

『マハーシッダーンタ』の規則 (MS 15.8-10b) は,『ガニタサーラサングラハ』と同様, 3 桁づつの名称を一位から順に「立方項」(ghana-pada),「被減項」(śodhya-pada),「被除項」(bhājya-pada) とし, 根の列での「後」(左) を「前」とする. そして, 立方項 (立方位) から引かれた立方数の根を被除項 (立方位の右隣) の下に置く. この点は他書と異なる.

> 項 (位) は, 〈一位から順に〉立方, 被除, 被減と呼ばれる. 立方を自分の項 (立方位) から除去すべきである. 〈その〉根を被除項の下に置き, それを消さずに〈その〉平方に// 三を掛けたもので自分の項 (被除項) を割るべきである. その商を列に入れ, 〈その〉平方と三と「前」の積から生ずるものを被減〈項〉から, また立方を立方項から, 除去すべきである. // その根を被除〈項〉の下に置き, 前のように演算が行われるべきである. /MS 15.8-10b/[1]

1.7.8.10『ガニタマンジャリー』(GM 31)

『ガニタマンジャリー』の規則 (GM 31) も基本的に他書と同じだが, 一位から 3 桁づつの名称が, 一つの「立方位」と二つの「非立方位」ではなく, 一つの「奇数〈位〉」(viṣamam) と二つの「偶数〈位〉」(samānau) となっているのはこの書だけである. また,「繰り返し」への言及はない.

『パンチャヴィンシャティカー』と『パーティーサーラ』には開立の規則は述べられていない.

1.8 類問題

シュリーパティは『ガニタティラカ』の「分数の同色化」(kalā-savarṇana) と「逆提示」(viparīta-uddeśaka) の間で「〜類」(-jāti) と名づけられた 9 種の問題を扱う. すなわち, 顕現数類 (GT 64-66), 残余類 (GT 67-69), 差類 (GT 70-72), 残余根類 (GT 73-75), 根端部分類 (GT 76-79), 両端顕現数類 (GT 80-83), 分数部分顕現数類 (GT 84-86), 部分根類/部分根顕現数類 (GT 87-89), 減平方類 (GT 90-92), である. これらは, 現代的にいえば, 1 次と 2 次の方程式に帰着する問題をその出題形式で類別して, それぞれに解のアルゴリズムを与えたものである. もちろん, 問題としては「未知数学」(代数

---

[1] ghanabhājyaśodhyasaṃjñāni padāni ghanaṃ tyajetsvapdāt/
mūlaṃ bhājyapadādho nidhāya tadanaṣṭavargeṇa//MS 8//
triguṇena bhajetsvapadāllabdhaṃ viniveśya paṅktau tat/
vargaṃ tripūrvabadhajaṃ jahyācchodhyāt ghanaṃ ca ghanapadataḥ//MS 9//
tanmūlaṃ bhājyādho nidhāya kāryo vidhiḥ prāgvat//MS 10ab//
9c: vargaṃ tripūrvabadhajaṃ > vargatripūrvavadhajaṃ.

学）の範疇に含まれるが，アルゴリズム化された解の規則は未知数を含まないので,「既知数学」（算術）の範疇で扱うことができた．

シュリーパティに先立ち，シュリーダラとマハーヴィーラもそれぞれのパーティー数学（既知数学）の書『パーティーガニタ』と『ガニタサーラサングラハ』で類似の問題を扱っていた．三者に共通するのは，それぞれの問題のタイプに対して個別に解のアルゴリズムを与えたことである．それに対して，シュリーパティの後のバースカラ II とナーラーヤナは，それらをいくつかの原理のもとに統一的に扱う努力をしている．

ここではそれらを，SaKHYa 2009, Appendix B に基づいて紹介する．現代の読者にわかりやすいように，扱われている方程式だけでなく，与えられている解も現代の文字表記で表すが，解の規則はあくまでアルゴリズム（順序づけられた一連の演算）であることに注意．著者によって異なる名称が与えられた「問題」(uddeśa) や「類」(jāti) でも，同じ方程式を扱っている場合は，ここでは同じ「タイプ」に分類する．なお，それらの名称が当該詩節にない場合，散文で書かれた導入句や結句，あるいは注釈書 (PG に対する PGT, GT に対する SGT，GK の自注）に伝えられているものを採用した．

「タイプ」の順序は,『ガニタティラカ』が取り上げる順序を基準とし,『ガニタティラカ』にないものは，関連するタイプの前後に置く．

それらのタイプが各テキストでどう呼ばれているかを表 4-1, 4-2 に示す．PG ではそれぞれの名称のあとに「問題」を意味する-uddeśa(-ka) が付き，その他のテキストでは「類」を意味する-jāti が付く．名称の下の数字はそれぞれのテキストがそのタイプを扱う詩節番号である．例題の詩節が規則の詩節とは独立に番号づけられている場合は詩節番号の前に E を付し，区別なく通し番号が付けられている場合は詩節番号の後に (e) を付す．

表 4-1: 類問題

タイプ	PG	GSS	GT	L	GK	MS
	800 頃	850 頃	1040 頃	1150	1356	1500 頃?
1. 原数部分*	stambha	bhāga	dṛśya	dṛśya	ṛṇa/dhana-aṃśa	
	74ab	4.4ab	64	53(e)	1.E18ac, E19, E22	
2. 残余部分	śeṣa	śeṣa	śeṣa	śeṣa	bhāga-apavāha	śeṣa
	74ab	4.4cd	67	54(e)	1.E18c, E23	15.20
3. 和部分					dhana-sva-aṃśa	yoga
					1.E18a, E20	15.21ab
4. 部分差	viśeṣa		viśleṣa	viśleṣa	ṛṇa-viśleṣa	
	74cd		70	55(e)	1.E18c, E24	
5. 根残余	mūla-ādi-śeṣa		śeṣa-mūla		śeṣa-mūla	
	75		73		1.40	
6. 残余根		śeṣa-mūla				
		4.40				
7. 根 (∓)				guṇa-karman		
				65		
8. 部分・根	bhāga-mūla-agra	mūla	mūla-agra-bāga			
	76	4.33	76			

*この表にはないが，Tr 27cd と GSK 2.14 も原数部分タイプの規則を与える．

表 4-2: 類問題（続）

タイプ	PG	GSS	GT	L	GK	MS
9. 部分・根 (∓)				guṇa-karman	mūla-sva-ṛṇa	
				66	1.39-40ab	
10. 部分・部分根 (∓)				guṇa-karman	guṇa-mūla	
				71(e)	1.41cd-42ab	
11. 二顕現数	ubhaya-agra-mūla-śeṣa	dvir-agra-śeṣa-mūla	ubhaya-agra-dṛśya		nn**	
	77	4.47	80		1.41ab	
12. 顕現数部分		bhinna-dṛśya	bhinna-bhāga-dṛśya		bhinna-saṃdṛśya	
		4.69	84		1.44cd	
13. 部分根		aṃśa-mūla	bhāga-mūla			
		4.51	87			
14. 部分積		bhāga-saṃvarga			bhāga-saṃguṇya	
		4.57			1.44ab	
15. 部分平方		ūna-adhika-aṃśa-varga	hīna-varga		hīna-varga	
		4.61	90		1.42cd-43	
16. 根和		mūla-miśra				
		4.65				

**nn = no name.

1. 原数部分タイプ

$$\begin{cases} x - \frac{b_1}{a_1}x = y_1 \\ \vdots \\ y_{i-1} - \frac{b_i}{a_i}x = y_i \\ \vdots \\ y_{n-1} - \frac{b_n}{a_n}x = d \end{cases}$$

シュリーダラは「杭問題」(stambha-uddeśa(-ka), Tr 27cd, PG 74ab), マハーヴィーラは「部分類」(bhāga-jāti, GSS 4.4ab), シュリーパティは「顕現数類」(dṛśya-jāti, GT 64), ペールーは「杭部分類」(thaṃbh-aṃsaka-jāti, GSK 2.14) と呼び，次のアルゴリズムを与える．

$$x = \frac{d}{1 - \sum_{i=1}^{n} \frac{b_i}{a_i}}.$$

バースカラ II はこのタイプの例題 1 個 (dṛśya-jāti, L 53) を任意数算法 (iṣṭa-karman, L 51) で解く．ナーラーヤナは，原数部分を加える場合を「正部分類」(dhana-aṃśa-jāti)，引く場合を単に「負類」(ṛṇa-jāti) と呼び，それぞれ 2 個の例題 (GK 1.E18ac, E19, E22) をやはり任意数算法 (GK 1.37cd-38) で解く．

2. 残余部分タイプ

$$\begin{cases} x - \frac{b_1}{a_1}x = y_1 \\ \vdots \\ y_{i-1} - \frac{b_i}{a_i}y_{i-1} = y_i \\ \vdots \\ y_{n-1} - \frac{b_n}{a_n}y_{n-1} = d \end{cases}$$

シュリーダラは「残余問題」(śeṣa-uddeśaka, PG 74ab) と呼び，

$$\frac{b_i}{a_i}y_{i-1} = \frac{b_i}{a_i}\left\{\prod_{j=1}^{i-1}\left(1 - \frac{b_j}{a_j}\right)\right\}x,$$

の右辺を $i = 2, 3, ..., n$ に対して計算してから，原数部分タイプのアルゴリズムを適用する．

マハーヴィーラは「残余類」と呼び (śeṣa-jāti, GSS 4.4cd)，次のアルゴリズムを与える．

$$x = \frac{d}{\prod_{i=1}^{n}\left(1 - \frac{b_i}{a_i}\right)}.$$

シュリーパティ(GT 67) もアールヤバタ II (MS 15.20) も同じ名称 (śeṣa-jāti) で，次のアルゴリズムを与える．

$$x = \frac{d}{\frac{\prod(a_i - b_i)}{\prod a_i}}.$$

バースカラ II はこのタイプの例題 1 個 (śeṣa-jāti, L 54) を任意数算法で解く．ナーラーヤナはこのタイプを「部分除去類」(bhāga-apavāha-jāti) と呼び，2 個の例題 (GK 1.E18c, E23) を任意数算法で解く．

3. 和部分タイプ

$$\begin{cases} x + \frac{b_1}{a_1}x = y_1 \\ \vdots \\ y_{i-1} + \frac{b_i}{a_i}y_{i-1} = y_i \\ \vdots \\ y_{n-1} + \frac{b_n}{a_n}y_{n-1} = d \end{cases}$$

アールヤバタ II は「和類」(yoga-jāti, MS 15.21ab) と呼び，次のアルゴリズムを与える．

$$x = \frac{d}{\frac{\prod(a_i + b_i)}{\prod a_i}}.$$

ナーラーヤナはこのタイプを「正自己部分類」(dhana-sva-aṃśa-jāti) と呼び，2 個の例題 (GK 1.E18a, E20) を任意数算法で解く．

4. 部分差タイプ

$$\begin{cases} x - \frac{b_1}{a_1}x = y_1 \\ y_1 - \frac{b_2}{a_2}x = y_2 \\ y_2 - \frac{b_3}{a_3}\left|\frac{b_1}{a_1}x - \frac{b_2}{a_2}x\right| = y_3 \\ \vdots \\ y_{n-1} - \frac{b_n}{a_n}|\cdots| = d \end{cases}$$

シュリーダラは「差問題」(viśeṣa-uddeśaka, PG 74cd)，シュリーパティは「差類」(viśleṣa-jāti, GT 70) と呼び，第 3 式以降で「差」を含む部分を x の単項に帰してから，原数部分タイプのアルゴリズムを適用する．

バースカラ II はこのタイプの例題 1 個 (viśleṣa-jāti, L 55) を任意数算法で解く．ナーラーヤナは，原数部分とそれらの差を加える場合を単に「差類」(viśleṣa-jāti)，引く場合を「負差類」(ṛṇa-viśleṣa-jāti) と呼び，それぞれ 2 個の例題 (GK 1.E18bc, E21, E24) をやはり任意数算法で解く．

5. 根残余タイプ

$$\begin{cases} x - c_0\sqrt{x} = y_1 & y_1 - \frac{b_1}{a_1}y_1 = x_1 \\ x_1 - c_1\sqrt{x_1} = y_2 & y_2 - \frac{b_2}{a_2}y_2 = x_2 \\ \vdots & \vdots \\ x_{n-1} - c_{n-1}\sqrt{x_{n-1}} = y_n & y_n - \frac{b_n}{a_n}y_n = x_n \\ x_n - c_n\sqrt{x_n} = d \end{cases}$$

シュリーダラは「根初残余問題」(mūla-ādi-śeṣa-uddeśaka, PG 75)，シュリーパティは「残余根類」(śeṣa-mūla-jāti, GT 73) と呼び，上の式系列の最後から逆算する．すなわち，$i = n, (n-1), ..., 1, 0$ に対して順に，

$$x_i = \left(\frac{\sqrt{c_i^2 + 4y_{i+1}} + c_i}{2}\right)^2, \qquad y_i = \frac{x_i}{1 - b_i/a_i},$$

を計算して，最後に $x_0 = x$ を得る．ただし，$y_{n+1} = d$ とする．

ナーラーヤナもシュリーパティと同じ名称 (śeṣa-mūla-jāti) を用いるが (GK 1.40)，最後の顕現数 d から始めて，後出の部分・根 ($\mp$) タイプ（ナーラーヤナの「根正負類」）の「無部分類」と前出の残余部分タイプを交互に適用する．

6. 残余根タイプ

$$\begin{cases} x - \frac{b}{a}x = y \\ y - c\sqrt{y} = d \end{cases}$$

マハーヴィーラは「残余根類」(śeṣa-mūla-jāti, GSS 4.40) と呼び，

$$y = \left\{\frac{c}{2} + \sqrt{\left(\frac{c}{2}\right)^2 + d}\right\}^2,$$

を計算して，これと $\frac{b}{a}$ に彼の「部分類」すなわち原数部分タイプの規則を適用する．

7. 根 ($\mp$) タイプ

$$x \mp c\sqrt{x} = d$$

バースカラ II は「乗数算法」(guṇa-karman) と呼ぶ次のアルゴリズム (L 65) を与える．

$$x = \left\{\pm\frac{c}{2} + \sqrt{\left(\frac{c}{2}\right)^2 + d}\right\}^2.$$

8. 部分・根タイプ

$$x - \frac{b}{a}x - c\sqrt{x} = d$$

シュリーダラは「部分根端問題」(bhāga-mūla-agra-uddeśa, PG 76)，シュリーパティは「根端部分類」(mūla-agra-bhāga-jāti, GT 76) と呼び，次のアルゴリズムを与える．すなわち，まず，

$$c' = \frac{c}{1-\frac{b}{a}}, \qquad d' = \frac{d}{1-\frac{b}{a}},$$

を計算して，これらに次のアルゴリズムを適用する．

$$x = \left\{ \frac{c'}{2} + \sqrt{\left(\frac{c'}{2}\right)^2 + d'} \right\}^2.$$

マハーヴィーラは「根類」(mūla-jāti, GSS 4.33) と呼び，次のアルゴリズムを与える．

$$x = \left\{ \frac{\frac{c}{2}}{1-\frac{b}{a}} + \sqrt{\left(\frac{\frac{c}{2}}{1-\frac{b}{a}}\right)^2 + \frac{d}{1-\frac{b}{a}}} \right\}^2.$$

9. 部分・根 (∓) タイプ

$$x \mp \frac{b}{a}x \mp c\sqrt{x} = d$$

バースカラ II はこれに対するアルゴリズムも乗数算法 (guṇa-karman, L 66) と呼ぶ．すなわち，

$$c' = \frac{c}{1 \mp \frac{b}{a}}, \qquad d' = \frac{d}{1 \mp \frac{b}{a}},$$

を計算して，これらに次のアルゴリズムを適用する．

$$x = \left\{ \pm\frac{c'}{2} + \sqrt{\left(\frac{c'}{2}\right)^2 + d'} \right\}^2.$$

ナーラーヤナは「根正負類」(mūla-sva-ṛṇa-jāti, GK 1.39-40ab) と呼ぶ．彼も，バースカラ II と同じように，c', d' を計算するが，これらは上の方程式の 2 根の差と積だから，GK 1.35ab を適用して 2 根の和 (s) を求め，

$$s = \sqrt{(c')^2 + 4d'},$$

和と差から，並立算 (GK 1.31) によって 2 根を求める．

$$\sqrt{x} = \frac{s \pm c'}{2}.$$

ナーラーヤナは，方程式の $\sqrt{x}$ の係数が負の場合は大きいほうをとる (kṣayage mūle 'nalpaṃ)，とする．彼はまた，$d = 0$ の場合を「無顕現数類」(adṛśya-jāti)，$b = 0$ の場合を「無部分類」(niraṃśa-jāti) と呼ぶ．

10. 部分・部分根 (∓) タイプ

$$x \mp \frac{b_1}{a_1}x \mp c\sqrt{\frac{b_2}{a_2}x} = d$$

バースカラ II はこれに対するアルゴリズムも「乗数算法」(guṇa-karman) と呼ぶ (L 71). すなわち，まず，

$$c' = \frac{\frac{b_2}{a_2}\cdot c}{1 \mp \frac{b_1}{a_1}}, \qquad d' = \frac{\frac{b_2}{a_2}\cdot d}{1 \mp \frac{b_1}{a_1}},$$

を計算して，これらに次のアルゴリズムを適用する．

$$x = \frac{\left\{\pm\frac{c'}{2} + \sqrt{\left(\frac{c'}{2}\right)^2 + d'}\right\}^2}{\frac{b_2}{a_2}}.$$

L 71 は規則ではなく例題であるが，散文自注に与えられている解はこのアルゴリズムに従う．

ナーラーヤナは「乗数根類」(guṇa-mūla-jāti, GK 1.41cd-42ab) と呼ぶ．まず，

$$c' = \frac{b_2}{a_2}\cdot c, \qquad d' = \frac{b_2}{a_2}\cdot d,$$

を計算して，これらに部分・根 (∓) タイプ (GK 1.39-40ab) を適用し，その結果を $\frac{b_2}{a_2}$ で割る．

11. 二顕現数タイプ

$$\begin{cases} x - d_1 = y_1 \\ y_1 - \frac{b_1}{a_1}y_1 = y_2 \\ \vdots \\ y_{n-1} - \frac{b_{n-1}}{a_{n-1}}y_{n-1} = y_n \\ y_n - c\sqrt{x} = d_2 \end{cases}$$

シュリーダラは「両端根残余問題」(ubhaya-agra-mūla-śeṣa-uddeśa, PG 77)，マハーヴィーラは「二端残余根類」(dvir-agra-śeṣa-mūla-jāti, GSS 4.47) と呼び，まず，

$$c' = \frac{c}{\prod\left(1 - \frac{b_i}{a_i}\right)}, \qquad d' = \frac{d_2}{\prod\left(1 - \frac{b_i}{a_i}\right)} + d_1,$$

を計算して，これらに次のアルゴリズムを適用する．

$$x = \left\{\frac{c'}{2} + \sqrt{\left(\frac{c'}{2}\right)^2 + d'}\right\}^2.$$

シュリーパティは「両端顕現数類」(ubhaya-agra-dṛśya-jāti, GT 80) と呼び，まず，

$$c' = \frac{c}{\prod\left(1 - \frac{b_i}{a_i}\right)}, \qquad d' = \frac{d_2}{\prod\left(1 - \frac{b_i}{a_i}\right)}.$$

を計算して，これらに次のアルゴリズムを適用する．

$$x = \left\{\frac{c'}{2} + \sqrt{\left(\frac{c'}{2}\right)^2 + (d' + d_1)}\right\}^2.$$

ナーラーヤナ (GK 1.41ab) は，特に名前はつけないが，まず，$y_1 = 1$ として y_n を計算し，その結果 (p) を用いて，

$$d' = pd_1 + d_2,$$

を計算し，上と同じ c' とこの d' に部分・根 $(\mp)$ タイプ (GK 1.39-40a) の「無部分類」を適用する．

12. 顕現数部分タイプ

$$x - \frac{b_1}{a_1}x \times \frac{b_2}{a_2}x = \frac{b_3}{a_3}x$$

マハーヴィーラとナーラーヤナは「分数顕現数類」(bhinna-dṛśya-jāti, GSS 4.69; bhinna-saṃdṛśya-jāti, GK 1.44cd)，シュリーパティは「分数部分顕現数類」(bhinna-bhāga-dṛśya-jāti, GT 84) と呼び，次のアルゴリズムを与える．

$$x = \frac{1 - \frac{b_3}{a_3}}{\frac{b_1}{a_1} \cdot \frac{b_2}{a_2}}.$$

13. 部分根タイプ

$$x - c\sqrt{\frac{b}{a}x} = d$$

マハーヴィーラは「部分根類」(aṃśa-mūla-jāti, GSS 4.51) と呼び，まず，

$$c' = \frac{b}{a} \cdot c, \qquad d' = \frac{b}{a} \cdot d,$$

を計算して，これらに次のアルゴリズムを適用する．

$$x = \frac{\left\{\frac{c'}{2} + \sqrt{\left(\frac{c'}{2}\right)^2 + d'}\right\}^2}{\frac{b}{a}}.$$

シュリーパティも「部分根類」(bhāga-mūla-jāti, GT 87) と呼び，次のアルゴリズムを与える．

$$x = \left\{\frac{c + \sqrt{c^2 + 4d/\frac{b}{a}}}{2}\right\}^2 \times \frac{b}{a}.$$

14. 部分積タイプ

$$x - \frac{b_1}{a_1}x \times \frac{b_2}{a_2}x = d$$

マハーヴィーラは「部分積類」(bhāga-saṃvarga-jāti, GSS 4.57) と呼び，次のアルゴリズムを与える．

$$x = \frac{\frac{a_1a_2}{b_1b_2} \pm \sqrt{\left(\frac{a_1a_2}{b_1b_2} - 4d\right) \times \frac{a_1a_2}{b_1b_2}}}{2}.$$

マハーヴィーラはここで 2 根を与えている．現在知られる限り，これが，インドで 2 次方程式に 2 根を与えた最初の例である．部分平方タイプも参照．

ナーラーヤナは「部分被乗類」(bhāga-saṃguṇya-jāti, GK 1.44ab) と呼ぶ．彼はまず，根と係数の関係を用いて方程式の 2 根の和 (s) と積 (p) を計算する．

$$s = \frac{1}{\frac{b_1}{a_1} \cdot \frac{b_2}{a_2}}, \qquad p = \frac{d}{\frac{b_1}{a_1} \cdot \frac{b_2}{a_2}}.$$

これが GK 1.44ab の規則である．次に，これらに GK 1.35cd の規則を適用して 2 根の差 (q) を求める．

$$q = \sqrt{s^2 - 4p}.$$

次に，和 (s) と差 (q) に並立算 (GK 1.31) を適用して 2 根を求める．

$$x = \frac{s \pm q}{2}.$$

15. 部分平方タイプ

$$x - \left(\frac{b}{a}x \mp d_1\right)^2 = d_2$$

マハーヴィーラは「減増部分平方類」(ūna-adhika-aṃśa-varga-jāti, GSS 4.61) と呼び，次のアルゴリズムを与える．

$$x = \frac{\left(\frac{a/b}{2} \pm d_1\right) \pm \sqrt{\left(\frac{a/b}{2} \pm d_1\right)^2 - (d_1^2 + d_2)}}{b/a}.$$

シュリーパティは，マイナス記号の場合だけを扱い，それを「減平方類」(hīna-varga-jāti, GT 90) と呼ぶ．そのアルゴリズムは，

$$x = \frac{\frac{a/b}{2} + d_1 + \sqrt{\left(\frac{a/b}{2}\right)^2 + (a/b) \cdot d_1 - d_2}}{b/a}.$$

ナーラーヤナは，シュリーパティと同じ名称 (hīna-varga-jāti, GK 1.42cd-43) に加えて，「部分平方類」(aṃśa-varga-jāti) とも呼ぶ．彼は，部分積タイプ（彼の「部分被乗類」）の場合と同様，まず，

$$s = 2d_1 \cdot \frac{a}{b} + \left(\frac{a}{b}\right)^2, \qquad p = \left(d_1^2 + d_2\right) \cdot \left(\frac{a}{b}\right)^2,$$

によって2根の和 (s) と積 (p) を計算し，GK 1.35cd の規則によって2根の差 (q) を計算してから，並立算 (GK 1.31) によって2根を求める．

16. 根和タイプ

$$\sqrt{x} + \sqrt{x \mp d_1} = d_2$$

マハーヴィーラは「根混合類」(mūla-miśra-jāti, GSS 4.65) と呼び，次のアルゴリズムを与える．

$$x = \left(\frac{d_2^2 + d_1}{2d_2}\right)^2.$$

1.9 凡例

- 和訳の底本は Kāpadīā 1937 とする．
- 詩節番号 (GT n) は K のそれを改良した Hayashi 2013b によるものであるが，K にならって各詩節の終わりに置く．
- 詩節（韻文）も散文に訳す．
- § 番号 (1, 2, 3, 4) と §3, §4 の細分番号は訳者が付加．
- SGT の段落分けは訳者が行い，段落番号 (SGT n.0, n.1, ...) を段落の終わりに置く．ただし，SGT n.2 以降が存在しないときは，SGT n.1 を SGT n と略記する．
- マージンに K 本のページの1行目と段落の1行目を示す K 本のページ番号と行番号を記す．
- K 中に付された '!', ',', '—' などの現代的文章記号は無視する．
- K はテキストの修正・付加を ( ) で，削除を [ ] で表すとするが (Kāpadīā 1937, lxviii)，意図がはっきりしないな場合も多いので，それらも含めて K のテキストとみなし，それに対して '>' による修正提案を加える．例：a(b)c > abc, a(b)c > adc, etc.
- K のテキストは次の詩節と段落に，短いもので1行，長いもので約12行にわたる脱落があるので，平行文に基づくなどして，脚注で復元を試みた．GT 55, 56(内容のみの復元); SGT 32-33.2, 39.3, 51.2, 54.1, 56.2, 61.3, 91.1.

- K は，書置などの数や式を $\left\{\begin{matrix}163\\1\end{matrix}\right\}$ のように｛ ｝に入れるが，サンスクリット数学写本では上に開いた箱 $\sqcup$ または閉じた箱 $\square$ に入れるのが普通なので，この和訳でもそれに倣い，上に開いた箱に入れる．

- サンスクリット数詞は漢数字，数字はインド・アラビア数字に訳す．

- サンスクリットでは，19, 29, ..., 89 は「一引く二十」(ekonaviṃśati)，「一引く三十」(ekonatriṃśat)，...，「一引く九十」(ekonanavati) などと表現されるが，この和訳では表現が煩瑣にならないように，日本語の慣用表現に従い，「十九」「二十九」...「八十九」とする．また，Siṃhatilaka の注釈では，3 桁以上の数字，例えば 128 などは，しばしば「二十八大きい百」(aṣṭāviṃśatyadhiśata) などと表現されるが，この和訳では，やはり日本語の慣用表現にしたがって「百二十八」などとする．

- 注釈者 S はしばしば詩節中の語句 (a) を別の語句 (b) で説明する．和訳ではそれをコロンを用いて‘「A」: B’と表すことにする（A, B はそれぞれ a, b の和訳）．b が単なる同義語の並置の場合は‘「A」(a: b)’とする．

- サンスクリット文のローマ字表記においては，分かち書きが主流だが，本書では，付録 C.2 と E.2 で編集したテキストを除き，原則として原文に即す．例えば，‘svarūpam ātmasvarūpaṃ’ではなく，‘svarūpam-ātmasvarūpaṃ’とする．

- 和訳と脚注で次の記号を用いた．

a/b/c/d	2 行詩を形成する四半分 (pāda)
[A]	A は写本の筆写生または編者 K による挿入．
⟨A⟩	A はテキストの欠損を補うため，あるいは和訳を円滑にするために訳者が挿入．
(A)	A は和訳で直前の語句の説明．
「 」	GT の詩節または他書からの引用．K のテキストにも引用符 (“ ”) があるが不徹底．
K x > y	K の読み x を y に修正することを提案．和訳は y による．x, y の語尾は後続の語の最初の音によって変化・消失している場合がある（連声）ので注意．原則として，意味の違いを生じない限り，K の不規則連声には言及しない．
K x] y T	K の読み x に対して，引用元または関連テキスト T の対応箇所は y と読む．

第2章

『ガニタティラカ』＋シンハティラカ注

全訳と注

シュリーパティ著

ガニタ・ティラカ

シンハティラカ・スーリ編の注を伴う

欲望を捨てた者に敬礼.

歓喜する神格[1]がその御足を敬うにふさわしい勝利者（ジナ）たる師に礼拝して，顕現したクンダリニー女神[2]の恩寵に心底喜びを感じつつ，// ヴィブダチャンドラ導師[3]の弟子シンハティラカ・スーリは，この，ガニタ・ティラカの注釈を作る，最高我（ブラフマン）の認識のために.[4]/S 1-2/[5] [対][6]

2.1 [序詞]

さて，シュリーパティという名のスートラ作者[7]は，すべての哲学諸派が認める自分の神格（守護神）を讃えながら云う. /SGT 1.0/

形を欠くと同時に形を伴う自己の本性，アートマンの自性である最高なるもの（ブラフマン），に礼拝して，私は，世間での仕事 (loka-vyavahāra) のために，様々な〈韻律の〉詩節からなる数学のパーティー (gaṇitasya pāṭī)（アルゴリズム）〈の書〉を作る./GT 1/[8]

···Note ···

GT 1. 序詞.「数学のパーティー」については，序説 §1.2.2 参照.「様々な〈韻律の〉詩節」の韻律は，Anuṣṭubh, Aupacchandasikā, Bhujaṅgaprayāta などのサンスクリット韻律である. GT の現存 133 詩節に用いられている韻律は 29 種にのぼる. 詳しくは，Hayashi 2013b, Table 1 参照.

···

[1] sāhlādadevatā. K (p. lxiv) は「サーフラーダなる神格」と解釈する.

[2] 序説 §1.4 参照.

[3] 「導師」と訳したのは，gaṇabhṛt, 集団の保持者・指導者. 本来はジャイナ教の唱道者マハーヴィーラの直弟子たちを指した.

[4] 「最高我（ブラフマン）の認識のために」(parātmabodhāya) はまた「他者の魂（アートマン）の啓蒙のために」とも読める.

[5] sāhlādadevatāvandyakramaṃ natvā jinaṃ gurum/
dṛṣṭakuṇḍalinīdevīprasādaprīṇitāntaraḥ//S 1//
śrīvibudhacandragaṇabhṛcchiṣyaśrīsiṃhatilakasūririmām/
gaṇitatilakasya vṛttiṃ viracayati parātmabodhāya//S 2//

[6] yugmam. K では小ポイントの活字が使用されている. これは K による挿入と思われるので [ ] に入れる. 以下同様. なお,「対」はここでは「一対の詩」の意味.

[7] sūtra-kāra. この時代の数学で用いられる「スートラ」は韻文化された数学規則を指す. その詩節を指すこともある.

[8] rūpojjhitaṃ rūpayutaṃ svarūpamātmasvarūpaṃ paramaṃ praṇamya/
karomi lokavyavahārahetorvicitravṛttāṃ gaṇitasya pāṭīm//1// (Cf. SŚ 13.1)

この詩節は多義であると考え〈るが〉，学術書 (śāstra) は凝縮された〈簡潔な〉ものへの欲求に基づいて企てられるというので，〈私はあえて〉解説しない．アートマンの自性を知る人たちにとっては自明である．/SGT 1/

2.2 [定義]

1, 16 さて，〈シュリーパティ先生は〉[1]，数学書 (gaṇita-śāstra) を企てようと思い，まず，一を初めとする計算 (gaṇita) がゼロ (śūnya) の増加によって増大するということを示しながら，詩節を述べる．/SGT 2-3.0/

···Note···

SGT 2-3.0. ここでの「ゼロ」はゼロ記号．また，ここでの「計算」(gaṇita) は「数」あるいは「数値」と同義か．ゼロ記号である「点」(bindu) の増加によって数が増大するという表現が『マーナサウッラーサ』に見られる．付録 B, MU 2.2.97-105 参照．

···

エーカ，ダシャの位置，またシャタ，サハスラ，それからアユタ (分離した)[2]とラクシャ(しるし)，続いてプラユタ (結合した)，コーティ(際)，さらにアルブダ (腫瘍)，パドマ (蓮)，それからカルヴァ(小人)，// ニカルヴァ(小人) と呼ばれるもの，マハーサロージャ(大蓮)，シャンク (矢・杭)，サムドラ (海)，アントヤ (最後)，マドヤ (中央)，パラールダ (最高の半分)，というように，次々とこれら十倍 (daśa-ghnī) の数[3]を述べる，位取りを知る者[4]たちは./GT 2-3/[5] [対]

···Note···

GT 2-3. 定義：十進位取り名称.

この数詞リストは 8 世紀以降ヒンドゥー系の数学書で用いられた一般的なものである．林 1993, 2-8 参照.

···

1, 23 「十倍 (daśa-guṇā) の」「数を」「述べる」〈という統語である〉．すなわ

[1]以下，特にことわりがなければ，「詩節を述べる」の主語はシュリーパティである．

[2]「アユタ」(万) 以上の数詞は数以外の意味を持つので，それぞれもっとも一般的な意味をかっこ内に補った．それらの意味と数との関係は不明．

[3]saṃkhyā. SGT では，「数」を意味する語としてこの他に aṅka（数字）と rāśi（量）も用いられている．この和訳では，これらを機械的に原義通り，「数」，「数字」，「量」と訳すが，ほとんどの場合 3 語とも「数」を意味する．

[4]sthāna-vid. 原義は「位置を知る者」．

[5]ekaṃ daśasthānamatho śataṃ ca sahasramasmādayutaṃ ca lakṣam/
anantaraṃ tu prayutaṃ ca koṭirathārbudaṃ padmamataśca kharvam//2//
nikharvasaṃjñaṃ ca mahāsarojaṃ śaṅkuḥ samudro 'ntyamataśca madhyam/
parārddhya(rdha)mityāhurimāṃ hi saṅkhyāṃ
yathottaraṃ sthānavido daśaghnīm//3//
3c: K parārddhya(rdha)m > parārdham.

ち，エーカ，1. ダシャ，10. エーカをダシャ（十）倍すればダシャ（十）
が生ずる. ⟨以下⟩すべて同様である. シャタ（百），100. エーカとシュー
ニヤ（ゼロ記号）三つでサハスラ（千）である，1000. エーカとシューニヤ
四つでアユタまたはダシャ・サハスラ（十千=万）である，10000. エーカと
シューニヤ五つでラクシャ（十万），100000. エーカと六つのシューニヤで
プラユタまたは十ラクシャ（百万），1000000. エーカと七つの シューニヤ 2, 1
でコーティ（千万），10000000. エーカと八つのシューニヤでアルブダまた
は十コーティ（億），100000000. エーカと九つのシューニヤでパドマまたは
コーティ百（十億），1000000000. エーカと十個のシューニヤでカルヴァまた
はコーティ千（百億），10000000000. エーカと十一個のシューニヤでニカル
ヴァまたは十コーティ千（千億），100000000000. エーカと十二個のシュー
ニヤでマハーサロージャまたはコーティ・ラクシャ（兆），1000000000000.
エーカと十三個のシューニヤでシャンクまたは十コーティ・ラクシャ（十兆），
10000000000000. エーカと十四個のシューニヤでサムドラまたはコーティ・
コーティ（百兆），100000000000000. エーカと十五個のシューニヤでアントヤ
または十コーティ・コーティ（千兆），1000000000000000. エーカと十六個の
シューニヤでマドヤまたはコーティ・コーティ百（京），10000000000000000.
エーカと十七個のシューニヤでパラールダまたはコーティ・コーティ千（十
京），100000000000000000. このように，エーカを伴う十八の数字[1]がある.
これより上もまた，シューニヤの増加により十倍になるその名称が，他の書
(śāstra) から知られるべきである. /SGT 2-3/

···Note···

SGT 2-3. 注釈者 S は GT の数詞リスト（ヒンドゥー系）にジャイナ系の数詞を添える. ジャイナ系数詞に関しては林 1993, 14 参照. ここ (SGT) では，サハスラ（千）のあと，新規に導入される名称はラクシャ（十万）とコーティ（千万）のみであり，他はそれらの組み合わせであることに注意.

数値	GT	SGT	数値	GT	SGT
10^0	eka	–	10^9	padma	koṭiśata
10^1	daśa	–	10^{10}	kharva	koṭisahasra
10^2	śata	–	10^{11}	nikharva	daśakoṭisahasra
10^3	sahasra	–	10^{12}	mahāsaroja	koṭilakṣa
10^4	ayuta	daśasahasra	10^{13}	śaṅku	daśakoṭilakṣa
10^5	lakṣa	–	10^{14}	samudra	koṭikoṭi
10^6	prayuta	daśalakṣa	10^{15}	antya	daśakoṭikoṭi
10^7	koṭi	–	10^{16}	madhya	koṭikoṭiśata
10^8	arbuda	daśakoṭi	10^{17}	parārdha	koṭikoṭisahasra

「エーカを伴う十八の数字がある」(ekena sahāṣṭādaśāṅkā bhavanti) は，数字 1 とその後のゼロ記号で表記される 18 の数がある，ということ. 注釈者 S がここで意図する「他の書」は不明（「書」と訳した śāstra の源義は「教え」）. より長い数詞リストに関しては，Gupta 1990, Gupta 2001 参照.

···

[1] aṅka. ここでは，数 (10^0, 10^1, ..., 10^{17}) の意味で用いられている.

2, 12 次に，カパルダ (kaparda) の仕事 (vyavahāra) における名称 (saṃjñā) のために詩節を述べる．/SGT 4.0/

···Note ···

SGT 4.0. kaparda(ka) は本来，次の詩節の varāṭaka と同様，コインとして用いられた子安貝 (cowrie shell) を意味するが，この用例は，日本語の「銭」のように，お金（通貨）一般を指す可能性を示唆する．

···

五掛ける四のヴァラータカ（子安貝）でカーキニカーとなろう．
カーキニー四つをパナと呼ぶ，〈金銭の〉仕事に精通した人々は．
それら十六でドランマになることは，よく知られている./GT 4/[1]

···Note ···

GT 4. 定義：貨幣単位．

以下の一覧表で，太字は詩節中に与えられている数値，他は計算により補った数値．

	va	kā	pa	dra
varāṭaka	1			
kākiṇī	**5 · 4**	1		
paṇa	80	**4**	1	
dramma	1280	64	**16**	1

···

2, 15 「それら」はパナの意味である．/SGT 4/

···Note ···

SGT 4. SGT 39.1 では，dramma を rūpaka で置き換える．SGT 41.3 末尾では，dramma の 20 分の 1 に相当する loṣṭika という貨幣単位に言及．SGT 56.5, 96, 99, 100 は varāṭaka の同義語 kaparda(ka) も用いる．kākiṇikā と kākiṇī は同じ．

···

2, 16 次に，金 (suvarṇa) の仕事のために，名称の詩節を述べる．/SGT 5.0/

ヤヴァ（大麦粒）六つでニシュパーヴァ（ササゲ豆）であると〈金の専門家たちは〉主張する．それら八つでダラナであると教示されている．それ二つでガドヤーナカであると，ここで金の専門家たちは説明する[2]**./GT 5/**[3]

---

[1] syātkākiṇī pañcaguṇaiścaturbhirvarāṭakaiḥ kākiṇikācatuṣkam/
paṇaṃ bhaṇanti vyavahāratajjñā drammaśca taiḥ ṣoḍaśabhiḥ prasiddhaḥ//4//

[2] vyāvarṇayanti. 動詞 vy-ā-√varṇ（名詞 varṇa に由来する動詞）の直説法能動態現在形三人称複数. Skt 辞書 (MMW) は，この動詞には vyāvarṇya という ind.p.（不変化分詞=絶対分詞）の形しか存在しないというが，本書にはこの用例に加えて，vyāvarṇyatām という受動態命令形三人称単数の形も二度 (GT 63d, 116d) 用いられている．また他書でも，vyāvarṇayanti が BAB 2.15 (p.88), 2.17 (p.98), 3.11 (p.209), BG 59p0 に，更に vyāvarṇayadhvam という形が BAB 2.32-33 (p.150) に見られる．

[3] yavaistu niṣpāvamuśanti ṣaḍbhiraṣṭābhirebhirdharaṇaṃ pradiṣṭam/
gadyāṇakaṃ taddvitayena nūnaṃ vyāvarṇayantīha suvarṇadakṣāḥ//5//

···Note ························

GT 5. 定義：金の重量単位.

	ya	ni	dha	ga
yava	1			
niṣpāva	**6**	1		
dharaṇa	48	**8**	1	
gadyāṇaka	96	16	**2**	1

niṣpāva は，次のリスト (GT 6) の niṣpāvaka と同じ.

························

「六」「ヤヴァ」で一「ニシュパーヴァ」すなわち金のヴァッラであると 2, 19
「主張する」，すなわち述べる．あとは意味明瞭である．/SGT 5/

···Note ························

SGT 5. 注釈者 S が GT 5 のリストの niṣpāva を valla で置き換えるのは，valla のほうが一般的だったから.『リーラーヴァティー』(L 3) に valla は出るが niṣpāva はない.

························

次に，量られるべきもの (meya) の仕事のための名称を知らせる詩節を述 2, 20
べる．/SGT 6.0/

ニシュパーヴァカが七対でダタカである，とパーティー (pāṭī) に秀でた者たちは云う．それら十でパラと呼ばれる．量られるべきものの仕事を成就するため，〈これらのおもりを用いた〉はかり (tulā) がある./GT 6/[1]

···Note ························

GT 6. 定義：「量られるべきもの」の重量単位.

	ni	dha	pa
niṣpāvaka	1		
dhaṭaka	**7 · 2**	1	
pala	140	**10**	1

「量られるべきもの」(meya) の意味がはっきりしないが，おそらく金 (gold) 以外の一般的な対象に用いられる重量単位がここで定義されている．本書では樟脳を pala で (GT 97)，サフランを dhaṭaka と pala で (GT 99) 測っている．GT 5 と GT 6 の重量単位を 1 つのリストにまとめると次の通り．下線は金 (gold) の単位を示す.

	ya	ni	dhar	dhaṭ	ga	pa
yava	1					
niṣpāva(ka)	**6**	1				
dharaṇa	48	**8**	1			
dhaṭaka	84	**14**	7/4	1		
gadyāṇaka	96	16	**2**	8/7	1	
pala	840	140	35/2	**10**	35/4	1

[1] niṣpāvakānāṃ yugalāni sapta pāṭīpaṭiṣṭhā dhaṭakaṃ bruvanti/
palaṃ niruktaṃ daśakena teṣāṃ tulātra meyavyavahārasiddhyai//6//

SGT 97 は，niṣpāva(ka) と同価値の valla と vallīを用いる．

2, 23 次に，穀物の計量 (kaṇa-māna) における名称を知らせる詩節を述べる．/SGT 7.0/

ここで，実に，パーディカー四つでマーナカである，と賢い者たちが伝えている．それら四つでセーティカー一つであると云われる．セーティカー十でハーリーとなろう．/GT 7/[1]

···Note···

GT 7. 定義：穀物の体積単位.

	pā	mā	se	hā	mā^S	mā^L
pādikā	1					
mānaka	**4**	1				
setikā	16	**4**	1			
hārī	160	40	**10**	1		
mānikā^S	640	160	40	**4**	1	
mānikā^L	64000	16000	4000	400	**100**	1

この表の二種のマーニカー（ここでは，mānikā^S, mānikā^L で区別する）は次の SGT 7 による．

2, 26 「それら」「四つ」のマーナカで「セーティカー」⟨ という統語である ⟩. あとは明瞭である．⟨ ハーリー以上について云えば ⟩, 四ハーリカーから成るマーニカー百は，その，自分自身の名前で人々に知られている．⟨ このことは ⟩ 明らかである．/SGT 7/

···Note···

SGT 7. この hārikā は GT 7 の hārīに等しいと思われる．また GT 105 の hīrā と hīraka，それに SGT 101 と 105 の hārikā も同じ単位とみられる．その hārikā を用いて，2 種の mānikā がここで定義されている．GT 7 の Note 参照．また，GT 100 には mānikā が，101 には mānī が用いられており，後者を注釈者 S は mānikā に置き換えている．

2, 28 次に，土地[2]の仕事のための名称を知らせる二詩節半を述べる．/SGT 8-10.0/

のぎなしの六ヤヴァ（大麦粒）でアングラ（指）が生ずる．それ二十四個がハスタ（腕）であると賢者たちは云う．// パーニ（腕）
3, 1 **四つでダンダカ（杖）となろう．ダンダ二十個がラッジュ（紐）であると伝えられる．等しい二ラッジュの長さの辺で形成されるもの（正方形）が二ヴァルタナ ⟨ の面積 ⟩ である，と賢者たちは主**

[1]catuṣṭayaṃ khalviha pādikānāṃ manasvino mānakamāmananti/
taiḥ setikaikā kathitā caturbhiḥ syātsetikānāṃ daśakena hārī//7//

[2]kśetra. 数学では一般に「図形」を意味する語.

張する．// 優れた学者たちは，千対のダンダをクローシャとして推称する．それら四つを，ここで，宝の蔵である大地の測量法に精通した人々は，ヨージャナと呼んでいる．/GT 8-10/[1]

···Note ···

GT 8-10. 定義：土地（長さ・面積）の単位.

	ya	aṅ	ha	da	ra	kro	yo
yava	1						
aṅgula	**6**	1					
hasta	144	**24**	1				
daṇḍa(ka)	576	96	**4**	1			
rajju	11520	1920	80	**20**	1		
krośa	1152000	192000	8000	**2000**	100	1	
yojana	4608000	768000	32000	8000	400	**4**	1

面積：1 nivartana = 2 rajju × 2 rajju.

aṅgula は 8 yavas で定義することが多い (L 5) が，本書や『バクシャーリー写本』のように 6 yavas で定義することもある (Hayashi 1995, 114)．11 世紀のボージャは，大工たちが，8, 7, 6 yavas で定義される aṅgula をそれぞれ，大アングラ (jyeṣṭha-)，中アングラ (madhyama-)，小アングラ (kaniṣṭha-) と呼ぶことを記録している (SSD 9.4-5)．一般的な aṅgula は約 1.9 cm だったと推定されている (Srinivasan 1979, 8 参照)．rajju に関しては序説 1.2.3 参照.

···

〈次に，時間 (kāla) の名称を知らせる二詩節を述べる．/SGT 11-12.0/〉

優れた感覚器官を持つ男の呼吸（プラーナ）六つでヴィナーディーであり，ガティカーはそれら六十個である．ガティー六十個で一昼夜である，とすぐれたパーティー（アルゴリズム）に精通した人たちは云う．// それら三十で月であり，十二の月で年である，とすぐれた人たちは云う．ここで，残りの基準値（単位）は，プラヴァーラカを初めとして世間で定まっているものが約定されるべきである．/GT 11-12/[2] 3, 5

[1]aṅgulaṃ ṣaḍyavairnistuṣairjāyate taccaturviṃśatiṃ hastamāhurbudhāḥ//8//
daṇḍo bhavetpāṇicatuṣṭayena rajjuḥ smṛtā daṇḍakaviṃśatiśca/
samāśrirajjudvayamānabaddhaṃ nivartanaṃ jñāḥ parikīrtayanti//9//
satpaṇḍitā daṇḍasahasrayugmaṃ krośaṃ praśaṃsanti catuṣkameṣām/
janā jaguryojanamatra nūnaṃ vasundharāmānavidhānadhīrāḥ//10//

[2]ṣaḍbhiḥ praśastendriyapūruṣasya prāṇairvināḍī ghaṭikā tu ṣaṣṭyā/
tāsāmahorātramapi bruvanti ṣaṣṭyā ghaṭīnāṃ paṭavaḥ supāṭyām//11//
tattriṃśatā māsamuśanti santaḥ saṃvatsaraṃ dvādaśabhiśca māsaiḥ/
śeṣaṃ pramāṇaṃ tviha lokasiddhaṃ pravālakādyaṃ paribhāṣaṇīyam//12//

···Note···
GT 11-12. 定義：時間の単位.

	prā	vi	gha	a	mā	va
prāṇa	1					
vināḍī	**6**	1				
ghaṭikā	360	**60**	1			
ahorātra	2160	3600	**60**	1		
māsa	64800	108000	1800	**30**	1	
varṣa	777600	1296000	21600	360	**12**	1

ここに述べられている時間単位は，最後の pravālaka 以外は，すべて定時法でよく知られた時間単位である．Cf. Hayashi 2017a. それに対して，最後の文章「残りの...」は prahara のような不定時法の時間単位に言及していると思われるが，pravālaka は未確認．ちなみに，prahara は昼，夜をそれぞれ 4 等分したもの．英訳者は，最後の文章を次のように訳す (Sinha 1982, 115).

> This is the end. So here are customary definable measures starting with the *pravālaka* (i.e., the cowrie shell).

この訳は原文 (GT 12c) の śeṣaṃ (nom. sg. n.) を ‘This is the end.’ としているが，不適当である．また，pravālaka (= prabālaka) には「新芽」「珊瑚」などの意味はあるが，cowrie shell （子安貝）の意味は確認できない．

なお，SGT 103 では ghaṭikā とともに pala を用いる: 60 palas = 1 ghaṭikā. したがって，pala = vināḍī. これは，60 palas の重さの水の流出で 1 nāḍikā (= 1 ghaṭikā) を計った水時計に由来すると思われる．SGT 103 には「水の六十パラ」(pānīya-pala-ṣaṣṭi) という表現も出る．1 pala = 24 秒.
···

3, 9 これら〈の詩節〉は明瞭である．/SGT 11-12.1/

3, 10 以上が，シュリーパティ先生のお著しになったガニタティラカにおける〈諸単位の〉定義 (paribhāṣā) である．/SGT 11-12.2/

2.3 〈基本演算〉

2.3.1 [足し算]

3, 12 次に，順番が来たので，和[1]を求めるための術則，半詩節を述べる．/SGT 13.0/

> **自分の翼 (sva-pakṣa) の数字の和 (aṅka-yuti) が，正順にと同様逆順に，足し算においてとられるべきである./GT 13/**[2]

···Note···
GT 13. 規則：和 (saṅkalita). 実際の手順は SGT 14.1-2 とそれらに対する Note 参照.
···

[1]saṅkalita. 行為としての「足し算」も意味する.

[2]yathā svapakṣāṅkayutiḥ krameṇa tathotkramātsaṅkalite vidheyā//13//

これの解説．「同様」(yathā)：あるやりかたで「自分の翼の」 — すなわち一，二などの列 (śreṇi) である数字の集まり (aṅka-rāśi) において，先にある数字の集まりにとってその上（後）の数字列，前の数字の集まりにとってその上（後）の数字列，が自分の翼であるが[1]— そこにある数字が，後で述べられる例題の方法で，⟨ そこでは ⟩ 七等であるが，それらの「数字の和」がとられるが，上の数字から始めて下の数字を加えるとき，それは「順に」である.「同様」: それとまったく同じやりかたで，逆順に，下の数字から始めて順に上の数字を加えるとき，それは逆順である．だから「逆順に」「足し算において」: 数字の足し算 (aṅka-sammīlana[2]-vidhi) において,「とられるべきである」: 作られるべきである，という統語 (sambandha)[3]である．/SGT 13/ 3, 14

···Note···

SGT 13. 注釈者 S は，GT 13 に出る「正順」と「逆順」を一つの桁の上から下への順序とその逆の意味にとるが，GT 自体が意図するのは，位に沿って右から左への順序とその逆と考えるのが自然である．

ここで，例題二つを示す一詩節./SGT 14.0/ 3, 20

七，八，九，十六，九十三，六十，七十六，五十が加えあわされた．すぐに ⟨ 和を ⟩ 云いなさい，賢い者よ，もし分かるなら．二十七と二十一に三十二が加えられ，さらに十五と五が加えられた．どんな数 (saṅkhyā) が得られるか./GT 14/[4]

···Note···

GT 14. 例題: 和. (1) $7+8+9+16+93+60+76+50$. (2) $27+21+32+15+5$.

ここでは前半に第一の例題が，後半に第二がある．その第一の例題には，七，八などがある．すなわち，7, 8, 9, 16, 93, 60, 76, 50. 書板 (paṭṭaka) または地面 (bhūmi) に，まず七，その下に八を初めとして順番に五十に至るまで書いた (likhita) ものが数字列 (aṅka-śreṇi) であり，先に説明したように，順に，あるいは逆順に，加えられる．七の中に八が投じられると，十五，15，が生ずる．この中に九が投じられると，二十四，24 が生ずる．等々，というのが「順に」である./SGT 14.1/ 3, 25

[1]上下に並んだ各桁の「数字列」．

[2]sammīlana の原義は「(目などを) 閉じること」であるが，ここでは sammelana「集めること」の意味で用いられている．SGT 17-18.6 の mīlana，SGT 35 の saṃmīlana もそうである.『トリシャティカー』の注釈の Ahmedabad 写本 (付録 E.2, TrC 5-8.7) では，$\sqrt{}$mīl が $\sqrt{}$mil の意味で，mīlana が milana または melana の意味で用いられている．

[3]一般的な意味は「結びつき」「関係」．ここでは言葉の「結びつき」．SGT では saṇṭaṅka も同じ意味で用いられている．この和訳では，どちらも「統語」と訳す．

[4]saptāṣṭau nava ṣoḍaśa trinavatiḥ ṣaṣṭiśca ṣaṭsaptatiḥ
pañcāśanmilitā vada drutataraṃ vidvan vijānāsi cet/
saptāviṃśatirekaviṃśatirapi dvātriṃśat(tā?) saṃyutā
kā saṅkhyā samupaiti pañcadaśabhiryuktāstathā pañcabhiḥ//14//

14b: K dvātriṃśat(tā?) > dvātriṃśatā.

···Note···

SGT 14.1. 足し算のアルゴリズム．縦に並べた数字列を，翼（桁）ごとに，上から順に足す．

7														
8	**15**								**1**					
9	9	**24**							**9**	**10**				
6	6	6	**30**						**6**	6	**16**			
3	3	3	3	**33**				→	**7**	7	7	**23**		
0	0	0	0	0	**33**				**5**	5	5	5	**28**	
6	6	6	6	6	6	**39**			**3**	3	3	3	3	**31**
0	0	0	0	0	0	0	**39**							

上図左は一位の足し算である．実際はこのように右に展開していくのではなく，「七の中に八が投じられ」た結果の 15 で 8 を書き替え，15 の中に 9 が投じられた結果の 24 で 9 を書き替え，というふうに，最初の数字列上で，上から順に数字を書き替えていく．このようにして最下に生じた 39 の十位の数字 3 を，上図右のように，与えられた数の十位の数字列に書き加えて，一位の場合と同じように足していくと，最下に 31 が生ずるので，一位の和 39 の一位 9 と合わせて，与えられた数の和 319 が得られる．

ここで，「a の中に b が投じられる」(a-madhye kṣipta- b) という表現が意図する操作は，$\begin{array}{|c|}a\\b\\\hline\end{array}\to\begin{array}{|c|}a\\a+b\\\hline\end{array}$ である．類似の表現は，分数の足し算でも見られる．SGT 36.2 (p.16, l.1 以下) 参照．

「書板」については，序説 (§1.7.1) 参照．

···

3, 29 同様に，下の数字から〈始めて〉，七十六にある六，6，のなかに三が投じ
4, 1 られると九，9，が生ずる．この中に〈十六の〉六が投じられると十五，15，が生ずる．等々，というのが「逆順に」である．[1] /SGT 14.2/

···Note···

SGT 14.2. ここでは，縦に並べた数字を，翼（桁）ごとに，下から順に足す．一位の計算の最初に行われるはずの $0+6=6$, $6+0=6$ に言及しないのは自明だからか．

···

4, 2 「加えあわされた」，〈そのとき〉「どんな数が得られるか」ということである．「云いなさい」(vada: brūhi)，「すぐに」(drutataram: śīghram)，「賢い者よ」：数学を知る者よ (gaṇita-jña)．「もし」(ced: yadi)，「分かるなら」(jānāsi) には，「数学 (gaṇita-śāstra) が」，と補う．あとは分かり易い (gamya)．そこでこの七等の数字の足し算 (yojanā) で得られるのは三百十九，⟨319⟩．/SGT 14.3/

4., 4 同様に，第二の例題では二十七を初めとし五という数字を終わりとする数字列，27, 21, 32, 15, 5,[2] が「加えあわされた」とき，「どんな数が得られるか」云々というのはすべて前と同じである．このあとは分かり易い．得られ

[1] K pañcadaśetyādyutkrameṇa > ityādyutkrameṇa（pañcadaśa は書写の過程で前文の pañcadaśa が誤って繰り返されたもの）．前段落の ityādi krameṇa 参照．

[2] K ではこの数字列が「五という」の前に置かれている．

るのは百，100. /SGT 14.4/

このように，足し算 (saṅkalita-vidhi) は完結した. /SGT 14.5/ 4, 7

2.3.2 [引き算]

次に，差[1]を知るための術則，半詩節を述べる. /SGT 15.0/ 4, 9

> **また引き算 (viyojana) においても，その手順 (krama) で，清算 (viśodhana) が，実に残余 (avaśeṣa) の獲得のために ⟨ なされる ⟩./GT 15/**[2]

···Note·····

GT 15. 規則: 差 (vyavakalita). 実際の手順は SGT 16.1-2 とそれらに対する Note 参照.

·····

これの解説.「また引き算において」(viyojane ca)：[3] 大きい数字の位置から小さい数字を落とす (pātana) という形をとる，引き算という徴を持つ⟨ 計算 ⟩ において.[4] 「また」(ca) という語は，累積 (samuccaya) の意味である.「も」(api) は，繰り返し (punar) の意味の「も」である.「その手順で」：前に述べた方法で. すなわち，大きい数字の下に落とされるべき小さな数字を置き[5]，⟨ それが ⟩ 落とされる (pātyate)，という手順で，また同様に，大きい数字の上に落とされるべき数字を置き，⟨ それが ⟩ 除去される (niṣkāśyate)，という手順で，数字の位置 (aṅka-sthāna) が清算される (viśodhita)：清算項 (viśuddhi-pada) に導かれる (nīta).「実に」[6]は断定 (niścaya) の意味である.「残余の」: 落とされるべき数字によって[7]⟨ 落とされた結果 ⟩ 残された数字の，「獲得のために」(labdhyai: prāptaye)，⟨ 清算が ⟩ あるだろう，という統語である. /SGT 15/ 4, 11

···Note·····

SGT 15. 注釈者 S は GT 15 の「その手順で」を，足し算と同様,「正順」と「逆順」の 2 通りを意味すると解釈し，ここでの「正順」「逆順」は被減数と減数の上下関係と見ている. SGT 16.2 参照.

·····

ここで例題，一詩節. /SGT 16.0/ 4, 16

---

[1] vyavakalita. 行為としての「引き算」も意味する.
[2] viyojane cāpyamunā krameṇa viśodhanaṃ khalvavaśeṣalabdhyai//15//
[3] K viyojane ca yā > viyojane ca/.
[4] vyavakalita-lakṣaṇe ⟨gaṇite⟩.
[5] K svalpāṅkapātyanyasya > svalpāṅkaṃ pātyaṃ nyasya.
[6] K khalu(ḥ) > khalu.
[7] K pātyaṅkāva- > pātyāṅkāva-.

千から，その数が〈GT 14 で〉述べられた数字を減じて，残余をすぐに述べなさい，さあ，もし清算が分かるなら./GT 16/[1]

···Note···

GT 16. 例題：差. (1) 1000 − 319. (2) 1000 − 100.

···

4, 19 これの解説.「千から」: 1000 すなわち千という徴 (lakṣaṇa) を持つ数字から.「その数が述べられた数字を」: 足し算で〈例として〉述べられた三百十九という徴を持つもの，および百単位[2]からなるものを.「減じて」(projjhya: viśodhya).「残余を」: 千という数字の余りを.「述べなさい」(ācakṣva: vada).「もし」「分かるなら」「清算が」すなわち，大きい数字から小さい数字を落とすこと (pātana) が，という意味である. /SGT 16.1/

4, 22 数字によってもまた千，1000. これから，上下の方法で（すなわち，上または下に減数を書いて）〈千から減数を〉落とすとき得られる余りは 681，すなわち六百八十一. 同様に，同じこの数字 1000 から百を清算すると，余りは 900，すなわち九百. /SGT 16.2/

···Note···

SGT 16.1-2. 注釈はここで，減数を下に書く正順と上に書く逆順があるということに言及するだけで，それ以上の具体的手順を述べないが，次のように推測できる.

正順

1) 被減数 1000 の下に位を揃えて減数 319 を書く：

1	**0**	**0**	**0**
	3	**1**	**9**

2) 上の 10 と下の 3 から 3 を落とす：

7	0	0
	1	9

3) 上の 70 と下の 1 から 1 を落とす：

6	**9**	0
		9

4) 上の 90 と下の 9 から 9 を落とす：

6	**8**	**1**
		0

逆順すなわち減数を上に書く場合も同様である. なお，最後の局面で下の数がゼロになったとき，実際に書板上でゼロ記号 ‘0’ を書いたかどうか不明. SGT 26 の Note 参照.

···

4, 24 このように，引き算という徴を持つ〈計算〉は完結した. /SGT 16.3/

2.3.3 [掛け算]

4, 26 さて，小さい数字 (svalpa-aṅka) を集積 (upacaya) して大きくする (vṛddhi)

[1] sahasrāduktasaṅkhyākānaṅkān projjhyāvaśeṣakam/
ācakṣvāśu vijānāsi yadi hanta viśodhanam//16//

[2] rūpa. 原義は「色・形」すなわち視覚の対象であるが，数学では「単位」とその集まりである「整数」を意味する. SGT 37.1 (p.17, l.1 以下) とそこに引用されている Tr 24ab (= PG 39ab) の中の ‘rūpa-gaṇa’, PG の古注 (付録 D, PGT E3.1) に出る ‘rūpa-vṛnda’, SGT 17-18.5 に出る ‘aṅka-rāśi’ 参照.

ための『トリシャティー』で述べられた積 (pratyutpanna) という名の乗法 (guṇanā) に関する術則，一詩節半を述べる．/SGT 17-18.0/

···Note ···

SGT 17-18.0. 言及対象は Tr 5-7 (= PG 18-20) の 3 詩節．次の GT 17-18 はそれらの詩節によく似ている．付録 D, E 参照．PG でそれらの直後に与えられている例題 (PG E3 = Tr E3) に対する古注の冒頭に，pratyutpanna（... に対して生じた）という語が「積」の意味を持つようになった由来を説明するかのような表現がある.「単位に対して (prati) 生じた (utpanna) 量は，提示された単位の集合に対してはどれだけになるだろうか，というので，乗数と被乗数の...」[1] ここで,「単位 (1) に対して生じた量」が被乗数 (a),「提示された単位の集合」が乗数 (b) であり，積 (c) は乗数 (b)「に対して生じた (pratyutpanna) 量」である ($a \times b = c$)．後出の三量法 (GT 95) で表現すれば，$1 : a = b : c$.「積」という意味での pratyutpanna は，少なくとも BSS (12.3c, 12.55c) まで遡る．

···

カパータ対連結 (kapāṭa-dvaya-sandhi) の道理 (yukti) で，被乗数を乗数と呼ばれる量の下に置き，〈乗数を〉移動し，掛けるべきである，ステップごとに，正順に，または逆順に，はたまた定位置で (tatstha).// あるいは，位置 (sthāna) または整数 (rūpa) 5, 1
を分割して，部分 (khaṇḍa) と呼ばれる掛け算を行うべきである./GT 17-18/[2]

···Note ···

GT 17-18. 規則: 掛け算 (guṇakāra)．4 通りの掛け算に言及する．これらは Tr（付録 E）と PG（付録 D）で言及されているものと同じである．詩節の対応関係は次の通り．

	GT		Tr	PG
方法 1	17abc	カパータ対連結乗法 (正順・逆順)	5-6b	18-19b
方法 2	17d	定位置乗法	6cd	19cd
方法 3	18	位置分割部分乗法	7ab	20ab
方法 4	18	整数分割部分乗法 (和分割)	7ab	20ab

これらには L 15 で触れられているような整数分割部分乗法の積分割は含まれていないと思われる．PG の古注（付録 D）も SGT もそれには触れない．また,「正順に，または逆順に，はたまた定位置で」という表現から考えて，GT 17 は定位置乗法をカパータ連結乗法の一種とみなしていた可能性もある．SGT 17-18.3 参照．

···

これの解説．ここに，数字の掛け算における四つの方法 (rīti) が述べられ 5, 2
た．/SGT 17-18.1/

---

[1]pratirūpam utpanno rāśir uddiṣṭarūpavṛndasya kiyān syād iti guṇaguṇyayor ... (PGT E3)

[2]vinyasya guṇyaṃ guṇakākhyarāśeradhaḥ kapāṭadvayasandhiyuktyā/
utsārya hanyātkramaśo 'nulomaṃ vilomamāho uta tatsthameva//17// (= ŚŚ 13.2)
sthānaṃ ca rūpaṃ ca vibhajya kuryātsantāḍanaṃ vā khalu khaṇḍasañjñam//18//

···Note···

SGT 17-18.1. 注釈者SはGT 18の「位置または整数を分割して」の前半すなわち「位置の分割」が乗数を和に分割する整数分割乗法 (SGT 17-18.4)，後半すなわち「整数の分割」が被乗数を和に分割する整数分割乗法 (SGT 17-18.5) であるとみなし，その後で，乗数を位置で分割する位置分割乗法 (SGT 17-18.6)，被乗数を位置で分割する位置分割乗法 (SGT 17-18.7)，の順に解説する．そのあと注釈者Sは，積に分割する整数分割部分乗法 (L 15) には触れず，乗数拡大部分乗法 (guṇakādhikakāri-khaṇḍaguṇana, SGT 17-18.8) と乗数分解部分乗法 (guṇakalīnatākāri-khaṇḍaguṇana, SGT 17-18.9) を説明する (L 16に対応)．すなわち，注釈者Sが以下で説明するのは，

1.	カパータ対連結乗法（正順・逆順）	SGT 17-18.2
2.	定位置乗法（正順・逆順）	SGT 17-18.3
3.	整数分割部分乗法 1（「位置」=乗数を分割）	SGT 17-18.4
4.	整数分割部分乗法 2（「整数」=被乗数を分割）	SGT 17-18.5
5.	位置分割部分乗法 1（「位置」=乗数を分割）	SGT 17-18.6
6.	位置分割部分乗法 2（「整数」=被乗数を分割）	SGT 17-18.7
7.	乗数拡大部分乗法	SGT 17-18.8
8.	乗数分解部分乗法	SGT 17-18.9

ここで注釈者Sは，整数分割部分乗法と位置分割部分乗法のそれぞれで，乗数を分割する場合と被乗数を分割する場合を区別するが（SGT 17-18.10 参照），これは，GSSの影響と思われる．序説 §1.7.3.6 参照．ただし，乗数を「位置」，被乗数を「整数」と呼ぶのは，SGTの独自な用語法である．

···

〈カパータ対連結乗法〉

5, 2 そこで「被乗数を」: 掛けられるべきものを．〈例えばGT 19の〉21586すなわち五百八十六と二十一の千．「乗数と呼ばれる量」〈例えばGT 19の〉96すなわち九十六など．〈被乗数21586を〉その「下に置き」，それから「正順に」，すなわち流れに沿って[1]数字を用いる方法で (aṅka-rītyā)，まず八十六に九十六を[2]掛け〈ということである〉．「または」(āho) という語は，選択 (vikalpa) の意味である．〈だから〉，あるいは，「逆順に」数字を用いる方法で，すなわち流れに逆らって，二十一に[3]九十六を掛け，それから九十六を「移動し」(utsārya: cālayitvā)．「ステップごとに」(kramaśaḥ: krameṇa)．正順の場合は十五の上を九十六とすることによって掛け，逆順の場合は五十八の上の九十六によって「掛けるべきである」(hanyāt: guṇayet)． /SGT 17-18.2/

···Note···

SGT 17-18.2. カパータ対連結乗法．序説 (§1.7.3.2) で述べたように，通常のカパータ連結乗法は一桁づつ掛けてゆく．しかしここで注釈者Sが教えるカパータ対連結乗法は，本文中の「まず八十六に九十六を掛け,… それから九十六を移動し,… 十五の上を九十六とすることによって掛け」という表現から推測すると，少なくとも乗数が

[1] anukūlam，字義通りには「土手に沿って」．「正順に」と訳したのは anulomam，字義通りには「毛に沿って」．

[2] K ṣaḍaśītiṣaṇṇavatyā > ṣaḍaśītiṃ ṣaṇṇavatyā.

[3] K ekaviṃśatiḥ > ekaviṃśatiṃ.

2 桁のこの例では，下図 (1) のように，被乗数 (5 桁) も 2 桁づつにして掛けているように見える．2 桁 ×2 桁の掛け算表を暗記していればこれは可能であり，実際それは無理ではない．しかし，乗数・被乗数ともに 3 桁，4 桁と大きくなった場合を想定して 3 桁 ×3 桁，4 桁 ×4 桁の掛け算表を暗記するのは現実的ではない．このことから考えると，この例の場合も，乗数の移動は乗数の桁数に合わせて 2 桁ごとにするが，2 桁 ×2 桁の積は，下図 (2) ように，1 桁 ×1 桁の掛け算表によって行っていたのかもしれない．下図で，太字は新たに書かれた数を表す．算板を用いた計算では，用済みの数は拭き消されたので，ここでもその慣習に従った．

(1) 正順法

乗数：						**9**	**6**
被乗数：			**2**	**1**	**5**	**8**	**6**
$86 \times 96 = 8256$							
乗数：						9	6
被乗数：			2	1	5	8	6
積：				**8**	**2**	**5**	**6**
移動							
乗数：				**9**	**6**		
被乗数：			2	1	5		
積：				8	2	5	6
$15 \times 96 + 82 = 1522$							
乗数：				9	6		
被乗数：			2	1	5		
積：		**1**	**5**	**2**	**2**	5	6
移動							
乗数：		**9**	**6**				
被乗数：			2				
積：		1	5	2	2	5	6
$2 \times 96 + 15 = 207$							
乗数：		9	6				
被乗数：			2				
積：	**2**	**0**	**7**	2	2	5	6

(2) 86×96 のための配列

乗数：			9	6
被乗数：			8	6
$6 \times 6 = 36$				
乗数：			9	6
被乗数：			8	6
積：			**3**	**6**
$6 \times 9 + 3 = 57$				
乗数：			9	6
被乗数：			8	
積：		**5**	**7**	6
$8 \times 6 + 57 = 105$				
乗数：			9	6
被乗数：			8	
積：	**1**	**0**	**5**	6
$8 \times 9 + 10 = 82$				
乗数：			9	6
被乗数：				
積：	**8**	**2**	5	6

逆順法では，乗数と被乗数を下図 (3) のように配置し，乗数を 2 桁づつ右に移動する．

(3) 逆順法の初期配列

乗数：	**9**	**6**			
被乗数：	**2**	**1**	**5**	**8**	**6**

通常のカパータ連結乗法の具体的手順に関しては，付録 D, PGT E3.1 と E3.4 の Note 参照.

....

⟨ 定位置乗法 ⟩

「はたまた」(uta) という語は，あるいは (athavā) の意味である．「定位 5, 8
置で」⟨ という語 ⟩ は，動作（ここでは掛け算）の修飾語 (kriyā-viśeṣaṇa, すなわち副詞) である．同じその場所で，つまり正順の場合なら八十六の上にあって移動させられない[1]九十六を，また逆順の場合なら二十一の上にあって動かされない九十六を，すべての数字に掛けるべきである．/SGT 17-18.3/

[1]K anutsārita > anutsāritayā.

···Note···

SGT 17-18.3. 定位置乗法．乗数を移動させず，常に初期位置に保ったままであるということ以外は，カパータ対連結乗法と同じ．定位置乗法の具体的手順に関しては，付録 F, BBA 8.7 の Note 参照.

···

⟨ 整数分割部分乗法 1⟩

5, 10 あるものによって 被乗数の数字の上が位置される (sthīyate)（すなわち，占められる）とき，それが「位置」(sthāna) という語によって ⟨ 意図されている，すなわち ⟩，九十六などの乗数である．それを「分割して」，⟨ 例えば九十六から ⟩ 三十二を三通り，あるいは四十八を二通り作り，三つにした数字三十二で三回[1]，あるいは四十八で二回，被乗数である二十一に始まる数字の，⟨ 前者の場合なら ⟩ 三つとも，⟨ 後者の場合なら二つ ⟩，「掛け算」(tāḍana: guṇana) を行うべきである./SGT 17-18.4/

···Note···

SGT 17-18.4. 整数分割部分乗法 1. 注釈者 S によれば「位置」(sthāna) は乗数を指す．この計算法は，L の「整数分割部分乗法」において乗数（＝「位置」）を分割した場合に相当する．乗数を部分の和となるように「分割」し，それらの部分と被乗数の積を計算し，結果（部分積）の和をとる．例えば，$21586\times96 = 21586\times32+21586\times32+21586\times32$. 部分乗法に関しては，序説 §1.7.3.1 参照.

···

⟨ 整数分割部分乗法 2⟩

5, 14 あるいは，「または整数 (rūpa) を」という．見られる (rūpyate) もの，すなわち，乗数により増大することを目的として見られるもの (dṛśyate)（すなわち，存在するもの），それが整数 (rūpa) とも呼ばれる数字の集まり (aṅka-rāśi) であるが，それを「分割して」⟨ ということである ⟩．例えば，前に述べた二十一を初めとする数字を二つにし，七百九十三を加えた十千を[2]二カ所に書き，二回，九十六で掛け算を行うべきである./SGT 17-18.5/

···Note···

SGT 17-18.5. 整数分割部分乗法 2. 注釈者 S によれば「整数」(rūpa) は被乗数を指す．この計算法は，L の「整数分割部分乗法」において被乗数（＝「整数」）を分割した場合に相当する．被乗数を部分の和となるように「分割」し，それらの部分と乗数の積を計算し，和をとる．例えば，$21586 \times 96 = 10793 \times 96 + 10793 \times 96$.

···

⟨ 位置分割部分乗法 1⟩

5, 17 第四 ⟨ の乗法 ⟩ は，位置に応じて乗数を「分割して」⟨ という方法である ⟩．例えば，一回は九という数字により，また一回は六により，二十一を初めとす

[1]K dvātriṃśatāvelādvayaṃ > dvātriṃśatā velādvayaṃ.

[2]K daśasahasrāt > daśasahasrān.

るものの掛け算を行うべきである．その後で，数字の位置一つだけ増やして[1]下にある数字を[2]採用して，加え合わせるべきである (melanīya)．すなわち，書置 (nyāsa)：21586 乗^0 9.[3] 生ずるのは 194274．同様に，二十一を初めとするものの乗^0 6．生ずるのは 129516．これら二つを，そのように，⟨ 位置を ⟩ 一だけ増やして (ekādhikatayā) 書き置けば (nyāse)，
$$\begin{array}{ccccccc} 1 & 9 & 4 & 2 & 7 & 4 & \\ & 1 & 2 & 9 & 5 & 1 & 6 \end{array}$$
加え合わせると (mīlane)[4]，得られるのは 2072256./SGT 17-18.6/

···Note ···

SGT 17-18.6. 位置分割部分乗法 1．この方法は，L 15 の「位置分割部分乗法」において乗数（＝注釈者 S の「位置」）を分割した場合に相当する．

$$\begin{array}{rcccccccc} 21586\cdot 9 & = & 1 & 9 & 4 & 2 & 7 & 4 & \\ 21586\cdot 6 & = & & 1 & 2 & 9 & 5 & 1 & 6 \\ \hline & & 2 & 0 & 7 & 2 & 2 & 5 & 6 \end{array}$$

位取りの相対的位置関係に関する表現で,「増」(adhika) は右,「減」(ūna) は左を意味する．前者の用例は，この段落の他に，SGT 17-18.7, 23, GT 28, SGT 28-29.1, 28-29.4, 49.2 に見られる．後者（減）の用例は，SGT 32-33.1 に見られる．また，GT 26, SGT 26 では「位置を落として」(sthāna-cyuta-) が一桁右を意味する．

···

⟨ 位置分割部分乗法 2⟩

同様に，⟨ 掛けられるべき ⟩ 数字が乗数 (96) のときは，一回は数字の二を， 5, 21
一回は数字の一を ⟨ 等々，21586 の各数字をその ⟩ 被乗数 (96) に掛けて，教えられた方法により，⟨96 · 2 = 192 の一の位の ⟩ 数字二より ⟨96 · 1 = 96 の ⟩ 位置を増やして (sthānādhikatayā)，掛けられた二つの数字量（積）を書けば，望まれた結果が得られる，ということである．これもまた,「部分」という名の付いた方法であり，位置に応じている.[5] /SGT 17-18.7/

···Note ···

SGT 17-18.7. 位置分割部分乗法 2．この方法は，L 15 の「位置分割部分乗法」において被乗数（＝注釈者 S の「整数」）を分割した場合に相当する．

$$\begin{array}{rcccccccc} 96\cdot 2 & = & 1 & 9 & 2 & & & & \\ 96\cdot 1 & = & & 9 & 6 & & & & \\ \hline & & 2 & 0 & 1 & 6 & & & \\ 96\cdot 5 & = & & & 4 & 8 & 6 & & \\ \hline & & 2 & 0 & 6 & 4 & 0 & & \\ 96\cdot 8 & = & & & & 7 & 6 & 8 & \\ \hline & & 2 & 0 & 7 & 1 & 6 & 8 & \\ 96\cdot 6 & = & & & & & 5 & 7 & 6 \\ \hline & & 2 & 0 & 7 & 2 & 2 & 5 & 6 \end{array}$$

---

[1]K ekāṅkasthānatayā > ekāṅkasthānādhikatayā.

[2]K adhastanāṅko > adhastanāṅkaṃ.

[3]「乗^0」は「乗数」の略．原文では，guṇaka の頭文字 gu と，ゼロ記号と同じ ∘ を用いて gu° と書かれる．

[4]SGT 13 の sammīlana 参照.

[5]K karaṇam/ yathāsthānaṣaṇṇavatyādikaṃ > karaṇaṃ yathāsthānam/ ṣaṇṇavatyādikaṃ.

各ステップの和をとった段階で，不要になった2数は消された可能性もある．

....

〈乗数拡大部分乗法〉

5, 24 九十六など〈の乗数〉を二だけ大きくし，〈その結果の〉九十八を二十一に始まるもの（被乗数）に掛け，その後，二を掛けた二十一に始まるものを[1]前に掛けた数字の中から引くべきである.[2] これは，乗数拡大部分と呼ばれる方法である./SGT 17-18.8/

···Note ··

SGT 17-18.8. SGT の術則 (GT にない)：$ab = a(b + c) - ac.$

例：$21586 \times 96 = 21586 \times 98 - 21586 \times 2.$

....

〈乗数分解部分乗法〉

5, 26 九十六を徴 (lakṣaṇa) とする「位置」（すなわち乗数[3]）を分割し，一回は九十二を，一回は四を，二十一に始まる数字に[4]掛け，〈結果として得られる〉二つの数字の和をとるべきである．これは，乗数分解[5]部分と呼ばれる方法である./SGT 17-18.9/

···Note ··

SGT 17-18.9. SGT の術則 (GT にない)：$ab = a(b - c) + ac.$

例：$21586 \times 96 = 21586 \times 92 + 21586 \times 4.$

....

6, 1 乗数を分割するか被乗数を分割するかに応じて，意味に対応する名称を伴う部分と呼ばれる方法（部分乗法）がある．/SGT 17-18.10/

6, 2 次に，書置の詩節 (nyāsa-vṛtta) 二つを述べる．/SGT 19-20.0/

···Note ··

SGT 19-20.0. 「書置」と訳した語 nyāsa は，一般に「下に置くこと」を意味し，数学では，数詞，アルファベット式数表記 (kaṭapayādi)，連想式数表記 (bhūta-saṃkhyā) などを用いて例題の詩節に与えられた数値データや計算の途中結果を，数字を用いて一覧表に「書き置くこと」あるいは「書き置いたもの」を指す．ここでは，一覧表ではないが，数値を列挙するという意味で nyāsa という語を用いていると思われる．最初の詩節 (GT 19) では，数字表記された数値データも本文中に挿入されているが，これはおそらく著者シュリーパティ自身によるものではなく，一覧表の「書置」がないのを見て，筆写生または編者 K が補ったものだろう．第二詩節 (GT 20) では，散文注の中頃に一覧表の「書置」がある．なお，これらの書置では「乗数」guṇaka の省略形が，gu. のようにピリオドを用いて作られているが，写本では SGT 17-18.6 と同

[1] K prabhṛtika > prabhṛtikaṃ.
[2] K pātya yat > pātyam/.
[3] 「位置」(sthāna) ＝乗数という解釈については，SGT 17-18.4 参照.
[4] K -prabhṛtiraṅkasya > -prabhṛtikāṅkasya.
[5] K guṇakalīnatā kāri- > guṇakalīnatākāri-.

じように gu^0 だった可能性が大きい．アルファベット式数表記と連想式数表記に関しては，林 1993, 19-26 参照．

六・八・五・一および二が，九十六によって掛けられたものは [21586 乗数 96] 何になるだろうか．述べなさい，すぐに，計算士よ，もし掛け算を知っているなら．同様に，五・八・六および九十三が，二・三によって掛けられたものを [93685 乗. 32]，また，三・七・二を掛けた十，五・八・九を [98510 乗. 273] 述べなさい./GT 19/[1]

…Note…

GT 19. 例題: 掛け算. (1) 21586×96. (2) 93685×32. (3) 98510×273.

明らかである．/SGT 19-20.1/ 6, 7

全神 (13)・空 (0)・七・蛇 (8)・九・太陽 (12) の本体が，山 (7)・馬 (7) によって掛けられると，明るい星のような丸い真珠で作られた，大自在神（マヘーシュヴァラ＝シヴァ）の首飾りになる./GT 20/[2]

…Note…

GT 20. 例題: 掛け算. (4) 12987013×77. 結果は 1000000001 になる．GT 20 はこれを「大自在神の真珠の首飾り」と呼ぶ．GSS 2.13 および PC 35 は掛け算の例として $142857143 \times 7 = 1000000001$ を出題し，その結果を，GSS は「王の首飾り」，PC は「ハラ（＝シヴァ）の首飾り」と呼ぶ．

解説．「全神」という語により十三が〈意図されている〉.「空 (kha)」はゼロ (śūnya),「七」は明らか.「蛇」という語により八つの蛇族が〈意図されている〉.「九」は明らか.「太陽」は十二である．これらを，数字のやり方 (aṅka-rīti) により，まず十三，それからゼロ，というふうに〈右から左へ〉書いたものが被乗数である.「山」は七つの主峰,「馬」は太陽神の七頭がよく知られている．従って，それら二つ〈の七〉，七十七という数字の形を生じさせるもの[3]，によって，その本体 (deha: svarūpa) が掛けられたもの (samāhata: guṇita)，それはそのようなもの（首飾り）である．あとは明らかである．/SGT 19-20.2/ 6, 10

[1] ṣaḍaṣṭau pañcaikadvikamapi hataṃ ṣaṇṇavatibhiḥ [21586 guṇa 96]
bhavetkiṃ brūhi drāgganaṇaka yadi jānāsi guṇanam/
tathā pañcāṣṭau ṣaṭ trinavatimapi dvitriguṇitān [93685 gu. 32]
trisaptadvighnāṃśca pravada daśapañcāṣṭanavakān [98510 gu. 273]//19//
19c: K dvitriguṇitān > dvitriguṇitām.

[2] viśvakhasaptabhujaṅganavārkāḥ śailaturaṅgasamāhatadehāḥ/
syātsphuṭatārakavartulamuktābhūṣaṇamatra maheśvarakaṇṭhe//20//

[3] K jātaḥ saptasaptatyaṅkarūpābhyāṃ > jātasaptasaptatyaṅkarūpābhyāṃ.

···Note···

SGT 19-20.2. この解説はほとんど数と数字の表現法のみ.

··

6, 14 書置：12987013 乗. 77. /SGT 19-20.3/

6, 14 さて，順に得られる数字の書置：二十ラクシャ七十二千二百五十六，2072256. 二十九ラクシャ九十七千九百二十，数字によっても (aṅkato pi) 2997920. 二コーティ六十八ラクシャ九十三千二百三十，26893230. 百コーティ一，1000000001. /SGT 19-20.4/

···Note···

SGT 19-20.4. 例題の解. (1) $21586 \times 96 = 2072256$ (この答えは SGT 17-18.6 で既に与えられている). (2) $93685 \times 32 = 2997920$. (3) $98510 \times 273 = 26893230$. (4) $12987013 \times 77 = 1000000001$.

··

6, 18 このように，掛け算 (guṇakāra-vidhi) は完結した. /SGT 19-20.5/

2.3.4 [割り算]

6, 20 割り算に関する術則，一詩節. /SGT 21.0/

もし可能なら等しい量で除数 (hara) と被除数 (bhājya) の二つを共約 (apa-√ vṛt) してから，手順に従い逆順に割る (vi-√ bhaj) べきである. その道 (方法) は算学 (gaṇita-jñāna) に通暁した人たちによって教示されている./GT 21/[1]

···Note···

GT 21. 規則：割り算 (bhāgahāra). ここで言及されているのは，除数と被除数を可能なら「共約」してから「逆順」に割るということのみ. 割り算の実際の手順は「算学に通暁した人たち」の書を参照せよという. Tr, PG, の表現もこれと同じ. GSS はそれに位置関係（被除数が上，除数が下）を付け加えるだけ. Śrīpati が誰を「算学に通暁した人たち」と考えていたのかは不明. 割り算の具体的手順に関しては，SGT 32-33.2 参照.

··

6, 25 解説. 「共約してから」:「等しい量で」割ってから. 二，四などの偶数字 (sama-aṅka) により，一，三などの奇数字 (viṣama-aṅka) により，という意味である.「除数と被除数の二つ」が割られる[2]. 大きくなった数字[3]を減少 (prahāṇi) に導くものが除数，すなわち部分を得させる数字 (bhāga-grāhako

[1] apavartya samena rāśinā dvau harabhājyau sati sambhave krameṇa/ vibhajetpratilomamasya mārgo gaṇitajñānaviśāradaiḥ pradiṣṭaḥ//21// (Cf. SŚ 13.3)

[2] K hriyate > hriyete.

[3] K vṛddhiṃ prāptau kaḥ > vṛddhiṃ prāpto ṃkaḥ.

'ṅkaḥ)[1]である．また，割られる，すなわち部分を与えさせられる数字 (bhāgaṃ pradāpyate yo 'ṅkaḥ) が被除数である．したがって，一対の除数と被除数が下と上に位置しているが[2],「もし可能なら」: 除数と被除数が，二つを初めとしていくつにであれ分割を許すとき，それが可能なら，⟨ということである⟩.
したがって，一方の数字が分割を許すとき，それと同じだけの分割を第二⟨ 7, 1
の数⟩が許さないなら，⟨共約は⟩できない，ということになる.「手順に従い逆順に」: 流れに逆らって数字を用いる方法で．正順ではない，ということである.「割るべきである」: 部分を得させる (bhāgaṃ √grah, caus.) べきである．あとは明らかである． /SGT 21/

これに関する出題． /SGT 22.0/ 7, 4

⟨GT 19-20 で⟩掛けられて生じた量が，それぞれの乗数を除数として割られたとき，どうなるか．すぐに述べなさい．もし⟨あなたが割り算の⟩特徴 (lakṣaṇa) を学習したなら./GT 22/[3]

···Note ···

GT 22. 例題：割り算．これらは掛け算の例題 (GT 19-20) の逆である.
(1) 2072256 ÷ 96. (2) 2997920 ÷ 32. (3) 26893230 ÷ 273. (4) 1000000001 ÷ 77.

···

解説．前に述べられた,「掛けられ」た⟨結果の⟩「量」である二十ラク 7, 7
シャに始まるもの⟨など⟩が,「それぞれの乗数を除数として」: 前に乗数性 (guṇakatā) を帯びていた九十六などによって,「割られたとき」: 部分を取られた (gṛhīta-bhāga) とき,「どうなるか」ということを「述べなさい」(pracakṣva: vada). /SGT 22.1/

ここで，術の適用 (karaṇa-ghaṭanā). 前に掛けられた⟨結果の⟩量一つは[4]二 7, 9
十ラクシャ七十二千二百五十六．次に,「もし可能なら」: 割り算に向いているなら,「等しい量で」: ここでは四で,「共約して」，⟨書板に⟩書かれた五ラクシャ十八千六十四単位，518064，からなる被除数を，同様に除数九十六も四で共約して，二十四になったもので割ると[5]，商[6]は根元⟨数⟩，二十一千五百八十六[7]である．したがって，もし被除数が二で共約されたら除数も二で，被除数が四で共訳されたときは除数も四で，共約されるべきである，というのが要点 (tattva) である． /SGT 22.2/

---

[1]K bhāgagrāhāṅko 'ṅkas > bhāgagrāhako 'ṅkas.
[2]K adhasthitopari- > adhaḥsthitopari-.
[3]rāśayo guṇitā jātāḥ svaguṇacchedabhājitāḥ/
kīdṛśāḥ syuḥ pracakśvāśu lakṣaṇaṃ śikṣitaṃ yadi//22//
[4]K rāśireka > rāśireko.
[5]bhāge datte「部分が与えられると」.
[6]labdha. 原義は「得られた」.
[7]K ṣaṭpañcāśadadhikā > ṣaḍaśītyadhikā.

···Note ··································

SGT 22.2. 例題の解. (1) $2072256 \div 96 = 518064 \div 24 = 21586$. ここで「適用」と訳した ghaṭanā の一般的な意味は,「尽力」「生起」「達成」「結合」「形成」など. karaṇa（「方法・術」）と複合語になっている用例はここだけ. 単独では「答えの適用」（検算）の意味で 20 回用いられている. SGT 66.2 参照.「根元〈数〉」(mūla-prakṛti) という言葉は, 二次の不定方程式を扱うトピック「平方始原」(varga-prakṛti) を連想させるが, ここでは単に「元の数」を指すと思われる.

··································

7, 15 同様に, 二十九ラクシャ九十七千九百二十単位を「もし可能なら」というので二で共約した 1498960 を, 除数三十二を二で共約して生じた十六で割ると, 商は九十三千六百八十五である. どこでもこのようにする. しかし殆どの場合, 共約しないで, あるがままの被除数を見たまま〈の除数〉で割る.[1] /SGT 22.3/

···Note ··································

SGT 22.3. 例題の解. (2) $2997920 \div 32 = 1498960 \div 16 = 93685$.

··································

7, 19 次に,〈残り二例題の〉書置：26893230 除° 273.[2] 1000000001 除° 77. 商は順に, 98510, 12987013 である. /SGT 22.4/

···Note ··································

SGT 22.4. 例題の解. (3) $26893230 \div 273 = 98510$. (4) $1000000001 \div 77 = 12987013$.

··································

7, 21 このように, 割り算 (bhāgahāra-vidhi) は完結した. /SGT 22.5/

2.3.5 [平方算]

7, 23 さて, 平方の術則, 一詩節半[3]. /SGT 23.0/

最後の項の平方を作り, 最後の二倍が残りの項によって〈順に〉掛けるられるべきである.〈その〉項から残りを移動し, まったく同様にし,〈更に〉移動するべきである, 平方算のために./GT 23/[4]

···Note ··································

GT 23. 規則：平方 (varga) 1. 位取りによるアルゴリズム. 次の解説と Note 参照.

··································

7, 26 解説. 順行で最後 (antya) の数字は逆行で最初 (ādya) である.[5] それ（逆

[1] yathāsthitasyaiva bhājyasya yathārūpeṇa ⟨hareṇa⟩ bhāgaṃ dadate. 直訳すれば,「あるがままの被除数の, 見たまま〈の除数〉による, 部分を与える (bhāgaṃ √dā)」.

[2]「除°」と訳したのは bhā° = bhāgāṅka（除数）.

[3] GT 23 と GT 24. 後者は半詩節.

[4] vargaṃ vidhāyāntyapadasya śeṣaiḥ padairdvinighnaṃ guṇanīyamantyam/ padātsamutsārya tathaiva śeṣamutsārayedvargavidhānahetoḥ//23//

行で最初の数字，すなわち一位の数字）にとって第二⟨の数字⟩（すなわち十位の数字）が「後」(antya) であり[1]，第二⟨の数字⟩にとっては第三⟨の数字⟩（すなわち百位の数字）が「後」であり，というように，すべての数字にとっての「最後の項」[2]，百六十三，163，の場合は一を徴とするが，それの「平方を」，すなわち同じ数字[3]二つの積を徴とするものを,「作り」，すなわち，一を平方すれば一であるが,[4] その一を一百六十三の下に

1	6	3
1		

⟨というように⟩作り，その後で，上にある，一を徴とする「最後」⟨の項⟩が「二倍」される：二が掛けられる．すなわち，一に二を掛けると二が生ず 8, 1
る．

⟨

2	6	3
1		

⟩

そこで,「残りの項」，六・三を徴とするもの，によって「掛けるられるべきである」．順に，と補う．すなわち，二に六を掛けて生ずるのは 12．これらを，前に書いた一百六十三の下に書いた一の下に一[5]，六の下に二⟨と置く⟩.

2	6	3
1	2	
1		

[6] 同様に，最後⟨の項⟩を徴とする二に三を掛けると生ずるのは六．それを，一百六十三の下に書いた二の先に置くべきである．

2	6	3
1	2	6
1		

[7] これで，掛けられたことになり，目的⟨の演算⟩が述べられた（済んだ）ので，二を徴とする最後の項は消される (vinaṣṭa)．その「項 (pada) から」：書かれた位置 (sthāna) から,「残り」，六十三を徴とするもの，を「移動し」：生じた下の数字，二百二十六を徴とするもの，に対して一大きい位を持つように (ekādhika-sthānatayā)

	6	3
1	2	6
1		

[8] のように置き,「まったく同様にし」:「平方を作り」⟨という⟩この，前に述べら

5ここでの注釈者 S の「順行」(anuloma-gati) と「逆行」(pratiloma-gati) の用法は，GT 17 のカパータ対連結乗法の解説の場合と逆であることに注意．また，SGT 26 における「逆順」の用例参照.

[1]語 antya は多くのものの「最後」と，あるものの「直後」の意味を併せ持つ.

[2]K yaḥ sarvāṅkānāmantyapadaṃ > yatsarvāṅkānāmantyapadaṃ.

[3]K sadaśāṅka > sadṛśāṅka.

[4]K ekasya varge ekakaḥ > ekasya varga ekakaḥ.

[5]K eka > ekaḥ.

[6]K $\left\{\begin{array}{ccc} 1 & 6 & 3 \\ 1 & 2 & \\ 1 & & \end{array}\right\}$. K では「最後の項」が 1 のままだが，この後,「最後⟨の項⟩を徴とする二」，また「二を徴とする最後の項は消される」とあるので，ここでは 2 になっていると考えられる.

[7]K $\left\{\begin{array}{ccc} 1 & 6 & 3 \\ 1 & 2 & 6 \\ 1 & & \end{array}\right\}$.

[8]K $\left\{\begin{array}{ccc} & 6 & 3 \\ 1 & 2 & 6 \\ 1 & & \end{array}\right\}$.

れた二つの四半詩節の演算 (vidhi) を行い，すなわち，この六十三という数字では六が最後の項であるが，その平方は三十六，それを作り，二百二十六の下に[1]，順に書き

		6	3
1	2	6	
1	3	6	

[2] そこで，最後の項六を「二倍」する．生ずるのは十二，12.[3] 残りの項，三を徴とするもの，それによって「掛けられるべきである」．そうすると[4]，すなわち，十二に三を掛けて三十六，それを，前に見つかって書かれたもののところに，順に書き，

		6	3
1	2	6	6
1	3	6	
		3	

[5]

これで六すなわち最後〈の項〉は，目的〈の演算〉が述べられた（済んだ）ので，消される．そこで，残りの三を徴とするものを,「平方算のために」「移動するべきである」: 一大きい位を持つように置くべきである[6]，という意味である．

				3
1	2	6	6	
1	3	6		
		3		

[7] それから,「まったく同様にし」:「平方を作り」という，前に述べられたことを行うべきである．すなわち，三の平方は九であるが，それを作り，前に見つかって書かれたもの（既得の数字）の上にある三の下に〈置く〉.

				3
1	2	6	6	9
1	3	6		
		3		

すると，ここには「残りの項」がないから[8]，もう演算はない，というので，前に書いた数字の和をとれば，一百六十三 (163) の平方として生ずるのは，二十六千五百六十九，26569 である．/SGT 23/

---

[1]K -dviśato 'dhaḥ > -dviśatādhaḥ. この「二百」という表現から，注釈者 S の頭の中では，'126' の '1' とその下の '1' が加え合わされていることがわかる．

[2]K $\left\{\begin{array}{ccc} & 6 & 3 \\ 1 & 2 & 6 \\ 1 & 3 & 6 \end{array}\right\}$.

[3]この 12 は，前のステップの 2 と異なり，おそらく書板上のどこかに書いておく．この後の表現「六すなわち最後... 消される」参照．

[4]K guṇanīyakṛtvā yathā > guṇanīyam/ kṛtvā yathā.

[5]K $\left\{\begin{array}{cccc} & 6 & 3 & \\ 1 & 2 & 6 & \\ 1 & 3 & 6 & 6 \\ & & 3 & \end{array}\right\}$.

[6]K vinyasyet > vinyaset.

[7]K $\left\{\begin{array}{ccccc} & & & & 3 \\ 1 & 2 & 6 & 6 & \\ & 1 & 3 & 6 & \\ & & & 3 & \end{array}\right\}$.

[8]K tato 'trāśeṣapadābhāvād > tato 'tra śeṣapadābhāvād.

…Note ……………………………………………………………………

SGT 23. ここで注釈者 S は，GT 25 の例題 (13) を用いて平方のアルゴリズムを説明する．

1) 平方されるべき数を書く：

1	**6**	**3**

2)「最後の項の平方」(1) をその下に書く：

1	6	3
1		

3)「最後」の項を「二倍」する：

2	6	3
1		

4) それが「残りの項によって掛けられる」，すなわち，

4a) まず，$2 \times 6 = 12$ を 6 の下に書く：

2	6	3
1	**2**	
1		

4b) 次に，$2 \times 3 = 6$ を 3 の下に書く：

2	6	3
1	2	**6**
1		

5) 不要になった 2 を消し (このステップは GT 23 に明記されていない),「項から残りを移動」する：

		6	**3**
1	2	6	
1			

6)「最後の項の平方」(36) をその下に書く：

		6	3
1	2	6	
1	**3**	**6**	

7)「最後」の項を「二倍」する．しかし，前と異なり，ここではおそらく書板上の別の所に書いておく．これは,「二倍」した結果 (12) が 2 桁になり，それを書くと混乱が生ずるからと思われる．

8) それ (12) が「残りの項によって掛けられ」; 結果 (36) がその下に書かれる：

		6	3
1	2	6	**6**
1	3	6	
		3	

9) 不要になった 6 を消し,「項から残りを移動」する：

				3
1	2	6	6	
1	3	6		
		3		

10)「最後の項の平方」(9) をその下に書く：

				3
1	2	6	6	**9**
1	3	6		
		3		

11)「残りの項」がないので，不要になった「最後の項」3 を消し,「前に書いた数字の和」(SGT 23, 最後の文) をとる：

2	**6**	**5**	**6**	9

……………………………………………………………………

平方を求める場合の第二の方法を述べる．/SGT 24a.0/ 8, 17

また，任意数 (iṣṭa) を減加したものの積に任意数の平方を加え

る./GT 24a/[1]

···Note ··

GT 24a. 規則：平方 (varga) 2. $n^2 = (n-a)(n+a) + a^2$.

··

8, 19 解説. 例えば，五の平方を求めるときは，二つの位置に五を書き，いっぽうの五を「任意数」すなわち望みの数字，⟨ 例えば ⟩ 二を徴とするもので減じて，三が生ずる．いっぽうの五は[2]，その任意数，すなわち引かれた (ākṛṣṭa) 二を加えて，七が生ずる．したがって，その，任意数が引かれた[3]，三を徴とする数字による，任意数が加えられた，七を徴とするものの「積」(āhati)⟨ を求める ⟩．掛け算 (guṇanā) である．すなわち三掛ける七で二十一が生ずる．それから，任意数すなわち一方の五から引かれた二を徴とするものの平方すなわち四を徴とするものを加える．すなわち，二十一に四が加えられて五の平方に二十五 ⟨ が得られる ⟩．/SGT 24a/

···Note ··

SGT 24a. 平方の規則 2 の例示. $5^2 = (5-2)(5+2) + 2^2 = 3 \times 7 + 4 = 21 + 4 = 25$.

··

8, 25 次に，第三の方法を述べる．/SGT 24b.0/

あるいは，等しい二つの ⟨ 数の ⟩ 積である./GT 24b/[4]

···Note ··

GT 24b. 規則：平方 (varga) 3. $n^2 = n \times n$.

··

8, 27 解説．「等しい」：同じ,「二つの」数字，例えば十二と十二，これら二つの相互の「積」，十二による十二の掛け算である．すなわち，百四十四が十二という数字の平方として生ずる．/SGT 24b.1/

···Note ··

SGT 24b.1. 平方の規則 3 の例示. $12^2 = 12 \times 12 = 144$.

··

この平方算 (varga-vidhi) を教えずに「平方を作り」(GT 23) と述べること
9, 1 は不適切である，と考えて,『リーラーヴァティー』では，

> 等しい二つの ⟨ 数の ⟩ 積が平方と呼ばれる．最後の ⟨ 位の ⟩ 平方が置かれるべきである．二倍の最後 ⟨ の位 ⟩ を掛けた.../L 19/[5]

---

[1] iṣṭonayuktāhatiriṣṭavargayuktā ca/24a (+ 3 syllables)/

[2] K ekasya pañcakas > ekaśca pañcakas.

[3] K iṣṭo 'nena > iṣṭonena.

[4] tulyadvisamāhatirvā/24b (−3 syllables)/ (Cf. SŚ 13.4a)

[5] samadvighātaḥ kṛtirucyate 'tha sthāpyo 'ntyavargāddviguṇāntyanighnāḥ/ svasvopariṣṭācca tathāpare 'ṅkāstyaktvā ntyamutsārya punaśca rāśim//L 19//
K は割注でこの詩節を「八種の基本演算，詩節 8」とする．

···Note···

L 19a. 規則：平方．$n^2 = n \times n$.

···

と，⟨ 平方規則の最初にそれが ⟩ 述べられている．/SGT 24b.2/

···Note···

SGT 24b.2. 注釈者 S はここで，GT 23 のアルゴリズの前提として GT 24b（平方の規則 3 ＝平方の定義）が必要であり，実際 L 19 ではその順序になっていることを指摘する．

···

また，『リーラーヴァティー』には， 9, 2

二つの部分の積 (abhihati) を二倍しその両部分の平方 (varga) の和を加えると，平方 (kṛti) である./L 20/[1]

···Note···

L 20. 規則：平方．$n^2 = (a+b)^2 = 2ab + (a^2 + b^2)$.

···

という第四の方法が述べられている．その，五の平方の場合，五の二つの部分として生ずるのは，一方に三，一方に二．それら二つの積は，二に三を掛けて生ずる六，6．この「積」，六を徴とするもの，を「二倍」して生ずるのは十二．また，両部分，前に述べられた二と三を徴とするもの，の「平方」，四と九を徴とするもの，の「和」として生ずるのは十三．それを加えた十二，⟨ すなわち ⟩ 整数の「積」(abhihati)⟨ の二倍 ⟩, が「平方」[2] (kṛti)，五の平方 (varga) になるだろう．どこでもこのようにする．/SGT 24b.3/

···Note···

SGT 24b.3. L 20 の規則の例示．$5^2 = (3+2)^2 = 2 \cdot 3 \cdot 2 + (3^2 + 2^2) = 12 + (9+4) = 12 + 13 = 25$.

···

また，『トリシャティー』では，平方を求めるための第四の方法を ⟨ 次のように ⟩ 述べる． 9, 8

あるいは，単位を初めとし，二を増分 (caya) とする項の和である./Tr 11b/[3]

L 19b: K ’ntyavargād > ’ntyavargo L; K, L/ASS dviguṇāntya] dviguṇo ’ntya L/VIS.

[1] khaṇḍadvayasyābhihatirdvinighnī tatkhaṇḍavargaikyayutā kṛtirvā/
iṣṭonayugrāśivadhaḥ kṛtiḥ syādiṣṭasya vargeṇa samanvito vā//L 20//
K は割注でこの詩節を「八種の基本演算，詩節 9」とする．

[2] K rūpābhihatikṛtiḥ > rūpābhihatiḥ kṛtiḥ.

[3] sadṛśadvirāśighāto rūpādidvicayapadasamāso vā/
iṣṭonayutavadho vā tadiṣṭavargānvito vargaḥ//Tr 11// (= PG 24)

···Note···

Tr 11b. 規則：平方. $n^2 = 1 + 3 + \cdots + (2n - 1)$.

···

「単位」，一を徴とするもの，を初め（初項）とし，そのあと，「二を増分とする項」，二づつ大きくなるもの，が配置されるべきである (maṇḍanīya). それから，それらの「和」(samāsa: yoga) が作られるべきである．ある数字の平方が作られるべきとき，その数だけの数字の位置があるだろう，というのが要点 (tattva) である．/SGT 24b.4/

前の〈『リーラーヴァティー』(L 19a) や『ガニタティラカ』(GT 24b) の〉ように，〈『トリシャティー』にもある〉

同じ二つの量の積〈が平方である〉./Tr 11a/[1]

···Note···

Tr 11a. 規則：平方. $n^2 = n \times n$.

···

という方法は一般に良く知られている．/SGT 24b.5/

···Note···

SGT 24b.5. これらの平方の諸規則を与える Tr (PG), GT, L の詩節番号は次の通り.

規則	Tr (PG)	GT	L
位取りによるアルゴリズム	10 (23)	23	19bcd
$n^2 = n \times n$	11a (24a)	24b	19a
$n^2 = 1 + 3 + \cdots + (2n - 1)$	11b (24b)	—	—
$n^2 = (n - a)(n + a) + a^2$	11cd (24cd)	24a	20cd
$n^2 = 2ab + (a^2 + b^2)$	—	—	20ab

···

9, 12 これに関する出題 (uddeśaka). 「出題」という言葉で，例題 (udāharaṇa) を含意する．そこで，一つのシュローカ（アヌシュトゥブ詩節）/SGT 25.0/

一を初めとし九に終わるものの，〈また〉十二の，平方を述べよ.
七十二の，九十三の，〈また〉三・味 (6) と百の〈平方を述べよ〉.
/GT 25/[2]

···Note···

GT 25. 例題：平方. (1) 1^2. (2) 2^2. (3) 3^2. (4) 4^2. (5) 5^2. (6) 6^2. (7) 7^2. (8) 8^2. (9) 9^2. (10) 12^2. (11) 72^2. (12) 93^2. (13) 163^2.

···

9, 15 他ならぬ書置によるこれの解説. 1, 2, 3, 4, 5, 6, 7, 8, 9, 12, 72, 93. 第

[1] sadṛśadvirāśighāto rūpādidvicayapadasamāso vā/
iṣṭonayutavadho vā tadiṣṭavargānvito vargaḥ//Tr 11// (= PG 24)

[2] ekādīnāṃ navāntānāṃ dvādaśānāṃ kṛtiṃ vada/
dvāsaptatestrinavatestrirasasya śatasya ca//25//

四の四半詩節に述べられた「三・味」という言葉によって，六十三[1]，そして百．その，百六十三の「平方」(kṛti: varga) を「述べよ」，⟨ というのが ⟩ 問題 (praśna) である．答え (uttara)．得られる数字は順に，一，四，九，十六，二十五，三十六，四十九，六十四，八十一，百四十四，五千一百八十四，八千六百四十九，二十六千五百六十九．数字でもまた，1, 4, 9, 16, 25, 36, 49, 64, 81, 144, 5184, 8649, 26569. /SGT 25.1/

···Note ·····································

SGT 25.1. 例題の解．答えを数詞と数字で列挙する．後者を導く言葉「数字でもまた」(aṅkato 'pi) は正しいが，前者を導く「得られる数字は」(labdhāṅkāḥ) は正確ではない．「得られる数は」(labdhasaṃkhyāḥ) というべきである．注釈者 S は数 (saṃkhyā) と数字 (aṅka) をはっきり区別しない．GT 2-3 に出る「数」の脚注参照．

·····································

このように，平方算 (varga-vidhi) は完結した．/SGT 25.2/

2.3.6 [平方根]

さて，この平方の根 (mūla)，一などを徴とする，を求めるための術則，一詩節を述べる．/SGT 26.0/ 9, 23

> **26．奇数項 (viṣama-pada) から平方を引き (vi-$\sqrt{}$śudh)，⟨ その ⟩ 根[2]の位置を落として (cyuta) 二を掛けたもので，残りを割るべきである．商[3]を列 (paṅkti) に置き，その平方を引き，⟨ という作業を繰り返し，最後に ⟩ 二倍されていたものを半分にして，賢者 (kṛtin) たちは平方根 (kṛti-pada) を述べる．/GT 26/**[4]

···Note ·····································

GT 26. 規則：平方根 (varga-mūla)．位取りによるアルゴリズム．実際の手順は，次の解説と Note 参照．なお，注釈者 S はこの規則に言及するとき，一度 (SGT 32-33.1) は「奇偶の演算」(viṣamasama-vidhi)，一度 (SGT 47.2) は「偶奇などと前に述べられた演算 (samaviṣametyādi-pūrvokta-prakriyā)，他の 13 回 (SGT 76, 77.1, 78.1, 79.1, 80, 82.1, 87, 88.1, 89.2（3 回），91.1, 92.1) は「奇偶云々」(viṣamasametyādi) と呼ぶ．

·····································

解説．⟨ 例えば ⟩ 二十六千五百六十九を初めとする数字[5]，平方の形をし 9, 28

---

[1] K triṣaṣṭi > triṣaṣṭiḥ.

[2] pada. 原義は「足」．植物にとって根は足．

[3] phala. 一般に「果実」を意味する．

[4] vargaṃ viśodhya viṣamātpadataḥ padena
sthānacyutadviguṇitena bhajecca śeṣam/
paṅktyāṃ niveśya phalamasya kṛtiṃ viśodhya
dvighne 'rdhite kṛtipadaṃ kṛtino vadanti//26// (= ŚŚ 13.5)
26b: K cyuta-] cyutaṃ ŚŚ. 26c: K asya] antya- ŚŚ. 26d: K 'rdhite] dhṛte ŚŚ.

た 26569 を，逆順に[1]，九を初めとして奇数 (viṣama) 偶数 (sama) と数えて
10, 1 いって停止したところの（すなわち最後の）「奇数項から」，すなわち，ここでは二を徴とするものから[2]．ある数字の[3]平方が二から[4]落ちる[5]とき，割り算のために下に置かれた[6]その「根」(pada) により—「根」(pada) という語は部分 (aṃśaka) を意味する—すなわち一により．「平方」，一の平方一，を「引き」(viśodhya: pātayitvā)，上に 16569 [7]が数字量の余りとして生ずる．

〈

1	6	5	6	9
1				

〉その「根」，一を徴とするもの，により，それ（残り）を．〈「根」は〉先の六の下に移動させられるべきものだから「位置を落として」．それはまた同時に二が掛けられるので，「位置を落として二を掛けたもので」〈すなわち〉整数二で「割るべきである」．

〈

1	6	5	6	9
	2			

〉

その下に置かれたふさわしい数字により部分を与える（割る）べきである．すなわち，二の下に六を〈商として〉採用し

〈

1	6	5	6	9
	2			
	6			

〉上の数字から〈二と六の積〉十二を落とせば（引けば），上には四十五という数字と[8]六十九〈が残る〉．

4	5	6	9
2			
6			

そこで，その六を徴とする「商」として得られたものを「列に」: 前に書いた二の列で二の先に，「置き」，すなわち

4	5	6	9
2	6		

「その」: 商，六を徴とするもの，の「平方」(kṛti: varga)，三十六を徴とするもの，を上の数字四十五から「引き」，九百六十九が生ずる．

	9	6	9
2	6		

[9] そこで，その（引かれた平方の）「根」，六を徴とするもの，で，先に移動させられるべきものだから「位置を落として」〈更に〉「二を掛けたもので」，十二という性質を帯びたもので[10]，〈しかし〉二のなかに一を加えることで生じた三十二で[11]，下に作られた割り算用の数字で，「残り」，先に述べられたもの，を「割るべきである」．

〈

9	6	9
3	2	

〉すな

---

[5]「～を初めとする数字」は「～などの数」の意味．26569 は GT 25 の例題 (13) の答え．

[1]pratilomatas. SGT 23 の冒頭参照．

[2]K dvilakṣaṇāna > dvilakṣaṇāt.

[3]K ya(na)syāṅkasya > yasyāṅkasya.

[4]K dvikāntaḥ > dvikāt.

[5]patati. すなわち，引かれる．

[6]K adhonyāsastena > adhonyastena.

[7]K 26569.

[8]K pañcacatvāriṃśadaṅkāt ekonasaptatiḥ > pañcacatvāriṃśadaṅka ekonasaptatiḥ.

[9]K 969 (下の 26 はない).

[10]K dvādaśānāṃ prāptena > dvādaśatāṃ prāptena.

[11]K sañjātā dvātriṃśatā > sañjātadvātriṃśatā

わち，ここでは，三十二の下に三を置き $\left\langle\begin{array}{|ccc|}9&6&9\\3&2&\\&3&\\\hline\end{array}\right\rangle$ 九十六を落とす(引く)． $\left\langle\begin{array}{|ccc|}&&9\\3&2&\\&3&\\\hline\end{array}\right\rangle$ それから，その三,「商」として得られたもの，を「列に」，三十二の先に「置き」[1]：作り， $\left\langle\begin{array}{|ccc|}&&9\\3&2&3\\\hline\end{array}\right\rangle$ 「その」：⟨ 商 ⟩ 三の,「平方」(kṛti: varga)，九を徴とするもの，を「引き」(viśodhya)：除去し (nirgamya) $\left\langle\begin{array}{|ccc|}&&0\\3&2&3\\\hline\end{array}\right\rangle$ 下にある数字のなかで「二倍されていたもの」,「位置を落とし」たために二が掛けられてあったもの，三十二を徴とするもの，を「半分にして」，十六という性質を帯びさせられたとき (ṣoḍaśatāṃ prāpite)， $\left\langle\begin{array}{|ccc|}&&0\\1&6&3\\\hline\end{array}\right\rangle$ したがって,「位置を落として」という方法で二が掛けられていない三は，半分にするべきではない．それはそのまま置かれるべきである．このようにして,「平方の」[2]，二十六千五百六十九を徴とする[3]平方の,「根」(pada: mūla)，百六十三を徴とするもの，を「述べる」(vadanti: kathayanti)，数学を知る者 (gaṇita-jña) たちは，という統語である．/SGT 26/

···Note ···

SGT 26. GT 27 の例題 (13) の解の手順.

1) 開平すべき数を書く： $\begin{array}{|ccccc|}\mathbf{2}&\mathbf{6}&\mathbf{5}&\mathbf{6}&\mathbf{9}\\\hline\end{array}$

2) 最後の「奇数項から平方を引き」根を下に書く $(2-1^2=1)$：

$$\begin{array}{|ccccc|}\mathbf{1}&6&5&6&9\\\mathbf{1}&&&&\\\hline\end{array}$$

3) 下に書いた根 (1) を 2 倍し，1 桁右へ移動する： $\begin{array}{|ccccc|}1&6&5&6&9\\&\mathbf{2}&&&\\\hline\end{array}$

4) それ (2) で上 (16) を割るが，次のステップで，その割り算の商の平方が次の桁から引かれることを考慮して，ここでは商を 6 とし，それを仮に下に書く：

$$\begin{array}{|ccccc|}1&6&5&6&9\\&2&&&\\&\mathbf{6}&&&\\\hline\end{array}$$

5) 割り算を実行する $(16-2\cdot 6=4)$： $\begin{array}{|cccc|}\mathbf{4}&5&6&9\\2&&&\\6&&&\\\hline\end{array}$

6) 商 (6) を根の「列に」移動する： $\begin{array}{|cccc|}4&5&6&9\\2&\mathbf{6}&&\\\hline\end{array}$

---

[1]K nivi(ve)śya > niveśya.

[2]K kṛtiḥ > kṛteḥ.

[3]K ṣaḍviṃśatipañcaśatenaikonasaptatilakṣaṇasya > ṣaḍviṃśatisahasrapañcaśataikonasaptatilakṣaṇasya.

7) 商 (6) の平方を上から引く $(45 - 6^2 = 9)$：

	9	6	9
2	6		

8) その根 (6) を 2 倍し $(20+6{\cdot}2 = 32)$，根の列を 1 桁右へ移動する：

9	6	9
3	**2**	

9) それ (32) で上 (96) を割るために商を 3 とし，それを下に書く：

9	6	9
3	2	
	3	

10) 割り算を実行する $(96 - 32 \cdot 3 = 0)$：

		9
3	2	
	3	

11) 商 (3) を根の「列に」移動する：

		9
3	2	**3**

12) 商の平方を上から引く $(9 - 3^2 = 0)$：

		0
3	2	3

13)「二倍されていた」数を半分にする $(32/2 = 16)$：

		0
1	**6**	3

従って，$\sqrt{26569} = 163$. なお，最後の局面で上の数がゼロになったとき，実際に書板上で数字の‘0’を書いたかどうか定かではない．直後に「下にある数字」(adhastanāṅka) という表現があるので，上にも数字‘0’があった可能性もあるが，この表現は，一連の計算の流れの中で，上の数字がすべて消えたとき「下に残っている数字」というほどの意味かもしれない．このコメントは，開立の計算 (SGT 32-33.1-2) に関してもあてはまる．

…………………………………………………………………………

10, 19 これに関して出題のシュローカ．/SGT 27.0/

前に〈GT 25 で〉得られた平方の根を，もし分かるなら述べなさい．また，ヴェーダ (4)・海 (4)・ヴァス神群 (8)・牛 (9)・月 (1)・頭巾を持つもの (8)・ルドラ神群 (11)(= 11819844) を大きさとするものの〈根〉も./GT 27/[1]

…Note…………………………………………………………………

GT 27. 例題：平方根. (1) $\sqrt{1}$. (2) $\sqrt{4}$. (3) $\sqrt{9}$. (4) $\sqrt{16}$. (5) $\sqrt{25}$. (6) $\sqrt{36}$. (7) $\sqrt{49}$. (8) $\sqrt{64}$. (9) $\sqrt{81}$. (10) $\sqrt{144}$. (11) $\sqrt{5184}$. (12) $\sqrt{8649}$. (13) $\sqrt{26569}$. (14) $\sqrt{11819844}$. これらの例題の内 (1)–(13) は GT 25 で与えられた平方の例題の逆である．最後の例題 (14) の答え，3438，は Āryabhaṭa が正弦表で用いた基準円の半径でもある．ただし，Śrīpati 自身 (SŚe 3.6) は 3415 を基準円の半径としている．

…………………………………………………………………………

10, 22 解説．「前に」述べられたものに対して「得られた平方」，一を初めとし百六十三に終わるもの〈の平方〉，の「根」，一・四などを徴とするもの〈の根〉，を「述べなさい」．また,「ヴェーダ」という語と「海」という語によっ

[1] mūlaṃ prāgvallabdhavargāṇāṃ yadi vetsi tadā vada/
vedābdhivasugocandraphaṇarudramiterapi//27//
27a: K prāgvallabdha > prāglabdha. 27d: K phaṇa > phaṇi.

て四・四.「ヴァス神群」は八柱.「牛」(go) という語により九つの部分を持つ大地 (nava-khaṇḍa-pṛthivī).「月」という語によって一.「頭巾を持つもの」たちは八種の蛇族.「ルドラ神群」は十一柱. これらだけの「大きさ」(miti)：量 (pramāṇa) を持つもの，一コーティ十八ラクシャ十九千八百四十四を徴とするもの，の根を述べなさい，というように，前に述べられていない平方についても，その最初のもの（元の数，すなわち根）を語りなさい，という統語である. /SGT 27.1/

···Note···

SGT 27.1. プラーナなどの古伝承では，大地すなわちジャンブー大陸は 9 つの地域 (varṣa) に分割される. Sircar 1971, 20-21 参照. その大地は王にとって恵みをもたらす乳牛に喩えられる. MMW, go の項参照.

···

順に，問題 (praśna) と答え (uttara) の書置は (du.)，前に述べられているのでその言語表現 (abhidhāna) は明らかである，というので，散文 (gadya, すなわち数詞) では〈これ以上〉述べない.〈数字で表現すると，問題は〉，1, 4, 9, 16, 25, 36, 49, 64, 81, 144, 5184, 8649, 26569. 得られる平方根は順に，1, 2, 3, 4, 5, 6, 7, 8, 9, 12, 72, 93, 163.〈最後の問題は〉，11819844. 得られる平方根は 3438.〈散文 (数詞) では〉，三千四百三十八. /SGT 27.2/ 10, 27

···Note···

SGT 27.2. 数詞と数字については，SGT 25.1 に対する Note 参照. 例題 (13) は SGT 26 で計算されている.

···

このように，平方根 (varga-mūla) は完結した. /SGT 27.3/ 10, 30

2.3.7 [立方算]

11, 1

立方に関する術則，二詩節. /SGT 28-29.0/ 11, 2

置くべきである，後 (antya) の立方，その平方に三と前 (ādi) を掛けたもの，前の平方に後と三を掛けたもの，そして前の立方を. すべてを，位を増やして (sthānādhikatvam) 加えたものが，立方となるだろう. // 一を初項，単位（一）を増分として作り（数列を想定し），三を掛けた最後にまた前[1]を掛け，さらにそこに前の量の立方と一を投ずるべきである. あるいは，等しい三つの量の積が立方である./GT 28-29/[2]

---

[1] mukha. 一般的な意味は「口」「顔」，転じて「前方」「前面」.

[2] sthāpyo ghano 'ntyasya kṛtiśca tasya trikādinighnī kṛtirādimasya/ antyatrinighnādighanaśca sarve sthānādhikatvaṃ militā ghanaḥ syāt//28// ekādirūpapracayena kṛtvā trisaṅguṇāntye mukhasaṅguṇe ca/ kṣipedghanaṃ saikamutādyarāśeḥ samatrirāśiprahatirghano vā//29// (Cf. SŚ 13.4b for 29d)

···Note···

GT 28-29. 規則：立方 (ghana).

方法1 (GT 28): 位取りによるアルゴリズム．次の解説 (SGT 28-29.1-4) 参照．

方法2 (GT 29abc): $n^3 = 3n(n-1) + (n-1)^3 + 1$.

方法3 (GT 29d): $n^3 = n \times n \times n$.

···

11, 11 解説．三百十七という数字を初めとするもの[1]，すなわち数字で書けば317〈等〉であるが，その，三単位からなる「後」の「立方」，〈それは〉「等しい三つの量の積」により[2]，二十七を徴とするが,「位を増やして」[3] そのように「置くべきである」：前に述べた数字 (3) の下に書くべきである．すなわち

	3	1	7
2	7		

[4] 「その」：その三の,「平方」，平方を徴とする9，を別の所に置き,「三と前を掛けたもの」すなわち乗じたもの，すなわち九に三を乗じて二十七，その元の三の「前」は一であり，それを乗じて，二十七．前と同様に「位を増やして」前に書いた三百十七の下に加えるべきである．すなわち

	3	1	7
2	7	7	
	2		

「前の平方」：三の「前」は一．その「平方」(kṛti: varga) 一を別の所に置き,「後と三を掛けたもの」：「後」である三を乗ずると三が生じ，さらに三を乗ずると九が生ずる.「位を増やして」元の三百十七の下に加えるべきである．すなわち

	3	1	7	
2	7	7	9	
	2			

「そして前の立方」：「前」である一の立方は一を徴とするが,「位を増やして」前の元の図[5]に加えるべきである．

	3	1	7	
2	7	7	9	1
	2			

/SGT 28-29.1/

11, 20 〈ここで〉この

〈3桁以上の場合，後続の演算では〉，連結量 (niryukta-rāśi) が「後」であり，その立方がそれ（今得られたもの）である./Tr 15a/[6]

---

[1] GT 31 の最後の例題 (12) 参照．

[2] K sa [sa] trirāśihatyā > samatrirāśi⟨pra⟩hatyā (GT 29d への言及)．pra のない形，samatrirāśihatiḥ, は Tr 15 = PG 28 に出る．SGT 28-29.2 参照．

[3] 「後の立方を置く」ときには「位を増やして」は適用されない（する必要がない）．注釈者 S は GT 28 の規則に一貫性を持たせるためにここでもその言葉に言及したと見られる．SGT 28-29.4 の終わり近くで彼は「「位を増やして」はすべてのところで〈適用されると〉知るべきである」と云っている．

[4] K $\left\{\begin{array}{ccc} 3 & 1 & 7 \\ 2 & 7 & \end{array}\right\}$

[5] yantraka. ここでは yantra (図，装置，機械) に同じ．

[6] sthāpyo 'ntyaghano 'ntyakṛtiḥ sthānādhikyaṃ tripūrvaguṇitā ca/
ādyakṛtirantyaguṇitā triguṇā ca ghanastathādyasya//Tr 14// (= PG 27)
niryuktarāśirantyastasya ghano 'sau samatrirāśihatiḥ/

···Note···

Tr 15a. 規則：立方のアルゴリズムの補充規則. 3 桁以上の数を立方するとき，まず左から 2 桁を立方するが，その 2 数字の内の左を「後」右を「前」と呼ぶ. 計算手順の第 2 ラウンド以降においては，既に立方が得られた連結量が「後」とみなされる. ここでは '31' がそれである.

···

という『トリシャティー』に述べられた補充規則 (adhyāhāra) により，もう「置くべきである，後の立方」という演算 (prakriyā) は為されるべきではなく,「その平方」云々が為されるべきである. /SGT 28-29.2/

あるいは〈『トリシャティー』の補充規則によるまでもなく〉,「前の立方」 11, 22
が作られたとき[1]，前に見られた数字「すべて」を「加えたもの」である「立方」は，先にある七を徴とする数字に対して「置くべき」「後の立方」である，というので，この（「後」を立方するという）演算 (vidhi) は，これらの数字を加えることによって既に生じている（行われている）から，為すべきではない.「「その平方」云々が為されるべきである」と〈前段落で〉述べたことはここ（本段落）にもあてはまる[2]. /SGT 28-29.3/

したがって,「それの」すなわち三十一を徴とする「後」の，平方 (kṛti: 11, 25
varga) である九百と六十一[3]に「三と前を掛けたもの」: すなわち，前に述べた〈方法で，〉九百等の数字を[4]別の所に置き，三を乗ずると二十八百八十三が生ずる.「前」は七. これを乗ずると二十の千および一百八十一が生ずる，20181. これらは，位を増やして，前に三百十七の下に[5]書いた二十七・二十七・九十
一の下に書くべきである. すなわち

	3	1	7	
2	7	7	9	1
	2			
	2	0	1	8	1

[6]「前の平方 12, 1
に」: すなわち，ここでは「前」は七である. その「平方」(kṛti: varga)，四十九を徴とするもの，49，に「後と三を掛けたもの」という.「後」すなわち三十一を掛け，他の所に書き[7]，生じた十五の百と十九に三を掛け，生ずる四千五

---

khaikādicayenāntye tryādihate vā yutiḥ saike//Tr 15// (= PG 28)

Tr 15b: K tasya] tathā Tr, (tasya) PG.

PG の (tasya) は写本に欠けている 2 音節を編者 (Shukla) が補ったもの. 注釈者 S の引用は Shukla の挿入を支持する. 因みに Tr 15c の khaikādi は，PG 28 のように，ekādi であるべき.

[1]K kṛtāḥ > kṛte.

[2]K kāryamiti yuktamatrāpyuktam > kāryamityuktamatrāpi yuktam. 元の読みでは,「『... 為されるべきである』とふさわしいことがここでも述べられた」.

[3]K navatyekaṣaṣṭiśca > navaśatyekaṣaṣṭiśca.

[4]K prāguktanavaśatyā dvyaṅko > prāguktarītyā navaśatyādyaṅko.

[5]K triśataśca saptadaśādho > triśatasaptadaśādho.

[6]K

	3	1	7	
2	7	7	9	1
	2			
2	0	1	8	1

[7]K anyatrāpi likhya > anyatra vilikhya.

百五十七を，位を増やして，加えるべきである.

	3	1	7			
2	7	7	9	1		
	2					
	2	0	1	8	1	
			4	5	5	7

「そして前の立方を」という.「前の」すなわち七の立方，三百四十三単位から成るものを加えるべきである．すなわち [1]

	3	1	7				
2	7	7	9	1			
	2						
	2	0	1	8	1		
			4	5	5	7	
					3	4	3

「位を増やして」はすべてのところで ⟨ 適用されると ⟩ 知るべきである．これら「すべてを」「加えたものは」(militāḥ: yojitāḥ)，三百十七の「立方」— コーティが三つ，ラクシャが十八，千が五十五，それに十三，31855013，が足したものであるが—「となるだろう」，という計算 (kriyā) である．/SGT 28-29.4/

· · · Note ·

SGT 28-29.1-4. 立方の方法 1 (GT 28). GT 31 の例題 (12) によって立方の手順を説明する.

1) 立方すべき数を書く：

3	**1**	**7**

2) まず 31 の立方を求めるために，3 を「後」，1 を「前」として,「後の立方」($3^3 = 27$) を「後」の下に書く：

	3	1	7
2	**7**		

3)「その平方に三と前を掛けたもの」($3^2 \cdot 3 \cdot 1 = 27$) を「位を増やして」(1 桁右に) 書く.

	3	1	7
2	7	**7**	
	2		

4)「前の平方に後と三を掛けたもの」($1^2 \cdot 3 \cdot 3 = 9$) を「位を増やして」書く：

	3	1	7
2	7	7	**9**
	2		

5)「前の立方」($1^3 = 1$) を「位を増やして」書く：

	3	1	7	
2	7	7	9	**1**
	2			

---

[1]K

$$\left\{\begin{array}{cccccccc} 3 & 1 & 7 & & & & & \\ 2 & 7 & 7 & 9 & 1 & & & \\ & 2 & & & & & & \\ & 2 & 0 & 1 & 8 & 1 & & \\ & & & 4 & 5 & 5 & 7 & \\ & & & & & 3 & 4 & 3 \end{array}\right\}$$

6) 31 の立方が済んだので，今度は 31 を「後」，7 を「前」とみなして，「その平方に三と前を掛けたもの」($31^2 \cdot 3 \cdot 7 = 20181$) を「位を増やして」書く：

	3	1	7		
2	7	7	9	1	
	2				
	2	**0**	**1**	**8**	**1**

7)「前の平方に後と三を掛けたもの」($7^2 \cdot 31 \cdot 3 = 4557$) を「位を増やして」書く：

	3	1	7			
2	7	7	9	1		
	2					
	2	0	1	8	1	
			4	**5**	**5**	**7**

8)「前の立方」($7^3 = 343$) を「位を増やして」書く：

	3	1	7				
2	7	7	9	1			
	2						
	2	0	1	8	1		
			4	5	5	7	
					3	**4**	**3**

9) '317' 以外をすべて加える：

3	**1**	**8**	**5**	**5**	**0**	**1**	**3**

したがって，$317^3 = 31855013$ である．各ステップで得られた結果をどの段に書くかは，位を守れば，自由だったようだ．この例では，前半の結果はいわば上詰めで書いているが，後半の結果はそれぞれ別段に書いている．

…………………………………………………………………………

第二詩節の四半分三つにより第二の立方計算術〈を述べる〉，「一を初め」 12, 8
云々と．一，二，三を初めとする整数 (rūpa) の「積み重ね」(pracaya)：累積 (samuccaya)，それにより，〈ということである〉．したがって，

> あるいは，一を初めとし二を増分とする項の和である./Tr 11b/[1]

…Note…………………………………………………………

Tr 11b. 規則：平方．$n^2 = 1 + 3 + \cdots + (2n-1)$.

…………………………………………………………………

という〈『トリシャティー』に述べられた〉演算 (vidhi) は，〈平方のためのものだからここでは〉採用されるべきではない．また，上向きの数字の列に置かれた一を初めとする整数の積み重ね (rūpa-pracaya) によってであり，横向きに置かれた数字の積み重ね (aṅka-pracaya) によってではない.[2]〈GT 29a の〉「作り」(kṛtvā) という〈絶対分詞〉は，「彼らは，心で作り（想像して）

---

[1] sadṛśadvirāśighāto ekādidvicayapadasamāso vā /
iṣṭonayutavadho vā tadiṣṭavargānvito vargaḥ//Tr 11// (= PG 24).
Tr 11b: K ekādi] rūpādi Tr, PG (p. 9 の S の引用では rūpādi).

[2] 3 / 2 / 1（縦の列）であって 123（横の列）ではないということ．後者の場合は，位取り表記の 123 と混同される恐れがあるからと思われる．

メール山[1]に行く」(manasā kṛtvā meruṃ gacchanti)〈の kṛtvā〉などと同様，目的語を持たない，kṛt 接尾辞[2]付きの動詞である．/SGT 28-29.5/

···Note···

SGT 28-29.5. 注釈者 S は，GT 29a の ekādirūpapracayena を「一 (eka) を初め (ādi) とする整数 (rūpa) の積み重ね (pracaya) によって」と解釈している．とするとこの「積み重ね」は自然数列ということになる．確かに等差数列の公差（増分）という意味での pracaya はあまり見かけないが,『ビージャガニタ』に用例がある (BG E63)．また，接頭辞 pra のない caya は公差を意味する一般的な語であり，多くの数学書に頻出する．したがって，GT 29a の pracaya も増分（公差）の意味にとるのが自然である．

···

12, 11　「三を[3]掛けた最後に」という．一を初めとするものの最後，それが立方を求めたいものである．例えば，三の立方を求めるためには，一を初めとする積み重ね（累積）により，三が最後である．それに三を掛けると九が生ずる．その「三を掛けた最後」すなわち九を徴とするものに,「また前を掛け」という．三の前は二である．それを九に「掛け」て (saṅguṇe: guṇite) 生じた十八に,「前の量の」，三の前だから二を徴とするものの,「立方」八「と一」で生じた九を「投ずるべきである」．十八の中に九を投じて三の立方二十七が生ずる．どこでもこの通りである．/SGT 28-29.6/

···Note···

SGT 28-29.5-6. 立方の方法 2 (GT 29abc). GT 31 の例題 (3) によって手順を説明する．3 の立方を求めたいとき，3 までの自然数列を縦に書く．$\begin{array}{|c|}3\\2\\1\\\hline\end{array}$「最後」(3) を 3 倍し,「前」(2) を掛け,「前」(2) の立方と 1 を加える．$3\cdot3\cdot2+2^3+1=27$. 実際に書き置くのは数列の最後の 2 項 $(n-1, n)$ だけでよい，ということに注釈者 S は触れない．

···

12, 17　〈第二詩節の〉第四四半分により，第三の術を述べる，「等しい三つの」云々と.「等しい」「三つの」数字の「集まり」(rāśi)[4]の相互の「掛け算」(prahati: guṇanā)[5]である．例えば四の立方を求めるためには，三度四を配置して，掛け算を相互にする．すなわち，四を掛けた四は十六．〈四に〉十六を掛けて六十四．それが四の立方になる．どこでもこの通りである．/SGT 28-29.7/

---

[1]インドの宇宙論で世界の中心にそびえるとされた想像上の山．漢訳仏典では須彌山．

[2]動詞語根から第一次派生形を作る接尾辞．ここでは-tvā を指す．

[3]K tri[ka] > tri.

[4]rāśi は単数．注釈者 S は，GT 29d の trirāśi を「三つの量」ではなく「三つの〈数字の〉集まり，集合」と解釈している．

[5]guṇanā は「掛けること」．注釈者 S は，GT 29 の prahati を「積」ではなく「掛け算」と解釈している．

···Note ···

SGT 28-29.7. 立方の方法 3 (GT 29d). GT 31 の例題 (4) によって手順を説明する. 4 の立方を求めたいとき, $4 \cdot 4 \cdot 4 = 16 \cdot 4 = 64$.

···

⟨GT 29b の⟩「また」(ca) と ⟨GT 29c の⟩「さらに」(uta) という語は累 12, 20
積 (samuccaya) の意味である. ⟨GT 29d の⟩「あるいは」(vā) という語は類別 (prakāra) を意味する. /SGT 28-29.8/

また, ⟨『リーラーヴァティー』では⟩ 立方の演算を述べずに「置くべきで 12, 21
ある, 後の立方」云々というのは不適当であると考えて, 先ず,

> 等しい三つの ⟨数の⟩ 積が立方と言明されている./L 24a/

と指摘してから, その後で[1],

> 置くべきである, 後の立方, /L 24b/[2]

云々と教示されたのである. /SGT 28-29.9/

···Note ···

SGT 28-29.9. ここで注釈者 S は, 方法 1 と方法 3 を述べる順序が『リーラーヴァティー』と逆であることを指摘する. SGT 24b.2 参照.

···

第四の術則は次の通りである. /SGT 30.0/ 12, 24

> **二部分を掛けた ⟨元の⟩ 量に三を掛け, 部分の立方の和を加える./GT 30/**[3]

···Note ···

GT 30. 規則：立方の方法 4. $n^3 = (a+b)^3 = 3abn + (a^3 + b^3)$.

···

解説. 例えば, 五の立方を求めるためには, 五の二部分を一つは三, 一つ 12, 26
は二とし, その両者を「量」: 五を徴とする量, に「掛け」る (āhata: guṇita). すなわち, 五に二を掛けて十が生じ, これに三を掛けて三十が生ずる. さらに「三を掛け」ると九十が生ずる. それから, 二と三を徴とする二部分の立
方は順に八と二十七であり, 両者の和は三十五になる. それを加える, とい 13, 1
うのが,「部分の立方の和を加える」である. 三十五を九十に加えて百二十五, 125, が生ずる. これが五の立方である. どこでもこの通りである. /SGT 30/

···Note ···

SGT 30. GT 31 の例題 (5) により, 立方の方法 4 を例示する. $5 = 3 + 2$ だから, $5^3 = 3 \cdot 3 \cdot 2 \cdot 5 + (3^3 + 2^3) = 90 + 35 = 125$.

···

[1] K yasmāt > tasmāt.
[2] samatrighātaśca ghanaḥ pradiṣṭaḥ sthāpyo ghano 'ntyasya tato 'ntyavargaḥ//L 24//
[3] khaṇḍābhyāmāhato rāśistrighnaḥ khaṇḍaghanaikyayuk//30//

13, 4 これに関する出題. /SGT 31.0/

一を初めとし九を最後として持つ〈九数〉，および十八の立方を述べなさい．七十三および三百十七のも．友よ，よく考えて〈述べなさい〉./GT 31/[1]

···Note ·····························

GT 31. 例題：立方. (1) 1^3. (2) 2^3. (3) 3^3. (4) 4^3. (5) 5^3. (6) 6^3. (7) 7^3. (8) 8^3. (9) 9^3. (10) 18^3. (11) 73^3. (12) 317^3.

·····························

13, 9 この詩節は明瞭である．書置．1, 2, 3, 4, 5, 6, 7, 8, 9, 18, 73, 317. これらに対し立方量が得られる．順に書置．一，八，二十七，六十四，百二十五，二百十六，四十三加えた三百，五百十二，七百二十九，五千八百と三十二，三ラクシャ八十九千十七[2]，三コーティ十八ラクシャ五十五千と十三．〈数字でも〉順に書置．1, 8, 27, 64, 125, 216, 343, 512, 729, 5832, 389017, 31855013. /SGT 31.1/

···Note ·····························

SGT 31.1. 例題の解．ここでも，答えを数詞と数字で列挙する．SGT 25.1 参照.

·····························

13, 15 このように，立方算は完結した．/SGT 31.2/

2.3.8 [立方根]

13, 17 立方根に関する術則，二詩節を述べる．/SGT 32-33.0/

立方一つと非立方対とする．立方を立方〈位〉から落とし，根を三番目の項の下に移動すべきである．残りをその平方の三倍で割
13, 22 **るべきである．商を採用し// 列に，それからその平方に後を掛け，また三を掛けたものを取り去るべきである．また，〈その〉立方も〈取り去るべきである〉．この演算を計算士はさらに〈繰り返し〉実行すべきである，立方根を得るために./GT 32-33/**[3].

---

[1] ekādikānāṃ navakāntyabhājāmaṣṭādaśānāṃ ca ghanaṃ pracakṣva/
trisaptateḥ saptadaśādhikasya śatatrayasyāpi sakhe vicintya//31//

[2] K aṣṭatriṃśallakṣā navatisahasrāḥ saptadaśādhikāḥ > trayo lakṣā ekonanavatisahasrāḥ saptadaśādhikāḥ (suggested by K). 修正前は 3890017 を意味する．これは $73^3 = 389017$ の上位 4 桁を読み誤ったものだが，注釈者 S によるものか，筆写生によるものか，不明.

[3] ghano 'ghanadvandvamiti prapātya ghanaṃ ghanānmūlamadhaḥ padasya/
nayettṛtīyasya harecca śeṣaṃ trinighnakṛtyāsya niyojya labdham//32// (= SŚ 13.6)
paṅktyāṃ tatastatkṛtimantyanighnīṃ trisaṅguṇāṃ cāpanayedghanaṃ ca/
vidhānametadgaṇakena nūnaṃ punarvidheyaṃ ghanamūlalabdhyai//33//
(= SŚ 13.7) 32b: K adhaḥ] ataḥ SŚ. 32c: K nayet] yojyaṃ SŚ. 32d: K niyojya] niveśya SŚ. 33c: K etad] evaṃ SŚ. 33d: K labdhyai] labdheḥ SŚ.

···Note···

GT 32-33. 規則：立方根 (ghana-mūla)，位取りによるアルゴリズム．次の解説とNote 参照.

解説. 前に（GT 26 で）奇偶の演算 (viṣama-sama-vidhi) が述べられたが， 13, 26
それと同様にここでは逆順に最初の数字の項を「立方」，その後の二つの数字を「非立方対」，その後の一つの数字の項を「立方」，その後の二つを「非立方対」というふうに ⟨ 数える ⟩. ⟨「立方 ⟨ 位 ⟩ から」: ⟩ 最後に立方の項が終わるところから．例えば，前に（SGT 31.1 で）述べられた最後の例である立方[1]31855013 の根三百十七を求めるためには，一を徴とする立方位から
⟨ ということである ⟩.「立方を」: ある数字の立方が上の数字から落ちる（引 14, 1
ける）ときその数字の立方を．すなわち ⟨ 今の例では ⟩ 三である．⟨ そこで ⟩ 一の下に三を置き

3	1	8	5	5	0	1	3
	3						

[2] 二十七を徴とする三の立方を上の三十一から「落とし」．⟨ すると ⟩ 余りの 4 が ⟨ その ⟩ 位置に残る．

⟨

4	8	5	5	0	1	3
3						

⟩

その後で，この三という「根を」: 根と呼ばれるものを，上の数字の「三番目の項の」，五を徴とするものの,「下に移動すべきである」．すなわち

4	8	5	5	0	1	3
		3				

それから「その」: 根を徴とするものの,「平方の三倍で」: すなわちここでは根は[3]三であり,「その」「平方」(kṛti: varga) 九を三倍すると二十七になる．その「平方の三倍」27 により，一だけ位を減らして (ekasthānonatayā) 上の数字 (48) が採用されるべきである (niyojyaḥ)，すなわち

4	8	5	5	0	1	3
2	7	3				

「残り」の上の数字を割るべきである (haret: bhajet)．すなわちここでは，二十七の下に一を作り

⟨

4	8	5	5	0	1	3
2	7	3				
	1					

⟩

上の四十八の中から二十七が去ると，二十一が残る．二十七は，割り算が済んだので[4]，⟨ そしてその結果 ⟩ 目的 ⟨ の演算 ⟩ が述べられた（済んだ）ので (ukta-arthatvāt)，破棄すべきである (bhañjanīya)．そして，結果の「商」一を「列に」: 三の先に,「採用し」(niyojya)：置き (niveśya)

2	1	5	5	0	1	3
		3	1			

[5]「その

---

[1]K はここに，31855013 の代わりに

{

3	1	8	5	5	0	1	3
	3						

}

を置くが，この書置は 2 行下の「一の下に三を置き」の後に置くべきものである.

[2]K はこの書置を 2 行上の「最後の例である立方」の後に置く.

[3]K mūla > mūlaṃ.

[4]dattabhāgatvāt.「部分が与えられたので」.

[5]K はこの書置を 3 行下の「上の」の後に置く.

平方」云々：その商の，すなわち列に置いた一の「平方」(kṛti: varga) は同じ一である．それに「後を掛け」：後である三を掛ける．すなわち，一に三を掛けて同じ三が生ずる．「三を掛けたもの」：三を掛けた三は九になる．これにより，「その平方に後を掛け，また三を掛けたもの」⟨ が得られる．そこで ⟩ 上の[1]二百十五から九を「取り去るべきである」．残りとして[2]二百六が生ずる．

$$\left\langle\begin{array}{|ccccccc|}2&0&6&5&0&1&3\\&&3&1&&&\\\hline\end{array}\right\rangle$$

「また，立方も」という．同じその商[3]，一を徴とするもの，の「立方」一を，上の数字から取り去るべきである．生ずるのは

$$\begin{array}{|ccccccc|}2&0&6&4&0&1&3\\&&3&1&&&\\\hline\end{array}$$

それからさらに術を適用するために (karaṇam ādhātum)「三番目の項の下に」「根を」「移動すべきである」．すなわちここでは，一の上の数字 (4) から三番目の項 (1) の下に根である三十一を移動すべきである．

$$\begin{array}{|ccccccc|}2&0&6&4&0&1&3\\&&&&3&1&\\\hline\end{array}$$

それから，「その」：三十一の[4]，「平方」(kṛti: varga)：九百六十一を徴とするもの，その「三倍で」(trinighnayā: triguṇayā)[5]，すなわち二十八百八十三単位からなるものを，一だけ位を減らして，すなわち，三十一にある三の下に八十三にある三を割り当てることで (niyojya)，上のそれぞれの数字の下に与えて（置いて），

$$\begin{array}{|ccccccc|}2&0&6&4&0&1&3\\&&&&3&1&\\&2&8&8&3&&\\\hline\end{array}$$

[6]「残り」の上の数字を「割るべきである」：すなわち，二十八の下の七によって

$$\left\langle\begin{array}{|ccccccc|}2&0&6&4&0&1&3\\&&&&3&1&\\&2&8&8&3&&\\&&7&&&&\\\hline\end{array}\right\rangle$$

上にある二百六から百九十六を落とせば，十，10，が残る[7]．

$$\left\langle\begin{array}{|cccccc|}1&0&4&0&1&3\\&&&3&1&\\2&8&8&3&&\\&7&&&&\\\hline\end{array}\right\rangle$$

---

[1] K はここに，次の書置を置くが，これは 3 行上の「置き」(niveśya) の後に置くべきものである．
$$\left\{\begin{array}{ccccccc}2&1&5&5&0&1&3\\&&3&1&&&\end{array}\right\}$$

[2] K śeṣa > śeṣaṃ.

[3] K labdhasyeva > labdhasyaiva.

[4] K ekatriṃśatā > ekatriṃśatāṃ.

[5] K vinighnayā > trinighnayā.

[6] K
$$\left\{\begin{array}{ccccccc}2&0&6&4&0&1&3\\&2&8&8&3&1&\\&&&&&2&\\&&&&&3&\end{array}\right\}$$

[7] K sthita > sthitā.

そのあと，⟨次の⟩八の下の七によって

$$\left\langle\begin{array}{|cccccc|} 1 & 0 & 4 & 0 & 1 & 3 \\ & & & 3 & 1 & \\ 2 & 8 & 8 & 3 & & \\ & & 7 & & & \\ \hline \end{array}\right\rangle$$

百四の中から五十六を落とせば，上に四十八が残る．

$$\left\langle\begin{array}{|cccccc|} & 4 & 8 & 0 & 1 & 3 \\ & & & 3 & 1 & \\ 2 & 8 & 8 & 3 & & \\ & & 7 & & & \\ \hline \end{array}\right\rangle$$

そのあと，三の下の七によって

$$\left\langle\begin{array}{|cccccc|} & 4 & 8 & 0 & 1 & 3 \\ & & & 3 & 1 & \\ 2 & 8 & 8 & 3 & & \\ & & & 7 & & \\ \hline \end{array}\right\rangle$$

八十の中から二十一が去れば，五十九[1]が残る．

$$\left\langle\begin{array}{|cccccc|} & 4 & 5 & 9 & 1 & 3 \\ & & & 3 & 1 & \\ 2 & 8 & 8 & 3 & & \\ & & & 7 & & \\ \hline \end{array}\right\rangle$$

そのあと，二十八百八十三は，割り算が済んだので[2]，⟨そしてその結果⟩目的⟨の演算⟩が述べられた（済んだ）ので，破棄すべきである．それから，「商」七を「列に」，三十一の先に，置き

$$\left\langle\begin{array}{|ccccc|} 4 & 5 & 9 & 1 & 3 \\ & & 3 & 1 & 7 \\ \hline \end{array}\right\rangle$$

それから前のように，「その[3]平方」に「後」と「三」を掛けたものを「取り去るべきである」．すなわち，その七の「平方」(kṛti: varga) 四十九 (49)，それに「後」である三十一を掛けて十五百十九[4](1519)，三を掛けて四十五百と五十七 (4557) を[5]，一だけ位を減らして置き，⟨割り算ではないので⟩下に作られる部分の数字（すなわち部分の個数＝商）なしに「取り去るべきである」．すなわち，三十一にある一の下に五十七にある[6]七があるだろう．すなわち，

$$\begin{array}{|ccccc|} 4 & 5 & 9 & 1 & 3 \\ 4 & 5 & 3 & 1 & 7 \\ & & 5 & 7 & \\ \hline \end{array}$$

それから，四十五は等しいから，⟨上の⟩四十五が去る．九十一の中から五十七が去ると三十四．目的⟨の演算⟩が述べられた（済んだ）ので，四十五と五十七は一括破棄されるべきである．

$$\left\langle\begin{array}{|ccc|} 3 & 4 & 3 \\ 3 & 1 & 7 \\ \hline \end{array}\right\rangle$$

また，その七の「立方」，三百四十三を徴とするもの，を取り去るべきである．

$$\left\langle\begin{array}{|ccc|} & & 0 \\ 3 & 1 & 7 \\ \hline \end{array}\right\rangle$$ 15, 1

[1]K ekonapañcāśat > ekonaṣaṣṭiḥ.
[2]dattabhāgatayā. 前の平行文の脚注参照.
[3]K nava > tat.
[4]K ekonaviṃátyā > ekonaviṃśatyadhi.
[5]K catvāriṃśat sahasrāḥ saptapañcāśallakṣaṇām > pañcacatvāriṃśacchatīṃ saptapañcāśadadhikām.
[6]K saptakaḥ > satkaḥ.

下に得られるのは，前に (SGT 31.1) 述べられた「三コーティ」で始まる立方の根，三百十七を徴とするもの，317，である.「この演算を」云々(GT 33cd) は明瞭である．/SGT 32-33.1/

···Note···

SGT 32-33.1. GT 34 の例題 (12) によって開立の手順を説明する.

1) 開立すべき数を書く．位を右から 1 つの立方位と 2 つの非立方位を徴とする 3 つづつに分ける（ここでは，点を付けた位が立方位）.

3	**$\dot{1}$**	**8**	**5**	**$\dot{5}$**	**0**	**1**	**$\dot{3}$**

2) 最後の立方位 (31) から最大の立方数を引くために，根として 3 を立て，下に書く：

3	1	8	5	5	0	1	3
	3						

3) 引き算を実行する $(31 - 3^3 = 4)$：

4	8	5	5	0	1	3
3						

4) 根3を「三番目の項の下に (右に 2 桁) 移動」する：

4	8	5	5	0	1	3
		3				

5)「平方の三倍」$(3^2 \cdot 3 = 27)$ で，立方 (3^3) を引いた立方位の右の第 2 非立方位 (48) を割るために，除数 (27) を仮にその下に書く：

4	8	5	5	0	1	3
2	**7**	3				

6) 商 (1) を仮に下に書く：

4	8	5	5	0	1	3
2	7	3				
	1					

7) 割り算を実行し $(48 - 27 \cdot 1 = 21)$，不要になった除数 (27) を消し，商 (1) を根の列に移動する：

2	**1**	5	5	0	1	3
		3	**1**			

8) その商 (1) の平方に「後」(3) と 3 を掛けたものを次の位から引く $(215 - 1^2 \cdot 3 \cdot 3 = 206)$：

2	**0**	**6**	5	0	1	3
		3	1			

9) その商 (1) の立方を次の位から引く $(5 - 1^3 = 4)$：

2	0	6	**4**	0	1	3
		3	1			

10) 根の列 (31) を「三番目の項の下に移動」する：

2	0	6	4	0	1	3
				3	**1**	

11)「平方の三倍」$(31^2 \cdot 3 = 2883)$ で次の位（第 2 非立方位）20640 を割るために，除数 (2883) を下に書く：

2	0	6	4	0	1	3
				3	1	
	2	**8**	**8**	**3**		

12) 商として 7 を立て，仮に 28 の 8 の下に書く：

2	0	6	4	0	1	3
				3	1	
	2	8	8	3		
		7				

13) 割り算 (部分) を実行する $(206 - 28 \cdot 7 = 10)$：

1	**0**	4	0	1	3
			3	1	
2	8	8	3		
	7				

14) 7 を 1 桁右に移動し，割り算をする $(104 - 8 \cdot 7 = 48)$：

	4	**8**	0	1	3
			3	1	
2	8	8	3		
		7			

15) 更に 7 を 1 桁右に移動し，割り算をする $(80 - 3 \cdot 7 = 59)$：

	4	**5**	**9**	1	3
			3	1	
2	8	8	3		
			7		

16) 割り算が済んだので除数 (2883) を消し，商 (7) を根の列に移動する：

4	5	9	1	3
		3	1	**7**

17) その商の平方に「後」(31) と 3 を掛けたもの $(7^2 \cdot 31 \cdot 3 = 4557)$ を次の位から引くために，仮に下に書く：

4	5	9	1	3
4	**5**	3	1	7
		5	**7**	

18) 引き算を実行し $(4591 - 4557 = 34)$，不要になった減数を消す：

3	**4**	3
3	1	7

19) 商 (7) の立方を次の位から引く $(343 - 7^3 = 0)$：

		0
3	1	7

従って，$\sqrt[3]{31855013} = 317$. 途中の $20640 \div 2883$ の計算で，最初は 2 桁 (28) まとめて商 (7) を掛けて引いているのに，その後は 1 桁づつ掛けて引いていることに注意.

....

あるいは，伝承 (āmnāya) によれば，〈次のこともわかる.〉「三コーティ」に始まる立方 (31855013) の根は三百十七を徴とするが，その 317 の平方—一ラクシャ四百八十九，100489，を徴とする—によって「三コーティ」に始まる立方を割るとき[1]，〈すなわち〉 15, 2

3	1	8	5	5	0	1	3
1	0	0	4	8	9		
	3						

まず，除数 (bhāga-aṅka, 部分の数字) の下にある三により[2]，良く知られたやりかた (prasiddha-rīti) で，上の数字から部分を除去 (bhāga-apahāra) すれば，[3]〈上に残る (sthita) 数字はすなわち 1708313 である.[4] 商の三は別の所に置くべきで

[1]-ghanasya bhāge datte.「... 立方の部分が与えられるとき」.

[2]K bhāgāṅkā adhastrikeṇa > bhāgāṅkādhastrikeṇa.

[3]以下の部分は計算手順から考えて欠落していると思われるので復元する. uparisthitāṅkā yathā 1708313/ labdhaṃ ca trikamanyatra deyam (nyāsa)/ adhaḥsthāṅkāṃśca sañcārya (nyāsa) bhāgāṅkādha ekenoparyaṅkabhāgāpahāre yathā (nyāsa)/

[4]書板上では，

	1	7	0	8	3	1	3
1	0	0	4	8	9		
	3						

ある.[1]

	1	7	0	8	3	1	3	3
1	0	0	4	8	9			

そして,下にある数字を移動し

1	7	0	8	3	1	3	3
1	0	0	4	8	9		

除数の下にある一により上の数字から部分を除去すれば,すなわち

1	7	0	8	3	1	3	3
1	0	0	4	8	9		
	1						

⟩[2] 上に残る数字はすなわち 703423 である[3]. 商は一であるが,それは,別の所にある前の商の三の先に置くべきである,31 のように[4]. ⟨この二つの数字は⟩ 別の所に置くべきである.

⟨

	7	0	3	4	2	3	3 1
1	0	0	4	8	9		

⟩ そして,下にある数字を移動し[5] (sañcārya)

⟨

7	0	3	4	2	3	3 1
1	0	0	4	8	9	

⟩ 除数の下にある七により上の数字から部分を除去すれば,すなわち

7	0	3	4	2	3	3 1
1	0	0	4	8	9	
	7					

[6]

上の数字はすべて去る.

⟨

					0	3 1
1	0	0	4	8	9	
	7					

⟩ そして商は七であるが,それは前に得られた三と一の先に加えられるべきである,317 のように[7]. これは「三コーティ」で始まるもの (31855013) の立方根である. このように[8],どこでも,立方の数字を平方によって割れば立方根に至る,ということが確立している (sthita). /SGT 32-33.2/

···Note ···

SGT 32-33.2. 注釈者 S はここで,GT の規則ではなく,立方割る平方は立方根 ($n^3 \div n^2 = n$) という「伝承」(āmnāya) により立方根を得る,というが,平方 (n^2) は立方根 (n) を前提にするから,これは立方根を求める方法というより,検算である. SGT 47.3 および SGT 51.3-4 参照.

---

[1]「別の所」(anyatra) は書板上の任意の空きスペースを意味していると思われる. K の書置にはないが,この和訳では,縦二本線の右に書くことにする.

[2] ここまでが,K に欠落していると思われる部分.

[3] 書板上では,

	7	0	3	4	2	3	3
1	0	0	4	8	9		
	1						

[4] K には混乱が見られる. K sa prāg labdhaṃ trikāgre 'nyatra deyo yathā 'nyat 31 > sa prāglabdhatrikāgre 'nyatra deyo yathā 31.

[5] K adhaḥsthāṅkāśca sañcāryabhāgāṅkādhaḥ- > adhaḥsthāṅkāṃśca sañcārya bhāgāṅkādhaḥ-

[6] K の書置には '31' がないことに注意.

[7] 書板上では,

					0	3 1 7
1	0	0	4	8	9	

[8] K ete > evaṃ.

$n^3 = 31855013$ とすると $n = 317$ だから，$n^2 = 100489$. そこで $31855013 \div 100489$ の割り算を行う．

1) 被除数の下に左（最高位）を揃えて除数を書く：

3	**1**	**8**	**5**	**5**	**0**	**1**	**3**
1	**0**	**0**	**4**	**8**	**9**		

2) 商として 3 を立て，仮に下のどこか (K では左から 2 桁目) に置く：

3	1	8	5	5	0	1	3
1	0	0	4	8	9		
	3						

3) この商 3 を除数の各位に掛けて上から引く：

	1	**7**	**0**	**8**	**3**	1	3
1	0	0	4	8	9		
	3						

4) 商 3 を別の所に，除数を 1 桁右に移動する：

1	7	0	8	3	1	3	‖	**3**
1	**0**	**0**	**4**	**8**	**9**		‖	

5) 商として 1 を立て，仮に下に置く：

1	7	0	8	3	1	3	‖	3
1	0	0	4	8	9		‖	
	1						‖	

6) この商 1 を除数の各位に掛けて上から引く：

	7	**0**	**3**	**4**	**2**	3	‖	3
1	0	0	4	8	9		‖	
	1						‖	

7) 別の所に置いた 3 の先に商 1 を移動し，除数を 1 桁右に移動する：

7	0	3	4	2	3	‖	3	**1**
1	**0**	**0**	**4**	**8**	**9**	‖		

8) 商として 7 を立て，仮に下に置く：

7	0	3	4	2	3	‖	3	1
1	0	0	4	8	9	‖		
	7					‖		

9) この商 7 を除数の各位に掛け，上から引く：

					0	‖	3	1
1	0	0	4	8	9	‖		
	7					‖		

10) 別の所に置いた 31 の先に商 7 を移動する：

					0	‖	3	1	**7**
1	0	0	4	8	9	‖			

従って，$\sqrt[3]{31855013} = 31855013 \div 100489 = 317$.

....

これに関して出題のシュローカ．/SGT 34.0/ 15, 11

前に（GT 31 で）得られた立方の根を述べなさい，賢い人よ．もしあなたが基本演算を正しく学習したなら．/GT 34/[1]

[1] ghanānāṃ pūrvalabdhānāṃ mūlāni vada kovida/
yadyasti bhavataḥ samyagabhyāsaḥ parikarmasu//34//

···Note·····

GT 34. 例題：立方根. (1) $\sqrt[3]{1}$. (2) $\sqrt[3]{8}$. (3) $\sqrt[3]{27}$. (4) $\sqrt[3]{64}$. (5) $\sqrt[3]{125}$. (6) $\sqrt[3]{216}$. (7) $\sqrt[3]{343}$. (8) $\sqrt[3]{512}$. (9) $\sqrt[3]{729}$. (10) $\sqrt[3]{5832}$. (11) $\sqrt[3]{389017}$. (12) $\sqrt[3]{31855013}$. これらは，GT 31 で与えられた立方の例題 (1)–(12) の逆である．

··········

15, 14 これの，書置による解説．すなわち，1, 8, 27, 64, 125, 216, 343, 512, 729, 5832, 389017, 31855013. これらの答え (uttara) は，前に（GT 31 で）述べられた数を書置として作れば，得られるままの（順序の）根は，1, 2, 3, 4, 5, 6, 7, 8, 9, 18, 73, 317. /SGT 34.1/

15, 16 立方根の演算 (ghana-mūla-vidhi) はこの通りである．/SGT 34.2/

15, 17 これが完結することにより，初めの八種の基本演算が完結した．/SGT 34.3/

···Note·····

SGT 34.3. 「八種の基本演算」については，SGT 52.8 参照.

··········

2.3.9 [分数の足し算]

15, 19 さて，分数の足し算に関する術則，半詩節を述べる．/SGT 35.0/

等しい分母[1]を持つ分子[2]に対して足し算 (yojana) が教示されている．分母を欠く量の分母[3]は一と想定すべきである./GT 35/[4].

···Note·····

GT 35. 規則：分数の足し算 (bhinna-saṅkalita). $\frac{b}{a}+\frac{c}{a}=\frac{b+c}{a}$. $d=\frac{d}{1}$.

··········

15, 22 解説．前に（GT 13 で）複数の完全な単位の[5]（すなわち整数の）足し算が述べられた．今度は，諸分数の[6]，すなわち複数の分割された単位の[7]—これから (GT 36 で) 述べられる単位の半分などの—足し算の方法 (upāya) を述べる,「等しい」と.「等しい分母」(sadṛśahara: sadṛśaccheda)：下に存在する数字，を持つ「分子」(lava: aṃśa)：上の数字，である．そして，それらの「足し算」(yojana: saṃmīlana[8]) が分数の足し算である，という統語である．/SGT 35/

---

[1] hara. 原義は「除去」. 数学では「除数」,「分母」.

[2] lava. 原義は「断片」,「部分」.

[3] chedaka. 原義は「分割するもの」.

[4] sadṛśaharalavānāṃ yojanaṃ sampradiṣṭaṃ
haravirahitarāśeśchedakaḥ kalpya ekaḥ//35// (Cf. SŚ 13.8)

[5] pūrṇa-rūpāṇāṃ.

[6] bhinnānāṃ.「複数の分割されたものの」.

[7] khaṇḍitānāṃ rūpāṇāṃ.

[8] SGT 13 の sammīlana 参照.

例 °[1]/SGT 36.0/ 15, 25

半分，三分の一，九分の一，それに十八分の一．和をとると何になるか./GT 36/[2]

···Note ···

GT 36. 例題：分数の足し算 (1). $\frac{1}{2}+\frac{1}{3}+\frac{1}{9}+\frac{1}{18}$.

···

〈これは〉詩節の前半である．単位 (rūpa)，それも完全なもの (pūrṇa) の 15, 26
「半分」[3]，単位の「三分の一」[4]，単位の「九分の一」，それに単位の「十八分の一」．これらの「和をとると」：前に（GT 35 で）述べられた道理 (yukti) で足せば (saṃyoga)，何になるだろうか，という問題である．/SGT 36.1/

そこで，足す方法 (saṃyoga-rīti) が語られる．単位 (rūpa) という語 (śabda) 15, 28
によって一 (eka) が，その下に，二などの数字 (aṅka) によって分母 (除数, cheda) が〈書かれる〉．書置[5]：

1	1	1	1
2	3	9	18

[6]これらは，〈各〉部分を「等しい分母を持つ分子」にしたときに，〈和が〉生ずる[7]．〈そのために〉後で述べられる

分子と分母に，互いの分母を掛けるべきである，分母の同等性のためには./GT 53/[8] 15, 29

···Note ···

GT 53. 規則：分数の同色化 (通分). $\frac{b}{a} \pm \frac{d}{c} = \frac{bc}{ac} \pm \frac{ad}{ac}$. 書板上での実際の手順については次の解説と Note 参照.

···

という詩節の解説．すなわち，ここでは一が〈すべての〉分子であり，分
母は二などである[9]．だから，二つづつ，単位（一）と分母を置き[10]，「互い 16, 1
の」(anyonyasya: parasparaṃ)「分母を[11]」：交互に置かれたものを，すなわち，一方では分子分母の下に三が，他方では分子分母の下に二があるよう

[1] udā°. udāharaṇa（例題）の略.

[2] ardhaṃ tribhāgaśca navāṃśakaśca aṣṭādaśaśca yuto bhavetkim//36//

36b: K aṣṭādaśaśca > aṣṭādaśāṃśaśca; K yuto > yutau. K はこれを韻文とみなさず散文 (SGT) の一部としているが，上記のように，K の読み，aṣṭādaśaśca，に意味上不可欠な一音節，'śāṃ'，を加えればインドラヴァジュラー韻律の半詩節になる．実際，注釈者 S は SGT 36.1 の冒頭で，これは「詩節の前半である」という．これに続く後半は GT 37 であり，SGT 37.0 はそれを「詩節の後半」といって導入する.

[3] K rūpasyāpūrṇasyārdhaṃ > rūpasya pūrṇasyārdhaṃ.

[4] K bhāgo > tribhāgo.

[5] K chedānnyāsaḥ/ > chedāḥ/ nyāsaḥ/.

[6] K はここで改行する.

[7] K jāto > jāto yogaḥ/.

[8] aṃśacchedau chedanābhyāṃ vihanyādanyonyasya chedasādṛśyahetoḥ//GT 53//

[9] K ekakā aṃśācchedād dvyādayas > ekakā aṃśāśchedā dvyādayas.

[10] K dvandve rūpaṃ > dvandve rūpaṃ chedaṃ ca nyasya.

[11] K chedanārthaṃ > chedanābhyāṃ.

に，すなわち $\begin{array}{|c|c|} 1 & 1 \\ 2 & 3 \\ 3 & 2 \\ \hline \end{array}$ 〈と置かれたものを〉. したがって，三・二という「分母を」「分子と分母に[1]」「掛けるべきである」. すなわち，一に三を掛けて生ずる三が分子であり，また二に三を掛けて生ずる六が分母と呼ばれるものである. $\begin{array}{|c|} 3 \\ 6 \\ 3 \\ \hline \end{array}$ 二番目では，一を二倍して二が生じ，三を二倍して分母と呼ばれる六が生ずる. $\begin{array}{|c|} 2 \\ 6 \\ 3 \\ \hline \end{array}$ だから，これら二つは,「等しい分母を持つ」もの，すなわち等しい六を分母とし，二と三を徴とする〈分数〉として得られる. $\left\langle \begin{array}{|c|c|} 3 & 2 \\ 6 & 6 \\ 3 & 2 \\ \hline \end{array} \right\rangle$ その両者を加える. 三の中に二を投ずると,[2] 分子五，分母六が生ずる. 加えられたから，前（左）の分母分子は破棄されるべきである (bhañjanīya), $\begin{array}{|c|} 5 \\ 6 \\ 2 \\ \hline \end{array}$ というように. これの，下の二も，目的が述べられたから，破棄されるべきである, $\begin{array}{|c|} 5 \\ 6 \\ \hline \end{array}$ というように. また，先の数字 $\begin{array}{|c|} 1 \\ 9 \\ \hline \end{array}$ を加
16, 8 えるのも前と同じである. すなわち,「分子と分母に」云々 (GT 53) により分母を交換し，一方では六の下に九，一方では九の下に六〈を置く〉. $\begin{array}{|c|c|} 5 & 1 \\ 6 & 9 \\ 9 & 6 \\ \hline \end{array}$ そこで，二つの分母九と六を掛けるべきである. すなわち，九を六に掛けて五十四が生じ，九を五に掛けて四十五が生ずる. すなわち $\begin{array}{|c|} 45 \\ 54 \\ 9 \\ \hline \end{array}$ 同様に，六を九に掛けて五十四が生じ，六を一に掛けて六が生ずる. すなわち $\left\langle \begin{array}{|c|} 6 \\ 54 \\ 6 \\ \hline \end{array} \right\rangle$ だから,「等しい分母を持つ」(GT 35) という演算 (vidhi) が為されるべきである. というのは，等しいことがみられるべきなのは分母だけであり，分子ではないからである. だから，等しい分母を持つ四十五を徴とするものを六

---

[1]K aṃśacchedo > aṃśacchedau.

[2]以下，同様の環境のほとんどで，$\begin{array}{|c|c|} a & b \\ \hline \end{array} \rightarrow \begin{array}{|c|c|} a & a+b \\ \hline \end{array}$ の計算を「a に b を投ずる」と表現する. SGT 14.1 参照. ただし，逆の表現「b に a を投ずる」も 2 度見られる.

に加えると，五十四を分母とする[1]五十一が生ずる．$\left\langle\begin{array}{|c|}51\\54\\6\end{array}\right\rangle$　そして前の

量と六は[2]，目的が述べられたので消える (gata)．$\begin{array}{|c|}51\\54\end{array}$　さて，先にある数

字 $\begin{array}{|c|}1\\18\end{array}$[3] の足し算は次の通り．「分子と分母に」云々 (GT 53) により分母

の交換をして，五十四の下に十八，また十八の下に五十四とする．すなわち

$\begin{array}{|c|c|}51&1\\54&18\\18&54\end{array}$　そこで，十八を五十四に掛けて九百七十二が生じ，また十八を

五十一に掛けて九百十八が生ずる．二番目では，五十四を十八に掛けて九百

七十二が生じ，また五十四を一に掛けて五十四が生ずる．$\left\langle\begin{array}{|c|c|}918&54\\972&972\\18&54\end{array}\right\rangle$

だから，等しい分母という性質を持つから，前と同様，等しい分母を持つ分

子，九百十八を五十四に加えると[4]，九百七十二が生ずる．$\left\langle\begin{array}{|c|}972\\972\\54\end{array}\right\rangle$　そし

て前の量と五十四は，目的が述べられたので消える．すなわち $\begin{array}{|c|}972\\972\end{array}$　これ

らの，半分，三分の一などが，等しい分母を持つ分子であることから生じた
九百七十二を，〈それに〉等しい分母で割れば，和として単位一が得られる．
すなわち 1．/SGT 36.2/

······Note··

SGT 36.2. 例題 (1) の解．$\frac{1}{2}+\frac{1}{3}=\frac{3}{6}+\frac{2}{6}=\frac{5}{6}, \frac{5}{6}+\frac{1}{9}=\frac{45}{54}+\frac{6}{54}=\frac{51}{54}, \frac{51}{54}+\frac{1}{18}=\frac{918}{972}+\frac{54}{972}=\frac{972}{972}=1$．注釈者 S は，書板上での分母の同色化（通分）とそれに続く
足し算を次のように行う．

1) 通分したい分数を並べて書く：$\begin{array}{|c|c|}b&d\\a&c\end{array}$

2) それぞれの分母の下に相手の分母を書く*：$\begin{array}{|c|c|}b&d\\a&c\\c&a\end{array}$

3) 各列の最下の数を上の 2 つに掛ける：$\begin{array}{|c|c|}bc&ad\\ac&ac\\c&a\end{array}$

---

[1]K catuḥpañcāśat chedāḥ > catuḥpañcāśacchedāḥ.
[2]K pūrvarāśiṣaṭkaścoktā- > pūrvarāśiḥ ṣaṭkaścoktā-.
[3]K 18 (1 がない).
[4]K pañcāśadyojane > catuḥpañcāśadyojane.

4) 最上の 2 つを足し，結果で右列の最上数を書き替える**：

bc	$bc+ad$
ac	ac
c	a

5) 不要になった左列と，右列の最下数 a を消す：

$bc+ad$
ac

* 可能なら a と c を共約してから書いてもよい．SGT 37.1 参照.

** これを「bc に ad を投ずる」と表現する．SGT 14.1 参照.

16, 24 分母 (hara, sg.) がなくて分子 (lava, pl.) のみのときは，それらの分数すなわち単位の部分に対して[1]何をすべきか，という疑問を想定して云う，「分母を欠く」云々(GT 35cd) と．一の二分割（すなわち二分の一）〈の二〉などの分母を欠く完全な量には[2]—例えば後で述べる例題 (GT 37) の六単位〈がそれであるが〉—その下に一を分母として自ら想定すべきであるという意味である．/SGT 36.3/

···Note···

SGT 36.3.「完全な量」（整数）を通分するときは，それを分母が 1 の分数としてから，上の規則を適用する．例えば，次の例題 (GT 37) に出る 6 は $\frac{6}{1}$.

16, 28 例題，詩節の後半，は次の通り．/SGT 37.0/

半分を伴う三，六，四半分を欠く九，それに三分の一を伴う七をすぐに足しなさい./GT 37/[3]

···Note···

GT 37. 例題：分数の足し算 (2). $3\frac{1}{2}+6+(9-\frac{1}{4})+7\frac{1}{3}$.

17, 1 解説．完全な単位 (rūpa) 三つ〈を表す数字 3 が置かれ〉，四番目の単位 (rūpa) の半分〈を表す数字 1 と 2〉がその下に置かれる[4]．〈また〉六つの完全な単位．その下に一が分母として想定される (kalpya)．同様に，四半分を欠く，すなわち一部分を欠く[5]九つの単位．そして，三分の一を伴う (tryaṃśānvitāni: tribhāgānvitāni) 七．すなわち，書置

3	6	9	7
1		∘ 1	1
2	1	4	3

[6] そこでまず，部分付加類として『トリシャティー』に，

[1] teṣāṃ bhinnānāṃ rūpakhaṇḍānāṃ.

[2] hareṇa ekadvibhāgādinā yo virahito rāśiḥ sampūrṇa eva ... tasyādhaḥ ...

[3] sārdhatrayaṃ ṣaṇṇavapādahīnāstryaṃśānvitātsapta ca yojaya drāk//37//
37a: K ṣaṇṇavapādahīnās > ṣaṇṇava pādahīnān. 37b: K tryaṃśānvitāt > tryaṃśānvitān.

[4] rūpatrayaṃ pūrṇaṃ caturtharūpasyārdhaṃ tasyādho deyam. この文章は，語 rūpa が「単位」を意味することを明瞭に示す.

[5] 注釈者 S は pādahīnāni を ekabhāgahīnāni と置き換えている．次の「三分の一を伴う」の例と同様ここでも同値な言い換えだとすると，eka-bhāga = pāda. SGT 39.2; 39.4 参照.

[6] 減数を意味する小円 (‘∘’) については，SGT 61.1 参照.

〈部分付加類では〉整数[1]に分母を掛け分子を加える./Tr 24ab/[2]

···Note ···

Tr 24ab. 規則：部分付加類. $a\frac{c}{b} = \frac{ab+c}{b}$. 書板上での実際の手順については，次の解説と SGT 37.1 の Note 参照.

···

と述べられた演算が行われるべきである．すなわちこの半分を伴う三の書置において,「分母」(cheda) の二を[3]三を徴とする「整数」[4]に掛けて六が生ずる.「分子を加える」：下にある一を[5]六に加えて七が生ずる．すなわち

7
2

先にある数字，一を分母とする六を加えるために,「分子と分母に」云々(GT 53) により，二と二を徴とする「分母の同等性」(GT 53) が知られるので

7	12
2	2
1	2

[6] 上の分子である七と十二を[7]足せば，二を分母とする十九が生ずる．前の量が消え (nivṛtta)，二の下の二も消える[8]．すなわち

19
2

次に，先にある数字，四半分を欠く九を徴とするもの，を足す場合，まず,「部分除去類」が行われるべきである．すなわち，

部分除去の演算では，分母を整数に掛け，〈結果の〉量から分子 17, 10
を引くべきである./GT 60ab/[9]

···Note ···

GT 60ab. 規則：部分除去. $a - \frac{c}{b} = \frac{ab-c}{b}$. 書板上での実際の手順については，次の解説と SGT 37.1 の Note 参照.

···

と後で述べるだろう．

9
∘ 1
4

そこで,「分母」，ここでは四，を九を徴とする「整数」[10]に掛けて三十六が生ずる．そこでその三十六単位からなる「量から分子を引くべきである」．すなわちここでは一を引いて三十五が生ずる．

---

[1] rūpagaṇa.「単位の集まり」.

[2] bhāgānubandhajātau rūpaguṇacchedasaṅguṇaḥ sāṃśaḥ/Tr 24ab/ (= PG 39ab)
Tr 24b: K, Tr rūpaguṇac > rūpagaṇaś PG.

[3] K trikeṇa > dvikena.

[4] K rūpagaṇa > rūpagaṇas.

[5] K adhastenaika- > adhastanaika-.

[6] K はこの書置を次の言葉「上の分子である」の後に置く.

[7] K sapta dvādaśānāṃ > saptadvādaśānāṃ.

[8] K jāto > gato.

[9] bhāgāpavāhanavidhau haranighnarūpe rāśerlavānapanayed guṇayeddhareṇa/GT 60ab/

[10] rūpe navalakṣaṇe. 語 rūpa（単位）はここでは集合名詞として単数で用いられている.

一は破棄され (bhajyate)，四を分母とする三十五が生ずる．すなわち

35
4

そこで,「分子と分母に，互いの分母を」(GT 53) という演算を実行するために，ここで二と四単位からなる二つの分母を，一・二を徴とする半分で[1]共約 (apavarta) してから[2]，分母の下に一と二を書き置く．すなわち

19	35
2	4
2	1

二を徴とする分母を二に掛けて四が生じ，また二を十九に掛けて三十八が生ずる．他方，一を掛けたものはそのままであり[3]，四を分母とする三十五である．すなわち

38	35
4	4
2	1

[4] したがって，等しい分母を持つので，得られた三十八の中へ三十五を投ずると，四を分母とする七十三が生ずる．前の量と一を徴とする分母は破棄される．これにより，数字が共約できるときは数字を共約してから，互いに〈他方の分母を下に〉書き，〈その〉分母を，すなわち共約された分母を，〈分子と分母に〉掛けるべきである，ということが示された．書置は次の通り．

73
4

次に，先にある数字，三分の一を伴う七を加えるために，部分付加類で述べられた「整数」云々 (Tr 24ab) により，三を七に掛けて二十一が生じ，分子の一を投ずれば，三を分母とする二十二が生ずる．すなわち

22
3

そこで,「分子と分母に」云々 (GT 53) により，三・四という分母 (cheda) を互いに掛けて，等しい十二という分母が除数を徴として (hara-lakṣaṇa) 生じたとき，上は，三を掛けた七十三により生じた二百十九を徴とする分子の中に，四を掛けた二十二により生じた八十八という分子を投じて三百七が生ずる．下には十二という分母がある.[5] 前の量と四という分母は[6]消える (nivṛtta).

〈

307
12

〉

そこで，三百七を下の十二により，

---

[1]K arthenaikadvilakṣaṇena > ardhenaikadvilakṣaṇena.「一・二を徴とする」は '$\frac{1}{2}$' を指す．SGT 92.2 の「八・三を徴とする」参照.

[2]「半分で共約」(ardhena ··· apavartaṃ) とは 2 で共約すること，すなわち半分に共約すること．SGT 41.2 にも同じ表現がある．また，SGT 54.1 の「半分で共約」(ardhāpavartana, p.31, l.4) と「六分の一で共約」(ṣaḍbhāgāpavartana, p.31, l.9) 参照.『ビージャガニタ』の散文部分 (BG E30p3) にも「半分で共約する」という表現があるが，これは結果として 2 倍することになる.

[3]K tādṛśye (śe) > tādṛśaṃ.

[4]K

38	35
4	4

[5]この計算の流れは，書板上では次のようになる.

73	22
4	3
3	4

⟶

219	88
12	12
3	4

⟶

219	307
12	12
3	4

[6]K trikacchedaś > catuṣkacchedaś.

分母であるから，割れば，得られるのは完全な二十五単位と十二分の七である．すなわち $\begin{array}{|c|}25\\7\\12\end{array}$ どこでもこの通りである．/SGT 37.1/

···Note ···

SGT 37.1. 例題 (2) の解．$3\frac{1}{2}+6=\frac{7}{2}+\frac{6}{1}=\frac{7}{2}+\frac{12}{2}=\frac{19}{2}$，$\frac{19}{2}+(9-\frac{1}{4})=\frac{19}{2}+\frac{35}{4}=\frac{38}{4}+\frac{35}{4}=\frac{73}{4}$，$\frac{73}{4}+7\frac{1}{3}=\frac{73}{4}+\frac{22}{3}=\frac{219}{12}+\frac{88}{12}=\frac{307}{12}=25\frac{7}{12}$．ここで，Tr 24ab の部分付加，$a\frac{c}{b}$，と GT 60ab の部分除去，$a\ \overset{\circ}{\frac{c}{b}}$，の計算は書板上では次のように行われる．

1) 整数の下に分数を書く： $\begin{array}{|c|}a\\\pm c\\b\end{array}$

2) 最下の分母を整数に掛ける： $\begin{array}{|c|}ab\\\pm c\\b\end{array}$

3) 最上位に分子を加減する： $\begin{array}{|c|}ab\pm c\\\pm c\\b\end{array}$

4) 不要になった分子を消す： $\begin{array}{|c|}ab\pm c\\b\end{array}$

プラスの記号はなく，マイナスは K では分子の左の小円 (∘) で表される．他のマイナス記号に関しては，SGT 61.1 参照．

···

分数の足し算は完結した．/SGT 37.2/ 17, 29

2.3.10 [分数の引き算]

18, 1

さて，分数の引き算に関する術則，半詩節．/SGT 38.0/ 18, 2

> **分母を同じにした二つの量の分子の差を，〈分数の〉引き算において，パーティーの書に精通した人々は述べている./GT 38/**[1]

···Note ···

GT 38. 術則：分数の引き算 (bhinna-vyavakalita). $\frac{b}{a}-\frac{c}{a}=\frac{b-c}{a}$.

···

解説．分数の，すなわち六分の一などの単位の部分の，引き算の方法を述べる，「分母を同じにした」と．支出 (vyaya) は収入 (āya) を前提にする (apekṣate)．だから，「二つの量」は収入と支出の二つの量であり，それらは「分母を同じにした二つ」(kṛtasamaharau: vihitasamānacchedau) である．だから，〈演算の対象となる量は〉二つづつである．その「分母を同じにした二つの量」のうちの収入量から支出量というものの分子，すなわち六分の一な 18, 5

[1] kṛtasamahararāśyoraṃśaviśleṣamāhur
vyavakalitavidhāne jñātapāṭīnibandhāḥ//38// (Cf. SŚ 13.8)

どから生じた数字を分離すること (viśleṣa)，落とすこと (pāta)〈が引き算であり〉，その後に残る数字 (śeṣam aṅkaṃ) を引き算の値 (vyavakalita-dhana) と呼んでいる．後は明白である．/SGT 38/

18, 10 ここで，出題の詩節一つにより例題二つを述べる．/SGT 39.0/

一ドランマから六分の一，半分，三分の一を引いて，賢い子よ，さあ，残りを云いなさい．〈またそれぞれ〉半分を伴う，四半分を欠く，また八分の一を伴う，一を，三分の一を伴う六ドランマから除去して〈残りを云いなさい〉./GT 39/[1]

···Note···

GT 39. 例題：分数の引き算．(1) $1-\frac{1}{6}-\frac{1}{2}-\frac{1}{3}$. (2) $6\frac{1}{3}-1\frac{1}{2}-(1-\frac{1}{4})-1\frac{1}{8}$. 単位はドランマ (貨幣単位).

·····

18, 15 解説．「一ドランマから」：ルーパカ (rūpaka) から．ドランマの「六分の一」，ドランマの「半分」，そして「三分の一」すなわち三分の一ドランマ (tṛtīyaṃ dramma-bhāgaṃ) を除去して，「残りを云いなさい」というのが一つの例題である．まず，そこから支出が行われることになる一単位 (rūpa) を書き置く．完全な単位 (pl.)（整数）の場合，「分母を欠く」から，分母として「一を想定すべきである」(GT 35)．残りの部分をその先に書き置く．すなわち

1	1	1	1
1	6	2	3

ここで，「分母を同じにした二つの量」(GT 38) のために[2]，すなわち最初の六分の一と半分を同じ分母にするために，「分子と分母に」云々(GT 53) と前に述べた（引用した）分母交換を伴う掛け算を行えば，二つの十二という分母が生ずる．また上には二と六〈が生ずる〉．そこで，分母が同じだから，二の中に六を投じて八が生ずる．また下には分母の十二がある[3]．前の量と六という分母は破棄される[4]，目的が述べられたから．すなわち

8
12

そこで，先にある数字三分の一

1
3

に足すために，再び「分

18, 22 子と分母に」云々(GT 53) という分母交換を伴う掛け算を行えば，両方に三

[1] ekasmādbho drammataḥ projjhya vidvan
ṣaḍbhāgārdhaṃ tryaṃśakān brūhi śeṣam/
sārdhaṃ vyaṃhriṃ sāṣṭabhāgaṃ tathaikaṃ
tyaktvā tryaṃśenānvitadrammaṣaṭkāt//39//
39b: K bhāgārdhaṃ > bhāgārdha-.

[2] ここで意図されているのは足し算，$\frac{1}{6}+\frac{1}{2}$，であるから，引用されるべきは分数の引き算を扱う GT 38 ではなく GT 35（「等しい分母を持つ分子」云々）でなければならない．注釈者 S の勘違いであろう．

[3] この計算の流れは，書板上では次のようになる．

1	1
6	2
2	6

⟶

2	6
12	12
2	6

⟶

2	8
12	12
2	6

[4] K prāg rāśiṣaṭkaśchedaśca bhajyate > prāgrāśiḥ ṣaṭkacchedaśca bhajyete.

十六を徴とする等しい分母が生ずる．すなわち

24	12
36	36
3	12

そこで，分母が同じだから，すなわち，下に三十六が二つあるから[1]，上の分子二十四の中に十二を足して三十六が生ずる．下にも三十六がある．これが，加え合わされた支出の数字の量である (vyayāṅkarāśiḥ saṃyojitaḥ)．前の量と十二を徴とする分母は破棄される．[2] すなわち

36
36

そこで，収入の量と同じ分母にするために，再び「分子と分母に」云々(GT 53) により分母の交換をして掛け算をすれば，すなわち

1	36
1	36
36	1

〈により

36	36
36	36
36	1

が得られる〉．ここで，収入と支出の量は二つとも[3]，同じ三十六という分母を持つ．上には，三十六という分子が 2 つ[4]生ずる．したがって，分子の[5]三十六単位の内の三 19, 1
十六単位から成る部分を引けば[6]，残りとしてゼロ (śūnya) だけが得られる．すなわち

0

/SGT 39.1/

· · ·Note ·

SGT 39.1. 例題 (1) の解の手順．$1-\frac{1}{6}-\frac{1}{2}-\frac{1}{3}=\frac{1}{1}-\left(\frac{1}{6}+\frac{1}{2}+\frac{1}{3}\right)$; $\frac{1}{6}+\frac{1}{2}=\frac{2}{12}+\frac{6}{12}=\frac{8}{12}$; $\frac{8}{12}+\frac{1}{3}=\frac{24}{36}+\frac{12}{36}=\frac{36}{36}$; $\frac{1}{1}-\frac{36}{36}=\frac{36}{36}-\frac{36}{36}=\frac{36-36}{36}\langle=\frac{0}{36}\rangle=0$.

· ·

次に，第二の例題を〈詩節の〉後半で述べる,「半分を伴う」云々と．ここ 19, 3
で〈も〉，収入の量を書き置き，その先に支出の量を書き置く，というやり方である．だから,「三分の一を伴う六ドランマから」,「半分を伴う」一単位,「四半分を欠く」，すなわち一部分を欠く[7]一単位，それに「八分の一を伴う」「一」単位を「除去して」，その「残り」である引き算の値 (vyavakalita-dhana) を「云いなさい」(brūhi: vada) という統語である．書置は次の通り．

6	1	1	1
1	1	∘ 1	1
3	2	4	8

[8] ここで，初めの数字が収入の量であり，残りが支出の量である．そこで，その二つを同じ分母にしてから，収入の数字から支出の量

[1]K ṣaṭtriṃśad dvikatvād > ṣaṭtriṃśaddvikatvād.

[2]K prāg rāśiryāda(dṛ)śalakṣaṇacchedaśca bhajyate > prāgrāśirdvādaśalakṣaṇa-cchedaśca bhajyete.

[3]K dvāvapyāyarāśī > dvāvapyāyavyayarāśī.

[4]ここでは，数詞 dvau ではなく 数字 ‘2’ が用いられている．

[5]K tato 'ṃśa[tri]- > tato 'ṃśa-.

[6]aṃśaṣaṭtriṃśadrūpasya ṣaṭtriṃśadrūpabhāgāpanayane.

[7]vigataikabhāgam. ここでの「一部分」(eka-bhāga) は 1/4. SGT 39.4 末尾の類似表現，ekabhāgonaḥ, 参照．

[8]K

6	1	∘	1
1	1	1	1
3	2	4	8

の分子であるものを分離するべきである，というのが規則 (sūtra)（GT 38）の意味である．/SGT 39.2/

　そのために[1]まず，支出の量を同じ分母にする．半分を伴う一単位に関しては，

19, 9　　　分母を掛けた整数に分子を[2]投ずるべきである．/GT 57a/

> ┄Note┄┄┄┄┄┄┄┄┄┄┄┄┄┄┄┄┄┄┄┄┄┄┄┄┄┄┄┄┄
> GT 57a. 規則：部分付加類. $a\frac{c}{b} = \frac{ab+c}{b}$. 書板上での実際の手順については，SGT 37.1 の Note 参照.
> ┄┄┄┄┄┄┄┄┄┄┄┄┄┄┄┄┄┄┄┄┄┄┄┄┄┄┄┄┄┄┄┄┄┄┄

という，後で述べられる部分付加 (bhāgānubandha) の道理 (yukti) により，二を一に掛けて二が生じ，そこに下の一を投じて[3]三が生ずる，二を分母として．$\left\langle\left|\begin{array}{c}3\\2\end{array}\right|\right\rangle$ 先にある，四半分を欠く一単位に関しては[4]，

19, 11　　　部分除去の演算では，分母を整数に掛け，〈結果の〉量から分子を引くべきである．/GT 60ab/[5]

> ┄Note┄┄┄┄┄┄┄┄┄┄┄┄┄┄┄┄┄┄┄┄┄┄┄┄┄┄┄┄┄
> GT 60ab. 規則：部分除去類. $a - \frac{c}{b} = \frac{ab-c}{b}$. 書板上での実際の手順については，SGT 37.1 と Note 参照.
> ┄┄┄┄┄┄┄┄┄┄┄┄┄┄┄┄┄┄┄┄┄┄┄┄┄┄┄┄┄┄┄┄┄┄┄

という道理 (yukti) により，四を一に掛けて四が生じ，一を引いて三が生ずる，四を分母として．$\left\langle\left|\begin{array}{c}3\\4\end{array}\right|\right\rangle$ そこで，「分子と分母に」云々(GT 53) により，分母の交換をして掛け算を行えば，同じ八という分母が二つ生ずる．上は，分母が同じだから，十二の中に六を投じて十八が生ずる，八を分母として．[6] 前の量と分母の二は破棄されるべきである．[7] すなわち $\left|\begin{array}{c}18\\8\end{array}\right|$ そこで，

先にある数字，八分の一を伴う一単位 $\left|\begin{array}{c}1\\1\\8\end{array}\right|$ に関しては，「分母を掛けた整

---

[1]K kṛte > tatkṛte.
[2]K rūpaṃ > bhāgaṃ.
[3]K adho 'dha ekakṣepe > tatrādhastanaikakṣepe.
[4]K agretanā vyaṃhri ekarūpe > agretane vyaṃhryekarūpe.
[5]bhāgāpavāhanavidhau haranighnarūpe rāśerlavānapanayed/GT 60ab 部分/
[6]この計算の流れは，書板上では次のようになる.

$$\begin{array}{c|c}3&3\\2&4\\4&2\end{array} \longrightarrow \begin{array}{c|c}12&6\\8&8\\4&2\end{array} \longrightarrow \begin{array}{c|c}12&18\\8&8\\4&2\end{array}$$

[7]K prāgrāśidvikacchedaśca bhañjanīyo > prāgrāśirdvikacchedaśca bhañjanīyau.

数に分子を投ず」(GT 57a) るとき[1]：分母の[2]⟨ 八を一に掛けて八が生じ，そ 19, 16
こに下の一を投じて九が生ずる，八を分母として．⟨⟨

9
8

⟩⟩[3] そこで，二量は同じ分母を持つから，十八の中に九を投じて二十七が生ずる，八を分母として．⟨⟨

18	27
8	8

⟩⟩ 前の量は破棄される．すなわち

27
8

これが支出の量である．/SGT 39.3/

収入の量を徴とする三分の一を伴う六単位についても，「分母を掛けた整数に分子を投ずるべきである」(GT 57a)[4] という部分付加の道理により，三を六に掛けて十八が生じ，そこに下の一を投じて十九が生ずる，三を分母として．⟨⟨

19
3

⟩⟩ そこで，収入の量と支出の量の二つとも同じ分母にするために，再び「分子と分母に」云々(GT 53) により，分母の交換をして掛け算を行えば，両方に二十四を徴とする等しい分母が生ずる．すなわち[5]

152	81
24	24
8	3

ここで，収入の量と支出の量は二つとも同じ二十四を分母に持つ．上には，一方の分子として百五十二，一方には八十一が生ずる．だから，分子の百五十二単位の内の八十一単位から成る部分を引けば，残りとして七十一が得られる，

---

[1]K rūpakṣepe > bhāgakṣepe.

[2]「分母の」(‘chedā’) に続く長文が欠落．K によれば (p. LXVII, fn.3)，彼が使用した写本は fols. 37 と 64 の 2 葉を欠く．おそらく，fol.37 がここ (p.19, l.16) の欠落に当たる．Fol.64 の欠損については SGT 54.3 末尾 (p.32, l.28) 参照．以下に，注釈者 S のスタイルに従って欠落部分の復元を試みる．和訳はこれによる．

ṣṭaguṇa eko jātā aṣṭau/ tatrādhastanaikakṣepe jātā navāṣṭacchedāḥ/ tato dvayo rāśyoḥ sadṛśacchedatvādaṣṭādaśānāṃ madhye navakṣepe jātāḥ saptaviṃśatiraṣṭacchedāḥ/ prāgrāśiśca bhajyate/ yathā

27
8

ayaṃ vyayarāśiḥ// āyarāśilakṣaṇe tryaṃśānvitarūpaṣaṭke 'pi chedanighneṣu rūpeṣu bhāgaṃ kṣipediti bhāgānubandhayuktyā triguṇāḥ ṣaḍjātā aṣṭādaśa/ tatrādhastanaikakṣepe jātā ekonaviṃśatistricchedāḥ/ tato dvayorapyāyavyayarāśyoḥ samaharatvakṛte punarapyaṃśacchedāvityādinā chedavinimaye guṇanayā jātau samānāvubhayatra caturviṃśatilakṣaṇacchedau yathā

152	81
24	24
8	3

atra dvāvapyāyavyayarāśī samānacaturviṃśaticchedau/ uparyekatrāṃśā dvipañcāśadadhikaṃ śatamekamekatraikāśītiśca jātāḥ/ tato 'ṃśadvipañcāśadadhiśataikarūpasyaikāśītirūpabhāgāpanayane śeṣamekasaptatirlabdhāścaturviṃśaticchedāḥ/ apararāśiraṣṭalakṣaṇacchedaścoktārthatvādbhajyete/ yathā

71
24

tata ekasaptateradhaścaturviṃśatibhiśchedatvādbhāgaṃ dīyate/

[3]訳者による挿入を表す記号は ⟨ ⟩ であるが，ここでは復元されたテキストの中なので記号を二重にする．

[4]書板上での実際の手順については，SGT 37.1 と Note 参照．

[5]この計算の流れは，書板上では次のようになる．

19	27
3	8

⟶

19	27
3	8
8	3

⟶

152	81
24	24
8	3

二十四を分母として．$\left\langle\!\left\langle \begin{array}{|c|c|} 71 & 81 \\ 24 & 24 \\ 8 & 3 \end{array} \right\rangle\!\right\rangle$ 後の量と八を徴とする分母は，目的が述べられたので破棄される．すなわち $\begin{array}{|c|} 71 \\ 24 \end{array}$ そこで，七十一は，下の

19, 16 二十四により，分母であるから，割られる.〉[1] 得られるのは，まず二，その下に二十三，その下に二十四が書き置かれるべきである．書置 $\begin{array}{|c|} 2 \\ 23 \\ 24 \end{array}$ したがって，ちょうど〈今の例題で〉八十一の下に二十四という分母[2]があるように，〈一般に〉分子の形をした支出量の下に分母があるとき[3]，そのときは，収入量の百五十二などの分子と八十一などとの分離（引き算）をまず行い，残った収入量を二十四などの[4]分母で割って，得られる二などは上に，二十三と二十四などの余りと分母[5]はその下に[6]〈書き置く〉，というのが要点 (tattva) である．しかし，慣用では (vyavahāre)，三分の一を伴う六ドランマから半分を伴う一単位などを支出したら，支出の残りは[7]二ドランマと一部分を欠く三番目[8]〈のドランマと表現する〉．どこでもこの通りである．/SGT 39.4/

···Note···

SGT 39.2-4. 例題 (2) の解の手順．$6\frac{1}{3}-1\frac{1}{2}-(1-\frac{1}{4})-1\frac{1}{8} = 6\frac{1}{3}-\left(1\frac{1}{2}+(1-\frac{1}{4})+1\frac{1}{8}\right)$; $1\frac{1}{2}+(1-\frac{1}{4}) = \frac{3}{2}+\frac{3}{4} = \frac{12}{8}+\frac{6}{8} = \frac{18}{8}$; $\frac{18}{8}+1\frac{1}{8} = \frac{18}{8}+\frac{9}{8} = \frac{27}{8}$; $6\frac{1}{3}-\frac{27}{8} = \frac{19}{3}-\frac{27}{8} = \frac{152}{24}-\frac{81}{24} = \frac{71}{24} = 2\frac{23}{24}$. この結果を「慣用では」「二ドランマと一部分を欠く (ekabhāga-ūna) 三番目」と表現する．すなわち，$2\frac{23}{24} = 2+\left(1-\frac{1}{24}\right)$. ここでの「一部分」は 1/24. SGT 39.2 の類似表現，vigata-ekabhāga, 参照.

···

19, 23 分数の引き算は完結した．/SGT 39.5/

2.3.11 [分数の掛け算]

19, 25 分数の掛け算に関する術則，半詩節を述べる．/SGT 40.0/

> **〈分数の〉掛け算の果は，分子 (bhāga) の積を分母 (hara) の積で確実に割ったとき生ずる./GT 40/**[9]

---

[1] ここまでが欠損部分.
[2] K dvādaśacchedās > caturviṃśaticchedās.
[3] K yathā > yadā.
[4] K dvādaśaprabhṛtibhir > caturviṃśatiprabhṛtibhir.
[5] K śeṣāṃśau > śeṣacchedau.
[6] K tadardha > tadadha.
[7] K vyayaśeṣa > vyayaśeṣaṃ.
[8] K tṛtīyaścaikabhāgaunataḥ > tṛtīyaścaikabhāgonaḥ.
[9] guṇanāphalaṃ bhavati bhāgavadhe
haratāḍanena ca hṛte niyatam//40// (= SŚ 13.9ab)
K ca hṛte] vihṛte SŚ.

···Note ···

GT 40. 規則：分数の掛け算 (bhinna-pratyutpanna). $\frac{b}{a} \times \frac{d}{c} = bd \div ac.$

···

解説. 上の数字がここでは「分子」(bhāga)，下の数字が「分母」(hara) と 19, 27
呼ばれている. だから，分子二つの数字があるとき，分子による分子の「積」
(vadha: guṇana)，すなわち掛け算で生じた数字を[1]，下の数字である分母に
よる[2]もう一つの分母の数字の「積で」: 掛けて生じた数字で，「割ったとき」 20, 1
(hṛte: datte bhāge)[3]，得られるものが「⟨ 分数の ⟩ 掛け算の果」になるだろ
う，という演算 (kriyā) である. /SGT 40/

これに関する出題の詩節で，例題二つを述べる. /SGT 41.0/ 20, 3

思慮深い人よ，半分を伴う三に三分の一を加えた九を掛けたものを云いなさい. もし君が数学を知っているなら. 四半分に半分を掛けたものは何になるだろうか./GT 41/[4]

···Note ···

GT 41. 例題：分数の掛け算. (1) $3\frac{1}{2} \times 9\frac{1}{3}$. (2) $\frac{1}{4} \times \frac{1}{2}$.

···

解説. 「半分を伴う」(sadala: sārdha)「三」，すなわち三つ半[5]を徴とするも 20, 8
のに,「三分の一を」(trilavena: tribhāgena)「加えた九を」「掛けたもの」は何
になるだろうか，という問題である. それを詳述しよう (sa prapañcayiṣyate).
次の通りである. /SGT 41.1/

書置

3	9
1	1
2	3

どんな数字の演算 (aṅka-vidhi) でも，部分付加では，⟨ 当該 ⟩ 数字（整数部分）に対してまず部分付加類の演算を行ってから他の演算を行うべきであり，同様に，部分除去によって制約されている (saṃyata) 場合，⟨ 当該 ⟩ 数字（整数部分）に対してそのために述べられた演算を行ってから他の演算を行うべきである，ということが肝心である (iti hṛdayam). すなわち，ここでは部分付加だから,「分母を掛けた整数に分子を投ずるべきである」(GT 57a) という道理 (yukti) により[6]，前の数字では，二を三に掛けて六が生じ，一を加えて七が生ずる，二を分母として. 同様に他方では，三を九に掛けて二十七が生じ，一を加えて二十八が生ずる，三を分母として. そこで，この規則 (sūtra) (GT 40) に「分子の積」と述べられているので，分

---

[1]K guṇananiṣpannāṅkaṃ > guṇananiṣpannāṅke.
[2]K adho 'ṅkaṃ hareṇa > adho 'ṅkahareṇa.
[3]K kṛ(hṛ)te > hṛte.
[4]sadalatritayaṃ guṇitaṃ sumate trilavena yutairnavabhiḥ kathaya/
gaṇitaṃ yadi vetsi tadā caraṇo dalasaṅguṇitaśca bhavennanu kim//41//
[5]adhyuṣṭa. Pkt. addhuṭṭha の誤った Skt. 化. 序説 §1.5.4 参照.
[6]書板上での実際の手順については，SGT 37.1 とその Note 参照.

子七を二十八に掛けて百九十六．それを,「分母の積で」というので[1]，二を徴とする分母による，他方の[2]⟨ 分母である ⟩ 三単位の積として六が生ずる．それで，前の百九十六を「割ったときに」得られるのは三十二 ⟨ と六分の四であるが ⟩，半分で四と六を共約して[3]，二と三が順に下へ下へと書かれる．すなわち，順に書置すると

32
2
3

慣用では (vyavahāreṇa)，三分の一少ない三十三 ⟨ と表現する ⟩．/SGT 41.2/

···Note·····

SGT 41.2. 例題 (1) の解. $3\frac{1}{2}\times 9\frac{1}{3} = \frac{7}{2}\times\frac{28}{3} = (7{\cdot}28)\div(2{\cdot}3) = 196\div 6 = 32\frac{4}{6} = 32\frac{2}{3}$. 慣用表現では,「三分の一少ない三十三」.

·····

20, 19 次に，二番目の例題は「四半分に半分を」という.「四半分」: 単位の四分の一，に「半分を」: 単位の半分を,「掛けたものは」「何になるだろうか」ということである．書置は次の通り．

1	1
4	2

[4] 上に整数 (rūpa, pl.) があるときは部分付加類 (bhāgānubandha-jāti) であるが，ここでは二つとも分子 (bhāga) であるから，これは部分類[5]である．したがってここでは，部分付加のために述べられた演算 (vidhi) はない．だから,「分子の積を」: 一つの分子による，一つの分子の「積」(vadha: guṇana) を—⟨ ここでは ⟩ 一に他ならない—それを.[6] 「分母の積」⟨ 云々⟩ という．分母四による二の「積」，八が生ずる．したがって，上にあるものが一だから，割ることができないので，そのままの状態で，上に一，その下に—分子・分母のうち，上にある分子の形のものの下に—分母の形をとる[7]八が置かれるべきである．得られた通りの書置は

1
8

慣用では (vyavahāreṇa)，一ドランマの八分の一，半分を伴う二ローシュティカという形 (rūpa) をとるもの，が生ずる．どこでもこの通りである．/SGT 41.3/

···Note·····

SGT 41.3. 例題 (2) の解. $\frac{1}{4}\times\frac{1}{2} = (1\cdot 1)\div(4\cdot 2) = 1\div 8 = \frac{1}{8}$ dramma $= 2\frac{1}{2}$ loṣṭikas. ローシュティカ (loṣṭika) は明らかに貨幣単位であるが，本書冒頭の定義 (GT 4) では与えられていない．注釈者 S の住んでいた時代・地域に限定的な貨幣単位と思

[1] K haratāḍaneti > haratāḍaneneti.

[2] K dvilakṣaṇetarasya > dvilakṣaṇenetarasya.

[3] ardhena caturṇāṃ ṣaṇṇāṃ cāpavartane.「半分で共約」に関しては，SGT 37.1 参照.

[4] K $\left\{ \begin{array}{c|c} 1 & 1 \\ 4 & \end{array} \right\}$

[5] bhāga-jāti. 通常は二つの分数の和または差をとるための通分（同色化の一種）を行う「類」を指すが (GT 53 参照)，ここでは単に，分子一つ分母一つの単純分数の意味と思われる．この用法は異例だが，SGT 45.3; 45.4; 49.0 でも見られる．

[6] K guṇane eka eva/ tatra > guṇana eka eva tatra.

[7] K hararūpasya > hararūpāś.

われる．この用例から，20 loṣṭikas = 1 dramma であることがわかる．この loṣṭika は，北西インドに伝えられる Natvāśivam 類写本（最古の Baroda 写本 4660 は AD 1391）で 20 lohaḍīas = 1 drāma (i.e., dramma) と定義される貨幣単位 lohaḍīa と何らかの関係があると見られる．Baroda 写本 4660, fol.5a 参照.

....

分数の掛け算は完結した．/SGT 41.4/ 20, 27

2.3.12 [分数の割り算]

21, 1

分数の割り算に関する術則，一詩節を述べる．/SGT 42.0/ 21, 2

> **除数の分子と分母を交換してから，また同様に稲妻共約を〈してから〉，分母と分子の〈それぞれの〉掛け算から生ずる演算を確実に行うべきである，割り算をしたい者は./GT 42/**[1]

...Note ....

GT 42. 規則：分数の割り算 (bhinna-bhāgahāra). $\frac{b}{a} \div \frac{d}{c} = \frac{b}{a} \times \frac{c}{d}$. もし可能なら，$a$ と c，b と d を共約してから（稲妻共約），分数の掛け算を行う.「稲妻共約」と訳した語は kuliśa-apavartana. GSS 3.2 は分数の掛け算に際して「稲妻共約」(vajra-apavartana) を勧める．Śrīpati がなぜ分数の掛け算の規則 (GT 40) でそれに触れなかったのか不明．kuliśa/vajra は稲妻や斧あるいは交差した棍棒のような形の武器を意味する．図形に対して用いられるときは通常，同じ 2 つの台形の一方を逆さにして重ねた図形（中央がくびれた両刃の斧のような形）を意味するが，ここでは「たすきがけ」を意味すると思われる．BG 42-43 と GL 17.7 ではたすきがけの掛け算を「稲妻積」(vajra-abhyāsa) と呼ぶ.

....

解説．「割り算をしたい者は」(jihīrṣatā: bhāgahāravidhiṃ vidhitsatā). 21, 7
「... してから」(kṛtvā) 云々：分子と分母は二つとも数字（数）であるが，それら「分子と分母」の二つの数字（数）のうちの先（右）にあるほうが除数（分母）と呼ばれる (vācya)[2]．だから，その「除数の分子と分母を」[3]：上の分子の形をしたものと，下の分母の形をしたものとを「交換[4]してから」．まず最初，状況に応じて部分付加などの演算をしてから，二番目の〈分数の〉位置で，上の数字を下に置き，下の数字は上に置く．それから，二翼により稲妻状態 (kuliśatā: vajratā) になった四つ組数字の，前または後の数字が，も

---

[1] kṛtvā parīvartanamamạ̄śahārayorharasya tadvatkuliśāpavartanam/
harāṃśayoḥ saṅguṇanābhavo vidhistato vidheyo niyataṃ jihīrṣatā//42//
(= SŚ 13.10)　42cd: K harāṃśayoḥ ... jihīrṣatā] hārāṃśayoḥ saṅguṇājā....
vaṃśo dhanaṃ hānirathāpavāhe SŚ (SŚ 13.10 の後半は乱れている).

[2] 注釈者 S は「分子と分母を」(‘aṃśahārayor’) を二度読んでいる．一度はここで，$\frac{b}{a} \div \frac{d}{c}$ の $\frac{b}{a}$ と $\frac{d}{c}$ として，もう一度はすぐ後で d と c として．前者では，$\frac{d}{c}$ が「先」すなわち，書き順の進行方向（右）にある．次の例題の書置参照.

[3] K harasyoparyaṃśahārayor > harasyāṃśahārayor.

[4] K cāpavartanaṃ > ca parīvartanaṃ.

し〈他方の下の数字と〉「共約」: 半分などで割ること[1]，が可能なら，そのときは「また同様に稲妻共約をしてから」「掛け算」: 前のように，「分子の積を分母の積で割ったとき」(GT 40)〈という演算〉を，割り算の果を得るためには，「確実に」(niyataṃ: niścitaṃ)「行うべきである」という統語 (saṇṭaṅka) である．/SGT 42/

21, 15 これに関する出題の詩節で例題四つを述べる．/SGT 43.0/

四半分を伴う十を三分の一を伴う六で割ったもの，計算士よ，規則のように，半分を伴う八十を三分の一を一欠く矢 (5) で，また半分を六分の一で，割ったもの，また三で四半分を割ったものは何になるか．すぐに云いなさい，もし割り算 (hara) を理解しているなら./GT 43/[2]

···Note ···

GT 43. 例題：分数の割り算. (1) $10\frac{1}{4} \div 6\frac{1}{3}$. (2) $80\frac{1}{2} \div (5 - \frac{1}{3})$. (3) $\frac{1}{2} \div \frac{1}{6}$. (4) $\frac{1}{4} \div 3$.

···

21, 20 解説．「計算士よ」，「もし」「割り算」(hara: bhāgahāravidhi) を「知っているなら」，「すぐに」「云いなさい」．「四半分を伴う十を」: 四分の一を伴う十を，「三分の一を伴う六で割ったもの」は何になるだろうか，というのが第一の例題である．書置は次の通り．

10	6
1	1
4	3

この部分付加類に対しては，「分母を掛けた整数に分子を[3]投ずるべきである」(GT 57a)[4] 云々により，前の数字では，四を十に掛けて四十，単位を投じて四十一，分母が四である．後〈の数字〉では，三を六に掛けて十八，単位一を投じて[5]十九が生ずる，三を分母として．すなわち

41	19
4	3

そのうち後で同色化されたものが除数と呼ばれる．だから，この「除数の分子と分母を交換してから」(GT 42)：逆さに，十九を下に移動し三を上にしてから，すなわち

41	3
4	19

だから，共約に適さないので[6]，数字はそのあるがままである．さて，前のように，「分子の積」(GT 40) は，三を四十一に掛けて百二十三が生ずる，123．そこで，
22, 1 「分母の積」というので，分母を徴とする十九による[7]〈もう一つの〉分母四の

[1]実際は「2 などで割ること」．SGT 41.2 参照.
[2]daśa sacaraṇā bhaktāḥ ṣaḍbhistribhāgasamanvitair
gaṇaka vidhivat sārdhāśītiḥ śaraistrilavonitaiḥ/
dalamapi hṛtaṃ ṣaḍbhāgena tribhiścaraṇo hṛto
bhavati kimiti brūhi kṣipraṃ haro vidito yadi//43//
[3]K rūpaṃ > bhāgaṃ.
[4]書板上での実際の手順については，SGT 37.1 とその Note 参照.
[5]K rūpae(pai)kakṣepe > rūpaikakṣepe.
[6]K apavartanasahabhāvād > apavartanāsahabhāvād.
[7]ekonaviṃśatyā haralakṣaṇayā.

「積」七十六が生ずる．これで一百二十三という数字を割って得られるのは一単位と七十六を分母とする四十七である．すなわち

1
47
76

/SGT 43.1/

···Note ···

SGT 43.1. 例題 (1) の解． $10\frac{1}{4} \div 6\frac{1}{3} = \frac{41}{4} \div \frac{19}{3} = \frac{41}{4} \times \frac{3}{19} = (41 \cdot 3) \div (4 \cdot 19) = 123 \div 76 = 1\frac{47}{76}$.

···

次に二番目の例題を述べる，「規則のように，半分を伴う八十を三分の一を欠く矢 (5) で」と．〈意味は〉明瞭である．書置 22, 4

80	5
1	∘ 1
2	3

ここで，最初の数字は部分付加だから「分母を掛けた」云々(GT 57a) により，二を八十に掛けて六十を伴う百，一加えて六十一を伴う百が生ずる，二を分母として．すなわち

161
2

他方は部分除去だから，「部分除去の演算では，分母を整数に掛け」(GT 60ab)[1] 云々により，三を五に掛けて十五が生じ，一を引いて十四である，三を分母として．すなわち

14
3

この除数と呼ばれるものの分母と分子を[2]交換して，上に三，下に十四が生ずる．すなわち

3
14

そこで，「分子の積を」(GT 40) すなわち三による百六十一の積として生ずる四百八十三を[3]．「分母の積」というので，十四を二に掛けて二十八が生ずる．これで[4]，前の数字 (483) を割って商は十七，その下に，共約した場合，七を七分割して一，その下に，二十八を七分割して四がある．すなわち

17
1
4

/SGT 43.2/

···Note ···

SGT 43.2. 例題 (2) の解． $80\frac{1}{2} \div (5-\frac{1}{3}) = \frac{161}{2} \div \frac{14}{3} = \frac{161}{2} \times \frac{3}{14} = (161 \times 3) \div (2 \times 14) = 483 \div 28 = 17\frac{7}{28} = 17\frac{1}{4}$.

···

三番目の例題を述べる，「また半分を六分の一で，割ったもの」．〈意味は〉明瞭である．〈書置〉 22, 13

1	1
2	6

ここで，先にある数字，単位の六分の一，除数と呼ばれるもの，の分母と分子を交換して，上に六，下に 1．そこで，「分子の積を」(GT 40) すなわち六を一に掛けて六が生ずる．これを，「分

[1] 書板上での実際の手順については，SGT 37.1 と Note 参照.
[2] K hararāśayoḥ > harāṃśayoḥ (suggested by K).
[3] K jātastryaśītyadhi(ka)tri(catuḥ)śate > jāte tryaśītyadhicatuḥśate.
[4] K tathā > tayā.

母の積」というので，一を二に掛けて同じ二[1]．その二で割れば，商は三単位 (labdhaṃ rūpāṇi trīṇi). $\begin{array}{|c|}3\\1\end{array}$ /SGT 43.3/

···Note·····

SGT 43.3. 例題 (3) の解．$\frac{1}{2} \div \frac{1}{6} = \frac{1}{2} \times \frac{6}{1} = (1 \times 6) \div (2 \times 1) = 6 \div 2 = 3 = \frac{3}{1}$.

·····

22, 17 次に，四番目の例題を述べる．「三で四半分を割ったものは」．解説．三単位で「四半分」: 単位の[2]四分の一，を「割ったものは」何になるだろうか．書置 $\begin{array}{|c|c|}1 & 3\\4 & 1\end{array}$ ここで，先にある数字，すなわち三と一を徴とする除数，の分母と分子を交換して，上に一，下に三．そこで,「分子の積を」(GT 40) すなわち，一を掛けて一のまま.「分母の積」というので，三を四に掛けて十二が生ずる．⟨ そこで ⟩ 単位には十二の部分がある[3]．すなわち $\begin{array}{|c|}1\\12\end{array}$ ⟨ 分子を分母で割った ⟩ 商もまたこれと同じである[4]．/SGT 43.4/

···Note·····

SGT 43.4. 例題 (4) の解．$\frac{1}{4} \div 3 = \frac{1}{4} \div \frac{3}{1} = \frac{1}{4} \times \frac{1}{3} = (1 \times 1) \div (4 \times 3) = 1 \div 12 = \frac{1}{12}$.

·····

22, 21 このように，分数の割り算は[5]完結した．/SGT 43.5/

2.3.13 [分数の平方]

22, 23 次に，分数の平方に関する術則，半詩節を述べる．/SGT 44.0/

分母量の平方 (varga) で割られた分子の平方 (kṛti) が作られる，
分数の平方 (kṛti) のために，賢者 (kṛtin) たちにより．/GT 44/[6]

···Note·····

GT 44. 規則：分数の平方 (bhinna-varga). $\left(\frac{b}{a}\right)^2 = b^2 \div a^2$.

·····

22, 25 解説．「賢者たちにより」「分子の」: 二つの位置とも[7]上にある数字で，部分付加などにより等しい単位を持つものの,「平方が」:「同じ二つの量の積」(Tr 11a)[8]を徴とするもの，それが,「分母量」: 二つの位置とも下の数字である分母，それの「平方」:「同じ二つの量の積」(Tr 11a) の形をもつもの，そ

---

[1]K dvau/ dvāveva > dvau dvāveva/
[2]K rūpaṃ > rūpasya.
[3]rūpasya dvādaśa bhāgāḥ. すなわち「単位を十二分割する」.
[4]K はこの文章 (labdhamapyetadeva) を「三を四に掛けて十二が生ずる」の直後に置くが不適当.
[5]K bhāgā(ga)hāraḥ > bhāgāhāraḥ.
[6]hararāśivargavihṛtāṃśakṛtiḥ kriyate vibhinnakṛtaye kṛtibhiḥ//44// (= SŚ 13.9cd)
[7]「二つの位置とも」に関しては，SGT 45.1 参照.
[8]sadṛśadvirāśighāto rūpādidvicayapadasamāso vā/Tr 11ab/

れで「割られた」(vihṛtā: dattabhāgā) ものが,「分数の平方 (vibhinna-kṛti) のために」: 分数の平方 (bhinna-varga) を導くために,「作られる」という統語である. /SGT 44/

一詩節で例題四つを述べる. /SGT 45.0/ 23, 1

四半分を引いた五の，また半分を伴う八の平方をすぐに云いなさい．賢い者よ，あなたがもしパーティー (pāṭī) を知っているなら．三・二分の一という数字の〈平方〉もまたすぐに〈云いなさい〉./GT 45/[1]

···Note···

GT 45. 例題：分数の平方. (1) $\left(5-\frac{1}{4}\right)^2$. (2) $\left(8\frac{1}{2}\right)^2$. (3) $(\frac{1}{3})^2$. (4) $(\frac{1}{2})^2$.

···

解説. 〈意味は〉明瞭である. 〈詩節の〉最初の四半分によって最初の例題を述べる,「四半分を引いた」と. 〈数の〉書置は, 規則 (GT 44) では〈整数の平方の規則によるので〉一回づつであるが, 平方は同じ数字二つによってこそ存在するから,〈この〉注釈 (vṛtti) では二つのものの書置が示される. 23, 4

すなわち

5	5
∘ 1	∘ 1
4	4

ここで, 二つの位置とも部分除去類であるから, 四を五に掛け一を引くと[2], 二つの位置で, 四が分母, 十九が分子である. すなわち

19	19
4	4

[3] これ (分子) の平方は, 十九を十九に掛けることにより, 三百六十一単位からなる[4]. それから,「分母量」は四を徴とするが, その平方は[5], 等しい第二の四を掛けることにより, 十六単位からなる. それで〈割られる〉. 次の意味である. この十六で三百六十一を割って商は二十二と十六分の九. すなわち

22
9
16

/SGT 45.1/

···Note···

SGT 45.1. 例題 (1) の解の手順. 注釈者 S は分数の平方の規則 (GT 44) によらず, 分数の掛け算の規則 (GT 40) によって計算する. 例題 (2)-(4) に関しても同様.

$$\left(5-\frac{1}{4}\right)^2=\left(5-\frac{1}{4}\right)\cdot\left(5-\frac{1}{4}\right)=\frac{19}{4}\cdot\frac{19}{4}=(19\cdot 19)\div(4\cdot 4)=361\div 16=22\frac{9}{16}.$$

---

[1] pādonānāṃ pañcānāṃ drāk bho(sārdhā) 'ṣṭānāṃ vargaṃ brūhi/
vidvan pāṭīṃ cejjānāsi tridvyaṃśāṅkasyāpi kṣipram//45//
45b: K bho(sārdhā) 'ṣṭānāṃ > sārdhāṣṭānāṃ (suggested by K).

[2] K caturguṇāḥ saikāpanayanā > caturguṇāḥ pañcaikāpanayanāj.

[3] K はこの書置を「部分除去類であるから」の直後に置くが不適当.

[4] K eva(ka?)triṣaṣṭyadhi(ka)triṃśadrūpā(?) > ekaṣaṣṭyadhitriśatīrūpā (suggested by K).

[5] K varga > vargaḥ.

SGT 49.1 と Note 参照．分数の平方の規則 (GT 44) によるなら，平方算 (GT 23-24) を用いて，

$$\left(5-\frac{1}{4}\right)^2=\left(\frac{19}{4}\right)^2=19^2\div 4^2=361\div 16=22\frac{9}{16}.$$

……………………………………………………………………

23, 12 二番目の例題を述べる,「半分を伴う八」と．書置 $\begin{array}{|c|c|}8&8\\1&1\\2&2\\\hline\end{array}$ 部分付加であるから,「分母を掛けた」云々(GT 57a) により，二つの位置とも二を八に掛け，一加えて[1]十七が分子として生ずる．これら（分子 17）の平方は，十七を十七に掛けて二百八十九.「分母量」は二．その平方は，二を掛けるから，四を徴とする．それで割られる．これが要点 (tattva) である．四で二百八十九⟨ が割られると，商は七十二と単位 ⟩ の四分の一である[2]．すなわち $\begin{array}{|c|}72\\1\\4\\\hline\end{array}$ /SGT 45.2/

…Note……………………………………………………………

SGT 45.2. 例題 (2) の解の手順．例題 (1) の解参照．

$$\left(8\frac{1}{2}\right)^2=\frac{17}{2}\cdot\frac{17}{2}=(17\cdot 17)\div(2\cdot 2)=289\div 4=72\frac{1}{4}.$$

……………………………………………………………………

23, 17 三番目と四番目を一つの四半分で述べる，「三・二分の一という数字の」と．三番目の例題の書置 $\begin{array}{|c|c|}1&1\\3&3\\\hline\end{array}$ ここでは部分類[3]だけである．したがって「分子の平方」は一を掛けて一のまま.「分母量」は[4]三を徴とする．その平方は三を掛けるので九．それで割って，商は単位の九分の一である．すなわち $\begin{array}{|c|}1\\9\\\hline\end{array}$ /SGT 45.3/

…Note……………………………………………………………

SGT 45.3. 例題 (3) の解：$\left(\frac{1}{3}\right)^2=\frac{1}{3}\cdot\frac{1}{3}=(1\cdot 1)\div(3\cdot 3)=1\div 9=\frac{1}{9}$.

……………………………………………………………………

23, 20 次に，四番目の例題の書置 $\begin{array}{|c|c|}1&1\\2&2\\\hline\end{array}$ ここでも部分類[5]だから,「分子の平方」は一のまま．⟨ 規則に ⟩「分母量」という．分母量は二を徴とする．その平方は二を掛けるので四．それで割って[6]，商は，分数の平方として，単位の

---

[1]K aṣṭau > aṣṭau saikā.

[2]K -dviśatī tasya ca caturtho bhāgo > -dviśatī⟨bhāge labdhaṃ dvisaptatī rūpa⟩sya ca caturtho bhāgo.

[3]bhāgajāti. SGT 41.3 参照.

[4]K vargahararāśis > hararāśis.

[5]bhāgajāti. SGT 41.3 参照.

[6]K vikṛ(hṛ)tvā > vihṛtā.

四分の一である．すなわち $\begin{array}{|c|}1\\4\end{array}$ /SGT 45.4/

···Note··

SGT 45.4. 例題 (4) の解：$\left(\frac{1}{2}\right)^2 = \frac{1}{2}\cdot\frac{1}{2} = (1\cdot 1)\div(2\cdot 2) = 1\div 4 = \frac{1}{4}$.

···

このように，分数の平方は完結した．/SGT 45.5/ 23, 22

2.3.14 [分数の平方根]

分数の平方根に関する術則，半詩節を述べる．/SGT 46.0/ 23, 24

分母の平方根で分子の平方根が割られるとき，〈 賢い者たちは 〉分数の平方根を述べる./GT 46/[1]

···Note··

GT 46. 規則：分数の平方根 (bhinna-vargamūla). $\sqrt{\frac{b}{a}} = \sqrt{b}\div\sqrt{a}$.

···

解説．割るもの (chedana) が「分母」(chid) であり，下にある数字量である．それの「平方」：等しい二量の積，それの「根」：種子 (bīja)，によって，「分子の平方根」：上の数字の平方根，が「割られるとき」(hṛte: vibhājite)，「分数の平方根 (vibhinna-kṛti-mūla: bhinna-varga-mūla)[2]を述べる」，賢い者 (budha) たちは，と補う．/SGT 46/ 23, 26

これに関する出題のシュローカ．/SGT 47.0/ 24, 1

前に（GT 45 で）得られた平方の根をすぐに云いなさい．賢いものよ，もしあなたが分数の基本演算 (parikarmāṇi) を理解しているなら./GT 47/[3]

···Note··

GT 47. 例題：分数の平方根．(1) $\sqrt{22\frac{9}{16}}$. (2) $\sqrt{72\frac{1}{4}}$. (3) $\sqrt{\frac{1}{9}}$. (4) $\sqrt{\frac{1}{4}}$.

···

解説．「前に」：分数の平方の規則 (GT 44)〈に対する例題 (GT 45)〉で「得られた」(prāpta: labdha)[4]四半分引く五などの「平方」(kṛti: varga)，二十二と十六分の九など，の「根」，四半分引く五などを，生徒を納得させるために (śiṣya-pratyaya-nimittam)「云いなさい」，という統語である．後は明瞭である．/SGT 47.1/ 24, 4

---

[1] chidvargamūlena hṛte 'ṃśavargamūle vibhinnaṃ kṛtimūlamāhuḥ//46//

[2] K kṛta(ti) > kṛti.

[3] prākprāptakṛtimūlāni pracakṣvāśu vicakṣaṇaḥ (ṇa)/
bhinnāni parikarmāṇi bhavatā viditāni cet//47//
47b: K vicakṣaṇaḥ (ṇa) > vicakṣaṇa.

[4] K prākṛma(ptakṛ?)tilabdhāḥ > prāptā labdhāḥ.

24, 6 ここで，最初の例題は次の通り． $\begin{array}{|r|}22\\9\\16\\\hline\end{array}$ 部分付加だから，「分母を掛けた」云々(GT 57a) により，十六を二十二に掛けて三百五十二が生じ，九を加えて六十一を伴う三百である．十六を分母とする．そこでその同色化された (savarṇita) 分子の平方に対し，「分子の平方根[1]」(GT 46) という規則の言葉 (sūtra-ukti) により根を導くために，「偶奇」などと前に述べられた演算 (GT 26) により得られるままの整数は (rūpaṃ, sg.) 二十九である．これの二倍〈されている部分，すなわち 2〉を半分にして十九が生ずる．これが「分子の平方根」である．それが「分母の平方根〈で割られる〉」という．ここでは「分母」(chid: cheda) は十六である．その「根」は四である．それで「割られるとき」．次の意味である．十九を四で割るとき，商は四，余りの数字 (śeṣa-aṅka) は四を分母とする三である．そこで，商は上に四，その下に三，その下に四．すなわち $\begin{array}{|c|}4\\3\\4\\\hline\end{array}$ 〈GT 45 では〉この「四半分を引いた五」が分数の平方根であるが，〈上の計算で〉生じたものは別〈の形，すなわち〉，四分の三大きい[2]四単位になる．〈しかし〉慣用では四半分引く五と呼ばれる．どこでもこの通りである．/SGT 47.2/

···Note···

SGT 47.2. 例題 (1) の解の手順． $\sqrt{22\frac{9}{16}}=\sqrt{\frac{361}{16}}=\sqrt{361}\div\sqrt{16}$. $\sqrt{361}$ の計算プロセスは明記されていないが，SGT 26 によって次のように復元できる．

$$\begin{array}{|ccc|}3&6&1\\\hline\end{array}\rightarrow\begin{array}{|ccc|}2&6&1\\1&&\\\hline\end{array}\rightarrow\begin{array}{|ccc|}2&6&1\\&2&\\\hline\end{array}\rightarrow\begin{array}{|ccc|}2&6&1\\&2&\\&9&\\\hline\end{array}$$

$$\rightarrow\begin{array}{|cc|}8&1\\2&9\\\hline\end{array}\rightarrow\begin{array}{|cc|}&0\\2&9\\\hline\end{array}\rightarrow\begin{array}{|cc|}&0\\1&9\\\hline\end{array}$$

したがって，$\sqrt{361}=19$. また，$\sqrt{16}=4$ だから，$\sqrt{22\frac{9}{16}}=19\div4=4\frac{3}{4}$. しかし「慣用では (vyavahāre) 四半分引く五 (pādona-pañca, $5-1/4$)」と表現される．

···

24, 16 第二の方法は，〈『ガニタティラカ』には〉述べられていないが，ここで示される．すなわち，二十二と十六分の九という数字量を部分付加の方法で同色化して生じた[3]十六を分母とする三百六十一単位は，分子の平方という形 (aṃśa-varga-rūpa) をしているが，それがこの平方根，四半分引く五を徴とするもの，で割られるとき〈を考える〉．すなわち，〈除数は〉 $\begin{array}{|r|}5\\\circ\,1\\4\\\hline\end{array}$ 部分除

[1]K mūlaṃ > mūla.
[2]K catustribhāgādhikāni > tricaturbhāgādhikāni.
[3]K jātam > jātasya.

去の方法により生ずるのは，四を分母とする十九，すなわち

19
4

そこで，「⟨ 除数の分子と分母を ⟩ 交換してから」云々(GT 42) により[1]交換して，すなわち

4
19

したがって，一ヶ所には十六を分母として六十一を伴う三百があり，他所には十九を分母として四がある[2]．すなわち

361	4
16	19

[3] 四つの数字の共約 (apavṛtti) が可能だから，共約する (apavartana)．すなわち，四を四で割って一が生じ，十六を四で割って四が生ずる．六十一を伴う三百の十九分の一に[4]十九が生じ，同様に，十九の十九分の一に一が生ずる[5]．すなわち

19	1
4	1

そこで，「掛け算からなる演算」(GT 42) という言葉により，一を十九と四に掛けると，同じ十九と四である[6]．「掛けたら乗数は去る」[7]という理屈 (nyāya) により，二つの一は消える (gata)．四で十九を割ると (bhāge datte)，商 (labdha) は四，余り (śeṣa) は四を分母とする三である．すなわち

4
3
4

したがって，⟨ 整数の ⟩ 平方と同様，分数の平方も，分数の平方根で割れば，分数の平方根になる．次のこともよく知られている．ある数字を掛け，同じそれで割るとき，同じ（元の）それが得られる，と確立している．どこでもこのように知るべきである．/SGT 47.3/

···Note ···

SGT 47.3. 例題 (1) の「第二の方法」(dvitīya-rīti) というが，実際は直前に得られた値の検算である．すなわち，

$$\frac{361}{16} \div \frac{19}{4} = \frac{361}{16} \cdot \frac{4}{19} = \frac{19}{4} \cdot \frac{1}{1} = \frac{19}{4}$$

によって，$\left(\frac{b}{a}\right)^2 \div \frac{b}{a} = \frac{b}{a}$ を確認する．最後から 2 番目の文章は，より一般的な関係 $(a \times b) \div b = a$ に言及する．SGT 32-33.2 参照．

··

次に，第二の例題の書置

72
1
4

部分付加だから，「分母を掛けた」云々(GT 25, 1 57a) により，すなわち四を七十二に掛けて二百八十八，一加えて八十九と二百．これから，「偶奇」などの演算 (GT 26) により得られるのは，まず二十七．

---

[1]K parīvartanamamaṃśamityādinā > kṛtvā parīvartanamityādinā.
[2]K ekonaviṃśaticchedā > catvāra ekonaviṃśaticchedā.
[3]K $\left\{\begin{matrix}19\\4\end{matrix}\right\}$ (左列はない)
[4]K śati(?)tame bhāge > ekonaviṃśatitame bhāge.
[5]K jātā > jāta.
[6]K ekonaviṃśatiścatvāraśca > ekonaviṃśatiścatvāraścaikonaviṃśatiścatvāraścaiva.
[7]guṇite guṇako yāti.

「二倍されていたものを[1]半分にして」(GT 26) という方法により十七が生ずる．この「分子の平方根」十七が「分母の平方根〈で割られるとき〉」という．分母の平方は四であり，その根は二である．その二で「割られるとき」．次の意味である．二で十七を割って商は 8，八．余りは二を分母とする一．得られた八は上に加えられる (yojya)．すなわち

$$\begin{array}{|c} 8 \\ 1 \\ 2 \end{array}$$ /SGT 47.4/

・・・Note・・・

SGT 47.4. 例題 (2) の解：$\sqrt{72\frac{1}{4}} = \sqrt{\frac{289}{4}} = \sqrt{289} \div \sqrt{4} = 17 \div 2 = 8\frac{1}{2}$．ここで，$\sqrt{289} = 17$ の計算は GT 26 のアルゴリズムによる．例題 (1) の解の手順 (SGT 47.2) 参照．

・・・

25, 7　　第三の例題の書置 $\begin{array}{|c} 1 \\ 9 \end{array}$　「分子の平方根」(GT 46) は，一に対しては同じ一のままであるが，それが「分母の平方根〈で割られるとき〉」という．分母である平方は九，その根は三．これで「割られるとき」，商 (labdha, n. sg.)[2]は単位の第三の部分（三分の一, m. sg.），すなわち $\begin{array}{|c} 1 \\ 3 \end{array}$ /SGT 47.5/

・・・Note・・・

SGT 47.5. 例題 (3) の解：$\sqrt{\frac{1}{9}} = \sqrt{1} \div \sqrt{9} = 1 \div 3 = \frac{1}{3}$．

・・・

25, 9　　第四の例題の[3]書置 $\begin{array}{|c} 1 \\ 4 \end{array}$　ここでも，「分子の平方根」(GT 46) というので，前のように一そのものが平方根である．そこで「分母の平方根」というので，分母である平方は四，その根は二．この二で「割られるとき」，商はその同じものである．すなわち $\begin{array}{|c} 1 \\ 2 \end{array}$ /SGT 47.6/

・・・Note・・・

SGT 47.6. 例題 (4) の解：$\sqrt{\frac{1}{4}} = \sqrt{1} \div \sqrt{4} = 1 \div 2 = \frac{1}{2}$．

・・・

25, 11　　このように，分数の平方根〈は完結した〉．/SGT 47.7/

2.3.15　〈分数の立方〉

25, 12　　分数の立方に関する術則，半詩節を述べる．/SGT 48.0/

　　　　分母の立方で分子の立方が割られるとき，計算士 (gāṇitika) たちは分数の立方を述べる．/GT 48/[4]

---

[1]K dvinighne > dvighne.

[2]割り算の結果に整数部分がなくても「商」を意味する語 labdha を用いていることに注意．整数部分だけを labdha と呼ぶこともある．SGT 49.2 末尾参照．

[3]K caturthodāharaṇaṃ(ṇa) > caturthodāharaṇa.

[4]chido ghanenāṃśaghane vibhakte bhinnaṃ ghanaṃ gāṇitikā vadanti//48//

···Note···

GT 48. 規則：分数の立方 (bhinna-ghana). $\left(\frac{b}{a}\right)^3 = b^3 \div a^3$.

··

解説．下にある数字が「分母」である．それの「立方で」：等しい数字三量の 25, 14
積を微とするもので．上にある数字が「分子」であるが[1]，それの「立方が」：等しい三量の積を微とするものが,「割られるとき」(vibhakte: dattabhāge)[2]，「計算士たちは」(gāṇitikāḥ: gaṇitacāriṇaḥ)「分数の立方を述べる」という統語である．/SGT 48/

これに関する出題の詩節で，一つは部分付加類に属するもの，二番目は部 25, 17
分除去類に属するもの，また，部分類[3]に属する二を初めとする〈数字〉を期待する[4]例題二つを述べる．/SGT 49.0/

四半分大きい九の，また三分の一引く六の，立方を云いなさい，賢い者よ，もしパーティー (pāṭī) を知っているなら．また，六分の一と三分の一の〈立方〉も同様に./GT 49/[5]

···Note···

GT 49. 例題：分数の立方. (1) $\left(9\frac{1}{4}\right)^3$. (2) $\left(6-\frac{1}{3}\right)^3$. (3) $\left(\frac{1}{6}\right)^3$. (4) $\left(\frac{1}{3}\right)^3$.

··

〈解説．意味は〉明瞭である．第一の例題の書置 25, 23

9
1
4

ここでは部分付加だから,「分母を掛けた」云々 (GT 57a) により同色化すると，四を分母とする三十七が生ずる．この数字を三ヶ所に書けば

37	37	37
4	4	4

互いに掛けて，すなわち三十七に三十七を掛けて十三百六十九，1369．これもまた三十七を掛けて五十千六百五十三，すなわち 50653．この量が「分子の立方」である．その「分子の立方が」「分母の立方で」という．分母は四．その立方，すなわち三つの四を互いに掛けて六十四が生ずる．それで「割られるとき」．
次の意味である[6]．五十千云々という，前の[7]「分子の立方」量を, 六十四とい 26, 1
う[8]分母の立方で割れば，商は七百九十一と六十四分の二十九である．すなわち

791
29
64

/SGT 49.1/

[1]K uparyaṅkāṃśas > uparyaṅko 'ṃśas.
[2]K daśabhāge > dattabhāge.
[3]bhāgajāti. SGT 41.3 参照.
[4]dvyādyapekṣam. 2 つの答えの分母，'216' と '27'，に言及するか.
[5]ghanaṃ navānāṃ caraṇādhikānāṃ ṣaṇṇāṃ tathā tryaṃśavivarjitānām/ ācakṣva vidvan yadi vetsi pāṭīṃ ṣaḍaṃśakasya trilavasya caivam//49//
[6]K vibhakte cchāyā(tvaya)marthaḥ > vibhakte/ ayamarthaḥ.
[7]K sahasretyādi/ prāg > sahasretyādiprāg.
[8]K catuḥṣaṣṭyāṃ > catuḥṣaṣṭyā.

···Note·······································

SGT 49.1. 例題 (1) の解の手順. $\left(9\frac{1}{4}\right)^3 = \left(\frac{37}{4}\right)^3 = \frac{37}{4}\cdot\frac{37}{4}\cdot\frac{37}{4} = (37\cdot37\cdot37)\div(4\cdot4\cdot4) = (1369\cdot37)\div(16\cdot4) = 50653\div64 = 791\frac{29}{64}$. ここでも，分数の立方の規則 (GT 48) ではなく，分数の掛け算の規則 (GT 40) によって計算している．SGT 45.1 とその Note 参照.

·······································

26, 3 二番目の例題を述べる,「三分の一〈引く〉六の」云々と．書置

6
∘ 1
3

部分除去であるから[1],「分母を〈整数に〉掛け」云々 (GT 60ab) により，三を六に掛けて十八が生じ，一を引いて十七が生ずる，三を分母として．すなわち

17
3

そこで,「分子の立方」のために,「置くべきである，後の立方」云々 (GT 28) という演算がある．すなわち，数字のやり方で (aṅkarītyā)，十七の「後」は一である．その「立方」，一のまま，を「置くべきである」．すなわち

1	7
1	

[2]〈書板上の〉他の場所で (anyatra),「それの」：一の,「平方」：同じ一，を三倍して三が生ずる．それの「前」は七．これを三に掛けて二十一が生ずる．そこで，〈書板上の〉元の場所 (mūla-sthāna) で位を増やして〈置くべきである〉.

1	7
1	1
2	

[3] 他の場所で,「前」である七の「平方」(kṛti: varga)：四十九，に「後」である一を掛けると，二つ〈の数字，4 と 9〉はそのままの状態であり (tadavasthau)，三を掛けて百四十七が生ずる．そこで，元の場所で位を増やして置くべきである．すなわち

1	7	
1	1	7
2	4	
1		

[4]「前」：七，の「立方」：三百四十三を，元の場所で位を増やして置くべきである．すなわち

1	7		
1	1	7	3
2	4	4	
1	3		

これらすべてを加えて四千九百十三が生ずる．こ

---

[1]K bhāgāpavāhitvāt > bhāgāpavāhatvāt.

[2]K $\left\{\begin{array}{cc} 1 & 7 \\ & 1 \end{array}\right\}$

[3]K $\left\{\begin{array}{cc} 1 & 7 \\ 1 & \\ 2 & 1 \end{array}\right\}$

[4]K $\left\{\begin{array}{ccc} 1 & 7 & \\ 1 & 1 & 7 \\ 2 & 1 & \\ 1 & & \end{array}\right\}$

れが「分子の立方」の数字である．その「分子の立方」が「分母の立方〈で割られるとき〉」という．「分母」(chid: cheda)，三を徴とするもの，の立方は二十七単位からなるが，それで割られるとき．次の意味である．「四千」で始まる分子の立方の数字を二十七という分母の立方で割ると，商は百八十一，余りの数字は二十七分の二十六である．すなわち $\begin{array}{|c|} 181 \\ 26 \\ 27 \\ \hline \end{array}$ 商 (labdha) は上に置かれるもの (upari sthāpyamāna) だから〈このような配置になる〉．/SGT 49.2/ 26, 13

···Note···

SGT 49.2. 例題 (2) の解の手順. $\left(6-\frac{1}{3}\right)^3=\left(\frac{17}{3}\right)^3=17^3\div 3^3=4913\div 27=181\frac{26}{27}$. ここでは，分数の立方の規則 (GT 48) に従いつつ，$17^3=4913$ は，立方計算のアルゴリズム (GT 28) によって計算している．

···

第三の例題を述べる，「六分の一の」と．書置は次の通り． $\begin{array}{|c|} 1 \\ 6 \\ \hline \end{array}$ ここで，「分子の立方」は一のまま．そこで，一を徴とする「分子の立方」が「分母の立方で」という．六を徴とする分母の，等しい三量の積から〈得られる〉二百十六単位からなるものが立方であるが，それで割られるとき，〈除数より大きい〉被除数がないので，商はそのまま，一を分子，二百十六を分母とする．すなわち $\begin{array}{|c|} 1 \\ 216 \\ \hline \end{array}$ /SGT 49.3/ 26, 17

···Note···

SGT 49.3. 例題 (3) の解：$\left(\frac{1}{6}\right)^3=1^3\div 6^3=1\div 216=\frac{1}{216}$.

···

第四の例題を述べる，「三分の一の〈立方〉も同様に」．書置 $\begin{array}{|c|} 1 \\ 3 \\ \hline \end{array}$ ここでも，一を徴とする「分子の立方」が「分母の立方で」という．分母三の立方，等しい三量の積から〈得られる〉二十七を徴とするもの，で割られるとき，上があるので[1]，商はそのまま，二十七を分母とする一である．すなわち $\begin{array}{|c|} 1 \\ 27 \\ \hline \end{array}$ /SGT 49.4/ 26, 21

···Note···

SGT 49.4. 例題 (4) の解：$\left(\frac{1}{3}\right)^3=1^3\div 3^3=1\div 27=\frac{1}{27}$.

···

このように，分数の立方は完結した．/SGT 49.5/ 26, 24

[1]uparibhāvāt.「上にあるので」とも読めるが，いずれにしても意図不明.「〈除数より大きい〉上 (被除数) がないので」(uparyabhāvāt) の誤りか．SGT 49.3 および SGT 51.5 の対応箇所参照．また SGT 51.2 の末尾参照.

2.3.16 [分数の立方根]

26, 26 次に，分数の立方根[1]に関する術則，半詩節を述べる．/SGT 50.0/

分子の立方根が分母の〈立方〉根で割られるとき，数学の演算を知る者たちは立方根を述べる./GT 50/[2]

···Note·····

GT 50. 規則：分数の立方根 (bhinna-ghana-mūla). $\sqrt[3]{\frac{b}{a}} = \sqrt[3]{b} \div \sqrt[3]{a}$.

·····

26, 28 解説．前に (GT 49 で) 得られた分数の立方の形をした七百九十一と二十七を分母とする二十六という形のもの[3]などのうち，上にある数字が分子の立
27, 1 方であるが，それら，部分付加などにより同色化された七百九十一など[4]，の根，すなわち，「立方位一つと非立方位〈二つ〉」(Tr 16a)[5]云々により得られた数字の根であるその「分子の立方根が」[6]，「分母」：下にある六十四などの数字，それの「根」(pada: mūla)：四など，それで「割られるとき」〈すなわち〉「分母の根で割られるとき」，「数学の演算を知る者たちは」「立方根を」：分数の立方根を，「述べる」，という統語である．/SGT 50/

···Note·····

SGT 50. 注釈者 S がここで言及する立方根計算の規則は Śrīdhara の規則 (Tr 16-18 = PG 29-31) であることに注意．SGT 51.2 では GT 32-33 の規則に言及する．

·····

27, 5 これに関する出題のシュローカ．/SGT 51.0/

前の〈GT 49 で得られた〉立方量の根を，友よ，私に云いなさい，もし立方根の演算に関してあなたの理知が成熟しているなら./GT 51/[7]

···Note·····

GT 51. 例題：分数の立方根. (1) $\sqrt[3]{791\frac{29}{64}}$. (2) $\sqrt[3]{181\frac{26}{27}}$. (3) $\sqrt[3]{\frac{1}{216}}$. (4) $\sqrt[3]{\frac{1}{27}}$.

·····

27, 8 [解説] 「前の立方量の」：前に述べた七百九十一などの量の，「根」(pada: mūla)：四半分大きい九など，を「云いなさい」という統語である．あとは明瞭である．/SGT 51.1/

---

[1]K ghane > ghanamūle.

[2]lavaghanamūle harapadabhakte gaṇitavidhijñā ghanapadamāhuḥ//50//

[3]GT 49 の第一例題の答えの整数部分 (791) と第二例題の答えの分数部分 ($\frac{26}{27}$) が混在している．注釈者 S の勘違いか.

[4]K savarṇitae(?tai)kādhi(ka)navatisaptaśatādīnāṃ > savarṇitaikādhinavatisaptaśatādīnāṃ.

[5]ghanapadamaghanapade dve ghanapadato 'pāsya ghanamato mūlam/
saṃyojya tṛtīyapadasyādhastādanaṣṭavargeṇa//Tr 16// (= PG 29)

[6]K ghanalavamūle > lavaghanamūle.

[7]prācīnaghanarāśīnāṃ brūhi mitra padāni me/
ghanamūlavidhāne ca prabhūtā yadi te matiḥ//51//

第一の例題．書置 $\begin{array}{|c|}791\\29\\64\\\hline\end{array}$ ここでは部分付加だから,「分母を掛けた」云々 27, 10

(GT 57a) により，六十四を上の数字に掛けて五十千六百二十四が生じ，二十九を投じて最後の〈二桁〉五十三が生ずる．すなわち 50653．この，同色化された分子の立方の根を導くために,「立方一つと非立方対」云々 (GT 32-33) により，五十にあるゼロ (śūnya) の下に最後の立方位がある．そこで，ある数字の立方が上で消える (yāti, すなわち引ける) とき，それを下に作り，〈上からその〉立方を引くべきである．すなわち $\begin{array}{|ccccc|}5&0&6&5&3\\&3&&&\\\hline\end{array}$ [1] 三の立方は二十七．これを[2]五十の中から引くと，余りとして二十三が残る．$\left\langle\begin{array}{|ccccc|}2&3&6&5&3\\&3&&&\\\hline\end{array}\right\rangle$

それから，根と呼ばれる三を五十三にある五の「下に移動すべきである」(GT 32)．すなわち $\begin{array}{|ccccc|}2&3&6&5&3\\&&&3&\\\hline\end{array}$ それから「それの」「平方」九を三倍して二十七が生ずる．それで，前に置いた[3]三から「残り」(左) の数字量を「割るべきである」．すなわち $\begin{array}{|ccccc|}2&3&6&5&3\\&2&7&3&\\\hline\end{array}$ そこで，二十七の下の七によって割れば $\left\langle\begin{array}{|ccccc|}2&3&6&5&3\\&2&7&3&\\&&7&&\\\hline\end{array}\right\rangle$ 八十九と百が消える (gata)．残る余りは四十七[4]．$\left\langle\begin{array}{|cccc|}4&7&5&3\\2&7&3&\\&7&&\\\hline\end{array}\right\rangle$ 目的が述べられたので二十七は破棄される．$\begin{array}{|cccc|}4&7&5&3\\&&3&\\&7&&\\\hline\end{array}$ [5] 商の七は〈商の〉列の三の先に採用して，すなわち $\begin{array}{|cccc|}4&7&5&3\\&&3&7\\\hline\end{array}$ 「それからそれの[6]平方」云々(GT 33)：その七の平方，四十九を徴とする平方，それに「後」の三を掛けると百四十七が生じ[7]，〈さらに三を掛けると四百四十一が生ずる．これを三の上の位置から取り去るべ

---

[1]K 50653（‘0’ の下の ‘3’ がない）.

[2]K ∅ > tasyāṃ.

[3]K pūrvanyastayā > pūrvanyastāt.

[4]K pañcacatvāriṃśat > saptacatvāriṃśat.

[5]K $\left\{\begin{array}{cccc}4&7&5&3\\&&3&\end{array}\right\}$

[6]K tato nyatat > tatastat.

[7]K jātāḥ saptacatvāriṃśadadhi(ka)triśatī > jātaṃ saptacatvāriṃśadadhiśataṃ.

きである．残りは三十四である．〉[1] すなわち

3	4	3
	3	7

「立方も」という．「前」である七の立方，三百四十三を取り去るべきである．三つ〈の数字 (343)〉は消える．得られるのは三十七である．

〈

	0
3	7

〉 これが七百を初めとしその下に二十七という分母を持つもの[2]の立方根である．その「分子の立方根が分母の根で」という．分母は六十四．その根は四．それで「割られるとき」．次の意味である．三十七を四で割って商は九，9，余りは四を分母とする一．商は上に割り当てられる（置かれる）べきである (upari niyojya) とどこでも知るべきである[3]．すなわち

9
1
4

/SGT 51.2/

···Note···

SGT 51.2. 例題 (1) の解の手順．$\sqrt[3]{791\frac{29}{64}} = \sqrt[3]{\frac{50653}{64}} = \sqrt[3]{50653} \div \sqrt[3]{64}$. ここで，GT 32-33 のアルゴリズムによって $\sqrt[3]{50653}$ の計算をする．

1) 最後の立方位の下に立方が引ける根 3 を置く:

5	0	6	5	3
	3			

2) その立方を引く $(50 - 3^3 = 23)$:

2	**3**	6	5	3
	3			

3) 根 3 を 3 桁右に移動する:

2	3	6	5	3
			3	

4) その左に根 3 の平方の 3 倍 $(3^2 \cdot 3 = 27)$ を置く:

2	3	6	5	3
	2	**7**	3	

5) それで上を割る $(236 = 27 \cdot 7 + 47)$:

4	**7**	5	3
2	7	3	
	7		

6) 不要になった除数 27 を消す：

4	7	5	3
		3	
	7		

7) 商 7 を根の列に移動する：

4	7	5	3
		3	**7**

8) 商 7 の平方と「後」3 の積の 3 倍を引く $(475 - 7^2 \cdot 3 \cdot 3 = 34)$:

3	**4**	3
	3	7

9) 商 7 の立方を引く $(343 - 7^3 = 0)$:

	0
3	7

だから $\sqrt[3]{50653} = 37$. また，$\sqrt[3]{64} = 4$ だから，$\sqrt[3]{50653} \div \sqrt[3]{64} = 37 \div 4 = 9\frac{1}{4}$.

···

27, 27 第二の例題．書置

181
26
27

部分付加だから，「分母を掛けた」云々（GT

---

[1] K に欠けている部分を復元: punastrikeṇa hataṃ jātāmekacatvāriṃśadadhicatuśśatam/ etattrikasyoparisthānādapanayet/ śeṣaṃ catustriṃśat/

[2] ここでも，第一例題の答えの整数部分と第二例題の答えの分数部分が混在している．SGT 50 の冒頭参照．

[3] SGT 49.2 末尾参照.

57a）により，二十七を一百八十一に掛けて四千八百八十七が生ずる．そこで二十六を投ずると，四千九百十三が生じ，その下に二十七を分母として持つ．すなわち $\begin{array}{|r|}4913\\27\\\hline\end{array}$ この，分子の立方の[1]，三分の一引く六を徴とする根を導くために，規則には述べられていないが，別の計算 (anyā prakriyā) が示される．すなわち，三分の一引く六が配置されるべきである (maṇḍanīya)．す 28, 1
なわち $\begin{array}{|r|}6\\\circ\,1\\3\\\hline\end{array}$ これは分数の立方根量である．部分除去類だから，「分母を〈整数に〉掛け」云々(GT 60ab) により三を六に掛けて十八が生じ，一を引いて三を分母とする十七．すなわち $\begin{array}{|r|}17\\3\\\hline\end{array}$ そこで，十七を十七に掛けて平方二百八十九が生ずる．三を三に掛けて九．すなわち $\begin{array}{|r|}289\\9\\\hline\end{array}$ そこで，割り算で述べられた「交換をしてから」云々(GT 42) により，この除数 (hara: bhāgadāyin) である数字の〈分子と分母を〉交換してから，すなわち，二百八十九が下，九が上．すなわち $\begin{array}{|r|}9\\289\\\hline\end{array}$ したがって，一翼には (ekapakṣe) 四千九百十三が二十七を分母としてある．すなわち $\begin{array}{|r|}4913\\27\\\hline\end{array}$ 一方には (ekatas) 二百八十九が，上に九という数字を伴ってある．すなわち $\begin{array}{|r|}9\\289\\\hline\end{array}$ これら四つの数字とも共約 (apavṛtti) 可能である．共約は，二つの数字に関して，等しい一つの数字によってなされるべきである．そこで，四千に始まる数字が二百八十九で共約されて十七が生ずる．また，二百八十九を自分自身で共約して一が生ずる．同様に，九を九で割ると一．また，二十七を九分割に共約すると三が生ずる．すなわち $\begin{array}{|r|r|}17&1\\3&1\\\hline\end{array}$ そこで，一を掛けることにより[2]，被除数も除数もそのままである．したがって，十七を三で割って商は五，余りは三分の二である．すなわち $\begin{array}{|r|}5\\2\\3\\\hline\end{array}$ ここでは，左と右の数字を共約することにより稲妻共約 (kuliśa-apavartana) が示された．/SGT 51.3/

···Note ··

SGT 51.3. 例題 (2) の解．注釈者 S は「別の計算」を示すというが，これは，立方根が得られた場合の検算の一種である．すなわち，根 $(6-\frac{1}{3})$ を既知として，$a^3 \div a^2 = a$ を確認する．$a^3 = \frac{4913}{27}$, $a^2 = \frac{289}{9}$ だから，共約をする場合，$a^3 \div a^2 = \frac{4913}{27} \cdot \frac{9}{289} =$

[1]lavaghanasya. bhinnaghanasya（分数の立方の）のほうがふさわしい．

[2]K ekaguṇanāya > ekaguṇanayā.

$\frac{17}{3} \cdot \frac{1}{1} = (17 \cdot 1) \div (3 \cdot 1) = 17 \div 3 = 5\frac{2}{3}$. SGT 32-33.2 参照.「稲妻共約」に関しては，GT 42 参照.

…………………………………………………………………………

28, 15 共約しない場合は次の通りである．一方には四千九百十三が二十七を分母としてある．それから,「交換をしてから」云々(GT 42) により，上に九，下に八十九と二百. $\left\langle \begin{array}{|c|c|} 4913 & 9 \\ 27 & 289 \\ \hline \end{array} \right\rangle$ そこで，九を四千に始まるものに掛けて生ずる数字は次の通り：44217，四十四千二百十七．乗数九は消える (gata). また，二十七を八十九と二百に掛けて七千八百と三が生ずる．すなわち 7803. 乗数二十七は消える. $\left\langle \begin{array}{|c|} 44217 \\ 7803 \\ \hline \end{array} \right\rangle$ そこで，七千に始まるもので四十四に始まるものを割って商は五，余りの数字は[1]五千二百と二，すなわち $\begin{array}{|c|} 5202 \\ 7803 \\ \hline \end{array}$ そこで，上の数字を二千六百一で共約して二が生ずる[2]．同じその[3]二千に始まるもの，2601，で下にある数字を共約して三が生ずる．そこで，商は上に置く (nyāsa).[4] すなわち $\begin{array}{|c|} 5 \\ 2 \\ 3 \\ \hline \end{array}$ [5] したがって，〈整数の〉立方のように，分数の立方もまた，その根を知ってから，その平方で分数の立方を割れば，分数の立方根に至る，ということが確定している．/SGT 51.4/

…Note……………………………………………………………………

SGT 51.4. 例題 (2) の解 (続). 共約をしない場合, $\frac{4913}{27} \cdot \frac{9}{289} = (4913 \cdot 9) \div (27 \cdot 289) = 44217 \div 7803 = 5\frac{5202}{7803} = 5\frac{2}{3}$. SGT 32-33.2 参照.

…………………………………………………………………………

28, 26 次に，第三の例題の書置 $\begin{array}{|c|} 1 \\ 216 \\ \hline \end{array}$ ここでは，分子の立方は一である．これの根もまた一である，〈立方計算で〉変形させられている項（桁）がないから[6]．一という「分子の立方根を分母の根で」という．分母は二百十六，その根は六．それで割られるとき，〈除数より大きい〉被除数はないから，そのままが商である．すなわち $\begin{array}{|c|} 1 \\ 6 \\ \hline \end{array}$ /SGT 51.5/

…Note……………………………………………………………………

SGT 51.5. 例題 (3) の解：$\sqrt[3]{\frac{1}{216}} = \sqrt[3]{1} \div \sqrt[3]{216} = 1 \div 6 = \frac{1}{6}$.

…………………………………………………………………………

[1]K śeṣāṅka > śeṣāṅkaḥ.

[2]K jātā 2 > jātau dvau.

[3]K anenainā(va) > anenaiva.

[4]labdhasyopari nyāsaḥ. SGT 51.2 参照.

[5]K $\left\{ \begin{array}{c} 2 \\ 5 \\ 3 \end{array} \right\}$

[6]śūnyapadavikāritāt.

第四の例題の書置 $\left|\begin{array}{c}1\\27\end{array}\right|$ ここでも前のように,「分子の立方根」，一を徴と 28, 29
するもの，が「分母の根で」という.[1] 分母は二十七．その根は三．それで「割られるとき」，前のように，そのままが商である．⟨ すなわち $\left|\begin{array}{c}1\\3\end{array}\right|$ ⟩ /SGT 51.6/

···Note···

SGT 51.6. 例題 (4) の解：$\sqrt[3]{\frac{1}{27}} = \sqrt[3]{1} \div \sqrt[3]{27} = 1 \div 3 = \frac{1}{3}$.

それをよく知る人は[2]，部分類 (GT 53) を初めとするものなしに[3]⟨ 分数計算は ⟩ ありえない，と考えて，まずそれらを述べてから，分数の足し算など 29, 1
を述べた．しかしここでは ⟨ シュリーパティ先生は ⟩，⟨ 整数の ⟩ 足し算などの ⟨ 基本演算を述べる ⟩ 機会があったので，⟨ それに続けて ⟩ 分数の ⟨ 基本演算である ⟩ 足し算などに関して言葉を発したのである (muktavān)，というので，すべて適切である（問題ない）. /SGT 51.7/

···Note···

SGT 51.7. 「それをよく知る人」(tad-vijña) は，おそらくバースカラを念頭に置いている．バースカラは『リーラーヴァティー』で，部分類 (L 30-31)，重部分類 (32-33)，部分付加・部分除去 (34-36) の後で分数の八則 (37-44) を述べる．注釈者 S（13 世紀）は，GT（11 世紀）の分数に関する諸規則の順序が，当時すでに標準的教科書になっていた『リーラーヴァティー』（12 世紀）のそれと異なり，分数の八則が，部分類など (GT 53-63) の前に置かれている理由を説明する必要性を感じていたと思われる．

[付　ゼロの一般則]

さて，数字に付随する (aṅka-sahacārin) ゼロ (śūnya) の本性 (svarūpa) を 29, 4
知りたいと欲する者の質問を想定して，ゼロの一般則[4]を述べる．/SGT 52.0/

> **和においては，ゼロは付加数に等しくなる．量はゼロの除去と付加においては不変であり，ゼロの掛け算ではゼロである．ゼロで割られたら，⟨ 量は ⟩ ゼロになる．ゼロが ⟨ 量で ⟩ 割られても，ゼロである．ゼロの平方においてはゼロである．立方もゼロになるだろう./GT 52/**[5]

---

[1]K harapade > harapadeti.

[2]K tadvijñā(?) > tadvijñaḥ.

[3]K bhāgajātyādyavinā > bhāgajātyādyaṃ vinā.

[4]vyāpti. 一般的な意味は「遍く充たすこと」．GSS 1.49-52 は正・負・ゼロに関する規則を与えるが，その導入文は「正数負数ゼロを対象とする一般的決まり」(dhanarṇaśūnya-viṣayaka-sāmānya-niyamāḥ) である．

[5]yoge śūnyaṃ bhavati sadṛśaṃ kṣepasyāvikārī
rāśiḥ śūnyāpagamamilane śūnyaghāte ca śūnyam/
vyomnā bhakte bhavati gaganaṃ vyomni bhakte ca śūnyaṃ

···Note···

GT 52. 規則：ゼロの一般則 (śūnya-vyāpti). $0+a=a$, $a-0=a$, $a+0=a$, $a\times 0=0\times a=0$, $a\div 0=0$, $0\div a=0$, $0^2=0$, $0^3=0$. ここに $0-a=-a$ が含まれないことに注意. 下に引用される L 45-46 もこのケースを扱わない. これは，既知数学（パーティー）では負数を認めないから. また，$\sqrt{0}=0$, $\sqrt[3]{0}=0$ がないのは既知数学で不要だったからか.『リーラーヴァティー』の「ゼロの基本演算八種」を与える規則 (L 45-46) で用いられた「平方など」という言葉にはこれらのケースが含まれると考えられる.

なお SGT では，この節のトピックは「八種の基本演算に含まれる」ものであり，独立の基本演算としては数えられていないことに注意. 本節の結語 (SGT 52.8) とその Note 参照. この規則 (GT 52) には例題も与えられていないので，注釈者 S はそれを補うために『リーラーヴァティー』の例題 (L 47) を引用し，ついでにその規則 (L 45-46) も引用する. 彼はこのあと，SGT 52.1-4（特に 52.2）で，GT 52 が L 45-46 のすべての規則を含んでいたという前提で強引な「解説」をする.

···

29, 9 解説. 五などの付加数との「和 (yoga) においては，ゼロは」「等しく」：五などに,「なる」. /SGT 52.1/

···Note···

SGT 52.1. $0+a=a$. ここでは「ゼロ」が主語であることに注意.

···

29, 9 また，ゼロの「除去」(apagama) においては：すなわち，十などの中からゼロを引く (ākarṣaṇa) 場合である. またゼロの「付加」(milana) においては：すなわち，⟨ 十などの ⟩ 中にゼロを投ずる (kṣepa) 場合である. また,『リーラーヴァティー』の意図を考慮して (āmṛśya) 解説するなら，apagama（除去）は ⟨hara（除去）と同様 ⟩ 除数[1]であり，⟨ 一方 ⟩ milana（付加）という語によって ⟨ 意図されているのは ⟩，積算 (upacaya) の原因であるから，その乗数 (guṇaka) である. だから，ゼロが除数としてと同時に乗数としてある場合，ということである. 次の意味である. ある数字の，⟨ ゼロによる ⟩ 掛け算と割り算があるとき，上に（乗数として）も下に（除数として）も，ゼロはなくなるだろう，⟨ したがってその数字は不変である ⟩. このように，三つの場合とも，量は不変であろう[2]. また,「ゼロの除去と付加」を語ることにより，ゼロの引き算と足し算が教示された. というのは，ゼロの引き算あるいは足し算において，量は不変だから. /SGT 52.2/

---

varge vyomno viyaditi bhavedantarikṣaṃ ghanaśca//52//

SŚ では，既知数学を扱う 13 章ではなく，未知数学を扱う 14 でゼロの規則が与えられる. 本書付録 A.2, SŚ 14.6 参照.

[1] bhāgadāyī rāśiḥ.「部分を与える量」.

[2] この文はこの段落の最後にふさわしい.

···Note···

SGT 52.2. 注釈者 S によれば，演算において量 (a) が不変 (avikārin) であるのは，次の 3 つの場合である．$a-0=a$, $a+0=a$, $a\times 0\div 0=a$. 最後のケース ($a\times 0\div 0=a$) は GT 52 には述べられていないが，注釈者 S が，この後すぐに引用する『リーラーヴァティー』の規則 (L 45-46) を「考慮して」(āmṛśya),「量はゼロの除去と付加においては (śūnya-apagama-milane) 不変である」という GT 52 の表現が「量はゼロが除数であり乗数であるとき不変である」も意味すると解釈したものである．

···

同様に，「ゼロの掛け算では」，すなわち，ゼロによる掛け算 (ghāta: guṇana) 29, 15
においては，五などの数字はゼロになるだろう，ということである．したがって，数字のように，もしゼロによってゼロが掛けられるとしても，ゼロに他ならない．⟨ 数字が ⟩「ゼロで (vyomnā: śūnyena) 割られたらゼロ (gagana: śūnya) になる」．数字で「ゼロが割られてもゼロである」．⟨ これらの場合 ⟩ すべてが去る.[1] また,「ゼロが」 (vyomni: śūnye) 「ゼロで」「割られたら」，数字のように，ゼロになる．前の文 (vākya) 二つ[2]によって，掛け算 (pratyutpanna) と割り算 (bhāgahāra) の二つの演算 (vidhi) が述べられた．/SGT 52.3/

···Note···

SGT 52.3. $a\times 0=0$, $0\times 0=0$, $a\div 0=0$, $0\div a=0$, $0\div 0=0$. GT 52b の「ゼロの掛け算では」(śūnya-ghāte) は $0\times a$ も含むと思われるが，注釈者 S はそれに言及しない．逆に，GT 52 には $0\times 0=0$ と $0\div 0=0$ への言及はないが，注釈者 S の云うように，ゼロを「数字のように」(aṅkavat) 考えるなら，それぞれ $a\times 0=0$ と $a\div 0=0$ から導くことができる．この段落で取り扱われたのはどれも結果が「去る」すなわち「消える」，つまり 0 になって書板から消去されるケースである．

···

また，「ゼロの平方においては」: 同じ[3]二つの量の積を徴とするものにお 29, 19
いては,「ゼロである」ということになろう．また，ゼロの[4]「立方」: 等しい三つの量の積を徴とするもの[5]，それも「ゼロ」 (antarikṣa: gagana) になるだろう．⟨ 詩節の最後に（和訳では「立方」の後）⟩「も」(ca) という文字があるから，ゼロの平方根もゼロである．ゼロの立方根もゼロに他ならない．これにより，平方などの四つの基本演算が述べられた．/SGT 52.4/

···Note···

SGT 52.4. $0^2=0$, $0^3=0$, $\sqrt{0}=0$, $\sqrt[3]{0}=0$. 注釈者 S が GT 52 にないゼロの平方根と立方根をここに含めたのも，次に引用される L 45-46 の影響と考えられる．

···

---

[1] K vyomnā–śūnyena bhakte aṅkena ... sarvo 'py yāti/ (... は K が示す欠損部分) > vyomnā śūnyena bhakte ⟨gaganaṃ śūnyaṃ bhavati/⟩ aṅkena ⟨vyomni bhakte ca śūnyam/⟩ sarvo 'py yāti/

[2] GT 52bc か．

[3] K sadṛśaṃ(śi) > sadṛśa-.

[4] K vyomnā > vyomno.

[5] K -lakṣaṇam/ > -lakṣaṇaḥ.

29, 22　これの例題を示すために『リーラーヴァティー』の規則 (sūtra) が示される．次の通りである．

> 和においてはゼロは付加数に等しい．平方などにおいてはゼロである．ゼロで割った量はゼロ分母である．ゼロを掛けたものはゼロである．残りの演算では（すなわち演算が残っているときは）ゼロ乗数とみなすべきである．// ゼロが乗数として生じているとき，もしさらにゼロが除数であるなら，そのときは量は不変であると知るがよい．ゼロを引いたり加えたりしたもの（量）も同様〈に不変〉である./L 45-46/[1]

···Note···

L 45-46. 規則：ゼロの演算．$0+a=a$, $0^2=0$, $\sqrt{0}=0$, $0^3=0$, $\sqrt[3]{0}=0$, $a\div 0=\frac{a}{0}$（ゼロ分母），$a\times 0=0$, 演算が続く場合，$a\times 0=a\cdot 0$（ゼロ乗数），$(a\times 0)\div 0=\frac{a\cdot 0}{0}=a$, $a\mp 0=a$.

···

29, 28　この二つのアールヤー〈詩節〉(L 45-46) は，前の詩節の解説 (SGT 52.1-4) によって意義を失う．例題の詩節は次の通りである．/SGT 52.5/

> ゼロに五を加えると何になるか．述べなさい．ゼロの平方，根，
> 30, 1　立方，立方根，ゼロを掛けた五，そしてゼロで割った十を〈述べなさい〉．何にゼロを掛け，自分の半分を加え，三を掛け，ゼロで割ったら六十三になるか./L 47/[2]

···Note···

L 47. 例題：ゼロの計算．(1) $0+5$. (2) 0^2. (3) $\sqrt{0}$. (4) 0^3. (5) $\sqrt[3]{0}$. (6) 5×0. (7) $10\div 0$. (8) $\left(x\times 0+\frac{x\times 0}{2}\right)\times 3\div 0=63$.

···

30, 3　書置 | 0 | これに五を加えると五が生ずる．すなわち 5．ゼロの平方の書置 | 0 | ゼロの平方根の書置 | 0 | ゼロの立方の書置 | 0 | ゼロの立方根の書置 | 0 |「ゼロを掛けた五」はゼロに他ならない．書置

0	0
5	

[3]「そして

---

[1]yoge khaṃ kṣepasamaṃ vargādau khaṃ khabhājito rāśiḥ/
khaharaḥ syātkhaguṇaḥ khaṃ khaguṇaścintyaśca śeṣavidhau//L 45//
śūnye guṇake jāte khaṃ hāraścettadā punā rāśiḥ/
avikṛta eva jñeyastathaiva khenonitaśca yutaḥ//L 46//
L 46b: K tadā punā] punastadā L.

[2]khaṃ pañcayugbhavati kiṃ vada khasya varge(gaṃ)
mūlaṃ ghanaṃ ghanapadaṃ khaguṇāṃśca pañca/
khenoddhṛtāndaśa ca kaḥ khaguṇo nijārdha-
yuktastribhiśca guṇitaḥ khahṛtastriṣaṣṭiḥ//L 47//
L 47a: K varge(gaṃ) > vargaṃ L. L 47b: K khaguṇāṃśca] khaguṇāśca L.
L 47c: K khenoddhṛtāndaśa] khenoddhṛtā daśa L. L 47d: K, L/VIS khahṛtas] svahatas L/ASS.

ゼロで割った十を」: ゼロで割った十はゼロである．書置

10	0
0	

[1] /SGT 52.6/

···Note···

SGT 52.6. L 47 の例題の解．(1) $0+5=5$. (2) $0^2=0$. (3) $\sqrt{0}=0$. (4) $0^3=0$. (5) $\sqrt[3]{0}=0$. (6) $5\times 0=0$. (7) $10\div 0=0$. この (7) の答えは，Bhāskara によれば $\frac{10}{0}$ すなわち「ゼロ分母 (kha-hara)」で無限大である．Śrīpati も SŚ 14.6（本書付録 A.2 参照）ではそれを「ゼロ分母」とするが，GT 52 によれば 0 である．

···

また〈最後の問題では〉，ある数字は未知 (ajñāta) であるが，「ゼロを掛 30, 6
け」,「自分の半分を」: 原典の散文注 (mūla-vṛtti) によれば七などを,「加え」,「三を掛け」,「ゼロで割ったら六十三が」顕現するもの (dṛśya) として生ずる．すなわち，〈任意数算法で解く場合,「任意数」として選んだ〉十四という数字にゼロを掛けると

0
14

これに「自分の半分を」: 十四の半分すなわち七を加えると二十一が生じ，

〈
0
21
〉

三を掛けられたものとして六十三が生ずる．

〈
0
63
〉

だから,「ゼロで割ったら[2]六十三」に他ならない．〈なぜなら〉「量は不変である」(GT 52).〈というのは，乗数の〉ゼロが残っており[3]，乗数と除数は，上と下のゼロであるから．書置は次の通り．

0
63
0

[4] この例題の展開の残りは『リーラーヴァティー』の散文注で学んで欲しい．ここでは，〈それを説明すると〉容量がかさばりすぎるだろう．/SGT 52.7/

···Note···

SGT 52.7. L 47 の例題の解 (続). (8) 任意数算法による解．$x=14$ と仮定すると，

$$\left(14\times 0+\frac{14\times 0}{2}\right)=21\cdot 0;$$

$21\cdot 0\times 3=63\cdot 0$; $63\cdot 0\div 0=63$. つまり（書板上では）上と下にそれぞれ乗数と除数のゼロがあるので，それらが相殺されて，'63' という「量は不変である」．後は『リーラーヴァティー』の散文注 (līlāvatī-vṛtti) で学べ，と注釈者 S はいう．それは，SGT 52.7 の冒頭 (p.30, l.6) で言及された「原典の散文注」(mūla-vṛtti) と同じと考

[3] これは $5\times 0=0$ を意味する．ここに見られる掛け算の縦表記は，乗数の下に被乗数を書くカパータ対連結乗法あるいは定位置乗法の場合と同じ．SGT 17-18.2, 17-18.3 参照．

[1] $10\div 0=0$. この縦表記は，被除数の下に除数を書く通常の割り算と同じ．この結果 (0) は，L 45 ではなく，GT 52 の規則に従う．

[2] K khahṛtās > khahṛtā.

[3] K khasthito > khaḥ sthito.

[4] ここでは上から乗数 (0) 被乗数 (63)，そしてそれらの積を被除数としてその下に除数 (0)，という配列になっている．

えられるが,『リーラーヴァティー』の著者バースカラ自身によるとみなされている現行の散文注は，書置に続いて,「そこで，⟨次節で⟩述べられる逆算法または任意数算法により，量14が得られる」というだけで，期待されるような具体的な解のプロセスを述べない．そこで，注釈者Sの解の続きを復元すると，最初仮定した14を問題に与えられた顕現数63に掛け，14から上の計算により生じた63で割る，という手順で答えの14が得られる．この単純な計算過程を「容量がかさばりすぎる」といって省略するのは，他書の例題とはいえ，不自然である．注釈者Sは，他の例題の解では，微に入り細をうがつ解説をしているから．また，答えとして得られるはずの数(14)を最初の「任意数」として仮定するのは解説者としての配慮を欠く．さらに，SGT 65.2では『リーラーヴァティー』から任意数算法の規則(L 51)を「顕現数類の術則」として引用し，SGT 66.1ではそれを用いて例題を解くが,「任意数算法」(iṣṭa-karman)という名称を一度も使わない．上述の解を載せる「原典」＝『リーラーヴァティー』の「散文注」が誰のものかは未詳だが，その解を無批判に引用する彼も，任意数算法の意味を正しく理解していなかったのかもしれない．

…………………………………………………………………

30, 11 以上，八種の基本演算に含まれるゼロの一般則(vyāpti)は完結した．/SGT 52.8/

…Note……………………………………………………………

SGT 52.8. 「八種の基本演算に含まれる」(aṣṭaparikarmagatā)というこの「八種の基本演算」は整数と分数のそれぞれに関する「八種の基本演算」をまとめて表現したものと考えられる．SGT 34.3では，整数に関する基本演算を「初めの(pūrva)八種の基本演算」と呼んでいる．それに倣えば，分数に関する基本演算は「後の(uttara)八種の基本演算」ということになる．ただし，この表現はSGTの現存テキストには見つからない．ちなみに『リーラーヴァティー』は，対象を整数，分数，ゼロに分けて，それぞれの規則を「基本演算八種」(parikarma-aṣṭaka),「分数の基本演算八種」(bhinna-parikarma-aṣṭaka),「ゼロの基本演算八種」(śūnya-parikarma-aṣṭaka)と呼ぶ．インドのゼロに関しては，林2018参照.

…………………………………………………………………

2.3.17 ⟨部分類⟩

30, 12 [分数の同色化における部分類]

30, 13 次は単位の諸部分，あるいは[1]部分の部分，あるいは増加部分，あるいは減少部分の掛け算等はどうするのか，という疑問を想定して云う．/SGT 53.0.0/

30, 14 **これから後は分数の同色化が企てられる．/GT 53.0/**[2]

[1]K [bhāga] > vā.

[2]ataḥ paraṃ kalāsavarṇanamārabhyate/GT 53.0/

···Note···

GT 53.0. この散文の導入句は，K では SGT の文章と区別されていないが，前後の SGT の文章は明らかにこの文章に対する注釈であるから，GT の一部あるいは SGT 以前に GT に加えられたコメントと考えられる.「分数の同色化」とは，複合分数を分子一つ分母一つの単純分数に変換し，演算可能な状態にすること．その中の「部分類」はいわゆる通分に相当する．なお，原語は kalā-savarṇana が普通だが，GT 54d のように kalā-savarṇa ということもある．PG 3b でも kalā-savarṇa という語形が使われ，それを古注は「分数 (kalā) は単位の部分，二分の一等であり，それらを同じ色にすることが分数の同色化である」(kalā rūpabhāgā dvibhāgādayas tāsāṃ savarṇanaṃ kalāsavarṇaḥ/ Shukla のテキスト，kalāḥ rūpabhāgadvi-を修正) と説明する.

···

明らかである．そこでまず，部分類に関する術則，半詩節を述べる．/SGT 30, 15
53.0/

分子と分母に，互いの分母を掛けるべきである，分母の同等性のためには./GT 53/[1]

···Note···

GT 53. 規則：部分類 (bhāga-jāti). $\frac{b}{a} \pm \frac{d}{c} = \frac{bc}{ac} \pm \frac{ad}{ac}$. 書板上での実際の手順については SGT 36.2 および SGT 54.1 など参照.

···

解説．上の数字 (aṅka) が分子 (aṃśa)，下の数字が分母 (cheda) である．だ 30, 17
から，分数 (bhāga) には二つの数字が期待されるので，二つの場所 (sthāna) に書かれた (likhita)「分子と分母に」「互いの分母を」(chedanābhyām anyonyasya: chedābhyāṃ mitho)「掛けるべきである」，〈すなわち〉前の分子分母に先の数字の分母を，先の分子分母に前の数字の分母を，掛けるべきである，掛けられた分母が両方とも等しくなるように．しかし分子はそうなる必要はない，という意味である．/SGT 53/

これに関する出題の詩節で一つの例題を述べる．/SGT 54.0/ 30, 22

半分，三分の一，四半分，六分の一，五分の一，そして七分の一．これらの分数を等分母にして云いなさい．もしあなたが分数の同色化に熟達しているなら./GT 54/[2]

···Note···

GT 54. 例題：部分類. $\frac{1}{2}, \frac{1}{3}, \frac{1}{4}, \frac{1}{6}, \frac{1}{5}, \frac{1}{7}$ を等分母化（通分）すること.

···

解説．単位 (rūpa) の半分，単位の三分の一等と〈単位という語が〉結び 30, 25

[1] aṃśacchedau chedanābhyāṃ vihanyādanyonyasya chedasādṛśyahetoḥ//53//

[2] dalaṃ tribhāgaścaraṇaḥ ṣaḍaṃśaḥ pañcāṃśakaḥ saptamabhāga eva/
bhāgānamūntulyaharānpracakṣva kalāsavarṇe yadi kauśalaṃ te//54//

つけられるべきである．後は明らかである．書置

1	1	1	1	1	1
2	3	4	6	5	7

ここでは部分類だから，互いに数字二つづつの[1]計算 (prakriyā) がなされるべきである．すなわち，最初の数字二つに対して[2]，互いの分母が，二の下に三，三の下に二というように，もたらされるべきである (neya)[3]．すなわち

1	1
2	3
3	2

それから，三を一に掛けて三が生じ，三を二に掛けて六が生ず

31, 1 る．同様に，二を一に掛けて二が生じ，二を三に掛けて六が生ずる．すなわち

3	2
6	6
3	2

すると，等しい二つの六が分母だから，上の分子三の中に二を投じて五が生ずる，六を分母として．残りは破棄すべきである．すなわち

5
6

それから，先にある数字一は四を分母とするから，四が六の下に，また四の下に六がもたらされるべきである (neya)．すなわち

5	1
6	4
4	6

ここで，半分で共約して，六は三に，四は二にする．すなわち

5	1
6	4
2	3

そこで，二を五に掛けて十が生じ，二を六に掛けて十二が生ずる．後の数字では，三を一に掛けて三が生じ，三を四に掛けて十二が生ずる．すなわち

10	3
12	12
2	3

それから，上の分子十の中に三を投じて上に十三が生じ，下には十二，残りは消える．すなわち

13
12

次に，先にある数字一は六を分母とするから，六を六分の一に共約して，一が十二の下に[4]，また十二を六分の一で共約して，二が六の下にもたらされるべきである．すなわち

13	1
12	6
1	2

それから，前の数字に一を掛けてそのまま，後の数字では[5]，一に二を掛けて二，六に二を

[1]mitho 'ṅkadvayasya 2. この '2' は前の語 aṅkadvayasya(数字二つの) の繰り返しを意味すると思われる．数字2のこの用法は写本でときどき見られる．

[2]K tathādvi(hi?) prathamamaṇkadvaye > tathā hi prathamāṅkadvaye.

[3]K dvau tayor yathā > dvau neyau/ yathā. K ではこの文章に動詞がないが，この後の平行文では neya が用いられているので，この文脈に不要な二音節 tayor を neyau に修正する．

[4]K ṣaḍbhāgāpavartane na naiko dvādaśādhas > ṣaṇṇāṃ ṣaḍbhāgāpavartana eko dvādaśādhas.

[5]K parāṅko > parāṅke.

掛けて十二が生ずる．すなわち

13	2
12	12
1	2

したがって等分母だから，上の分子十三の中に二を投じて十五が生ずる，十二を分母として．残りは消える．すなわち

15
12

次に，先にある数字一は五を分母とするから，五が十二の下に，十二が五の下にもたらされるべきである．すなわち

15	1
12	5
5	12

それから，十五に五を掛けて七十五が生じ，十二に五を掛けて六十が生ずる．後の数字では，一に十二を掛けて十二が生じ，五に十二を掛けて[1]六十が生ずる．すなわち

75	12
60	60
5	12

等分母だから，上の分子七十五の中に十二を投じて八十七が生ずる，六十を分母として．残りは消える．すなわち

87
60

次に，先にある数字一は七を分母とするから，七が六十の下に，六十が七の下にもたらされるべきである．すなわち

87	1
60	7
7	60

それから，八十七に七を掛けて六百九が生じ，六十に七を掛けて四百二十が生ずる．後の数字では，一に六十を掛けて六十が生じ，七に六十を掛けて四百二十が生ずる．すなわち

609	60
420	420
7	60

等分母だから，六百九の中に六十を投ずれば，六百六十九が生ずる，四百二十を分母として[2]．残りは消える．すなわち

669
420

[3]それか

---

[1]K (dvādaśa)-guṇāḥ > dvādaśaguṇāḥ.

[2]K ṣaṭśata[navādhimadhye ṣaṣṭikṣepe jātā ekonasaptatyadhikā] ṣaṭśatī viṃśatyadhi-(ka)catuśchedā （[ ] 内は K の本文では点線で表され，脚注で補われている）> ṣaṭśata-navādhimadhye ṣaṣṭikṣepe jātaikonasaptatyadhikā ṣaṭśatī viṃśatyadhicatuḥśatīchedā. 以下，SGT 54.2 の最初の文章 (PG 37 の intro) までが，写本 fols.60b-61a の汚れで読めない部分 (K の intro, p.lxvii 参照) に当たると思われる．

[3]以下この段落末までの部分は K では，

tato dve śate ......'sya tribhāge ...bhāgāpa ...jātaṃ catvāriṃśadadhi(ka)śataṃ krameṇa labdhaṃ yathā $\left\{\begin{matrix}83\\140\end{matrix}\right\}$/ ...ete rūpabhāgāḥ/

であり，点線部分について K は脚注で「文字が不明瞭で読みはわからない」としているが，SGT 54.3 末尾 (p.32, ll.24-28) の平行文を参考にして，次のように復元可能．

tato ⟨'dho'ṅkenoparyaṅkasya bhāge labdhaṃ rūpamekam/ upari ca śeṣāṅko⟩ dve śate ⟨ekonapañcāśat/ yathā 249/ a⟩sya tribhāge ⟨'pavartane jātā tryaśītiḥ/ adho'ṅkasyāpi viṃśatyadhicatuḥśatasya tri⟩bhāgāpa⟨vartane⟩ jātaṃ catvāriṃśadadhiśataṃ krameṇa labdhaṃ yathā

83
140

ete rūpabhāgāḥ/

ら，⟨ 下の数字で上の数字を割ると，商は単位一である．そして上には余りの数字 ⟩ 二百 ⟨ と四十九がある．すなわち 249． ⟩ これを三分の一に ⟨ 共約して八十三が生ずる．下の数字四百二十も三 ⟩ 分の一に共 ⟨ 約して ⟩ 百四十が生ずる．得られたのは順に $\begin{array}{|c|}83\\140\\\hline\end{array}$ これは単位の部分である．/SGT 54.1/

···Note···

SGT 54.1. 例題の解．GT 54 は等分母化（通分）を求めるだけだが，注釈者 S は，与えられた分数の総和を求める問題と解釈し，最初から 2 つづつ，通分したうえで足し算を行う．$\frac{1}{2}+\frac{1}{3}=\frac{3}{6}+\frac{2}{6}=\frac{5}{6}$，$\frac{5}{6}+\frac{1}{4}=\frac{10}{12}+\frac{3}{12}=\frac{13}{12}$，$\frac{13}{12}+\frac{1}{6}=\frac{13}{12}+\frac{2}{12}=\frac{15}{12}$，$\frac{15}{12}+\frac{1}{5}=\frac{75}{60}+\frac{12}{60}=\frac{87}{60}$，$\frac{87}{60}+\frac{1}{7}=\frac{609}{420}+\frac{60}{420}=\frac{669}{420}=1\frac{249}{420}=1\frac{83}{140}$，

·········

31, 23 ここ (GT) で述べられたものではないが，⟨ 分数の足し算のために，⟩ アールヤー詩節が示される.[1]

> 下の分母を上の分子に，上の分母を下の分母に掛け，中央の分子と分母の積を上の分子に投ずるべきである./PG 37/[2]

···Note···

PG 37. 規則：分数の足し算．$\frac{b}{a}+\frac{d}{c}=\frac{bc+ad}{ac}$ の計算を次のように行う．

1) 二つの分数を縦に並べる： $\begin{array}{|c|}b\\a\\d\\c\\\hline\end{array}$

2) 下の分母を上の分子に，上の分母を下の分母に掛ける： $\begin{array}{|c|}bc\\a\\d\\ac\\\hline\end{array}$

3) 中央の分子と分母の積を上の分子に投ずる： $\begin{array}{|c|}bc+ad\\a\\d\\ac\\\hline\end{array}$

4) 中央の分子と分母を消す (このステップは規則にない): $\begin{array}{|c|}bc+ad\\ac\\\hline\end{array}$

GT における分数の足し算は，部分類 (GT 53) によって同色化（通分）してから，分数の和の規則 (BG 35) を適用するが，この規則 (PG 37) は部分類 (GT 53) のステップを経ないで分数の足し算を行うことに注意．興味深いことにシュリーパティは，SŚ 13.12 で，この PG 37 と同じアルゴリズムを部分類として与える．本書付録 A.1 参照．

·········

31, 27 解説．部分類は数字二つを前提にする[3]，というので，上向きに (ūrdhvagatyā)

---

[1]K atrānuktāpi ......māryā pradarśyate/ > atrānuktāpi ⟨bhinnasaṃkalitā-rtha⟩māryā pradarśyate/

[2]adharahareṇordhvāṃśānūrdhvahareṇādharaṃ haraṃ hanyāt/
madhyāṃśaharābhyāsaṃ vinikṣipeduparimāṃśeṣu//PG 37// (Cf. SŚ 13.12)

分子分母の対が〈二つ〉ある．だから，最初の分子分母の対が「上」，二番目の分子分母の対が「下」と〈ここでは〉名づけられる．そこで,「下の分母を」(adharahareṇa: adhaśchedena)「上の分子に掛けるべきである」.「上の分母を」: 上の数字の分母を,「下の分母に」: 下の数字の分母に,「掛けるべきである」．それから，中央にある数字は[1]上の数字の分母と下の数字の分子である 32, 1
が，それら二つの積，すなわち上の分母を下の分子に掛けたときに生ずる数字でもあるが，その「中央の分子と分母の積を」[2]「上の分子に」: 下の分母を掛けたものに,「投ずるべきである」．/SGT 54.2/

···Note···

SGT 54.2. PG 37 の解説.

··········

例題の詩節 (pl.) で[3]，前の方の〈二つの分数の〉書置は，数字列 (aṅka-śreṇi) 32, 3
を上向きで[4]

1
2
1
3

ここで「下の分母」は三．それを「上の分子」一に掛けて三が生ずる.「上の分母」二を「下の分母」三に「掛けるべきである」．六が生ずる.「中央の分子と分母」のうち，下の数字を上の分母に掛けると，掛け算 (積) はそのまま二．〈これを〉上の分子三の中に「投ずるべきである」.六を分母として五が生ずる．すなわち

5
6

この下に四半分がある.[5] すなわち

5
6
1
4

「下の分母」四を「上の分子に掛けるべきである」．五が二十になる.「上の分母」六を「下の分母」四に「掛けるべきである」．二十四が生ずる.「中央の分子と分母の積」: 一掛ける六でそのまま，を「上の分子」二十に「投ずるべきである」．二十六が生ずる，二十四を分母として．すなわち

26
24

この下に六分の一がある．すなわち

26
24
1
6

「下の分母」六を二十六に掛けるべきである．生ずるのは百五十六.「上の分母」二十四を「下の分母」六に「掛けるべきである」．生ずるのは百四十四.「中央の分子と分母

[3]bhāgajātir aṅkadvayāpekṣā. SGT 62 と SGT 63.2 それぞれの冒頭に類似の表現がある.
[1]K では単数 (yadaṅkam) であるが，双数 (ye aṅke) の方が適切.
[2]K madhyāṃśaharābhyastam > madhyāṃśaharābhyāsaṃ tam.
[3]-vṛtteṣu. GT 54 を指すと思われるが，pl. の理由は不明.
[4]K -nyāsaścordhva[harasya dvikasthā]gatyā > -nyāsaścordhvagatyā.
[5]K asyāścaraṇau > asyādhaścaraṇo.

の積」: 一掛ける二十四，を上の分子[1] 百五十六に「投ずるべきである」．百八十が生ずる，百四十四を分母として．〈すなわち $\begin{array}{|c|}180\\144\\\hline\end{array}$ この下に五分の一がある．〉すなわち[2] $\begin{array}{|c|}180\\144\\1\\5\\\hline\end{array}$ 「下の分母」五を「上の分子」百八十に「掛けるべきである」．九百が生ずる．「上の分母」百四十四を「下の分母」五に「掛けるべきである」．七百二十が生ずる．「中央の分子と分母の積」: 一掛ける百四十四，を「上の分子」九百に「投ずるべきである」．一千四十四が生ずる，七百二十を分母として．すなわち $\begin{array}{|c|}1044\\720\\\hline\end{array}$ この下に七分の一がある．すなわち $\begin{array}{|c|}1044\\720\\1\\7\\\hline\end{array}$ [3] 分母七を掛けた上の分子千四十四は三百八と七千．「上の分母」七百二十を「下の分母」七に「掛けるべきである」．五千四十が生ずる．「中央の分子と分母の積」: 一掛ける七百二十を徴とするものを[4]「上の分子」三百八と七千に「投ずるべきである」．八千二十八が生ずる[5]，五千四十を分母として．すなわち $\begin{array}{|c|}8028\\5040\\\hline\end{array}$ [6] 下の数字で上の数字を割ると，商は単位一．また上には余りの数字九百八十八と二千がある．すなわち 2988．これを三十六で共約して八十三が生ずる．下の数字五千四十を三十六で共約して一百四十が生ずる．すなわち $\begin{array}{|c|}1\\1\\\hline\end{array}$ 〈これは〉単位である．[7] $\begin{array}{|c|}83\\140\\\hline\end{array}$ これ

32, 28 は単位〈の部分である〉．[8] /SGT 54.3/

···Note ···

SGT 54.3. PG 37 の規則による GT 54 の例題の解．$\frac{1}{2}+\frac{1}{3}=\frac{1\cdot3+2\cdot1}{2\cdot3}=\frac{5}{6}$．$\frac{5}{6}+\frac{1}{4}=\frac{5\cdot4+6\cdot1}{6\cdot4}=\frac{26}{24}$．$\frac{26}{24}+\frac{1}{6}=\frac{26\cdot6+24\cdot1}{24\cdot6}=\frac{180}{144}$．$\frac{180}{144}+\frac{1}{5}=\frac{180\cdot5+144\cdot1}{144\cdot5}=\frac{1044}{720}$．

---

[1] K caturviṃśati uparimāṃśeṣu > caturviṃśatimuparimāṃśeṣu.

[2] K -cchedam, yathā > -cchedaṃ ⟨yathā $\begin{array}{|c|}180\\144\\\hline\end{array}$ asyādhaḥ pañcāṃśo⟩ yathā.

[3] K $\left\{\begin{array}{c}1644\\726\\1\\7\end{array}\right\}$

[4] K -lakṣaṇa > -lakṣaṇam.

[5] K jātā aṣṭāviṃśatyadhi(ka)sahasrāṣṭaka > jātamaṣṭāviṃśatyadhisahasrāṣṭakaṃ.

[6] K $\left\{\begin{array}{c}8628\\5340\end{array}\right\}$

[7] K rūpa > rūpaṃ.

[8] K ete rūpa... > ete rūpa(fol.64a)bhāgāḥ. この ‘bhāgāḥ’ から失われた fol.64 が始まる．

$\frac{1044}{720}+\frac{1}{7}=\frac{1044\cdot 7+720\cdot 1}{720\cdot 7}=\frac{8028}{5040}=1\frac{2988}{5040}=1\frac{83}{140}$.

....

2.3.18 ⟨ 重部分類 ⟩

⟨ 分子の積と分母の積が分子と分母になる，重部分と呼ばれる類では./GT 55/⟩[1]

···Note ···
GT 55. 規則：重部分類 (prabhāga-jāti). 単位の部分ではなく，部分の部分が与えられたとき，分母を統一する. $\frac{b}{a}\times\frac{d}{c}=\frac{b\times d}{a\times c}$.
....

⟨ 解説. ···⟩[2]

⟨ ある人が乞食にドランマの半分の三分の一の四半分を布施した. また別の人はドランマの八分の一の五分の一の三分の一の半分の六分の一を布施した. さらにもう一人がドランマの七分の一の八分の一の四分の一の十分の一を布施した. お布施の合計はいくらか./GT 56/⟩[3]

···Note ···
GT 56. 例題：重部分類. $\frac{1}{2}\cdot\frac{1}{3}\cdot\frac{1}{4}+\frac{1}{8}\cdot\frac{1}{5}\cdot\frac{1}{3}\cdot\frac{1}{2}\cdot\frac{1}{6}+\frac{1}{7}\cdot\frac{1}{8}\cdot\frac{1}{4}\cdot\frac{1}{10}$. 単位はドランマ.
....

[4]⟨ 第一項目の解説. 一人の男によって，ドランマの半分の三分の一の四分の一が与えられた. 書置は

1	1	1
2	3	4

のようになる. これにより一つの数字が得られるべきである. すなわち,「分子」一 (pl.)「の積」(abhyāsa: guṇana) を作るべきである. 生ずるのは一のまま.「分母の積」(chedasaṃvargaṃ) も作るべきである. すなわち，二掛ける三は六になる. 六掛ける四は ⟩ 二十[5]⟨ 四 32, 28

---

[1]aṃśābhyāsacchedasaṃvargameva aṃśacchedaḥ syātprabhāgākhyajātau//55// (Cf. SŚ 13.11ab) この詩節は失われた fol.64 にあったはずのもので，K にはない. SGT 56.1-3 の残存部分に基づいて復元.

[2]Fol.64 に含まれる. 復元不能.

[3]この詩節も失われた fol.64 にあったはずのもので，K にはない. ここに，SGT 56.1-3 に基づいてその内容を復元したが，Skt 詩節そのものを忠実に復元するには手がかりが足りない.

[4]失われた fol.64 に含まれるが，現存する平行文から次の ⟨ ⟩ の中のように復元可能.

⟨prathamapadavyākhyā/ ekena drammasya yadardhaṃ tasya yastryaṃśastasya caturthabhāgo dattaḥ/ nyāso yathā

1	1	1
2	3	4

etenaiko 'ṅkaḥ sādhyaḥ/ tathā hi/ aṃśānāmekānāmabhyāsaṃ guṇanaṃ kuryāt/ jāta eka eva/ chedasaṃvargaṃ ca kuryāt/ yathā/ dviguṇastrayo jātāḥ ṣaṭ/ ṣaḍguṇitāścatvāro jātā catu⟩(fol.65a)rviṃśatirekonaikaścaturviṃśatichedaḥ/

[5]ここから fol.65a.

になる〉. だから生ずるのは二十四を分母とする一である.[1] すなわち

1
24

/SGT 56.1/

33, 1 次は第二項目 (pada) の解説. 別の男によって，ドランマの八分の一，その五分の一，その三分の一，その半分，その六分の一が与えられた．書置

1	1	1	1	1
8	5	3	2	6

これにより一つの数字が得られるべきである．すなわち,「分子」一 (pl.)「の積」(abhyāsa: guṇana) を作るべきである．生ずるのは一のまま.「分母の積」(chedasaṃvargaṃ) も作るべきである．すなわち，八掛ける五は四十になる．四十掛ける三は一百二十になる．一百二十掛ける二は二百四十になる．これを六に掛けて十四百四十になる．だから生ずるのは十四百四十を分母とする一である．すなわち

1
1440

/SGT 56.2/

33, 9 次は第三項目の解説．一ドランマの七分の一[2]，その八分の一，その四分の一，その十分の一をもう一人が与えた[3].

1	1	1	1
7	8	4	10

これにより一つの数字が得られるべきである．すなわち,「分子」一 (pl.)「の積」を作るべきである．生ずるのは一のまま.「分母の積」を作るべきである．すなわち，七掛ける八は五十六になる．五十六掛ける四は二百二十四になる．これを掛けた十は二千二百四十になる．そして，これを分母として一がある．すなわち

1
2240

/SGT 56.3/

33, 14 そこで，これら三項目から生じた三つの数字を同色化するための書置

1	1	1
24	1440	2240

これにより，重部分類を行うことから[4]部分類が生じた．だから,「分子と分母に」云々(GT 53) によって，〈初めの〉二つの分子と分母の対の内，分母を交換し，共約して，つまり，二十四で二十四を共約すると一が生じる[5]ので，それは十四百四十の下に，また十四百四十を二十四で共約すると六十が生ずるので，それは二十四の下に[6]，〈置かれる〉. すなわち

1	1
24	1440
60	1

六十掛ける一は六十になる．六十掛ける二十四は十四百四十になる．すなわち

60
1440

二番目〈の分子分母〉に数字（ここでは 1）を

[1]K . . . -viṃśatirekonaikaścaturviṃśatichedaḥ > . . . -viṃśatistato jāta ekaścaturviṃśaticchedaḥ.

[2]K yo'ṃśastasya > yo'ṃśassaptamastasya.

[3]K dadau/ aparaḥ > dadau aparaḥ (for dadāvaparaḥ)/

[4]K prabhāgajātakaraṇa- > prabhāgajātikaraṇād.

[5]K caturviṃśaterapavarte śata ekaḥ > caturviṃśatyā caturviṃśaterapavarte jāta ekaḥ.

[6]K sa(sā) catvāriṃśadadhaścatuḥśatādhaḥ > sā ca caturviṃśatyadhaḥ.

掛けてもそのままである．等分母だから[1]，六十の中に一を投じて六十一が生ずる，十四百四十を分母として．すなわち

61
1440

残り（左列全部と右列の最下数）は消される.[2] /SGT 56.4/

次に，先にある数字と同色化するために，二つの分母とも百六十で共約する 33, 22
と[3]，十四百四十には[4]九が生じ，二十二百四十には十四が生ずる．だから,「分子と分母に」云々(GT 53) により分母を交換して，すなわち

61	1
1440	2240
14	9

そこで，十四掛ける六十一は八百五十四になり，十四掛ける十四百四十は二十千と一百六十になる．後の数字では[5]，九掛ける一は九になり，九掛ける二十二百等は[6]二十千等になる．すなわち

854	9
20160	20160

だから，上の分子二つを足せば[7]，八百六十三が生ずる，二十千等を分母として．残りは消さ 34, 1
れる．すなわち

863
20160

上の数字は ⟨ 下の数字より ⟩ 小さいので割り算ができない．完全な単位 (pūrṇa-rūpa) がたくさんあれば割り算に適するようになるだろう．そのためにまずパナ単位 (paṇa-rūpa) にすべきである．十六パナで一ドランマだから (GT 4)，十六を八百六十三に掛けて十三千八百八になる．すなわち 13808．これでもまだ割り算に適さないので，カーキニー単位 (kākiṇī-rūpa) にすべきである．パナは四カーキニーから成るので (GT 4)，四を十三千等に掛けて五十五千二百三十二になる．これを二十千等の数字で割って，すなわち

55232
20160

商は二カーキニー，すなわち 2．上にある余りの数字は十四千九百十二である．これは小さいので割り算ができない．だから[8]，カパルダ単位にすべきである．二十カパルダを一カーキニーとする[9]，というので，二十を十四千等に掛けて二ラクシャ九十八千二百四十になる．これを二十千等で割ると[10]

298240
20160

商は十四カパルダカ，すなわち 14．上にある余りの数字は十六千，16000．そこで，上下二つの数字を三百二十で共約すると，上に五十が生じ，下に六十三である．すなわち

50
63

/SGT 56.5/

---

[1]K tathaiva, sadṛśacchedatvāt/ ṣaṣṭi- > tathaiva/ sadṛśacchedatvācchaṣṭi-
[2]この手順については，SGT 36.2 参照.
[3]K ṣaṣṭādhi(ka)śatenāpavarte > ṣaṣṭyadhiśatenāpavarte.
[4]K catvāriṃśadadhi(ka)caturdaśānāṃ > catvāriṃśadadhicaturdaśaśatānāṃ.
[5]K -śatamekaṃ parāṅke/ > -śatamekam/ parāṅke.
[6]K caturdaśaśatādi > dvāviṃśatiśatādi (suggested by K in fn.).
[7]K tyā(?yo)ge > yoge.
[8]K (ataḥ) > ataḥ.
[9]GT 4 の定義では「ヴァラータカ」がその価値を持つ.
[10]K bhāga(ge) > bhāge.

···Note ···

SGT 56.1-5. 重部分類の例題の解. 3 人それぞれに重部分類を適用する. [1 人目: $\frac{1}{2} \cdot \frac{1}{3} \cdot \frac{1}{4} = \frac{1 \cdot 1 \cdot 1}{2 \cdot 3 \cdot 4} = \frac{1}{6 \cdot 4} =] \frac{1}{24}$ dramma. 2 人目: $\frac{1}{8} \cdot \frac{1}{5} \cdot \frac{1}{3} \cdot \frac{1}{2} \cdot \frac{1}{6} = \frac{1 \cdot 1 \cdot 1 \cdot 1 \cdot 1}{8 \cdot 5 \cdot 3 \cdot 2 \cdot 6} = \frac{1}{40 \cdot 3 \cdot 2 \cdot 6} = \frac{1}{120 \cdot 2 \cdot 6} = \frac{1}{240 \cdot 6} = \frac{1}{1440}$ dramma. 3 人目: $\frac{1}{7} \cdot \frac{1}{8} \cdot \frac{1}{4} \cdot \frac{1}{10} = \frac{1 \cdot 1 \cdot 1 \cdot 1}{7 \cdot 8 \cdot 4 \cdot 10} = \frac{1}{56 \cdot 4 \cdot 10} = \frac{1}{224 \cdot 10} = \frac{1}{2240}$ dramma. これら 3 項に部分類を適用する. $\frac{1}{24} + \frac{1}{1440} = \frac{1 \cdot 60}{24 \cdot 60} + \frac{1 \cdot 1}{1440 \cdot 1} = \frac{60}{1440} + \frac{1}{1440} = \frac{61}{1440}$. $\frac{61}{1440} + \frac{1}{2240} = \frac{161 \cdot 14}{1440 \cdot 14} + \frac{1 \cdot 9}{2240 \cdot 9} = \frac{854}{20160} + \frac{9}{20160} = \frac{863}{20160}$ dramma $= \frac{863 \cdot 16}{20160}$ paṇa $= \frac{13808}{20160} = \frac{13808 \cdot 4}{20160}$ kākiṇīs $= \frac{55232}{20160} = 2\frac{14912}{20160}$. $\frac{14912}{20160}$ kākiṇī $= \frac{14912 \cdot 20}{20160}$ kapardas $= \frac{298240}{20160} = 14\frac{16000}{20160} = 14\frac{50}{63}$ kapardas. 〈よって, 総計は 2 kākiṇīs $14\frac{50}{63}$ kapardas.〉

···

34, 13 このように, 重部分類は完結した. /SGT 56.6/

2.3.19 〈部分付加類〉

34, 14 次は, 部分付加の術則, 一詩節を述べる. /SGT 57.0/

分母を掛けた整数に分子を投ずるべきである. 分母に分母を掛けてから, 最初の分子が分子を伴う下の分母によって掛けられる, 実に, 部分付加と呼ばれる類の演算では./GT 57/[1]

···Note ···

GT 57. 規則: 部分付加類 (bāga-anubandha-jāti). 整数に分数 (単位の一部分) を付加する場合と, 分数に自分自身の一部分を付加する場合の 2 種類の部分付加がある.

部分付加 1: $a + \frac{c}{b} = \frac{ab+c}{b}$. 写本や書板上では $\begin{array}{|c|} a \\ c \\ b \end{array} \rightarrow \begin{array}{|c|} ab + c \\ b \end{array}$

部分付加 2: $\frac{b}{a} + \frac{b}{a} \cdot \frac{d}{c} = \frac{b(c+d)}{ac}$. 写本や書板上では $\begin{array}{|c|} b \\ a \\ d \\ c \end{array} \rightarrow \begin{array}{|c|} b(c + d) \\ ac \end{array}$

「整数」と訳したのは, rūpa (単位) の複数形.

···

34, 17 解説. 分子分母に[2]部分付加があり, 部分付加が単位 (rūpa) と結びついている場合,「分母を掛けた整数に」: 分母を掛けた上にある整数に,「分子を」: その整数に伴う分子を,「投ずるべきである」と, 純粋な (śuddha) 部分類に依存して述べられた. もし, まず単位と結びついた部分があり, さらに部分と結びついた単位の部分こそが多くの部分に従う[3]部分付加量である場合はどうなるのか, というので云う,「分母に」云々と. 下の分子の分母を上の分子の

---

[1]chedanighneṣu rūpeṣu bhāgaṃ kṣipecchedanaṃ chedanenaiva hatvāṃśakam/
sāṃśakādhohareṇādyamāhanyate nūnamaṃśānubandhākhyajātervidhau//57//
(Cf. SŚ 13.10d for 57a)

[2]aṃśacchedāḥ. これは「整数に」(rūpāṇi) が正しいと思われる.

[3]K bahubhāgānu(bandha)yāyino > bahubhāgānuyāyino.

分母に掛けてから (hatvā: guṇayitvā),「分子を伴う下の分母によって」: 下の分母の中に投じられた下の分子によって，上の分子が掛けられる (āhanyate: guṇyate). その下の数字は乗数なので消され，上の分子分母が残る．同様に，先の数字に関しても演算が行われるべきである.「実に，部分」云々は明らかである．/SGT 57/

···Note ···

SGT 57. 部分付加 1 は部分類 (GT 53) の特殊ケースとも考えられる．すなわち，$\frac{a}{a'}+\frac{c}{b}=\frac{ab+a'c}{a'b}$ で $a'=1$ の場合が部分付加 1 である．だから部分付加 1 は「純粋な部分類 (śuddha-bhāgajāti) に依存して述べられた」といえる．これに対して部分付加 2 を，注釈者 S は「部分付加の部分類」(bhāgānubandha-bhāgajāti) と呼んでいる．SGT 66.1 の冒頭参照．語彙：部分付加 1 の $\frac{c}{b}$ や部分付加 2 の $\frac{b}{a}$ は「単位と結びついた部分」(rūpa-anubaddha-bhāgāḥ) と呼ばれ，部分付加 2 の $\frac{d}{c}$ は「部分と結びついた単位の部分」(bhāga-anubaddha-rūpasya bhāgāḥ) と呼ばれる．後者は，SGT 60 の冒頭では，bhāga-saṅkalita-rūpād bhāgāḥ と表現されている．SGT 60 の Note 参照.

···

まず，最初の項目の例題を一詩節で述べる．/SGT 58.0/ 34, 25

四半分を伴う十，半分を伴う単位（一），三分の一を伴う二を，友よ，同色化してから私に云いなさい．もしあなたが数学に修練を積んでいるなら./GT 58/[1]

···Note ···

GT 58. 例題：部分付加 (1). $x=10\frac{1}{4}$. $y=1\frac{1}{2}$. $z=2\frac{1}{3}$.

···

四半分を伴う十単位，半分を伴う一単位，そして三分の一を伴う二を云いなさい．後は明らかである．書置 34, 28

10	1	2
1	1	1
4	2	3

ここでの演算は次の通り．

最初の数字では分母は四．それを十単位に掛けて四十が生じ，この中に分子一を投じて四十一が生ずる，四を分母として．すなわち 35, 1

41
4

二番目の数字では，分母二を一に掛けて二が生じ，分子一を投じて三が生ずる，二を分母として．すなわち

3
2

ここで二つの分母四と二を半分で共約し，生じた一と二を交換して，すなわち

41	3
4	2
1	2

「分子と分母に」云々(GT 53) に

[1] sacaraṇadaśa rūpamardhayuktaṃ trilavayutaṃ dvitayaṃ ca he sakhe/
kathaya mama savarṇanaṃ hi kṛtvā yadi gaṇite vidyate śramaste//58//

よって前の数字に〈一を〉掛けるとそのままであり，後の数字では二掛ける三は六になり，二掛ける二は四になる．等分母だから，四十一の中に六を投じて[1]四十七が生ずる，四を分母として．残りは消される (vinaṣṭa)．すなわち $\begin{array}{|c|}47\\4\\\hline\end{array}$ 次に，先の数字では，すなわち $\begin{array}{|c|}2\\1\\3\\\hline\end{array}$ ここでは，分母三を二単位に掛けて六が生じ，分子一を投じて七が生ずる，三を分母として．すなわち $\begin{array}{|c|}7\\3\\\hline\end{array}$ だから,「分子と分母に」云々(GT 53) により[2]分母の四と三を交換して，すなわち $\begin{array}{|c|c|}47&7\\4&3\\3&4\\\hline\end{array}$ 三掛ける四十七は一百四十一になり，三掛ける四は十二になる．すなわち $\begin{array}{|c|}141\\12\\\hline\end{array}$ 後の数字では，四掛ける七は二十八になり，四掛ける三は十二になる．[すなわち $\begin{array}{|c|}28\\12\\\hline\end{array}$][3] 等分母だから，最初の百四十一の中に二十八を投じて一百六十九が生ずる，十二を分母として．すなわち $\begin{array}{|c|}169\\12\\\hline\end{array}$ 残りは消される．下の数字で上の数字を割れば，商は十四．余りは一で十二を分母とする．すなわち $\begin{array}{|c|}14\\1\\12\\\hline\end{array}$ /SGT 58/

···Note···

SGT 58. 部分付加の例題 (1) の解．GT 58 の問題文は「同色化して」というだけで，同色化したあと 3 数 (x, y, z) の和をとれとはいっていないが，注釈者 S は和をとる．部分付加類 (GT 57) の規則 1 により，$x = \frac{41}{4}, y = \frac{3}{2}$ だから，部分類 (GT 53) の規則により，$x+y = \frac{41}{4}+\frac{3}{2} = \frac{41}{4}+\frac{6}{4} = \frac{47}{4}$. また，再び部分付加類 (GT 57) の規則 1 により，$z = \frac{7}{3}$ だから，部分類 (GT 53) の規則により，$(x+y)+z = \frac{47}{4}+\frac{7}{3} = \frac{141}{12}+\frac{28}{12} = \frac{169}{12} = 14\frac{1}{12}$.

···

35, 15 次は，部分と結びついた[4]部分の例題—整数を欠く部分に付随する部分付加を伴う数字に関する—を述べるために，一詩節で云う．/SGT 59.0/

> **四半分を伴う単位が自分の半分だけ大きくなり，自分の三分の一を伴い，自分の六分の一を加えたもの，また，三分の一に〈自分の〉六分の一を加え，自分の四半分だけ大きくしたもの，を同色化してから云いなさい./GT 59/**[5]

[1]K kṣepe > ṣaṭkṣepe.
[2]K tato'tra chedādāvityādinā > tato'ṃśachedāvityādinā.
[3]K が脚注で補う.
[4]K bhāgānubandha > bhāgānubaddha.
[5]sapādarūpaṃ sa(sva)dalārdhakaṃ ca svasya tribhāgaṃ svaṣaḍaṃśayuktam/

···Note ···

GT 59. 例題：部分付加 (2). $a_1 = 1 + \frac{1}{4}$, $a_2 = a_1 + \frac{1}{2}a_1$, $a_3 = a_2 + \frac{1}{3}a_2$, $x = a_3 + \frac{1}{6}a_3$. $b_1 = \frac{1}{3}$, $b_2 = b_1 + \frac{1}{6}b_1$, $y = b_2 + \frac{1}{4}b_2$. これらは，次のように書き替えた方が，全体の構造がわかりやすい. $x = (1 + \frac{1}{4})(1 + \frac{1}{2})(1 + \frac{1}{3})(1 + \frac{1}{6})$. $y = \frac{1}{3}(1 + \frac{1}{6})(1 + \frac{1}{4})$. 実際,『バクシャーリー写本』ではこれに相当する表現も用いられている. SGT 61.1 の Note および Hayashi 1995, 190 参照.

···

解説. まず，四分の一を伴う単位.「自分の半分」という. 四半分を伴う単位の半分，それだけ大きくなったもの.「自分の三分の一を伴う」という. 四半分を伴う単位に自分の半分を加えたものの三分の一，それを伴う. さらに「自分の六分の一」という. 四半分を伴う単位に自分の半分を加え[1]，自分の三分の一を伴うものの自分の六分の一，それを加えたもの，それが単位と結びついた部分を示すものである. 後は部分と結びついた部分である,「三分の一」というように. 単位の三分の一，それである.「六分の一[2]」という. 三分の一の六分の一，それを加えた三分の一.「自分の四半分」という. 六分の一を加えた三分の一の四半分：四分の一，それだけ大きくした三分の一を「同色化してから云いなさい」という計算 (kriyā) である. /SGT 59.1/ 35, 19

···Note ···

SGT 59.1. GT 59 の 2 つの問題の説明.

···

ここでまず，上向きに鎖状にした (śṛṅkalā-kalita) 部分付加の書置. すなわち 35, 25

1	1	4	1	2	1	3	1	6

[3] ここで術の詩節の全演算が[4]示される. そこでまず，⟨GT 57a の部分付加 1 により⟩「分母」が四，それを単位一に「掛け」て生ずるのは四. この中に「分子」一を「投ずるべきである」. 五が生ずる，四を分母として. すなわち

5
4

この下に[5] 自分の半分がある. すなわち 36, 1

5
4
1
2

そこで，⟨今度は GT 57bc の部分付加 2 により⟩四を徴とする上の「分母」に「分母」：下の数字二，を「掛けて」生ずるのは八. 二を徴とする「下の分母」が「分子を伴う」：自分の一という分子が加えられて，三が

tryaṃśaṃ ṣaḍaṃśena yutaṃ svakīyapādādhikaṃ brūhi savarṇayitvā//59//
59a: K sa(sva)dalārdhakaṃ > svadalādhikaṃ. 59b: K svasya tribhāgaṃ > sasvatribhāgaṃ.

[1] K -yukta > -yuktasya.

[2] K ṣaḍaṃśe(ne)ti > ṣaḍaṃśeti.

[3] ここでは，スペース節約のため左に 90 度回転した. K では縦のまま.

[4] K saṃpūrṇīkaraṇāvṛttaprakriyā > saṃpūrṇī karaṇāvṛttaprakriyā. SGT 61.3 の冒頭 (p.38, l.7) の類似表現では，pūrṇā prakriyā.

[5] K asārdhaṃ > asyādhaḥ.

生ずる．それによって「最初の分子」五が「掛けられる」．生ずるのは十五である，八を分母として．残りは乗数だから消される．すなわち $\begin{array}{|c|}15\\8\\\hline\end{array}$ この下に自分の三分の一がある．すなわち $\begin{array}{|c|}15\\8\\1\\3\\\hline\end{array}$ ここで，八という「分母に」下の「分母」三を「掛けて」生ずるのは二十四．分母三が分子を伴うと：一を伴うと，四が生ずる．それによって十五という「最初の分子が掛けられる」．生ずるのは六十，二十四を分母として．残りは消される．すなわち $\begin{array}{|c|}60\\24\\\hline\end{array}$ この下に自分の六分の一がある．すなわち $\begin{array}{|c|}60\\24\\1\\6\\\hline\end{array}$ ここで,「分母」二十四に[1]「分母を」：下の数字六を,「掛けて」生ずるのは百四十四.「分子を伴う下の分母によって」：六の中に投じられた一によって生じた七によって,「最初の分子」六十が「掛けられる」．四百二十が生ずる，百四十四を分母として． $\begin{array}{|c|}420\\144\\\hline\end{array}$ 残りは消される．この数字は〈一時的保存のために書板上の適当な〉場所に置かれるべきである．/SGT 59.2/

36, 11　今度は，部分と結びついた[2]部分の書置 $\begin{array}{|cccccc|}\hline 1&3&1&6&1&4\\\hline\end{array}$[3] ここでは〈頭に〉整数がないから,「分母を掛けた」云々(GT 57a) という〈部分付加 1 の〉演算はない．だから,「分母に」：上の三に,「分母を」：六を,「掛けて」十八が生ずる.「分子を伴う[4]下の分母によって」：六の中に分子一が投じられたことによる七によって,「最初の分子が掛けられる」．生ずるのは十八を分母とする七である．残りは乗数なので消される．すなわち $\begin{array}{|c|}7\\18\\\hline\end{array}$ この下に自分の四半分がある．すなわち $\begin{array}{|c|}7\\18\\1\\4\\\hline\end{array}$ 「分母」十八に「分母」四を「掛けて」七十二が生ずる.「分子を伴う下の分母によって」：四の中に分子一が投じられたことによる五によって，七が「掛けられる」．七十二を分母とする三十

[1] K caturviṃśatiś > caturviṃśatiṃ (or -tiñ).
[2] K -anubandhi- > -anubaddha-.
[3] ここでは．スペース節約のため左に 90 度回転した．K では縦のまま．
[4] K aṃ(sāṃ)śakā- > sāṃśakā-.

五が生ずる．すなわち $\begin{array}{|c|}35\\72\end{array}$ 前に〈書板の別の所に〉置かれた部分付加の整数の数字四百二十を十二で共約して三十五が生じ，百四十四を十二で共約して十二が生ずる．すなわち $\begin{array}{|c|}35\\12\end{array}$ 二番目の数字はそのままこれの先へ置くべきである．すなわち $\begin{array}{|c|c|}35&35\\12&72\end{array}$ [1] ここで，分母の十二と七十二を十二で共約して順に一と六が生ずる．だから,「分子と分母に」云々(GT 53) により交換して，すなわち $\begin{array}{|c|c|}35&35\\12&72\\6&1\end{array}$ 六掛ける三十五は二百十になり，六掛ける十二は七十二になる．後の数字では，一を掛けてそのままである．だから，二百十の中に三十五を投じて二百四十五が生ずる，七十二を分母として．残りは消される．すなわち $\begin{array}{|c|}245\\72\end{array}$ 七十二で上の数字を割って，商は三単位と七十二を分母とする二十九である．すなわち $\begin{array}{|c|}3\\29\\72\end{array}$ /SGT 59.3/

···Note ···

SGT 59.2-3. 部分付加の例題 (2) の解．ここでも，GT 59 の問題文は「同色化して」というだけで，同色化したあと 2 数 (x, y) の和をとれとはいっていないが，注釈者 S は和をとる．ここで x は，分数を伴う整数 (ここでは単位) すなわち部分付加 1 のタイプの数から始まり，部分付加 2 により自己部分を付加してゆく．一方 y は，整数を欠く分数から始まり，部分付加 2 により自己部分を付加してゆく．いずれにしても，与えられた分数は上から順に縦に並べる．これを「鎖」(śṛṅkalā) に喩える．部分付加類の規則 1 により，$a_1 = 1 + \frac{1}{4} = \frac{5}{4}$, 部分付加類の規則 2 により，$a_2 = \frac{5}{4} + \frac{5}{4} \cdot \frac{1}{2} = \frac{5(1+2)}{4\cdot 2} = \frac{15}{8}$, $a_3 = \frac{15}{8} + \frac{15}{8} \cdot \frac{1}{3} = \frac{15(1+3)}{8\cdot 3} = \frac{60}{24}$, $x = \frac{60}{24} + \frac{60}{24} \cdot \frac{1}{6} = \frac{60(1+6)}{24\cdot 6} = \frac{420}{144}$. $b_2 = \frac{1}{3} + \frac{1}{3} \cdot \frac{1}{6} = \frac{1(1+6)}{3\cdot 6} = \frac{7}{18}$, $y = \frac{7}{18} + \frac{7}{18} \cdot \frac{1}{4} = \frac{7(1+4)}{18\cdot 4} = \frac{35}{72}$. 部分類 (GT 53) により，$x + y = \frac{420}{144} + \frac{35}{72} = \frac{35}{12} + \frac{35}{72} = \frac{35\cdot 6}{12\cdot 6} + \frac{35\cdot 1}{72\cdot 1} = \frac{210}{72} + \frac{35}{72} = \frac{245}{72} = 3\frac{29}{72}$.

···

このように，部分付加類は完結した．/SGT 59.4/ 36, 25

2.3.20 [部分除去類]

さて[2]，部分除去類に関する術則，一詩節．/SGT 60.0/ 37, 1

---

[1] K $\begin{Bmatrix}35\\72\end{Bmatrix}$ (左列がない)

[2] K (atha) > atha.

部分除去の演算では，分母を整数に掛け，〈結果の〉量から分子を引くべきである．一方〈自己部分の除去の場合は〉，分母を分母に掛けるべきである．そして，下にある分子を引いた分母を最初の分子に掛けるべきである，と同色化を知る人たちは云う./GT 60/[1]

···Note···

GT 60. 規則：部分除去類 (bhāga-apavāha-jāti). 部分付加類の場合に対応して，整数から分数（単位の一部分）を除去する場合と，分数から自分自身の一部分を除去する場合の 2 種類の部分除去がある．

部分除去 1：$a-\frac{c}{b}=\frac{ab-c}{b}$. 写本や書板上では $\begin{array}{|c|} a \\ \circ c \\ b \\ \hline \end{array} \rightarrow \begin{array}{|c|} ab-c \\ b \\ \hline \end{array}$

部分除去 2：$\frac{b}{a}-\frac{b}{a}\cdot\frac{d}{c}=\frac{b(c-d)}{ac}$. 写本や書板上では $\begin{array}{|c|} b \\ a \\ \circ d \\ c \\ \hline \end{array} \rightarrow \begin{array}{|c|} b(c-d) \\ ac \\ \hline \end{array}$

‘∘’ は引かれるべき数（減数）であることを示す記号．注釈者 S はこれを śūnya と呼ぶ．SGT 60 および SGT 61.1 とその Note 参照．

なお注釈者 S は，部分除去 1 の規則 (GT 60ab) を完全に引用する 2 回 (SGT 37.1, 39.3) も含めて，常に ‘haranighnarūpe rāśer’（「分母を整数に掛け，〈結果の〉量から」）と読んでいるが，この表現は不自然である．GT の本来の読みは ‘haranighnarūparāśer’（「分母を掛けた整数の量から」）だった可能性が大きい．SGT 60 の Note 参照．

···

37, 6 解説．単位の部分，あるいは部分と結びついた単位からの部分の場合は部分からの部分，が除去される場合に関して，「部分除去の演算では，分母を〈整数に〉掛け」という．上の分子の「分母」—〈次の例題の最初の例の〉四分の一〈の四〉などのことであるが—それを「整数に掛け」，上の分子を徴とする「量の」上の分子を，〈すなわちその〉分母を〈上の整数に〉掛けた「分子を」(lavān: bhāgān)，〈つまり〉後ろにシューニヤ (śūnya) が置かれた一などを，引くべきである．あるいは，「分母を掛けた」「整数」の「量」，その「分母を掛けた整数」である「量から」〈という解釈も可能である〉．〈後の〉意味は前と同じである．それから〈第二項目がある〉．上にある「分母を分母に」：下の分子の分母に，あるいは下の分子の分母を上の分子の分母に，「掛けるべきである」．また「下にある分子」という．下の分子を引いた「分母を最初の分子に掛けるべきである」．後は明らかである．/SGT 60/

---

[1] bhāgāpavāhanavidhau haranighnarūpe
rāśerlavānapanayedguṇayeddhareṇa/
chedaṃ tvadhastanalavonahareṇa hanyād
ādyāṃśakaṃ khalu vadanti savarṇatajjñāḥ//60// (Cf. ŚŚ 13.10d for 60ab)

···Note···

SGT 60. 冒頭で「部分と結びついた単位からの部分」と訳したのは bhāga-saṅkalita-rūpād bhāgāḥ であるが，これは，SGT 57 で bhāga-anubaddha-rūpasya bhāgāḥ と表現されたもの．SGT 57 の Note 参照．

注釈者 S は GT 60b にある語 rāśer の二通りの解釈に言及する．一つは gen. で「量の」と解釈し，分数 $\frac{c}{b}$ を指すとするもの，もう一つは abl. で「量から」と解釈し，積 ab を指すとするもの．このことは，彼が 'haranighnarūpe rāśer' に不自然さを感じていたことを示唆する．

···

これに関する出題の一詩節．/SGT 61.0/ 37, 13

前に（GT 58-59 で）述べられた数字で自己部分を引いたものも，同色化してから述べなさい，友よ，もしあなたが部分除去を知っているなら./GT 61/[1]

···Note···

GT 61. 例題：部分除去. (1) $x = 10-\frac{1}{4}$. $y = 1-\frac{1}{2}$. $z = 2-\frac{1}{3}$. 以上は GT 58 に対応. (2) $a_1 = 1-\frac{1}{4}$, $a_2 = a_1 - \frac{1}{2}a_1$, $a_3 = a_2 - \frac{1}{3}a_2$, $x = a_3 - \frac{1}{6}a_3$. $b_1 = \frac{1}{3}$, $b_2 = b_1 - \frac{1}{6}b_1$, $y = b_2 - \frac{1}{4}b_2$. これらは，部分付加の場合と同様，次のように書き替えた方が全体の構造がわかりやすい．$x = (1-\frac{1}{4})(1-\frac{1}{2})(1-\frac{1}{3})(1-\frac{1}{6})$. $y = \frac{1}{3}(1-\frac{1}{6})(1-\frac{1}{4})$. 以上は GT 59 に対応.

···

解説．「前に述べられた」:「四半分を伴う十等を」(GT 58) というここで，四半分を欠く十等が知られるべきである．前に[2]（それらの例題で）数字に部分が加えられたが，ここでは，同じ数字が同じ部分だけ引かれるべきである．そしてそれらの部分が引かれるべきであることを示す標識として，それらの後ろにシューニヤ ('∘') が置かれるべきである．/SGT 61.1/ 37, 16

···Note···

SGT 61.1. 注釈者 S はここで減数記号の説明をしている．それは，数が引かれるべき (viyojya) であることを表すために，数字の「後ろに」(paścāt) すなわち左に置かれる小円 ('∘') である．注釈者 S はその「標識 (upalakṣaṇa)」を「シューニヤ (śūnya)」と呼ぶ．通常「空虚」を意味する 'śūnya' は「虚空」を意味する 'kha' などとともにゼロを意味する．ここでは減数記号が形の上でゼロ記号と同じなので注釈者 S はそう呼んだと思われる．

減数または負数を表す記号は遅くとも 7 世紀頃から用いられていた．バースカラ I は『アールヤバティーヤ註解』(AD 629) で小円 ('∘') を減数（分数の場合は分母）の右肩に付す．北西インドの前期シャーラダー文字で書かれた『バクシャーリー写本』

---

[1]pūrvoktā(?ṅkā)napi brūhi nijabhāgavivarjitān/
savarṇayitveha cenmitra vetsi bhāgāpavāhanam//61//
61a: K pūrvoktā(?ṅkā)n > pūrvoktāṅkān. 61c: K savarṇayitveha > savarṇayitvā.

[2]K pūrva > pūrvaṃ.

（書写は 8-12 世紀，編纂はおそらく 7 世紀）は減数（分数の場合は分母）の右に十字 ('+') を置く (I 8 etc.)．これは元来，負債・負数を意味する語 ṛṇa をクシャーナ文字 (2-3 世紀）あるいはグプタ文字（4-6 世紀）で表したときの頭文字 (ṛ) に由来する略号と考えられるが，グプタ文字から発展した前期シャーラダー文字では語頭の 'ṛ' の字形は変化しているので,『バクシャーリー写本』の十字は略号ではなく記号と呼んでいい．Hayashi 1995, 88-89 参照．同じく北西インド（ジャンム州）のラグナータ寺院に伝わる『パーティーガニタ』の古注（著者不詳）でも，使用されている文字はデーヴァナーガリーであるが，同じような十字を減数および負数（分数の場合は分子または分母）の左または右に置く (PG E6, p.23 etc.)．バースカラは『ビージャガニタ』(AD 1150) で「負数の状態にあるもの (ṛṇa-gata) は上に点を持つ (ūrdhva-bindu)」という (BG E1p)．林 2016, 45 参照．また彼は『リーラーヴァティー』(AD 1150) で同じ記号を減数にも用いている (L 35-36)．年代は不明だが，シュリーダラに帰される『ガニタパンチャヴィンシー』(GP E4ab-6cd, FE1) の散文部分では減数の上に小円を置く．Hayashi 2013a, 258-61 参照．それぞれの用例を次に掲げる．

1)『アールヤバティーヤ註解』(BAB 2.2cd, p.50)：$\begin{array}{c} 2 \\ 1 \\ 9^{\circ} \end{array}$　意味：$2 - \frac{1}{9}$

同 (BAB 2.30, p.129)：$\begin{array}{cc} 9 & 24^{\circ} \\ 2 & 18 \end{array}$　意味：$9x - 24 = 2x + 18$

2)『バクシャーリー写本』(BM Sūtra 25, Ex.1, III 19, pp.189, 299, 377-78, 549)：

$\left\|\begin{array}{cccc} 108 & 1 & 1 & 1 \\ 1 & 1 & 1 & 1 \\ & 3+ & 3+ & 3+ \end{array}\right\|$　意味：$\frac{108}{1}(1 - \frac{1}{3})(1 - \frac{1}{3})(1 - \frac{1}{3})$

3)『パーティーガニタ』古注 (PG E6, p.23)：$\begin{array}{c|} 3 \\ 1+ \\ 4 \end{array}$　意味：$3 - \frac{1}{4}$

同 (PG E78-79, p.81)：

$\begin{array}{c|c|c|} 8 & 36 & 200 \\ +5 & +5 & 5+ \end{array}$　意味：$(\frac{27}{5} - 7)$, $(\frac{9}{5} - 9)$, $(\frac{300}{5} - 100)$ の結果

4)『リーラーヴァティー』(L 35p, p.33)：$\begin{array}{c|} 3 \\ \dot{1} \\ 4 \end{array}$　意味：$3 - \frac{1}{4}$

5)『ガニタパンチャヴィンシー』(GP E4abp, p.258)：$\begin{array}{|c|} 3 \\ \overset{\circ}{1} \\ 3 \end{array}$　意味：$3 - \frac{1}{3}$

…………………………………………………………………………

37, 18　一番目の例題の書置 $\begin{array}{|r|r|r|} 10 & 1 & 2 \\ \circ\, 1 & \circ\, 1 & \circ\, 1 \\ 4 & 2 & 3 \end{array}$[1] ここでは「分母を」という最初の項目の計算（部分除去 1）だけが行われるべきである．最初の数字では，分

[1]K $\left\{\begin{array}{r|r|r} 10 & 1 & 2 \\ \circ\, 1 & \circ\, 2 & \circ\, 2 \\ 4 & 2 & 3 \end{array}\right\}$

母の四を十を徴とする単位量に掛けて[1]四十が生ずる．これから分子を引くべきである．分子一を引くと三十九が生ずる，四を分母として．すなわち $\begin{array}{|c|}39\\4\end{array}$ 二番目の数字では,「分母を〈整数に〉掛け」というので二掛ける一は二になる．それから一を引くと一が生ずる，二を分母として．すなわち $\begin{array}{|c|}1\\2\end{array}$ 三番目の数字では,「分母を〈整数に〉掛け」というので三掛ける二は六になる．一を引くと五が生ずる，三を分母として．すなわち $\begin{array}{|c|}5\\3\end{array}$ だから，これらを足すために,「分子と分母を」云々(GT 53) によって，最初の数字にある分母四を半分に共約して二が生じ，二番目の数字にある分母二を共約して一が生ずる．だから交換して，すなわち $\begin{array}{|c|c|}39&1\\4&2\\1&2\end{array}$ そこで最初の数字を一倍してそのままであり，二番目の数字で，二掛ける一は二になり，二掛ける二は四になる．等分母だから，一番目の〈数字の〉上の分子三十九の中に二を投じて四十一が生ずる，四を分母として．残りは消される．すなわち $\begin{array}{|c|}41\\4\end{array}$ 三番目の数字でも同じである．すなわち，分母の四と三を交換して $\begin{array}{|c|c|}41&5\\4&3\\3&4\end{array}$
だから，三掛ける四十一は百二十三になり，三掛ける四は十二になる．すな 38, 1
わち $\begin{array}{|c|}123\\12\\3\end{array}$ 後の数字では，四掛ける五は二十になり，四掛ける三は十二になる．すなわち $\begin{array}{|c|}20\\12\\4\end{array}$ そこで，百二十三の中に二十を投じて百四十三が生ずる，十二を分母として．すなわち $\begin{array}{|c|}143\\12\end{array}$ 残りは消される．だから，十二で百四十三を割って，商は十一単位と十二分の十一である．すなわち $\begin{array}{|c|}11\\11\\12\end{array}$

/SGT 61.2/

···Note ···

SGT 61.2. 例題 (1) の解．$x = 10 - \frac{1}{4} = \frac{10\cdot4-1}{4} = \frac{39}{4}$. $y = 1 - \frac{1}{2} = \frac{1\cdot2-1}{2} = \frac{1}{2}$. $z = 2 - \frac{1}{3} = \frac{2\cdot3-1}{3} = \frac{5}{3}$. $x + y = \frac{39\cdot1}{4\cdot1} + \frac{1\cdot2}{2\cdot2} = \frac{39}{4} + \frac{2}{4} = \frac{41}{4}$. $(x + y) + z = \frac{41}{4} + \frac{5}{3} =$

[1]K hareti prathamāṅke/ haraśca tattri(ccatur?)–ghnorūparāśirdaśalakṣaṇo > hareti/ prathamāṅke haracatuṣkanighno rūparāśirdaśalakṣaṇo. SGT 61.3 (p.38, l.8) に同じ文 (prathamāṅke haracatuṣkanighno rūparāśir) がある．

$\frac{41\cdot 3}{4\cdot 3}+\frac{5\cdot 4}{3\cdot 4}=\frac{123}{12}+\frac{2}{12}=\frac{143}{12}=11\frac{11}{12}$.

……………………………………………………………………

38, 7　次に，二番目の詩節 (GT 59) の例題の書置

1	1	4	1	2	1	3	1	6
	○		○		○		○	

[1]

また，部分〈と結びついた部分〉は[2]

1	3	1	6	1	4
		○		○	

[3] ここ（次）に全演算がある.[4]「分母を〈整数に〉掛け」というので，まず分母の四を[5]単位量一に掛けて四が生ずる．分子一を引けば，[6]〈三が生ずる，四を分母として．すなわち

3
4

この下に，下に属する半分がある．

	3
	4
○	1
	2

下の「分母」二を上の「分母」四に「掛けるべきである」．〉八が生ずる．「下にある分子を引いた分母を」，すなわち二であるが，分子一が引かれるので一を，「最初の分子」，三を徴とするもの，に「掛けるべきである」．そのままである．すなわち，八を分母とする三．

3
8

そこでこの下に，下に属する三分の一がある．すなわち

	3
	8
○	1
	3

分母三を上の分母八に掛けるべきである．二十四が生ずる．「下にある分子を引いた分母を」，三から分子の一が引かれるので二を，「最初の分子」，上にある三を徴とするもの，に「掛けるべきである」．六が生ずる，二十四を分母として．すなわち

6
24

この下に，下に属する六分の一がある．

	6
	24
○	1
	6

下の分母六を上の分母二十四に掛けるべきである．百

---

[1] ここでは，スペース節約のため左に 90 度回転した．K では縦のまま．

[2] K bhāgaḥ > bhāgānubaddhabhāgāḥ. SGT 59.3 の冒頭 (p.36, l.11) にこれと同じ表現がある．

[3] これも，スペース節約のため左に 90 度回転した．K では縦のまま．

[4] atra pūrṇā prakriyā. SGT 59.2 冒頭 (p.35, l.26) の表現, saṃpūrṇī karaṇavṛttaprakriyā darśyate, 参照．

[5] K haraścatuṣka- > haracatuṣka-.

[6] ここに欠落があることは K も指摘．その部分は次のように復元可能．

jātāstrayaścatuścchedā yathā

3
4

asyādho 'dhastanamardham

	3
	4
○	1
	2

adhohareṇa dvikena cchedamupari catuṣkaṃ guṇayet/

四十四が生ずる.「下にある分子を引いた分母を」，六から分子の一が引かれるので五を,「最初の分子」六に「掛けるべきである」. 三十が生ずる，百四十四を分母として. すなわち $\begin{array}{|c|}30\\144\\\hline\end{array}$ 乗数はどこでも去る（消える）と知るべきである. 両者を六分の一で共約して，上に五，下に二十四. すなわち $\begin{array}{|c|}5\\24\\\hline\end{array}$ これは〈一時的保存のために書板上の適当な〉場所に置かれるべきである. /SGT 61.3/

次は，部分に関する演算 (prakriyā) である. ここには整数がないから,「分 38, 19
母を整数に掛け」(GT 60a) という演算はない. しかし残り〈の演算〉はある. すなわち，〈まず〉三分の一から〈自分の〉六分の一が引かれる書置 $\begin{array}{|r|}1\\3\\\circ\ 1\\6\\\hline\end{array}$ 「分母」，下の六，を「分母」，上の三を徴とするもの，に「掛けるべきである」. 十八が生ずる.「下にある分子を引いた分母を」，六から分子の一が引かれるので五を,「最初の分子」一に「掛けるべきである」. 十八を分母とする五が生ずる. $\begin{array}{|c|}5\\18\\\hline\end{array}$ 残りは去る. この下に，引かれる四分の一がある. すなわち $\begin{array}{|r|}5\\18\\\circ\ 1\\4\\\hline\end{array}$ 下の分母四を上の分母十八に掛けるべきである. 七十二が生ずる.「下にある分子を引いた分母を」，四から分子の一が引かれるので三を,「最初の分子」五に「掛けるべきである」. 七十二を分母とする十五が生ずる. すなわち $\begin{array}{|c|}15\\72\\\hline\end{array}$ 両者を三で共約して，上に五，下に二十四. すなわ
ち $\begin{array}{|c|}5\\24\\\hline\end{array}$ /SGT 61.4/ 39, 1

そこで，単位〈と結びついた〉部分から生じた数字，〈書板上の別の所に保 39, 1
存しておいた〉二十四分の五，の中に，〈すでに〉等分母なので，この五が投じられる. 生ずるのは二十四を分母とする十である. すなわち $\begin{array}{|c|}10\\24\\\hline\end{array}$ 両者を半分に共約して，上に五，下に十二が生ずる.〈分母より大きい〉被除数がないので，〈割り算は行わず，答えは〉これである. すなわち $\begin{array}{|c|}5\\12\\\hline\end{array}$ /SGT 61.5/

···Note ·······································

SGT 61.3-5. 例題 (2) の解. $a_1 = 1 - \frac{1}{4} = \frac{3}{4}$. $a_2 = \frac{3}{4} - \frac{3}{4} \cdot \frac{1}{2} = \frac{3(2-1)}{4 \cdot 2} = \frac{3}{8}$. $a_3 = \frac{3}{8} - \frac{3}{8} \cdot \frac{1}{3} = \frac{3(3-1)}{8 \cdot 3} = \frac{6}{24}$. $x = \frac{6}{24} - \frac{6}{24} \cdot \frac{1}{6} = \frac{6(6-1)}{24 \cdot 6} = \frac{30}{144} = \frac{5}{24}$. (以上, SGT 61.3) $b_1 = \frac{1}{3}$, $b_2 = \frac{1}{3} - \frac{1}{3} \cdot \frac{1}{6} = \frac{1(6-1)}{3 \cdot 6} = \frac{5}{18}$. $y = \frac{5}{18} - \frac{5}{18} \cdot \frac{1}{4} = \frac{5(4-1)}{18 \cdot 4} = \frac{15}{72} = \frac{5}{24}$. (以上, SGT 61.4) $x + y = \frac{5}{24} + \frac{5}{24} = \frac{10}{24} = \frac{5}{12}$. (以上, SGT 61.5)

·······································

39, 4 このように, 部分除去類は完結した. /SGT 61.6/

2.3.21 [蔓の同色化]

39, 6 さて, 蔓の同色化類に関する術則, 一詩節を述べる. /SGT 62.0/

前（上）の分母分子に下にある分母を掛けるべきである. 一方, 下にある分子は, 負数または正数として, 前（上）の分子に適用すべきである, ここでの蔓をすぐに同色化するために./GT 62/[1]

···Note ·······································

GT 62. 規則：蔓の同色化類 (vallī-savarṇana-jāti). いくつかの単位で表された量を最高位の単位に一本化する計算. 例えば, 換算率 p_1, p_2, p_3 の 4 つの単位, U_1, U_2, U_3, U_4 を考える. すなわち, $1\ \mathrm{U}_1 = p_1\ \mathrm{U}_2$, $1\ \mathrm{U}_2 = p_2\ \mathrm{U}_3$, $1\ \mathrm{U}_3 = p_3\ \mathrm{U}_4$. このとき, a_1 は正数, 他の a_i は正または負の数として,

$$
\begin{aligned}
& a_1\mathrm{U}_1 + a_2\mathrm{U}_2 + a_3\mathrm{U}_3 + a_4\mathrm{U}_4 \\
&= \left(a_1 + \frac{a_2}{p_1} + \frac{a_3}{p_1p_2} + \frac{a_4}{p_1p_2p_3}\right)\mathrm{U}_1 = \frac{a_1p_1 + a_2}{p_1} + \frac{a_3}{p_1p_2} + \frac{a_4}{p_1p_2p_3} \\
&= \frac{(a_1p_1 + a_2)p_2 + a_3}{p_1p_2} + \frac{a_4}{p_1p_2p_3} = \frac{\{(a_1p_1 + a_2)p_2 + a_3\}p_3 + a_4}{p_1p_2p_3}\ \mathrm{U}_1
\end{aligned}
$$

この計算は書板上で次のように行われる. まず, a_i と p_i を縦に配列する. a_1 の下には 1 を置く. これを「蔓」(vallī) と呼ぶ. この蔓の上から 4 項に対して,「前（上）の分母分子に下にある分母を掛け」,「下にある分子は, 負数または正数として, 前（上）の分子に適用」する, すなわち減加する. そして, その 4 項のうちの下 2 項は消す. これを繰り返して唯一の分数を得る.

$$
\begin{array}{|c|}
a_1 \\ 1 \\ a_2 \\ p_1 \\ a_3 \\ p_2 \\ a_4 \\ p_3 \\ \hline
\end{array}
\rightarrow
\begin{array}{|c|}
a_1p_1 + a_2 \\ p_1 \\ a_3 \\ p_2 \\ a_4 \\ p_3 \\ \hline
\end{array}
\rightarrow
\begin{array}{|c|}
(a_1p_1 + a_2)p_2 + a_3 \\ p_1p_2 \\ a_4 \\ p_3 \\ \hline
\end{array}
\rightarrow
\begin{array}{|c|}
\{(a_1p_1 + a_2)p_2 + a_3\}p_3 + a_4 \\ p_1p_2p_3 \\ \hline
\end{array}
$$

4 項のうちの下 2 項を消すステップは規則に明記されていないが, p_1 の消去は, SGT 63.2 で $\frac{37}{16}$ を得た後,「乗数はどこでも去る」という言葉で言及されている. SGT 61.3 で

[1] prākchedabhāgau guṇayeddhareṇa talasthitenāṃśamadhaḥsthitaṃ tu/
ṛṇaṃ dhanaṃ pūrvalave vidadhyātsavarṇanārthaṃ drutamatra vallyāḥ//62//
(Cf. SŚ 13.11cd)

は，部分除去類の計算中に同じ表現が使われている．また SGT 47.3 では，$\frac{19}{4}\cdot\frac{1}{1}=\frac{19}{4}$ を計算した後の書板上で $\frac{1}{1}$ を消すことを,「掛けたら乗数は去る，という理屈により，二つの一は消える」と表現している．

··

解説．演算は数字二つを前提にする[1]．そして，⟨ ここでの ⟩ 数字は分子分母の形 (rūpa) をとる．だから,「下にある分母を」(talasthitena hareṇa: adhaśchedena),「前の」: 上の,「分母分子に」(chedabhāgau: chedāṃśau),「掛けるべきである」．それから,「下にある分子は，負数として」という．除去されるべきであることから後ろにシューニヤが書かれている分子は,「負数」と呼ばれるものとして,「前の分子に適用すべきである」．下の分母を掛けた上の分子の量から引くべきである，という意味である．また,「下にある分子は，正数として」: 後ろにシューニヤがない分子は部分付加類だから，その分子は「正数」と呼ばれるものとして,「前の分子に」: 下の分母を掛けた上の分子の量に，投ずるべきである．ここで,「負数」という言葉で部分付加類が示されたのであり，そこにある演算 ⟨ が示されたの ⟩ ではない．/SGT 62/ 39, 11

···Note·····································

SGT 62. 最後の文は分かりにくい．蔓の同色化は基本的に部分付加類であるから，たとえ負の項があっても，それは部分除去類と考えるのではなく，負数の「付加」とみなす，ということか．

··

これに関する出題の詩節で例題一つを述べる．/SGT 63.0/ 39, 18

ドランマ二つ，五パナ，一カパルディカーとその四半分だけ少ない一カーキニーを同色化してから，友よ，すぐに説明して欲しい，もしわかるなら./GT 63/[2]

···Note·····································

GT 63. 例題: 蔓の同色化．2 drammas + 5 paṇas + (1 kākiṇī $-1\frac{1}{4}$ kapardikās) の単位を dramma に統一すること．

··

解説．「ドランマ二つ」．また「五パナ」: 十六パナでドランマ—『トリシャティー』ではプラーナ[3]—と呼ばれるそのパナ五つ.「カーキニー一つ」: 四カーキニー単位から成るパナの四分の一である．それより「カパルダカだけ少なく」．カパルダはカーキニーの二十分の一である．それだけ少ない．また「さらにその四半分だけ」少ない.「その」(tad) という言葉（代名詞）に 39, 23

---

[1] aṅkadvayāpekṣā prakriyā.

[2] drammadvayaṃ pañca paṇāstathaikā kākiṇyaho mitra kapardikonā/
tadaṃhriṇā cāpi savarṇayitvā vyāvarṇyatāṃ drāgyadi bobudhīṣi//63//

[3] ṣoḍaśapaṇaḥ purāṇaḥ paṇo bhavetkākiṇīcatuṣkeṇa/
pañcāhataiścaturbhirvarāṭakaiḥ kākiṇī hyekā//Tr Pb4// (= PG 9)

より,「複合語で従属的な〈語〉は全称（代名詞）によって言及する」[1]という理屈 (nyāya) から,「その」カパルダカの「四半分」: 四分の一，それだけさらに少ないことになる．だから，これを「同色化して」足し合わせてから云いなさい,「もしわかるなら」(bobudhīṣi: budhyase)，計算が，という意味である．/SGT 63.1/

···Note ···

SGT 63.1. この例題で使用されている通貨単位の換算率は GT 4 のもの：1 dramma = 16 paṇas, 1 paṇa = 4 kākiṇīs, 1 kākiṇī = 20 varāṭakas.

ここで注釈者 S は，GT 63c 冒頭の複合語 tad-aṃhriṇā の第一要素である代名詞 tad (それ) が，63b の複合語 kapardikā-ūnā の第一要素 kapardikā を指していることを,『カーヴヤアランカーラ』の規則 (KA 5.1.11) によって説明している．すなわち，複合語 kapardikā-ūnā の kapardikā は従属的だから，複合語 tad-aṃhriṇā では代名詞 tad (それ) によって言及されている，ということ.

···

39, 28 上向きの蔓の形に数字を書置

2	1	5	16	1	4	1	20	1	4
						°		°	

[2] ここで，演算は数字二つを前提にする[3]，というので,「下にある分母は (hareṇa:
40, 1 chedena)」：十六は,「前の分母」一に「掛けるべきである」．生ずるのは十六.「前の」「分子」[4]二に「掛けるべきである」．生ずるのは三十二．すなわち

32
16
5
16

「下にある分子」五を，後ろにシューニヤがないので正数と呼ばれるものを,「前の分子」三十二を徴とするものに「適用すべきである」: 投ずるべきである．生ずるのは十六を分母とする三十七である．すなわち

37
16

乗数はどこでも去る．この下の「一カーキニー」はこれ（パナ）の四分の一の標識だから[5]，四が〈1 の下に〉加えられる，すなわち

37
16
1
4

下にある分母四を前の分母十六に掛けるべきである．六十四が生ずる．また，四を上の分子三十七に掛けるべきである．百四十八が生ずる．それから，前の分子を徴とするその（148 の）中に，下にある分子一を適用するべきである：投ずる

[1] sarvanāmnānusandhirvṛtticchannasya//KA 5.1.11// この出典は Alessandra Petrocchi (University of Cambridge) が私信 (2015 年 12 月 18 日) で指摘.

[2] ここでは，スペース節約のため左に 90 度回転した．K でも同じ.

[3] prakriyā aṅkadvayāpekṣā.

[4] K bhāge > bhāgaṃ.

[5] K caturbhāgopalakṣaṇā > caturbhāgopalakṣaṇāc.

べきである．百四十九が生ずる，六十四を分母として．すなわち

149
64

この下の負数の状態にある[1]数字を示すために，一カパルダカだけ少ない[2]〈と問題文にある〉．カパルダカはカーキニーの二十分の一の標識だから，二十が〈1の下に〉加えられる．それは減少分である[3]．〈だから〉シューニヤが置かれるべきである．すなわち

149
64
○ 1
20

「下にある分母」二十を「前の分母」六十四に「掛けるべきである」．十二百八十が生ずる．また，二十を前の分子，百四十九に「掛けるべきである」．二十九百八十が生ずる．ここで，負数の一を前の分子に適用すべきである：引くべきである．すなわち，二十九等から一引けば，二十九百七十九が生ずる，十二百八十を分母として．すなわち

2979
1280

この下にカパルダカの減少分四分の一がある．すなわち

2979
1280
○ 1
4

ここで,「下にある分母は，前の分母」十二百八十に「掛けるべきである」．一百二十を加えた[4]五千が生ずる．また四を前の分子二十九・七十九に掛けるべきである．十一千九百十六が生ずる．負数だから，下にある分子一を十一等の単位から成る前の分子に〈適用すべきである〉：引くべきである．最後〈の二桁〉に十五が生ずる．すなわち

11915
5120

これら二つの数字を五で共約して，上に二十三百八十三，下に十百二十四が生ずる．すなわち

2383
1024

/SGT 63.2/

ここで，下の数字で上の数字を割って，商はドランマ二つ，残りの上の数 40, 21
字は三百三十五単位から成る．パナを求めるために十六が掛けられるべきで
ある．五十三・六十が生ずる．すなわち

5360
1024

これ (5360) を十・二十
四で割って，商は五パナ．残りの上の数字は二百四十単位から成る．カパル
ディカだけ少ないカーキニーを求めるために，四が掛けられる．九百六十が生
ずる．割り算はない，というので，カーキニーの商にシューニヤがある

0

だから，カパルダカを求めるために，二十を九百六十に掛けて十九千二百が
生ずる．これを十・二十四で割って，商は十八カパルダ．残りの上の数字は 41, 1

[1]K asyādho ṛṇagata- > asyādha ṛṇagata-.

[2]K ūnā kapardāṅkena > ūnā kapardakena.

[3]K -viṃśatibhāgopalakṣaṇāya viṃśatimukta ūnaḥ sa > -viṃśatibhāgopalakṣaṇād-viṃśatiyukta ūnaḥ sa.

[4]K viṃśatyadhi(ka)śata[e]kayuktāḥ > viṃśatyadhiśataikayuktāḥ.

七百六十八[1]．カパルダの部分を求めるために四を掛けて三十・七十二が生ずる．すなわち | 3072 |[2] これを十・二十四で割って，商は四分の一が三つ (trayaścaturbhāgāḥ)

3
4

/SGT 63.3/

···Note·····

SGT 63.2-3. 問題に与えられた各単位の量と下位の単位との換算率を上から順に並べて「蔓」を作る（ここではスペース節約のため左に 90 度回転する）．

2	1	5	16	1	4	1 ∘	20	1 ∘	4

この蔓の上から順に 4 段（2 組）づつを対象として GT 62 の規則を適用する．$\frac{2}{1}+\frac{5}{16}=\frac{2\cdot16+5}{1\cdot16}=\frac{37}{16}$, $\frac{37}{16}+\frac{1}{16\cdot4}=\frac{37\cdot4+1}{16\cdot4}=\frac{149}{64}$, $\frac{149}{64}-\frac{1}{64\cdot20}=\frac{149\cdot20-1}{64\cdot20}=\frac{2979}{1280}$, $\frac{2979}{1280}-\frac{1}{1280\cdot4}=\frac{2979\cdot4-1}{1280\cdot4}=\frac{11915}{5120}=\frac{2383}{1024}$ drammas. (以上，SGT 63.2) これが答えのはずだが，注釈者 S はそのことに触れず，この値から逆に，下位の単位で表した元の数値を計算する．検算か．$\frac{2383}{1024}=2\frac{335}{1024}$ drammas, $\frac{335\cdot16}{1024}=\frac{5360}{1024}=5\frac{240}{1024}$ paṇas, $\frac{240\cdot4}{1024}=\frac{960}{1024}=0\frac{960}{1024}$ kākiṇī, $\frac{960\cdot20}{1024}=\frac{19200}{1024}=18\frac{768}{1024}$ kapardakas. 最後の余りをカパルダカの四分の一で表すために 1/4 で割ると，$\frac{768}{1024}\div\frac{1}{4}=\frac{768\cdot4}{1024\cdot1}=\frac{3072}{1024}=3$ だから $\frac{768}{1024}=\frac{3}{4}$. (以上，SGT 63.3) 計算はここで終わるが，もちろん，$18\frac{3}{4}=(20-1\frac{1}{4})$ kapardakas $=1$ kākiṇī $-1\frac{1}{4}$ kapardakas.

·····

41, 3 このように，蔓の同色化は完結した[3]．/SGT 63.4/

2.3.22 [顕現数類]

41, 5 さて，顕現数類における術則，半詩節を述べる．/SGT 64.0/

顕現数と呼ばれる類では，単位から部分の和を引いたもので，顕現数を割るべきである./GT 64/[4]

···Note·····

GT 64. 規則：顕現数類 (dṛśya-jāti). ある未知の量 (x) からその諸部分 ($\frac{b_i}{a_i}x$) を引いた残り (d) が「顕現」(dṛśya) しているとき，すなわち，

$$x-\frac{b_1}{a_1}x-\frac{b_2}{a_2}x-\cdots-\frac{b_n}{a_n}x=d,$$

のとき，

$$x=d\div\left(1-\sum_{i=1}^{n}\frac{b_i}{a_i}\right).$$

·····

41, 7 解説．〈まず GT 64 の〉dṛśyākhyajātau〈の説明〉. dṛśya(顕現数) は[5]〈GT

[1]k ṣaṣṭiśca > aṣṭaṣaṣṭiśca.
[2]K 372 (枠なし).
[3]K yathā (samāptam) > samāptam.
[4]rūpeṇa bhāgaikyavivarjitena dṛśyākhyajātau vibhajecca dṛśyam//64//

65 の例題の〉杭の〈見える部分の長さ〉「一ハスタ半」などであり，直接人々の目に見えるもの (loka-pratyakṣa) である．そしてそのとき，〈それは〉述べる (khyāti: kathayati)，未顕現なもの（未知数）を．「この杭は六ハスタだった」と，直接人々の目に見えないものでも，述べる (bravīti)，ということが「述べる」(ākhya) である．カルマダーラヤ複合語では，場合によっては修飾語が後に来ることもある．だから，〈dṛśya-ākhya は「(未知数を) 述べる顕現数」という意味になる．その〉「〈未知数を〉述べる顕現数の類では」，これから述べられる「一ハスタ半」などの「顕現数」を，「単位から」諸「部分」，すなわち水等に没している諸部分，の「和」：「分子と分母に」(GT 53) 云々による和．それを[1] 「引いたもので」：「分母を同じにした二つの量の」(GT 38) 云々という分数の引き算規則により，収入量を徴とする（すなわち正数の）単位から分数の引き算をして，単位の残りで，割るべきである．/SGT 64/

···Note···

SGT 64. 注釈者 S はここで，複合語 dṛśya-ākhya を karmadhāraya（同格限定複合語）とみなし，「〈未知数 (adṛśya) を〉述べる (ākhya) 顕現数 (dṛśya)」と解釈するが，これは無理．正しくは，dṛśya-ākhya で「顕現数という名前 (ākhyā) を持つもの」という意味の bahuvrīhi 複合語を作り，これと jāti で karmadhārya 複合語を作る（「顕現数という名前を持つ類」＝「顕現数と呼ばれる類」）．

···

これに関する出題の詩節を述べる．/SGT 65.0/ 41, 14

その半分が水に，十二分の一が泥に，六分の一が砂に埋もれ，一ハスタ半が見えている杭の長さを，よく考えてすぐに云いなさい./GT 65/[2]

···Note···

GT 65. 顕現数類の例題 1：水面から上に見えている部分の長さ（顕現数）が $1\frac{1}{2}$ ハスタの杭の長さ (stambha-māna, x).

$$x - \frac{x}{2} - \frac{x}{12} - \frac{x}{6} = 1\frac{1}{2}.$$

···

〈意味は〉明らかである．書置

1	1	1	1
2	12	6	1
			2

「分子と分母に」(GT 41, 17

53) 云々により，二つの分母二と十二を半分に共約し，交換して，すなわち

[5]K dṛśyastambhasya > dṛśyaṃ stambhasya.

[1]K saṃyojanāntena > saṃyojanaṃ tena.

[2]ardhaṃ toye karddame dvādaśāṃśaḥ ṣaṣṭo bhāgo vālukāyāṃ nimagnaḥ/
sārdho hasto dṛśyate yasya tasya stambhasyāśu brūhi mānaṃ vicintya//65//
(= Tr E25)

1	1
2	12
6	1

前〈の数字〉では，六を一に掛けて六が生じ，六を二に掛けて十二が生ずる．後の数字では，一を掛けてそのままである．等分母だから六の中に一を投じて七が生ずる，十二を分母として．すなわち

7
12

そこで，一の分母六と〈この分母〉十二とを六分の一に共約して順に一と二が生ずる．だから交換して，すなわち

7	1
12	6
1	2

一を前の数字に掛けてそのまま．後の数字では，二を一に掛けて二が生じ，二を六に掛けて十二が生ずる．等分母だから七の中に二を投じて[1]九が生ずる，十二を分母として．

9
12

この部分の和が単位から引かれるべきである．単位は，「分子と分母に」(GT 53) 云々により等分母にすべきである．〈まず GT 35 により〉

1
1

のように単位 (1) を配置し (maṇḍayitvā)，分母を交換し，掛け算をすれば[2]，

9	1
12	1
1	12

一を前の数字に掛けてそのまま．後の数字では，一に十二を掛けて十二が生ずる，十二を分母として．すなわち

12
12

この単位の量から，九を徴とする部分の和が引かれるべきである．残りは，十二を分母とする単位の量三である[3]．すなわち

3
12

これが除数の量として生ずる．そこで，「〈除数の〉

42, 1 分子と分母を交換してから」(GT 42) 云々により〈割り算を行うために〉，一ハスタ半の顕現数と共にこの〈逆にした〉十二分の三の稲妻共約をして，すなわち

12	3
3	2

[4] 十二と二を半分に共約して六と一．〈二つの〉三も三分の一に共約して〈共に〉一．すなわち

6	1
1	1

一を掛けてすべてそのまま．数字 (6) を一で割って[5]，商はそのまま．〈したがって答えは〉分母一を伴う

---

[1]K (dvi)kṣepe > dvikṣepe.

[2]もちろんこの「掛け算」は次の書置の後の計算に言及する．

[3]śeṣaṃ rūparāśistrayo dvādaśacchedāḥ/ この表現は不自然である．K -rāśis (nom.) > -rāśes (abl.) と修正し，「単位量からの残りは十二を分母とする三である」と読む方が自然．

[4]K

12	1
3	1
	2

[5]K ekabhaktasyāṅko > ekabhakte 'ṅke.

六ハスタである $\begin{array}{|c|} 6 \\ 1 \\ \hline \end{array}$ /SGT 65.1/

···Note ···

SGT 65.1. 例題 1 の解. $\frac{1}{2}+\frac{1}{12}=\frac{6}{12}+\frac{1}{12}=\frac{7}{12}$, $\frac{7}{12}+\frac{1}{6}=\frac{7}{12}+\frac{2}{12}=\frac{9}{12}$, $1-\frac{9}{12}=\frac{12}{12}-\frac{9}{12}=\frac{3}{12}$, $1\frac{1}{2}\div\frac{3}{12}=\frac{12}{3}\cdot\frac{3}{2}=\frac{6}{1}\cdot\frac{1}{1}=\frac{6\cdot 1}{1\cdot 1}=\frac{6}{1}$.

···

『リーラーヴァティー』における顕現数類の術則の詩節がこれである．す 42, 5
なわち，

> **任意量に対して，問題の陳述通り，掛けたり割ったり，部分を引いたり加えたりする．それ（結果）で，任意量を掛けた顕現数を割れば，⟨ 未知 ⟩ 量になるだろう．これは任意数算法と呼ばれる./L 51/**[1]
>
> ···Note ···
>
> L 51. 規則：任意数算法 (iṣṭa-karman). 未知量 (x) に関して，$ax=d$ という関係が知られているとき (ax が「問題の陳述」, d が「顕現数」に当たる)，$x=p$（任意量）に対して $ap=d'$ なら，$x=(dp)\div d'$.
>
> ···

/SGT 65.2/

···Note ···

SGT 65.2. L 51 の規則は任意数算法であり，顕現数類の術則ではないが,『リーラーヴァティー』は，それまで個別に扱われていた種々のタイプの問題（類問題，序説 §1.8 参照）の中で $ax=d$ に帰着するタイプをまとめて任意数算法の対象としている．注釈者 S がこの規則を「顕現数類の術則」と紹介するのは，任意数算法の対象の中で代表的なものが顕現数類だったからか．次の SGT 66.1 では顕現数類の問題にこれを用いるが，規則の使い方が不自然である．SGT 52.7 ではゼロを含む一次方程式の問題にこれを用いるが，その解法は他者のものらしい．

···

例題によるこれの解説ということで，例題を述べる．/SGT 66.0/[2] 42, 8

···Note ···

SGT 66.0. ここで注釈者 S は，GT 66 を，あたかも Śrīpati 自身 (11 世紀) が L 51 の例題として述べたかのように導入するが，L 51 (12 世紀) を引用したのは注釈者 S (13 世紀) だから，それはあり得ない．Śrīpati 自身が GT 64 の規則の例題として『トリシャティカー』から借用してきた GT 65 (= Tr E25) と 66 (= Tr E27) の二例題のうちの後者を注釈者 S が自分の引用した L 51 の例題として利用したと考えられる．Śrīpati が借りてきたのは GT 65 だけで，GT 66 は注釈者 S が L 51 の説明のために

---

[1] uddiṣṭakālāpavadiṣṭarāśiḥ kṣuṇṇo hṛto 'ṃśai rahito yuto vā/
iṣṭāhataṃ dṛṣṭamanena bhaktaṃ rāśirbhavetproktamitīṣṭakarma//L 51//
L 51a: K uddiṣṭakā-] uddeśakā- L.

[2] udāharaṇenāsya vyākhyetyudāharaṇamāha/SGT 66.0/

『トリシャティカー』から借用した可能性もなくはないが，彼はそのような場合，例題も『リーラーヴァティー』から借りる可能性が大きい．実際，SGT 52.5-6 では L 45-46 の規則（ゼロの八則）と共に L 47 の例題を引用し，SGT 94.3-4 では L 49 の規則（逆算法）と共に L 50 の例題を引用し，SGT 111.2-6 では L 82 の規則（五量法等）と共に（Tr E51, E52 に加えて）L 86, 87 の例題を引用する．L 51 の後には例題が 4 つ (L 52-55) あるから，注釈者 S が L 51 の規則（任意数算法）の例題を一つだけ引用するとすれば，その中から選ぶのが自然である．

象たちの最初の半分は〈その〉三分の一を伴って美しい山頂に消えた．六分の一は〈自分の〉七分の一を伴って川で水を飲む．八分の一と自分の九分の一は蓮池で〈水を飲む〉．この蓮の大群生地では，インドラのような（強い）一頭の象が三頭の雌象と戯れている．群れの数は何になるだろうか./GT 66/[1]

···Note

GT 66. 顕現数類の例題 2：象の群れの数 (kuñjara/nāga/hastinī-yūtha-saṃkhyā, x).

$$x - \frac{x}{2}\left(1+\frac{1}{3}\right) - \frac{x}{6}\left(1+\frac{1}{7}\right) - \frac{x}{8}\left(1+\frac{1}{9}\right) = 1+3\ (=4).$$

42, 13 意味はよく理解されている (pratīta)．書置

1	1	1
2	6	8
1	1	1
3	7	9

顕現数 4.[2] これは，整数 (rūpa) を欠くので，部分付加の部分類である[3].「分母に分母を」(GT 57b) 云々により，すなわち，上の分母に下の分母三を掛けるべきである．六が生ずる.「分子を伴う[4]下の分母によって」(GT 57c)，一を伴う三によって生じた四によって,「最初の分子が」「掛けられる」．四が生ずる，六を分母として．すなわち

4
6

乗数だから残り（ここでは下の分数）は去るというのはどこでも同じである．後の数字では[5]，分母六に分母を，下の七を掛けるべきである．四十二が生ずる.「分子を伴う[6]下の分母によって」：一を伴う七に

[1]pūrvārdhaṃ satribhāgaṃ girivaraśikhare kuñjarāṇāṃ prana(ṇa)ṣṭaṃ
ṣaḍbhāgaścāpi nadyāṃ pibati ca salilaṃ saptamāṃśena yuktaḥ/
padminyāmaṣṭamāṃśaṃ svanavamaka iha krīḍate padmakhaṇḍe
nāgendro hastinībhistisṛbhiranugate kā bhavedyūthasaṃkhyā//66// (= Tr E27)
66a: K pūrvārdhaṃ] yūthārdhaṃ Tr; K girivaraśikhare] giriśikharagataṃ Tr; K prana(ṇa)ṣṭaṃ > praṇaṣṭaṃ] ca dṛṣṭaṃ Tr. 66b: K ṣaḍbhāgaścāpi] ṣaṭbhāgaścaiva Tr; K saptamāṃśena] saptabhāgena Tr. 66c: K svanavamaka iha] svanavakasahitaḥ Tr; K padmakhaṇḍe] jātarāgo Tr. 66d: K anugate] anugataḥ Tr.

[2]K 4} > 4/

[3]GT 57 の Note 参照.

[4]K svāṃśakā- > sāṃśakā-.

[5]K egaṃ(? adho')ṅke > parāṅke.

[6]K svāṃśakā- > sāṃśakā-.

よって,「最初の分子」一が「掛けられる」. 八が生ずる, 四十二を分母として. すなわち

8
42

三番目の数字では, 分母八に分母を, 下の九を掛けるべきである. 七十二が生ずる.「分子を伴う[1]下の分母によって」: 一を伴う九によって,「最初の分子」一が「掛けられる」. 十が生ずる, 七十二を分母として. すなわち

10
72

その後,「分子と分母に」(GT 53) 云々により, 一番目と二番目の数字の分母を六分の一に共約して, 四十二の六分の一は七, 六は一. それから交換して, すなわち

4	8
6	42
7	1

前の数字では, 七を四に掛けて二十八が生じ, 七を六に掛けて四十二が生ずる. 二番目の数字では, 一を掛けてそのまま. 等分母だから二十八の中に八を投じて三十六が生ずる, 四十二を分母として. すなわち

36
42

次に, 三番目の数字の分母七十二, すなわち

10
72

を六分の一に共約して十二, 分母四十二を六分の一に共約して七. それから交換して, すなわち

36	10
42	72
12	7

最初の数字では, 十二を三十六に掛けて四百三十二が生じ, 十二を四十二に掛けて五百四が生ずる. 後 43, 1
の数字では, 七を十に掛けて七十が生じ, また, 七を七十二に掛けて五百四が生ずる. 等分母だから四百三十二の中に七十を投じて五百二[2]が生ずる, 五百四を分母として[3]. すなわち

502
504

この量が「問題の陳述」である[4]. 質問者によって指示された (pṛcchaka-upadiṣṭa) 問題におけるそれ (問題の陳述) のように (iva), というのが「問題の陳述通り (-vat)」である.「任意量」は想定 (kalpanā) により四である. これに対し,「部分を」:「分子と分母に」(GT 53) 云々により生じた提示された部分を, すなわちその五百二を徴とするものを, 分母を交換して[5], すなわち

502	4
504	1
1	504

〈後の数字では, 五百

---

[1]K svāṃśakā- > sāṃśakā-.

[2]dviruttarā pañcaśatī. 注釈者 S は 502 を表現するとき, このページで三度 dviruttara-という語形を用いるが, 文法的には dvyuttara-が正しい. この 'r' は「二度」という意味の副詞 dvis (母音と有声子音の前で dvir) を誤用したためか, あるいは dvi-uttara の hiatus を避けるために挿入された「繋ぎ子音」と考えられる. ただし, このページの後の方には, dviadhipañcaśata (= dvyadhikapañcaśata) という hiatus も見られる.

[3]K caturadhi(ka)pañcaśatottaracchedā > caturadhipañcaśatacchedā.

[4]ayaṃ rāśiruddiṣṭakālāpaḥ.

[5]K kṛtavinimaye chedair > kṛtavinimaye chede.

四を四に〉「掛け」(kṣuṇṇa: guṇita) て，二千十六が生ずる，五百四[1]を分母として．すなわち $\begin{array}{|c|}\hline 2016 \\ 504 \\ \hline\end{array}$ これで，収入量 (āya-rāśi) である任意量が〈「部分」と〉等分母になった[2]．それから，提示された「部分」の数字，五百二単位に，任意数四を掛けて，二千八が生ずる，五百四を分母として．$\begin{array}{|c|}\hline 2008 \\ 504 \\ \hline\end{array}$ この「部分（分子）を」「任意量」二千十六から「引い」て，八が生ずる，五百四を分母として．すなわち $\begin{array}{|c|}\hline 8 \\ 504 \\ \hline\end{array}$ それから,「任意量を掛けた」: 任意数四を掛けた (āhata: guṇita)「顕現数」—「インドラのような一頭の象が三頭の雌象と」一緒に見られたから四単位からなる—は十六になる，一を分母として．すなわち $\begin{array}{|c|}\hline 16 \\ 1 \\ \hline\end{array}$ 〈これ（任意量を掛けた顕現数）を〉「それで」: 部分を引いた任意量で,「割る」．ここでも「〈除数の分子と分母を〉交換してから」(GT 42a) 云々により〈割り算をする．すなわち $\begin{array}{|c|c|}\hline 504 & 16 \\ 8 & 1 \\ \hline\end{array}$ ここで〉稲妻共約をする．八を八分の一にして一，十六を八分の一にして二．すなわち $\begin{array}{|c|c|}\hline 504 & 2 \\ 1 & 1 \\ \hline\end{array}$ だから，五百四を二に掛けて千八が生ずる．分母は一を掛けてそのままである．すなわち $\begin{array}{|c|}\hline 1008 \\ 1 \\ \hline\end{array}$ この千八が群れの量だった[3]ということが，顕現している四という数字から知られた (parijñāta)．/SGT 66.1/

···Note···

SGT 66.1. L 51 による例題 2 の解．冒頭の「意味はよく理解されている」は，この例題が,『トリシャティカー』を通じて世間に知られている，ということか．$\frac{1}{2}+\frac{1}{2}\cdot\frac{1}{3}=\frac{1\cdot(1+3)}{2\cdot 3}=\frac{4}{6}$，$\frac{1}{6}+\frac{1}{6}\cdot\frac{1}{7}=\frac{1\cdot(1+7)}{6\cdot 7}=\frac{8}{42}$，$\frac{1}{8}+\frac{1}{8}\cdot\frac{1}{9}=\frac{1\cdot(1+9)}{8\cdot 9}=\frac{10}{72}$．$\frac{4}{6}+\frac{8}{42}=\frac{4\cdot 7}{6\cdot 7}+\frac{8\cdot 1}{42\cdot 1}=\frac{36}{42}$，$\frac{36}{42}+\frac{10}{72}=\frac{36\cdot 12}{42\cdot 12}+\frac{10\cdot 7}{72\cdot 7}=\frac{432}{504}+\frac{70}{504}=\frac{502}{504}\ (=b)$．注釈者 S はこれを「問題の陳述」(uddiṣṭaka-ālāpa) と呼ぶ．$x=4\ (=p)$ と想定する (kalpanā)．これが「収入量」(āya-rāśi) すなわち被減数である．これから bp を引くために，まず GT 53 により，$4\,(=p)$ と $\frac{502}{504}\,(=b)$ を等分母化（通分）する：$p=\frac{4\cdot 504}{1\cdot 504}=\frac{2016}{504}$．次に，$bp=\frac{502}{504}\cdot 4=\frac{2008}{504}$．これが「支出量」(vyaya-rāśi) すなわち減数である．注釈者 S はこの b と p の掛け算が L 51 の「任意量に」「部分を」「掛け」に相当するとみなす．そこで，$p-bp=\frac{2016}{504}-\frac{2008}{504}=\frac{8}{504}$．注釈者 S はこの引き算が L 51 の「引いたり」に相当するとみなす．次に，$pd=4\cdot 4=16=\frac{16}{1}$．これが「任意量を掛けた顕現数」．そこで，$pd\div(p-bp)=\frac{16}{1}\cdot\frac{504}{8}=\frac{2}{1}\cdot\frac{504}{1}=\frac{1008}{1}\ (=x)$．

顕現数類 $x-bx=d$ に任意数算法を適用して，$x=p$ のとき $p-bp=d'$ とする

---

[1] pañcaśatacatur. これは珍しい表現．数行後の「五百四」も同じだが，その他の「五百四」は caturadhipañcaśata-あるいは caturuttarapañcaśata-.

[2] K āyarāśi[ḥ] samacchedo jātaḥ > āyarāśiḥ samacchedo jātaḥ.

[3] K eṣaḥ aṣṭādhi(ka)sahasrayūtharāśirāsīd > eṣo 'ṣṭādhisahasro yūtharāśirāsīd.

と，$x = pd/d' = pd/(p - bp)$ だから上の解自体は正しいが，注釈者 S は，L 51 をこの計算に合わせるために無理な解釈をしている．彼は，b が L 51 の「問題の陳述」であり「部分」であるとみなしているが，このタイプに限定していうなら，「問題の陳述」は上の式の左辺全体 $(x - bx)$ に相当し，「部分」は bp に相当する．誤りではないが必ずしも適当とはいえない任意数算法の用例が SGT 52.7 にもある．また，必ずしも正確とはいえない言及が 65.2 にある．

「収入量」「支出量」に関しては，SGT 38 参照.

…………………………………………………………………………

さて[1]，適用 (ghaṭanā)．千八の半分は五百四．その三分の一は百六十八．す 43, 20
なわち $\begin{array}{|c|}504\\168\\\hline\end{array}$ これだけが山へ行った．その同じ千八の六分の一は百六十八．これとその七分の一，二十四，は「川で水を飲む」．すなわち $\begin{array}{|c|}168\\24\\\hline\end{array}$ 同様に，千八の八分の一は百二十六．その[2]九分の一は十四[3]．すなわち $\begin{array}{|c|}126\\14\\\hline\end{array}$ 雌象三頭と雄象一頭が「戯れている」というので四．これらを足せば千八が生ずる．すなわち $\begin{array}{|c|}1008\\1\\\hline\end{array}$ /SGT 66.2/

…Note…………………………………………………………………

SGT 66.2. L 51 により得られた例題 2 の解 1008 の適用（検算）．$1008/2 = 504$, $504/3 = 168$; $1008/6 = 168$, $168/7 = 24$; $1008/8 = 126$, $126/9 = 14$; $3 + 1 = 4$. $(504 + 168) + (168 + 24) + (126 + 14) + 4 = 1008$.

…………………………………………………………………………

ここでの方法（顕現数類の規則, GT 64）によってもまた ⟨ 解が得られる ⟩． 43, 27
「部分の和」は五百二を分子，五百四を分母とする．つまり，その通り（前と同じ）である．すなわち $\begin{array}{|c|}502\\504\\\hline\end{array}$ だから，単位一を，一を分母として併せ置き，「分子と分母に」(GT 53) 云々により分母を交換して，すなわち $\begin{array}{|c|c|}502&1\\504&1\\1&504\\\hline\end{array}$ 最初の数字は一を掛けてそのまま．後の数字は五百四を一に掛けてそのまま．
すなわち $\begin{array}{|c|}504\\504\\\hline\end{array}$ この収入量から「部分の和」五百二を引いて二が残る，五 44, 1
百四を分母として．すなわち $\begin{array}{|c|}2\\504\\\hline\end{array}$ これが除数である．それから，顕現

[1] atha. asya（これの）であった可能性もある．なぜなら，次の語「適用」(ghaṭanā) の 20 の使用例の内，他の 19 回は代名詞 idam の属格が先行するから (asya, sg. が 18 回，eṣām, pl. が 1 回)．その場合，「これ」は，前段落最後の文の「群れの量」(yūtha-rāśi) を指す.

[2] K anyaṃ > asya.

[3] K caturdaśa [ṣaṭtriṃśat] > caturdaśa.

数は四である，一を分母として．すなわち

4
1

だから,「〈除数の〉分子と分母を交換してから」(GT 42a) 云々により，上に五百四，下に二．すなわち

504	4
2	1

[1] 上の分子二つ，四と五百四，を互いに掛けて二千十六が生じ，分母は二を一に掛けて二が生ずる．だから，二で二千十六を割って，すなわち

2016
2

商は千八であり，群れの象たち〈の数〉である．すなわち 1008．/SGT 66.3/

···Note···

SGT 66.3. GT 64（顕現数類の規則）による例題 2 の解．前と同様，与えられた「部分の和」を計算する．$\left\langle\left(\frac{1}{2}+\frac{1}{2}\cdot\frac{1}{3}\right)+\left(\frac{1}{6}+\frac{1}{6}\cdot\frac{1}{7}\right)+\left(\frac{1}{8}+\frac{1}{8}\cdot\frac{1}{9}\right)=\right\rangle \frac{502}{504}$．これを単位 1 から引く．$1-\frac{502}{504}=\frac{504}{504}-\frac{502}{504}=\frac{2}{504}$．これで顕現数 4 を割る．$4\div\frac{2}{504}=\frac{504}{2}\cdot\frac{4}{1}=\frac{2016}{2}=1008$.

···

44, 7 このように，顕現数類は，部分付加等の類と併せて知られるべきである．このように，顕現数類は完結した．/SGT 66.4/

2.3.23 [残余類]

44, 10 さて，残余類における術則の半詩節を述べる．/SGT 67.0/

分母の積で割った，分子を引いた分母の積で，顕現と呼ばれる量が割られるべきである./GT 67/[2]

···Note···

GT 67. 規則：残余類 (śeṣa-jāti). ある未知の量 (x) から，順次前の結果の部分 $(\frac{b_i}{a_i}y_i)$ を引いた残り (d) が「顕現」(prakaṭa = dṛśya) しているとき，すなわち，

$$x-\frac{b_1}{a_1}x=y_1,\ y_1-\frac{b_2}{a_2}y_1=y_2,\ \ldots,\ y_{n-1}-\frac{b_n}{a_n}y_{n-1}=d,$$

のとき，つまり，

$$x\left(1-\frac{b_1}{a_1}\right)\left(1-\frac{b_2}{a_2}\right)\cdots\left(1-\frac{b_n}{a_n}\right)=d,$$

のとき，

$$x=d\div\frac{\prod(a_i-b_i)}{\prod a_i}.$$

···

44, 12 ここでは，分子は上に，分母は〈その下に〉同じものが 2 回置かれるべき

[1]K adhaśca dvau/ tato dvayorapi chedayorvinimaye yathā

504	4
2	1
1	2

> adhaśca dvau/ yathā

504	4
2	1

[2]chidghātabhaktena lavonahāraghātena bhājyaḥ prakaṭākhyarāśiḥ//67//

である，というので，残余類は三個の数字を前提とする．〈次の例題で〉群れからの[1]半分が戯れる，それから残りの三分の一が山の中に入った，それから残りの四分の一がこめかみのかゆみをとっている，というように，残余類は「残り」を形 (rūpa) とする．そこでは，二番目に書かれた分母量の積：互いに掛けたもの，それが「分母の積」であり，それで「割った」と修飾される，上にある「分子」(lava: aṃśa) を「引いた」—除去されるので—「分母」の量—最初に書かれた分母の量—の積：互いに掛けたもの，その「分子を引いた分母の積で」，顕現する六十頭の象という徴を持つ「顕現と呼ばれる量が」「割られるべきである」(bhājya: bhajanīya)．/SGT 67/

···Note ···

SGT 67. SGT 68.1 に述べられた具体的手順からわかるように，注釈者 S は，与えられた分数の分子の下に分母を 2 回並べる．

b_1	b_2	$\cdots$	b_n
a_1	a_2	$\cdots$	a_n
a_1	a_2	$\cdots$	a_n

第 2 行から第 1 行を引き，第 1 行を消す．

$a_1 - b_1$	$a_2 - b_2$	$\cdots$	$a_n - b_n$
a_1	a_2	$\cdots$	a_n

この 2 行それぞれの積をとり，$\prod(a_i - b_i)/\prod a_i$ で顕現数 d を割る．$d \div \left\{\prod(a_i - b_i)/\prod a_i\right\} = x$.

···

これに関する出題の詩節で例題を述べる．/SGT 68.0/ 44, 19

インドラのようなさかりがついた象の群れから半分があるところで遊戯に興じ始めた．残りの三分の一は鹿たちの王（ライオン[2]）を恐れて叫びながら洞窟に消えた（逃げ去った）．残りの四分の一はこめかみのかゆみをとっている．友よ．残りの五分の一は水を飲むために〈川に〉入った．六十頭が見える．さあ，象〈の数〉を云いなさい./GT 68/[3]

···Note ···

GT 68. 残余類の例題 1：象の群れの数 (karaṭin/dantin-yūtha-saṃkhyā, x). $x - \frac{1}{2}x = y_1$, $y_1 - \frac{1}{3}y_1 = y_2$, $y_2 - \frac{1}{4}y_2 = y_3$, $y_3 - \frac{1}{5}y_3 = 60$.

···

〈意味は〉明らかである．書置 44, 24

1	1	1	1
2	3	4	5
2	3	4	5

ここで順に一つ一つの分子を分母量，すなわち最初の[4]分母量から引くと，一，二，三，四単位から成

[1]K śeṣajātiḥ samudāyād > śeṣajātiḥ/ samudāyād.

[2]hariṇa-pati. Skt 辞書 (MMW) によれば，「鹿たちの王」(hariṇa-adhipa) をライオンの意味で用いるのはジャイナ文献の用法.

[3]krīḍāṃ kartuṃ pravṛttaṃ kvacidapi ca dalaṃ mattadantīndrayūthāḥ(?)
śeṣatryaṃśaḥ prana(ṇa)ṣṭo hariṇapatibhayādāraṭankandareṣu/
śeṣāṃhrirgaṇḍakaṇḍūmapanayati sakhe pañcamāṃśaśca śeṣāt
pāthaḥ pātuṃ praviṣṭaḥ pravada karaṭino hanta dṛṣṭāśca ṣaṣṭiḥ//68//
68a: K yūthāḥ(?) > yūthāt. 68b: K prana(ṇa)ṣṭo > praṇaṣṭo.

[4]K hārarāśiḥ/ prathama- > hārarāśiḥ prathama-.

るものになる．分子は破棄される (bhagna)．すなわち $\begin{array}{|c|c|c|c|}1&2&3&4\\2&3&4&5\end{array}$ この「分子を引いた分母の積 (ghāta: guṇana)」：すなわち，一を二に掛けてそのまま[1]，二を三に掛けて六が生じ，六を四に掛けて二十四が生ずる．すなわち 24．これが「分子を引いた分母の積」である．これを割るために，下にある分母の積：すなわち，二を三に掛けて六が生じ，六を四に掛けて二十四が生じ，二十四を五に掛けて百二十が生ずる．これを「分母の積」とする[2]．だから「分母の積」百二十で，すなわち $\begin{array}{|c|}1\\120\end{array}$ で「分子を引いた分母の積」の量二十四を割るが，⟨ 除数より大きい ⟩ 被除数がないので，二十四で双方を共約すれば，二十四の位置には一が，また百二十の位置には五．すなわち $\begin{array}{|c|}1\\5\end{array}$ [3] これで,「顕現」する「量」，一を分母とする六十，が「割られるべきである」というので,「⟨ 除数の ⟩ 分子と分母を交換してから」(GT 42a) 云々により，上に五，下に一 ⟨ が生ずる ⟩．すなわち $\begin{array}{|c|}5\\1\end{array}$ だから，分数の掛け算で，すなわち $\begin{array}{|c|c|}5&60\\1&1\end{array}$ [4] で六十に五を掛けて一を分母とする三百が生ずる．すなわち $\begin{array}{|c|}300\\1\end{array}$ 一を分母に掛けても一のままである．また，一で三百を割ってもそのままである．すなわち 300．これ (ete, pl.) が群れの象たち (pl.) である．/SGT 68.1/

(45, 1 は「る分母の積：すなわち，…」の行の左欄外)

···Note ···

SGT 68.1. GT 68 の例題の解. $(2-1)(3-1)(4-1)(5-1) = 1\cdot 2\cdot 3\cdot 4 = 24$, $2\cdot 3\cdot 4\cdot 5 = 120$. $\frac{24}{120} = \frac{1}{5}$. $60 \div \frac{1}{5} = \frac{5}{1}\cdot\frac{60}{1} = \frac{300}{1} = 300$.

···

45, 10 これの[5]適用．すなわち，三百の半分，半分伴う百 $(100+100/2)$ は戯れる．すなわち 150．残りの百と ⟨ 百の ⟩ 半分の三分の一，五十，すなわち 50，は山に入った．残りの一百の四分の一，二十五，はかゆみをとっている．さらに，残りの七十五の五分の一，十五，は水を飲む．そして六十は見える．すなわち $\begin{array}{|ccccc|}150&50&25&15&60\end{array}$ [6] これらを足せば，象の数三百が生ずる．すなわち 300．/SGT 68.2/

[1]K dvau, tathaiva > dvau tathaiva/

[2]K -śatamidam/ chidghātaḥ kāryaḥ > -śatam/ idaṃ chidghātaḥ kāryaḥ.

[3]K 5（枠なし）．

[4]K $\left\{\begin{array}{c}60\\1\end{array}\right\}$（左列なし）

[5]eṣām, pl. 代名詞 idam の複数形で答えの '300' を指す．前段落最後でもその答えが代名詞 etad の複数形 'ete' で指示されている．

[6]スペース節約のため左に 90 度回転した．K では縦のまま．

···Note···

SGT 68.2. 検算. $\frac{300}{2}=150$, $(300-150)\cdot\frac{1}{3}=\frac{150}{3}=50$, $(300-150-50)\cdot\frac{1}{4}=\frac{100}{4}=25$, $(300-150-50-25)\cdot\frac{1}{5}=\frac{75}{5}=15$. $150+50+25+15+60=300$.

···

次に，二番目の例題を述べる．/SGT 69.0/ 45, 15

半分，残りの三分の二，残りの四半分三つ，残りの矢 (5) 分の一の海 (4) に等しい個数がどこかへ飛んでいった．他の白鳥三羽が集まろうとしているのが見える．思慮深い人よ，その群れには何羽の白鳥がいたか，云いなさい./GT 69/[1]

···Note···

GT 69. 残余類の例題 2：白鳥の群れの数 (marāla/haṃsa-yūtha-saṃkhyā, x). $x-\frac{1}{2}x=y_1$, $y_1-\frac{2}{3}y_1=y_2$, $y_2-\frac{3}{4}y_2=y_3$, $y_3-\frac{4}{5}y_3=3$.

···

書置による解説．書置 45, 20

1	2	3	4
2	3	4	5
2	3	4	5

順に分子，一，二，三，四を引いた分母の量—一回目に書いた[2]二，三，四，五という分母の量[3]—は，どこでも一である．分子は破棄される (bhagna)．そこで,「分子を引いた分母」の量である一の積：互いの掛け算，は他ならぬ一になる．これの割り算をする．下に書かれた分母の積[4]，すなわち，二を三に掛けて六が生じ，同様に前にならって実行すれば，百二十〈が生ずる〉．これが「分母の積」である．それで割られた「分子を引いた分母の積」の量が除数である．被除数は「顕現と呼ばれる量」である.[5] すなわち,「〈除数の分子と分母を〉交換してから」(GT 42a) 云々により，百二十が上，一が下になる．顕現量は一を分母とする三．すなわち

120	3
1	1

分数の掛け算で，百二十を三に掛けて三百六十が生じ，一を分母に掛けて一のまま．また，一で割った三百と六十もそのまま．すなわち 360. /SGT 69.1/

···Note···

SGT 69.1. GT 69 の例題の解. $(2-1)(3-2)(4-3)(5-4)=1\cdot1\cdot1\cdot1=1$; $2\cdot3\cdot4\cdot5=120$. $3\div\frac{1}{120}=\frac{120}{1}\cdot\frac{3}{1}=\frac{360}{1}=360$.

···

[1]ardhaṃ śeṣatrilavayugalaṃ śeṣapādāstrayaśca
śeṣeṣvaṃśā jalanidhisamāḥ kvāpi coḍḍīya yātāḥ/
dṛṣṭaṃ haṃsatritayamaparaṃ saṅgatiṃ kalpayantaṃ
tasminyūthe kathaya sumate te kiyanto marālāḥ//69//

[2]K hārarāśiḥ/ prathamavelālikhita- > hārarāśiḥ prathamavelālikhita-.

[3]K -cchedā rāśir > -cchedo rāśir.

[4]K yātaḥ > ghātaḥ.

[5]K lavonahārarāśirbhājyaḥ/ prakaṭākhyarāśir > lavonahāra⟨ghāta⟩rāśirbhā⟨jakaḥ/bhā⟩jyaḥ prakaṭākhyarāśir.

46, 1 これの適用．三百六十の半分[1]，百八十は飛び立った．その残り百八十を三分割した部分二つ，百二十も飛び立った．残る六十の[2]四半分三つは四十五．さらに「残りの矢」—「矢」(iṣu) という語によって愛神 (Manobhava = Kāma) の矢 (bāṇa) が意図されているので，五が述べられている．だから，残りの十五を五で割って，「海 (4) に等しい個数」の部分は十二である．そして，飛び立った残りの五分の一の徴を持つ三羽の白鳥が集う．すなわち

180
120
45
12
3

これらを足せば，白鳥の群れの量，三百六十が生ずる．すなわち 360. /SGT 69.2/

···Note···

SGT 69.2. 検算. $\frac{360}{2} = 180$, $(360-180)\cdot\frac{2}{3} = 180\cdot\frac{2}{3} = 120$, $(360-180-120)\cdot\frac{3}{4} = 60\cdot\frac{3}{4} = 45$, $(360-180-120-45)\cdot\frac{4}{5} = 15\cdot\frac{4}{5} = 12$. $180+120+45+12+3 = 360$.

···

46, 7 このように，残余類は完結した．/SGT 69.3/

2.3.24 [差類]

46, 9 さて，差類における術則，一詩節を述べる．/SGT 70.0/

差類においては，大きい方から小さい方を引き，残りの演算は既述のものと同じである．次に，部分の和を一から引き，残りで顕現数を割るべきである./GT 70/[3]

···Note···

GT 70. 規則：差類 (viśleṣa-jāti). ある未知の量 (x) からその部分 (pl.) とそれらの部分の「差」が引かれて，残りが顕現しているとき，すなわち，

$$x - \frac{b_1}{a_1}x - \frac{b_2}{a_2}x - \frac{b_3}{a_3}\left|\frac{b_1}{a_1}x - \frac{b_2}{a_2}x\right| - \cdots = d.$$

ここで左辺の第 4 項は第 2 項と第 3 項の差の部分である．同様に，'...' にも既出の項間の差の部分が現れる．例えば GT 71-72 の例題では，第 5 項で第 2 項と第 4 項の差の部分，

$$\frac{b_4}{a_4}\left|\frac{b_1}{a_1}x - \frac{b_3}{a_3}\left|\frac{b_1}{a_1}x - \frac{b_2}{a_2}x\right|\right|,$$

が引かれている．このような問題では，差の部分 (第 4 項以降) を既述の分数計算法で計算し，

$$x - \frac{b_1}{a_1}x - \frac{b_2}{a_2}x - \frac{b_3'}{a_3'}x - \frac{b_4'}{a_4'}x - \cdots = d,$$

[1] K ṣaṣṭyadhi(ka)triśatī ardham > ṣaṣṭyadhitriśatyardham.

[2] K śeṣa(?sya)ṣaṣṭes > śeṣaṣaṣṭes.

[3] viśleṣajātāvadhikādvihīnaṃ viśodhya śeṣo vidhirukta eva/
apāsya bhāgaikyamathaikataśca śeṣeṇa dṛśyasya haredvibhāgam//70//

という形にしてから，顕現数類の規則 (GT 64) を適用する．すなわち，

$$x = d \div \left\{ 1 - \left(\frac{b_1}{a_1} + \frac{b_2}{a_2} + \frac{b'_3}{a'_3} + \frac{b'_4}{a'_4} + \cdots \right) \right\}.$$

解説．大きい数字から小さい数字を引くことを徴とする差類においては，等分母の二つの分子のうち「大きい」分子から「小さい方」：小さい分子，を引き：差を作り，「残りの演算は」，「分子と分母に〈互いの〉分母を」(GT 53) 云々という[1]部分類で述べられた演算がここでも知られるべきである．その後で「部分の和を」「一から」：等分母化された単位を徴とする量から，「引き」，それから，一単位の残りで顕現数を割るべきである．それは顕現数類のように知られるべきである．/SGT 70/ 46, 14

···Note

SGT 70. 注釈者 S は分数計算のために GT 53 の部分類 (bhāga-jāti) に言及するだけだが，もちろん問題によっては分数の掛け算や部分付加・部分除去なども必要になる．

これに関する出題の詩節二つで一つの例題を述べる．/SGT 71-72.0/ 46, 19

一時も静止しない黒蜂の群れから五分の一がマンゴーの木に，八分の一が蓮に行った．その差の二倍に自分の半分を加えたものがジャスミン (kunda) の花にいる．ジャスミンとマンゴーにいる蜂の部分の差の半分の六倍に〈自分の〉三分の一を加え，三倍し，〈自分の〉三分の一を引いたものがジャーティーの蔓に留まっている．//そして，ほら，十四の蜂がティラカの木の花蕾に入っているのが見える．聡明な人よ，もしわかるならすぐに私に云ってほしい，蜂の群れの数を．/GT 71-72/[2]

···Note

GT 71-72. 差類の例題：黒蜂の群れ (cañcarīka/bhṛṅga/madhuliṭ-samūha-saṃkhyā, x).

$$x - \frac{x}{5} - \frac{x}{8} - \left(\frac{x}{5} - \frac{x}{8} \right) \cdot 2 \cdot \left(1 + \frac{1}{2} \right)$$
$$- \left\{ \left(\frac{x}{5} - \frac{x}{8} \right) \cdot 2 \cdot \left(1 + \frac{1}{2} \right) - \frac{x}{5} \right\} \cdot \frac{1}{2} \cdot 6 \cdot \left(1 + \frac{1}{3} \right) \cdot 3 \cdot \left(1 - \frac{1}{3} \right) = 10.$$

解説．「黒蜂の群れから五分の一がマンゴーの木に」，また八分の一が「蓮 46, 26

[1] K aṃśayośchedau chedane(ne)tyādi > aṃśacchedau chedanābhyāmityādi.

[2] pañcāṃśaścalacañcarīkanicayāccūte gato 'ṣṭāṃśakaḥ
padme tadvivaraṃ dvinighnamadhikaṃ svārdhena kunde sthitam/
kundāmra(?va)sthitabhṛṅgabhāgavivarasyārdhaṃ ca ṣaḍghnaṃ yutaṃ
tryaṃśena triguṇaṃ tribhāgarahitaṃ jātīlatāmāśritam//71//
tilakadrumamañjarīniviṣṭaṃ bhramarāṇāṃ daśakaṃ ca hanta dṛṣṭam/
yadi vetsi tadā vicakṣaṇāśu kathaya me (?yerme) madhuliṭsamūhasaṅkhyām//72//
71c: K kundāmra(?va) > kundāmra. 72d: K kathaya me (?yerme) > kathayerme.

に」．すなわち $\begin{array}{|c|c|}1&1\\5&8\\\hline\end{array}$ 「分子と分母に」(GT 53) 云々により分母を交換して，すなわち五の下に八，八の下に五，すなわち $\begin{array}{|c|c|}1&1\\5&8\\8&5\\\hline\end{array}$ 八を一に掛け

47, 1 て八が生じ，八を五に掛けて四十が生ずる．すなわち $\begin{array}{|c|}8\\40\\8\\\hline\end{array}$ 後の数字では，五を一に掛けて五が生じ，五を八に掛けて四十が生ずる．すなわち $\begin{array}{|c|}5\\40\\5\\\hline\end{array}$ だから，等しい分母を持つそれら二つの「差」〈を求める．小さい方を〉「大きい方から引き[1]」: すなわち，ここでは八を徴とする「大きい方から」「小さい方」: 小さい分子五，が引かれるべきである．三が生ずる，四十を分母として[2]．これは三番目の位置に置かれる．後の二つは破棄される (bhañjanīya)[3]．すなわち $\begin{array}{|c|c|c|}1&1&3\\5&8&40\\\hline\end{array}$ 三を徴とする「その差の二倍」は六単位で四十を分母とする．〈これに自分の〉半分を加える．すなわち $\begin{array}{|c|}6\\40\\1\\2\\\hline\end{array}$ [4] ここで部分付加類の「分母に分母を」(GT 57b) 云々により，四十を徴とする分母に分母の二を掛けて八十が生ずる．また，二を徴とする分母に分子を加えて三が生じ，それを六に掛けて十八が生ずる．両者を半分に共約すると，上に九，下に四十．これが三番目の位置に変わらないもの (niścala) として置かれるべきである．すなわち $\begin{array}{|c|c|c|}1&1&9\\5&8&40\\\hline\end{array}$ 群れの数量を四十で割ったものの九番目〈まで〉にあるもの（部分）がジャスミンの花にいる[5]． /SGT 71-72.1/

---

[1]K viśodhye > viśodhya.

[2]K trayaścatvāriṃśat/ > trayaścatvāriṃśacchedāḥ/

[3]ここまでの手順．書板上に最初の書置 $\begin{array}{|c|c|}1&1\\5&8\\\hline\end{array}$ を書き，書板上の別の所で差の計算をする．

$$\begin{array}{|c|c|}1&1\\5&8\\\hline\end{array} \rightarrow \begin{array}{|c|c|}1&1\\5&8\\8&5\\\hline\end{array} \rightarrow \begin{array}{|c|c|}8&5\\40&40\\8&5\\\hline\end{array} \rightarrow \begin{array}{|c|c|}3&5\\40&40\\8&5\\\hline\end{array}$$

得られた $\begin{array}{|c|}3\\40\\\hline\end{array}$ を最初の書置に「三番目」として加え，別の所で計算に用いた「後の二つ」の数（数字列）は「破棄される」．

[4]K $\frac{2}{1} > \frac{1}{2}$.

[5] $\frac{x}{40}\cdot 9$ を意味する．原文は，yat yūthasaṃkhyāpramāṇaṃ tasya catvāriṃśatā bhaktasya yan navame syāt tat kunde sthitam/

···Note ···

SGT 71-72.1. 差類の例題の解. $\frac{1}{5}-\frac{1}{8}=\frac{1\cdot 8}{5\cdot 8}-\frac{1\cdot 5}{8\cdot 5}=\frac{8}{40}-\frac{5}{40}=\frac{3}{40}$; $\frac{3}{40}\cdot 2=\frac{6}{40}$, $\frac{6}{40}\cdot\left(1+\frac{1}{2}\right)=\frac{6(2+1)}{40\cdot 2}=\frac{18}{80}=\frac{9}{40}$.

···

五分の一と四十分の九を徴とする[1]「ジャスミンとマンゴーにいる[2]蜂の 47, 11
部分」の「差」を作るために,「分子と分母に」(GT 53) 云々により，五と四十を徴とする分母を五分の一に共約して順に一と八を徴とするものを交換して，すなわち

1	9
5	40
8	1

前の数字では[3]，八を一に掛けて八になり，八を五に掛けて四十になる．後の数字では，一を掛けてそのままである．すなわち

8	9
40	40
8	1

ここで「差」は，九から八を引いて，あとに[4]四十を分母とする一[5]が残る．すなわち

1
40

一を徴とするこの「差」の「半分」⟨ というが ⟩，一は「半分」に適さないので[6]，分母の四十を二倍状態にして八十になる．すなわち

1
80

これの「六倍」，すなわち

6
80

自分の「三分の一」により，すなわち

6
80
1
3

部分付加類で,「分母に分母を」(GT 57b) 云々により，分母八十に[7]下の分母三を掛けるべきである．二百四十が生ずる.「分子を伴う下の分母によって[8]」(GT 57c)，すなわち一を伴う三，つまり四によって，六が掛けられて二十四が生ずる，二百四十を分母として．すなわち

24
240

「三倍し」: 二十四に三を掛けて七十二が生ずる．これ ⟨ から自分の ⟩「三分の一を引く」．すなわち

72
240
∘1
3

部分除去類で述べられた「分母を⟨ 分母に ⟩掛けるべきである」(GT 60b) 云々により，下にある分母三を，分母二百四

[1]K ekanavacatvāriṃśallakṣaṇayor > ekapañcamanavacatvāriṃśalakṣaṇayor.
[2]K kundāvasthita- > kundāmrasthita-.
[3]K prācyāṅke aṣṭa- > prācyāṅka aṣṭa-.
[4]K ya(pa)ścād > paścād.
[5]K ekacatvāriṃśaśchedaḥ > ekaścatvāriṃśacchedaḥ.
[6]K ekonārdhaṃ sahata iti > eko nārdhaṃ sahata iti.
[7]K aśītiś > aśītiṃ (or tiñ).
[8]K sāṃśako 'dhohareṇa > sāṃśakādhohareṇa.

十に[1]掛けるべきである．七百二十が生ずる．それから,「分子を引いた分母を」，すなわち分子の一を三から引いて生ずる二を[2],「最初の分子」七十二に掛けるべきである．百四十四が生ずる．すなわち $\begin{array}{|c|}144\\720\\\hline\end{array}$ この両者を百四十四分の一で共約すると[3]，上に一，下に五．すなわち $\begin{array}{|c|}1\\5\\\hline\end{array}$ 群れにいる〈蜂の〉量の五分の一にある単位 (rūpa, sg.)〈だけの数〉が「ジャーティーの蔓に留まっている」．これが第四の位置に置かれる．すなわち $\begin{array}{|c|c|c|c|}1&1&9&1\\5&8&40&5\\\hline\end{array}$

/SGT 71-72.2/

···Note···

SGT 71-72.2. 差類の例題の解 (続). $\frac{9}{40}-\frac{1}{5}=\frac{9\cdot1}{40\cdot1}-\frac{1\cdot8}{5\cdot8}=\frac{9}{40}-\frac{8}{40}=\frac{1}{40}$, $\frac{1}{40}\cdot\frac{1}{2}=\frac{1}{80}$, $\frac{1}{80}\cdot6=\frac{6}{80}$, $\frac{6}{80}\left(1+\frac{1}{3}\right)=\frac{6(3+1)}{80\cdot3}=\frac{24}{240}$, $\frac{24}{240}\cdot3=\frac{72}{240}$, $\frac{72}{240}\left(1-\frac{1}{3}\right)=\frac{72(3-1)}{240\cdot3}=\frac{144}{720}=\frac{1}{5}$.

···

47, 28 それから更に,「分子と分母に」(GT 53) 云々により分母を交換して $\begin{array}{|c|c|}1&1\\5&8\\8&5\\\hline\end{array}$
48, 1
最初〈の数字〉では八を一に掛けて八が生じ，八を五に掛けて四十が生ずる．後の数字では五を[4]一に掛けて五が生じ，五を八に掛けて[5]四十が生ずる．等分母だから，八の中に五を投じて十三が生ずる，四十を分母として．すなわち $\begin{array}{|c|}13\\40\\\hline\end{array}$ それから，三番目の数字九を十三の中に，計算をしなくても等分母だから，投じて二十二が生ずる，四十を分母として．それから，この分母と四番目の数字の分母を五で共約して，順に八と一が生ずる．だから，分母を交換して，すなわち $\begin{array}{|c|c|}22&1\\40&5\\1&8\\\hline\end{array}$ 最初の数字では一を掛けてそのまま．後の数字では八を一に掛けて八が生じ，八を五に掛けて四十が生ずる．等分母だから，二十二の中に分子八を投じて三十が生ずる，四十を分母として．すなわち $\begin{array}{|c|}30\\40\\\hline\end{array}$ これが「部分の和」である．これを「一から引き」: すなわち，一を分母とする一である．それから,「分子と分母に」(GT 53) 云々によ

---

[1] K śataṃ > dviśataṃ.

[2] K jātadvike > jātadvikena.

[3] K catvāriṃśadadhi(ka)śate bhāgenāpavarte > catuścatvāriṃśadadhiśatabhāgenāpavarte (or -śatabhāgāpavarte). 意味上は「百四十四で共約すると」または「百四十四分の一に共約すると」．SGT 41.2 (p.20, l.17) の表現 ardhena ... apavartane 参照.

[4] K parāṅkapañca- > parāṅke pañca-.

[5] K tathā (aṣṭau) pañcaguṇā > tathā pañcaguṇā aṣṭau.

り分母を交換して，すなわち

30	1
40	1
1	40

[1] 前の数字では一を掛けてそのまま．後の数字では〈それぞれの〉一に四十を掛けて四十が生ずる．すなわち

40
40

だから，一から生じた四十の中から三十を引いて十が残る，四十を分母として．すなわち

10
40

「残りで」:〈単位から〉「部分の和を引いたもので」，すなわち十で,「顕現数」十を「割るべきである」．すなわち，顕現数は一を分母とする十である[2]．だから，部分の和の〈引いた〉残りである十〈とそ〉の分母四十を「交換してから」(GT 42a) 云々により，上に四十，下に十．すなわち

40	10
10	1

[3] だから，最初の数字の四十を十に掛けて四百が生ずる．この四百を[4]，一を掛けた分母十で割って

400
10

商四十が黒蜂の群れの量である．/SGT 71-72.3/

···Note ···

SGT 71-72.3. 差類の例題の解 (続). $\frac{1}{5}+\frac{1}{8}=\frac{1\cdot 8}{5\cdot 8}+\frac{1\cdot 5}{8\cdot 5}=\frac{8}{40}+\frac{5}{40}=\frac{13}{40}$, $\frac{13}{40}+\frac{9}{40}=\frac{22}{40}$, $\frac{22}{40}+\frac{1}{5}=\frac{22\cdot 1}{40\cdot 1}+\frac{1\cdot 8}{5\cdot 8}=\frac{22}{40}+\frac{8}{40}=\frac{30}{40}$. $\frac{1}{1}-\frac{30}{40}=\frac{1\cdot 40}{1\cdot 40}-\frac{30\cdot 1}{40\cdot 1}=\frac{40}{40}-\frac{30}{40}=\frac{10}{40}$. $\frac{10}{1}\div\frac{10}{40}=\frac{40}{10}\cdot\frac{10}{1}=\frac{400}{10}=40$.

···

これの適用．四十匹の五分の一の八匹はマンゴーの木に，四十匹の八分の 48, 18
一の五匹は蓮に，四十に分割した群れ四十匹の九部分ということで九匹はジャスミンに，四十匹の五分の一の八匹はジャーティーの蔓に〈いる〉．十匹は見えている．すなわち

8	5	9	8	10

これらを足せば，四十匹が生ずる．/SGT 71-72.4/

···Note ···

SGT 71-72.4. 検算. $40/5=8$, $40/8=5$, $\frac{40}{40}\cdot 9=9$, $40/5=8$; $8+5+9+8+10=40$.

···

このように，差類は完結した．/SGT 71-72.5/ 48, 21

2.3.25 [残余根類]

さて，残余根類における術則，一詩節を述べる．/SGT 73.0/ 48, 23

---

[1] K 10 > 30.

[2] K dṛśyadaśakacchedā > dṛśyaṃ daśaikacchedā.

[3] K $\frac{1}{1} > \frac{10}{1}$.

[4] K asyāścatvāriṃśata eka- > asyāścatuḥśatyā eka-.

根の近くの四倍した顕現数に[1]自乗した根を加え，根をとり，根を加え，半分にし，自乗し，部分を引いた単位で割り，さらに繰り返し演算をする./GT 73/[2]

···Note·····

GT 73. 規則：残余根類 (śeṣa-mūla-jāti). ある未知量 (x) から根と部分を引いたあと，さらに「残余」の「根」と部分を交互に引いて，残りが顕現しているとき，すなわち，

$$x - c_0\sqrt{x} = y_1, \qquad y_1 - \frac{b_1}{a_1}y_1 = x_1,$$

$$x_1 - c_1\sqrt{x_1} = y_2, \qquad y_2 - \frac{b_2}{a_2}y_2 = x_2,$$

$$\cdots$$

$$x_{n-1} - c_{n-1}\sqrt{x_{n-1}} = y_n, \qquad y_n - \frac{b_n}{a_n}y_n = x_n,$$

$$x_n - c_n\sqrt{x_n} = d.$$

このとき，最後の $d\,(= y_{n+1})$ から始めて，$i = n, n-1, \cdots, 1, 0$ の順に，次のアルゴリズムを適用する．もちろんこれらは，上の各ステップにおける二次方程式の解の一つと一次方程式の解である．

$$x_i = \left(\frac{\sqrt{4y_{i+1} + c_i^2} + c_i}{2}\right)^2, \qquad y_i = \frac{x_i}{1 - b_i/a_i}.$$

最後に得られる x_0 が x である．規則の「根の近くの顕現数」は $d\,(= y_{n+1}), y_n, \cdots, y_2, y_1$ を指す．また,「自乗した根」と「根を加え」の「根」は根の個数すなわち係数 $c_n, c_{n-1}, \cdots, c_1, c_0$ を指す．

··········

48, 26 [解説.]〈詩節中の〉pada と mūla という語は同義（根）である．その根の近くにある〈次の例題の〉二などの顕現数を四倍する．その「根の近くの四倍した顕現数に」．〈次の例題のように〉「根」の前に二などの数がない場合は，一こそが「根」であり，それを「自乗」する．すなわち，一倍する．だから,「自乗した根」である一を「加え」ると九が生ずる．そこで,「根をと
49, 1 り」，すなわち，四倍し自乗した根を加えた顕現数の根をとる．三などである．それに,「根」は一であるからそれを「加え」，半分にし (dalite: ardhīkṛte), 生じた二などを「自乗し」: 自分すなわち二などを掛け，二部分 (lavābhyāṃ: aṃśābhyāṃ)[3]を引いた単位で割り，得られた商である十二などをさらに顕現数として立てるべきである (sthāpya). そこで，間にある「部分」[4]は目的が述べられた（達成された）から去る．そのあと，その顕現数に対して「繰り返し演算をする」．すなわち,「根の近くの」云々の演算を，部分 (lava: bhāga) を除いて，もう一度行う．/SGT 73/

---

[1]すなわち,「根の近くの顕現数を四倍し」．

[2]padasamīpacaturguṇadṛśyake svaguṇamūlayute kṛtamūlake/
padayute dalite nijatāḍite vilavarūpahṛte 'tha punarvidhiḥ//73//

[3]du. 形を用いているのは，次の問題の「部分」である 2/3（三分の一が二つ）に引きずられているためと思われる．

[4]次の例題の書置では 'śela $\frac{2}{3}$' がそれに当たる．

···Note ···

SGT 73. 注釈者 S はここで，次の例題の数値，$b_1/a_1 = 2/3$, $c_0 = c_1 = 1$, $y_2 = d = 2$, を用いて規則の使い方を説明している．彼が $y_2 = d$ と考えていることは，最後の文の「部分を除いて」からわかる．しかしもちろん，GT 73 の規則は $n \geq 2$ に対しても妥当である．

···

これに関する出題の詩節で例題を述べる．/SGT 74.0/ 49, 6

青い花弁を持つ蓮の，耳飾りにされた葉の集まりから，その根が，恋人との戯れで〈どこかに〉あたって美眉の褥に落ちた．残りから生ずる三分の二と，さらにその残りから生ずる根が地面に落ちた．そして二枚の葉が見えた．そのときその青蓮は，何枚の葉を持っていたか．述べなさい./GT 74/[1]

···Note ···

GT 74. 残余根類の例題 1：青蓮の葉 (nīladalotpala/nīlotpala-chada/dala/patra-saṃkhyā, x).

$$x - \sqrt{x} - \frac{2}{3}\left(x - \sqrt{x}\right) - \sqrt{x - \sqrt{x} - \frac{2}{3}\left(x - \sqrt{x}\right)} = 2.$$

···

書置によるこれの解説． 49, 11

mū 1 1	śela 2 3	śemū 1 1	dṛśya 2

[2]「根の」：残余の根の,「近くの」「顕現数」二を「四倍し」て八が生ずる．そこに,「自乗した根」，一掛ける一，それを「加え」て九が生ずる．その九の「根」は三．そこに「根を加え」：根は一，それを加え，四が生ずる．「半分にし」(dalite: ardhīkṛte)，生じた二を「自乗し」：二を掛け，生じた四を．ここで三分の二部分[3]と単位とを，すなわち

2	1
3	1

「分子と分母に」(GT 53) 云々という分母，三と一，を交換して

2	1
3	1
1	3

前の数字では一を掛けてそのまま．後の数字では三を一に掛けて三が生ずる．これから前の部分二を引いて一が生ずる，三を分母として．これが「部分を引いた単位」であり，それで〈上で生じた四を〉「割り」：「〈除数の分子と分母を〉交換してから」(GT 42a) 云々により，上に三，下に一．すなわち

3
1

そこで，掛け算を行う．すなわち，

---

[1]mūlaṃ nīladalotpalacchadacayātkarṇāvataṃsīkṛtāt
kāntakrīḍanatāḍanānnipatitaṃ talpe yadā subhruvaḥ/
tryaṃśau śeṣabhavau ca śeṣakabhavaṃ mūlaṃ ca bhūmau gataṃ
dṛṣṭaṃ patrayugaṃ tadā kati dalaṃ tadbrūhi nīlotpalam//74//
74d: K kati dalaṃ > katidalaṃ.

[2]略号：mū = mūla (根)，śe = śeṣa (残余)，la = lava (部分)．dṛśya は「見えているもの」すなわち顕現数．

[3]lavatryaṃśadvaya.

三によって，前の顕現数から生じた四が掛けられ，十二が生ずる．一掛ける一という分母で割って[1]も十二のままである.「繰り返し演算」という．この十二は，接続する〈計算の〉最後が「部分」(lava) だから[2]，一番目の「根の近くの顕現数」である．それを「四倍し」て[3]四十八が生ずる．そこに,「自乗した根を加え」[4]：一を掛けた一を加え[5]，四十九が生ずる．そこで「根をとり」：四十九は平方の形をしているから，その根は七．そこに「根を加え」：根は一．それを加え，八が生ずる.「半分にし」，生じた四を「自乗し」：同じ四を掛け，十六が生ずる．割り算の原因となる「部分」がない，というので，そこから直ちに，青蓮が十六葉から成ることが得られる．すなわち 16. /SGT 74.1/

···Note···

SGT 74.1. 例題 1 の解. $y_2 = d = 2$, $c_1 = 1$ から，$\sqrt{4 \cdot 2 + 1^2} + 1 = \sqrt{8+1} + 1 = \sqrt{9} + 1 = 3 + 1 = 4$, $(4/2)^2 = 2^2 = 4\ (= x_1)$. $b_1/a_1 = 2/3$ から，$4 \div (1 - 2/3) = 4 \div 1/3 = \frac{3}{1} \cdot \frac{4}{1} = \frac{3 \cdot 4}{1 \cdot 1} = \frac{12}{1} = 12\ (= y_1)$. $c_0 = 1$ から，$\sqrt{4 \cdot 12 + 1^2} + 1 = \sqrt{49} + 1 = 7 + 1 = 8$, $(8/2)^2 = 4^2 = 16\ (= x)$.

·····

49, 26 これの適用．平方数十六の根四が褥に落ちた．その残り十二の三分の二，すなわち八が地面に落ちた．その残り四は平方数であるが，その根二〈も地面に〉落ちた．二枚の葉が見える．すなわち

4
8
2
2

これらを足せば，十六が生ずる．/SGT 74.2/

···Note···

SGT 74.2. 検算. $\sqrt{16} = 4$, $\frac{2}{3} \cdot (16 - 4) = \frac{2}{3} \cdot 12 = 8$, $\sqrt{16 - 4 - 8} = \sqrt{4} = 2$; $4 + 8 + 2 + 2 = 16$.

·····

50, 1 さて，二番目の例題の詩節を述べる．/SGT 75.0/

オウムの群れからその根の三倍が飛び立って米田へ行った．その残りから生ずる十分の一は実を付けたマンゴーの木に留まっている．そして，残りの根の三倍は狩人の網に落ちて災難を被った．賢い者よ，そのオウムの群れの量を今云って欲しい，もしわかるなら./GT 75/[6]

---

[1]K ekaguṇā ekacchedabhaktā > ekaguṇaikacchedabhaktā.

[2]K lagnāntarālalavatvāt > lagnāntasya lavatvāt. 書置の ‘śela $\frac{2}{3}$’ に言及すると思われる．SGT 75.1 (p.50, l.16) の「一番目の根の近くにある最後は部分だから」参照.

[3]K caturguṇā > caturguṇaṃ.

[4]K tatratyaguṇamūlayute > tatra svaguṇamūlayute.

[5]K ekaguṇa ekayute > ekaguṇaikayute.

[6]uḍḍīya triguṇaṃ padaṃ śukakulātkṣetreṣu śālergataṃ
taccheṣotthadaśāṃśakaḥ phalabhṛtānāmradrumānāśritaḥ/
trighnaṇ śeṣapadaṃ ca pāśapatitaṃ vyādhasya cāpadvaśe
vidvan kīrakulapramāṇamadhunā tatkathyatāṃ vetsi cet//75//

···Note···

GT 75. 残余根類の例題 2：オウムの群れ (kīra/śuka-kula-pramāṇa, x).

$$x - 3\sqrt{x} - \frac{1}{10}\left(x - 3\sqrt{x}\right) - 3\sqrt{x - 3\sqrt{x} - \frac{1}{10}\left(x - 3\sqrt{x}\right)} = 0.$$

···

書置によるこれの解説.

mū 3	śe 1	mū 3	dṛ 0
1	10	1	

[1] ここで，他のこ 50, 6
とは述べられていないから，残りの「根の近くの[2]顕現数」はゼロ (śūnya) であり,「四倍」は同じゼロである．そこに,「自乗した根を加え」：三を三に掛けて九が生ずる[3]．それを「加え」，ゼロの位置に九が生ずる[4]，ゼロは〈数が加えられるとき〉加数に等しくなるから[5]．そこで，九の「根」は三である．そこに「根を加え」：⟨GT 75 で⟩「根の三倍」[6]〈というので〉それ（三）を加えて六が生ずる.「半分にし」(dalite: ardhite)，生じた三を「自乗し」：三を掛け，生じた九を,「部分を引いた単位で割り」：ここでは「部分」は十を分母とする一である．単位は一を分母とする〈一である〉．だから,「分子と分母に」(GT 53) 云々により，分母を交換して

1	1
10	1
1	10

一を掛けて[7]そのままである．十を一に掛けて十になる．これから「部分」の一を引いて九が生ずる．分母は[8]十である．だから，〈それで〉顕現数から生じた分母を一とする九を割るために,「〈除数の分子と分母を〉交換してから」(GT 42a) 云々により，単位の余り九が下，十が上である．すなわち

10	9
9	1

見えている二つの九を九分の一で共約して〈共に〉一である．すなわち

10	1
1	1

そこで掛け算をする．十を一に掛けて十，一掛ける一という分母で割っても[9]そのままである．それから「繰り返し演算をする」．一番目の根の近くにある最後は「部分」(lava) だから[10]，この十が〈次のステップの〉顕現数[11]である.「四倍」すると四十が生ずる．⟨GT 75 に⟩「根の三倍」〈というので〉ここでは三が「根」である[12].「自乗した」：三倍したものは九になる，それを「加え」，四十九が生ずる．その「根」は七.「根を加え」：根は三[13]，それを加え，生じた

[1]略号：mū = mūla (根)，śe = śeṣa (残余)，dṛ = dṛśya (顕現数).

[2]K śeṣamūlaṃ samīpa- > śeṣamūlasamīpa-

[3]K triguṇaṃ mūlamekastrayaḥ > triguṇastrayo jātā nava.

[4]K jātanavake > jātaṃ navakaṃ.

[5]GT 52a 参照.

[6]triguṇaṃ padaṃ. これは二つ目の「根の三倍」だから，厳密には trighnaṃ padaṃ.

[7]K (ekaḥ) ekaguṇas > ekaguṇas.

[8]K navacchedāśca > nava chedāśca.

[9]K ekaguṇā ekacchedabhaktā api > ekaguṇaikacchedabhaktā api.

[10]prathamapadasamīpagatāntasya lavatvāt. 書置の 'śe $\frac{1}{10}$' に言及する.

[11]K ete daśadṛśyaṃ > ete daśa dṛśyaṃ.

[12]K triguṇapadamatra traya eva/ padaṃ > triguṇaṃ padamatra traya eva padaṃ.

[13]K padatrayamekas > padaṃ trayaṃ.

十を「半分にし」，生じた五を「自乗し」：五を掛け，二十五が生ずる．オウムの群れの量はこの通りである．/SGT 75.1/

···Note···

SGT 75.1. 例題 2 の解．$y_2 = d = 0$, $c_1 = 3$ から，$\sqrt{4 \cdot 0 + 3^2} + 3 = \sqrt{9} + 3 = 3 + 3 = 6$, $(6/2)^2 = 3^2 = 9\ (= x_1)$. $b_1/a_1 = 1/10$ から，$9 \div (1 - 1/10) = 9 \div 9/10 = \frac{10}{9} \cdot \frac{9}{1} = \frac{10}{1} \cdot \frac{1}{1} = \frac{10 \cdot 1}{1 \cdot 1} = \frac{10}{1} = 10\ (= y_1)$. $c_0 = 3$ から，$\sqrt{4 \cdot 10 + 3^2} + 3 = \sqrt{49} + 3 = 7 + 3 = 10$, $(10/2)^2 = 5^2 = 25\ (= x)$.

···

50, 21 これの適用．二十五の根は五．三倍した十五羽が米田へ行った．残りの十の十分の一，すなわち一羽が[1]マンゴーの木へ行った．ここで「残りの根」は三．それを三倍して，九羽が狩人の〈網という〉災難に陥った．すなわち

15
1
9

これらを足せば二十五．すなわち 25．/SGT 75.2/

···Note···

SGT 75.2. 検算．$3\sqrt{25} = 3 \cdot 5 = 15$, $\frac{1}{10}(25 - 15) = \frac{10}{10} = 1$, $3\sqrt{25 - 15 - 1} = 3\sqrt{9} = 3 \cdot 3 = 9$; $15 + 1 + 9 = 25$.

···

50, 23 残余の根の近くにある顕現数から〈解が〉生じさせられるから〈そう呼ばれる〉この残余根類は完結した．/SGT 75.3/

2.3.26 [根端部分類]

50, 26 さて，根端部分類に関する術則，一詩節．/SGT 76.0/

部分を引いた単位で顕現数と根が割られるとき，〈その結果も順に顕現数・根と呼ぶことにして〉顕現数に根の半分の平方を加え
51, 1 **たものからの根に，根の二分の一を加え，平方性を持たせれば，あなたの心に意図された量になるだろう．/GT 76/**[2]

···Note···

GT 76. 規則：根端部分類 (mūla-agra-bhāga-jāti). ある未知量 (x) からその部分 $(\frac{b}{a}x)$ と根 $(c\sqrt{x})$ が引かれて，端 (d) が見えているとき，すなわち，

$$x - \frac{b}{a}x - c\sqrt{x} = d,$$

のとき，

$$c' = \frac{c}{1 - b/a}, \qquad d' = \frac{d}{1 - b/a},$$

[1] K daśāṃśa ekaguṇaś > daśāṃśa ekaś.

[2] bhāgonarūpavihṛte khalu dṛśyamūle dṛśyātpadārdhakariṇīsahitātpade ca/
mūladvibhāgasahite gamite kṛtitvaṃ rāśirbhavedabhimato hṛdi yastvadīye//76//
76b: K kariṇī > karaṇī.

と置けば,

$$x = \left\{ \frac{c'}{2} + \sqrt{\left(\frac{c'}{2}\right)^2 + d'} \right\}^2.$$

通常は平方根をとられるべき数を意味する語 karaṇīがここでは「平方」の意味で用いられている. この用法は珍しいが, Varāhamihira (6 世紀) の *Pañcasiddhāntikā* などにも見られる. Hayashi 1995a, 60-64 参照.

注釈者 S はこの類の名称「根端部分類」の由来を, 例題 3 の解の最後 (SGT 79.3) で,「⟨ 解が ⟩ 根と端に作られた部分から生ずるから」としている. PG の注釈者は同じタイプの問題を「部分根端問題」(bhāga-mūla-agra-uddeśa) と呼ぶ (PG 76). これは明らかに, 部分 ($\frac{b}{a}$), 根 (c), 端 (d) に関する問題を意味している.

問題の最後の言葉「あなたの心に意図された量になるだろう」は, 計算士たちの競技会のようなものを念頭に置いている可能性がある. SGT 66.1, 90, 93 で言及されている「質問者」(pṛcchaka) もそのような競技会と関係があるかもしれない.

··

解説. 「顕現数と根が」(dṛśyamūle) という. 顕現数と根とで「顕現数と 51, 3
根」(dṛśyamūlam, nom. sg. n.) であり, その「顕現数と根が」(dṛśyamūle, loc. sg.),「部分を引いた単位で割られる」, 掛けられた部分を引いた単位で最初に割られるとき (vibhakte sati).「顕現数」云々という.「根」(pada: mūla), その「半分」. 根が半分に適さないときは[1], 下の分母を二倍することで半分にしたその根, その「平方」(karaṇī: varga) を「加えた」「顕現」している数字から, 奇偶云々(GT 26) により導かれた二倍されたものを半分にした[2]根に対して,「根の二分の一」云々という. 部分を引いた単位で割ったとき, 平方にしないでおいた (akṛta-karaṇīkam) 根を二で割り, その商を「加え」,「平方性を持たせれば」: その「根の二分の一を加え」た顕現数から生ずる根の数字の平方が作られるとき,「意図された量になるだろう」云々は明らかである. /SGT 76/

···Note ··

SGT 76. 注釈者 S は GT 76a を locative absolute に解釈している (cf. 'vibhakte sati'). 上の和訳もそれに従うが, 'dṛśyamūle' を loc. sg. ではなく nom. du. と見て, 独立の文章と考えることも可能. 前 Note の c と d が「根」(mūla) と「顕現数」(dṛśya) であるが, それらを「部分を引いた単位」で割った c' と d' も同じ名前で呼ばれていることに注意.「奇偶」(viṣamasama) は開平計算のアルゴリズム (GT 26) で必要な位取りの区別, 奇数位, 偶数位のこと.「二倍されたものを半分にした」(dvighne 'rdhite) はその開平計算アルゴリズムの最後に現れる. GT 26 と SGT 26 参照.

··

これに関する出題の詩節で例題を述べる. /SGT 77.0/ 51, 10

鹿の群れからその三分の一と ⟨ 自分の ⟩ 三分の一は虎を恐れて消

[1]K nārdhaṃ sahate [padaṃ] tadā > nārdhaṃ sahate tadā.

[2]K -samānīte dvighnārdhite > -samānītadvighnārdhite.

えた（逃げ去った）．自分の根は歌を歌いたくて〈口を開いたために〉，一口分（咥えたもの）を落としてしまい，目を閉じてじっとしている．群れからはぐれた雌鹿二頭が，ほら，瞳をきょろきょろさせながら森林を彷徨っているのが見える．もし数学の演算を知っているなら，群れの量をすぐに云いなさい./GT 77/[1]

···Note···

GT 77. 根端部分類の例題 1：鹿の群れ (kuraṅgī/sāraṅga-yūtha-pramāṇa, x).

$$x-\frac{x}{3}\left(1+\frac{1}{3}\right)-\sqrt{x}=2.$$

···

51, 15　書置によるこれの解説．

rū 1	bhā 1	⟨mū 1 ⟩	dṛ 2
1	3	1	
	1		
	3		

[2] この部分付加類では,「分母に分母を」(GT 57b) 云々により,「分母」三に「分母」三を掛けるべきである．九が生ずる.「分子を伴う下の分母によって」: 一を伴う三すなわち四によって,「最初の分子が掛けられる[3]」．四が生ずる，九を分母として．すなわち

4
9

一を分母とする単位とともに,「分子と分母に」(GT 53) 云々により〈分母を〉交換して

4	1
9	1
1	9

最初の数字では一を掛けてそのまま．後の数字では〈それぞれの〉一に九を掛けて九が生ずる．これから，前の部分四を引いて，五が生ずる，九を分母として．

5
9

これが「部分を引いた単位」(GT 76a) である．これによって「顕現数と根が割られる」．顕現数，一を分母とする二，を割るために,「部分を引いた単位」五などの「〈分子と分母を〉交換してから」(GT 42a) 云々により，すなわち

9	2
5	1

掛け算をする．九に二を掛けて十八，一を五に掛けて五のまま．つまり，顕現数の位置に十八が生ずる，五を分母として．すなわち

18
5

同様に「根」は

---

[1]tryaṃśaḥ sāraṅgayūthāttrilavakasahito vyāghrabhītyā praṇaṣṭo
gīte lubdhaṃ svamūlaṃ vigalitakavalaṃ mīlitākṣi sthitaṃ ca/
yūthādbhraṣṭe kuraṅgyau taralitanayane hanta dṛṣṭe bhramantyau
kāntāre brūhi tūrṇaṃ yadi gaṇitavidhiṃ vetsi yūthapramāṇam//77//

[2]K { rū $\frac{1}{1}$ | bhā $\frac{1}{3}$ $\frac{1}{2}$ | dṛ 2 } 略号：rū = rūpa（単位），bhā = bhāga（部分），mū = mūla（根），dṛ = dṛśya（顕現数）．‘mū $\frac{1}{1}$’ は GT 78 の書置にならって補った．これは計算に不可欠な要素である．

[3]K hanyāt > hanyate.

一．九を掛けて，根の位置に九が生ずる[1]，五を分母として．すなわち $\begin{array}{|c|}9\\5\end{array}$
これによって,「部分を引いた単位によって顕現数と根が割られるとき」〈という演算の結果〉が知られる．ここで,「根」は九．それは半分に適さない．だからその下の五を二倍して十が生ずる．これで上の数字が半分になる．このように，上の数字が半分に適さないとき,[2] 下にあるものを二倍すると，上の数字が半分にされたことになる，とどこでも知るべきである.「根の半分」
九の「平方」(karaṇī: varga) は八十一になる．十を平方すると百．すなわち 52, 1
$\begin{array}{|c|}81\\100\end{array}$ これを「顕現数に」「加え」るために,「分子と分母に」(GT 53) 云々により，顕現数十八の下の分母五を五で共約して一，百を五で共約して二十．だから交換して，すなわち $\begin{array}{|c|c|}81&18\\100&5\\1&20\end{array}$ 前の数字では一を掛けてそのまま．後の数字では，二十を十八に掛けて三百六十が生じ，二十を五に掛けて百が生ずる．等分母だから，三百六十の中に八十一を投じて四百四十一が生ずる，百を分母として．すなわち $\begin{array}{|c|}441\\100\end{array}$ 二つの数字とも，奇偶云々(GT 26) により得られるのは，上に，二倍されている四十二の半分で二十一[3]，下に十．すなわち $\begin{array}{|c|}21\\10\end{array}$ ここで「根の二分の一」は，既に用いられた十を分母とする九を徴とするものであり，それを二十一に「加え」て三十が生ずる，十を分母として．これの平方は，上に九百，下に百．すなわち $\begin{array}{|c|}900\\100\end{array}$ 下の数字で上の数字を割った商九が鹿の量である．/SGT 77.1/

···Note···

SGT 77.1. 根端部分類の例題 1 の解. $\frac{1}{3}(1+\frac{1}{3}) = \frac{1(1+3)}{3\cdot3} = \frac{4}{9}$, $1-\frac{4}{9} = \frac{9}{9}-\frac{4}{9} = \frac{5}{9}$, $2\div\frac{5}{9} = \frac{9}{5}\cdot\frac{2}{1} = \frac{18}{5}\ (=d')$, $1\div\frac{5}{9} = \frac{9}{5}\cdot\frac{1}{1} = \frac{9}{5}\ (=c')$, $\frac{9}{5}\div2 = \frac{9}{5\cdot2} = \frac{9}{10}$, $(\frac{9}{10})^2 = \frac{81}{100}$, $\frac{81}{100}+\frac{18}{5} = \frac{81\cdot1}{100\cdot1}+\frac{18\cdot20}{5\cdot20} = \frac{81}{100}+\frac{360}{100} = \frac{441}{100}$, $\sqrt{\frac{441}{100}} = \frac{\sqrt{441}}{\sqrt{100}} = \frac{21}{10}$, $\frac{21}{10}+\frac{9}{10} = \frac{30}{10}$, $(\frac{30}{10})^2 = \frac{900}{100} = 9\ (=x)$.

···

これの適用．九の「三分の一」は三.「三分の一[4]」: 三の三分の一で一．そ 52, 12
れを加えた四頭が「消えた」.「自分の根」: 九の根三頭，は「歌を歌いた」い．

[1] K jātamūlasthāne nava > jātā mūlasthāne nava.
[2] K ardhāsahe uparyaṅke adhaḥ- > ardhāsaha uparyaṅke 'dhaḥ-.
[3] SGT 76 とその Note 参照.
[4] K svalavas > trilavas.

二頭は見えている．すなわち

3
1
3
2

これらを足せば九である．/SGT 77.2/

···Note ···

SGT 77.2. 検算．$9/3 = 3, 3/3 = 1, (3 + 1 = 4), \sqrt{9} = 3; 3 + 1 + 3 + 2 = 9.$

···

52, 15 二番目の例題を述べる．/SGT 78.0/

サルの群れからその九分の一が五つと根とは，パンの木の枝を揺らすことに夢中になっている．十頭のサルはその実が欲しくて，二頭づつ争っているのが見える．計算士よ，群れの量をすぐに云いなさい./GT 78/[1]

···Note ···

GT 78. 根端部分類の例題 2：サルの群れ (kapi/vānara-kula/yūtha-māna, x).

$$x - \left(\frac{x}{9} \cdot 5 + \sqrt{x}\right) = 10.$$

···

52, 20 [書置]

rū 1	yū 5	mū 1	dṛ 10
1	9	1	

[2] ここで，一を分母とする単位を部分と一つにするために,「分子と分母に」(GT 53) 云々により分母を交換して，すなわち

1	5
1	9
9	1

前の数字では九を一に掛けて九を分母とする九が生じ，後の数字では一を掛けてそのまま．だから，単位の数字である九から部分である五を引いて，九を分母とする四が生ずる．すなわち

4
9

これが「部分を引いた単位」である．これで「顕現数と根が割られる」．すなわち，顕現数と根の順序で一を分母とする十と一が割られる．

10	1
1	1

[3] 単位の残りである九分の四 (catur-navaka) が除数 (bhāga-dāyin) だから，その「分子と分母を交換してから」(GT 42a) 云々により，上に九，下に四．すなわち

9
4

だから，顕現数の十に九を掛けて九十が生ずる，四を分母として．すなわち

---

[1] kapikulanavamāṃśāḥ pañca mūlena yuktāḥ
panasaviṭapiśākhāndolanāsaktacittāḥ/
phalamabhilaṣamāṇā vānarā dvandvayuddhā
daśa ca gaṇaka dṛṣṭā yūthamānaṃ vadāśu//78//

[2] 略号：rū = rūpa（単位），yū = yūtha（群れ），mū = mūla（根），dṛ = dṛśya（顕現数）．

[3] K vibhaktam/ 10/ > vibhaktau

10	1
1	1

$\begin{array}{|c|} 90 \\ 4 \\ \hline \end{array}$ 同様に，根一を九倍して九が生ずる，四を分母として $\begin{array}{|c|} 9 \\ 4 \\ \hline \end{array}$ これで，「部分を引いた単位で割られ」た「顕現数と根」が生じた[1]．ここでも，「根」九は半分に適さない．⟨ だから，⟩ その下の四を二倍して八が生ずる．これで「根 53, 1
の半分」が生ずる．そこで「平方」(karaṇī: varga) する．上に八十一，下に六十四が生ずる．これは分数の平方である.[2] これを「顕現数」，四を分母とする九十，に[3]「加えたものから」: すなわち「分子と分母に」(GT 53) 云々により分母を交換し，両者を四で共約すると，一と十六が生ずる[4]．すなわち $\begin{array}{|c|c|} 81 & 90 \\ 64 & 4 \\ 1 & 16 \\ \hline \end{array}$ 前の数字では一を掛けてそのまま．後の数字では[5]，十六を九十に掛けて[6]十四百四十，十六を四に掛けて六十四が生ずる．等分母だから，十四百四十の中に[7]八十一を投じて，十五百二十一が生ずる，六十四を分母として．すなわち $\begin{array}{|c|} 1521 \\ 64 \\ \hline \end{array}$ この両者を，奇偶云々(GT 26) により，二倍されたものの半分によって上に得られるのは三十九，下に八．これは分数の平方根である.[8] すなわち $\begin{array}{|c|} 39 \\ 8 \\ \hline \end{array}$ ここで「根の二分の一」は，単位の残り ⟨ で割った根の半分 ⟩，すなわち八を分母とする九である[9]．これを「加え」: 等分母だから，三十九の中に九を投じて四十八が生ずる．だから，四十八と八を八で共約して，上に六，下に一．すなわち $\begin{array}{|c|} 6 \\ 1 \\ \hline \end{array}$ 両者を平方すると，上に三十六，下に一．すなわち $\begin{array}{|c|} 36 \\ 1 \\ \hline \end{array}$ これがサルの群れの量である．/SGT 78.1/

···Note ·····

SGT 78.1. 根端部分類の例題 2 の解. $1-\frac{5}{9}=\frac{1\cdot 9}{1\cdot 9}-\frac{5\cdot 1}{9\cdot 1}=\frac{9}{9}-\frac{5}{9}=\frac{4}{9}$, $10\div\frac{4}{9}=\frac{9}{4}\cdot\frac{10}{1}=\frac{90}{4}\ (=d')$, $1\div\frac{4}{9}=\frac{9}{4}\cdot\frac{1}{1}=\frac{9}{4}\ (=c')$, $\frac{9}{4}\div 2=\frac{9}{4\cdot 2}=\frac{9}{8}$, $(\frac{9}{8})^2=\frac{9^2}{8^2}=\frac{81}{64}$, $\frac{81}{64}+\frac{90}{4}=\frac{81\cdot 1}{64\cdot 1}+\frac{90\cdot 16}{4\cdot 16}=\frac{81}{64}+\frac{1440}{64}=\frac{1521}{64}$, $\sqrt{\frac{1521}{64}}=\frac{\sqrt{1521}}{\sqrt{64}}=\frac{39}{8}$, $\frac{39}{8}+\frac{9}{8}=\frac{48}{8}=\frac{6}{1}$, $(\frac{6}{1})^2=\frac{36}{1}\ (=x)$.

·····

これの適用．九で割った三十六の五部分は，四・五で二十．三十六の根は 53, 13
六．⟨ だから，⟩ 二十六頭は[10] ⟨ 枝を ⟩ 揺らしている．十頭は見えている．す

[1]... dṛśyamūle jāte. 注釈者 S はここでは ‘dṛśyamūle’ を nom. du. と見ている.
[2]GT 44 参照.
[3]K catuścheda(dā) navatiḥ > catuśchedanavateḥ.
[4]K jāte ekake ṣoḍaśake > jāte ekakaṣoḍaśake.
[5]K parāṅka(ṅke) > parāṅke.
[6]K -guṇa(guṇā) > -guṇā.
[7]K catvāriṃśadadhi(kacaturdaśa)śatamadhye > catvāriṃśadadhicaturdaśaśatamadhye.
[8]GT 46 参照.
[9]K rūpaśeṣanavāṣṭacchedāḥ > rūpaśeṣa⟨hṛtamūlārdho⟩ navāṣṭacchedāḥ.
[10]K mūlaṃ ṣaḍ, viṃśatir > mūlaṃ ṣaṭ/ ṣaḍviṃśatir.

なわち

20
6
10

これらを足せば，三十六．/SGT 78.2/

···Note ···

SGT 78.2. 検算．$\frac{36}{9} \cdot 5 = 4 \cdot 5 = 20$, $\sqrt{36} = 6$, $(20 + 6 = 26)$; $20 + 6 + 10 = 36$.
「四・五で二十」と訳したのは ‘catuṣkapañcakena viṃśatiḥ’. 九九の表の一部かもしれない．九九の表については序説 1.7.3.6, 11, 13 参照.

···

53, 16 さて，三番目の例題を述べる．/SGT 79.0/

優れた計算士よ，豚の群れからその八分の一は水溜まりで泥遊びをしている．友よ，実に半分を伴う根は草を掘っている．群れからはぐれた一頭の雌豚が七頭の子供たちを伴って自分の群れを探し回っているのが見える．その群れはいったい何頭の豚から成るか．もしパーティー（アルゴリズム）を知っているなら，すぐに云いなさい．/GT 79/[1]

···Note ···

GT 79. 根端部分類の例題 3：豚の群れ (kroḍa/potriṇī/sūkara-yūtha-saṃkhyā, x).

$$x - \frac{x}{8} - \sqrt{x}\left(1 + \frac{1}{2}\right) = 1 + 7 \ (= 8).$$

···

53, 21 書置によるこれの解説．

yū 1	mū 1	dṛ 8
8	1	1
	2	

[2] この根の数字に関して，「分母を掛けた」(GT 57a) 云々により，分母二を一に掛けて二が生じ，単位一を〈その〉中に〈加えて〉三が生ずる，二を分母として．「部分を引いた」(GT 76a) 云々を行うために，単位の分母一と部分の分母八を交換して，すなわち

1	1
1	8
8	1

〈前の数字では〉八を一に掛けて八が生じ，後の数字では一を掛けてそのまま．だから，単位から生じた八の中から部分の一を引いて七が生ずる，八を分母として．すなわち

7
8

これで顕現数と根を割るために，除数だから，「〈除数の分子と分母を〉交換してから」(GT 42a) 云々により，上に八，下に七．すなわち

8	8
7	1

そこで掛け算をする．八を八に掛けて六十

[1] aṣṭāṃśaḥ kroḍayūthātsugaṇaka kurute palvale paṅkeliṃ
mūlaṃ sārdhaṃ nu mustāḥ khanati khalu sakhe potriṇī saptapotā/
dṛṣṭā bhraṣṭā svayūthānnijakulamabhito 'nveṣamāṇā pracakṣva
kṣipraṃ jānāsi pāṭīṃ yadi nanu katibhiḥ sūkarairyūthametat//79//

[2] 略号：yū = yūtha（群れ），mū = mūla（根），dṛ = dṛśya（顕現数）.

四が生ずる，一掛ける七を分母として．すなわち $\begin{array}{|c|}64\\7\end{array}$ 〈次に，$\frac{8}{7}$ を〉三・二という形の根の中に掛ける：分子八を三に掛けて二十四が生じ，同様に，分 54, 1
母七を二に掛けて十四が生ずる．これによって「顕現数と根が部分を引いた単位で割られるとき[1]」が達成された．すなわち $\begin{array}{|c|c|}\text{mū } 24 & \text{dṛ } 64\\ 14 & 7\end{array}$ 単位の残り ($\frac{7}{8}$) は去った（書板から消された）.「顕現数... からの」(GT 76b) という．ここでの「根」は二十四．その「半分」は十二．その「平方」は百四十四．下の十四の平方は百九十六．一 (eka) を除き，二 (dvi) を初めとする分母 (cheda) に対して「分数」(bhinna) という名称がある．だから，〈分数の平方では〉上下の二つの数字の〈それぞれの〉平方がある[2]，ちょうどここに生じた $\begin{array}{|c|}144\\196\end{array}$ のように．これを〈顕現数に〉加えるために,「分子と分母に」(GT 53) 云々により，顕現数六十四の分母七を七で共約して一，百九十六を七で共約して二十八が生ずる．だから，交換して，すなわち $\begin{array}{|c|c|}144 & 64\\196 & 7\\1 & 28\end{array}$ 前の数字では一を掛けてそのまま．後の数字では，二十八を六十四に掛けて十七百九十二が生じ，二十八を七に掛けて百九十六が生ずる．すなわち $\begin{array}{|c|}1792\\196\end{array}$ 等分母だから，十七百等の中に百四十四を投じて十九百三十六が生ずる，百九十六を分母として．すなわち $\begin{array}{|c|}1936\\196\end{array}$ この両者を，奇偶云々(GT 26) により二倍されたものを半分にして，上に四十四，下に十四が生ずる．すなわち $\begin{array}{|c|}44\\14\end{array}$ [3] ここで[4],「根の二分の一」すなわち半分は十二，それを「加え」，五十六が生ずる，十四を分母として．すなわち $\begin{array}{|c|}56\\14\end{array}$ 両者を十四で共約して，上に四，下に一．そこで両者の平方は，上に十六，下に一．すなわち $\begin{array}{|c|}16\\1\end{array}$ これが豚の群れの量である．/SGT 79.1/

···Note ··

SGT 79.1. 根端部分類の例題 3 の解．$1+\frac{1}{2}=\frac{1\cdot2+1}{2}=\frac{3}{2}$, $1-\frac{1}{8}=\frac{1\cdot8}{1\cdot8}-\frac{1\cdot1}{8\cdot1}=\frac{8}{8}-\frac{1}{8}=\frac{7}{8}$, $\frac{8}{1}\div\frac{7}{8}=\frac{8}{7}\cdot\frac{8}{1}=\frac{64}{7}\ (=d')$, $\frac{3}{2}\div\frac{7}{8}=\frac{8}{7}\cdot\frac{3}{2}=\frac{24}{14}\ (=c')$, $\frac{24}{14}\div2=\frac{12}{14}$, $(\frac{12}{14})^2=\frac{12^2}{14^2}=\frac{144}{196}$, $\frac{144}{196}+\frac{64}{7}=\frac{144\cdot1}{196\cdot1}+\frac{64\cdot28}{7\cdot28}=\frac{144}{196}+\frac{1792}{196}=\frac{1936}{196}$, $\sqrt{\frac{1936}{196}}=\frac{\sqrt{1936}}{\sqrt{196}}=\frac{44}{14}$, $\frac{44}{14}+\frac{12}{14}=\frac{56}{14}=\frac{4}{1}$, $(\frac{4}{1})^2=\frac{16}{1}\ (=x)$. c' の計算で $\frac{8}{7}\cdot\frac{3}{2}$ の掛け算を「〈$\frac{8}{7}$ を〉三・二と

[1] K -rūparahite > -rūpavihṛte.
[2] GT 44 参照.
[3] K 144 > 44.
[4] K agra- > atra.

いう形の根の中に掛ける」(mūla-tridvirūpasya madhye saṅguṇanā) と表現しているのは珍しい.

54, 17 これの適用. 十六の八分の一で二. 十六の根は四. 半分加えて六. 見えているのが八. すなわち

2
4
2
8

これらを足せば, 十六. /SGT 79.2/

···Note

SGT 79.2. 検算. $16/8=2$, $\sqrt{16}=4$, $4/2=2$, $(4+2=6)$; $2+4+2+8=16$.

54, 18 このように, 〈解が〉根と端に作られた部分から生ずるから〈そう呼ばれる〉根端部分類が完結した. /SGT 79.3/

···Note

SGT 79.3. 注釈者Sはここで,「根端部分類」という名称の由来を, 根 (c) と端 (d) の部分 (c', d') から解が生ずることに見ている.

2.3.27 〈両端顕現数類〉

54, 20 さて, 両端顕現数類の術則, 一詩節を述べる. /SGT 80.0/

部分を引いた単位の積で割られた顕現数と根において, 根の二分の一の平方を加えた顕現数の和からの根に, 根の半分を加え, 自乗すると, 望まれた量になる./GT 80/[1]

···Note

GT 80. 規則:両端顕現数類 (ubhaya-agra-dṛśya-jāti). ある未知の量 (x) からある顕現数 (d_1) を引いた後, 順次前の結果の部分 ($\frac{b_i}{a_i}y_i$) を引き, 最後に元の数の根 ($c\sqrt{x}$) を引いた残り (d_2) が「顕現」(dṛśya) しているとき, すなわち,

$$x-d_1=y_1,\ y_1-\frac{b_1}{a_1}y_1=y_2,\ \ldots,\ y_{n-1}-\frac{b_{n-1}}{a_{n-1}}y_{n-1}=y_n,\ y_n-c\sqrt{x}=d_2,$$

のとき, つまり,

$$(x-d_1)\left(1-\frac{b_1}{a_1}\right)\left(1-\frac{b_2}{a_2}\right)\cdots\left(1-\frac{b_{n-1}}{a_{n-1}}\right)-c\sqrt{x}=d_2,$$

のとき,

$$c'=\frac{c}{\prod_{i=1}^{n-1}(1-b_i/a_i)},\qquad d_2'=\frac{d_2}{\prod_{i=1}^{n-1}(1-b_i/a_i)},$$

[1] niraṃśarūpāhatibhaktadṛśyamūle padadvyaṃśakavargayuktāt/
dṛśyaikato mūlamatho padārdhayuktaṃ svanighnaṃ bhavatīṣṭarāśiḥ//80//
K dṛśyaikato > dṛśyaikyato.

と置けば,

$$x = \left\{ \frac{c'}{2} + \sqrt{\left(\frac{c'}{2}\right)^2 + (d_1 + d_2')} \right\}^2 .$$

…………………………………………………………………

解説. これは, 両端, すなわち最初の端と最後の端であるが, そこに顕現数 54, 25
がある, つまり最初と最後に顕現数がある, そういう形を持つ類であり, そ
れに関して,「部分を引いた単位」という. 〈問題に〉部分があるだけ, それ
だけの回数[1]それだけの部分が単位 (pl.) から引かれる. それらの「積」: 重部
分類 (prabhāga-jāti) のように[2], 分子と分母のうち, 分子は分子に掛け, 分
母は分母に掛ける. それで「割られた」:〈分数の〉割り算のやり方で最後の
「顕現数」と「根」が割られる. その「部分を引いた単位の積で割られた顕現
数と根において」.「顕現数の和から」という. 最初と最後の二つの顕現数の 55, 1
和: 等分母化してからの和, それから. どんな形の「顕現数の和から」か[3].
〈その修飾語の最初に〉「根の二分の一」という. 根の二分の一, すなわち半
分. その「平方」. それを「加えた」ものから. 次の意味である. 根の半分の
平方を加えた最後の顕現数をまず作ってから, その後で, 根の顕現数[4]との和
が作られる. それから奇偶云々(GT 26) により〈得られた〉「根」に「根の半
分を加え」:〈この文章は〉明らかである.「自乗する」: 根の半分を加えた根の
数字にそれ自身を掛けると, 望まれた量になる. /SGT 80/

…Note…………………………………………………………………

SGT 80. 注釈者 S は,「両端顕現数類」という名称は, d_1 と d_2 の 2 つの「顕現数」(dṛśya) が「両端」(ubhaya-agra) にあるからとしている. 未知数 (x) の長さの線分のようなものを考えていると思われる. 次の図は GT 81 の場合である ($d_1 = 1$, $d_2 = 7$).

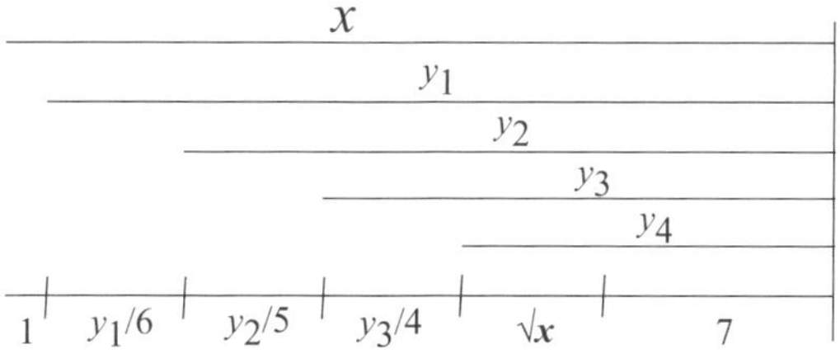

「次の意味である」以下のまとめの文章で述べられるアルゴリズムは, その前で説明される GT 80 のアルゴリズムと, わずかだが異なっていることに注意. すなわち,

$$x = \left[\frac{c'}{2} + \sqrt{\left\{ \left(\frac{c'}{2}\right)^2 + d_2' \right\} + d_1} \right]^2 .$$

次の 3 つの例題の解 (SGT 81, 82, 83) もこのアルゴリズムを用いる.

…………………………………………………………………

これに関する出題の詩節で例題を述べる. /SGT 81.0/ 55, 6

[1]K jātistatra/ niraṃśarūpeti yāvanto aṃśā bhavanti tāvato vārās > jātistatra niraṃśarūpeti/ yāvanto 'ṃśā bhavanti tāvanto vārās.

[2]GT 55 参照.

[3]「顕現数の和から」の修飾語を問う.

[4]mūladṛśya. ここでの「根の」(mūla) は「元の」すなわち「最初の」(ādya) の意味と思われる.

杭には一頭の象がいた．残りの六分の一は池で遊んでいた．残りの矢 (5) 分の一は山の斜面で乳香[1]の新芽を食んでいる．残りからの四半分は，全頭の根を伴って，ライオンの咆哮に怯えて震えていた．もう一頭の象が六頭の雌象を追いかけているのが見える．象は何頭か．量を述べなさい．/GT 81/[2]

···Note ··

GT 81. 両端顕現数類の例題 1：象の群れ (ibha/karin/kareṇū/stambherama-yūtha-saṃkhyā, x). $x-1=y_1$, $y_1-y_1/6=y_2$, $y_2-y_2/5=y_3$, $y_3-y_3/4=y_4$, $y_4-\sqrt{x}=1+6\ (=7)$. すなわち，

$$(x-1)\left(1-\frac{1}{6}\right)\left(1-\frac{1}{5}\right)\left(1-\frac{1}{4}\right)-\sqrt{x}=7.$$

··

55, 11 解説.「杭には」：象のための杭には，「象が」，単数語尾 (instr. sg.) だから一頭が，「いた」.「残り」の「矢分の一」：五分の一．あとは明らかである．/SGT 81.1/

55, 12 書置

dṛ 1	śe 1	1	1	mū 1	dṛ 7
1	6	5	4	1	1

[3]「部分を引いた単位」云々という．単位は一を分母とする．だから，[4]「分子と分母に」(GT 53) 云々により分母を交換して掛けると，単位の位置に順に，六を分母とする六，五を分母とする五，四を分母とする四が生ずるだろう．すなわち

6	5	4
6	5	4

それから，前に書かれた部分である一を引けば，順に単位の位置に，六を分母とする五，五を分母とする四，四を分母とする三〈が生ずる〉．すなわち

5	4	3
6	5	4

この「部分を引いた単位」の上の数字と下の分母の数字の〈それぞれの〉「積」：互いの掛け算，すなわち，五を四に掛けて二十，二十を三に掛けて[5]六十．同様に，六を五に掛けて三十，三十を四に掛けて百二十．すなわち

60
120

両者を六十で共約して上に一，下に二．すなわち

1
2

この「部分を引いた単位の積」によって「割られる」．すなわち，除数だから，「〈除数の分子と分母を〉交換してから」(GT 42a) 云々により，上に二，下に一．すなわち

2
1

そこで，「顕現数」七の掛け算：二を七に掛けて十四が生じ，一を分母一に掛けてそのまま．同様に，「根」は一．掛け算：二を一に掛

[1] śallakī. インド乳香（ムクロジ目カンラン科ボスウェリア属トゥリフェラ種の樹木）.

[2] stambe stamberameṇa sthitamatha sarasi krīḍayā śeṣaṣaṣṭhaṃ
tasthau śeṣeṣubhāgaścarati giritaṭe śallakīpallavāṃśca/
pādaḥ śeṣācca siṃhadhvanibhayacakitaḥ sarvamūlābhyupeto
dṛṣṭo 'nyaḥ ṣaṭkareṇūranusarati karī brūhi mānaṃ katībhāḥ//81//

[3] 略号：dṛ = dṛśya（顕現数）, śe = śeṣa（残余）, mū = mūla（根）.

[4] K rūpamekacchedagataḥ/ > rūpamekacchedam ataḥ.

[5] K viṃśatiguṇāya (?strayaḥ)[upari] > viṃśatiguṇāstrayaḥ.

けて二が生じ，一を分母一に掛けてそのまま．また，一で割られた顕現数と根はそのまま．すなわち

14	2	mū
1	1	

そこで,「根」二の「二分の一」すなわち半分は一．その「平方」も一．それを「加えた顕現数」十四は十五になる，一を分母として．すなわち

15
1

これを「加えた顕現数の和から」という．〈この〉「顕現数」は最初のものであり，一を分母とする一である．だから，等分母だから，最後の顕現数から生じた十五の中に最初の顕現数である一を投じて十六が生ずる．すなわち

16
1

この「顕現数の和からの根」は四．前に述べられた「根」は二．その「半分」は一．それを四に「加え」て五 56, 1
が生ずる.「自乗する」：五を五に掛けて二十五が生ずる．すなわち 25 得られたのは象の群れの量である．/SGT 81.2/

···Note······

SGT 81.2. 両端顕現数類の例題 1 の解. $(1-\frac{1}{6})(1-\frac{1}{5})(1-\frac{1}{4}) = (\frac{6}{6}-\frac{1}{6})(\frac{5}{5}-\frac{1}{5})(\frac{4}{4}-\frac{1}{4}) = \frac{5}{6}\cdot\frac{4}{5}\cdot\frac{3}{4} = \frac{5\cdot4\cdot3}{6\cdot5\cdot4} = \frac{60}{120} = \frac{1}{2}$. $\frac{7}{1} \div \frac{1}{2} = \frac{2}{1}\cdot\frac{7}{1} = \frac{14}{1}\ (= d'_2)$, $\frac{1}{1} \div \frac{1}{2} = \frac{2}{1}\cdot\frac{1}{1} = \frac{2}{1}\ (= c')$. $(\frac{2}{1} \div 2)^2 = (\frac{1}{1})^2 = \frac{1}{1}$, $\frac{14}{1} + \frac{1}{1} = \frac{15}{1}$, $\frac{15}{1} + \frac{1}{1} = \frac{16}{1}$. $\sqrt{\frac{16}{1}} = \frac{4}{1} = 4$, $\frac{2}{1} \div 2 = 1$, $(4+1)^2 = 5^2 = 25\ (= x)$.

······

これの適用．二十五頭の中の一頭は杭に．残り二十四頭の六分の一，四頭 56, 3
は池に．残り二十頭の五分の一，四頭は山に．残り十六頭の四半分，四頭はライオンに怯えている，前の，最初の数字，二十五の根五を伴って (abhyupeta: yukta)．七頭は見えている．すなわち

1	4	4	4	5	7

[1] これらを足せば，二十五．/SGT 81.3/

···Note······

SGT 81.3. 検算．$25-1=24$, $24/6=4$, $(24-4)/5=4$, $(24-4-4)/4=4$, $\sqrt{25}=5$; $1+4+4+4+5+7=25$.

······

さて，二番目の例題を述べる．/SGT 82.0/ 56, 7

一対の蜂が蓮の中で花粉にまみれて赤茶色になっているのが見える．残りからの半分が七分の一を伴って大象のこめかみへ行った．また，その群れの根はぶんぶんと羽音を立てながら若いジャスミン (mallikā) へ行った．一番の蜂は見えている．兄弟よ，蜂の群れ〈の量〉を述べなさい./GT 82/[2]

[1] この和訳では，スペース節約のため左に 90 度回転した．K では縦のまま．

[2] madhukarayugaṃ dṛṣṭaṃ padme parāgapiśaṅkitaṃ
karivarakaṭe śeṣādardhaṃ jagāma sasaptakam/
padamatha gataṃ tadyūthasya kvaṇannavamallikāṃ
bhramaramithunaṃ dṛṣṭaṃ bhrātarvadālikadambakam//82//

···Note ···

GT 82. 両端顕現数類の例題 2：蜂の群れ (bhramara/madhukara/vadālin-kadambaka/yūtha-saṃkhyā, x). $x-2=y_1$, $y_1-\frac{y_1}{2}(1+\frac{1}{7})=y_2$, $y_2-\sqrt{x}=2$. すなわち,

$$(x-2)\left\{1-\frac{1}{2}\left(1+\frac{1}{7}\right)\right\}-\sqrt{x}=2.$$

···

56, 12 書置によるこれの解説.

⟨dṛ⟩	⟨śe⟩	mū	dṛ
2	1	1	2
1	2	1	1
	1		
	7		

[1] ここで,⟨第2項は⟩部分付加だから,「分母に分母を」(GT 57b) 云々により，上の分母二に下の分母七を掛けるべきである．十四が生ずる.「分子を伴う下の分母」を：一を伴う七を,「最初の分子」に掛けるべきである．八が生ずる，十四を分母として．すなわち

8
14

そこで⟨これと⟩一を分母とする単位に関し,「分子と分母に」(GT 53) 云々により分母を交換して

8	1
14	1
1	14

⟨前の数字では⟩, 一を掛けてそのまま．⟨後の数字では，⟩十四を二つの一に掛けて十四が二つ生ずる，単位の位置に．すなわち

14
14

この中から八部分を引いて六が生ずる，十四を分母とする形で．すなわち

6
14

両者を半分で共約して，上に三，下に七．すなわち

3
7

これが「部分を引いた単位」である．しかし「積」は，他の部分がないので，ここにはない．これが除数だから,「交換してから」(GT 42a) 云々により，上に七，下に三．すなわち

7
3

そこで⟨七に⟩「顕現数」二を掛けて十四が生ずる．⟨分母は⟩一を三に掛けてそのまま．すなわち

14
3

同様に「根」⟨にも掛ける⟩．一を七倍して七が生ずる．⟨分母は⟩一を三に掛けてそのままである．すなわち

7	mū
3	

これで,「部分を引いた単位の積で割られた[2]顕現数と根において」⟨の結果⟩が生じた．そこで「根」七の「二分の一」状態は半分に適さない.[3] その半分は，分母の，すなわち下の，三を二倍して生じた六を分母とする七である[4]．それから二つの数字

[1]略号：dṛ = dṛśya（顕現数）, śe = śeṣa（残余）, mū = mūla（根）.

[2]K āhatirbha(bha)kta- > āhatibhakta-.

[3]tataḥ padasya saptakasya dvyaṃśakatā ardhaṃ na ghaṭate (通常の連声では dvyaṃśakatārdhaṃ).

[4]序説 §1.6.7 の「分数を半分にすること」参照.

を平方して，上に四十九，下に三十六．すなわち

49
36

そこで，三十六を三で共約して十二．顕現数の下の分母三を[1]三で共約して一．そこで「分子と分母に」(GT 53) 云々により分母を交換して，すなわち

49	dṛ 14
36	3
1	12

〈前の数字では〉一を掛けてそのまま．〈後の数字では〉十二を十四に掛けて百六十 57, 1
八が生じ，十二を三に掛けて三十六が生ずる．

168
36

等分母だから，百六十八の中に四十九を投じて二百十七が生ずる，三十六を分母として．すなわち

217
36

これで,「根の二分の一の平方を加えた〈顕現数〉」が達成された．

この顕現数を，根（元）の顕現数，一を分母とする二，との和を作るために，「分子と分母に」(GT 53) 云々により分母を交換して，すなわち

217	2
36	1
1	36

〈前の数字では〉一を掛けてそのまま．〈後の数字では〉三十六を二に掛けて七十二が生じ，三十六を一に掛けて三十六が生ずる．すなわち

72
36

等分母だから，二百十七の中に七十二を投じて二百八十九が生ずる，三十六を分母として．

289
36

これで「顕現数の和」(dṛśyaikya) が生じた[2]．そこで，〈分子と分母の〉二つのうち，奇偶云々(GT 26) による上の数字の根は十七，下は六．すなわち

17
6

根の二分の一，六を分母とする七[3]，は前に作られた．等分母だから，十七の中に七を投じて二十四が生ずる，六を分母として．この両者を六で共約して，上に四，下に一．すなわち

4
1

この両者の平方は，上に十六，下に一．すなわち

16
1

一で割ってそのまま，⟨16⟩．蜂の量が得られた．/SGT 82.1/

···Note ···

SGT 82.1. 両端顕現数類の例題 2 の解．$\frac{1}{2}(1+\frac{1}{7}) = \frac{1(7+1)}{2\cdot 7} = \frac{8}{14}$, $1-\frac{8}{14} = \frac{1\cdot 14}{1\cdot 14}-\frac{8\cdot 1}{14\cdot 1} = \frac{14}{14} - \frac{8}{14} = \frac{6}{14} = \frac{3}{7}$, $\frac{2}{1} \div \frac{3}{7} = \frac{7}{3} \cdot \frac{2}{1} = \frac{14}{3}$ $(= d'_2)$, $\frac{1}{1} \div \frac{3}{7} = \frac{7}{3} \cdot \frac{1}{1} = \frac{7}{3}$ $(= c')$, $\frac{7}{3} \div 2 = \frac{7}{3\cdot 2} = \frac{7}{6}$, $(\frac{7}{6})^2 + \frac{14}{3} = \frac{49}{36} + \frac{14}{3} = \frac{49\cdot 1}{36\cdot 1} + \frac{14\cdot 12}{3\cdot 12} = \frac{49}{36} + \frac{168}{36} = \frac{217}{36}$,

[1] K dṛśyādhaśchedastrikasya > dṛśyādhaśchedatrikasya.

[2] この「顕現数の和」には「根の二分の一の平方を加えた」という修飾語が暗黙の了解になっていることに注意．つまり，GT 80 の規則と計算順序が異なるが，結果として同じ '$\left(\frac{c'}{2}\right)^2 + (d_1 + d'_2)$' が「生じた」ことを云う．

[3] K saptadaśa > sapta.

$\frac{217}{36}+\frac{2}{1}=\frac{217\cdot1}{36\cdot1}+\frac{2\cdot36}{1\cdot36}=\frac{217}{36}+\frac{72}{36}=\frac{289}{36}$, $\sqrt{\frac{289}{36}}=\frac{\sqrt{289}}{\sqrt{36}}=\frac{17}{6}$, $\frac{17}{6}+\frac{7}{6}=\frac{24}{6}=\frac{4}{1}$, $(\frac{4}{1})^2=\frac{4^2}{1^2}=\frac{16}{1}=16\ (=x)$.

………………………………………………………………

57, 14 これの適用．十六匹の中から一対の蜂が蓮の中に見える．残り十四の半分は七．七の七分の一は一．それを加えた八匹は象のこめかみにいるという設定である．前の，最初の数字十六の根四匹はジャスミンへ行った．最後に二匹が見える．すなわち

2	7	1	4	2

[1] これらを足せば，十六．/SGT 82.2/

…Note………………………………………………………

SGT 82.2. 検算．$16-2=14$, $14/2=7$, $7/7=1$, $(7+1=8)$, $\sqrt{16}=4$; $2+7+1+4+2=16$.

………………………………………………………………

57, 18 三番目の例題を述べる．/SGT 83.0/

ある金持ちが一人の二生者[2]に〈自分の財産からドランマの〉四半分，残りの三分の一，その残りの四半分，全財産の根，さらに〈ドランマの〉半分を布施して無財産になった．彼のその（元の）財産はどれだけか./GT 83/[3]

…Note………………………………………………………

GT 83. 両端顕現数類の例題 3: 金持ち (dhanin) の財産 (dhana, x). $x-\frac{1}{4}=y_1$, $y_1-\frac{y_1}{3}=y_2$, $y_2-\frac{y_2}{4}=y_3$, $y_3-\sqrt{x}-\frac{1}{2}=0$. すなわち，

$$\left(x-\frac{1}{4}\right)\left(1-\frac{1}{3}\right)\left(1-\frac{1}{4}\right)-\sqrt{x}=\frac{1}{2}.$$

この詩節中には金銭単位への言及がないが，dramma と推定される．Cf. GT 4. 注釈者 S も SGT 83.1 の最後で dramma を補う．

………………………………………………………………

57, 23 〈解説〉

dṛ 1	⟨śe⟩ 1	1	⟨mū⟩ 1	⟨dṛ⟩ 1
4	3	4	1	2

[4]〈問題文に〉「顕現」という言葉がなくても最初と最後の数字が顕現数と呼ばれる．一を分母とする単位を，残りの部分二つとともに,「分子と分母に」(GT 53) 云々により[5]分母を交換して，〈前の数字では〉一を掛けてそのまま．〈後の数字では〉三を二つの一に掛けて三を分母とする三が生じ[6]，また，四を二つの一に掛けて四を分母とする四が生ずる[7]，単位の位置に．すなわち

3	4
3	4

そこで，分

[1]この和訳では，スペース節約のため左に 90 度回転した．K では縦のまま．

[2]dvija. 二度生まれる人．上位三カーストまたはバラモン階級の人．

[3]kaściddhanī pādamadāddvijāya śeṣatribhāgaṃ tvatha śeṣapādam/ sarvasvamūlaṃ ca dalaṃ tathānyadbabhūva niḥsvasya kiyaddhanaṃ tat//83//
K niḥsvasya > niḥsvo 'sya. ただし S は SGT 83.1 の最後でも 'niḥsvasya' と読む．

[4]略号：dṛ = dṛśya（顕現数），śe = śeṣa（残余），mū = mūla（根）．

[5]K śeṣāṃśābhyāsama(?)"maṃśacchedā"vityādinā > śeṣāṃśābhyāṃ samamaṃśacchedāvityādinā.

[6]K jātāstrayaḥ/ tricchedāś > jātāstrayastricchedāś.

[7]K jātāścatvāraḥ/ catvāraścatuśchedā > jātāścatvāraścatuśchedā.

子の一を三から引いて三を分母とする二が生じ，四から一を引いて四を分母とする三が生ずる．すなわち $\begin{array}{|c|c|}2&3\\3&4\\\hline\end{array}$ これが「部分を引いた単位」である．

これらの (asya, sg.)「積」：二を三に掛けて六が生じ，三を四に掛けて十二が生ずる．⟨ これら両者を六分の一で共約して，上に一，下に二．⟩[1] すなわち $\begin{array}{|c|}1\\2\\\hline\end{array}$ これは除数だから，「交換してから」(GT 42a) 云々により，上に二， 58, 1
下に一．すなわち $\begin{array}{|c|}2\\1\\\hline\end{array}$ だから，顕現数の「半分」$\begin{array}{|c|}1\\2\\\hline\end{array}$ を掛ける．すなわち，一を上の二に掛け，下は二のまま．$\begin{array}{|cc|}2&\text{dṛ}\\2&\\\hline\end{array}$「根」は一．二倍して二が生ずる．下は一を分母の一に掛けてそのまま．すなわち $\begin{array}{|cc|}\text{mū}&2\\&1\\\hline\end{array}$ これで，「部分を引いた単位の積で割られた顕現数と根において」が達成された．だから，「根」二の「二分の一」：半分，は一．その「平方」も一．分母一の平方も一[2]．すなわち $\begin{array}{|cc|}\text{mū}&1\\&1\\\hline\end{array}$ その和のために，顕現数の分母と共に，「分子と分母に」(GT 53) 云々により分母を交換して，すなわち $\begin{array}{|c|c|}2&1\ \text{mū}\\2&1\\1&2\\\hline\end{array}$ ⟨後の数字では⟩二を二つの一に掛けて二つの二が生ずる．⟨前の数字では⟩一を掛けてそのまま．すなわち $\begin{array}{|c|c|}2&2\\2&2\\\hline\end{array}$[3] 等分母だから，二の中に二を投じて四が生ずる，二を分母として．これで，「根の二分の一の平方を加えた⟨顕現数⟩」が達成された．根（元）の顕現数，四を分母とする[4]一，とともに，「分子と分母に」(GT 53) 云々により⟨分母を交換し⟩，半分で共約して生じた分母一と二で $\begin{array}{|c|c|}1&4\\4&2\\1&2\\\hline\end{array}$ 前の数字では一を掛けてそのまま．後の数字では二を四に掛けて八が生じ，二を二に掛けて四が生ずる．すなわち $\begin{array}{|c|c|}1&8\\4&4\\\hline\end{array}$ 等分母だから，八の中に一を投じて九が生ずる，四を分母として．$\begin{array}{|c|}9\\4\\\hline\end{array}$ これが「顕現数

---

[1]K ∅ > anayoḥ ṣaḍbhirapavarta uparyeko 'dhaśca dvau.（平行文に従って補う）

[2]K tasya vargo 'pyekaccheda ekavargo 'pyekaḥ > tasya vargo 'pyekaśchedaikavargo 'pyekaḥ.

[3]K $\begin{array}{|c|}2\\2\\2\\\hline\end{array}$ > $\begin{array}{|c|c|}2&2\\2&2\\\hline\end{array}$

[4]K samacchedena > catuśchedena.

の和」である[1]．それからの「根」は九のが三，四の根が二．すなわち

3
2

「根の半分」は一を分母とする一．これを「加え」るために,「分子と分母に」(GT 53) 云々により，分母を交換して，すなわち

3	1
2	1
1	2

⟨ 前の数字では ⟩ 一を掛けてそのまま．⟨ 後の数字では ⟩ 二を二つの一に掛けて二つの二が生ずる．すなわち

3	2
2	2

だから，三の中に二を投じて五が生ずる，二を分母として．すなわち

5
2

「根に，根の半分を加え」が達成された.「自乗する」，二つの場所とも．⟨ すなわち ⟩ 五を五に掛けて二十五が生じ，二を二に掛けて四が生ずる．すなわち

25
4

下の数字で上の数字を割って商は六，余りは四を分母とする一．すなわち

6
1
4

四半分を伴う六ドランマが無財産の人に (niḥsvasya: dāridrasya)⟨ 元の財産として ⟩ 生ずる．/SGT 83.1/

···Note ···

SGT 83.1. 両端顕現数類の例題3の解. $1-\frac{1}{3}=\frac{1\cdot3}{1\cdot3}-\frac{1\cdot1}{3\cdot1}=\frac{3}{3}-\frac{1}{3}=\frac{2}{3}$, $1-\frac{1}{4}=\frac{1\cdot4}{1\cdot4}-\frac{1\cdot1}{4\cdot1}=\frac{4}{4}-\frac{1}{4}=\frac{3}{4}$, $\frac{2}{3}\cdot\frac{3}{4}=\frac{6}{12}=\frac{1}{2}$, $\frac{1}{2}\div\frac{1}{2}=\frac{2}{1}\cdot\frac{1}{2}=\frac{2}{2}\ (=d'_2)$, $\frac{1}{1}\div\frac{1}{2}=\frac{2}{1}\cdot\frac{1}{1}=\frac{2}{1}\ (=c')$, $(\frac{2}{1}\div2)^2=(\frac{1}{1})^2=\frac{1}{1}$, $\frac{2}{2}+\frac{1}{1}=\frac{2\cdot1}{2\cdot1}+\frac{1\cdot2}{1\cdot1}=\frac{2}{2}+\frac{2}{2}=\frac{4}{2}$, $\frac{1}{4}+\frac{4}{2}=\frac{1\cdot1}{4\cdot1}+\frac{4\cdot2}{2\cdot2}=\frac{1}{4}+\frac{8}{4}=\frac{9}{4}$, $\sqrt{\frac{9}{4}}=\frac{\sqrt{9}}{\sqrt{4}}=\frac{3}{2}$, $\frac{3}{2}+\frac{1}{1}=\frac{3\cdot1}{2\cdot1}+\frac{1\cdot2}{1\cdot2}=\frac{3}{2}+\frac{2}{2}=\frac{5}{2}$, $(\frac{5}{2})^2=\frac{5^2}{2^2}=\frac{25}{4}=6\frac{1}{4}\ (=x)$. 単位は dramma.

···

58, 20 これの適用．四半分を伴う六の中から ⟨ 四半分を引いて六．残りの ⟩ 三分の一は二.[2] 残り四の四半分は一．全財産，四半分を伴う六，は部分付加類だから,「分母を掛けた」(GT 57a) 云々により

6
1
4

分母四を六に掛けて二十四が生じ，一単位を投じて二十五．これの根は五．四の根は二．すなわち

5
2

二で割られるから，半分を伴う二を徴とする．また,「半分」(dala: ardha) が顕現数である．すなわち

1	2	1	2	1
4	1	1	1	2
			2	

これらの ⟨ 和をとると ⟩,「分子と分

[1] SGT 82.1 の平行文とその脚注参照.

[2] K sapādaṣaṭmadhyāt tribhāgau dvau/ > sapādaṣaṇmadhyāt ⟨pādapāte ṣaṭ/ śeṣa⟩tribhāgo dvau/

母に」(GT 53) 云々により，最後に四を分母とする二十五〈が生ずる〉. だから，四で二十五を割って四半分を伴う六. 計算は簡単だから示さない. /SGT 83.2/

···Note ··
SGT 83.2. 検算. $6\frac{1}{4} - \frac{1}{4} = 6$, $6/3 = 2$, $(6\frac{1}{4} - \frac{1}{4} - 2)/4 = 4/4 = 1$, $\sqrt{6\frac{1}{4}} = \sqrt{\frac{25}{4}} = \frac{\sqrt{25}}{\sqrt{4}} = \frac{5}{2} = 2\frac{1}{2}$; $\frac{1}{4} + 2 + 1 + 2\frac{1}{2} + \frac{1}{2} = \frac{25}{4} = 6\frac{1}{4}$.
··

このように，両端顕現数類は完結した. /SGT 83.3/ 58, 26

2.3.28 〈分数部分顕現数類〉

[分数部分顕現数類の術則，一詩節. /SGT 84.0/] 58, 27

顕現している部分を引いた単位が杭の部分の積で割られるとき，その果になるだろう./GT 84/[1]

···Note ··
GT 84. 規則：分数部分顕現数類 (bhinna-bhāga-dṛśya-jāti). ある未知量 (x) からそれ自身の未知の 2 部分の積が引かれて第 3 の部分になるとき，すなわち

$$x - \frac{b_1}{a_1}x \cdot \frac{b_2}{a_2}x = \frac{b_3}{a_3}x,$$

のとき，

$$x = \frac{1 - b_3/a_3}{(b_1/a_1) \cdot (b_2/a_2)}.$$

··

解説. 顕現しているもの (dṛśya) の位置にある顕現数 (pl.) を単位から引 58, 29
く. その「顕現している部分を引いた単位」が，未顕現 (adṛśya) な「杭の部
分 (pl.)」の「積」(ghāta: guṇana)，その「杭の部分の積によって」，前に作 59, 1
られた「顕現している部分を引いた単位」が「割られるとき」，「その果」：その杭の果，すなわち，望まれている量になるだろう. /SGT 84/

···Note ··
SGT 84. 注釈者 S はここで，「部分の積」すなわち二次の項を「未顕現」，第 3 の部分を「顕現」と呼んでいるが，実際はどちらも未知量である. おそらく，次数は異なるが形が似ている「部分積類」(bhāga-saṃvarga-jāti) に由来する呼称であろう. そこでは，上の式の右辺が定数だから「顕現」がふさわしい. そのタイプの問題は，GT にはないが，GSS 4.57 で扱われている. 序説 §1.8, No.14「部分積タイプ」参照. しかし，SGT 85.2 と GT 86 で二次の項を「見えている」(dṛṣṭa) としていることには不可解さが残る.
··

これに関する出題の詩節で例題を述べる. /SGT 85.0/ 59, 3

[1] dṛśyāṃśakone vihṛte 'tha rūpe stambhāṃśaghātena ca tatphalaṃ syāt//84//

杭の七分の一を掛けた杭の十分の一がこれ（見えない部分）である．友よ，一部分である半分が今日は見える．杭の量をすぐに正しく云いなさい．/GT 85/[1]

···Note···

GT 85. 分数部分顕現数類の例題 1：杭の量 (stambha-pramāṇa, x).

$$x - \frac{x}{7} \cdot \frac{x}{10} = \frac{x}{2}.$$

問題文中の「これ」(ayam) と「今日は」(adya) に不自然さが感じられる．上の訳で前者に「見えない部分」と補ったのは，Mahāvīra (9 世紀) が与える次の類題に基づく．

> sikatāyāmaṣṭāṃśassandṛṣṭo 'ṣṭādaśāṃśasaṅguṇitaḥ/
> stambhasyārdhaṃ dṛṣṭaṃ stambhāyāmaḥ kiyān kathaya//GSS 4.70//
> 砂〈の中〉に，八分の一に十八分の一を掛けただけ〈潜っているのが〉見える (わかる)．杭の半分が見える．杭の長さはいくらか．云いなさい．

$$x - \frac{x}{8} \cdot \frac{x}{18} = \frac{x}{2}.$$

なお，GT 85 の詩節は単位に言及しないが，長さの単位 hasta (cf. GT 8) の可能性が高い．次の解説も最後に hasta を補う．

···

59, 8 〈解説〉書置

1	1	dṛ 1
7	10	2

[2] 前に述べた道理 (yukti) により[3]，単位から生じた二を分母とする二から，「顕現している部分」一を引いて[4]二を分母とする一が生ずる[5]，というのが「顕現している部分を引いた単位」である．すなわち

1
2

杭の二部分，すなわち

1	1
7	10

の重部分類で，「分子の積」(GT 55) 云々により，分子である二つの一を互いに掛けて一のまま，分母の七と十を互いに掛けて七十が生ずる，というので，七十を分母とする一が「杭の部分の積」である．すなわち

1
70

これは除数である．だから「交換してから」(GT 42a) 云々により，上に七十，下に一．すなわち

70
1

被除数は二を分母とする単位一．すなわち

1
2

ここで，稲妻共約から，二で共約して[6]七十の半分は三十五．すなわち

35
1

二を半分にして一．すなわ

---

[1] stambhasya bhāgena ca saptamena santāḍitaḥ stambhadaśāṃśako 'yam/
sakhe 'ṃśakārdhaṃ paridṛṣṭamadya stambhapramāṇaṃ kathayāśu satyam//85//

[2] 略号：dṛ = dṛśya（顕現数）.

[3] この「道理」は，1 から分数を引く手順に言及していると思われる．SGT 81.2 の冒頭参照.

[4] K dṛśyāṃśa ekapāte > dṛśyāṃśaikapāte.

[5] K jātau > jāto.

[6] K dvā(dvya)pavarte > dvyapavarte.

ち $\begin{array}{|c|}1\\1\\\hline\end{array}$ 掛け算をする．⟨ 三十五に ⟩ 一を掛けてそのまま．一掛ける一という分母で割っても[1]そのままである．杭の量，三十五ハスタが得られた．すなわち $\begin{array}{|c|}35\\1\\\hline\end{array}$ /SGT 85.1/

···Note···

SGT 85.1. 例題 1 の解. $1-\frac{1}{2}=\frac{2}{2}-\frac{1}{2}=\frac{1}{2}$, $\frac{1}{7}\cdot\frac{1}{10}=\frac{1}{70}$, $\frac{1}{2}\div\frac{1}{70}=\frac{70}{1}\cdot\frac{1}{2}=\frac{35}{1}\cdot\frac{1}{1}=\frac{35\cdot 1}{1\cdot 1}=\frac{35}{1}$ $(=x)$.

······

これの適用．三十五ハスタの七分の一は五．それを，三十五の十分の一，三 59, 17
ハスタ半，に掛けて，十 ⟨ 七 ⟩ ハスタ半が生ずる．⟨ この部分は ⟩ 見えている．⟨ 三十五の半分は ⟩ 十七ハスタ半である．⟨ これは ⟩ 見えない[2]．これらを足せば，三十五ハスタである $\begin{array}{|c|}35\\\hline\end{array}$ これは重部分類である．/SGT 85.2/

···Note···

SGT 85.2. 検算. $\frac{35}{7}\cdot\frac{35}{10}=5\cdot 3\frac{1}{2}=17\frac{1}{2}$, $\frac{35}{2}=17\frac{1}{2}$, $17\frac{1}{2}+17\frac{1}{2}=35$. 最後の「これは重部分類である」は，計算に含まれる分数の掛け算に言及すると思われるが，ここでそれを云う意図は不明．次の SGT 86.1 でも，分数の掛け算を「重部分類のように」と表現している．

······

二番目の例題を述べる．/SGT 86.0/ 59, 20

竹の五十三分の一を掛けた五十二分の一，その積が，ほら，私には見えている．⟨ 見えていない ⟩ 原理 (25) 分の一の全神 (13) 個に等しいだけを主のものとよく考えて，すぐに私に竹の数を云いなさい，立派な人よ./GT 86/[3]

···Note···

GT 86. 分数部分顕現数類の例題 2:竹の数 (vaṃśa/veṇu-saṃkhyā, x). 上の訳は，'tripañcāśadaṃśa' を $\frac{1}{53}$，'dvipañcāśaka' を $\frac{1}{52}$ と解釈したものであり，このとき，ここで扱われている問題は，

$$x-\frac{1}{53}x\cdot\frac{1}{52}x=\frac{13}{25}x,$$

ということになる．しかしこの解は $x=33072/25=1322\frac{22}{25}$．問われているのが竹の長さか本数かはっきりしないが (「主のものとよく考えて」という言葉の真意も不明)，長さとしてその単位を hasta ($\approx$ 45.6 cm) とするといささか長すぎ，本数とすると端数があるのが不自然である．'tripañcāśadaṃśa' を $\frac{3}{50}$ と解釈すると，

$$x-\frac{3}{50}x\cdot\frac{1}{52}x=\frac{13}{25}x.$$

---

[1] K [ekaguṇa]ekacchedabhaktamapi > ekaguṇaikacchedabhaktamapi.

[2] K sārdhadaśahastā dṛṣṭā sārdhasaptadaśa cādṛṣṭā/ > sārdha⟨sapta⟩daśahastā dṛṣṭā⟨ḥ pañcatriṃśadardhaṃ⟩ sārdhasaptadaśa cādṛṣṭā⟨ḥ⟩/

[3] tripañcāśadaṃśena veṇorhato yo dvipañcāśakastadguṇo hanta dṛṣṭaḥ/
mayā tattvabhāgānvibhorviśvatulyānvicintyāśu me vaṃśasaṃkhyāṃ vadārya//86//

で，解は $x = 416$. さらに，‘dvipañcāśaka’ を $\frac{2}{50}$ と解釈すれば，

$$x - \frac{3}{50}x \cdot \frac{2}{50}x = \frac{13}{25}x.$$

この解は $x = 200$. 注釈者 S は次の解説でその ‘dvipañcāśaka’ を $\frac{5}{25}$ と解釈して，

$$x - \frac{3}{50}x \cdot \frac{5}{25}x = \frac{13}{25}x,$$

とする．この解は $x = 40$. しかし，なぜ $\frac{5}{25}$ という解釈が可能なのか不明．韻律を壊さないわずかな修正（anusvāra の挿入）で，‘dvipañcāṃśaka’ すなわち $\frac{2}{5}$ と読むことも可能．このときは

$$x - \frac{3}{50}x \cdot \frac{2}{5}x = \frac{13}{25}x,$$

で，解は $x = 20$. これなら竹の本数でも長さ（約 9.12 m）でも不自然ではない．これが Śrīpati 自身の意図した問題だった可能性が大きい．このとき，GT 86 冒頭の訳は「竹の五十分の三を掛けた五分の二」となる．ただし，英訳者は二人とも注釈者 S の解釈に従う．Kāpadīā 1937, 98, Sinha 1982, 126 参照．

なお，guṇa は数学では通常「乗数」または「掛け算」（図形では「弦」）の意味を持つが，ここ (GT 86b) では「積」の意味で用いられていると思われる．

··

59, 25 書置によるこれの解説． $\begin{array}{|c|c|c|} 3 & 5 & 13 \\ 50 & 25 & 25 \\ \hline \end{array}$ 一を分母とする単位の「分子と分母に」(GT 53) 云々により，単位の位置に二十五を分母とする二十五が生ずる．だから，これから「顕現している部分」十三を引いて，二十五を分母とする十二が生ずる．すなわち $\begin{array}{|c|} 12 \\ 25 \\ \hline \end{array}$ これが「顕現している部分を引いた単位」である．重部分類のように，杭の二つの部分三と五を互いに掛けて十五
60, 1 が生じ，二つの分母五十と二十五を互いに掛けて十二百五十が生ずる．すなわち $\begin{array}{|c|} 15 \\ 1250 \\ \hline \end{array}$ これが「杭の部分の積」である．それは除数だから，「交換してから」(GT 42a) 云々により，上に十二百など，下に十五．すなわち $\begin{array}{|c|} 1250 \\ 15 \\ \hline \end{array}$

稲妻共約：前のように，顕現している〈部分を引いた単位である〉十二を三で共約して四，十五を三で共約して五．また，十二百五十を二十五で共約して五十が生じ，二十五を二十五で共約して一．すなわち $\begin{array}{|c|c|} 50 & 4 \\ 5 & 1 \\ \hline \end{array}$ そこで掛け算：四を五十に掛けて二百が生じ，分母の一を五に掛けてそのまま．五で二百を割って，すなわち $\begin{array}{|c|} 200 \\ 5 \\ \hline \end{array}$ 竹の量，四十ハスタが得られる．すなわち 40.[1] /SGT 86.1/

[1]K yathā (40) > yathā 40.

···Note ···

SGT 86.1. 例題 2 の解．GT 86 の Note で言及したように，注釈者 S がここで解く問題は，

$$x-\frac{3}{50}x\cdot\frac{5}{25}x=\frac{13}{25}x.$$

$1-\frac{13}{25}=\frac{25}{25}-\frac{13}{25}=\frac{12}{25}$, $\frac{3}{50}\cdot\frac{5}{25}=\frac{3\cdot5}{50\cdot25}=\frac{15}{1250}$, $\frac{12}{25}\div\frac{15}{1250}=\frac{1250}{15}\cdot\frac{12}{25}=\frac{50}{5}\cdot\frac{4}{1}=\frac{50\cdot4}{5\cdot1}=\frac{200}{5}=40\ (=x)$. 注釈者 S のようにこれをハスタ単位の長さとすると，約 18.24 m になる．これは竹にとって不可能な長さではない．

···

これの適用．四十ハスタの五十分の一は[1]，十九アングラとアングラの五分 60, 9
の一．三部分だから三を掛けて，二ハスタ九アングラとアングラの五分の三[2]．
これを，四十の二十五分の五から生ずる八ハスタに掛けて，十九ハスタ四ア
ングラとアングラの五分の四[3]．同様に，四十の二十五分の十三から生ずるの
は，二十ハスタ十九アングラとアングラの五分の一．これらを足せば，四十．
すなわち 40. /SGT 86.2/

···Note ···

SGT 86.2. 検算．1 hasta = 24 aṅgulas (cf. GT 8). ha = hasta, aṅ = aṅgula として，40 ha $\times\frac{3}{50}=\frac{40\cdot24}{50}\times3=19\frac{1}{5}$ aṅ $\times3=2$ ha $9\frac{3}{5}$ aṅ, 40 ha $\times\frac{5}{25}=8$ ha, (2 ha $9\frac{3}{5}$ aṅ) $\times8$ ha = 19 ha $4\frac{4}{5}$ aṅ. 40 ha $\times\frac{13}{25}=20$ ha $19\frac{1}{5}$ aṅ. 19 ha $4\frac{4}{5}$ aṅ +20 ha $19\frac{1}{5}$ aṅ = 40 ha. この 3 番目の計算の結果は，実際は面積である．(2 ha $9\frac{3}{5}$ aṅ) $\times8$ ha $=16$ ha$^2+(76+\frac{4}{5})$ ha·aṅ $=16$ ha$^2+(24\cdot3+4\frac{4}{5})$ ha·aṅ $=16$ ha$^2+(3$ ha$^2+4\frac{4}{5}$ ha·aṅ$)=19$ ha$^2+4\frac{4}{5}$ ha·aṅ. したがって，最後の和は面積と長さを足していることになる．

···

このように，分数部分顕現数類は完結した．/SGT 86.3/ 60, 14

2.3.29 [部分根類]

部分根類の術則，一詩節．/SGT 87.0/

···Note ···

SGT 87.0. ここではこの類を「部分根類」(bhāga-mūla-jāti) と呼ぶが，SGT 89.3 では「部分根顕現数類」(bhāga-mūla-dṛśya-jāti) と呼ぶ．

··· 60, 16

顕現数に海 (4) を掛け，部分で割り，自分の根の平方を加えたものからの根に，〈自分の〉根を加え，半分にし，平方し，部分を掛けたものは，ここでの群れの量になるだろう．/GT 87/[4]

[1]K bhāga > pañcāśadbhāga.

[2]K pañca bhāgāstrayaḥ > pañcabhāgāstrayaḥ.

[3]K pañca bhāgāścatvāraḥ > pañcabhāgāścatvāraḥ.

[4]dṛśyātpayorāśihatāllavāptātsvamūlasaṃvargayutācca mūlam/
samūlamardhīkṛtavargitaṃ ca bhāgāhataṃ syādiha yūthamānam//87//

···Note ··
GT 87. 規則：部分根類 (bhāga-mūla-jāti). ある量 (x) からその部分の根が引かれて顕現しているとき，すなわち，

$$x - c\sqrt{\frac{b}{a}x} = d,$$

のとき，

$$x = \left(\frac{\sqrt{4d/(b/a) + c^2} + c}{2}\right)^2 \cdot \frac{b}{a}.$$

この解は，上の形の式が繰り返される問題にも適用可能である．すなわち，

$$x - c_1\sqrt{\frac{b_1}{a_1}x} = y_1, \quad y_1 - c_2\sqrt{\frac{b_2}{a_2}y_1} = y_2, \quad \cdots, \quad y_{n-1} - c_n\sqrt{\frac{b_n}{a_n}y_{n-1}} = d,$$

のときは，最後の d から逆順に上のアルゴリズムを適用する．注釈者 S も次の解説でこのことを指摘するが，Śrīpati 自身もこのような場合を想定していたことは 2 番目の例題 (GT 89) から推測できる．

この詩節では語 saṃvarga が「平方」(varga) の意味で用いられているが，これは異例．通常は「掛け算」または「積」を意味する．
··

60, 21 [解説] 顕現している数字に[1]「海」四を「掛け」: 四を掛け,「部分」で「割り」(lavair āptāt: aṃśair bhaktāt). 各顕現数に対する「根」の積 (saṃvarga), それを掛けたもの (tad-guṇa), が「平方」(varga) であるという理屈 (nyāya) から，それ（平方）を「加えたものから」[2]，奇偶云々(GT 26) により「根」⟨を求め⟩，そのあと自分の「根」，すなわち自分の根の数字を「加え」．これにより，顕現数が二つまたは三つ，根も二つまたは三つ，部分もまた二つまたは三つ⟨などが⟩ある⟨こともある⟩ということを知るべきである．そのあと「半分にし」，そのあと「平方し」(vargita: kṛta-varga),「部分を掛けたものは」:⟨分数の⟩割り算の方法で割るときに用いたその同じ部分を掛けたものは,「群れの量になるだろう」．/SGT 87/

···Note ··
SGT 87. 注釈者 S はここで，GT 87 中の語 saṃvarga を varga と結びつける努力をしているが，すっきりしない.「顕現数が二つまたは三つ」というのは，問題が n 個の式から成る場合の $y_1, y_2, ..., y_{n-1}, d$ を指す．最後の d 以外は「顕現」していないが，d から逆順に計算することで得られた y_i が次のステップでの「顕現数」になる．
··

60, 27 これに関する出題の詩節で例題を述べる．/SGT 88.0/

水を含んだ雨雲のような，象の群れの八分の一の根の十八倍は，
こめかみから流れ出る霊液で頬を濡らしながら，山頂を歩き回っ
61, 1 **ている．また，他の十八頭は鹿たちの若い王（ライオン[3]）の声**

[1]K dṛśyāṃśakāt > dṛśyāṅkāt.
[2]K yutātra(? cca) > yutācca.

を聞いて震え上がっている．この群れの象たちの数はどれだけか．計算しなさい，数学を知る人よ，もしあなたがここに修練を積んでいるなら．/GT 88/[1]

···Note ···

GT 88. 部分根類の例題 1：象の群れ (gaja/sindhura-yūtha-saṃkhyā, x).

$$x - 18\sqrt{\frac{x}{8}} = 18.$$

···

書置によるこれの解説．

1	mū 18	dṛśya 18
8	1	1

[2] 「顕現数」十八に 61, 3

「海を掛け」: 四を十八に掛けて，七十二が生ずる．すなわち 72.[3] 「部分で割り」すなわち八を分母とする部分（分数）である．そしてそれは除数だから，「交換してから」(GT 42a) 云々により，上に八，下に一．すなわち

8
1

そこで掛け算：八を七十二に掛けて五百七十六が生じ，分母一を一に掛けてそのまま．一で割ってもそのまま．これで,「部分で割り」が達成された[4].「自分の根」は十八．これの「平方」は三百二十四．すなわち 324. 等分母だから，五百七十六すなわち 576 の中に三百二十四を投じて九百が生ずる，一を分母として．すなわち

900
1

これの，奇偶云々(GT 26) による「根」は三十.「根を加え」: 根十八を，等分母だから加え，四十八が生ずる.「半分にし」二十四が生ずる.「平方し」: 二十四の平方は五百七十六.「部分を掛け」: 八を分母とする一を掛ける．上の数字を掛けてそのまま，下の八を一に掛けて八が生ずる．そこで，八で五百七十六を，すなわち

576
8

割って，商は七十二．すなわち 72. これが象の群れの量である．/SGT 88.1/

···Note ···

SGT 88.1. 例題 1 の解. $18 \cdot 4 = 72$, $72 \div \frac{1}{8} = \frac{8}{1} \cdot \frac{72}{1} = \frac{8 \cdot 72}{1 \cdot 1} = \frac{576}{1}$, $18^2 = 324$, $\frac{576}{1} + \frac{324}{1} = \frac{900}{1}$, $\sqrt{\frac{900}{1}} = \frac{\sqrt{900}}{\sqrt{1}} = \frac{30}{1}$, $\frac{30}{1} + \frac{18}{1} = \frac{48}{1}$, $\frac{48}{1} \div 2 = \frac{24}{1}$, $(\frac{24}{1})^2 = \frac{576}{1}$, $\frac{576}{1} \cdot \frac{1}{8} = \frac{576 \cdot 1}{1 \cdot 8} = \frac{576}{8} = 72\ (= x)$.

···

これの適用．七十二頭の象の八分の一は九頭．その根三に十八を掛けて生 61, 15
ずる五十四頭は山頂で歩き回っている．十八頭が見える．

54
18

これらを足

[3]hariṇa-pati-śiśu. GT 68 の fn. 参照.

[1]yūthāṣṭāṃśasya mūlaṃ sajalajaladharākāramaṣṭādaśaghnaṃ
śailāgre sindhurāṇāṃ bhramati hi vigaladdānadharārdragaṇḍam/
dṛṣṭāścāṣṭādaśānye hariṇapatiśiśudhvānamākarṇya bhītāḥ
kā saṅkhyeyaṃ gajānāṃ gaṇaya gaṇitavit cedihāsti śramaste//88//

[2]略号：mū = mūla（根）, dṛśya（顕現数）.

[3]K yathā > yathā 72.

[4]K lavāptādi > lavāptāditi sidddham.

せば七十二が生ずる．/SGT 88.2/

···Note··

SGT 88.2. 検算．$72/8 = 9$, $18\sqrt{9} = 18 \cdot 3 = 54$; $54 + 18 = 72$.

···

61, 18　　次は，二つの根を伴う二つの顕現数の例題の詩節を述べる．/SGT 89.0/

白鳥の群れの三分の二の根の九倍は空にいる．残りの矢 (5) 分の
三の根の六倍は消え去った．友よ，三度の八 (24) は見えている．
この場合，彼らは全部で何羽か．/GT 89/[1]

···Note··

GT 89. 部分根類の例題 2：白鳥の群れ (haṃsa-kula-saṃkhyā, x).

$$x - 9\sqrt{\frac{2}{3}x} = y, \quad y - 6\sqrt{\frac{3}{5}y} = 3 \cdot 8 \ (= 24).$$

···

61, 23　　[解説] 三分の一が二つ，その「根」の「九」倍は「空にいる[2]」．「残り
　　　　の」五分の三の「根の[3]六倍は消え去った」．「三度の八」二十四は「見えてい
　　　　る」．/SGT 89.1/

書置 $\begin{array}{c} 2 \\ 3 \end{array}$ ｜ mū $\begin{array}{c} 9 \\ 1 \end{array}$ ｜ śeṣa $\begin{array}{c} 3 \\ 5 \end{array}$ ｜ mū $\begin{array}{c} 6 \\ 1 \end{array}$ ｜ dṛ 24 ｜[4] 「顕現」している数字は二

十四．四を掛けて九十六が生ずる．「部分」は五分の三．これは除数だから[5]，「交
換してから」(GT 42a) 云々により，上に五，下に三．すなわち $\begin{array}{|c|} \hline 5 \\ 3 \\ \hline \end{array}$ 稲妻共

約：九十六を三で共約して三十二．三を三で共約して一．すなわち $\begin{array}{|c|c|} \hline 32 & 5 \\ 1 & 1 \\ \hline \end{array}$

そこで掛け算：五と三十二を互いに[6]掛けて百六十．分母の一を一に掛けてそ
62, 1　　のまま．一で割ってもそのまま．すなわち 160.[7]「部分で割り」が達成され
　　　　た．「自分の根」は近くにあるものだから，六．その「平方」は三十六．これ
　　　　を百六十に加えて〈百九十六が生ずる〉.[8] 一を分母として．すなわち $\begin{array}{|c|} \hline 196 \\ 1 \\ \hline \end{array}$

───────────────

[1] dvitryaṃśamūlaṃ dyugataṃ navaghnaṃ naṣṭaṃ ca śeṣatriśarāśca mūlam/
ṣaḍāhataṃ haṃsakulasya dṛṣṭā sakhe triraṣṭau kati te 'tra sarve//89//
　　89b: K triśarāśca mūlam > triśarāṃśamūlam. 89c: K dṛṣṭā > dṛṣṭāḥ.
[2] K navaguṇaṃ > navaguṇaṃ dyugatam.
[3] K śeṣatrilavabhāgā mūlaṃ > śeṣatripañcabhāgānmūlam.
[4] K $6 > \frac{6}{1}$. 略号：mū = mūla（根），śeṣa（残余），dṛ = dṛśya（顕現数）.
[5] K ṣaṇṇavatilavaḥ/ tripañcabhāgāharatvāt > ṣaṇṇavatiḥ/ lavastripañcabhāgāḥ/ asya
haratvāt.
[6] K dvātriṃśato mitho > pañcadvātriṃśatormitho.
[7] $\left\{ \begin{array}{c} 160 \\ 1 \end{array} \right\}$
[8] K etadyuktaṃ ṣaṣṭyadhi(ka)śataṃ > etadyuktaṃ ṣaṣṭyadhiśataṃ 〈jātaṃ ṣaṇṇavaty-
adhiśatam〉.

奇偶云々(GT 26) により,「根」は十四 $\begin{array}{|c|}14\\1\\\hline\end{array}$ 「根を加え」: 六を加えて二十が生ずる.「半分にし」十,「平方し」百が生ずる. すなわち $\begin{array}{|c|}100\\1\\\hline\end{array}$[1] 「部分」三・五（五分の三）を「掛け」[2], すなわち, 三を百に掛けて三百. 一に五を掛けて五. 五を分母とする三百が生ずる. すなわち $\begin{array}{|c|}300\\5\\\hline\end{array}$ これら二つを五で共約して, 上に六十, 下に一. すなわち $\begin{array}{|c|}60\\1\\\hline\end{array}$ 間の数字（書置の右から 3 項）は去る（消す）. 最初の根の数字は残る, 近くにあるから.「顕現」している数字, 一を分母とする六十, に四を掛けて二百四十, 一を分母として. 最初に述べられた「部分」三分の二で割るから,「交換してから」(GT 42a) 云々により, 上に三, 下に二. すなわち $\begin{array}{|c|}3\\2\\\hline\end{array}$ 稲妻共約：二百四十を半分で共約して百二十. 二を半分で共約して一. すなわち $\begin{array}{|c|c|}120&3\\1&1\\\hline\end{array}$ そこで掛け算：三を百二十に掛けて三百六十が生じ, 分母の一を一に掛けてそのまま. それ（一）で割られた数字はそのまま.「部分で割り」は達成された.「自分の根」九, その「平方」は八十一. これが三百六十の中に投じられて四百四十一が生ずる, 一を分母として[3]. 奇偶云々(GT 26) により,「根」は二十一.「根を加え」: 九を加えて三十が生ずる.「半分にし」十五.「平方し」二百二十五.「部分」二・三（三分の二）を「掛けたもの」: 二を二百二十五に掛けて四百五十が生じ, 三を一に掛けて三が生ずる. すなわち $\begin{array}{|c|}450\\3\\\hline\end{array}$ 下の数字で上の数字を割って半分伴う百 $(100 + 100/2)$ が得られる. すなわち 150. これが白鳥の群れの量である. /SGT 89.2/

···Note ···

SGT 89.2. 例題 2 の解. $24 \cdot 4 = 96$, $96 \div \frac{3}{5} = \frac{5}{3} \cdot \frac{96}{1} = \frac{5}{1} \cdot \frac{32}{1} = \frac{5 \cdot 32}{1 \cdot 1} = \frac{160}{1}$, $\frac{160}{1} + 6^2 = \frac{160}{1} + \frac{36}{1} = \frac{196}{1}$, $\sqrt{\frac{196}{1}} = \frac{14}{1}$, $14 + 6 = 20$, $20/2 = 10$, $10^2 = 100$, $\frac{100}{1} \cdot \frac{3}{5} = \frac{100 \cdot 3}{1 \cdot 5} = \frac{300}{5} = \frac{60}{1}\ (= y)$; $\frac{60}{1} \cdot 4 = \frac{240}{1}$, $\frac{240}{1} \div \frac{2}{3} = \frac{3}{2} \cdot \frac{240}{1} = \frac{120}{1} \cdot \frac{3}{1} = \frac{360}{1}$, $\frac{360}{1} + 9^2 = \frac{360}{1} + \frac{81}{1} = \frac{441}{1}$, $\sqrt{\frac{441}{1}} = \frac{21}{1}$, $21 + 9 = 30$, $30/2 = 15$, $15^2 = 225$, $\frac{225}{1} \cdot \frac{2}{3} = \frac{225 \cdot 2}{1 \cdot 3} = \frac{450}{3} = 150\ (= x)$.

···

部分と根によって顕現数が生ずるから〈そう呼ばれる〉部分根顕現数類は 62, 19
完結した. /SGT 89.3/

---

[1] K 100 > $\frac{100}{1}$.

[2] K āhataṃ(? taḥ) > āhataṃ.

[3] K eṣa(ka)cchedā > ekacchedā.

···Note ···············

SGT 89.3. これは本節の結語と考えられるが，それが「適用」の前にある理由は不明．ここには何らかの混乱がある．規則の導入 (SGT 87.0) で「部分根類」と呼ばれたこの「類」が，ここでは「部分根顕現数類」と呼ばれていることもそれと関連するかもしれない．

···············

62, 20 これの適用．半分伴う百の三分の一二つは百．その根 10 の九倍九十は空にいる．残りの六十を五で割ると[1]十二が得られる．その三つは三十六．この根六の六倍は三十六．これは消え去った．二十四は見えている．すなわち

90
36
24

これらを足せば半分伴う百．/SGT 89.4/

···Note ···············

SGT 89.4. 検算．$150\cdot\frac{2}{3}=100$, $9\sqrt{100}=9\cdot 10=90$, $(150-90)/5=12$, $12\cdot 3=36$, $6\sqrt{36}=6\cdot 6=36$; $90+36+24=150$.

···············

2.3.30 ⟨減平方類⟩

62, 24 減平方類の術則，一詩節を述べる．/SGT 90.0/

> **自分の分子で割られた分母がここに二通り⟨置かれる⟩．その一つに減数を掛け，他方の半分の平方を加え，顕現数を引く．その根．他方の半分を加えた減数が部分で割られる．商⟨が望まれた量である⟩./GT 90/**[2]

···Note ···············

GT 90. 規則：減平方類 (hīna-varga-jāti). ある未知量 (x) から，一定量 (c) が引かれたその部分 ($\frac{b}{a}x$) の平方が引かれて顕現 (d) しているとき，すなわち

$$x-\left(\frac{b}{a}x-c\right)^2=d,$$

のとき，

$$x=\left\{\sqrt{\frac{a}{b}\cdot c+\left(\frac{a}{b}\cdot\frac{1}{2}\right)^2-d}+\left(c+\frac{a}{b}\cdot\frac{1}{2}\right)\right\}\div\frac{b}{a}.$$

GT 90 の規則は，$\left(c+\frac{a}{b}\cdot\frac{1}{2}\right)$ を前の結果（「その根」）に加えるステップを明示していない．注釈者 S も次の解説 (SGT 90) の末尾でそれを指摘しているから，彼の使用した GT の写本がすでにこの読みだったことがわかるが，Śrīpati 自身がそれを表現し忘れたのではないと仮定して，韻律 (Upajāti) を壊さないようにテキストを 1 音

[1]K śeṣaṣaṣṭipañcabhaktāyā > śeṣaṣaṣṭeḥ pañcabhaktāyā.

[2]svāṃśoddhṛtaccheda iha dvidhāsāvūnāhato 'nyārdhakṛtiprayuktaḥ/
dṛśyonitastatpadamūnamanyadalānvitaṃ bhāgavibhaktamāptam//90//

節だけ修正してそのステップを表現することは可能．すなわち，GT 90cd の ‘ūnam anyadalānvitaṃ’ を ‘ūnakānyadalānvitaṃ’ とすれば,「減数と他方の半分を加えたその根が部分で割られる」となる．

··

解説．「自分の分子」で「割られた」: 自分のもの（分子）を下に移動する 62, 29
ことによって上になった「分母」が「自分の分子で割られた分母」である． 63, 1
「ここでは」: 減平方類では．減じられる数字が伴っているから〈そう呼ばれる〉.「二通り」置き：二カ所で分子を下に，分母を上にすべきである．そのあと，一方は「減数を」: 質問者に指示された (pṛcchaka-upadiṣṭa) 減じられる数字を,「掛け」: (āhata: guṇita),「他方」: 二番目の位置にある，下に分子，上に分母の数字を持つもの[1]，の「半分」，その「平方」(kṛti: varga)，それを「加え」: 等分母にして加え[2]，そのあと，等分母にしてから「顕現数」を「引く」．そのあと，その数字の根 (pada: mūla) が「その根」である．それから,「減数」: 提示された減じられる数字の項，に，前述の「他方の半分」が等分母にして「加え」られ，そのあと，〈その結果が〉その根の中に，等分母にして加えられる (milita)．前は上下を逆にして用いられた「部分」によって，掛け算を初めとする[3]〈分数の〉割り算の方法で「割られる」とき，商 (āpta: labdha) が望まれた量である，という意味である.「他方の半分を加えた減数」は「その根」の中に投じられるべきである，ということは規則 (sūtra) に指示されていない (anupadiṣṭa) が，〈ここで私により〉述べられた (ukta)．〈規則には〉「部分で割られる」ことも〈後続の計算として〉述べられているから．/SGT 90/

···Note ···

SGT 90. 最後のコメント「規則に指示されていない」に関しては，GT 90 の Note 参照．その後に述べられた理由の意図することは，もし後続の計算「部分で割られる」がなければ，このままでも，すなわち,「その根」と「他方の半分を加えた減数」の足し算が明記されていなくても，それらが併記されているから読者はその足し算を忖度することができるが，ここではその後に「部分で割られる」があり，それが「他方の半分を加えた減数」だけを修飾するのか，それともそれを「その根」に足した結果を修飾するのか，このままでは不分明なので，それをはっきりさせるために私（注釈者S）がここに明記した，ということらしい．

··

これに関する出題の詩節で例題を述べる．/SGT 91.0/ 63, 10

孔雀たちの五分の三から六を引き平方したものが山の間で遊んで

---

[1]K adho'ṃśako dvicchedāṅkasya > adho'ṃśakordhvacchedāṅkasya.

[2]K prayuktasamacchedatayā yuktaḥ > prayuktaḥ samacchedatayā yuktaḥ.

[3]saṅguṇanādikayāpi. この言葉は，GT 42（分数の割り算規則）の表現「掛け算から生ずる演算」(saṅguṇanābhavo vidhis) を念頭に置いているらしいが，そこで「掛け算から生ずる」というのは，分数の割り算が「除数の分子と分母を交換してから」実行される分子・分母それぞれの掛け算からなるということであり，分数の割り算が掛け算から始まるということではないので,「掛け算を初めとする」という言い換えには違和感がある．あるいは，演算順序は考えずに漠然と「掛け算など」の意味で「掛け算を初めとする」と述べたか．

いる．六羽が森の中で座っているのが見える．彼らの群れの量をすぐに云いなさい./GT 91/[1]

…Note…

GT 91. 減平方類の例題 1：孔雀の群れ (śikhin-yūtha-pramāṇa, x).

$$x-\left(\frac{3}{5}x-6\right)^2=6.$$

…

63, 15　書置によるこれの解説．

3	ū 6	dṛ 6
5	1	1

[2]「自分の分子で」：三で，五を徴とする「分母が」「割られる」：上になる．すなわち，上に五，下に三．⟨ これが ⟩ 二カ所に書かれるべきである (lekhya)．すなわち

5	5
3	3

二つの内の「その一つ」：三分の五を徴とする数字，に「減数」六を「掛け」三十が生ずる，三を分母として．すなわち

30
3

[3]⟨「他方の半分」：別の場所に書かれた五・三を徴とする数字の半分．五は半分に適さないので，下の三を二倍して，下に六，上に五が生ずる．すなわち

5
6

⟩ これの「平方」は二十五．分母六の平方は三十六．すなわち

25
36

「分子と分母に」(GT 53) 云々により[4]三十の下の分母三を三で共約して一，三十六を三で共約して十二．だから分母を交換して，すなわち

30	25
3	36
12	1

⟨ 前の数字では ⟩ 十二を三十に掛けて三百六十が生じ，十二を三に掛けて三十六が生ずる．すなわち

360
36

後の数字では一を掛けてそのまま．等分母だから三百六十の中に二十五を投じて三百八十五が生ずる，三十六を分母として．すなわち

385
36

「顕現数」一を分母とする六を「引く」．すなわち,「分子と分母に」(GT 53) 云々により分母を交換して，すなわち

385	6
36	1
1	36

前の数字では一を掛けてそのまま．

---

[1]tripañcabhāgaḥ śikhināṃ ṣaḍūno vargīkṛtaḥ krīḍati cāntarāgaḥ/
dṛṣṭā niviṣṭāstu vanāntare ṣaḍyūthapramāṇaṃ kathayāśu teṣām//91//

[2]略号：ū = ūna（減数），dṛ = dṛśya（顕現数）.

[3]K ではここに欠落があると思われる．復元すると，
anyārdhamanyasthānalikhitāṅkasya pañcatrikalakṣaṇasyārdham/ pañcakamardhaṃ na sahate/ tato 'dhastrayāṇāṃ dviguṇatāyāṃ jātā adhaḥ ṣaḍupari pañca/ yathā

5
6

.
'na sahate' (適さない) の用例は p.47, l.16; p.51, l.5; p.51, l.27; p.52, l.28 にある．

[4]K tataḥ so"'ṃśacchedā"vityādinā > yathā

25
36

aṃśacchedāvityādinā.

後の数字では三十六を六に掛けて二百十六が生じ，三十六を一に掛けて三十六である．すなわち $\begin{array}{|c|}216\\36\\\hline\end{array}$ 「分母を同じにした二つの量の分子の差を… 述べている」(GT 38) という言葉により，三百八十五の中から二百十六を差し引いて残りは百六十九，〈分母は〉三十六．すなわち $\begin{array}{|c|}169\\36\\\hline\end{array}$ 「その根」: 直前に書いた二つの数字の根を，述べられた通りに，すなわち奇偶云々(GT 26)
により〈求めると〉，上に十三，下に六．すなわち $\begin{array}{|c|}13\\6\\\hline\end{array}$ それから「減数」，64, 1
一を分母とする六，を配置し (maṇḍayitvā),「他方の半分」: 前に述べた六を分母とする五〈も置く〉．すなわち $\begin{array}{|c|c|}6&5\\1&6\\\hline\end{array}$ 「分子と分母に」(GT 53) 云々より交換して $\begin{array}{|c|c|}6&5\\1&6\\6&1\\\hline\end{array}$ 〈前の数字では〉六を六に掛けて三十六，六を一に掛けて六．後の数字では一を掛けてそのまま．等分母だから三十六の中に五を投じて[1]四十一が生ずる．等分母だから根十三の中に投じられ，五十四が生ずる，六を分母として．すなわち $\begin{array}{|c|}54\\6\\\hline\end{array}$ 両者を六で共約して，上に九，下に一．すなわち $\begin{array}{|c|}9\\1\\\hline\end{array}$ 前述の三・五という形の「部分」(すなわち五分の三) で割るから,「交換してから」(GT 42a) 云々により，上に五，下に三．すなわち $\begin{array}{|c|}5\\3\\\hline\end{array}$ 稲妻共約により，九を三で共約して三，三を三で共約して一[2]．すなわち $\begin{array}{|c|c|}3&5\\1&1\\\hline\end{array}$ そこで掛け算: 五を三に掛けて十五が生じ，一を分母の一に掛けてそのまま．一で〈上の〉数字を割ってもそのまま．十五が孔雀の量である．/SGT 91.1/

···Note ··

SGT 91.1. 例題 1 の解. $\frac{5}{3}\cdot 6 = \frac{30}{3}$, $\frac{5}{3} \div 2 = \frac{5}{6}$, $(\frac{5}{6})^2 = \frac{25}{36}$, $\frac{30}{3} + \frac{25}{36} = \frac{30\cdot 12}{3\cdot 12} + \frac{25\cdot 1}{36\cdot 1} = \frac{360}{36} + \frac{25}{36} = \frac{385}{36}$, $\frac{385}{36} - \frac{6}{1} = \frac{385\cdot 1}{36\cdot 1} - \frac{6\cdot 36}{1\cdot 36} = \frac{385}{36} - \frac{216}{36} = \frac{169}{36}$, $\sqrt{\frac{169}{36}} = \frac{13}{6}$, $\frac{6}{1} + \frac{5}{6} = \frac{6\cdot 6}{1\cdot 6} + \frac{5\cdot 1}{6\cdot 1} = \frac{36}{6} + \frac{5}{6} = \frac{41}{6}$, $\frac{13}{6} + \frac{41}{6} = \frac{54}{6} = \frac{9}{1}$, $\frac{9}{1} \div \frac{3}{5} = \frac{9}{1}\cdot\frac{5}{3} = \frac{3}{1}\cdot\frac{5}{1} = \frac{15}{1} = 15\ (= x)$.

··

これの適用．十五を五で割った商は三．三倍して九．六を引いて三が生じ，64, 11
その平方は九．見えているのは六．$\begin{array}{|c|}9\\6\\\hline\end{array}$ これらを足せば十五．/SGT 91.2/

---

[1]K triṃśanmadhye ṣaṭkṣepe > ṣaṭtriṃśanmadhye pañcakṣepe.

[2]K tataḥ (? ekaḥ) > ekaḥ.

···Note···

SGT 91.2. 検算. $15/5 = 3,\ 3 \cdot 3 = 9,\ (9-6)^2 = 9;\ 9+6=15.$

···

64, 13 次に，二番目の例題を述べる. /SGT 92.0/

⟨ヴィシュカの⟩群れの八分の一の三倍を半分にし，十六頭のヴィシュカを引き，自乗したものが，山腹で遊んでいる．その（十六の）四倍が森を徘徊している．⟨群れの量はいくらか．⟩/GT 92/[1]

···Note···

GT 92. 減平方類の例題 2：ヴィシュカの群れ (viṣka-gaṇa-saṃkhyā, x).

$$x - \left(\frac{x}{8} \cdot 3 \cdot \frac{1}{2} - 16\right)^2 = 16 \cdot 4\ (= 64).$$

「ヴィシュカ」は，次の解説にもあるように，二十歳の象.

···

64, 18 解説.「群れ」の「八分の一」⟨だから分母は⟩八.「三倍」というので上の分子は三を徴とする[2].「半分にし」⟨というが⟩三は半分に適さないので，分母の徴八を二倍して十六. また「ヴィシュカを」:「ヴィシュカは二十歳⟨の象⟩である」と理解されている.「その」: 十六の,「四倍」: 六十四. 後は明らかである. /SGT 92.1/

···Note···

SGT 92.1. 例題 2 の解. $\frac{3}{8} \div 2 = \frac{3}{16}\ (= \frac{b}{a}),\ 16 \cdot 4 = 64\ (= d).$

···

64, 21 書置

3 16	ū 16	dṛ 64

[3]「自分の分子で割られた分母」(du.) が二カ所に⟨置かれる⟩. すなわち

16 3	16 3

一方の数字に「減数」十六を「掛け」，二百五十六が生ずる，三を分母として. すなわち

256 3

「他方」: 二つ目に位置する[4]十六，の「半分」は八で三を分母とする. すなわち

8 3

両者の「平方」は上に六十四，下に九. すなわち

64 9

「分子と分母に」(GT 53) 云々により，分母三と九を三で共約し，生じた一と三を[5]交換して，すな

---

[1]gaṇāṣṭabhāgastriguṇo dalīkṛto viṣkaistathā ṣoḍaśabhirvivarjitaḥ/
svasaṅguṇaḥ krīḍati parvatodare caturguṇāste vicaranti kānane//92//

[2]K uparyaṃśatrilakṣaṇo > uparyaṃśastrilakṣaṇo.

[3]略号：ū = ūna（減数），dṛ = dṛśya（顕現数）.

[4]dvi-stha. この dvi は dvitīya の代用. 同じ用法は dvi-pakṣa にも見られる. SGT 109 参照.

[5]K jātaikayor > jātaikatrikayor.

わち $\begin{array}{|c|c|}256 & 64\\ 3 & 9\\ 3 & 1\\ \hline\end{array}$ 三を二百五十六に掛けて七百六十八が生じ，三を三に掛けて九が生ずる．すなわち $\begin{array}{|c|}768\\ 9\\ \hline\end{array}$ 後の数字六十四〈と分母九〉に一を掛けてそのまま．両者を足せば八百三十二で九を分母とする．すなわち $\begin{array}{|c|}832\\ 9\\ \hline\end{array}$ 「他方の半分の平方を加え」が達成された.「顕現数」，一を分母とする六十四，を「引く」.「分子と分母に」(GT 53) 云々により[1]分母を交換して，すなわち 65, 1
$\begin{array}{|c|c|}832 & 64\\ 9 & 1\\ 1 & 9\\ \hline\end{array}$ 〈前の数字では〉一を掛けてそのまま．後の数字では九を六十四に掛けて五百六十七が生ずる，九を分母として．[すなわち][2] $\begin{array}{|c|}576\\ 9\\ \hline\end{array}$ 等分母の量だから八百三十二から五百七十六を引いて二百五十六が生ずる，九を分母として．すなわち $\begin{array}{|c|}256\\ 9\\ \hline\end{array}$ 「その」両者の[3]「根」．奇偶云々(GT 26) により，根は，上に十六，下に三．すなわち $\begin{array}{|c|}16\\ 3\\ \hline\end{array}$ 別の所に，減じられる数字十六がある，一を分母として.「他方」: 前述の二つ目に位置する，の「半分」は八・三を徴とする（すなわち三分の八）.「分子と分母に」(GT 53) 云々により〈分母を〉交換して，すなわち $\begin{array}{|c|c|}16 & 8\\ 1 & 3\\ 3 & 1\\ \hline\end{array}$ 三を十六に掛けて四十八が生じ，三を一に掛けて三が生ずる．すなわち $\begin{array}{|c|}48\\ 3\\ \hline\end{array}$ 一を後の数字に掛けてそのまま．両者を足して五十六が生ずる，三を分母として．すなわち $\begin{array}{|c|}56\\ 3\\ \hline\end{array}$ これが「他方の半分を加えた減数」である．前に書いた「その根」十六と等分母だからその中に投じて七十二が生ずる，三を分母として．すなわち $\begin{array}{|c|}72\\ 3\\ \hline\end{array}$ 両者を三で共約して，上に二十四，下に一．すなわち $\begin{array}{|c|}24\\ 1\\ \hline\end{array}$ 「部分」で割るから,「交換してから」(GT 42a) 云々により[4] 交換された三・十六（十六分

[1]K ūnitā“'ṃśacchedā”vityādinā > ūnito 'ṃśacchedāvityādinā.
[2]K (yathā) > yathā.
[3]K talayor > tayor.
[4]K “kṛtvā parīvartana” (? mityādinā) > kṛtvā parīvartanamityādinā.

の三）により「割られる」．三を三で共約して一，二十四を三で共約して八．これは稲妻共約である．すなわち

8	16
1	1

掛け算：十六を八に掛けて百二十八．分母の一を一に掛けてそのまま．それ（一）で割られた数字はそのままが得られる，128．これが象の群れの量である．/SGT 92.2/

···Note ···

SGT 92.2. 例題 2 の解 (続). $\frac{16}{3}\cdot 16=\frac{256}{3}$, $\frac{16}{3}\cdot\frac{1}{2}=\frac{8}{3}$, $(\frac{8}{3})^2=\frac{64}{9}$, $\frac{256}{3}+\frac{64}{9}=\frac{256\cdot 3}{3\cdot 3}+\frac{64\cdot 1}{9\cdot 1}=\frac{768}{9}+\frac{64}{9}=\frac{832}{9}$, $\frac{832}{9}-\frac{64}{1}=\frac{832\cdot 1}{9\cdot 1}-\frac{64\cdot 9}{1\cdot 9}=\frac{832}{9}-\frac{576}{9}=\frac{256}{9}$, $\sqrt{\frac{256}{9}}=\frac{16}{3}$; $\frac{16}{1}+\frac{8}{3}=\frac{16\cdot 3}{1\cdot 3}+\frac{8\cdot 1}{3\cdot 1}=\frac{48}{3}+\frac{8}{3}=\frac{56}{3}$, $\frac{16}{3}+\frac{56}{3}=\frac{72}{3}=\frac{24}{1}$, $\frac{24}{1}\div\frac{3}{16}=\frac{24}{1}\cdot\frac{16}{3}=\frac{8}{1}\cdot\frac{16}{1}=\frac{128}{1}=128\ (=x)$.

···

65, 17　これの適用．百二十八の八分の一は十六．三倍して四十八．半分にして二十四．十六頭のヴィシュカを引いて八が生ずる．これを自乗する．八を八に掛けて六十四頭が山で遊んでいる．六十四頭は見えている．すなわち

64
64

両者を足せば百二十八．すなわち 128．/SGT 92.3/

···Note ···

SGT 92.3. 検算．$128/8=16$, $16\cdot 3=48$, $48/2=24$, $24-16=8$, $8^2=64$; $64+64=128$.

···

65, 20　このように，減平方類は完結した．/SGT 92.4/

2.3.31 〈逆提示〉

65, 21　逆提示の術則，一詩節を述べる．/SGT 93.0/

> **〈逆提示においては〉乗数は除数，除数は乗数，根は平方，平方は根，減数は正数，正数は減数〈というように，逆演算〉が逆順に見られる./GT 93/**[1]

···Note ···

GT 93. 規則：逆提示 (viparīta-uddeśaka). 未知数 (x) に対して「提示」された一連の演算 ($f_1, f_2, \cdots, f_n$) を施した結果 (p) が知られているとき ($xf_1f_2\cdots f_n=p$), それらの演算の逆 (f_i^{-1}) をその結果に対して逆順に施して x を求める: $x=pf_n^{-1}\cdots f_2^{-1}f_1^{-1}$. ここで言及されている演算は加減乗除と平方・開平のいわゆる 6 種の基本演算. $x\cdot a=b\ \rightarrow\ x=b/a$; $x/a=b\ \rightarrow\ x=b\cdot a$; $\sqrt{x}=a\ \rightarrow\ x=a^2$; $x^2=a\ \rightarrow\ x=\sqrt{a}$; $x-a=b\ \rightarrow\ x=b+a$; $x+a=b\ \rightarrow\ x=b-a$. なお,「逆提示」という呼び

---

[1] guṇo haro haro guṇaḥ padaṃ kṛtiḥ kṛtiḥ padam/
kṣayo dhanaṃ dhanaṃ kṣayaḥ pratīpake tu dṛśyate//93// (= SŚ 13.13)
93d: K pratīpake tu dṛśyate] pratīpakena dṛśyake SŚ.

方は注釈者 S による．この名称は，他ではシュリーダラに帰される『ガニタパンチャヴィンシー』の散文部分 (Hayashi 2013a, 258) に見られるだけで，普通は「逆算法」(viparīta-karman または vyasta-vidhi) と呼ばれる．

解説．質問者 (pṛcchaka) が提示する (uddiśati) 掛け算等〈の演算〉の逆の (viparīta) 割り算等が為されるべきであるというので,「逆提示」(viparīta-uddeśaka) である．その場合，乗数として提示された数字は「除数」(hara)：部分を与えるもの (bhāga-dāyin) に，除数は乗数にすべきである．また，根 (pada: mūla) としての数字は平方 (kṛti: varga) に，平方としての数字は根に,「減数」(kṣaya: hīna) としての数字は「正数」(dhana)：加数 (madhya-kṣepya) に，正数・加数は減数 (kṣaya: hīna) にすべきである，という統語である．/SGT 93/ 65, 24

···Note

SGT 93. 「加数」と訳した madhya-kṣepya の原義は「中に投じられるべきもの」．この表現は注釈者 S が足し算に言及するとき随所で用いる表現「a の中に b を投じて c が生ずる」(a-madhye b-kṣepe jāta- c) と呼応する．ちなみに引き算は,「a の中から b を引いて（落として・分離して）c が生ずる」(a-madhyāt b-pāte/viśleṣe jāta- c).

これに関する出題の詩節で例題を述べる．/SGT 94.0/ 66, 1

ある〈量〉を五倍し，九を加え，根の状態に帰し，二を引き，それから，平方状態に帰し，単位を引き，八で割ると，計算士よ，確かに三単位になった．その量は何か．私に云いなさい．友よ，もしパーティー（アルゴリズム）を知っているなら./GT 94/[1]

···Note

GT 94. 逆提示の例題：未知量 (x).

$$x \xrightarrow{\times 5} y_1 \xrightarrow{+9} y_2 \xrightarrow{\text{根}} y_3 \xrightarrow{-2} y_4 \xrightarrow{\text{平方}} y_5 \xrightarrow{-1} y_6 \xrightarrow{\div 8} 3.$$

すなわち，

$$\left\{\left(\sqrt{x\cdot 5+9}-2\right)^2-1\right\}\div 8=3.$$

書置によるこれの解説. 66, 6

| gu° 5 dha 9 mū 1 ū 2 kṛti 1 hīna 1 bhāgu 8 dṛśyarūpa 3 |[2]

[1]yaḥ pañcaghno navabhiradhiko mūlabhāvaṃ prapanno
dvābhyāmūnastadanu kṛtitāṃ prāpito rūpahīnaḥ/
bhakto 'ṣṭābhirgaṇaka niyataṃ trīṇi rūpāṇi jātaḥ
ko 'sau rāśirbhavati vada me vetsi cenmitra pāṭīm//94//

[2]略号：gu° = guṇa（乗数, ‘°’ は省略を意味する記号）, dha = dhana（正数）, mū = mūla（根）, ū = ūna（減数）. kṛti（平方）以下は省略のない語形. hīna（減数）, bhāgu = bhāga（部分）, dṛśyarūpa（見えている単位）. なお，bhāgu という語形は SGT 94.4 で引用される L 50 の書置にも見られるから，bhāga の誤植ではなく，アパブランシャなどの影響を受けた nom. sg. -u と思われる.

ここで，逆提示だから，逆順に，三に八を掛けて二十四が生じ，その中に単位一を投じて[1]二十五が生じ，これの根は五．二を加えて七．この平方は四十九．九を引いて四十が生じ，これを五で割って商は八．すなわち 8．/SGT 94.1/

···Note ···

SGT 94.1. 例題の解．$3 \xrightarrow{\times 8} 24 \xrightarrow{+1} 25 \xrightarrow{\text{根}} 5 \xrightarrow{+2} 7 \xrightarrow{\text{平方}} 49 \xrightarrow{-9} 40 \xrightarrow{\div 5} 8\ (= x)$.

···

66, 11 これの適用．⟨ 提示されたものと ⟩ 同じ順に，乗数は乗数，除数は除数，などによる．すなわち，八を五倍して四十が生じ，九を加えて四十九が生ずる．これの根は七．二を引いて五が生じ，その平方は二十五．単位を引いて二十四．八で割ると，商は前述の「見えている単位」(dṛśyarūpa) 三．/SGT 94.2/

···Note ···

SGT 94.2. 検算．$8 \xrightarrow{\times 5} 40 \xrightarrow{+9} 49 \xrightarrow{\text{根}} 7 \xrightarrow{-2} 5 \xrightarrow{\text{平方}} 25 \xrightarrow{-1} 24 \xrightarrow{\div 8} 3$.

···

66, 15 一方『リーラーヴァティー』では，部分を足したり引いたりする計算 (prakriyā) が示された．すなわち，

> 除数は乗数，乗数は除数，平方は根，根は平方，負数は正数，正数は負数にすべきである，顕現数に対し，⟨ 未知 ⟩ 量を知るために/L 48/[2]

明らかである．

> さて一方，自分の部分が加えられたり引かれたりしている場合，逆 ⟨ 演算 ⟩ では，分子を加えたり引いたりした分母を分母とし，分子は変形しない．後は ⟨ 前詩節で ⟩ 述べられた通り (正数は負数に，負数は正数になる)./L 49/[3]
>
> ···Note ···
>
> L 48-49. 規則：逆算法 (vyasta/viloma-vidhi). L 48 の規則は GT 93 と同じ．L 49 の規則.
>
> $$x \pm \frac{b}{a}x = c \longrightarrow x = c \mp \frac{b}{a \pm b} \cdot c.$$
>
> ···

66, 21 解説．「自分の部分」が「加えられ」ている場合：⟨ 次に引用する L 50 の例

[1]K rūpa ekakṣepe > rūpaikakṣepe. このテキストでは，連声規則に従わず母音衝突 (hiatus) を残すことがある．このテキストの文字表記の特徴の一つである．

[2]chedaṃ guṇaṃ guṇaṃ chedaṃ vargaṃ mūlaṃ padaṃ kṛtiḥ (? tim)/
ṛṇaṃ svaṃ svaṃ ṛṇaṃ kuryāddṛśyarāśiprasiddhaye//L 48//
L 48b: K kṛtiḥ(? tim) > kṛtim L. L 48c: K svaṃ ṛṇaṃ > svamṛṇaṃ L. L 48d: K dṛśyarāśi- > dṛśye rāśi- L.

[3]atha svāṃśe 'dhikone tu lavāḍhyono haro haraḥ/
aṃśastvavikṛtastatra vilome śeṣamuktavat//L 49//
L 49a: K svāṃśe 'dhikone] svāṃśādhikone L.

題のように〉自分の四半分〈三つ〉などが加えられているとき,「分母」(hara: cheda) に「分子を加え」: 三などを四に加え，それで上の分母が[1]掛けられるべきである．そのあと，上の分子に掛ける場合，逆〈提示〉のやり方で，加えたところでは引く，と知るべきである．分母の中に投じられた数字を引き抜いてから (ākṛṣya)，それを乗数とすべきである，というのが一つの要点 (tattva) である．一方,「部分」が「引かれ」ている場合：自分の三分の一などが引かれているとき,「分母」(hara: cheda)[2]から自分の「分子を引く」べきである．それで上の分母が掛けられるべきである．そのあと，上の分子に掛ける場合，逆に，引かれたところでは加えられる[3]，と知るべきである．だから，分子を加えた下の分母を〈上の分子の〉乗数にするべきである．しかし,「分子は変形しない」: 破棄すべきではない (na bhañjanīyaḥ).「後は述べられた通り」:「除数は乗数，乗数は」(L 48a) 云々はそのままである．/SGT 94.3/

···Note ··

SGT 94.3. 注釈者 S がここで L の詩節を引用する目的は，L 49 の規則で GT 93 を補うことにあるので，GT 93 と同じ内容を持つ L 48 は「明らか」とし，L 49 のみを解説する．しかしその解釈は，L 49 の正しい理解に基づいていない．彼によれば，L 49 の規則は，

$$x \pm \frac{b}{a}x = \frac{c_2}{c_1} \longrightarrow x = \frac{c_2 a}{c_1(a \pm b)},$$

を意味し，この計算は次の 5 ステップで実行される．

	(1)	(2)	(3)	(4)	(5)
上の分子	c_2	c_2	c_2	c_2	$c_2 a$
上の分母	c_1	c_1	$c_1(a \pm b)$	$c_1(a \pm b)$	$c_1(a \pm b)$
下の分子	$\pm b$	$\pm b$	$\pm b$	$\pm b$	
下の分母	a	$a \pm b$	$a \pm b$	$(a \pm b) \mp b = a$	

(1) 上の分子分母 (c_2/c_1) は逆向きの演算の途中で直前に得られた結果である．下の分子分母 ($\pm b/a$) は提示された演算（作用素）そのまま．
(2) 下の分母 (a) に下の分子 (b) を加減する．
(3) 下の分母を上の分母に掛ける．
(4) ステップ (2) で下の分母に加減した下の分子 (b) を下の分母に減加して下の分母を元に戻す．注釈者 S によれば，この「加減」→「減加」が「逆提示」によって生ずる．
(5) 下の分母 (a) を上の分子 (c_2) に掛けて，下の分子分母を消す．

L 49 をこのように解釈することは不可能であり誤りであるが，この計算自体は誤りではない.『ガニタパンチャヴィンシー』(GP 11ab) も「自分の部分が加減されている場合」の規則を次の形で与えている．

$$x \pm \frac{b}{a}x = c \longrightarrow x = \frac{c}{1 \pm b/a}.$$

···

例題. 67, 1

ある〈量〉を三倍し，自分の四半分三つを加え，それから七で割り，自分の三分の一を引き，自乗し，五十二を引き，その根に八

[1]K tenonū(?no)rdhvacchedo > tenordhvacchedo.
[2]K haracchedaḥ > haraśchedaḥ.
[3]K ūnasthāne ityukta > ūnasthāne yukta.

を加え，十で割ると二が生ずる．その量を云いなさい，よく動く目をした娘よ，瑕疵のない逆演算を知っているなら./L 50/[1]

···Note···

L 50. 逆算法の例題：未知数 (x).

$$\left[\sqrt{\left\{\left((x\cdot 3)\left(1+\frac{3}{4}\right)\div 7\right)\left(1-\frac{1}{3}\right)\right\}^2-52}+8\right]\div 10=2.$$

···

67, 6 書置

gu 3	svaca 3/4	bhāgu 7	svatryaṃ ○1/3	svagu 1

hīna 52	mū 1	dha 8	bhā 10	dṛśya 2

[2]

逆順に，顕現数二に十を掛けて二十が生じ，八を引いて十二が生ずる．これの平方は百四十四．この中に五十二を投じて百九十六が生ずる．この根は十四.「自分の三分の一」を引く．すなわち

14
1
○1
3

「自分の三分の一」を引くと〈問題に〉述べられた．だから，下の分母三を自分の分子一で減じるべきである．二が生ずる．これを上の分母一に[3]掛けて二が生ずる．その上の分子に掛ける場合，逆であるから，引かれたところでは加えられる．下の分母二は，引き抜かれた数字一が加えられ三になる．それを十四に掛けて四十二が生ずる，二を分母として

42
2

両者を半分で共約して一を分母とする二十一．すなわち

21
1

七を二十一に掛けて百四十七が生ずる，一を分母として．すなわち

147
1

「自分の四半分三つを加え」すなわち

147
1
3
4

「自分の部分」が「加えられ」ているとき，分子の三が加えられ (adhika: yuta)，下の分母

[1] yastrighnastribhiranvitaḥ svacaraṇairbhaktastataḥ saptabhiḥ
svatryaṃśena vivarjitaḥ svaguṇito hīno dvipañcāśatā/
tanmūle 'ṣṭayute hṛte ca daśabhirjātaṃ dvayaṃ brūhi taṃ
rāśiṃ vetsi hi cañcalākṣi vimalāṃ bāle vilomakriyām//L 50//
L 50d: K, L/ASS bāle] vāme L/VIS.

[2] K svatryaṃ 3 > svatryaṃ $\overset{\circ 1}{3}$. 略号：gu = guṇa（乗数），ca = caraṇa（四半分），tryaṃ = tryaṃśa（三分の一），mū = mūla（根），dha = dhana（正数），bhā = bhāga（部分）．略号でないもの：sva（自分の），bhāgu =bhāga（部分, SGT 94.1 の書置参照），hīna（減数），dṛśya（顕現数）．

[3] K ūrdhvacchede eko > ūrdhvaccheda eko.

は七になる．それを上の分母一に掛けて七が生ずる．逆であるから，加えられたところでは引かれる，と考えて，投じられた三を七から引いて四が生ずる．これを百四十七に掛けて五百八十八が生ずる，七を分母として．すなわち $\begin{array}{|c|}588\\7\\\hline\end{array}$ 〈問題に〉「三倍」〈とあるので〉三を〈分母の〉七に掛けて二十一．これで〈上の五百八十八を〉割ると商は二十八単位である．/SGT 94.4/

···Note ···

SGT 94.4. L 50 の例題の解．$2\cdot 10 = 20$, $20-8=12$, $12^2 = 144$, $144+52 = 196$, $\sqrt{196} = 14$, $\frac{14}{1}(1+\frac{1}{3-1}) = \frac{14(3-1+1)}{1(3-1)} = \frac{14\cdot 3}{1\cdot 2} = \frac{42}{2} = \frac{21}{1}$, $\frac{21}{1}\cdot 7 = \frac{147}{1}$, $\frac{147}{1}(1-\frac{3}{4+3}) = \frac{147(4+3-3)}{1(4+3)} = \frac{147\cdot 4}{1\cdot 7} = \frac{588}{7}$, $\frac{588}{7}\div 3 = \frac{588}{7\cdot 3} = \frac{588}{21} = 28\ (=x)$.

···

これの適用．二十八単位を三倍して八十四が生ずる．「自分の四半分三つを加え」，すなわち $\begin{array}{|c|}84\\1\\3\\4\\\hline\end{array}$[1] 「分母に分母を」(GT 57b) 云々により同色化して五百八十八が生ずる，四を分母として．すなわち $\begin{array}{|c|}588\\4\\\hline\end{array}$ 七を四に掛けて二十八が生ずる．これで〈上の五百八十八を〉割って商は二十一．「自分の三分の一を引き」：七を引き抜いて (ākarṣaṇa) 十四が生ずる．十四を十四に掛けて百九十六が生じ[2]，五十二を引いて百四十四が生ずる．これの根は十四．八を加えて二十．十で割って商は顕現数二単位，すなわち 2. /SGT 94.5/ 67, 21

···Note ···

SGT 94.5. 検算．$28\cdot 3 = 84$, $\frac{84}{1}(1+\frac{3}{4}) = \frac{84(4+3)}{1\cdot 4} = \frac{588}{4}$, $\frac{588}{4}\div 7 = \frac{588}{4\cdot 7} = \frac{588}{28} = \frac{21}{1}$, $21 - 21/3 = 21-7 = 14$, $14\cdot 14 = 196$, $196-52 = 144$, $\sqrt{144} = 12$, $12+8 = 20$, $20/10 = 2$.

···

このように，逆提示では顕現数から非顕現数が，非顕現数から顕現数が導かれる，というので〈そう呼ばれる〉逆提示は完結した．/SGT 94.6/ 68, 1

以上，三十一の基本演算は完結した．/SGT 94.7/ 68, 2

2.3.32 〈三量法〉，33〈逆三量法〉

次に，三十二番目の〈基本演算〉三量法〈と三十三番目の基本演算逆三量法〉が企てられる．その術則，一詩節を述べる．/SGT 95.0/ 68, 3

---

[1] K 84 > $\frac{84}{1}$.

[2] K (jātaṃ) > jātaṃ.

基準値は最初に，要求値は最後に，別種の〈基準値〉果は中央に，作られる（書かれる）．果に要求値を掛けてから，基準値で割るべきである．逆〈三量法〉では逆の演算がある./GT 95/[1]

···Note·································

GT 95. 規則：三量法 (trairāśika) と逆三量法 (vyasta-)．基準値 (a)，基準値果 (b)，要求値 (c)，要求値果 (x) に比例関係，$a : b = c : x$，があるとき，既知の三量をこの順に並べる $\boxed{a \mid b \mid c}$ このとき，第 4 項の未知量は，

$$x = \frac{bc}{a},$$

によって得られる．ここで a と c，b と x は単位も含めて同種の量．逆三量法は，要求値果 (x) が要求値 (c) に反比例する場合の計算法．その場合，既知の三量を同じ順序で配列して，演算を逆にする．すなわち，果に基準値を掛けて要求値で割る．

$$x = \frac{ab}{c}.$$

算術書では一般に，三量法に対して多くの例題が与えられることが多い．GT でも，9 個の例題 (GT 96-104) が付随する．逆三量法には 2 個 (GT 105-06) である．

三量法の歴史に関しては，Sarma 2002 参照．

···

68, 8　解説．ものの数であれ，値段の数であれ，最初に書かれるものが基準値という名を持つと云われる．最後 (virama: paryanta) に〈書かれる〉ものの数あるいは値段の数は要求値 (abhīpsā: icchā) という名を持つと云われる．ただし，最初と最後には同種のものだけが作られる（書かれる）．次の意味である．もし最初にものの数があれば，最後にもものの数がある．また，もし最初に値段の量があれば，最後にも値段の数が作られる．これら基準値と要求値の間に別種の果と呼ばれるものが作られる．もし最初と最後にものの数があれば，間に〈値段の数が〉[2]，あるいは，最初と最後に値段の数があれば，間にものの数が作られる．〈すなわち〉これは書かれるべきである (likhanīyā)．この（次の）方法が述べられた[3]．そこで,「要求値」: 最後の数字，を「果」: 中央の数字，に「掛けてから」(nihatya: guṇayitvā),「基準値で」:「交換してから」(GT 42a) 云々という〈分数の〉割り算の方法により，最初の数字で,「割るべきである」: 部分を得させるべきである．得られたもの（商）が要求値果になるだろう．/SGT 95.1/

68, 17　また,「逆では」(vāme) : 逆三量法では．逆三量法に関しては[4],『リーラーヴァティー』に〈次のように〉述べられている,「要求値が増加するとき値段

[1] pramāṇamādau virame tvabhīpsā phalaṃ ca madhye kriyate 'nyajātiḥ/
phalaṃ pramāṇena bhajennihatya samicchayā vyastavidhiśca vāme//95//
(= SŚ 13.14)　95a: K virame] carame SŚ; K tvabhīpsā] tvabhīcchā SŚ. 95b: K ca] tu SŚ; K 'nyajātiḥ > 'nyajāti SŚ.

[2] K madhye > madhye mūlyasaṃkhyā.

[3] rītiḥ bhaktā > rītiruktā.

[4] K vyastatrairāśike [vyastatrairāśike] > vyastatrairāśike/ vyastatrairāśike.

が[1]減少し，減少するとき増加する[2]場合は逆三量法である，すなわち，

命あるものの年齢に対する値段に関して，金の色（純度）に対する重量に関して，また堆積物の異なる分割に関して，逆三量法があるべきである./L 78/[3]」と.

···Note···

L 78. 逆三量法の用途．L の注釈者ガネーシャによれば (L/ASS, pp.74-75)，女性は 16 歳，牛は二年間使役された「双くびき」(dvidhūr) の牛が最高額で，どちらもそれを越えると値段と年齢は反比例する．金と他の金属との合金に含まれる金の量が同じなら，その純度と重さは反比例する．穀物の一定量を異なる枡で量る場合，枡のサイズと量る回数は反比例する．

···

⟨GT 95d の⟩「逆の演算」(vyasta-vidhi) とは，限定された (paricchinna) 逆演算 (vāma-vidhi) の意味である．直前に述べられたもの（三量法）とは逆に (vaiparītyaṃ),「基準値」を中央の数字に掛け,「要求値」:最後の数字，で「割るべきである」，と特徴づけられるべきである (iti lakṣaṇaṃ kāryam). /SGT 95.2/ 68, 22

···Note···

SGT 95.2. 「限定された逆演算」とは，GT 93 に述べられたような逆演算一般ではなく，三量法の演算に対する逆の演算である，ということ．逆三量法で扱われる穀物とそれを量る升（単位）の例題は GT 105，金の純度と重量の例題は GT 106 で与えられる．年齢と値段に関する問題は，GT では五量法の一種の「生物売り」の問題として別に扱われる．GT 115-17 参照.

···

これに関する出題の詩節で最初の例題を述べる．/SGT 96.0/ 68, 24

もし麝香の一パラ半が十二と四半分ドランマで得られるなら，三分の一加えた七パラはいくらを得るか./GT 96/[4]

···Note···

GT 96. 三量法の例題 1：麝香 (kastūrikā)（重量–値段）. $1\frac{1}{2}$ palas : $12\frac{1}{4}$ drammas $= 7\frac{1}{3}$ palas : x. ‘（重量–値段）’は，基準値と要求値が重量，果が値段であることを

[1]K mūlyasya] phale L/ASS, phalasya L/VIS. 『リーラーヴァティー』の出版本では「値段」(mūlya) ではなく「果」(phala)（ここでは「要求値果」）. 注釈者 S は SGT 106.2 でも要求値果にあたる第 4 項を「値段」と呼んでいる.

[2]K vṛddhis] phalavṛddhis L.

[3]jīvānāṃ vayaso mūlye taulye varṇasya hemani/
bhinnahāre ca rāśīnāṃ vyastatrairāśikaṃ bhavet//L 78//
L 78a: K mūlye] maulye L. L 78b: K, L/VIS hemani] haimane L/ASS. L 78c: K bhinnahāre] bhāgahāre L. L 78d: K vyasta-] vyastaṃ L.

[4]kastūrikāyāḥ palamardhayuktaṃ drammairyadi dvādaśabhiḥ sapādaiḥ/
avāpyate tryaṃśayutāni sapta tadā labhante kimaho palāni//96//

示す．以下同様．

………………………………………………………………………………

69, 1 書置によるこれの解説．すなわち $\begin{array}{|r|r|r|}\text{va } 1 & \text{mū } 12 & \text{va } 7 \\ 1 & 1 & 1 \\ 2 & 4 & 3 \\ \hline\end{array}$ [1] 最初の数字では,「分母を掛けた」(GT 57a) 云々により，二を一に掛けて二，一を中に〈加えて〉三，二を分母として．すなわち $\begin{array}{|c|}3\\2\\ \hline\end{array}$ 二番目の数字では，四を十二に掛けて四十八が生じ，一を加えて四十九．すなわち $\begin{array}{|c|}49\\4\\ \hline\end{array}$ 三番目の数字では，三を七に掛けて二十一が生じ，一を加えて二十二，三を分母として．$\begin{array}{|c|}22\\3\\ \hline\end{array}$ [2] これは部分付加類である．そこで,「要求値」: 最後の数字二十二，を「果」: 中央の数字四十九，に掛けるべきである．千七十八が生ずる．すなわち 1078．両者の分母は三と四.「掛けてから」というので，分子は分子を，分母は分母を掛けられる，という〈分数の掛け算の〉理屈 (nyāya) から，三を四に掛けて生じた十二を，前に述べた千などの数字の下に分母として置くべきである．すなわち $\begin{array}{|c|}1078\\12\\ \hline\end{array}$ これが割られるべき量である．最初の数字（基準値）が除数だから,「交換してから」(GT 42a) 云々により，上に二，下に三．すなわち $\begin{array}{|c|}2\\3\\ \hline\end{array}$ そこで稲妻共約：二を半分で共約して一．すなわち $\begin{array}{|c|}1\\3\\ \hline\end{array}$ 十二を半分で共約して六．すなわち $\begin{array}{|c|}1078\\6\\ \hline\end{array}$ そこで掛け算：上の数字に一を掛けてそのまま．下の三を六に掛けて十八が生ずる．これで上の数字を割って商は五十九ドランマ．すなわち 59．上の余りが十六．すなわち $\begin{array}{|c|}16\\18\\ \hline\end{array}$ 両者を半分で共約して，上に八，下に九．$\begin{array}{|c|}8\\9\\ \hline\end{array}$ ドランマは得られない．だから，パナを求めるために，十六を八に掛けるべきである．百二十八が生ずる．すなわち $\begin{array}{|c|}128\\9\\ \hline\end{array}$ これを九で割って商は十四パナ．すなわち 14．余り二．パナは得られない．だから，カーキニーを求めるために，二に四を掛けて，〈八であるが〉部分を得ない（割れない），下の分母が九だから．だから，カーキニーの位置にはシューニヤである．すなわち 0．だから，カパルダを求めるために，二十を八に掛けて百六十が生ずる，160．これを九で割って商は十七ヴァラータカ．部分が $\begin{array}{|c|}7\\9\\ \hline\end{array}$ 最初と最後[3]．/SGT 96/

---

[1] 略号：va = vastu（もの），mū = mūlya（値段）．

[2] K 77 > 22.

···Note···

SGT 96. 例題 1 の解. $a=1\frac{1}{2}=\frac{3}{2}$, $b=12\frac{1}{4}=\frac{49}{4}$, $c=7\frac{1}{3}=\frac{22}{3}$; $\frac{49}{4}\cdot\frac{22}{3}=\frac{1078}{12}$, $\frac{1078}{12}\div\frac{3}{2}=\frac{2}{3}\cdot\frac{1078}{12}=\frac{1}{3}\cdot\frac{1078}{6}=\frac{1078}{18}=59\frac{8}{9}$ drammas; $\frac{8}{9}\cdot 16=\frac{128}{9}=14\frac{2}{9}$ paṇas; $\frac{2}{9}\cdot 4=\frac{8}{9}$ kākiṇī; $\frac{8}{9}\cdot 20=\frac{160}{9}=17\frac{7}{9}$ varāṭakas. 以上から，答えは 59 drammas 14 paṇas 0 kākiṇī $17\frac{7}{9}$ varāṭakas. 換算率に関しては GT 4 参照.

···

次に，値段を〈基準値として〉置く場合の例題を述べる．/SGT 97.0/ 69, 20

乳海撹拌棒のような大象の牙の，かけらの美しさと張り合い，蜂がその香りで呼び集められる，樟脳の一パラ半が十六と三分の一ドランマで得られるなら，百ドランマではそのどれだけのパラが得られるかということを，賢い人よ，もし三量法を知っているなら，云ってほしい./GT 97/[1]

···Note···

GT 97. 三量法の例題 2. 樟脳 (karpūra)（値段–重量）. $16\frac{1}{3}$ drammas : $1\frac{1}{2}$ palas = 100 drammas : x.

···

mū 16	pa 1	dra 100
1	1	1
3	2	

[2]「分母を掛けた」(GT 57a) 云々により，最初の数字を同色化すれば四十九が生ずる，三を分母として．すなわち 69, 25

49
3

同様に，二番目の数字では二を分母とする三が生ずる．すなわち

3
2

そこで,「要求値」一を分母とする百を三に掛けて三百が生ずる．分母の一を二に掛けてそのまま．すなわち

300
2

最初の数字が除数だから,「交換してから」(GT 42a) 云々により，上に三，下に四十九．そこで掛け算：三を三百に掛けて九百が生じ，二を四十九に掛けて九十八が生ずる．これで九百を割って，すなわち 70, 1

900
98

商は，パラで九，9．残りは上に十八．両者を半分で共約して上に九，下に四十九．すなわち

9
49

これはパラの部分である．だからここで，序節 (prastāvanā) で述べた重量ダタカを求めるために，十を九に掛

[3]K ādyantaḥ(?). 文章不完全か，あるいは不要な語が紛れ込んだか.

[1]karpūrasya karīndradantamusalacchedacchavispardhino
gandhāhūtamadhuvratasya hi palaṃ sārdhaṃ yadi prāpyate/
drammaiḥ ṣoḍaśabhistribhāgasahitaistrairāśikaṃ vetsi ced
vidvan drammaśatena tatkatipalānyāpyanta ityucyatām//97//

[2]K ya > pa. 略号：mū = mūlya（値段），pa = pala（パラ），dra = dranma（ドランマ）.

けて九十が生ずる．これを四十九で割って商は一ダタカ．すなわち 1．残りは四十一．そこで,「ニシュパーヴァカが七対でダタカである，とパーティーに秀でたものたちは云う」(GT 6ab) という言葉により，ヴァッリーを求めるために，十四を四十一に掛けて五百七十四が生ずる．これを四十九で[1]割って，商は十一ヴァッラと十二番目の〈ヴァッラの〉四十九分の[2]三十五．すなわち $\begin{array}{|c|c|}11 & \begin{matrix}35\\49\end{matrix}\end{array}$ ヴァッラ．/SGT 97/

···Note···

SGT 97. 例題 2 の解. $a=16\frac{1}{3}=\frac{49}{3}$, $b=1\frac{1}{2}=\frac{3}{2}$, $c=\frac{100}{1}$; $\frac{3}{2}\cdot\frac{100}{1}=\frac{300}{2}$, $\frac{300}{2}\div\frac{49}{3}=\frac{3}{49}\cdot\frac{300}{2}=\frac{900}{98}=9\frac{9}{49}$ palas, $\frac{9}{49}\cdot 10=\frac{90}{49}=1\frac{41}{49}$ dhaṭakas, $\frac{41}{49}\cdot 14=\frac{574}{49}=11\frac{35}{49}$ vallas. 答えは 9 palas 1 dhaṭaka $11\frac{35}{49}$ vallas. 換算率は GT 6 参照. niṣpāvaka = vallī =valla. 「序節」は，諸単位の定義を与える GT 2-12 を指す.

···

70, 10　さて，特殊な例題を述べる．/SGT 98.0/

〈金銭貸借の〉保証人の手数料 (bhāvyaka) は百〈単位〉に対して〈それとは〉別に六である．友よ，その場合，千単位 (rūpa) の中から〈手数料は〉いくらになるだろうか．云いなさい./GT 98/[3]

···Note···

GT 98. 三量法の例題 3：保証人の手数料 (bhāvyaka)（金額–金額）. $(100+6):6=1000:x$. bhāvyaka は GT 120 でも計算の対象となっている.

···

70, 13　ここで，百に六を投じて書置. $\begin{array}{|c|c|c|}\begin{matrix}106\\1\end{matrix} & \begin{matrix}6\\1\end{matrix} & \begin{matrix}1000\\1\end{matrix}\end{array}$ 最後を〈中央に〉掛けて 6000．最初により，〈その〉分母分子を交換して掛けることにより，$\begin{array}{|c|}\begin{matrix}6000\\106\end{matrix}\end{array}$ 割って，商は 56 単位．余りは上下を半分にして順に $\begin{array}{|c|}\begin{matrix}32\\53\end{matrix}\end{array}$〈これは〉単位の部分である．/SGT 98/

···Note···

SGT 98. 例題 3 の解. $a=100+6=106$, $b=6$, $c=1000$; $6\cdot 1000=6000$, $6000\div 106=\frac{6000}{106}=56\frac{64}{106}=56\frac{32}{53}$ 単位 (rūpa).

···

70, 16　例題を述べる．/SGT 99.0/

サフランの一ダタカ半がもし五パナと四半分で得られるなら，計

---

[1]K ekonacatvāriṃśatā > ekonapañcāśatā.

[2]K caikonacatvāriṃśadbhāgāḥ > caikonapañcāśadbhāgāḥ.

[3]śatasyābhāvyake yatra ṣaḍbhavanti pṛthaksakhe/
tatra rūpasahasrasya madhyataḥ kiṃ bhavedvada//98// (= Tr E37*)
98a: K śatasyābhāvyake > śatasya bhāvyake Tr. 98d: K vada] dhanam Tr.
*この同定は Alessandra Petrocchi（私信）による.

算士よ，その一パラと三分の一はいくらになるか./GT 99/[1]

···Note···

GT 99. 三量法の例題 4：サフラン (kuṅkuma)（重量–値段）. $1\frac{1}{2}$ dhaṭakas : $5\frac{1}{4}$ paṇas = $1\frac{1}{3}$ palas：x.

···

書置.

1	5	1
1	1	1
2	4	3

「分母を掛けた」(GT 57a) 云々により，順に，二 70, 19
分の三，四分の二十一，三分の四[2]が生ずる．すなわち

3	21	4
2	4	3

「要求値」四を中央の二十一に掛けて八十四が生ずる．三を四に掛けて分母十二が生ずる．すなわち

84
12

最初の数字が除数だから,「交換してから」(GT 42a) 云々により，上に二，下に三．すなわち

2
3

二と十二を[3]半分で共約して順に一と六．また，八十四と三を三で共約して順に二十八と一．すなわち

1	28
1	6

一を二十八に掛けてそのまま．分母の一を六に掛けてそのまま．すなわち

28
6

六で二十八を割って商は四ドランマ，すなわち 4. 余りは上に四．パナを求めるために十六を掛けて六十四が生ずる．これを六で割って商は十パナ．余りは上に四．カーキニーを求めるために四を掛けて十六が生ずる．これを六で割って商は二．余りは上に四．だから，ヴァラータカを求めるために二十を掛けて八十が生ずる．これを六で割って商は十三カパルダ 71, 1
カ．余りは上に二，下に六．両者を半分で共約して，上に一，下に三．すなわち

1
3

これはカパルダ[4]の部分である．/SGT 99/

···Note···

SGT 99. 例題 4 の解. $a = 1\frac{1}{2} = \frac{3}{2}$, $b = 5\frac{1}{4} = \frac{21}{4}$, $c = 1\frac{1}{3} = \frac{4}{3}$; $\frac{21}{4} \cdot \frac{4}{3} = \frac{84}{12}$, $\frac{84}{12} \div \frac{3}{2} = \frac{2}{3} \cdot \frac{84}{12} = \frac{1}{1} \cdot \frac{28}{6} = \frac{28}{6} = 4\frac{4}{6}$ drammas, $\frac{4}{6} \cdot 16 = \frac{64}{6} = 10\frac{4}{6}$ paṇas, $\frac{4}{6} \cdot 4 = \frac{16}{6} = 2\frac{4}{6}$ kākiṇīs, $\frac{4}{6} \cdot 20 = \frac{80}{6} = 13\frac{2}{6} = 13\frac{1}{3}$ varāṭakas. 答えは 4 drammas 10 paṇas 2 kākiṇīs $13\frac{1}{3}$ varāṭakas. ただし，varāṭaka = kaparda(ka). この解は，基準値と要求値の単位を統一していないうえに，得られた結果，$\frac{28}{6}$, の単位を paṇa ではなく，いきなり dramma としているから誤りである.

正解：GT 4 により，10 dhaṭakas = 1 pala だから，$1\frac{1}{3}$ palas = $\frac{40}{3}$ dhaṭakas. し

[1]kuṅkumasya dhaṭako dalayuktaḥ prāpyate yadi paṇaiścaraṇāḍhyaiḥ/
pañcabhirgaṇaka tatpalamekaṃ tryaṃśakena sahitaṃ labhate kim//99//

[2]K catuśchedāstrayaḥ (? tricchedāścatvāraḥ) > tricchedāścatvāraḥ.

[3]K ṣaṇṇāṃ (? dvādaśānāṃ) > dvādaśānāṃ.

[4]K kaparda(ka) > kaparda.

たがって，単位を統一した三量法表現は，$\frac{3}{2}:\frac{21}{4}=\frac{40}{3}:x$. $\frac{21}{4}\cdot\frac{40}{3}=\frac{70}{1}$, $\frac{70}{1}\div\frac{3}{2}=\frac{2}{3}\cdot\frac{70}{1}=\frac{140}{3}$ paṇas; $\frac{140}{3}\cdot\frac{1}{16}=2\frac{11}{12}$ drammas, $\frac{11}{12}\cdot 16=14\frac{2}{3}$ paṇas, $\frac{2}{3}\cdot 4=2\frac{2}{3}$ kākiṇīs, $\frac{2}{3}\cdot 20=13\frac{1}{3}$ varāṭakas. 答えは 2 drammas 14 paṇas 2 kākiṇīs $13\frac{1}{3}$ varāṭakas.

…………………………………………………………………………

71, 3 さて，穀物を対象とする例題を述べる．/SGT 100.0/

八分の一引く八パナから二マーニカー半が得られる．友よ，云いなさい．そのとき，百マーニカーとその三分の一はいくらになるか./GT 100/[1]

…Note…………………………………………………………………

GT 100. 三量法の例題 5：穀物 (dhānya)（体積–値段）. $2\frac{1}{2}$ mānikās : $(8-\frac{1}{8})$ paṇas $=100\frac{1}{3}$ mānikās : x. この mānikā は GT 7 の mānaka か SGT 7 の mānikā かはっきりしない．GT 101 の Note 参照.

…………………………………………………………………………

71, 8 書置

2	8	100
1	°1	1
2	8	3

最初の数字と最後の数字では，「分母を掛けた」(GT 57a) 云々により，順に，二分の五，三分の三百一が生ずる．中央の数字では，「部分除去の演算では，分母を整数に掛け」(GT 60a) 云々により，八を八に掛けて六十四が生じ，一を引いて六十三．八を分母とする．すなわち

5	63	301
2	8	3

「要求値」三百一を中央の数字六十三に掛けるべきである．十八千九百六十三が生ずる．三を分母八に掛けて二十四が生ずる[2]．すなわち

18963
24

最初の数字は除数だから,「交換してから」(GT 42a) 云々により，上に二，下に五．稲妻共約：二と二十四を半分で共約して，順に，一と十二．一を[3]上の数字に掛けてそのまま．下は，五を十二に掛けて六十が生ずる．すなわち

18963
60

このパナ数字を，十六を六十に掛けて生じた九百六十で[4]割って，商は十九ドランマ．すなわち

19

余りは上に七百二十三．パナを求めるために，十六を掛けて十一千五百六十八が生ずる．すなわち

11568
960

これを九百六十で割って，商は十二パナ．すなわち 12．余りは上に四十八，九百六十を分母とする．すなわち

48
960

カーキニーを求めるために，四を四

---

[1]aṣṭabhāgarahitātpaṇāṣṭakātprāpyate sadalamānikādvayam/
tatsakhe kathaya mānikāśataṃ satribhāgasahitaṃ kimāpnuyāt//100//
100d: K satribhāga > tattribhāga.

[2]K yathā > jātā.

[3]K [śata] eka- > eka-.

[4]K jātā(?ta)ṣaṣṭyadhi(ka)navaśatyā > jātaṣaṣṭyadhinavaśatyā.

十八に掛けて百九十二が生ずる．ここでは部分が得られない（割れない）というので，カーキニーの位置にはシューニヤがある．すなわち 0 だから，百九十二[1]と九百六十を九十六で共約して，上に二，下に十．すなわち

2
10

カパルダカを求めるために二十を二に掛けて四十が生ずる．これを十で割って商は四カパルダカ．すなわち 4 /SGT 100/

···Note···

SGT 100. 例題 6 の解. $2\frac{1}{2} = \frac{5}{2}$, $100\frac{1}{3} = \frac{301}{3}$, $8 - \frac{1}{8} = \frac{63}{8}$; $\frac{63}{8} \cdot \frac{301}{3} = \frac{18963}{24}$, $\frac{18963}{24} \div \frac{5}{2} = \frac{2}{5} \cdot \frac{18963}{24} = \frac{1}{5} \cdot \frac{18963}{12} = \frac{18963}{60}$ paṇas $= \frac{18963}{60 \cdot 16}$ drammas $= \frac{18963}{960} = 19\frac{723}{960}$ drammas, $\frac{723}{960} \cdot 16 = \frac{11568}{960} = 12\frac{48}{960}$ paṇas, $\frac{48}{960} \cdot 4 = \frac{192}{960}$ kākiṇī, $\frac{192}{960} \cdot 20 = \frac{2}{10} \cdot 20 = \frac{40}{10} = 4$ kapardakas. 答えは 19 drammas 12 paṇas 0 kākiṇī 4 kapardakas.

···

次に，二番目の穀物の例題を述べる．/SGT 101.0/ 71, 26

もし六ドランマと三分の一で穀物の二マーニーと四半分が得られるなら，賢い人よ，さあ，すぐに私に云いなさい，八十ドランマ半で得られるものを，もし数の学問分野においてあなたの理知が増大しているなら./GT 101/[2]

···Note···

GT 101. 三量法の例題 6：穀物 (dhānya)（値段–体積）. $6\frac{1}{3}$ drammas : $2\frac{1}{4}$ mānīs $= 80\frac{1}{2}$ drammas : x. dramma が GT の最高貨幣単位であることから推して，ここで用いられた mānīは，GT 7 の mānaka ではなく，SGT 7 で定義された mānikā (= 160 mānakas) と思われる．注釈者 S もそう解釈している．ただし，GT 自体の穀物体積の定義 (GT 7) にない単位を例題で用いることには疑問も残る．

···

書置

6	2	80
1	1	1
3	4	2

さて順に，「分母を掛けた」(GT 57a) 云々により， 72, 1

三分の十九，四分の九，また二分の百六十一．すなわち

19	9	161
3	4	2

そこで，「要求値」百六十一を中央の数字九に掛けるべきである．十四百四十九が生ずる．分母二を四に掛けて八が生ずる．すなわち

1449
8

最初の数字が除数だから，「交換してから」(GT 42a) 云々により，上に三，下に十九．すなわち

3
19

掛け算は次の通り．三を十四百四十九に掛けて四千三百四十七が

[1]K -navaśatasya > -śatasya.

[2]drammaiḥ ṣaḍbhistrilavasahitaiḥ prāpyate dhānyamānī-
yugmaṃ vidvan yadi sacaraṇaṃ tanmamācakṣva śīghram/
drammāśītyā dalasahitayā hanta yallabhyate tat
saṅkhyāśāstre yadi tava matiḥ sphārabhāvaṃ prapannā//101//

生じ，八を十九に掛けて百五十二が生ずる． $\begin{array}{|c|} 4347 \\ 152 \\ \hline \end{array}$ これで上の数字を割って商は二十八マーニカー，すなわち 28．余りは上に九十一．すなわち $\begin{array}{|c|} 91 \\ \hline \end{array}$ ハーリカーを求めるために四を掛けて三百六十四．これを百五十二で割って商は二ハーリカー，すなわち 2．[1]〈余りは，上に六十，下に百五十二．すなわち $\begin{array}{|c|} 60 \\ 152 \\ \hline \end{array}$ 〉両者を四で共約して，六十の位置に十五，百五十二には三十八．すなわち $\begin{array}{|c|} 15 \\ 38 \\ \hline \end{array}$ これはハーリカーの部分である．/SGT 101/

···Note······

SGT 101. 例題 6 の解．$a = 6\frac{1}{3} = \frac{19}{3}$, $b = 2\frac{1}{4} = \frac{9}{4}$, $c = 80\frac{1}{2} = \frac{161}{2}$; $\frac{9}{4} \cdot \frac{161}{2} = \frac{1449}{8}$, $\frac{1449}{8} \div \frac{19}{3} = \frac{3}{19} \cdot \frac{1449}{8} = \frac{4347}{152} = 28\frac{91}{152}$ mānikās, $\frac{91}{152} \cdot 4 = \frac{364}{152} = 2\frac{60}{152} = 2\frac{15}{38}$ hārikās. 答えは 28 mānikās $2\frac{15}{38}$ hārikās. 4 hārikās = 1 mānikā は SGT 7 で定義されている．

······

72, 13 次に，道を対象として時間を教える例題を述べる．/SGT 102.0/

その頬板を一条の蜂たちが歩き回るある象王は，ヴィンドヤ山での雌象たちとの戯れを思い起こし，旅立った．もし半分少ない二日でヨージャナの半分の三分の一進むなら，賢い人よ，七十ヨージャナを何日で行くだろうか./GT 102/[2]

···Note······

GT 102. 三量法の例題 7：象王の行程 (pīlu-pati-gati)（距離–時間）．$1 \cdot \frac{1}{2} \cdot \frac{1}{3}$ yojana : $(2 - \frac{1}{2})$ days = 70 yojanas : x days.

······

72, 18 書置の前に「ヨージャナの半分の三分の一」を同色化する．すなわち $\begin{array}{|c|c|c|} 1 & 1 & 1 \\ 1 & 2 & 3 \\ \hline \end{array}$ 重部分類だから，「分子の積と分母の積が」(GT 55) という言葉により，〈三つの〉一を掛けて一．上には一だけである．分母の一を二に掛けて二．二を三に掛けて，下に六．だから $\begin{array}{|c|c|c|} 1 & \text{di } 2 & \text{yo } 70 \\ 6 & \circ\frac{1}{2} & 1 \\ \hline \end{array}$ [3] 二番目の数字を部分除去類で同色化して二を分母とする三．すなわち $\begin{array}{|c|} 3 \\ 2 \\ \hline \end{array}$ そこで，「要求値」七十を三に掛けて二百十が生ずる，下は，分母の一を二に掛けて二の

[1] 類似箇所に倣って補う．śeṣamupari ṣaṣṭiradho dvipañcāśadadhiśatam/ yathā $\begin{array}{|c|} 60 \\ 152 \\ \hline \end{array}$

[2] kaścitpīlupatiḥ kapolaphalakabhrāntadvirephāvaliḥ
smṛtvā vindhyakareṇukāvilasitaṃ gantuṃ pravṛtto yadi/
ardhonadvidinena yojanadalatryaṃśaṃ vrajetsanmate
yāyādyojanasaptatiṃ khalu tadāhobhiḥ kiyadbhistvasau//102//

[3] 略号：di = dina（日），yo = yojana（ヨージャナ）．

まま．すなわち $\begin{array}{|c|}210\\2\\\hline\end{array}$ 「ヨージャナの半分の三分の一」から生じた一つの分母を持つもの，六分の一，が除数だから，「交換してから」(GT 42a) 云々により，上に六，下に一．すなわち $\begin{array}{|c|}6\\1\\\hline\end{array}$ 六と二を半分で共約して順に三と一が生ずる．だから，三を二百十に掛けて六百三十が生ずる．分母の一を掛けた一で割ってもそのまま．だから，得られたのはこれだけ (630) の日である．これを三百六十で割って商は一年と九ヶ月である．すなわち $\begin{array}{|c|c|}\text{va } 1 & \text{mā } 9\\\hline\end{array}$[1] /SGT 102/

···Note···

SGT 102. 例題 7 の解．$a = \frac{1}{1}\cdot\frac{1}{2}\cdot\frac{1}{3} = \frac{1}{6}$, $b = 2 - \frac{1}{2} = \frac{3}{2}$, $c = \frac{70}{1}$; $\frac{3}{2}\cdot\frac{70}{1} = \frac{210}{2}$, $\frac{210}{2} \div \frac{1}{6} = \frac{6}{1}\cdot\frac{210}{2} = \frac{3}{1}\cdot\frac{210}{1} = \frac{630}{1} = 630$ days. $\frac{630}{360}\langle = 1\frac{270}{360}$ years, $\frac{270}{360}\cdot 12 = 9$ months$\rangle$. 答えは 1 年 9ヶ月．時間の換算率は GT 11-12 参照．

···

次に，⟨ 距離と時間に関する ⟩ もう一つの例題を述べる．/SGT 103.0/ 73, 1

三カラ半の身体を持つ蛇が穴に入る．もしガティーの三分の一で一アングラ半 ⟨ 進む ⟩ とすれば，計算士よ，どれだけの時間で ⟨ 完全に穴に ⟩ 入るか，すぐに云いなさい./GT 103/[2]

···Note···

GT 103. 三量法の例題 8：蛇 (bhujaṅga)（距離–時間）．$1\frac{1}{2}$ aṅgulas : $\frac{1}{3}$ ghaṭikā = $3\frac{1}{2}$ karas : x. kara は GT 8-10 の hasta (= 24 aṅgulas) と同じで，約 45.6cm．ghaṭī は GT 11-12 の ghaṭikā と同じで，24 分．

···

書置．一アングラ半が最初である．$\begin{array}{|c|c|c|}1 & 1 & 84\\\frac{1}{2} & 3 & 1\\\hline\end{array}$ 三ハスタ半のアングラ 73, 6
数によって八十四が置かれた．最初 ⟨ の数字 ⟩ では，「分母を掛けた」(GT 57a) 云々により二分の三が生ずる．すなわち $\begin{array}{|c|}3\\2\\\hline\end{array}$ そこで，「要求値」八十四を中央の数字一に掛けて八十四が生ずる．下は，分母の一を三に掛けてそのまま．すなわち $\begin{array}{|c|}84\\3\\\hline\end{array}$ 最初の数字は除数だから，「交換してから」(GT 42a) 云々により，上に二，下に三．すなわち $\begin{array}{|c|}2\\3\\\hline\end{array}$ ここで，稲妻共約により，二の下の三を三で割って一．また，八十四を三で割って二十八．だから，上は，二を二十八に掛けて五十六が生じ，下は，三を一に掛けて三のまま．だから，三で割って商は十八ガティカー．すなわち 18．余りは上に二．水の六十パラを

---

[1]略号：va = varṣa（年），mā = māsa（月）．

[2]sadalakaratrayabhoja(?ga)bhujaṅgo viśati bile 'ṅgulamardhayutaṃ cet/
gaṇaka ghaṭītrilavena yadāsau vada samayena viśetkiyatāśu//103//
103a: K bhoja(?ga) > bhoga.

掛けて百二十が生ずる．それを三で割って商は四十パラ．すなわち 40. /SGT 103/

···Note···

SGT 103. 例題 8 の解．$a = 1\frac{1}{2} = \frac{3}{2}$ aṅgulas, $b = \frac{1}{3}$ ghaṭikā, $c = 3\frac{1}{2}$ hastas $= \frac{84}{1}$ aṅgulas; $\frac{1}{3} \cdot \frac{84}{1} = \frac{84}{3}$, $\frac{84}{3} \div \frac{3}{2} = \frac{2}{3} \cdot \frac{84}{3} = \frac{2}{1} \cdot \frac{28}{3} = \frac{56}{3} = 18\frac{2}{3}$ ghaṭikās, $\frac{2}{3} \cdot 60 = \frac{120}{3} = 40$ palas. 答えは 18 ghaṭikās 40 palas. 時間単位 pala については，GT 11-12 の Note 参照．

···

73, 15 次に，金を対象とする例題を述べる．/SGT 104.0/

金の一ガドヤーナカと一ダラナが十四ドランマ半を得るなら，友よ，云いなさい，三分の一を引いた九十量のドランマではどれだけの金が得られるか．さあ./GT 104/[1]

···Note···

GT 104. 三量法の例題 9：金 (hāṭaka)（値段–重量）．$14\frac{1}{2}$ drammas : (1 gadyāṇaka + 1 dharaṇa) $= (90 - \frac{1}{3})$ drammas : x.

···

73, 20 [書置]

dra 14	1	90
1	1	○1
2	2	3

[2] 「分母を掛けた」(GT 57a) 云々により[3]，最初の数字では二を分母とする二十九．二番目の数字では二を分母とする三．三番目の数字では，部分除去類の「分母を〈整数に〉掛け」(GT 60ab) 云々により，三を分母とする二百六十九．すなわち順に

29	3	269
2	2	3

そこで，「要求値」二百六十九を中央の数字三に掛けるべきである．八百七が生ずる．下は，三を二に掛けて六が生ずる．すなわち

807
6

そこで，最初の数字は除数だから,「交換してから」(GT 42a) 云々により，上に二，下に二十九．すなわち

2
29

そこで，稲妻共約により二と六を[4]半分で共約して一と三．すなわち

1	807
29	3

上は一を掛けてそのまま．下は三を二十九に掛けて八十七が生ずる．これで[5]上の数字を割って商は九ガドヤーナカ，すなわち 9. 余りは上に二十四，下に八十七．すなわち

24
87

両者を三で共約して上に八,

74, 1

[1]gadyāṇakaḥ sadharaṇo nanu hāṭakasya
drammāṃścaturdaśa yadā labhate dalāḍhyān/
drammaistadā vada sakhe navatipramāṇais
tryaṃśonitaiśca kanakaṃ kiyadāpyate bhoḥ//104//

[2]略号：dra = dramma（ドランマ）.

[3]K ityādi(nā) > ityādinā.

[4]K ṣaḍdvayor > dviṣaṭkayor. これは K が脚注で指摘.

[5]K tathā > tayā.

下に二十九．すなわち $\begin{array}{|c|}8\\29\\\hline\end{array}$ ダラナを求めるために二を八に掛けて十六．部分は得られない（割れない）というので，ダラナの位置にはシューニヤがある．すなわち $\begin{array}{|c|}0\\\hline\end{array}$ そこで，ニシュパーヴァを求めるために八を十六に掛けて百二十八．これを二十九で割って商は四ニシュパーヴァ，すなわち 4．余りは上に十二．ヤヴァを求めるために六を掛けて七十二が生ずる．これを二十九で割って商は二ヤヴァと二十九分の十四[1]，すなわち $\begin{array}{|c|}14\\29\\\hline\end{array}$ /SGT 104/

···Note ···

SGT 104. 例題 9 の解. $a = 14\frac{1}{2} = \frac{29}{2}$, $b = 1\frac{1}{2} = \frac{3}{2}$, $c = 90 - \frac{1}{3} = \frac{269}{3}$; $\frac{3}{2} \cdot \frac{269}{3} = \frac{807}{6}$; $\frac{807}{6} \div \frac{29}{2} = \frac{2}{29} \cdot \frac{807}{6} = \frac{1}{29} \cdot \frac{807}{3} = \frac{807}{87} = 9\frac{24}{87} = 9\frac{8}{29}$ gadyāṇakas, $\frac{8}{29} \cdot 2 = \frac{16}{29}$ dharaṇa, $\frac{16}{29} \cdot 8 = \frac{128}{29} = 4\frac{12}{29}$ niṣpāvas, $\frac{12}{29} \cdot 6 = \frac{72}{29} = 2\frac{14}{29}$ yavas. 答えは 9 gadyāṇakas 0 dharaṇa 4 niṣpāvas $2\frac{14}{29}$ yavas. 金の重量単位は GT 5 参照.

···

次は，逆三量法で穀物を対象とする例題を述べる．/SGT 105.0/ 74, 7

八セーティカーからなるヒーラー〈単位〉で十六〈単位の穀物〉を六セーティカーからなるヒーラカ〈単位〉で量るとどれだけの数が生ずるか．友よ，確実に云いなさい./GT 105/[2]

···Note ···

GT 105. 逆三量法の例題 1：ヒーラー (hīrā) 単位（容量–数）. $\frac{8}{1}$ setikās / $\frac{16}{1}$ hīrās / $\frac{6}{1}$ setikās. GT 7 は穀物体積単位として 10 setikās = 1 hārīという関係を与え，SGT 7 はその hārīを hārikā で置き換えている．この例題では，8 setikās = 1 hīrā または 6 setikās = 1 hīraka とされているが，次の SGT 105 はこの例題の答えで，hīrā でも hīraka でもなく，hārikā という語を用いている．したがってこれら 4 つの語 (hārī, hārikā, hīrā, hīraka) は同じ単位を指し，少なくとも 3 種の定義 (6 setikās, 8 setikās, 10 setikās) が為されていることになる．注釈者 S はこの例題の導入文 (SGT 105.0) で「穀物 (dhānya) を対象とする例題」と云っているから，上の解釈は少なくとも彼の理解に沿っていると思われるが，編者 Kāpadīā の英訳 (1937, 100) も Sinha の英訳 (1982, 129) もこの例題の hīrā と hīraka を「ネックレス」としている．確かに，辞書ではこれらの語にその意味が与えられている．また，よく似た逆三量法の例題が PG E34 にあるが，PG の古注はそこで用いられている語 setika (m.) を，穀物体積単位ではなく,「真珠」(muktāphala) と等置するから,「ハーラ」(hāra) をネックレスと理解していたと思われる．

> 八セーティカのハーラで量ると二十のハーラになる．六セーティカのハーラではそれはいくつになるか．計算士よ，述べられよ．/PG E34/[3]

古注はこれを次のように解説している．

> 真珠 (muktāphala) 八個によって，すなわち八個のセーティカ (setika) によって，一つ一つのハーラが作られ，二十のハーラが生じた．それら

---

[1] bhāgāś ca ekonatriṃśataś caturdaśa. 類似の分数表現は，SGT 128-29 の「二十分の七」でも用いられている．

[2] hīrāḥ ṣoḍaśa setikāṣṭakabhṛtaḥ ṣaṭsetikairhīrakair
unmitvā vada niścitaṃ tu kiyatī saṅkhyā sakhe jāyate//105//　105c の unmitvā は反則だが，文法的に正しい unmāya はこの韻律 (Śārdūlavikrīḍita) に合わない．

[3] aṣṭasetikahāreṇa māpitā hāraviṃśatiḥ/
sā ṣaṭsetikahāreṇa kā saṅkhyā gaṇakocyatām//PG E34//

の真珠のハーラを真珠の列にして（一列に並べ），六セーティカのハーラを考えると，いくつになるか．/PGT E34 (部分)/[1]

しかしまた，GSK 1.82 の類題は，穀物容積の seī–pattha (Skt: seti–prastha) に関する逆三量法を扱っている．その著者 Pherū (1315 頃) は，注釈者 S (1270 頃) と同じ白衣派ジャイナ教徒だっただけでなく，その同じ分派カラタラ・ガッチャに属していたから，SGT の影響を受けた可能性もある．GSK 1.82 については，SaKHYa 2009, 120-21 参照.

···

74, 10 〈この詩節は，シャールドゥーラ・ヴィクリーディタ詩節の〉前半である.[2]
書置

8	16	6
1	1	1

ここでは，基準値八を十六に掛けて百二十八が生ずる．分母の一を[3]一にかけてそのまま[4]．逆三量法なので要求値で，最後の数字で，〈割る〉.「交換してから」(GT 42a) 云々により，上に一，下に六．上下とも一を掛けてそのまま．すなわち

128
6

六で〈上を〉割って商は二十一ハーリカー[5]．余りは上に二，下に六．両者を半分で共約して，上に一，下に三．すなわち

1
3

/SGT 105/

···Note···

SGT 105. 例題 1 の解. $a=\frac{8}{1}$, $b=\frac{16}{1}$, $c=\frac{6}{1}$; $\frac{8}{1}\cdot\frac{16}{1}=\frac{128}{1}$, $\frac{128}{1}\div\frac{6}{1}=\frac{1}{6}\cdot\frac{128}{1}=\frac{128}{6}=21\frac{2}{6}=21\frac{1}{3}$ hārikās.

···

74, 15 次に，〈シャールドゥーラ・ヴィクリーディタ詩節の〉後半で金を対象とする逆三量法〈の例題〉を述べる．/SGT 106.0/

純度十六の金九十ガドヤーナカを与えたら，〈等価値の交換で〉純度十一の金がいったいどれだけ得られるか./GT 106/[6]

···Note···

GT 106. 逆三量法の例題 2：金 (heman)（純度–重量）. $\frac{16}{1}$ varṇas / $\frac{90}{1}$ gadyāṇakas / $\frac{11}{1}$ varṇas. 純金の純度は 16 varṇas（色）. 金の純度に関しては，Sarma 1983 参照.

···

74, 18 [書置]

16	90	11
1	1	1

逆三量法だから，基準値，最初の数字十六，を中央

[1]muktāphalānām aṣṭabhir aṣṭabhiḥ setikair ekaiko hāraḥ kṛtaḥ viṃśatiś ca hārā jātāḥ/ ta eva muktāhārā muktāvalīkṛtāḥ ṣaṭsetikahārakalpanayā kiyanto bhavati//PGT E34 (part)//

[2]後半は GT 106.

[3]K eke(?ka)ccheda > ekaccheda.

[4]K (sa)eva > sa eva.

[5]K hāri(?hīra)kāḥ > hārikāḥ.

[6]hemnaḥ ṣoḍaśavarṇikasya navatiṃ gadyāṇakānāṃ tathā dattvaikādaśavarṇikaṃ kiyadaho samprāpyate kāñcanam//106//

の数字九十に掛けるべきである．十四百四十が生ずる[1]．分母の一を一に掛けてそのまま．要求値の数字十一は除数だから,「交換してから」(GT 42a) 云々により，上に一，下に十一．一を上の数字に掛けてそのまま．⟨ それを ⟩ 一を掛けた十一で割って商は百三十ガドヤーナカ．余りは十一分の十．すなわち

10
11

/SGT 106.1/

···Note ··

SGT 106.1. 例題 2 の解．$a = \frac{16}{1}$, $b = \frac{90}{1}$, $c = \frac{11}{1}$; $\frac{16}{1} \cdot \frac{90}{1} = \frac{1440}{1}$, $\frac{1440}{1} \div \frac{11}{1} = \frac{1}{11} \cdot \frac{1440}{1} = \frac{1440}{11} = 130\frac{10}{11}$ gadyāṇakas. SGT 106.1 はここまでだが，SGT 104 のように端数を下位の単位に換算すると，$\frac{10}{11} \cdot 2 = \frac{20}{11} = 1\frac{9}{11}$ dharaṇas, $\frac{9}{11} \cdot 8 = \frac{72}{11} = 6\frac{6}{11}$ niṣpāvas, $\frac{6}{11} \cdot 6 = \frac{36}{11} = 3\frac{3}{11}$ yavas. 従って，130 gadyāṇakas 1 dharaṇa 6 niṣpāvas $3\frac{3}{11}$ yavas.

··

ここでは，要求値が減少するとき，値段（要求値果）に位置すべき金 ⟨ の 74, 23
重量 ⟩ が増加した．三量法を初めとし十一に終わる奇数 ⟨ 個の量の計算法 ⟩ ではそのようにはならないだろう[2]．/SGT 106.2/

···Note ··

SGT 106.2. 逆三量法では，a / b / c / の c が減少するとき結果が増加するが，既に見た三量法と以下で見る五・七・九・十一量法ではそうではない（逆である）ことを云う．

··

2.3.34 ⟨ 五量法 ⟩

さて，五量法の術則，一詩節を述べる．/SGT 107.0/ 74, 25

果を他翼に移動し，⟨ 両翼の ⟩ 分母の交換作業を行ない，自翼の量の積を作り，相互の ⟨ 翼の ⟩ 切りつめを行ってから，少量の翼で他翼を割るべきである./GT 107/[3]

···Note ··

GT 107. 規則：五量法．分数で表された二種類の基準値 ($\frac{a_2}{a_1}$, $\frac{b_2}{b_1}$) および基準値果 ($\frac{p_2}{p_1}$) と基準値に対応する要求値 ($\frac{A_2}{A_1}$, $\frac{B_2}{B_1}$) を左右の「翼」(pakṣa) に分けて縦に並べる．左列が基準値翼，右列が要求値翼である．

[1] K jātaṃ(?tā) > jātā.

[2] K ekādaśānteśrityeya(?) syāt > ekādaśānteṣvitthaṃ na syāt.

[3] ānīya pakṣamaparaṃ phalamanyarāśi-
pakṣeṇa pakṣamaparaṃ vibhajecchidāṃ ca/
kṛtvā viparyayavidhiṃ nijapakṣarāśi-
ghātaṃ vidhāya ca parasparaṃ(ra)tatkṣaṇaṃ ca//107// (= SŚ 13.15)

107a: K anyarāśi- > alparāśi- SŚ. 107d: K parasparaṃ(ra)tatkṣaṇaṃ > paraspara-takṣaṇaṃ SŚ. ただし，注釈者 S の読みは K の通り．SGT 107 参照.

a_2 a_1	A_2 A_1
b_2 b_1	B_2 B_1
p_2 p_1	.

基準値果 $(\genfrac{}{}{0pt}{}{p_2}{p_1})$ および分数の分母 (a_1, b_1, p_1, A_1, A_2) を他翼に移動（互いに交換）する（p_1 は 2 回移動して元に戻る）.

a_2	A_2
A_1	a_1
b_2	B_2
B_1	b_1
p_1	p_2

要求値翼の積を基準値翼の積で割って，要求値果を得る.

$$x = \frac{A_2 a_1 B_2 b_1 p_2}{a_2 A_1 b_2 B_1 p_1}.$$

果の分母 p_1 がないときは，基準値翼（左列）の量（項数）が要求値翼（右列）のそれより少ないので,「少量の翼で他翼を割る」という表現になる．SGT 111.2 で引用される L 82 参照．この算法は三量法にも適用できるが，GT も SGT もそのことには言及しない.

なお，注釈者 S は GT 107 の最後を，parasparatatkṣaṇaṃ（「相互のそれらの積」）と読むが（次の解説参照），無理がある．この和訳では SŚ 13.15 の読み，paraspara-takṣaṇaṃ（「相互の〈翼の〉切りつめ」）を採用した．takṣaṇa という語は通常数学ではクッタカの剰余計算における「切りつめ数」を意味するが (林 2016 参照)，ここでは，SŚ の編者 (B. Miśra) が指摘するように，apavartana（共約）と同義と思われる．例えば，次の例題 1 で，果を移動して

1	12
100	76
	5

としたあと，100 と 5 を 5 で共約して

1	12
20	76
	1

さらに 20 と 12 を 4 で共約して

1	3
5	76
	1

とすれば，数値が小さくなるので，後の計算が楽になる．これらの「共約」をここでは「切りつめ」と表現したと考えられる．一見この解釈の難点とも考えられるのは，GT 107 の規則が「切りつめ」を「自翼の量の積」の後に述べていることである．実際の演算がその順序だとすれば「切りつめ」の利点は少ないとも見られるが，少なくとも，除数と被除数を小さくしておけば最後の割り算が容易になるという利点はあったはずである．実際，注釈者 S は SGT 109 でそのような共約を行っている.

....

75, 1 解説．利息 (vyāja) を徴とする「果」を「他方の翼に」: 一番目〈の翼〉から二番目の翼の下に置き（移動し）,「分母」(chid: cheda) をすべて「交換し」,「自翼の量の積」: 前の翼の量（集まり）の「相互」の「それらの積」(tatkṣaṇa: ghāta, guṇana)[1] と，二番目の量（集まり）もまた相互の積 (ghāta: guṇana)

[1] GT 107 の和訳（「相互の〈翼の〉切りつめ」）と異なることに注意.

を「作ってから」,「もうひとつの量の翼」(anya-rāśi-pakṣa)[1]：前に掛けた数字（積）で,「他翼」：二番目の翼，すなわち，相互の積を作ったもの，多くの量が生じたもの，を割るべきである．/SGT 107/

···Note··

SGT 107. 古典 Skt では vyāja は「いつわり」「たくらみ」「ふり」などを意味し,「利息」の意味はないが，Hindi, Gujarati など現代北インドの言語では byāja/vyāja が利息を意味する.「相互」の「それらの積」に関しては，上の Note の後半参照.

··

これに関する出題の詩節で誰でも知っている例題を述べる．/SGT 108.0/ 75, 5

月に五パーセント〈の利率〉で，七十六の利息は一年でいくらか．また，時間，果（利息），元金〈の一つ〉を〈他の〉二つから云いなさい，さあ，賢い人よ，もし五量法の規則を知っているなら./GT 108/[2]

···Note··

GT 108. 五量法の例題 1：利息 (kalā-antara)，元金 (mūla-dhana)，時間 (kāla)．元金 100 に対する 1 月の利息が 5 のとき，(1) 元金 76 に対する 1 年 (=12 月）の利息はいくらか，(2) 時間と利息が与えられたとき，元金はいくらか，(3) 元金と利息が与えられたとき，時間はどれだけか，という問題．以下の Note では，例えば (1) のケースは

時間	1	12	months
元金	100	76	drammas
利息	5		drammas

と表すことにする．左列が基準値翼，右列が要求値翼である．Śrīpati 自身は,『リーラーヴァティー』の類題 (L 83) のように，要求値翼の 1 項が未知という設定 (SGT 108.1-3) を意図していたと思われるが，注釈者 S はさらに，基準値翼の 1 項が未知という設定でも解を与えている (SGT 108.4-6)．なお，GT 108 の問題自体に金銭単位は与えられていないが，次の SGT 108.1, 108.4 に従い，dramma とする.

··

書置

mā	1	12
dra	100	76
vyā	5	

[3] これらはすべて一を分母とする．前の翼から一 75, 10

月のドランマ数五を徴とする「果」を「他翼」，二番目の翼[4]，に「移動し」，

---

[1]GT 107 の和訳（「少量の翼」）と異なることに注意.

[2]māsena pañcakaśatena hi vatsareṇa
ṣaṭsaptaterbhavati hanta kalāntaraṃ kim/
kālaṃ phalaṃ ca vada mūladhanaṃ ca tābhyāṃ
cetpañcarāśikavidhānamavaihi vidvan//108//

[3]略号：mā = māsa（月），dra = dramma（ドランマ），vyā =vyāja（利息）.

[4]K dvitīyapakṣāṅkamānīya > dvitīyapakṣamānīya.

すなわち

1	12
100	76
	5

[1]ここでは分母の ⟨ 交換はない．第二翼で，十二を七十六に掛けて九百十二が生じ，これに五を掛けて四千五百六十が生ずる．その ⟩「他翼」と称するものを,「もう一つの量の翼」，前の ⟨ 翼の ⟩ 一を掛けた百，で割るべきである．すなわち

4560
100

商は利息 45．余りは上に六十，下に百．すなわち

60
100

両者を二十で共約して，上に三，下に五．すなわち

3
5

/SGT 108.1/

···Note···

SGT 108.1. 例題 1 の解 1. 果 5 を要求値翼に移動し，要求値翼の積を基準値翼の積で割る. $\frac{12\cdot 76\cdot 5}{1\cdot 100}=\frac{4560}{100}=45\frac{60}{100}=45\frac{3}{5}$.

···

75, 15 次に，この ⟨ 例題の ⟩ 最初に貸与された金 (prathama-datta-dhana) が未知 (ajñāta) の場合，利息を目論む人 (vyājayin) によって得られるのは四十五ドランマと五分の三[2]．そのときの書置

1	12
100	○
5	45 3 5

[3] ここで,「分母を掛けた」(GT 57a) 云々により五を四十五に掛けて二百二十五が生じ，中に三を投じて二百二十八が生ずる，五を分母として．すなわち

1	12
100	○
5	228 5

ここで，両翼の果二つとも，分母と共に逆にして書かれるべきである．そこでまず果を交換する．すなわち

1	12
100	○
228 5	5 1

[4] それから分母も交換する．

1	12
100	○
228 1	5 5

このようにしてから,「自翼の量の積」を作り：すなわち一を百に掛けてそのまま，百を二百二十八に掛けて二十二千八百が生ずる，一を分母として．すな

[1]以下の部分はテキストに乱れがある．類似箇所にならって修正し，補う．K chidāmihaiva(?) > chidāmiha ⟨na vyatyayaḥ/ dvitīyapakṣe dvādaśaguṇā ṣaṭsaptatirjātā dvādaśādhinavaśatī/ iyaṃ pañcaguṇā jātā catuḥsahasrī pañcaśatī ṣaṣṭiśca/ taṃ⟩

[2]K pañca tribhāgāśca > tripañcabhāgāśca. K は脚注で trayaḥ pañcabhāgāśca を示唆．

[3]K では，未知数を表す ‘○’ と 100 などの空位を表す ‘0’ とマイナス（減数）を表す記号はまったく同じである．写本でも一般に未知数と空位の ‘○’ は同じである．K が基づく写本ではマイナスも同じ記号だったと推測される．

[4]K 7 > ○.

わち

22800
1

[1] 他翼の数字では，十二を五に掛けて六十が生じ，六十を五に掛けて三百が生ずる．ここで,「多量翼を[2]他方で割るべきである」(Tr 31b)[3] という『トリシャティー』の言葉により，三百で二十二千八百を割って商は七十六．これが元金として受け取られた (gṛhīta)，ということが知られる．すなわち

76

/SGT 108.2/

···Note ···

SGT 108.2. 例題 1 の解 2. 元金が未知の場合．$45\frac{3}{5} = \frac{228}{5}$. そこで，両翼の果，$\frac{5}{1}$ と $\frac{228}{5}$ を交換し，さらにその分母，5 と 1 を交換してから，基準値翼の積を要求値翼の積で割る．$\frac{1 \cdot 100 \cdot 228 \cdot 1}{12 \cdot 5 \cdot 5} = \frac{22800}{300} = 76$ drammas. Tr 31b の規則は，未知数項のある翼の項の積で他方の翼（多量翼）の項の積を割る，ということ．

···

この例題の時間が未知の場合の書置はすなわち

○	76	45 $\frac{3}{5}$
1	100	5

[4] ここで， 75, 27

部分付加の同色化により，前のように二百二十八が生ずる，五を分母として． 76, 1
二つの果と二つの分母を前のように交換する．すなわち

○	76	5	5
1	100	228	1

[5] 前のように最初の翼の数字の積二十二千八百が生ずる．これを，後の数字の翼の積，すなわち二つの五を七十六に掛けて生じた十九百で割って商は未知の月数十二．すなわち

12

/SGT 108.3/

···Note ···

SGT 108.3. 例題 1 の解 3. 時間が未知の場合．解 2 と同様，両翼の果とそれらの分母を交換してから，基準値翼の積を要求値翼の積で割る．$\frac{1 \cdot 100 \cdot 228 \cdot 1}{76 \cdot 5 \cdot 5} = \frac{22800}{1900} = 12$ months.

···

次に，一月あたり百に対する[6]利息五を徴とする基準値果 (pramāṇa-phala) 76, 5

---

[1]「一を分母として．すなわち

22800
1

」は「これに一を掛けてそのまま，すなわち 22800」とすべきである．注釈者 S の勘違いか．

[2]注釈者 S は SGT 111.6 末尾でこの「多量翼」を説明している．

[3]nītaphale 'nyaṃ pakṣaṃ vibhajedbahurāśipakṣamitareṇa//Tr 31ab// (= PG 45ab)
Tr 31a: nītaphale 'nyaṃ pakṣaṃ] nīte phale 'nyapakṣaṃ PG.

[4]スペース節約のため左に 90 度回転した．K では縦のまま．

[5]スペース節約のため左に 90 度回転した．K では縦のまま．

が未知の場合の書置

12	76	45 3 5
1	100	○

[1] ここでも前のように同色化によって二百二十八が生ずる，五を分母として．この果だけが前の数字の翼に移動される，二番目の果（基準値果）はないから.[2] 分母の交換によって五が二番目の翼に行く．そこで，前の ⟨ 翼の ⟩ 数字が前のように掛けられて二十二千八百が生ずる．二番目の翼では，十二を七十六に掛けて九百十二が[3]生じ，これに五を掛けて四千五百六十が生ずる．これで前の翼の掛けられた数字二十二千などを割って商は基準値果，一月あたり五ドランマ，すなわち 5./SGT 108.4/

···Note···

SGT 108.4. 例題 1 の解 4. 基準値果（月利）が未知の場合．要求値果を基準値翼に移動し，その分母をさらに要求値翼に移動して（戻して）から，基準値翼の積を要求値翼の積で割る． $\frac{1\cdot 100\cdot 228}{12\cdot 76\cdot 5} = \frac{22800}{4560} = 5.$

···

76, 13 次に，百を徴とする基準金 (pramāṇa-dhana) が未知の場合の書置はすなわち

12	76	45 3 5
1	○	5

[4] 前のように同色化によって二百二十八が生ずる，五を分母として．そこで二つの果と分母の一と五とを[5]交換して，すなわち

12	76	5	5
1	○	228	1

[6] 前の数字 (228) は一を掛けてもそのままである．だからそれで，他翼 ⟨ の数字どうし ⟩ を掛けて生じた二十二千八百という数字を割って商は百，すなわち 100./SGT 108.5/

···Note···

SGT 108.5. 例題 1 の解 5. 基準金（基準値の元金）が未知の場合．解 2・解 3 と同様，二つの果を交換し，さらにそれらの分母を交換してから，要求値翼の積を基準値翼の積で割る． $\frac{12\cdot 76\cdot 5\cdot 5}{1\cdot 228\cdot 1} = \frac{22800}{228} = 100.$

···

[6] K māsaṃ pratiśataṃ prati > māsaṃ prati śataṃ prati.

[1] スペース節約のため左に 90 度回転した．K では縦のまま．

[2] K ... āneyam/ dvitīyaphalābhāvāccheda- > ... āneyaṃ dvitīyaphalābhāvāt/ cheda-.

[3] K navādhi(ka)dvādaśaśatī > dvādaśādhinavaśatī. K は脚注で dvādaśādhikā navaśatī と修正.

[4] スペース節約のため左に 90 度回転した．K では縦のまま．

[5] K cchedasya (ca) > cchedasya ca.

[6] スペース節約のため左に 90 度回転した．K では縦のまま．

次に，一ヶ月を徴とする基準時間が未知の場合の書置 76, 17

12	76	45 3 5
○	100	5

[1] ここでも前のように同色化して二百二十八が生ずる，五を分母として．それから，二つの果と分母の一と五を交換して，すなわち

12	76	5	5
○	100	228	1

[2] 前の数字 (228) を百倍して二十二千八百が生ずる．これを，他翼で相互の掛け算から生じた二十二千八百を徴とするもので割ると，商は基準時間一ヶ月である，すなわち 1．/SGT 108.6/

···Note···

SGT 108.6. 例題 1 の解 6. 基準時間が未知の場合．解 2・解 3・解 5 と同様，二つの果を交換し，さらにそれらの分母を交換してから，基準値翼の積を要求値翼の積で割る．$\frac{100 \cdot 228 \cdot 1}{12 \cdot 76 \cdot 5 \cdot 5} = \frac{22800}{22800} = 1$ month. これが SGT 108.6 の計算であるが，被除数と除数が逆である．結果が同じなので勘違いしたのだろうか．

······

次に，分数の例題を述べる．/SGT 109.0/ 76, 22

> **三分の一ヶ月で，百と半分の果（利息）が半分伴う二なら，さて，四半分を伴う八ヶ月で四半分引く二十にはどれだけか，云いなさい./GT 109/**[3]

···Note···

GT 109. 五量法の例題 2：利息（分数 (bhinna) を含む場合）.

時間	$\frac{1}{3}$	$8\frac{1}{4}$	months
元金	$100\frac{1}{2}$	$20 - \frac{1}{4}$	
利息	$2\frac{1}{2}$		

金銭単位を示唆する言葉は GT 109 にも SGT 109 にもないが，dramma または paṇa と思われる．

······

書置 77, 1

8 1 4	20 ∘1 4	
1 3	100 1 2	2 1 2

[4] 三分の一はそのままである.[5] 〈その〉下は,「分母を掛けた」(GT 57a) 云々により二百一が生ずる，二を分母と

[1]スペース節約のため左に 90 度回転した．K では縦のまま．
[2]スペース節約のため左に 90 度回転した．K では縦のまま．
[3]māsatribhāgena dalādhikasya śatasya sārdhadvitayaṃ phalaṃ cet/
māsaistadāṣṭābhiraho sapādaiḥ pādonitāyā vada viṃśateḥ kim//109//
[4]スペース節約のため左に 90 度回転した．K は，右列を左列の下に置き，全体を左に 90 度回転している．
[5]同色化は必要ないということ．

して．すなわち

1
3
201
2

同様に,「分母を掛けた」(GT 57a) 云々により「半分伴う二」を同色化して五が生ずる，二を分母として．二を分母とするそれは二百一の下に〈書き〉加えられる．すなわち

1	3	201	2	5	2

[1] それから，二つ目の翼では[2],「分母を掛けた」(GT 57a) 云々により四を八に掛けて一を加えると三十三が生ずる，四を分母として．すなわち

33
4

〈その〉下は部分除去類だから，四を二十に掛けて一を引くと七十九が生ずる[3]，四を分母として．すなわち

79
4

以上，二翼とも同色化したら，二分の五を徴とする「果を他翼に移動し」，すなわち

33	4	79	4	5	2

[4] 次に，両翼とも，すべての分母を交換して，すなわち

33	3	79	2	5	2
1	4	201	4		

[5] 五の下の分母二も逆に前の数字の翼に作り（移動して），すなわち

1	4	201	4	2

[6] 前の翼では，一を四に掛けてそのまま．四を二百一に掛けて八百四が生ずる．これを四倍して，三十二百十六[7]が生じ，これを二倍して六千四百三十二が生ずる．これを半分で共約して，三十二百十六．これが部分を与える量（除数）であると知るべきである．二つ目の翼では，三を三十三に掛けて九十九が生じ，これを七十九に掛けて七十八百二十一．これを二倍して十五千六百四十二が生じ，これを五倍して七十八千二百十が生ずる．これを半分で共約して三十九千百五が生ずる．この被除数を，前に述べた除数三十二など (3216) で割って商は十二単位，すなわち 12．余りは上に五百十三，下に三十二百[8]と十六，すなわち

513
3216

両者を三で共約して上に百七十一，下に千と七十二，すな

---

[1] スペース節約のため左に 90 度回転した．K も同じ．

[2] dvipakṣe. K が脚注で指摘するように，古典サンスクリット文法では dvitīyapakṣe が正しいが，SGT ではこれ以降 dvitīya-pakṣa の意味の dvi-pakṣa が頻出する．以下の和訳では特に注記せず，これを「二番目の翼」ではなく「二つ目の翼」と訳す．dvi の同じ用法は，dvi-khaṇḍa, dvi-stha, dvi-sthāna にも見られる．これらも「二つ目 (の)」と訳す．

[3] K (jātā) > jātā.

[4] スペース節約のため左に 90 度回転した．K は縦のまま．

[5] スペース節約のため左に 90 度回転した．K は縦のまま．

[6] スペース節約のため左に 90 度回転した．K は縦のまま．

[7] K dvātriṃśadadhi(ka)ṣoḍaśaśatī > ṣoḍaśādhidvātriṃśacchatī. K は脚注で，ṣoḍaśādhikā dvātriṃśacchatīを示唆．

[8] K dvātriṃśatśa(ccha)tī > dvātriṃśacchatī.

わち

171
1072

ここでも，未知の時間[1]などの計算は前と同じである．/SGT 109/

···Note ···

SGT 109. 例題 2 の解．分数を同色化して，$100\frac{1}{2}=\frac{201}{2}$, $2\frac{1}{2}=\frac{5}{2}$, $8\frac{1}{4}=\frac{33}{4}$, $20-\frac{1}{4}=\frac{79}{4}$. 果 ($\frac{5}{2}$) を移動し，さらに分母 3 と 4, 2 と 4 を交換し，果の分母 2 は相手がないので交換ではなく移動すると，基準値翼：1, 4, 201, 4, 2. 要求値翼：33, 3, 79, 2, 5. 要求値翼の積を基準値翼の積で割る．$\frac{33\cdot3\cdot79\cdot2\cdot5}{1\cdot4\cdot201\cdot4\cdot2}=\frac{78210}{6432}=\frac{39105}{3216}=12\frac{513}{3216}=12\frac{171}{1072}$. 割り算の前に除数と被除数を半分に「共約」していることに注意.

···

次に，三番目の例題を述べる．/SGT 110.0/ 77, 21

さて，三人の労働者が二日で二十パナを得るなら，八人の人は五週日でいくらを得るか．賢い人よ，私に云いなさい./GT 110/[2]

···Note ···

GT 110. 五量法の例題 3：労働者 (karma-kāra) の労賃.

時間	2	5	days
労働者	3	8	men
労賃	20		paṇas

「労賃」にあたる語は GT にも SGT にも見つからないが，一般的には vetana.

···

書置

di 2	di 5
ka 3	ka 8
pa 20	○

[3] ここで，二十を「他翼に移動し」，すなわち

	5
	8
	20

78, 1

すべて一が分母だから，⟨ 左右 ⟩ 交換しても結果は ⟨ 違わ ⟩ ないというので，分母の交換はない．だから前の翼では二を三に掛けて六が生ずる．二つ目の翼では五を八に掛けて四十が生じ，これを二十に掛けて八百が生ずる．これを六で割って商は百三十三パナ，すなわち 133．余りは上に二，下に六．両者を半分で共約して順に一と三．すなわち

1
3

/SGT 110/

···Note ···

SGT 110. 例題 3 の解．果（労賃）を移動してから，要求値翼の積を基準値翼の積で割る．$\frac{5\cdot8\cdot20}{2\cdot3}=\frac{800}{6}=133\frac{1}{3}$ paṇas.

···

穀物を対象とする四番目の例題を述べる．/SGT 111.0/

---

[1] K kālāntara- > kāla-.

[2] aho ahobhyāṃ yadi karmakārāstrayo labhante paṇaviṃśatiṃ hi/ janāṣṭakaṃ vāsarapañcakena prāpnoti kiṃ paṇḍita me pracakṣva//110//

[3] 略号：di = dina（日），ka = karmakāra（労働者），pa = paṇa（パナ）.

···Note··

SGT 111.0. 次の例題は物質的には穀物を扱っているから,「穀物を対象とする」(kaṇa-viṣaye) というのは間違いではないが，計算目的の観点からは,「運賃を対象とする」(bhāṭaka-viṣaye) のほうが適切.

78, 7 ··

もし，米の八マーニカーが六パナの運賃で一ヨージャナ運ばれるなら，その場合，賢い人よ，六十三マーニーの〈米を〉六クローシャ掛ける三〈運ぶ場合〉の運賃を云いなさい./GT 111/[1]

···Note··

GT 111. 五量法の例題 4：運賃 (bhāṭaka).

重量	8	63	mānikās (left), mānīs (right)
距離	1	6 · 3	yojana (left), krośas (right)
運賃	6		paṇas

ただし，1 yojana = 4 krośas.

··

78, 12 書置

mā 8	63
kro 4	kro 18
pa 6	○

[2] ここで，六という「果を他翼に移動し」，すなわち

63
18
6

すべて一が分母だから〈分母の〉交換はない．だから前の翼では八を四に掛けて三十二が生ずる．二つ目の翼では，六十三を十八に掛けて十一百三十四が生じ，これを六倍して六千八百四が生ずる．これを三十二で割って商は二百十二単位，すなわち 212 余りは上に二十，下に三十二．両者を四で共約して順に五と八，すなわち

5
8

このように，五量法は完結した．/SGT 111.1/

···Note··

SGT 111..1 例題 4 の解．果 (6) を移動してから，要求値翼の積を基準値翼の積で割る．$\frac{63\cdot18\cdot6}{8\cdot4} = \frac{6804}{32} = 212\frac{20}{32} = 212\frac{5}{8}$ paṇas.

··

78, 18 五つの量を徴とする「〈果を〉他翼に移動し」(GT 107) 云々〈の規則〉により，七・九・十一の量に関する例題がここに生ずる．実際『リーラーヴァティー』でも〈それらを対象とする規則が〉

---

[1] aṣṭau śālermānikā bhāṭakena
nīyante cedyojanaṃ ṣaṭpaṇena/
tasmin(?rhi) vidvan brūhi mānītriṣaṣṭeḥ
ṣaṭkrośānāṃ bhāṭakaṃ tryāhatānām//111//
111c: K tasmin(?rhi) > tasmin.

[2] 略号：mā = mānikā/mānī（マーニカー/マーニー）, kro = krośa（クローシャ）, pa = paṇa（パナ）.

五・七・九量法等においては，果と分母を互いの翼に移動してから，多量〈の翼〉から生ずる積を少量の〈翼から生ずる〉積で割れば，果である./L 82/[1]

···Note······························

L 82. 規則：五量法等．GT 107 の Note で，$\frac{p_2}{p_1}$ の上に，七量法ならもう一つの項 $\left(\frac{c_2}{c_1}, \frac{C_2}{C_1}\right)$ が加わり，九量法ならさらにもう一つが加わる．

·································

と述べられている．/SGT 111.2/

···Note······························

SGT 111.2. GT 107 の規則とそれに続く 4 つの例題 (GT 108-11) は五量法のみを対象とするが，GT 107 の規則は七量法等にも適用可能である．そこで注釈者 S はこの後，それらに関する例題を他書から引用するが，それに先だってここに，五量法だけでなく七量法等にも直接言及する『リーラーヴァティー』の規則 (L 82) を引用する．

·································

次に，七量法の例題を述べる． 78, 22

幅二，長さ八の毛布一枚が十を得る．〈幅〉三，長さ九の別の〈毛布〉二枚はいくらになるか．云ってほしい./Tr E51/[2]

···Note······························

Tr E51 = PG E45. 七量法の例題：毛布の値段 (kambala-mūlya).

個数	1	2
幅	2	3
長さ	8	9
値段	10	

長さの単位はおそらく hasta，貨幣単位はおそらく Tr と PG が他の例題でも用いる rūpa（単位）．注釈者 S も答えに語 rūpa を添えている．

·································

書置

2 1	3 1	9 1	
1 1	2 ⟨1⟩	8 ⟨1⟩	10

[3] 一方〈の翼〉には四つの量があり，一方に 79, 1

---

[1] pañcasaptanavarāśikādike–ṣva(? 'nyo)nyapakṣanayanaṃ phalacchidām/
saṃvidhāya bahurāśije vadhe svalparāśivadhabhājite phalam//L 82//
L 82ab: K rāśikādike–ṣva(? 'nyo)nya- > rāśikādike 'nyonya- L.

[2] dvikavyāso 'ṣṭakāyāmaḥ kambalo labhate daśa/
anyau dvau trinavāyāmau kimāpnutaḥ kathyatām//Tr E51// (= PG E45)
Tr E51a: K dvikavyāso 'ṣṭakā-] dvikavyāsāṣṭakā- Tr, PG. Tr E51cd: K anyau ... kathyatām] tato 'nyau dvau trikavyāsau navāyāmau kimāpnutaḥ Tr, PG. K に引用された詩節後半には乱れがあるらしい.「幅」に当たる語がないことや，最後の pāda が一音節足りないことがそれを示唆するが，注釈者 S が使用した Tr または PG の写本に問題があった可能性がある.

は三つがある．だから「果」十を「他翼に移動し」，すなわち

2 1	3 1	9 1	10

[1]

分母の交換はない，一だけが分母だから．そこで，前の翼では一を二に掛けて二のまま，二を八に掛けて十六が生ずる．二つ目の翼では二を三に掛けて六が生じ，六を九に掛けて五十四が生じ，これを十に掛けて五百四十が生ずる．これを十六で割って商は三十三単位 (rūpa)．すなわち 33．余りは上に十二，下に十六，すなわち

12
16

両者を四で共約して順に三と四，すなわち

3
4

このように，七量法は完結した． /SGT 111.3/

· · ·Note ·

SGT 111.3. 七量法の例題の解．果 (10) を移動してから，要求値翼の積を基準値翼の積で割る． $\frac{2\cdot3\cdot9\cdot10}{1\cdot2\cdot8} = \frac{540}{16} = 33\frac{12}{16} = 33\frac{3}{4}$ rūpas.

· ·

79, 8 次は，九量法の例題を述べる．

長さ・幅・厚さがそれぞれ九・五・一ハスタの石材一つが八を得るなら，十・七・二ハスタの他の〈石材〉二つはいくらか． /Tr E52/[2]

· · ·Note ·

Tr E52 = PG E46. 九量法の例題 1：石材の値段 (śilā-mūlya).

個数	1	2	
長さ	9	10	hastas
幅	5	7	hastas
厚さ	1	2	hastas
値段	8		

貨幣単位はおそらく rūpa（単位）．前問参照．

· ·

79, 11 [書置]

2	10	7	2	
1	9	5	1	8

[3] ここで，「果」八を「他翼に移動し」，すなわち

2	10	7	2	8

[4] すべて分母は一だけである，というので，分母交換はな

[3]ここでは，スペース節約のため左に 90 度回転した．K は，右列を左列の下に置き，全体を左に 90 度回転している．

[1]ここでは，スペース節約のため左に 90 度回転した．K も同じ．

[2]āyāma 9 vyāsa 5 piṇḍena 1 navapañcaikahastikā/
labhate 'ṣṭau śilānye dve daśasaptadvihastikā//Tr E52// (= PG E46)

Tr E52a: K āyāma 9 vyāsa 5 piṇḍena 1] āyāmavyāsapiṇḍeṣu Tr, PG. Tr E52b: K, PG hastikā] hastakā Tr. Tr E52c: K, PG labhate] labhante Tr; K śilānye dve] śilā dve kiṃ Tr > śilānye kiṃ PG. Tr E52d: K hastikā] hastake Tr > hastike PG.

[3]ここでは，スペース節約のため左に 90 度回転した．K は，右列を左列の下に置き，全体を左に 90 度回転している．

[4]ここでは，スペース節約のため左に 90 度回転した．K も同じ．

い．だから，前の翼で互いに掛けて四十五が生ずる．二つ目の翼では八に至るまで互いに掛けて二千二百[1]四十が生ずる．これを四十五で割って商は四十九．余りは上に三十五，下に四十五．両者を五で共約して順に七，九が得られる，すなわち

49
7
9

/SGT 111.4/

···Note···

SGT 111.4. 九量法の例題 1 の解．果 (8) を移動してから，要求値翼の積を基準値翼の積で割る．$\frac{2\cdot10\cdot7\cdot2\cdot8}{1\cdot9\cdot5\cdot1} = \frac{2240}{45} = 49\frac{35}{45} = 49\frac{7}{9}$.

·········

厚さが太陽 (12) で計られたアングラ，幅が四の平方のアングラ，長さが十四ハスタの板三十枚が百を得るなら，幅・長さ・厚さの数値がそれぞれ四少ない板十四枚はどれだけの値段になるか．友よ，私に云いなさい./L 86/[2]

···Note···

L 86. 九量法の例題 2：板の値段 (paṭṭa-mūlya).

厚さ	12	$12-4$	aṅgulas
幅	4^2	4^2-4	aṅgulas
長さ	14	$14-4$	hastas
個数	30	14	
値段	100		

値段の単位として，次の SGT 111.5 では dramma を用いるが，L 86 の散文自注では niṣka (= 16 drammas) を用いている．

·········

書置

8	12	10	14	
12	16	14	30	100

[3] ここで,「果」百を「他翼に移動し」，すなわち 79, 20

8	12	10	14	100

[4] 二つ目の翼では[5]互いに掛けて十三ラクシャ四十四千が生ずる．すなわち 1344000．前の翼では[6]三十に[7]至るまで互いに掛けて八十千

[1]K dvisahasrī (dviśatī) > dvisahasrī dviśatī.

[2]piṇḍe arkamitāṅgulāḥ kila caturvargāṅgulā vistṛtau
paṭṭā dīrghatayā caturdaśa karāstriṃśallabhante śatam/
etā vistṛtidīrgha(?dairghya)piṇḍamitayo yeṣāṃ caturvarjitāḥ
paṭṭāste vada me caturdaśa sakhe mūlye(?lyaṃ) labhante kiyat//L 86//
L 86a: K piṇḍe arka- > piṇḍe ye 'rka- L. L 86b: K caturdaśa karās > caturdaśa-karās L. L 86c: K dīrgha(?dairghya)piṇḍa- > dairghyapiṇḍa-] piṇḍadairghya- L. L 86d: K mūlye(?lyaṃ) > mūlyaṃ] maulyaṃ L.

[3]ここでは，スペース節約のため左に 90 度回転した．K は縦のまま．

[4]ここでは，スペース節約のため左に 90 度回転した．K は縦のまま．

[5]K prāk(?dvi)pakṣe > dvipakṣe.

[6]K dvi(?prāk)pakṣe > prākpakṣe.

[7]K śata(triṃśat?) > triṃśat.

六百四十が生ずる，すなわち 80640．そこで,「多量翼 (bahu-rāśi-pakṣa) を他方で割るべきである」(Tr 31b = PG 45b)[1]という言葉により，八十千などの小さい数字によって (alpāṅkena)「多量」(bahu-rāśi) である十三ラクシャなどを割るべきである．商は値段で十六ドランマ．余りは上に五十三千七百六十，下に八十千など．すなわち

53760
80640

両者を二十六千八百八十で共約して得られるのは，上に二，下に三．すなわち

2
3

/SGT 111.5/

···Note···

SGT 111.5. 九量法の例題 2 の解．果 (100) を移動してから，要求値翼の積を基準値翼の積で割る．$\frac{8 \cdot 12 \cdot 10 \cdot 14 \cdot 100}{12 \cdot 16 \cdot 14 \cdot 30} = \frac{1244000}{80640} = 16\frac{53760}{80640} = 16\frac{2}{3}$ drammas.

···

80, 1 次に，十一量法の例題を述べる．

もし〈前問で〉最初に述べられた数値を持つ板が一ガヴユーティのところにあるとき，それらを運ぶために車引き (śakaṭin) たちに払う運送料が八ドランマなら，その直後に述べられた，数値的に四少ないものが六ガヴユーティのところにあるとき，それらの運送量の値はどれだけか，云いなさい./L 87/[2]

···Note···

L 87. 十一量法の例題：板の運送料 (paṭṭa-bhāṭaka).

厚さ	12	12 − 4	aṅgulas
幅	4^2	$4^2 - 4$	aṅgulas
長さ	14	14 − 4	hastas
個数	30	14	
距離	1	6	gavyūtis
運賃	8		drammas

···

80, 6 [書置]

8	12	10	14	6	
12	16	14	30	1	8

[3] ここで,「果」八を「他方の翼」，二つ目の翼，に「移動し」，すなわち

8	12	10	14	6	8

[4] すべて一が分母だから

[1]SGT 108.2 参照.

[2]paṭṭā ye prathamoditapramitayo gavyūtimātre gate
teṣāmānayanāya cet śakaṭināṃ drammāṣṭakaṃ bhāṭakam/
anye ye tadanantaraṃ nigaditā māne caturvarjitās
teṣāṃ kā bhavatīha bhāṭakamitirgavyūtiṣaṭke vada//L 87//
L 87a: K gate] sthitās L/ASS, matās L/VIS. L 87b: K, L/ASS śakaṭināṃ] śakaṭinā L/VIS. L 87c: K, L/VIS māne] mānaiś L/ASS. L 87d: K, L/VIS bhavatīha] bhavatīti L/ASS.

[3]ここでは，スペース節約のため左に 90 度回転した．K は，右列を左列の下に置き，全体を左に 90 度回転している．

[4]ここでは，スペース節約のため左に 90 度回転した．K も同じ．

⟨ 分母の ⟩ 交換には意味 (tātparya) がない．だから，前の翼では十二を初めとするものを一に至るまで[1]互いに掛けて八十千六百四十が生ずる．二つ目の翼では互いに掛けて六ラクシャ四十五千一百二十が生ずる．そこで,「多量翼 (bahu-rāśi-pakṣa) を他方で割るべきである」(Tr 31b = PG 45b)[2]という言葉により，六ラクシャなどの数字を八十千などで割って，すなわち $\begin{array}{|c|}645120\\80640\\\hline\end{array}$ 商は八ドランマ，すなわち 8．五量法等においては，最初，前の翼が一量多いが，後で果を他方に書き置くことによって，二つ目の翼が一量多くなる．以上，十一量法は完結した．/SGT 111.6/

···Note ···

SGT 111.6. 十一量法の例題の解．果 (8) を移動してから，要求値翼の積を基準値翼の積で割る． $\frac{8\cdot12\cdot10\cdot14\cdot6\cdot8}{12\cdot16\cdot14\cdot30\cdot1}=\frac{645120}{80640}=8$ drammas.

···

2.3.35 ⟨ 品物対品物 ⟩

さて，五量法に基づき，品物 (bhāṇḍa: vastu) によって，対応する品物 80, 14
(prati-bhāṇḍa)：第二の品物 (dvitīya-vastu)，を獲得することが品物対品物である．その交換を説明する術則，半詩節を述べる．/SGT 112.0/

> **二つの値段の交換が行われたあと，五量法の演算が実行される．/GT 112/**[3]

···Note ···

GT 112. 規則：品物対品物 (bhāṇḍa-pratibhāṇḍa)．いわゆる物々交換．

	品物 1	品物 2
値段	m	M
量	a	A
果	p	

と並べてから,「二つの値段」m と M を交換した後，五量法の規則 (GT 107) を適用する．すなわち，果 p を移動し，もし分数があればその分母を左右交換し（その際，対応する数が整数なら分母を 1 とみなす)，要求値翼（右列）の積を基準値翼（左列）の積で割る: mAp/Ma.

···

解説．前の翼に置かれた値段の数字は二つ目 ⟨ の翼 ⟩ に，二つ目に置かれ 80, 18
た値段の数字は前の翼に移動される，というのが「値段の交換」である．これにより，分母の交換もすべきである，ということが述べられた.「⟨ 果を他 ⟩ 翼に移動し」(GT 107) 云々により，掛けたり割ったりの演算は前と同じである．実際『リーラーヴァティー』でも，

---

[1]K dvādaśāde(re)kāntaṃ > dvādaśāderekāntaṃ.

[2]SGT 108.2 参照.

[3]pañcarāśikavidhirvidhīyate mūlyayorvinimaye kṛte sati//112// (= SŚ 13.16ab)

品物対品物でも，分母と値段を交換してから，同様の演算がある．
/L 88/[1]

と述べられた．/SGT 112/

···Note······

SGT 112. 注釈者 S は,「分母の交換」もこの規則に含まれるというが，それは誤りである．なぜなら，それは，値段の交換の後に実行される五量法の規則 (GT 107) に含まれるから．彼は自分の解釈の根拠として分母の交換を含む L 88 の規則を引用する．確かに，この詩節が分母の交換を含むような写本が存在したことは，公刊本 L/VIS からも知られる．しかし，本来の L 88 は，L/ASS のように，分母の交換を含まないものだったと思われる．

······

80, 22 これに関する例題を述べる．/SGT 113.0/

もしマンゴー十六個が一パナで，ザクロ百個が三パナで得られるなら，交換算法 (vinimaya-vidhi) によって，マンゴー十二個でザクロの実いくつになるだろうか．計算士よ，それを私に云いなさい./GT 113/[2]

···Note······

GT 113. 品物対品物の例題 1：マンゴー (āmra/sahakāra) とザクロ (dāḍima).

品物	マンゴー	ザクロ	
値段	1	3	paṇas
量	16	100	個
果	12		個

······

81, 1 書置

1	3
16	100
12	

ここで,「二つの値段」一と三を「交換」し,「果」十二を「他翼」に移動し，すなわち

3	1
16	100
	12

前の翼で互いに掛けて四十八．二つ目の翼で互いに掛けて十二百が生ずる．これを四十八で割って商はザクロ二十五，すなわち 25．/SGT 113/

---

[1]tathaiva bhāṇḍapratibhāṇḍake 'pi vidhirviparyasya harāṃśca mūlye//L 88//
L 88b: K vidhirviparyasya harāṃśca] viparyayastatra sadā hi L/ASS, vidhirvidheyo 'sya harāṃśa- L/VIS.

[2]yadi khalu sahakārāḥ ṣoḍaśāpyāpa(ḥ) ṇena
tribhirapi ca paṇaiśceddāḍimānāṃ śataṃ hi/
vinimayavidhinā syurdāḍimānāṃ phalāni
pravada gaṇaka tanme dvādaśāmraiḥ kiyanti//113//
113a: K āpyāpa(ḥ) ṇena > āpyāḥ paṇena.

···Note ··

SGT 113. 例題 1 の解．値段 (1, 3) を交換し，果 (12) を移動してから要求値翼の積を基準値翼の積で割る．$\frac{1\cdot100\cdot12}{3\cdot16}=\frac{1200}{48}=25$.

··

二番目の例題を述べる．/SGT 114.0/ 81, 5

もしアロエの二パラが六で，麝香の一パラが九で得られるなら，アロエの七パラで麝香はどれだけ得られるか，云ってほしい/GT 114/[1]

···Note ··

GT 114. 品物対品物の例題 2：アロエ (aguru) と麝香 (kuraṅga-nābhi).

品物	アロエ	麝香	
値段	6	9	paṇas
量	2	1	palas
果	7		palas

値段の単位は与えられていないが，前問にならって paṇa としておく．

··

書置

6	9
2	1
7	

ここで，値段の六と九を交換し，果七を他翼に移動して， 81, 10

すなわち

9	6
2	1
	7

すべて一が分母だから，交換しても果は〈違わ〉ない．前の翼で〈互いに〉掛けて十八が生じ，二つ目の翼で七まで互いに掛けて四十二．これを十八で割って商は二パラである．余りは上に六，下に十八．両者を六で共約して，上に一，下に三，すなわち

1
3

等々．品物の交換は完結した．/SGT 114/

···Note ··

SGT 114. 例題 2 の解．値段 (6, 9) を交換し，果 (7) を移動してから要求値翼の積を基準値翼の積で割る．$\frac{6\cdot1\cdot7}{9\cdot2}=\frac{42}{18}=2\frac{6}{18}=2\frac{1}{3}$ palas.

··

2.3.36 〈生物売り〉

同じく五量法に基づく生物売りの術則，半詩節を述べる．/SGT 115.0/ 81, 15

[1] paladvayaṃ ṣaḍbhiravāpyate 'guroḥ kuraṅganābhernavabhiḥ palaṃ yadi/
tadāguroḥ saptapalaistu labhyate kuraṅganābhiḥ kiyatī nigadyatām//114//

いっぽう，生物売りの演算では，年齢の交換を行ったうえで前と同じにする./GT 115/[1]

···Note·····································

GT 115. 規則：生物売り (jīva-vikraya). 同種の生物 1, 2 に関して，

	生物 1	生物 2
数	n	N
年齢	a	A
値段	p	

が与えられたとき，生物 2 の値段を得るには，年齢 a と A を交換した後，五量法の規則 (GT 107) を適用する．すなわち，果（値段）p を移動し，もし分数があればその分母を左右交換し（その際，対応する数が整数なら分母を 1 とみなす），要求値翼（右列）の積を基準値翼（左列）の積で割る: Nap/nA.

···

81, 18 解説．ここでは，二つの年齢の交換を行うべきである．残りの演算はすべて「⟨ 果を ⟩ 他翼に移動し」(GT 107) 云々が前のように行われるべきである．/SGT 115/

81, 20 これに関する例題を述べる．/SGT 116.0/

もし二重の八 (16) 歳の女性が七十を得るなら，同等の容姿とヴァルナ（種姓）の別の二十歳の女性はいくらになるか．もし数学に修練を積んでいるなら，説明してほしい./GT 116/[2]

···Note·····································

GT 116. 生物売りの例題 1：女性 (strī).

	女性 1	女性 2	
数	1	1	人
年齢	$2 \cdot 8$	20	歳
値段	70		

値段の単位は与えられていない．

···

81, 25 書置

1	1
16	20
70	○

ここでは，年齢十六と二十を交換し，果七十を[3]他翼に移動して，すなわち

1	1
20	16
	70

前 ⟨ 翼 ⟩ は互いに掛けて二十．二つ目の翼は互いに掛けて十一百二十が生ずる．これを二十で割って商は値段で五十六,

[1] jīvavikrayavidhau punarvayovyatyaye tu vihite ’tra pūrvavat//115// (= SŚ 13.16cd)
115b: K vyatyaye tu vihite ’tra] vyatyayena vihitaśca SŚ.

[2] dviraṣṭavarṣā yadi saptatiṃ strī prāpnoti tadviṃśativārṣikānyā/
kimāpnuyāttatsamarūpavarṇā vyāvarṇyatāṃ cedgaṇite śramo ’sti//116//

[3] K saptatiśca > saptateśca.

すなわち 56. ここでは，年齢が増加すると，値段には逆に (pratyuta) 減少が生ずる. /SGT 116/

···Note···

SGT 116. 例題 1 の解. 年齢 (16, 20) を交換し，値段 (70) を移動してから，要求値翼（右列）の積を基準値翼（左列）の積で割る. $\frac{1\cdot 16\cdot 70}{1\cdot 20}=\frac{1120}{20}=56$.

········

二番目の例題を述べる. /SGT 117.0/ 82, 1

十歳のラクダ三頭がもし百八で得られるなら，友よ，同様の容姿と活力を持つ九歳のラクダ八頭はいくらになるか. すぐに云いなさい./GT 117/[1]

···Note···

GT 117. 生物売りの例題 2：ラクダ (uṣṭra).

	ラクダ 1	ラクダ 2	
数	3	8	頭
年齢	10	9	歳
値段	108		

ここでも，値段の単位は与えられていない.

········

書置

3	8
10	9
108	

ここで，十と九と云われる年齢を交換し，百八を他翼に 82, 6 移動して，すなわち

3	8
9	10
	108

前の翼で互いに掛けて二十七. 二つ目の翼で互いに掛けて八千六百四十. これを二十七で割って商は三百二十，すなわち 320. /SGT 117.1/

···Note···

SGT 117.1. 例題 2 の解. 年齢 (10, 9) を交換し，値段 (108) を移動してから，要求値翼（右列）の積を基準値翼（左列）の積で割る. $\frac{8\cdot 10\cdot 108}{3\cdot 9}=\frac{8640}{27}=320$.

········

『リーラーヴァティー』では，生物売りは逆三量法の「命あるものの年齢 82, 9
に対する値段に関して」(L 78)[2] 云々によって述べられたが，⟨その場合は⟩一頭を対象とすることになる. ⟨だから⟩後で八などの要求値を掛けなければならない. すなわち，これこそが⟨その場合の⟩例題⟨の表現⟩である,「十歳の一頭が百八の三分の一である三十六を得るとき，九歳の一頭はどれだけ得るか」と. 書置

10	36	9

ここで，基準値十を三十六に掛けて三百六十が生ずる. 要求値の九でこれを割って商は四十. ⟨このように⟩九歳の一頭

[1] daśābdikoṣṭratrayamāpyate cet sakhe śatenāṣṭasamanvitena/ tadrūpavegā navavārṣikoṣṭrā aṣṭau pracakṣvāśu kiyallabhante//117//

[2] L 78 は SGT 95.2 で引用されている.

の値段が逆三量法で得られた．そこで，自分の要求値である八などを掛ける．すなわちここで，八を四十に掛けて三百二十が生ずる．ここではこのように知るべきである．分数の割り算があっても，一頭の値段を部分付加によって同色化し，自分の要求値である八などを[1]掛け，下の分母で割って，五量法のように果が得られる．このように，生物売りは完結した．/SGT 117.2/

···Note···

SGT 117.2. 『リーラーヴァティー』ではこの生物売りのトピックが逆三量法の対象として述べられたことを注釈者 S は指摘する．GT 115 の Note の記号を用いれば，まず，$a/\frac{p}{n}/A$ を逆三量法で計算して，単価 $x = \frac{ap}{nA}$．次に，$1 : x = N : y$ を三量法で計算して，$y = \frac{xN}{1} = \frac{Nap}{nA}$．最後から二番目の文章（「分数の...」）の意図は，分数が含まれる場合も．各値をそれぞれ同色化して一つの分母に帰してから計算する．最後の結果は分子を分母で割って，整数と真分数の形にする，ということ．

例題 2 の場合，まず逆三量法で 9 歳の 1 頭の値段を求める．すなわち，$10/\frac{108}{3}/9$ から単価 $x = \frac{10 \cdot 36}{9} = 40$. 次に三量法で 8 頭分の値段を求める．すなわち，$1 : 40 = 8 : y$，から $y = \frac{40 \cdot 8}{1} = \frac{320}{1} = 320$.

···

2.4 ⟨混合に関する手順⟩

2.4.1 ⟨元金と利息の分離⟩

82, 19 混合に関する手順の術則，一詩節を述べる．/SGT 118.0/

自分の時間が掛けられた基準量（元金）と，果が掛けられた他方の時間を作るべきである．⟨それぞれが⟩自分たちの和で割られ，混合（元利合計）を掛けられると，順に，元金と利息になる．/GT 118/[2]

···Note···

GT 118. 規則：元金 (mūla) と利息 (kalāntara) の分離．記号を，

	基準	要求
時間	t	T
元金 (基準量)	a	A
利息 (果)	p	P

とし，混合 (vimiśra) を $M = A + P$ とする．基準となる t, a, p と T, M が与えられたとき，A と P を求める問題．与えられた規則は，

$$A = \frac{at}{at + pT} \cdot M, \qquad P = \frac{pT}{at + pT} \cdot M.$$

[1]K pañcāṣṭādinā > aṣṭādinā.

[2]nijakālahataṃ pramāṇarāśiṃ parakālaṃ phalatāḍitaṃ ca kuryāt/
nijayogahṛtau vimiśranighnau bhavato mūlakalāntare krameṇa//118// (= SŚ 13.17)

利息は元金と時間に比例するから，$P/p = AT/at$ すなわち $P/A = pT/at$. これと $M = A + P$ から按分比例により上の規則が得られる．PG 47 = Tr 33 参照.

解説．「自分の時間」，一ヶ月など，によって掛けられた (hata: guṇita)「基準量」，百など，を「作るべきである」.「果が掛けられた」：一月当たりの利息である五などの「果」を掛けられた,「他方の時間」を「作るべきである」．それから,「自分たちの和」：自分の時間が掛けられた基準量百などの，果が掛けられた他方の時間との結合（和），それによって〈それら二つがあとで〉「割られる」(hṛtau: bhaktau)．だから,「自分たちの和」は別に置かれるべきである[1]．前に掛けられた「基準量」と「他方の時間」の量も同様に（別に置かれて）あるが，〈それらが〉「混合」：利息 (vyāja) と元金に由来する (maulakya) ドランマの積算，〈次の例題の〉九十六など，を「掛けられ」(nighnau: guṇitau)，前に述べられた「自分たちの和」で割られると，元金と利息である．すなわち順に,「量」が「自分たちの和」で割られた場合は元金のドランマ数,「他方の時間」の量が「自分たちの和」で割られた場合は利息になる，という統語である．/SGT 118/ 82, 24 83, 1

···Note···

SGT 118. 注釈者 S は「基準量」(pramāṇa-rāśi) または「量」(rāśi) という語で，元金 a だけでなく，それに基準時間を掛けた at も指す．また「他方の時間」または「他方の時間の量」で T とそれに基準利息 (p) を掛けた pT の両方を指す．注釈者 S はここで，GT 118 のアルゴリズム（M を最後に掛ける）を少し変えて，

$$A = \frac{atM}{at+pT} \qquad P = \frac{pTM}{at+pT}.$$

としていることに注意．このことは，次の SGT 119 でも確認できる．実用的アルゴリズムとしては，割り算を最後に行うこちらのほうが，GT 118 のアルゴリズムよりよい．

これに関する例題を述べる．/SGT 119.0/ 83, 4

百に五〈の利率〉で一年の元利合計が百引く四とわかっている．
友よ，元金はいくらか，利息はいくらか./GT 119/[2]

···Note···

GT 119. 例題：元金と利息の分離.

時間	1	1	month (left), year (right)
元金	100	A	
利息	5	P	

$A + P = 100 - 4.$

書置 | 1 | 100 | 5 | 12 | 96 | 「自分の時間」一を「基準量」百に「掛け」てそのまま.「他方の時間」の量十二に「果」五を掛けて六十が生ずる．そこ 83, 7

[1]K sthāpya(ḥ) > sthāpyaḥ.
[2]pañcakena śatenābde phalamūlayutiḥ śatam/
caturūnaṃ sakhe dṛṣṭaṃ kiṃ mūlaṃ kiṃ kalāntaram//119// (Cf. PG E52)

で，これら百と六十を足して，〈結果の〉百六十[1]を別に置くべきである．そこで，〈自分の時間を掛けた〉基準量百に九十六を掛けて九十六百が生ずる，すなわち 9600．同様に，他方の時間の量六十に九十六を掛けて五千七百六十が生ずる，すなわち 5760．両者を順に，別に置かれた「自分たちの和」百六十で割ると[2]，商は順に元金六十と利息三十六．両者を足せば九十六．分数も同様に知るべきである．/SGT 119/

···Note··

SGT 119. 例題の解．$1 \cdot 100 = 100$, $5 \cdot 12 = 60$, $\frac{100 \cdot 96}{100+60} = \frac{9600}{160} = 60$, $\frac{60 \cdot 96}{100+60} = \frac{5760}{160} = 36$.

··

2.4.2 〈保証人手数料等〉

83, 14 次は，利息 (vyāja)・保証人手数料 (upajīvin)[3]・賃金 (vṛtti) を対象とする術則，一詩節を述べる．/SGT 120.0/

基準量（元金）は自分の時間を掛けられ，果（利息）を初めとするものは経過した時間を掛けられる．〈それぞれ〉混合額を掛けられ，自分たちの和で割られると，それらは順に元金などになる．/GT 120/[4]

···Note··

GT 120. 規則：金銭貸借に伴う利息 (phala)・保証人手数料 (bhāvyaka)・計算士と書記の賃金 (vṛtti) の計算．GT 121 の例題参照．

	基準	要求
時間	t	T
元金	a	A
利息	p_1	P_1
保証人の手数料	p_2	P_2
計算士の計算料	p_3	P_3
借用証書作成料	p_4	P_4

$$M = A + P_1 + P_2 + P_3 + P_4.$$

このとき，$S = at + p_1T + p_2T + p_3T + p_4T$ とすると，

$$A = \frac{atM}{S}, \qquad P_i = \frac{p_iTM}{S}.$$

これは，GT 118 と同様，利息などが元金と時間に比例することから按分比例により得られる．bhāvyaka は GT 98 でも計算の対象となっている．そこでは，100 に対し

---

[1] K ṣaṣṭyādhi(?di) > ṣaṣṭyadhiśataṃ.

[2] K nijayogena pṛthak sthāpitam/ ṣaṣṭyadhi(ka)śatena bhāgena > nijayogena pṛthaksthāpitena ṣaṣṭyadhiśatena bhāge.

[3] 辞書が記録する upajīvin の意味は「他者に依存して生きる」であるが，ここでは SGT 120, GT 121, SGT 122.2 に出る bhāvyaka と同様，「保証人手数料」の意味と考えられる．

[4] pramāṇarāśirnijakālanighno vyatītakālena hataḥ phalādiḥ/
miśrasvanighnā vihṛtāḥ svayutyā mūlādayaste kramaśo bhavanti//120//
(= SŚ 13.18, cf. PG 48)

て 6．ただし時間は不明．SGT 120 の Note 参照．また，PG 48 = Tr 34 参照．

解説．「基準量は自分の時間を掛けられ」,「果を初めとするもの」は，前のように「経過した時間」十二ヶ月〈など〉を「掛けられる」(hata: guṇita).「果」は利息 (vyāja) として提示された五〈など〉である.「初め」(ādi) という言葉から，保証人手数料 (bhāvyaka) など[1]〈が理解される〉．これらが「混合額を掛けられ」，すなわち「混合」，全部一緒にした額，を掛けられ,「自分たちの和」，基準量を加えた果などの量の和，で「割られると」(hṛta: datta-bhāga),「順に元金などになる」という[2] 統語である．/SGT 120/ 83, 19

···Note···

SGT 120.「自分たちの和」の説明である「基準量を加えた果などの量の和」はもちろんそれぞれに対応する時間を掛けたものの和 (S) を意図している．bhāvyaka は Skt 辞書にはないが，ここでは「保証人手数料」とした．これは，同じ問題に同じ規則を与える PG 48 の古注が「ちょうどそれだけの時間とそれだけの金額に対して，貸し主と借り主の間に介在して，起こりうることなどに対処する人 (prati-bhāvyādi) にはこれだけの取り分がある」(tāvataiva kālena tāvato dhanasya prayoktṛgrahītror madhyavartinaḥ pratibhāvyāder iyān lābhaḥ) というものに違いない．その例題 (PG E54) は次の GT 121 の例題と数値的に完全に一致するが，その古注は基準となる値を説明して「一ヶ月で百単位に対する利息 (lābha) は五，保証人 (pratibhbū) には一単位，計算士 (gaṇaka) には単位の半分，借用書の書記 (ṛṇapatra-lekhaka) には単位の四分の一という計算基準 (nīti) で」という．この pratibhū（保証人）に支払われるものが bhāvyaka らしい．ちなみに，Kāpadīā (1937, 101) と Sinha (1982, 132) は GT 121 の英訳で bhāvyaka を 'futurity' と訳すが，PG の編者 (Shukla) は PG E54 の英訳 (p.32) で同じ語を 'the commission of the surety' とする．

これに関する例題を述べる．/SGT 121.0/ 83, 24

一ヶ月あたり百に対して果は五である．有能の士よ，保証人手数料に一，〈計算〉料金に半ドランマ，同様に書記の仕事に四分の一である．友よ，十二ヶ月で混合が九百と五である．元金などを云いなさい，もしあなたが混合の手順に熟達しているなら./GT 121/[3].

---

[1] K bhāvya(?)kādiḥ > bhāvyakādiḥ.

[2] K (iti) > iti.

[3] māsaikena śatasya kovida phalaṃ pañcaikako bhāvyake(?)
vṛttau drammadalaṃ ca lekhakakṛte tadvatturīyāṃśakaḥ/
māsairdvādaśabhiḥ sakhe navaśatīmiśraṃ ca pañcottarā(raṃ?)
mūlādyaṃ vada miśrakavyavahṛtau yadyasti te kauśalam//121//
121a: K bhāvyake(?) > bhāvyake. 121c: K navaśatīmiśraṃ ca pañcottarā(raṃ?) > navaśatī miśraṃ ca pañcottarā.

···Note··

GT 121. 例題：金銭貸借.

時間	1	12
元金	100	A
利息	5	P_1
保証人の手数料	1	P_2
計算士の計算料	$\frac{1}{2}$	P_3
借用証書作成料	$\frac{1}{4}$	P_4

$$A + P_1 + P_2 + P_3 + P_4 = 905.$$

時間単位は月 (māsa)，貨幣単位はドランマ (dramma)．前述のようにこの例題は，PG E54 = Tr E59 と数値的に同じ．

··

84, 1 書置

1	100	5	1	1	1	12	905
1	1	1	1	2	4	1	1

ここで，最初の四つの数字は一を分母とする．だから,「基準量」百に「自分の時間」一ヶ月を「掛け」(nighna: guṇita)，百のまま.「経過した時間」十二を「果」五に「掛け」(hata: guṇita)，六十が生ずる．十二を三つの位置にある一に掛けて順に三つの十二が生ずる．すなわち

100	60	12	12	12
1	1	1	2	4

次に，これらの「自分たちの和」である．すなわち，一を分母とする百，六十，十二を足せば，百七十二が生ずる，一を分母として．すなわち

172
1

これを，二を分母とする十二と足すために分母を交換して，すなわち

172	12
1	2
2	1

二を前の数字に掛けて三百四十四が生じ，二を一に掛けてそのまま．後の数字は一を掛けてそのまま．等分母だから，三百四十四の中に十二を投じて三百五十六が生ずる，二を分母として．すなわち

356
2

これを，四を分母とする十二と足すために，分母を半分で共約し，交換して，すなわち

356	12
2	4
2	1

最初の数字を二倍して七百十二が生じ[1]，二を[2]二倍して四が生ずる．後の数字は一を掛けてそのまま．等分母だから，前の数字の中に十二を投じて，四を分母とする七百二十四が生ずる[3]．すなわち

724
4

これが，これから述べられるすべての被除数に対して,「自分たちの和」を徴とする除数であると知るべきである．すなわち，別に置かれた百に，まず九百五を掛けて九十千五百が生ずる．これは被除数で

[1]K jātaṃ(tā) > jātā.
[2]K (dvau) > dvau.
[3]K (jātā) > jātā.

あり，一を分母とする．そこで，前述の七百を初めとする除数の分母分子を交換して，上に四，下に七百二十四．すなわち

4	90500
724	1

四を[1]四で共約して一．七百を初めとするものを四で共約して百八十一．一を九十千を初めとするものに掛けてそのまま．百八十一に一を掛けてそのまま．これで九十千を初めとするものを割って

90500
181

商は元金五百，500. /SGT 121.1/

···Note···

SGT 121.1. 例題の解. $100 \cdot 1 = 100$, $5 \cdot 12 = 60$, $1 \cdot 12 = 12$, $100 + 60 + 12 = 172$, $\frac{172}{1} + \frac{12}{2} = \frac{344}{2} + \frac{12}{2} = \frac{356}{2}$, $\frac{356}{2} + \frac{12}{4} = \frac{712}{4} + \frac{12}{4} = \frac{724}{4}$ $(= 181 = S)$, $(100 \cdot 905) \div \frac{724}{4} = \frac{4}{724} \cdot \frac{90500}{1} = \frac{1}{181} \cdot \frac{90500}{1} = \frac{90500}{181} = 500$ $(= A)$.

···

次に，六十に九百五を掛けて五十四千三百が生ずる，一を分母として．こ 84, 20
れを前述の百八十一で[2]割って，商は利息 (kalāntara) 三百，300. 最初の十二に九百五を掛けて十千八百六十が生ずる．これを前述の百八十一で[3]割って，商は保証人手数料 (bhāvyaka)[4]六十，すなわち 60. 次に，二番目の十二は二を分母とする．そこで，九百五を十二に掛けて十千八百六十が生ずる．そこで，前述の七百を初めとし四を分母とするものの分母分子を交換して，上に四，下に七百など．そこで，稲妻共約：四と二を半分で共約して，四の位置に二，二の位置に一．すなわち

2	10860
724	1

次に，もう一度，二を半分で共約して一．七百を初めとするものを半分で共約して三百六十二．一を掛けたものはすべてそのまま．そこで，十千を初めとするものを三百六十二で
割って商は〈計算士の〉賃金 (vṛtti) 三十，すなわち 30. 次に，三番目の十二 85, 1
は四を分母とするが，九百五を掛けて生じた十千と八百六十を，七百二十四で割るとき，二つの数字は上と下に〈同じ〉分母〈四〉を持つので，四は四とともに去る，と考えて，商は書記 (lekhaka) への十五，すなわち

15

[5] そこで，五百などを順に

500	300	60	30	15

[6] 足せば，九百五が生ずる．すなわち 905. /SGT 121.2/

···Note···

SGT 121.2. 例題の解 (続). $60 \cdot 905 = \frac{54300}{1}$, $\frac{54300}{1} \div 181 = 300$ $(= P_1)$; $12 \cdot 905 = 10860$, $10860 \div 181 = 60$ $(= P_2)$; $\frac{12}{2} \cdot 905 = \frac{10860}{2}$, $\frac{10860}{2} \div \frac{724}{4} = \frac{4}{724} \cdot \frac{10860}{2} = \frac{2}{724} \cdot \frac{10860}{1} = \frac{1}{362} \cdot \frac{10860}{1} = \frac{10860}{362} = 30$ $(= P_3)$; $\frac{12}{4} \cdot 905 = \frac{10860}{4}$, $\frac{10860}{4} \div \frac{724}{4} = \frac{4}{724} \cdot$

[1] K caturṇāṃ [ca] > caturṇāṃ.
[2] K prāgukta(ktena) ekāśītyadhi(ka)śatena > prāguktaikāśītyadhiśatena.
[3] K prāgukta(ktena) ekāśītyadhi(ka)śatena > prāguktaikāśītyadhiśatena.
[4] K bhāvyake(?) > bhāvyake.
[5] K $\left(\left\{\begin{matrix}5\\1\end{matrix}\right\}\right)$.
[6] スペース節約のため左に 90 度回転した．K では縦のまま．

$\frac{10860}{4} = \frac{1}{724} \cdot \frac{10860}{1} \langle = \frac{10860}{724} \rangle = 15\ (= P_4)$. P_4 の計算の中の，$\frac{4}{724} \cdot \frac{10860}{4} = \frac{1}{724} \cdot \frac{10860}{1}$ は，この書では「稲妻共約」あるいは単に「共約」と云われ，ほとんど常にその呼び名が添えられるが，ここでは単に「四は四とともに（あるいは，四によって）去る」(catuṣkaś catuṣkeṇaivāpayātaḥ) と述べるだけであること，またその後，最後の割り算には言及せずいきなり商 (15) を与えていることに注意.

……………………………………………………………………

2.4.3 〈利息〉

85, 6 次に，利息だけを受け入れ (praveśayati)，元金は〈受け入れ〉ない人のために，他所で述べられた術ではあるが，役に立つので述べる．/SGT 122.0/

…Note……………………………………………………………

SGT 122.0. この「他所で述べられた術ではあるが」という表現は,「役に立つので述べる」の省略された主語がシュリーパティではなく注釈者シンハティラカ自身である可能性も暗示するが，この動詞「述べる」(āha) は，GT のほとんどの詩節の導入文でこの形（3 人称単数）で使われているので，ここでも主語はシュリーパティとみなしておく．仮にこの規則 (GT 122) がシンハティラカによって引用されたものなら，必然的に次の例題 (GT 123) も彼の引用ということになる．いずれにせよ典拠未詳.

……………………………………………………………………

金額（元金）に月を掛け，さらに増分（基準利息）を掛け，百で割り，得られたものを果（利息）と知るがよい./GT 122/[1]

…Note……………………………………………………………

GT 122. 規則：基準の時間と元金が固定されている場合の利息．五量法の規則 (GT 107) で利息を計算するとき，すなわち

時間	t	T
元金	a	A
利息	p	P

において，$t = 1$ 月，$a = 100$ と固定すると，

$$P = \frac{ATp}{at} = \frac{ATp}{100}.$$

……………………………………………………………………

85, 10 明らかである．/SGT 122/

〈例題を述べる．/SGT 123.0/〉

百に対して一ヶ月で〈利息が〉五ドランマになるとすると，十二ヶ月で利息はいくらになるか，いいなさい./GT 123/[2]

[1] dravyaṃ māsaguṇaṃ kṛtvā kṛtvā vṛddhiguṇaṃ punaḥ/
śatena ca hṛte bhāge samāyātaṃ phalaṃ viduḥ//122//

[2] śataṃ pratyekamāsena drammāḥ pañca bhavanti cet/
tadā dvādaśabhirmāsaiḥ kiṃ syādvada kalāntaram//123//

···Note···

GT 123. 例題：利息 (kalāntara). $t = 1$ month, $a = 100$ ⟨drammas⟩, $p = 5$ drammas を基準として，$T = 12$ months に対する P を問う．ここでは，元金 A が明示されていないが，次の注釈のように，100 と考えるのが妥当か．

···

書置 | 1 | 100 | 5 | 12 | ここで,「金額」百に「月を掛け」：まず一を掛けて百のまま．その後で十二ヶ月を掛けて，十二百が生ずる．これに「増分を掛け」：五を掛け，六千が生ずる．これを百で割って | 6000 / 100 | 商は利息の項六十，すなわち 60．ここで，百の数だけのドランマがあるだろう，というのが要点 (tattva) である．/SGT 123/ 85, 13

···Note···

SGT 123. 例題の解. $100 \cdot 1 = 100$, $100 \cdot 12 = 1200$, $1200 \cdot 5 = 6000$, $6000 \div 100 = 60$. この解は，$a = A = 100$ とみなし，GT 122 の規則ではなく，誤ったアルゴリズム，$P = AtTp/a$ によって計算しているが，ここでは $t = 1$ なので，計算の結果に影響はない．GT 122 によれば，$P = (100 \cdot 12 \cdot 5)/100 = 60$．「百の数だけのドランマ」は，6000 の中に 100 が 60 個あるということ．

···

2.4.4 ⟨ 元金が 2 倍などになる時間 ⟩

次に，百などに五などを利息として増えるもの（元金）が，どれだけの時間で二倍などになるだろうか，ということを知りたい場合に，ブラフマ ⟨ グプタ ⟩ のパーティー ⟨ の章 ⟩ に述べられた術を述べる．/SGT 124.0/ 85, 17

⟨ 基準 ⟩ 時間を基準量に掛け，果で割り，一引く倍数を掛けると，時間である./GT 124/[1]

···Note···

GT 124. 規則：元利合計が元金の 2 倍などになる時間．GT 122 の記号を用いて，$A + P = nA$ となるとき，

$$T = \frac{at}{p} \cdot (n - 1).$$

···

解説．「時間」一ヶ月などを「基準量」百などに「掛け」,「果」：利息として述べられた六など，で「割る」．そこで，商である数字に，どれだけの時間で三倍などに[2]なるかと問われたその倍数から一を引くべきであり，その「一引く倍数を」「掛ける」と[3]「時間」になる，という統語である．/SGT 124/ 85, 20

[1] kālaguṇitaṃ pramāṇaṃ phalabhaktaṃ vyekaguṇahataṃ kālaḥ//124// (= BSS 12.14ab)

[2] K triguṇādityatra > triguṇādītyatra.

[3] K hataṃ > hataḥ.

85, 23 これに関する例題を述べる．/SGT 125.0/

もし二百に対する一ヶ月の増分が六ドランマなら，どれだけの期間貸し付けたら，その金額が三倍になるだろうか./GT 125/[1]

···Note···

GT 125. 例題 1：元金が 3 倍になる時間 (kāla)．$t = 1$ month, $a = 200$ ⟨drammas⟩, $p = 6$ drammas, $n = 3$.

···

85, 26 書置 $\begin{array}{|c|c|c|c|} 1 & 200 & 6 & \text{gu } 3 \\ \hline \end{array}$[2] ここで，時間一ヶ月を二百に掛けてそのまま．これを果六で割って商は ⟨ 三十三． ⟩ 余り ⟨ は上に二，下に六 ⟩．二と六を半分で共約して一と三．すなわち $\begin{array}{|c|} 1 \\ 3 \\ \hline \end{array}$ ⟨ 三分の一を伴う ⟩ 三十三，⟨ すなわち ⟩ $\begin{array}{|c|} 33 \\ 1 \\ 3 \\ \hline \end{array}$[3] これに，乗数三から一を引いて生じた二を掛けて，六十六

86, 1 と[4]三分の二が生ずる．すなわち $\begin{array}{|c|} 66 \\ 2 \\ 3 \\ \hline \end{array}$ これだけ ⟨ の時間 ⟩ で，すなわち二十日多い六ヶ月多い五年で ⟨ 元金 ⟩ 二百は三倍の六百になる，という意味である．/SGT 125/

···Note···

SGT 125. 例題 1 の解．$\frac{1 \cdot 200}{6} = 33\frac{2}{6} = 33\frac{1}{3}$, $33\frac{1}{3} \cdot (3-1) = 33\frac{1}{3} \cdot 2 = 66\frac{2}{3}$ 月=5 年 6 月 20 日．これだけの時間で「二百は三倍の六百になる.」

···

86, 3 同様に，分数の例題を述べる．/SGT 126.0/

もし二ヶ月で二十の増分が五パナなら，どれだけの時間で金額は

---

[1]śatadvayasya māsena ṣaḍdrammā yadi vṛddhitaḥ/
triguṇaṃ kena kālena prayuktaṃ taddhanaṃ bhavet//125//

[2]略号：gu = guṇa（倍数）.

[3]K の本文は「商は」からここまでが乱れているが，脚注 (fn.5) で示された修正案は妥当．K labdhaṃ sattribhāgaśeṣadvayoḥ ṣaṇṇāṃ cārdhāpavarte ekastrayaśca, yathā $\left\{\begin{array}{c} 1 \\ 3 \end{array}\right\}$ trayastriṃśat $\left\{\begin{array}{c} 33 \\ 1 \\ 3 \end{array}\right\}$ > (K, fn.5) labdhaṃ trayastriṃśaccheṣamupari dvāvadhaśca ṣaṭ/ dvayoḥ ṣaṇṇāṃ cārdhāpavarta ekastrayaśca/ yathā $\begin{array}{|c|} 1 \\ 3 \\ \hline \end{array}$ satribhāgā trayastriṃśat/ yathā $\begin{array}{|c|} 33 \\ 1 \\ 3 \\ \hline \end{array}$ (K の { } を $\begin{array}{|c|} \quad \\ \hline \end{array}$ に変更)

[4]K ṣaṭṣaṣṭi(ḥ) > ṣaṭṣaṣṭis.

一倍半になるか．私に云いなさい./GT 126/[1]

···Note·····

GT 126. 例題 2：元金が $1\frac{1}{2}$ 倍になる時間 (kāla)． $t = 2$ months, $a = 20$ ⟨paṇas⟩, $p = 5$ paṇas, $n = 1\frac{1}{2}$.

·····

書置

2	20	5	1 $\frac{1}{2}$

ここで,「時間」二ヶ月を二十に掛けて四十が生ずる．これを果五で割って商は八．これに「一引く倍数」，一つ半の中から一を落として半分，を掛ける．そこで，一を八に掛けてそのまま．二で割って商は四ヶ月．だから，四ヶ月の二十 (caturmāsyā viṃśatiḥ) は半分加えて三十になる，という意味である．/SGT 126/ 86, 6

···Note·····

SGT 126. 例題 2 の解． $\frac{2\cdot 20}{5} = \frac{40}{5} = 8$, $8 \cdot (1\frac{1}{2} - 1) = 8 \cdot \frac{1}{2} = \frac{8}{2} = 4$ 月．これだけの期間貸し付けられた「二十は半分加えて三十になる」．

·····

2.4.5 ⟨ 証書の一本化 ⟩

ある人の，異なるまたは同じ月数による，一百などに対する二などの ⟨ 複数の ⟩ 増分を，一つの証書 (patra) にしたい場合の術則，一詩節を述べる．/SGT 127.0/ 86, 10

証書の一本化においては，経過した時間の果の和を月利息の和で割れば，経過した時間になる．その月利息の和なるものに百を掛け，金額の和で割れば，百果（元金百に対する一ヶ月の利息）もまたあるだろう./GT 127/[2]

···Note·····

GT 127. 規則：証書の一本化． n 個の貸借証書がある．

時間	t_i	T_i
元金	a_i	A_i
利息	p_i	P_i

$(i = 1, 2, ..., n)$

時間単位は月．このとき，経過した時間 T_i の果（利息）P_i は，五量法の規則により，

$$P_i = \frac{A_i T_i p_i}{a_i t_i}.$$

[1] māsadvayātpaṇāḥ pañca viṃśateryadi vṛddhitaḥ/
tadā sārdhaguṇaṃ brūhi kena kālena me dhanam//126//

[2] gatasamayaphalaikye māsavṛddhyaikyabhakte
bhavati hi gatakālo māsalābhaikyabhāve/
śataphalamapi tasmintāḍite syāt śatena
draviṇayutivibhakte tvekapatrīvidhāne//127//

特に $T_i = 1$ のときの利息を「月利息」(māsa-vṛddhi/lābha) という．これを $P_{m,i}$ とすると，

$$P_{m,i} = \frac{A_i p_i}{a_i t_i}.$$

ここで，元金の和，利息の和，月利息の和をそれぞれ A, P, P_m とする．

$$A = \sum_{i=1}^{n} A_i, \qquad P = \sum_{i=1}^{n} P_i, \qquad P_m = \sum_{i=1}^{n} P_{m,i}.$$

このとき，一本化した証書に書くべき均一化した時間 T と一ヶ月あたりの利息のパーセンテージである「百果」(śata-phala)[1] p は，

$$T = \frac{P}{P_m}, \qquad p = \frac{100P_m}{A}.$$

これが GT 127 に与えられた規則．これにより一本化した証書は，

時間	1	T
元金	100	A
利息	p	P

86, 16 解説．「経過した時間」(samaya)—これから〈GT 128-29 で〉述べられる七ヶ月など—の「果」(pl.)，すなわち二などの増分による十四など，の「和」，三百七十四など，それを．月ごとに百づつで[2]増分が二などという計算の「和」，その四十などで割って，得られる九ヶ月などの商，それが〈証書を一本化した場合の〉「経過した時間」である．すべての〈既存の〉月数が消え，九ヶ月〈と二十分の七月〉が生ずる．「その月利息の和なるもの」すなわち前述の四十などを徴とするものに「百を掛け」(tāḍita: guṇita)，「金額の和で割れば」：一百などの「金額」(draviṇa: dhana) の「和」(yuti: yoga)：千など，で「割れば」，「百果もまた」：すべての個別の利息が消え，四という利息のみが生ずる，「証書の一本化においては」という統語である．/SGT 127/

···Note···

SGT 127. 上の GT 127 の Note 参照.

86, 24 これに関する例題を述べる．/SGT 128-29.0/

百に二，三，四，五で，賢いものよ，お金が貸し付けられた．その（それぞれの）月数は七，八，六，十二である．〈貸し付けられた金額は〉順に，一個を初項および増分とする百 (pl.) である．//

87, 1 **友よ，その四つの証書が一本化された場合にあるべき証書をすぐに私に云いなさい，友よ./GT 128-29/**[3]

---

[1]バースカラ I は「百果」を「百増」(śata-vṛddhi) という．BAB 2.25 (pp. 114-15) 参照.

[2]K śataṃ śatam/ > śataṃ śataṃ.

[3]dvike trike cātha śate catuṣke yatpañcake dhīra dhanaṃ prayuktam/
saptāṣṭaṣaḍdvādaśa tasya māsā ekādivṛddhyā kramaśaḥ śatāni//128//
ekapatrīkṛte tasmin mitra patracatuṣṭaye/
yādṛkpatraṃ bhavettādṛk satvaraṃ vada me sakhe//129//

···Note ··

GT 128-29. 証書の一本化の例題 1：四つの証書の一本化 (ekapatrīkaraṇa).

$$\begin{array}{|cc|} t_i & T_i \\ a_i & A_i \\ p_i & P_i \end{array} = \begin{array}{|cc|} 1 & 7 \\ 100 & 100 \\ 2 & \end{array} \begin{array}{|cc|} 1 & 8 \\ 100 & 200 \\ 3 & \end{array} \begin{array}{|cc|} 1 & 6 \\ 100 & 300 \\ 4 & \end{array} \begin{array}{|cc|} 1 & 12 \\ 100 & 400 \\ 5 & \end{array}$$

···

書置

1	7	1	8	1	6	1	12
100	100	100	200	100	300	100	400
2		3		4		5	

ここで，一百に 87, 3
対し増分二，七ヶ月で十四．八ヶ月で二百に対し増分三で四十八．六ヶ月で三百に対し増分四で七十二．十二ヶ月で四百に対し増分五で二百四十．これらが「経過した時間の果」である．

14
48
72
240

これらの和は三百七十四，すなわち 374．それを「月利息の和で割れば」: 月ごとに，一百に二，二百に増分三で六，三百に増分四で十二，四百に増分五で二十．これらの「月利息」

2
6
12
20

の和は四十．これで，三百七十四を割って商は九ヶ月と二十分の七．すなわち

9
7
20

ここで，月ごとに四十ドランマが ⟨ 利息として ⟩ 落ちる (caṭanti)．だから，四十を九に掛けて三百六十が生ずる．四十を二十分の七に[1]掛けて二百八十が生じ，これを二十で割って商は十四ドランマ．これを三百六十の中に投じて三百七十四が生ずる．すなわち，374． ... 二 ...[2] したがって，「経過した時間 (gatasamaya)」に始まり「経過した時間 (gatakāla)」に終わるもの[3]が得られた[4]．四十を徴とする「月利息の和なるもの」に「百を掛け」て四千が生じ，それを[5]，「金額の和」，一・二・三・四百の[6]和すなわち千であるが，それで「割れば」，商の四が「百果」である，すなわち 4．ここでは，元金千に対し，均等化された (samī-kṛta) 増分四により，一ヶ月あたり四十⟨ が利息である ⟩．だから，これを均等化された九ヶ月[7]と二十分の七に[8]掛ける

[1] K viṃśatiḥ sapta bhāgā > viṃśateḥ sapta bhāgā. K で 6 行下にも同じ表現がある．K は脚注で，viṃśatibhāgāḥ sapta, と修正する．

[2] K に欠損．

[3] すなわち，GT 127a から 127b の途中までで計算法が述べられた T の値．

[4] K gatakāla ityādyāyātam > gatakāla ityantamāyātam.

[5] tatra. これは本来副詞であるが，ここでは直前の「四千」(catuḥsahasrī) を指す代名詞 tad の loc. sg. f. (tasyām) のように用いられている．

[6] K draviṇayuterekadvitripañcaśatānāṃ > draviṇayutirekadvitricatuḥśatānāṃ

[7] K varṣamāsāḥ > nava māsāḥ.

[8] saviṃśateḥ sapta bhāgā (followed by guṇitāḥ). K は脚注でこれを「誤り」(aśuddha) とする．確かに通常の文法に照らせば正しくないが，これも注釈者 S の分数表現の一つ．上の

と，前のように，得られるのは三百七十四である．それを得てから，貸し方 (dhanin) は，その日に始まる一つの証書 (etaddinaprabhṛty-ekapatraṃ) を，百に四を利息として作る．/SGT 128-29/

···Note·····

SGT 128-29. 例題 1 の解．$t_i = 1$, $a_i = 100$ のとき，$P_i = A_i T_i p_i/100$ だから，$P_1 = (100 \cdot 7 \cdot 2)/100 = 14$, $P_2 = (200 \cdot 8 \cdot 3)/100 = 48$, $P_3 = (300 \cdot 6 \cdot 4)/100 = 72$, $P_4 = (400 \cdot 12 \cdot 5)/100 = 240$; $P = \sum P_i = 374$. $P_{m,1} = (100 \cdot 2)/100 = 2$, $P_{m,2} = (200 \cdot 3)/100 = 6$, $P_{m,3} = (300 \cdot 4)/100 = 12$, $P_{m,4} = (400 \cdot 5)/100 = 20$; $P_m = \sum P_{m,i} = 40$ drammas. $T = 374/40 = 9\frac{7}{20}$ 月．$9\frac{7}{20} \cdot 40 = 360 + \frac{280}{20} = 360 + 14 = 374$ drammas $(= P$. これは検算か). $A = \sum A_i = 1000$ だから，$p = 100P_m/A = (100 \cdot 40)/1000 = 4$. この「均等化された増分」すなわち「百果」を用いて元金 1000 に対する 1ヶ月の利息を計算すれば，$1000 \cdot \frac{4}{100} = 40$ だから，利息の総和は，前のように，$9\frac{7}{20} \cdot 40 = 374$ (これも検算か). したがって，均一化された時間 (T) と利率 (p) によって証書を一本化すれば，

1	$9\frac{7}{20}$
100	1000
4	374

·····

87, 21 次に，分数の例題を述べる．/SGT 130.0/

〈前問の〉基準量（元金）に対して，それらの果（利息）には四半分を加え，月には三分の一を加えて，友よ，一つの証書を作りなさい．/GT 130/[1]

···Note·····

GT 130. 証書の一本化の例題 2：果と経過時間が分数 (bhinna) を含む場合．

t_i	T_i		1	$7\frac{1}{3}$	1	$8\frac{1}{3}$	1	$6\frac{1}{3}$	1	$12\frac{1}{3}$
a_i	A_i	=	100	100	100	200	100	300	100	400
p_i	P_i		$2\frac{1}{4}$		$3\frac{1}{4}$		$4\frac{1}{4}$		$5\frac{1}{4}$	

·····

87, 24 〈書置〉

1	7	1	8	1	6	1	12
100	1	100	1	100	1	100	1
2	3	3	3	4	3	5	3
1	100	1	200	1	300	1	400
4		4		4		4	

ここで，百，二百などは，〈百で〉共約して[2]，一，二〈など〉を自性 (svarūpa) とする，と知るべきである．百，〈二百など〉ではない．それからここでは，百の下は部分付加だから，「分母を掛けた」(GT 57a) 云々により，四を分母とする九．すなわち

1
100
9
4

二番目の数字七ヶ月では，「分母を掛けた」(GT 57a) 云々によ

「二十分の七」参照．また，SGT 104 の「二十九分の十四」参照．

[1]etaireva pramāṇānāṃ phalaiḥ pādasamanvitaiḥ/
māsaiśca tryaṃśasahitairekapatraṃ sakhe kuru//130//

[2]K ityādyaparivarta > ityādyapavarta.

り，三を分母とする二十二．すなわち

22
3

したがって,「掛け算の果は，分子の積を」(GT 40) 云々により[1]，二十二を九に掛けて百九十八が生ずる．そ 88, 1
の下は，三を四に掛けて十二が生ずる．すなわち

198
12

元金の百は一単位だから，一を掛けてそのまま．十二で百九十八を割って，商は十六．余りは上に六，下に十二．両者を六で共約して，順に一と二．すなわち

16
1
2

⟨ このように ⟩ 二つづつの数字により[2],「経過した時間の果」が一つづつ得られる，というのが要点 (tattva) である．/SGT 130.1/

···Note···

SGT 130.1. 例題 2 の解．$P_i = (A_i T_i p_i)/(a_i t_i)$ によって各証書の利息 P_i を求めるが，$t_i = 1$, $a_i = 100$ なので，

$$P_i = \frac{A_i}{100} \cdot T_i p_i,$$

によって計算する．ここで，$A_i = 100i$ だから，$P_i = iT_i p_i$ を計算すればよいことになる．書置の直後の「百，二百などは，⟨ 百で ⟩ 共約して，一，二 ⟨ など ⟩ を自性とする」はこのことを意味する．そこでまず，部分付加により，$p_1 = 2\frac{1}{4} = \frac{9}{4}$, $T_1 = 7\frac{1}{3} = \frac{22}{3}$ だから，$P_1 = 1 \cdot \frac{22}{3} \cdot \frac{9}{4} = 1 \cdot \frac{198}{12} = \frac{198}{12} = 16\frac{6}{12} = 16\frac{1}{2}$. 最後の文章は，各証書の「二つづつの数字」$p_i$ と T_i から，それらの積を i 倍することで，その証書の「経過した時間の果」P_i が得られる，ということ．

·········

次に，二番目の証書の最初の数字では,「分母を掛けた」(GT 57a) 云々に 88, 6
より，百の下に四分の十三が生ずる，すなわち

1
100
13
4

二番目の数字では,「分母を掛けた」(GT 57a) 云々により，三分の二十五，すなわち

25
3

だから,「掛け算の果は」(GT 40) 云々により[3]，二十五を十三に掛けて三百二十五が生ずる．その下は，三を四に掛けて十二が生ずる．すなわち

325
12

この ⟨ 元金 ⟩ 二百の証書では，その自性により[4]二を三百二十五に掛けて六百五

---

[1]K guṇanāphalaṃ bhavati/ bhāgavadhetyādinā > guṇanāphalaṃ bhavati bhāgavadha ityādinā.

[2]K aṅkadvayena 2 (?) > aṅkadvayenāṅkadvayena. 写本でしばしば見られるように，'2' は直前の言葉の繰り返しを意味する．K も他所ではこのことに気づいている．K 本 p.86, 脚注 '3-4' 参照（'3-4' は '3-5' の誤り）.

[3]K では，この部分 (tato guṇanāphalamityādinā) が，2 行下の svarūpeṇa の直前に誤挿入されている．

[4]K atra dviśatīpatre tato guṇanāphalamityādinā svarūpeṇa > atra dviśatīpatre svarūpeṇa.

十が生ずる．すなわち 650．これを，分母の一を掛けた十二で割って商は五十四．余りは上に二，下に十二．両者を半分で共約して，順に一，六．すなわち

54
1
6

/SGT 130.2/

···Note···

SGT 130.2. 例題 2 の解 (続). $3\frac{1}{4}=\frac{13}{4}$, $8\frac{1}{3}=\frac{25}{3}$, $\frac{13}{4}\cdot\frac{25}{3}=\frac{325}{12}$, $\frac{325}{12}\cdot\frac{2}{1}=\frac{325\cdot 2}{12\cdot 1}=\frac{650}{12}=54\frac{2}{12}=54\frac{1}{6}$ $(=P_2)$.

···

88, 13 次に，三番目の証書の最初の数字では,「分母を掛けた」(GT 57a) 云々により，百の下に四分の十七．二番目の数字では,「分母を掛けた」(GT 57a) 云々により，三分の十九．これを十七に掛けて三百二十三が生ずる．その下は，三を四に掛けて十二が生ずる．

323
12

この証書では〈元金〉「三百」というので，その自性により[1]三を三百二十三に掛けて，[九百六十九が] 生ずる．これを，分母の一を掛けた十二で割って商は八十．余りは上に九，下に十二．両者を三で共約して，順に三，四．すなわち

80
3
4

/SGT 130.3/

···Note···

SGT 130.3. 例題 2 の解 (続). $4\frac{1}{4}=\frac{17}{4}$, $6\frac{1}{3}=\frac{19}{3}$, $\frac{17}{4}\cdot\frac{19}{3}=\frac{323}{12}$, $\frac{323}{12}\cdot\frac{3}{1}=\frac{323\cdot 3}{12\cdot 1}=\frac{969}{12}=80\frac{9}{12}=80\frac{3}{4}$ $(=P_3)$.

88, 19 ···

四番目の証書の最初の数字では，百の下に,「分母を掛けた」(GT 57a) 云々により四分の二十一が生ずる．二番目の数字では，三分の三十七．これを二十一に掛けて七百七十七が生ずる．その下は，三を四に掛けて十二が生ずる．すなわち

777
12

この証書では〈元金〉「四百」というので，その自性により[2]四を七百などに掛けて三十一百八が生ずる．これを，分母の一を掛けた十二で割って商は二百五十九．

259

/SGT 130.4/

···Note···

SGT 130.4. 例題 2 の解 (続). $5\frac{1}{4}=\frac{21}{4}$, $12\frac{1}{3}=\frac{37}{3}$, $\frac{21}{4}\cdot\frac{37}{3}=\frac{777}{12}$, $\frac{777}{12}\cdot\frac{4}{1}=\frac{777\cdot 4}{12\cdot 1}=\frac{3108}{12}=259$ $(=P_4)$.

···

88, 24 これら四つの証書に基づく「経過した時間の果」，すなわち順に

[1]K triśatītisvarūpeṇa > triśatīti svarūpeṇa.

[2]K catuḥśatītisvarūpeṇa > catuḥśatīti svarūpeṇa.

16	54	80	259
1	1	3	1
2	6	4	

[1] の和をとるとき，最初の数字では，「分母を掛けた」(GT 57a) 云々により二を分母とする三十三が生ずる．二番目の数字では，「分母を掛けた」(GT 57a) 云々により六を分母とする三百二十五．三番目の数字では，「分母を」(GT 57a) 云々により四を分母とする [三百] 二十三．すなわち

33	325	323	259
2	6	4	1

次に，「分子と分母に」(GT 53) 云々により，両分母を半分で共約し，一と三を交換して，すなわち

33	325
2	6
3	1

ここで，三を三十三に掛けて九十九が生じ，三を二に掛けて六が生ずる[2]．後の数字では一 89, 1
を掛けてそのまま．だから，三百二十五の中に九十九を投じて四百二十四が生ずる，六を分母として．すなわち

424
6

それから，三番目の数字の下にある分母四と分母六とを半分で共約し，交換して，すなわち

424	323
6	4
2	3

最初の数字では，上に二を掛けて八百四十八が生じ，二を六に掛けて十二が生ずる．すなわち

848
12

後の数字では，上に三を掛けて九百六十九が生じ，三を四に掛けて十二が生ずる．すなわち

969
12

この中に八百などを投じて十八百十七が生ずる，十二を分母として．すなわち

1817
12

次に，四番目の数字の分母一と分母十二を交換して，すなわち

1817	259
12	1
1	12

前の数字では，一を掛けてそのままである．後の数字では，上に十二を掛けて三十一百と八が生じ，十二を一に掛けてもそのままである．すなわち

3108
12

この中に十八百などを投じて，四十九百[3]と二十五が生ずる，十二を分母として．すなわち

4925
12

これが「経過した時間の果の和」である．それが ⟨GT 127 の冒頭で⟩ 於格 (locative case) で表された被除数である[4]． /SGT 130.5/

---

[1]K では，259 は 2 段目，その下の 1 は 3 段目に置かれ，1 段目は空白．

[2]K jātā ekaṣaṭchedāḥ(?) > jātāḥ ṣaṭ.

[3]K ekonapañcāśatśa(ccha)tī > ekonapañcāśacchatī.

[4]K tasmin bhājye > tasmin bhājye/

···Note···

SGT 130.5. 例題 2 の解 (続). $P = 16\frac{1}{2} + 54\frac{1}{6} + 80\frac{3}{4} + \frac{259}{1} = \frac{33}{2} + \frac{325}{6} + \frac{323}{4} + \frac{259}{1}$, $\frac{33}{2} + \frac{325}{6} = \frac{424}{6}$, $\frac{424}{6} + \frac{323}{4} = \frac{1817}{12}$, $\frac{1817}{12} + \frac{259}{1} = \frac{4925}{12}$ $(= P)$. SGT 130.7 参照.

···

89, 12 四つの証書で順に一，二などを，⟨ 四半分を伴う二などの増分に ⟩ 掛けると，月利息 ⟨ が生ずる ⟩.[1] すなわち

2	6	12	21
1	1	3	1
4	2	4	

「分母を掛けた」(GT 57a) 云々により[2]同色化すると，順に

9	13	51	21
4	2	4	1

四番目には部分付加はない.「分子と分母に」(GT 53) 云々により四つを足せば，百七十が生ずる，四を分母として．これが「月利息の和」である．これは除数だから，分母分子を交換して，上に [四，下に] 百七十，すなわち

4
170

それから，前述の被除数の分母は十二である．そこで，稲妻共約で，四と十二を四で共約して，一と三．すなわち

1	4925
170	3

掛け算は,「分子の積」(GT 40) 云々により，上は一を掛けてそのまま．下は，三を百七十に掛けて五百とあと十が生ずる．これで四十九百などを割って商は九ヶ月．余りは上に三百三十五，下に五百十．両者を五で共約して上に六十七，下に百二，すなわち

9
67
102

このように,「経過した時間 (gatasamaya)」に始まり「経過した時間 (gatakāla)」に終わるものが得られた[3]． /SGT 130.6/

···Note···

SGT 130.6. 例題 2 の解 (続). $t_i = 1$, $a_i = 100$, $A_i = 100i$ だから，$P_{m,i} = i \cdot p_i$. したがって，$P_{m,1} = 1 \cdot 2\frac{1}{4} = \frac{9}{4}$, $P_{m,2} = 2 \cdot 3\frac{1}{4} = 6\frac{1}{2} = \frac{13}{2}$, $P_{m,3} = 3 \cdot 4\frac{1}{4} = 12\frac{3}{4} = \frac{51}{4}$, $P_{m,4} = 4 \cdot 5\frac{1}{4} = 21$. したがって，$P_m = \frac{170}{4}$. $P \div P_m = \frac{4925}{12} \div \frac{170}{4} = \frac{4}{170} \cdot \frac{4925}{12} = \frac{1}{170} \cdot \frac{4925}{3} = \frac{4925}{510} = 9\frac{335}{510} = 9\frac{67}{102}$ $(= T)$.

···

89, 22 次に，「月利息の和なるもの」百七十に「百を掛け[4]」十七千が生ずる．すなわち，17000.[5] 「金額の和」千[6]．分母は一だから，分母分子を逆にして上に一，下に千．一を十七千に掛けてそのまま．⟨ 十七千は ⟩ 四を分母とする

---

[1]K ekadviśatādiguṇā māsavṛddhir > ekadvyādiguṇā ⟨sapādadvayādivṛddhirjātā⟩ māsavṛddhir.

[2]K caturtha“cchedanighne”tyādinā > chedanighnetyādinā.

[3]K “gatasamaye”tyādigatakāla ityādyāyātam > gatasamayetyādi gatakāla ityantamāyātam.

[4]K guṇe > śataguṇe. この śata は次行の sahasram の前に誤挿入されている.

[5]K 17000/ catuścheditvāt > 17000/

[6]K śatasahasram > sahasram.

から，四を一千に掛けて[1]四千が生ずる．これで金額の和十七千を割って商は四半分を伴う四である，すなわち $\begin{array}{|c|}4\\1\\4\\\hline\end{array}$ これが「百果」である．根（元金）に金額千があるから十を掛けて半分を伴う四十二，すなわち $\begin{array}{|c|}42\\1\\2\\\hline\end{array}$ 「分母を掛けた」(GT 57a) 云々により八十五が生ずる，二を分母として，すなわち $\begin{array}{|c|}85\\2\\\hline\end{array}$ 「掛け算の果は」(GT 40) という理屈 (nyāya) から〈分数の掛け算をする．その相手は〉九ヶ月と百二〈分の〉六十七[2].「分母を掛けた」(GT 57a) 云々により九百八十五，百二を分母として．掛けて八十三千七百二十五が生 90, 1
ずる．分母の二を百二に掛けて生じた二百四で割って商は四百十．余りは上に八十五，下に二百四．両者を十七で共約して上に五，下に十二，すなわち $\begin{array}{|c|}410\\5\\12\\\hline\end{array}$ これが，九ヶ月〈あまり〉での全利息である．これを〈前に得られた値と〉一致させるために (saṃvādanāya),「経過した時間の果の和」という形を持つ四十九・二十五を，前に見られた[3]分母の十二で割って，商は四百十と十二分の五，すなわち $\begin{array}{|c|}410\\5\\12\\\hline\end{array}$ この利息を得てから，貸し方はその日に始まる一つの証書を作る．/SGT 130.7/

···Note ··

SGT 130.7. $p = \frac{100P_m}{A} = 100 \cdot \frac{170}{4}/1000 = \frac{17000}{4} \cdot \frac{1}{1000} = \frac{17000}{4000} = \frac{17}{4} = 4\frac{1}{4}$. これが「百果」だから，一ヶ月あたりの元金千に対する利息は，$4\frac{1}{4} \cdot \frac{1000}{100} = 4\frac{1}{4} \cdot 10 = 42\frac{1}{2}$ $(= P_m)$. 時間 T では，$42\frac{1}{2} \cdot 9\frac{67}{102} = \frac{85}{2} \cdot \frac{985}{102} = \frac{83725}{204} = 410\frac{85}{204} = 410\frac{5}{12}$ $(= P)$. これは，前 (SGT 130.5) に計算した P の値と一致する：$P = \frac{4925}{12} = 410\frac{5}{12}$.

一本化された証書は，

$$\begin{array}{|cc|}1 & 9\frac{67}{102}\\ 100 & 1000\\ 4\frac{1}{4} & 410\frac{5}{12}\\ \hline\end{array}$$

··

〈このように〉証書の一本化は完結した．/SGT 130.8/

2.4.6 〈元金の等利息分割〉

次に，異なる受取人（grāhaka，すなわち借り主）に対して貸し付けられる 90, 9

[1]K caturguṇa > catuścheditvāccaturguṇa.

[2]K dviruttaraśatasaptaṣaṣṭi(ḥ) > dvyuttaraśatasaptaṣaṣṭiḥ.

[3]K prāyadṛṣṭa > prāgdṛṣṭa-.

異なる時間に対するお金の諸部分を均等化する[1]ための術則，一詩節を述べる．/SGT 131.0/

> **別々に，一単位〈の元金〉に対する利息の分子分母を逆にして，合計金額を掛け，自分たちの和で割ると，貸し付けられる量の諸部分になる./GT 131/**[2]

···Note···

GT 131. 規則：元金の等利息分割．元金 A を n 個の部分 A_i に分割してそれぞれ異なる利率で異なる期間貸し付けられたとする．すなわち，

$$\left|\begin{array}{cc} t_i & T_i \\ a_i & A_i \\ p_i & P_i \end{array}\right| \qquad A = \sum_{i=1}^{n} A_i.$$

そこで，t_i, a_i, p_i, T_i, A が与えられたとき，$P_1 = P_2 = \cdots = P_n$ となる A_i を求める．仮に各利息を計算しようとすれば，GT 127 のように，

$$P_i = \frac{T_i A_i p_i}{t_i a_i}.$$

ここで，すべての i に対して $A_i = 1$ とすると，

$$P_i = \frac{T_i \cdot 1 \cdot p_i}{t_i a_i}.$$

この分子分母を逆にしたものを，

$$B_i = \frac{t_i a_i}{T_i \cdot 1 \cdot p_i},$$

とすると，

$$A_i = \frac{AB_i}{\sum B_j}.$$

この規則は，$P_1 = P_2 = \cdots = P_n$ という条件から，

$$A_1 : A_2 : \cdots : A_n = \frac{t_1 a_1}{T_1 p_1} : \frac{t_2 a_2}{T_2 p_2} : \cdots : \frac{t_n a_n}{T_n p_n}$$

となるので，A をこの比に比例配分することにより得られる．上の B_i の分母に ‘1’ を残すのは，アルゴリズムを与えるときの便宜である．

···

90, 15 解説．ここで，一つ一つの部分にある時間の数二つ，基準量，そして果の値，という四つ組が「分子分母」という言葉で言及されている．だから，利息 (pratyutpanna) のやり方で，〈しかも〉「分子分母」が交換された特徴 (viparyaya-guṇa) を持つように「別々に」置かれた「一単位に対する利息 (lābha)」：一ドランマに対して生じた利息 (vyāja) に，「合計金額を掛け，自分たちの和で割ると」：〈書板上に〉置かれ，同色化された百などの値の和で割ると,「貸し付けられた (prayukta) 量の」：貸与された (pradatta) お金の量

[1]samīkaraṇa. ここでは，利息を「等しくすること」．

[2]vyastāṃśahāraiḥ pṛthagekarūpalābhairvimiśrasvasamāhataiśca/
svakīyayogena hṛtairbhavanti prayuktarāśeḥ khalu khaṇḍakāni//131//

の，異なる利息 (vyāja) ではなく等しい利息を持つ「諸部分になる」，という統語である．/SGT 131/

···Note ···

SGT 131. この「解説」は分かりにくい.「時間の数二つ」は t_i, T_i,「基準量」は a_i,「果の値」は p_i を指す．pratyutpanna という語は，通常「積」あるいは「掛け算」を意味するが，ここではおそらく「⟨ 元金に ⟩ 対して生じたもの」すなわち「利息」の意味で用いられている.「百などの値」は，a_i（100 のことが多い）に t_i（1 のことが多い）を掛け，$T_i p_i$ で割って得られる B_i を指す.「同色化」はここでは通分.

···

十を引いた二百が三部分に分けて貸し付けられた．計算士よ．百に三，二，四 ⟨ の利率 ⟩，経過した月数二，三，四で，それらに対する//果（利息）が等しいことがわかった．⟨ それらの ⟩ 部分の量をそれぞれすぐに ⟨ 云いなさい ⟩./GT 132-33/[1]

···Note ···

GT 132-33. 元金の等利息 (samaphala) 分割の例題.

$$\left|\begin{array}{cc} t_i & T_i \\ a_i & A_i \\ p_i & P_i \end{array}\right| = \left|\begin{array}{cc} 1 & 2 \\ 100 & A_1 \\ 3 & P_1 \end{array}\right| \left|\begin{array}{cc} 1 & 3 \\ 100 & A_2 \\ 2 & P_2 \end{array}\right| \left|\begin{array}{cc} 1 & 4 \\ 100 & A_3 \\ 4 & P_3 \end{array}\right|$$

$A = A_1 + A_2 + A_3 = 190$, $P_1 = P_2 = P_3$ のとき，A_1, A_2, A_3 を問う.

···

書置

1	3	1	2	1	4
100	1	100	1	100	1
2		3		4	

合計額 190．さて，利息 (pratyutpanna) 90, 27

の演算である．ただし，分子分母を逆にする．すなわち，下にある基準値百を上の数字一ヶ月に掛けて，百が生ずる．また，三ヶ月を徴とする上の数字を百の下の果の値二に掛けて[2]，六が生ずる．したがって，基準値を ⟨ 基準 ⟩ 91, 1
時間に掛け，⟨ 経過した ⟩ 時間を果の値に掛ける．そして，上下方向に行う掛け算が逆演算であるとここでは知るがよい.[3] 二つ目の部分では，百を一ヶ月に掛けて百が生じ，上の二を ⟨ 下の ⟩ 三に掛けて[4]，六が生ずる．すなわち

100
6

三つ目の部分では，百を一に掛けて百が生じ，上の四を下の四に掛けて十六が生ずる．これにより，一つ一つの単位に対して，二ヶ月などにお

[1] śatadvayaṃ yaddaśabhirvihīnaṃ 190 khaṇḍaistribhirgāṇitika prayuktam/
trike dvike cātha śate catuṣke māsairgatairdvitricaturbhireṣām//132//
phalāni dṛṣṭāni samāni śīghraṃ pṛthakpramāṇaṃ khalu khaṇḍakānām//133//

[2] K guṇitā(?tau) > guṇitau.

[3] ūrdhvādhorītyā ca yadguṇanaṃ sa vyastavidhiratra jñeyaḥ/ 「上下方向」は 2 組の乗数と被乗数の書板上での位置関係を表すと思われるが,「逆演算」(vyasta-vidhi) の意図不明．同じ掛け算の説明が SGT 132-33.3 にある．その Note 参照.

[4] K trikaguṇite > trike guṇite.

ける[1]利息は，単位の百分の一が六個などであることが示された[2].「別々に」に始まり「逆にして」に至るまでが達成された[3]．次はこれらの「自分たちの和」である．すなわち，最初の二部分では等しい六を分母とするので[4]，百の中に百を投じて六を分母とする二百が生ずる．すなわち $\begin{array}{|c|}200\\6\\\hline\end{array}$ 三つ目の部分と[5]共に，六と十六を半分で共約して生じた分母三と八を[6]交換して，すなわち $\begin{array}{|c|c|}200&100\\6&16\\8&3\\\hline\end{array}$ 前の数字では，八を二百に掛けて十六百が生ずる，四十八を分母として[7]．二つ目の位置では，三を百と十六に掛けて四十八を分母とする三百が生ずる[8]．等分母だから，十六百の中に三百を投じて十九百が生ずる，四十八を分母として．すなわち $\begin{array}{|c|}1900\\48\\\hline\end{array}$ これがそれぞれの除数である[9]．次に，三部分とも，百に「合計金額」百九十を掛けて十九千が生ずる．$\begin{array}{|c|c|c|}19000&19000&19000\\6&6&16\\\hline\end{array}$ これで,「合計金額を掛け」が達成された．そしてこれら三つが被除数である．そこで，除数だから，前の量十九百と四十八を交換して，すなわち $\begin{array}{|c|}48\\1900\\\hline\end{array}$ その最初の部分で，すなわち $\begin{array}{|c|}19000\\6\\\hline\end{array}$ 稲妻共約すると，四十八を六で割って八，六を六で割って一．十九百を十九百で割って一．また，十九千を十九百で割って十．すなわち $\begin{array}{|c|c|}8&10\\1&1\\\hline\end{array}$ [10] それから「掛け算の果」(GT 40) 云々により，八を十に掛けて八十が生じ，一を一に掛けた[11]分母で割って八十のままである．すなわち 80．二つ目の部分でも同じ手順だから同じ八十である．すなわち 80．次に三つ目の部分では，すなわち $\begin{array}{|c|}19000\\16\\\hline\end{array}$ 除数だから $\left\langle\begin{array}{|c|}48\\1900\\\hline\end{array}\right\rangle$ 四十八を十六で共約して三，十六を十六で共約して一．十九百を十九百で割って一．十九千を前のやり方で

---

[1]ここでは書置での順序ではなく，月数の順序によっていると思われる．SGT 132-33.3 の書置の後の「二ヶ月など」参照.

[2]etena ekaikarūpaṃ prati vyāje māsadvikāditi rūpakaviṃśopāḥ ṣaḍādayo darśitāḥ/ > etenaikaikarūpaṃ prati vyājā māsadvikādiṣu rūpaśatāṃśāḥ ṣaḍādayo darśitāḥ/

[3]原文は,「‘分子分母が逆にされ’ に始まり ‘単位に対する利息’ に至るまでが達成された」(vyastāṃśahārairityādi rūpalābhairiti yāvat siddham) であるが，ここでは GT 131 の和訳の構文に合うように意訳した．要するに，B_i が得られたということ.

[4]K samayaṣaṭkacchedatvāt > samaṣaṭkacchedatvāt.

[5]K tṛ(tri)khaṇḍena > trikhaṇḍena.

[6]K tri a(trya)ṣṭa- > tryaṣṭa-.

[7]K (ṣaṭ) kṣepe jātā (aṣṭacatvā)riṃśacchedā > aṣṭacatvāriṃśacchedā.

[8]K tri(triḥ)jātā > jātā.

[9]K ayaṃ svanirbhāgadāyī rāśiḥ > ayaṃ svasvabhāgadāyī rāśiḥ

[10]K $\left\{\begin{array}{c}8\\10\\11\end{array}\right\}$

[11]K eka(guṇā) eka- > ekaguṇaika-.

（十九百で割って）十.「掛け算の果」(GT 40) 云々により，三を十に掛けて三十が生じ，一を一に掛けた[1]分母で割ってその三十のまま．すなわち 30. これら

80
80
30

を足せば，合計額 百九十，すなわち 190. /SGT 132-33.1/

···Note···

SGT 132-33.1. 例題の解. $\frac{1\cdot 100}{3\cdot 2}=\frac{100}{6}\ (=B_1)$, $\frac{1\cdot 100}{2\cdot 3}=\frac{100}{6}\ (=B_2)$, $\frac{1\cdot 100}{4\cdot 4}=\frac{100}{16}\ (=B_3)$. すなわち，$A_i=1\ (i=1,2,3)$ に対して $P_1=P_2=\frac{6}{100}$, $P_3=\frac{16}{100}$. $\frac{100}{6}+\frac{100}{6}=\frac{200}{6}$, $\frac{200}{6}+\frac{100}{16}=\frac{1900}{48}\ (=\sum B_i)$. $\frac{100}{6}\cdot 190=\frac{19000}{6}\ (=AB_1=AB_2)$, $\frac{100}{16}\cdot 190=\frac{19000}{16}\ (=AB_3)$. $\frac{19000}{6}\div\frac{1900}{48}=\frac{48}{1900}\cdot\frac{19000}{6}=\frac{8}{1}\cdot\frac{10}{1}=80\ (=A_1=A_2)$, $\frac{19000}{16}\div\frac{1900}{48}=\frac{48}{1900}\cdot\frac{19000}{16}=\frac{3}{1}\cdot\frac{10}{1}=30\ (=A_3)$. $A_1+A_2+A_3=80+80+30=190=A$（確認）. 注釈者 S は B_i の「分母」を求めるとき，$A_i=1$ を掛けるステップを省略していることに注意.

··················

これらに対する利息の形をした等しい増分はどのように生ずるのか，というので云う．五量法により等しい増分がある．すなわち，書置 91, 26

1	3
100	80
2	

[2]

「⟨果を⟩他翼に移動し」(GT 107) 云々により，すなわち

1	3
100	80
	2

ここには分母がないから⟨その⟩交換はない．そこで三を八十に掛けて二百四十が生ずる．これに二を掛けて四百八十が生ずる．これを，前の翼にある一を掛けた一百で[3]割って商は四単位と五分の四[4].

4
4
5

同様に二つ目の部分に 92, 1

も

4
4
5

三つ目の部分では，五量法により，すなわち

1	4
100	30
4	

ここでも，「⟨果を⟩他翼に移動し」(GT 107) 云々により，すなわち

1	4
100	30
	4

ここにも分母はない．そこで，四を三十に掛けて[5]百二十が生ずる．これにもまた四を掛けて四百八十．これを前のように百で割って商は四単位と五分の四．す

---

[1]K ekaguṇa(ṇā) eka- > ekaguṇaika-.

[2]K $\left\{\begin{array}{c|c|c} 1 & 3 & 80\\ 100 & 80 & 30\\ 2 & & \end{array}\right\}$

[3]K ekaguṇa(ṇena) ekaśatena > ekaguṇaikaśatena.

[4]K pañca bhāgāśca (catvāraḥ) > pañcabhāgāśca catvāraḥ.

[5]K -guṇā (triṃśat jātā) > -guṇā triṃśajjātaṃ

なわち

4
4
5

以上，三部分とも等しい利息が生じた．/SGT 132-33.2/

···Note ··························

SGT 132-33.2. 検算（ただしここでは検算に相当する「適用」ghaṭanā もそれに代わる語も用いられていない）．それぞれの部分の利息を五量法で計算する．第 1 部分 80 の利息：$\frac{3\cdot 80\cdot 2}{1\cdot 100}=\frac{480}{100}=4\frac{4}{5}$. 第 2 部分 80 の利息も全く同様に (3 と 2 が入れ替わるだけ)，$4\frac{4}{5}$. 第 3 部分 30 の利息：$\frac{4\cdot 30\cdot 4}{1\cdot 100}=\frac{480}{100}=4\frac{4}{5}$. したがって，利息は 3 部分とも等しく $4\frac{4}{5}$. なお，この段落の冒頭の文では，三人称単数の動詞「云う」(āha) が用いられているが，次の文「五量法により...」は，詩節でも引用でもなさそうだから，おそらく注釈者 S 自身が自分を一般化して述べたのだろう．帰命頌や奥書以外では珍しいが．

··························

92, 7 次に，この目的に合致する，『リーラーヴァティー』に述べられた諸部分を求めるための明解な (spaṣṭa) 術則，一詩節が示される．

> さて，基準値を時間に掛け，経過した時間を掛けた果で割る．それらを自分たちの和で割り，合計を掛けると，それぞれ，貸し付けられた部分になる．/L 92/[1]

···Note ··························

L 92. 規則：元金の等利息分割．GT 131 に対する Note の記号を用いて，

$$B_i=\frac{a_i t_i}{p_i T_i},$$

とすると，

$$A_i=\frac{B_i}{\sum B_j}\cdot A.$$

GT 131 のアルゴリズムと比較して，B_i の計算手順で不要な '1' を用いないという点では L 92 の方が簡潔明瞭で優れているが，A_i の実際の計算手順としては割り算を最後に行なう GT 131 のほうが優れている．

··························

その（GT 132-33 の）同じ例題の書置

1	3	1	2	1	4
100	1	100	1	100	1
2		3		4	

合計額

190

ここで，百を数値とする「基準値を」一ヶ月を徴とする「時間に掛け」ると，すべて上に百が生ずる．二ヶ月などの「経過した時間を」「果」に掛ける．すなわち，最初の部分では，三ヶ月を二に掛け[2]，百の下に六が生

---

[1] atha pramāṇairguṇitāśca kālā vyatītakālaghnaphaloddhṛtāste/ svayogabhaktāśca vimiśranighnāḥ prayuktakhaṇḍāni pṛthagbhavanti//L 92//
L 92ab: K guṇitāśca kālā vyatīta-] guṇitāḥ svakālā vyatīta- L/ASS, guṇitāḥ svakālāḥ pratīta- L/VIS.

[2] K -guṇitau > -guṇitau dvau.

ずる．すなわち $\begin{array}{|c|}100\\6\\\hline\end{array}$ 二つ目の部分では，経過した二ヶ月を果の三に掛けて，百の下に六が生ずる．すなわち $\begin{array}{|c|}100\\6\\\hline\end{array}$ 三つ目の部分では，経過した四ヶ月を四を徴とする果に掛けて，百の下に十六が生ずる．すなわち $\begin{array}{|c|}100\\16\\\hline\end{array}$ これら六など「経過した時間を掛けた果で」「割る」(uddhṛta: dattabhāga)⟨ ことになる．六などは百の ⟩ 下に作られるから．このことを考慮して，「分子分母を逆にして」というここ (GT 131) でも，この同じことが示された．しかし，計算士 (gāṇitika) たちは要点 (tattva) を知っている．⟨L 92 の詩節の ⟩ 後半の演算 (prakriyā) は前に (SGT 132-33.1) 示された．⟨ だから ⟩ そのことは ⟨ ここでは ⟩ 示されない．以上．/SGT 132-33.3/

⟨ ここで K のテキストが終わる．⟩

···Note ···

SGT 132-33.3. ここで注釈者 S は，$B_i = a_i t_i / p_i T_i$ を計算する書板上での操作を説明している．すなわち，書置において，a_i を上の t_i に，T_i を下の p_i に掛け，それらの乗数は消す．掛け算が終わった乗数を消すことに関しては，SGT 47.3 で言及された「掛けたら乗数は去る」という「理屈」参照．また GT 62 の Note 参照．

$$\begin{array}{|ll|}t_i & T_i\\ a_i & \\ p_i & \\\hline\end{array} \quad\rightarrow\quad \begin{array}{|l|}t_i a_i\\ \\ p_i T_i\\\hline\end{array} \quad\rightarrow\quad \frac{t_i a_i}{p_i T_i}\ (= B_i)$$

SGT 132-33.1 の書置で偶数列の上から 2 項目にある $A_i = 1\ (i = 1, 2, 3)$ は，L 92 のアルゴリズムを用いる場合の書置には不要であるが，それをそのまま残している．注釈者 S は GT 131 のアルゴリズムと L 92 のそれの違いをはっきり認識していなかったのかもしれない．あるいは，筆写生の過剰な修正か．

···

付　録

A:『シッダーンタシェーカラ』13-14章（和訳）

ここに『シッダーンタシェーカラ』13章「既知数学」と14章「未知数学」を和訳する．それぞれの目次は序説 §1.3.1 と §1.3.2 参照．13章と GT の対応に関しては序説 §1.3.1 参照．GT に同じ詩節があるときは GT 参照．ここでは詩節のインデントは行わない．使用テキストは，Siddhāntaśekhara of Śrīpati, ed. by Babuāji Miśra, Calcutta, 1932/47 である．13章の英訳は Sinha 1988 に，14章の英訳は Sinha 1986 にある．

*　*　*　*　*　*

A.1: 13章「既知数学」

⟨1. 序⟩

これら二十の基本演算 (parikarman) と，混合に始まり影を八番目とする手順 (vyavahṛti) とを知る者は既知数学 (vyakta-gaṇita) を知る者である．また彼は数学を得意とする人たちの集まりで計算士 (gaṇaka) たちの先導者であることを享受する．/1/ [1]

···Note···

SŚ 13.1. 序.「二十の基本演算」と八種の「手順」については，序説 1.3.1 参照．この序文は BSS 12.1 に酷似する．

> 足し算に始まる二十の基本演算と影に終わる八つの手順をそれぞれ良く知る者は計算士である．/BSS 12.1/ [2]

ただしここ (BSS) ではまだ「既知数学」という言葉への言及はなく，「計算士たちの先導者」の代わりに「計算士」としている．また，BSS の「二十の基本演算」は SŚ のそれと少し異なる．すなわち，蔓の同色化，逆算法（逆提示），生き物売りを含まず，代わりに，七量法，九量法，十一量法を含む．詳しくは，SaKHYa 2009, xl-xlvi 参照．

···

⟨2. 基本演算⟩

⟨ 掛け算 ⟩

/2/ = GT 17.

⟨ 割り算 ⟩

---

[1] jānāti viṃśatimimāṃ parikarmaṇāṃ yaś
chāyāṣṭamīrvyavahṛtīrapi miśritādyām/
vyaktaṃ sa vetti gaṇitaṃ gaṇitapravīṇa-
goṣṭhīṣu vaiṣa bhajate gaṇakāgraṇītvam//1//

[2] parikarmaviṃśatiṃ yaḥ saṅkalitādyāṃ pṛthagvijānāti/
aṣṭau ca vyavahārānchāyāntānbhavati gaṇakaḥ saḥ//BSS 12.1//

被除数の下に除数を置くべきである．⟨ それに ⟩ ある ⟨ 数 ⟩ を掛けたものが被除量から消え去る（引かれる）とき，それが商 ⟨ の一部 ⟩ になるだろう．部分を取ること（割り算）においては，最後から逆順に，被除量がなくなるまで，このように ⟨ 行う ⟩．/3/[1]

⟨ 平方・立方 ⟩

同じ二つの量の積が平方である．同じ三つの ⟨ 量の ⟩ 積が立方である．⟨ 人々は ⟩ 四腕図形（ここでは正方形）を平方と呼ぶ[2]．十二稜の固まりが立方である．/4/[3]

⟨ 平方根 ⟩

/5/ = GT 26.

⟨ 立方根 ⟩

/6-7/ = GT 32-33.

⟨ 分数の足し算・引き算 ⟩

二つの量の結合のためには[4]，互いの分母を分子分母に掛けて等分母にする．というのは，等分母のものに和と差があるから．分母のない量の分母は単位とする．/8/[5]

⟨ 分数の掛け算・平方 ⟩

/9ab/ = GT 40, /9cd/ = GT 44.

⟨ 分数の割り算・部分付加類・部分除去類 ⟩

/10ab/ = GT 42ab.

... 分母と分子の掛け算から生ずるもの ⟨ が分母分子である．部分付加類と部分除去類では，分母を整数に掛け，部分付加では ⟩ 分子は正数，部分除去では減数にする．/10cd/[6]

⟨ 重部分類 ⟩

---

[1] bhājyasyādhaḥ sthāpayedbhājakaṃ ca yena kṣuṇṇaṃ bhājyarāśerapaiti/
labdhiḥ sā syādevamantyādvilomaṃ bhāgādāne hyākṣayādbhājyarāśeḥ//3//

[2] uśanti < $\sqrt{}$vaś. 通常の意味は「欲する」「主張する」だが，SŚ 13 章，14 章に見られる 3 度の用例では「主張する」というほどの強い意味はないのですべて「呼ぶ」と訳す．13.38, 14.11, 24 参照．また，SŚ 13.30d の āgṛṇanti 参照.

[3] vargo 'bhighātaḥ sadṛśadvirāśyorghanaḥ samānatritayasya ghātaḥ/
caturbhujaṃ kṣetramuśanti vargaṃ syāddvādaśāśristu ghanaḥ sa vṛndaḥ//4//

[4] -yogāya. 数学では通常 yoga は「和」を意味するが，ここでは差も含めて yoga 本来の「結びつける」という意味か.

[5] parasparacchedahatau harāṃśau yogāya rāśyoḥ sadṛśacchidau staḥ/
yogo viyogaśca samacchidāṃ hi rūpaṃ haraḥ syādaharasya rāśeḥ//8//

[6] hārāṃśayoḥ saṅguṇājā...vaṃśo dhanaṃ hānirathāpavāhe//10cd//

10c: saṅguṇājā...vaṃśo > saṅguṇajau harāṃśāvaṃśo. 点線部分の前後をこのように修正すれば，舌足らずながらも分数の割り算は完結するが，その後の部分付加 1・部分除去 1 の前半を述べる文章は，最低でも四半詩節が脱落していると考えられる．部分付加 1・部分除去 1 の規則に関しては GT 57 & 60 参照.

重部分類で同色化するためには，分母と分子〈それぞれ〉を掛け合わせる．/11ab/[1]

〈蔓の同色化〉

〈蔓の同色化では〉下の分母を最初（上）の分子分母に掛けるべきである．前（上）の分子に下にある分子を加減する．/11cd/[2]

〈部分類〉

下の分母と上の分子の積を作り，下の分母に上の分母を掛け，下にある分子と上の分母の積を上の分子に投じなさい，部分類では．/12/[3]

···Note ···

SŚ 13.12. 部分類．この「部分類」は Śrīpati 自身の GT 53 の部分類ではなく，SGT 54.2 で引用されている Śrīdhara の PG 37 の部分類と同じである．

···

〈逆算法（シンハティラカの逆提示）〉

/13/ = GT 93.

〈三量法・逆三量法〉

/14/ = GT 95.

〈五量法〉

/15/ = GT 107.

〈品物対品物〉

/16ab/ = GT 112.

〈生物売り〉

/16cd/ = GT 115.

〈3. 手順〉

〈3.1. 混合の手順〉

〈元金と利息の分離〉

/17/ = GT 118.

〈保証人手数料〉

/18/ = GT 120.

〈投資額に比例する利益配分〉

[1]prabhāgajātau tu savarṇanāya chidāṃ lavānāṃ ca samāhatiḥ syāt//11ab//

[2]adhaścidādyaṃśaharaṃ nihanyātprāgaṃśake svarṇamadhastanāṃśam//11cd//
11c: cidā- > chidā-.

[3]adhoharordhvāṃśavadhaṃ vidadhyādadhoharaṃ cordhvahareṇa hanyāt/
adhastanāṃśordhvaharābhighātamūrdhvāṃśakeṣu kṣipa bhāgajātau//12//

投資額〈のそれぞれ〉に総額を掛け，自分たちの和で割るべきである，それぞれの果を得るために．/19ab/[1]

···Note···

SŚ 13.19ab. 投資額 (A_i) に比例する利益配分．利益総額または売り上げ総額を M とし，$A = \sum A_i$ とすると，果 (分け前) は $B_i = A_i M/A$. BSS 12.16ab, PG 59ab = Tr 38ab 参照.

···

〈商品の値段の比例分割〉

商品〈の量〉で自分の値段を割り，個々の部分を掛け，前と同じ演算をする．/19cd/[2]

···Note···

SŚ 13.19cd. 商品の値段の比例分割．商品 i $(i = 1, 2, ..., n)$ は量 p_i の値段が m_i とする．総額 M を支払ってそれらの商品を量の比 $b_1 : b_2 : \cdots : b_n$ で購入するとき，それぞれの商品の値段 M_i は，

$$A_i = \frac{m_i}{p_i} \cdot b_i,$$

としてから「前と同じ演算をする」すなわち，利益配分の規則 (SŚ 13.19ab) を適用して

$$M_i = \frac{A_i M}{A}.$$

PG 59cd = Tr 38cd, GSS 6.87cd-88ab 参照（テキストによって，アルゴリズムの細部まで一致しない場合があることに注意．以下同様）．

···

〈3.2. 数列の手順〉

〈等差数列の末項・中央値・和〉

一を引いた項数と増分の積に口を加えると最後の値である．それに最初を加え半分にしたものは中央値になる．それに項数を掛けたものは総値になるだろう．/20/[3]

···Note···

SŚ 13.20. 等差数列の末項・中央値・和．初項 a $(= a_1)$，増分 (公差) d の等差数列の末項 a_n，中央値 m，和 $A(n)$ は，

$$a_n = a + (n-1)d, \qquad m = \frac{a + a_n}{2}, \qquad A(n) = mn.$$

n が奇数なら，$a_{\frac{n+1}{2}} = m$ であるが，偶数なら項は存在しない．「中央値」(madhyama-dhana) は「平均値」の意味と思われる．AB 2.19, BSS 12.17, Tr 39 (cf. PG 95cd), GSS 2.64 参照.

···

[1] prakṣepakānmiśradhanena hanyāt pṛthakphalāptyai vibhajetsvayutyā//19ab//

[2] paṇyena bhakte nijamūlyarāśau prāgvadvidhānaṃ pṛthagaṃśanighne//19cd//

[3] vyekagacchacayayorvadhe mukhe-
nānvite 'ntyadhanamādiyutaṃ tat/
ardhitaṃ bhavati madhyamaṃ dhanaṃ
tatpadaghnamakhilaṃ dhanaṃ bhavet//20//

〈サンカリタ・サンカリタの和〉

望みの項数の，一を初項および増分とするサンカリタ（自然数列の和）があるとしよう．それに，項数に二を加えたものを掛け，三で割ったものを，識者たちはサンカリタの和と呼ぶ．/21/[1]

···Note ···

SŚ 13.21. サンカリタ・サンカリタの和.

$$\text{サンカリタ}: S(n) = 1 + 2 + \cdots + n,$$

$$\text{サンカリタの和}: S_2(n) = S(1) + S(2) + \cdots + S(n) = \frac{S(n) \cdot (n+2)}{3}.$$

AB 2.21abc, BSS 12.19, PG 103cd 参照.

···

〈平方サンカリタ・立方サンカリタ〉

サンカリタに，項数を二倍し大地 (1) を加えたものを掛け三で割ると，平方から生ずるサンカリタである．また，立方から生ずるサンカリタは，サンカリタの平方に他ならない．/22/[2]

···Note ···

SŚ 13.22. 平方サンカリタ・立方サンカリタ.

$$\text{平方サンカリタ}: S^{(2)}(n) = 1^2 + 2^2 + \cdots + n^2 = \frac{S(n) \cdot (2n+1)}{3}.$$

$$\text{立方サンカリタ}: S^{(3)}(n) = 1^3 + 2^3 + \cdots + n^3 = \{S(n)\}^2.$$

AB 2.22, BSS 12.20, PG 102+103ab, GSS 6.296+301 参照.

···

〈初項・増分〉

口は，総値を項数で割り，一を引いた項数を掛けた増分の半分を引くと生ずるだろう．増分は，総値から項数と口の積を引き，自乗した項数から項数を引いたものの半分で割ると生ずるだろう．/23/[3]

···Note ···

SŚ 13.23. 初項・増分．等差数列で，

$$\text{初項}: a = \frac{A(n)}{n} - \frac{(n-1)d}{2}, \qquad \text{増分}: d = \frac{A(n) - an}{(n^2 - n)/2}.$$

PG 86 = Tr 40, GSS 2.73ab+74ab, 6.292 参照.

···

〈項数〉

---

[1] iṣṭasya gacchasya yadekakāderekottaraṃ saṅkalitaṃ bhavettat/
dviyuktapakṣābhihataṃ tribhaktaṃ manasvinaḥ saṅkalitaikyamāhuḥ//21//
21c: pakṣābhihataṃ > gacchābhihataṃ.

[2] saṅkalitaṃ dviguṇena padena kṣmāsahitena hataṃ trivibhaktam/
saṅkalitaṃ kṛtijaṃ ghanajaṃ syātsaṅkalitasya tathā kṛtireva//22//

[3] mukhaṃ bhavetsarvadhane padoddhṛte nirekagacchaghnacayārdhavarjite/
padāsyaghātonadhane cayo bhavetpadonitasvaghnapadārdhabhājite//23//

増分の半分で割った算計に，口から増分の半分を引き増分で割って平方したものを足し，その根から前の量の根を引いたものを人々は項数と云う．/24/[1]

···Note···

SŚ 13.24. 項数．等差数列で，

$$項数 : n = \sqrt{\frac{A(n)}{d/2} + \left(\frac{a - d/2}{d}\right)^2} - \frac{a - d/2}{d}.$$

AB 2.20, BSS 12.18, PG 87 = Tr 41, GSS 2.69-70 参照.

···

⟨ 倍増数列の和 ⟩

偶数の項は半分にして平方 ⟨ という文字 ⟩ を，また奇数の項は一を引いて乗数 ⟨ という文字 ⟩ を置く（書く）べきである．逆順に乗数と平方から生じた果から一を引き，⟨ 一を引いたその乗数で割り，//初項を ⟩ 掛けたもの，⟨ それは倍増数列から生ずるもの（和）になるだろう ⟩．/25/[2]

···Note···

SŚ 13.25. 倍増数列の和．初項 a，乗数 r の倍増数列 (guṇottara-śreḍhī) すなわち等比数列の最初の n 項の和は，

$$G = \frac{r^n - 1}{r - 1} \cdot a.$$

規則の前半は r^n を求めるアルゴリズムであり，「乗数と平方から生じた果」が r^n である．詳しくは Hayashi 2000a, 188 参照．PG 94-95ab, GSS 2.94, 6.311cd-312ab ($r < 1$ のとき) 参照.

···

⟨ 数列の応用問題 ⟩

口（初速）を ⟨ 引いた ⟩ 定速を増分の半分で割り ⟨ 一を加えると，行程が ⟩ 等しい二人の出会い ⟨ までの日数 ⟩ になるだろう．/26ab/[3]

···Note···

SŚ 13.26ab. 等行程 (sama-gati)．想定されている問題は，「二人の人が同じ所から同時に出発し，同じ方向に，一人は毎日定速 (v) で進み，他方は初日に a，翌日からは毎日行程を d づつ増やしながら進むとき，二人は何 (n) 日後に出会うか」というもの．すなわち，

$$vn = \frac{n}{2} \cdot \{2a + (n - 1)d\}.$$

この詩節が与える解は，

$$n = \frac{v - a}{d/2} + 1.$$

---

[1] cayārdhabhakte gaṇite nidhadyādgatottarārdhaṃ mukhamuttarāptam/
kṛtīkṛtaṃ tasya padaṃ vihīnaṃ prāgrāśimūlena ca gacchamāhuḥ//24//

[2] sthāpayetsamapade 'rdhite kṛtiṃ vyekake ca viṣame pade guṇam/
utkrameṇa guṇavargajaṃ phalaṃ vyakā tāḍitam//25//

この詩節の第 4 パーダ (25d: vyakā ...... tāḍitam) には欠損がある．またこの詩節の意図するところを表現するには 25d だけでは音節数が足りないから，同じ韻律 (Rathoddhatā) で次のように半詩節 (25ef) を補うことを提案する．和訳はこれによる．

vyeka⟨mekarahitena bhājitam//25//
tadguṇena ca tathādi⟩tāḍitaṃ ⟨yadguṇottarajameva tadbhavet⟩//25ef//

[3] śarānanā nityagatiścayārdhahṛtā svayaṃ vā samayoryutiḥ syāt//26ab//

このままでは理解不能．編者 (Babuāji Miśra) のサンスクリット注も解釈をあきらめている．そこで次の修正を提案する．śarānanā > gatānanā or nirānanā; svayaṃ vā > sarūpā.

等行程問題はPG 96, GSS 6.294, 319でも扱われている．また，同じ解（アルゴリズム）になる等寄付，等賃金，等分配などの問題が『バクシャーリー写本』(Sūtra 20, 21, 23) に見られる．Cf. Hayashi 1995a, 370-73.

....

⟨3.3. 平面図形の手順⟩

⟨非図形⟩

四腕形 (pl.) の，あるいはすべてのまっすぐな腕を持つ⟨凸図形⟩の，最大の腕より，もし他の腕の和が小さいか等しいなら，それは非図形 (akṣetra) であると崇高な知性を持つ人たちは知るべきである．/26cd-27ab/ [1]

···Note ···

SŚ 13.26cd-27ab. 非図形．PG 108 参照.

....

⟨四腕形・三腕形の面積 1⟩

腕の和の半分を四つ置き，順にそれぞれ自分の腕を引く．次に⟨それらを⟩互いに掛け合わせ，平方根をとれば，三・四腕形の果（面積）である．/28/ [2]

···Note ···

SŚ 13.28. 四腕形・三腕形の面積 1. 四腕形 (caturbhuja) の腕 (bhuja) すなわち辺の長さを a, b, c, d とし，$s = (a + b + c + d)/2$ とすると，

$$A = \sqrt{(s-a)(s-b)(s-c)(s-d)}.$$

三腕形 (tribhuja) ではどれか一つの腕が0. 四腕形の規則は，円に内接する場合だけ正確で，他の場合は近似的だが，そのことへの言及はない．BSS 12.21cd, PG 117, Tr 43ab (= PG 117ab), GSS 7.50ab 参照.

....

⟨三腕形の射影線・垂線⟩

⟨両⟩腕の平方の差を地の二倍で割ったものを，自分の地の半分に対して減加すれば，それら両者は二つの射影線となる．一方，射影線と⟨それに対する⟩腕の平方から生ずる差の根は垂線である．/29/ [3]

···Note ···

SŚ 13.29. 三腕形の射影線・垂線. 三腕形の地 (bhū) を a，両腕を b_1, b_2 とし，頂点から下ろした垂線 (lambaka, h) の両側の地の射影線 (avadhā) を a_1, a_2 ($a_1 + a_2 = a$ で a_i が b_i に対応) とすると，

$$a_i = \frac{a}{2} \pm \frac{b_1^2 - b_2^2}{2a}; \qquad h = \sqrt{b_1^2 - a_1^2} = \sqrt{b_2^2 - a_2^2}.$$

[1] caturbhujāyāmakhilasya vā syādavakrabāhoradhikābhujāccet//26cd//
ūnaḥ samo vetarabāhuyogo jñeyaṃ tadakṣetramudāradhībhiḥ/
... (27cd は出版本では点線) ...//27//
26c: caturbhujāyām > caturbhujānām. 26d: adhikā > adhikād.

[2] bhujasamāsadalaṃ hi catuḥsthitaṃ nijabhujaiḥ kramaśaḥ pṛthagūnitam/
atha parasparameva samāhataṃ kṛtapadaṃ tricaturbhujayoḥ phalam//28//

[3] bāhuvargavivaradvinighnabhūbhaktavarjitayute svabhūdale/
te 'vadhe hi bhavato 'vadhābhujāvargajāntarapadaṃ tu lambakaḥ//29//

左のアルゴリズムの複号は，プラスが a_1，マイナスが a_2. BSS 12.22, GSS 7.49 参照.

⟨ 四腕形・三腕形の面積 2⟩

あるいは，四腕形と名の付くものすべてにおいて，垂線を掛けた地と口の和の半分が果となる．三腕形では地を二で割り垂線を掛けたものを果と呼ぶ[1]．/30/ [2]

···Note

SŚ 13.30. 四腕形・三腕形の面積 2.

$$\text{四腕形}: A = \frac{a+c}{2}\cdot h; \qquad \text{三腕形}: A = \frac{a}{2}\cdot h.$$

四腕形の規則は，等垂線四腕形（台形）の場合だけ正確で，他の場合は近似的だが，そのことへの言及はない．30d の rū の後の 4 音節が脱落しているが，数学的内容に影響はないと思われる．AB 2.6ab+8cd, PG 115, Tr 43cd (三腕形), GSS 7.50cd (四腕形) 参照．PG は，この規則のあと，不規則図形を扱い (PG 116)，四腕形・三腕形の面積 1 の規則 (PG 117) とそれに必要な平方根の近似計算法 (PG 118) を与えるが，現存する PG はそこで途切れる．

⟨ 外円の心紐・直径 ⟩

三腕形の両腕の積の半分を垂線で割ったものは心紐である．四腕形の場合，耳と側腕の積の半分を垂線で割ったもの ⟨ が心紐 ⟩ である．// あるいは不等腕 ⟨ 四腕形 ⟩ の場合，腕と対腕の平方の和の根の半分 ⟨ が心紐 ⟩ である．この心紐に二を掛けたものが，外円から生ずる直径であると教示される．/31-32/ [3]

···Note

SŚ 13.31-32. 外円の心紐・直径．外円 (bahirvṛtta) すなわち外接円の心紐 (hṛdaya-rajju) すなわち半径を R とすると，

$$\text{三腕形}: R = \frac{bc/2}{h}, \qquad \text{四腕形}: R = \frac{be/2}{h}.$$

ただし三腕形の b, c は両側腕，h は高さ．また四腕形の e, h は一方の側腕 b の上端からの耳 (対角線) と垂線.

$$\text{不等腕四腕形}: R = \frac{\sqrt{a^2+c^2}}{2} = \frac{\sqrt{b^2+d^2}}{2}; \qquad \text{直径}: D = 2R.$$

[1] āgṛṇanti. 動詞 ā-$\sqrt{}$gṝの意味として辞書 (MMW) が記録するのは 'to praise'（称賛する）だけだが，この文脈では「呼ぶ」がふさわしい．SŚ 13.4c の uśanti 参照.

[2] lambāhataṃ kumukhayogadalaṃ phalaṃ syād
yadvākhileṣvapi caturbhujasaṃjñakeṣu/
dvābhyāṃ hṛtā vasumatī tribhuje vinighnā
lambena rū.... phalamāgṛṇanti//30//

[3] tribāhunaḥ pārśvabhujāvadhārdhaṃ lambena bhaktaṃ hṛdayasya rajjuḥ/
caturbhujeṣu śrutipārśvabāhuvadhasya cārdhaṃ khalu lambabhaktam//31//
atulyabāhoḥ pratibāhubāhuvargaikyamūlasya dalaṃ hi yadvā/
dvābhyāṃ hatāsau hṛdayasya rajjurvyāso bahirvṛttabhavaḥ pradiṣṭaḥ//32//

「不等腕四腕形」については，SŚ 13.34, 13.42 参照.

外接円の半径を「心紐」(hṛdaya-rajju) と呼ぶことも含めて，これらの規則はすべて BSS 12.26-27 にある．ただし，BSS の規則の順序は，四腕形，不等腕四腕形，三腕形，直径である．詩節の対応関係は，BSS 12.26ab → SŚ 13.31cd; BSS 12.26cd → SŚ 13.32ab; BSS 12.27ab → SŚ 13.31ab; BSS 12.27cd → SŚ 13.32cd.

⟨ 二等腕・全等腕四腕形の耳 ⟩

四腕形の内，二等腕（長方形）の，また全等腕（正方形）の場合の，二つの耳は，腕と対腕の平方の和の根である．不等腕のものは今から（次の詩節で）述べよう．/33/ [1]

···Note

SŚ 13.33. 二等腕・全等腕四腕形の耳.「二つの耳」（二つの対角線）が等しいという前提で述べられているから,「二等腕」は長方形,「全等腕」は正方形と解釈される．長方形の二辺を a, b とすると（正方形の場合は $a = b$），その耳 (e) は，

$$e = \sqrt{a^2 + b^2}.$$

「全等腕の場合」と訳した複合語 sarvasamāvareṣu の最後の要素は avara または āvara であるが，avara は「下・劣」などであって「腕」の意味はなく，āvara は Skt 辞書 (MMW) にない．動詞 ā-√vṛ（覆う，囲む）から派生する名詞は通常 āvaraṇa であるが，この āvara もそれに準じて「周囲・側辺」を意味するか．三平方の定理については，AB 2.17ab, BSS 12.24, Tr 51 参照．また，林 1993, 64 参照.

⟨ 不等腕四腕形の耳 ⟩

耳の端に依止する腕の積の和を相互に割り，それに，二通りに，腕と対腕の積の和を掛けるべきである．二つの平方根は不等 ⟨ 腕 ⟩ と呼ばれる四腕形の両耳である．/34/ [2]

···Note

SŚ 13.34. 不等腕四腕形の耳．四腕が a, b, c, d の四腕形の耳 e_1 の一方の端で a と b，他方の端で c と d が交わり，耳 e_2 の一方の端で b と c，他方の端で d と a が交わっているとき，

$$e_1 = \sqrt{\frac{ab+cd}{bc+ad} \cdot (ac+bd)}, \qquad e_2 = \sqrt{\frac{bc+ad}{ab+cd} \cdot (ac+bd)}.$$

「不等腕四腕形」については，SŚ 13.31-32, 13.42 参照．BSS 12.28, GSS 7.54 参照.

⟨ 円の周・面積 ⟩

[1] dvitulyabāho'sca caturbhujeṣu syātāṃ śrutī sarvasamāvareṣu/
bāhupratībāhuvadhaikyamūlamatulyabāhoradhunā pravakṣye//33//

[2] karṇāntasaṃśritabhujāhatisaṃyutiryā
bhaktā parasparamasau guṇayeddvidhā tām/
yutyā bhujāpratibhujāvadhayoḥ pade tu
karṇāvimau hi viṣamākhyacaturbhujasya//34//

直径の平方に十を掛け，根をとって，密な円周とすべきである．直径の平方の四分の一の平方の十倍からの根を果（面積）とすべきである．/35/ [1]

···Note··

SŚ 13.35. 円の周・面積．円の直径を d とするとき，その周 C と面積 A は，

$$C = \sqrt{10d^2}, \qquad A = \sqrt{10\left(\frac{d^2}{4}\right)^2}.$$

UTA 3.11, BSS 12.40cd, Tr 45, GSS 7.60 参照.

··

〈近似根〉

分母分子の積にアユタ（十万）と望みの数の平方との積を掛けたものから生ずる近似根 (nikaṭa-pada) を乗数の根を掛けた分母で割ったものは自分の近似根 (samīpa-mūla) である．/36/ [2]

···Note··

SŚ 13.36. 近似根．望みの数を p として，

$$\sqrt{\frac{b}{a}} = \frac{\sqrt{(ab)\cdot(10000p^2)}}{a\cdot(100p)}.$$

この分子（被除数）は，整数部分だけを位取りを用いたアルゴリズム (SŚ 13.5) によって計算する．PG 118 = Tr 46 は，

$$\sqrt{a} = \frac{\sqrt{ap^2}}{p},$$

の形で与える．

··

〈弦・矢・直径〉

円の直径から望みの矢を引き，掛け，ヴェーダ (4) 倍したものからの根は弦となる．円で，弦と直径の平方の差からの根を直径から引き，半分にしたものは矢となる．// 弦の半分の平方に矢の平方を加え，矢で割って，〈結果を人々は〉円の直径と呼ぶ．/37-38ab/ [3]

···Note··

SŚ 13.37-38ab. 弦・矢・直径．直径 d の円の任意の弦を a，それに対する矢 (弦の上の弓形の高さ) を s とすると，

$$a = \sqrt{4s(d-s)}, \qquad s = \frac{d-\sqrt{d^2-a^2}}{2}, \qquad d = \frac{(a/2)^2+s^2}{s}.$$

これらは，メソポタミアを初め古代世界でよく知られた関係，$s(d-s) = \left(\frac{a}{2}\right)^2$，から得られる．UTA 3.11, AB 2.17cd, BSS 12.41-42ab, a Prakrit verse cited in BAB

[1] viṣkambhavarge daśabhirvinighne padīkṛte syātparidhiḥ susūkṣmaḥ/
viṣkambhavargasya caturthabhāgavargāddaśaghnācca padaṃ phalaṃ syāt//35//

[2] chedāṃśaghātādayuteṣṭavargasamāhatighnānnikaṭaṃ padaṃ yat/
prajājate tadguṇamūlanighnacchedāhṛtaṃ syātsvasamīpamūlam//36//

[3] vṛttavyāsādiṣṭabāṇonanighnādvedaiḥ kṣuṇṇādyatpadaṃ jyā bhavettat/
vṛtte jīvāvyāsakṛtyorviśeṣānmūlaṃ prohya vyāsato 'rdhaṃ śaraḥ syāt//37//
jīvārdhavarge śaravargayukte śaroddhṛte vyāsamuśanti vṛtte/38ab/

2.19 (p.73), GSS 7.225cd-226ab, 227cd-228ab, 229cd-230ab 参照.

⟨ 食分の矢 ⟩

両直径から ⟨ それぞれ ⟩ 食分を引き，掛け，食分を引いたものの和で割ったものは矢である．/38cd/ [1]

···Note···

SŚ 13.38cd. 食分の矢．直径 d_1, d_2 の二円が交わっている．両円で共通の弦に対する矢を s_1, s_2 とし，その和（食分）を b ($s_1 + s_2 = b$) とすると，

$$s_1 = \frac{(d_2 - b)b}{(d_1 - b) + (d_2 - b)}, \qquad s_2 = \frac{(d_1 - b)b}{(d_1 - b) + (d_2 - b)}.$$

AB 2.18, BSS 12.42cd, GSS 7.231cd-232ab 参照.

⟨ 弧・矢・弦・直径 ⟩

矢の平方を六倍し弦の平方を加えたものからの根はここでは弧である．弦と弧の平方の差を支分[2](6) で割ったものからの根は矢の量である．// 弧の平方から矢の平方の味 (6) 倍を引けば，ここでも根は弦である．弧の平方の半分から矢の平方を引き，矢と二で割ったものは直径となろう．/39-40/ [3]

···Note···

SŚ 13.39-40. 弧・矢・弦・直径．直径 d の円で，任意の弦 a に対する矢と弧を s, e とすると，

$$e = \sqrt{a^2 + 6s^2}, \qquad s = \sqrt{\frac{e^2 - a^2}{6}}, \qquad a = \sqrt{e^2 - 6s^2}, \qquad d = \frac{e^2/2 - s^2}{2s}.$$

最初の 3 つのアルゴリズムは，近似関係 $a^2 + (\pi^2 - 4)s^2 \approx e^2$ で近似値 $\pi \approx \sqrt{10}$ を用いることから得られる．UTA 3.11, GSS 7.73cd-75ab 参照．4 番目のアルゴリズムは，この a を求める規則と詩節 38ab の d を求める規則から得られる．

⟨ 高貴三腕形の作成 ⟩

腕は望みのものとする．その平方を ⟨ 別の ⟩ 任意数で割りかつ減じ，半分にしたものが際である．これ（際）に前の除数を加えたものが耳である，と賢い人たちにより，高貴 ⟨ 三腕形 ⟩ と長方形の規則で言明された．/41/ [4]

···Note···

SŚ 13.41. 高貴三腕形の作成．任意数を a, b とすると，

$$x = a, \qquad y = \frac{a^2/b - b}{2}, \qquad z = \frac{a^2/b - b}{2} + b \left\langle = \frac{a^2/b + b}{2} \right\rangle,$$

[1] vyāsau tathā grāsavihīnanighnau grāsonayutyā vihṛtau śarau staḥ//38cd//

[2] aṅga = vedāṅga. ヴェーダの支分，すなわち 6 分野のヴェーダ補助学.

[3] vargādiṣoḥ ṣaḍguṇitācca jīvāvargeṇa yuktātpadaamatra cāpam/
jyācāpavargāntarato 'ṅgabhaktādyadvargamūlaṃ tadiṣoḥ pramāṇam//39//
dhanuḥkṛterbāṇakṛtiṃ viśodhya rasāhatāṃ mūlamapīha jīvā/
cāpasya vargārdhamiṣośca kṛtyā hīnaṃ bhavedvyāsa iṣudvibhaktaḥ//40//
40d: -bhaktaḥ > -bhaktam.

[4] iṣṭā bhujā tatkṛtiriṣṭabhaktahīnārdhitā koṭirasau sametā/
prāgbhājakena śravaṇaḥ sudhībhirjātyāyatakṣetravidhau niruktaḥ//41//

によって得られる x, y, z は高貴三腕形 (jātya-tribhuja) すなわち直角三角形の三辺，腕 (bhujā)，際 (koṭi)，耳 (śravaṇa) となる ($x^2 + y^2 = z^2$)．BSS 12.35 参照．

⟨ 不等腕四腕形の作成 ⟩

二つの高貴 ⟨ 三腕 ⟩ 図形の腕と際に互いに他方の耳を掛け，それらの内，最大のものを地，最小のものを口，残りを両腕とする，不等 ⟨ 腕四腕形 ⟩ の．/42/ [1]

···Note

SŚ 13.42. 不等腕四腕形の作成．二つの高貴三腕形 S, T の腕・際・耳を (a_1, b_1, c_1), (a_2, b_2, c_2) とするとき，S の三腕に a_2 と b_2 を別々に掛けて二つの高貴三腕形 S′, S″ を作り，T の三腕に a_1 と b_1 を別々に掛けて二つの高貴三腕形 T′, T″ を作る．S′ = (a_1a_2, b_1a_2, c_1a_2), S″ = (a_1b_2, b_1b_2, c_1b_2), T′ = (a_1a_2, a_1b_2, a_1c_2), T″ = (b_1a_2, b_1b_2, b_1c_2)．そして，それぞれの耳が外になり，同じ長さの腕または際が接合するようにこれら四つの高貴三腕形を結合すると，耳が直行する不等腕四腕形 (c_1a_2, c_1b_2, a_1c_2, b_1c_2) ができる．BSS 12.38 参照．L 189 も同じ作成法を述べ，L 190 は，このようにして作った四腕形の耳が $a_1a_2 + b_1b_2$ と $a_1b_2 + b_1a_2$ であることを指摘．「不等腕四腕形」については，SŚ 13.31-32, 13.34 参照．

⟨3.4. 堀の手順 ⟩

⟨ 堀・針の果 ⟩

もし堀が，幅，長さ，あるいは [深さ] に関して不均等なら，均等化するために，不均等性（いくつかの場所で測定した値）の和を不均等な ⟨ 値が測定された ⟩ 場所 ⟨ の数 ⟩ で割るべきである．⟨ それぞれの平均値が得られる．⟩ 深さと図形果（平面積）の積が堀果であると，堀の修練で評判の賢者たちによって云われる．均等 ⟨ 堀の果 ⟩ を三で割ったものをそれの針の果とすべきである．/43/ [2]

···Note

SŚ 13.43. 堀・針の果．規則の前半は，堀の幅，長さ，深さが均等でないとき，それぞれ数カ所で測って平均値を求めることを云う．後半は，「図形果」(kṣetra-phala) すなわち水平断面積 A と深さ h の積が「堀果」(khāta-phala) V であることを云うが，これは直方体や立方体だけでなく，三角柱や円柱など，水平断面がどこでも同じすべての堀を対象としていると見られる．最後は，針状堀（三角錐，四角錐，円錐など）の果 (sūcī-phala) V_s は，水平断面がどこでもその口と同じ均等堀の容積の三分の一であることを云う．

$$V = Ah, \qquad V_s = \frac{V}{3}.$$

[1]jātyayoḥ śrutihatāḥ parasparaṃ kṣetrayoriha hi bāhukoṭayaḥ/
teṣu bhūmiradhiko 'lpako mukhaṃ śeṣakaṃ tu viṣamasya dordvayam//42//

[2]syātkhātaṃ viṣamasya cetpṛthutayā dairghyena [vedhena] vā
sāmyārthaṃ viṣamaiḥ padairviṣamatāyogaṃ tadā saṃbhajet/
vedhakṣetraphalāhatirnigaditaṃ vikhyātakhātaśramair
dhīraiḥ khātaphalaṃ samaṃ trivihṛtaṃ syāttasya sūcīphalam//43//
43a: viṣamasya > viṣamaṃ ca.

BSS 12.44, Tr 52-53, GSS 8.4（堀果のみ）参照.
・・

〈 堀の密果 〉
　　堀の図形（上下の面）とそれらの和から生ずる正確な果の和を六で割り，深
さを掛けたものは，立方の名で呼ばれる密な算計である.　/44/ [1]
・・・Note・・
SŚ 13.44. 堀の密果. 口と底の面積を A_1, A_2, 口と底の長さ（長方形なら縦横, 三角
形なら底辺と高さ, 円なら直径など）の「和から生ずる」面積を A_3 とすると, 堀の
容積 V は,

$$A = \frac{A_1 + A_2 + A_3}{6}, \qquad V = Ah.$$

例えば，四角錐台の口と底の縦横をそれぞれ (a, b), (c, d) とすると,

$$A = \frac{ab + cd + (a+c)(b+d)}{6}.$$

また，円錐台の口と底の直径を d_1, d_2 とすると,

$$A = \left\{ \pi \left(\frac{d_1}{2} \right)^2 + \pi \left(\frac{d_2}{2} \right)^2 + \pi \left(\frac{d_1 + d_2}{2} \right)^2 \right\} \cdot \frac{1}{6}.$$

このアルゴリズムは，BSS 12.45-46 の規則から得られる.

　　　口と底の和の半分からの算計に深さを掛けたものが実用的算計である.
　　　口と底の算計の和の半分に深さを掛けたものが概算である. // 概算から
　　　実用的果を引き, 残りを三で割るべきである. 商を実用的果に投ずれば,
　　　密な果になる.　/BSS 12.45-46/ [2]（GSS 8.9-12ab 参照）

ここでは 2 種類の近似値「実用的」(vyāvahārika) V_1,「概算」(autra) V_2 を定義し,
それらを用いて「密果」V を与える. 冒頭の「口と底の和の半分からの算計」すなわ
ち長さの平均値を用いて計算した面積を A_3' としてこの規則を表すと,

$$V_1 = A_3' \cdot h, \qquad V_2 = \frac{A_1 + A_2}{2} \cdot h,$$

$$V = V_1 + \frac{V_2 - V_1}{3} \quad \left\langle = \frac{A_1 + A_2 + 4A_3'}{6} \cdot h \right\rangle.$$

ここで $4A_3' = A_3$ だから, SŚ 13.44 のアルゴリズムが得られる. ちなみに, 上で例示
した円錐台の A の分母を整理し, 円周率 $\pi = \sqrt{10}$ を用いたアルゴリズムを Śrīdhara
が次のように与えている.

　　　口と底〈の直径〉とそれらの和の平方の和の平方を十倍したものの根に深
　　　さを掛け, 四を伴う二十で割ったものは, 丸井戸 (kūpa) の果である.　/Tr
　　　54/ [3]

---

[1] khātasya tadyogabhuvāṃ sphuṭānāṃ kṣetrodbhavānāṃ ca yutiḥ phalānām/
ṣaḍuddhṛtā vedhasamāhatā syādghanābhidhānaṃ gaṇitaṃ susūkṣmam//44//
[2] mukhatalayutidalagaṇitaṃ vedhaguṇaṃ vyāvahārikaṃ gaṇitam/
mukhatalagaṇitaikyārdhaṃ vedhaguṇaṃ syādgaṇitamautram//BSS 12.45//
autragaṇitādviśodhya vyavahāraphalaṃ bhajettribhiḥ śeṣam/
labdhaṃ vyavahāraphale prakṣipya bhavati phalaṃ sūkṣmam//BSS 12.46//
[3] mukhatalatadyogānāṃ vargaikyakṛteḥ padaṃ daśaguṇāyāḥ/
vedhaguṇaṃ caturanvitaviṃśatibhaktaṃ phalaṃ kūpe//Tr 54//

$$V = \frac{\sqrt{\{d_1^2 + d_2^2 + (d_1 + d_2)^2\}^2 \cdot 10} \cdot h}{20 + 4}.$$

……………………………………………………………………

〈標準立体・石ハスタ〉

述べられた通りの図形果に厚さを掛ければ，石から生ずる立方パーニ（ハスタ）となろう．それに九を掛け四で割ったものは，常に石ハスタとなる．// 石球の直径の立方を二で割り，自分の十八分の一を加えたものは立方〈ハスタ〉である．前のように（九を掛け四で割って）石果〈のハスタ数〉となる．/45-46/[1]

…Note……………………………………………………………

SŚ 13.45-46. 標準立体・石ハスタ．水平断面が一定 (A) で厚さ h の立体の体積 (V) は，その「図形果」A をその形（三辺形・円など）に応じて「述べられた通り」に計算し,「厚さ」h を掛ける．長さの単位はハスタ．得られた体積は「立方ハスタ」(ghana-hasta).

$$V = Ah.$$

直径 d の球体の体積は,

$$V = \frac{d^3}{2} + \frac{d^3}{2} \cdot \frac{1}{18}.$$

材質が石の場合は，これらに定数 $\frac{9}{4}$ を掛けて「石ハスタ」(pāṣāṇa-hasta) とする.

$$V_p = \frac{9V}{4}.$$

Tr 56-57 参照．Tr 55 は，3 辺が a, b, c アングラの直方体の石ハスタの計算を,

$$V_p = \frac{abc}{6144},$$

とする．この定数 6144 は，24 aṅgulas = 1 hasta から，$24^3 \cdot \frac{4}{9}$ によって得られる．これらの換算は，石の重さを考慮するためと思われるが，詳細は不明．SaKHYa 2009, 148-51 参照．球の体積に関しては，Gupta 1988 参照.

……………………………………………………………………

〈3.5. 積み重ねの手順〉

〈煉瓦の数・層の数〉

積み重ねの立方と呼ばれる果を煉瓦の〈立方〉果で割った商は煉瓦の数である．また，煉瓦の高さで積み重ねの高さを割ったものは層〈の数〉になる．/47/[2]

---

[1]piṇḍāhate kṣetraphale yathokte dṛṣatsamutthā ghanapāṇayaḥ syuḥ/
navāhatāste caturuddhṛtāstu pāṣāṇahastā niyataṃ bhavanti//45//
pāṣāṇagolavistāraghano dvābhyāṃ vibhājitaḥ/
nijāṣṭādaśabhāgaikye ghanaḥ prāgvaddṛṣatphalam//46//
46c: -bhāgaikye > -bhāgāḍhyo.

[2]citerghanākhyaṃ phalamiṣṭakāyāḥ phalena bhaktaṃ phalamiṣṭakānām/
saṃkhyeṣṭakānāmudayena bhaktāḥ starā bhavantyucchritayaściteśca//47//

···Note ···

SŚ 13.47. 煉瓦の数・層の数. 1 個の「立方果」すなわち体積が v の煉瓦を積み重ねた全体の立方果が V なら，用いられた煉瓦の数は，

$$n = \frac{V}{v}.$$

積み重ねの高さを H，煉瓦 1 個の高さを h とすると，層の数は，

$$m = \frac{H}{h}.$$

BSS 12.47cd (n のみ), Tr 58 (n のみ), GSS 8.43cd-44ab+57cd 参照.

···

⟨3.6. 鋸の手順⟩

⟨鋸断面積⟩

材木の長さと厚さのアングラの積の量に，⟨裁断の⟩道⟨の数⟩を掛け，二掛ける十二の平方の値で割れば，実に，上下に切る場合の算計のカラ（ハスタ）数となろう．// 材木のアングラによって生ずる図形果に道⟨の数⟩を掛けるべきである．⟨結果を⟩二十四の平方で割れば，横に切る場合のカラ（ハスタ）から成る算計となろう．/48-49/[1]

···Note ···

SŚ 13.48-49. 鋸断面積. アングラ単位で長さ a，厚さ h の板を n 条の道 (線) に沿って鋸で「上下に切る場合」(ūrdhva-cchede)，ハスタ単位の総裁断面積は，

$$W = \frac{ahn}{(2 \cdot 12)^2} \quad \text{hastas.}$$

円柱や四角柱の材木を「横に切る場合」(tiryakchede)，アングラ単位で計算されたその「図形果」すなわち断面積 (A) に道の数 (n) を掛け，結果をハスタに変換する．

$$W = \frac{An}{24^2} \quad \text{hastas.}$$

結果は面積であるが,「平方ハスタ」という表現はなく，長さと同じ「ハスタ」(またはその同義語）で表す．これらは木挽の仕事量の計算に用いたらしい．Tr 59-60, E99-101 参照．BSS 12.48-49 は，一つの裁断面積 A をアングラ単位で求め，それに道の数 n を掛け，42 で割ってキシュク・アングラ (kiṣkvangula, k.a. と略す) 単位に変換する．

$$W = \frac{An}{42} \quad \text{k.a..}$$

キシュクは長さの単位で，42 aṅgulas = 1 kiṣku (cf. GSS 8.63ab). BSS はこの計算式 (BSS 12.48abc) のあと，木材を堅さに応じて 5 群に分け，それぞれの「ひと仕事」(karman) を k.a. で定義する (BSS 12.48d-49).

1 仕事の k.a.	木材
64	avidāru (羊木) etc.
96	śāka (チーク) etc.
100	śāla (沙羅双樹), sarala (松), etc.
120	bījaka (シトロン)
200	śālmalī (パンヤ)

[1] āyāmapiṇḍāṅgulaghātarāśau kāṣṭhasya mārgairguṇite vibhakte/
dvitāḍitadvādaśavargamityā chede khalūrdhve gaṇitaṃ karāḥ syuḥ//48//
yadaṅgulaiḥ kṣetraphalaṃ hi dāroḥ prajāyate tadguṇayecca mārgaiḥ/
karātmakaṃ syādgaṇitaṃ hi tiryakchede caturviṃśativargabhakte//49//

GSS 8.64-68ab 参照.

⟨3.7. 堆積物の手順⟩

⟨堆積物の体積⟩

平らな地面に置かれた穀物の堆積の周囲の六分の一から生ずる平方に高さを掛けたものは，立方で定められたマガダのカーリカーの果となろう．// śyāmāṅga, śāli, tila, sarṣapa などは高さの九倍が周囲であり，godhūma, mudga, yava, dhānyaka などは十倍，vadara, kaṅgu, kulattha はルドラ神群 (11) 倍である．/50-51/[1]

···Note···

SŚ 13.50-51. 堆積物の体積．水平な面に円錐状に堆積した穀物の底面の周囲を C，高さを h とするとき，その体積は，

$$V = \left(\frac{C}{6}\right)^2 \cdot h, \quad \text{ただし } C = \beta h.$$

この β は穀物の細かさなどにより，次の 3 種とされる．

β	穀物
9	śyāmāṅga(黒胡椒), śāli(米), tila(ゴマ), sarṣapa(芥子), etc.
10	godhūma(小麦), mudga(隠元豆), yava(大麦), dhānyaka(コリアンダー), etc.
11	vadara(ナツメ), kaṅgu(黍), kulatthaka(ササゲ)

長さの単位はハスタ．得られた体積は立方ハスタ単位になるが，穀物容積単位としての立方ハスタは「マガダのカーリカー」と呼ばれる．ここでは底面周と高さの関係が $C = \beta h$ という形で与えられているが，実際は $h = C/\beta$ によって h を計算し，それを V の計算に用いる．他書ではこの形で与えられることが多い．現代的にいえば，β の三つの値は穀物の安息角の違いを反映する．BSS 12.50, Tr 61 ($C = \beta h$ への言及なし) 参照.

⟨壁と角の堆積物⟩

壁，内角，外角にある⟨穀物堆積の実測された⟩周囲に，順に二，四，一と三分の一を掛け，前のように⟨求めた立方果から⟩自分の乗数によって⟨割って⟩得られる商は果となろう．/52/[2]

···Note···

SŚ 13.52. 壁と角の堆積物．穀物の堆積が壁，直角に曲がった壁の内側と外側のそれぞれに寄り掛かっているとき，底面はそれぞれ半分，四分の一，四分の三になっているので，実測されたその周 C' から，

$$C = kC' \qquad (k = 2,\ 4,\ 1\frac{1}{3}),$$

[1] samāvanīsaṃsthitadhānyarāśeḥ ṣaḍaṃśajā yā paridheḥ kṛtiśca/
samucchrayeṇābhihatā phalaṃ syādghane sthitaṃ māgadhakhārikāyāḥ//50//
śyāmāṅgaśālitilasarṣapapūrvakānām
ucchrāyato navaguṇaḥ paridhirdaśaghnaḥ/
godhūmamudgayavadhānyakapūrvakānāṃ
rudrāhato vadarakaṅgukulatthakānām//51//

[2] dvicatuḥsatribhāgaghne bhittyantarbāhyakoṇage/
paridhau kramaśaḥ prāgvatsvaguṇāptaṃ bhavetphalam//52//

によって全周を求め，その C から前の規則 (SŚ 13.50-51) によって V を求め，さらに

$$V' = \frac{V}{k},$$

によって実際の体積を求める．BSS 12.51, Tr 64 参照.

⟨3.8. 影の手順⟩

⟨影と時間⟩

影に杭を加え二倍したもので杭を割れば，一日（昼）の経過または未経過⟨部分⟩となろう．杭の半分を一日（昼）の残りまたは過ぎ去った⟨部分⟩で割り，杭を引けば，影となろう．/53/ [1]

···Note···

SŚ 13.53. 影と時間．高さ g の杭（ノーモン）の影の長さが c のとき，それが午前なら日出から経過した昼の部分，午後なら日の入りまでの昼の部分を t とすると，

$$t = \frac{g}{2(c+g)}, \qquad c = \frac{g/2}{t} - g.$$

この関係式は，$(c+g)$ と t が反比例するというモデルで，正午 $(t = \frac{1}{2})$ に影がなくなる $(c = 0)$ という設定に基づく．反比例に関しては逆三量法 (SŚ 13.14 = GT 95) 参照.

上の式は Tr 65 と同じだが，同値な式は，BSS 12.52, GSS 9.8cd-9ab にもある．さらに，t と c に関して『アルタシャーストラ』(AŚ 2.20.39) が与える次のデータはこのモデルに従う．c の単位は *aṅgula*. $g = 12$ *aṅgulas* として $c+g$ の値も表に加えた．$t(c+g) = g/2 = 6$ であることに注意.

t	$\frac{1}{18}$	$\frac{1}{14}$	$\frac{1}{8}$	$\frac{1}{6}$	$\frac{1}{4}$	$\frac{3}{10}$	$\frac{3}{8}$	$\frac{1}{2}$
c	96	72	36	24	12	8	4	0
$c+g$	108	84	48	36	24	20	16	12

Abraham 1981 は，この『アルタシャーストラ』のデータが，

$$\frac{d}{2t} = \frac{c}{g} + 1,$$

という式に従うことを指摘する．彼は触れないが，これは SŚ 13.53 の式と (従って BSS, Tr, GSS の式とも) 同値である．この式は時間の逆数と影の長さが線形関係にあることを意味する．Abraham はこの式の由来をこの形のままで説明するが，古代インドに時間の逆数という概念があったとは思われない．Hayashi 2017a, 7-8 参照．インドにおけるノーモンの使用に関しては Ôhashi 1993, 206-25 参照.

⟨灯火が作る影⟩

灯火の先端の高さから杭を引いたもので望みのアングラの杭を割り，灯火と杭の距離を掛ければ，影の長さである，と優れた人たちは云う．/54/ [2]

[1] dvinighnaśaṅkvanvitabhāvibhakte śaṅkau bhavedvāsarayātayeyam/
dinasya śeṣeṇa gatena bhakte śaṅkūnite śaṅkudale prabhā syāt//53//

[2] viśaṅkunā dīpaśikhocchrayeṇa śaṅkāvabhīṣṭāṅgulake vibhakte/
pradīpaśaṅkvantaramānanighne prabhāpramāṇaṃ pravadanti santaḥ//54//

···Note··
SŚ 13.54. 灯火が作る影．水平な地面上で，高さ h にある灯火がその根元から d の距離にある高さ g の杭によって作る影の長さを c とすると，

$$c = \frac{g}{h-g} \cdot d.$$

AB 2.15, BSS 12.53 (= BSS 19.24), GSS 9.40cd-41ab 参照.
··

〈 灯火までの距離 〉

望みの影を杭で割り，杭と灯火の高さの差を掛けたものは杭と灯火の距離である，とパーティーガニタの多様な発現を知る人たちは云う．/55/ [1]

···Note··
SŚ 13.55. 灯火までの距離．上と同じ設定で，

$$d = \frac{c}{g} \cdot (h-g).$$

GSS 9.43 参照.
··

以上，シッダーンタシェーカラの第十三，既知数学の章.

A.2: 14 章「未知数学」

〈1. 序 〉

ゼロ，正数，負数．クッタカ，平方始原という分類，また，未知数と色の等式という二つの種子 (bīja)，さらに，中項除去とバーヴィタカという二つのそれら（種子）を知れば，疑いなく，天命知者（占星術師）たちの師 (guru) となる．/1/ [2]

···Note··
SŚ 14.1. 序．この序はこの章で扱われるほとんどのトピックに言及するが，カラニーと代数標準形を含まない．そのことも含めて，この序は BSS 18.2 に酷似する．

> クッタカ，ゼロ，負数，正数，未知数，中項除去，色，バーヴィタカを知ることによって，また，平方始原によって，タントラ（数理天文学）を知る者たちの師 (ācārya) となる．/BSS 18.2/ [3]

---

[1] abhīṣṭabhā śaṅkuhṛtā ca nighnā śaṅkupradīpocchrayayor viyutyā/
vijñātapāṭīgaṇitaprapañcāḥ śaṅkupradīpāntaramānamāhuḥ//55//

[2] vasvarṇakuṭṭakakṛtiprakṛtiprabhedān
avyaktavarṇasadṛśīkaraṇe ca bīje/
te madhyamāharaṇabhāvitake ca buddhvā
niṣsaṃśayaṃ bhavati daivavidāṃ gurutvam//1// 1a: vasvarṇa > khasvarṇa.

[3] kuṭṭakakharṇadhanāvyaktamadhyaharaṇaikavarṇabhāvitakaiḥ/
ācāryastantravidāṃ jñātairvargapraakṛtyā ca//BSS 18.2//
18.2b: -haraṇaikavarṇa- > -haraṇaiḥ savarṇa-.

両詩節を比較すると，SŚ 14.1 の vasvarṇa の正しい読みは khasvarṇa であり，BSS 18.2 の ekavarṇa の正しい読みは varṇa であったと思われる (脚注の修正提案参照). なお，SŚ 13 章の序は BSS 12.1 に酷似する．付録 A.1, SŚ 13.1 参照.

……………………………………………………………………

⟨2. 未知数の記号と積⟩

⟨記号⟩

ヤーヴァットターヴァット (yāvattāvat)，黒 (kālaka)，青 (nīlaka) 等の色 (varṇa) が，未知量 (avyakta-māna) に対して設定されるべきである．/2ab/[1]

…Note……………………………………………………………

SŚ 14.2ab. 記号．yāvattāvat は「〜だけ，それだけ〜」を意味する関係副詞であり，「黒」以下が色．等式 (sadṛśī-karaṇa) ではこれらの頭文字 yā, kā, nī, がこの順序で未知数記号として用いられる．BG 7, 68p1 にも同様の未知数記号の指定がある．BSS 18 章は，未知量が 1 個のときは単に「未知数」(avyakta)，複数のときはまとめて「色」(varṇa) という語を用いるが，ヤーヴァットターヴァットにも色の名称にも言及しない．その他の記号に関しては，林 2016, 383 参照.

……………………………………………………………………

⟨積⟩

等しいそれらの積は自分のべき乗 (udgata) である．異なるそれらの積はバーヴィタ (bhāvita) である．/2cd/[2]

…Note……………………………………………………………

SŚ 14.2cd. 積．BSS 18.42 に同じ定義があるが,「べき乗」には udgata ではなく，接頭辞 ud-のない gata を用いる．同じ gata は BSS 18.41, BAB 2.1 (intro, pp.43-44) にも出る．BG はほとんどの場合，日常的な用語 varga（平方），ghana（立方）とそれらの組み合わせを用いるが，一度だけ，ある例題の自注 (BG E55p2) で gata を用いている．apama の通常の意味は「逸れ」だが，ここでは tulya（等しい）と対になって「異なる」を意味すると解釈した.

……………………………………………………………………

⟨3. 正数・負数の八則⟩

⟨足し算・引き算⟩

二負数および二正数の足し算には和があり，正数と負数の和は差である．引かれつつある正数は負数になり，負数は正数になるだろう．ここでの和は，⟨既知数学で⟩述べられた通りである．/3/[3]

---

[1] yāvattāvatkālako nīlakādyā varṇāḥ kalpyā nūnamavyaktamāne//2ab//

[2] teṣāṃ tulyā bhāsvataḥ svodgamādi saṃvargaḥ syādbhāvitaṃ cāpamānam//2cd//
2c: tulyā bhāsvataḥ svodgamādi > tulyānāṃ vadhaḥ svodgatāni. 2d: cāpamānam > cāpamānām.

[3] aikyaṃ yutau syātkṣayayoḥ svayośca dhanarṇayorantarameva yogaḥ/

···Note··

SŚ 14.3. 足し算•引き算.[1] 足し算：$a^- + b^- = (a+b)^-$, $a+b = (a+b)$, $a+b^- = (a-b)$, $a^- + b = (a-b)^-$, 引き算：$-a = a^-$, $-a^- = a$. BSS 18.30ab, 31, 32cd, BG 3 参照.

··

〈 掛け算・割り算 〉

二負数および二正数を掛ければ，正数があるだろう．正数と負数を掛ければ，負数である．負数を負数で，正数を正数で割れば，正数になるだろう．それ以外は負数である．/4/[2]

···Note··

SŚ 14.4. 掛け算・割り算．掛け算：$a^- \times b^- = a \cdot b$, $a \times b = a \cdot b$, $a \times b^- = (a \cdot b)^-$, $a^- \times b = (a \cdot b)^-$．割り算：$a^- \div b^- = a/b$, $a \div b = a/b$,「それ以外」：$a^- \div b = (a/b)^-$, $a \div b^- = (a/b)^-$．BSS 18.33ab, 34, BG 4ab 参照.

··

〈 平方・平方根 〉

負数の，また正数の，平方は正数であり，それらの根はそれら自体になるだろう．負数には根がない，非平方数だから．/5abc/[3]

···Note··

SŚ 14.5abc. 平方・平方根．$(a^{\pm})^{\sqcap} = a^2$．$((a^{\pm})^{\sqcap})^{\sqcup} = a^{\pm}$（複号同順）．$a^-$ に根はない．BSS 18.35cd, BG 4cd 参照.

··

〈 立方・立方根 〉

このように，立方の演算規則も規定されるべきである．/5d/[4]

···Note··

SŚ 14.5d. 立方・立方根.「このように」(ittham) の意味がはっきりしない．立方の正負は平方の場合と異なる：$(a^{\pm})^{\sqcap 3} = (a^3)^{\pm}$（複号同順）．立方根を念頭に置いた表現かと思われる：$((a^{\pm})^{\sqcap 3})^{\sqcup 3} = a^{\pm}$（複号同順）．BSS と BG は「六則」なので，この規則を含まない．

··

---

saṃśodhyamānaṃ svamṛṇaṃ tatharṇaṃ dhanaṃ bhaveduktavadatra yogaḥ//3//

[1]本節と次節では，a, b は正数，a^-, b^- は a, b と同じ大きさの負数，足し算と引き算では $a > b$ とする．$+$, $-$, $\times$, $\div$, $\sqcap$, $\sqcup$, $\sqcap 3$, $\sqcup 3$ は，足す，引く，掛ける，割る，平方，開平，立方，開立を意味する演算記号，$(a+b)$, $(a-b)$，$a \cdot b$，a/b, a^2, $\sqrt{a}$, a^3，$\sqrt[3]{a}$ はそれぞれ和，差，積，商，平方，平方根，立方，立方根とする．

[2]vadhe dhanaṃ syādṛṇayoḥ svayośca dhanarṇayoḥ saṃguṇane kṣayaśca/
kṣaye kṣayeṇātha dhane dhanena vibhājite syāddhanamanyatharṇam//4//

[3]dhanaṃ kṣayasyātha dhanasya vargau te eva mūle tu tayorbhavetām/
ṛṇasya no mūlamavargahetor//5abc//

[4]itthaṃ ghanasyāpi vidhirvidheyaḥ//5d//

〈4. ゼロの六則〉

〈ゼロの六則〉

正数・負数は，ゼロの加減によっては変化しない．ゼロから引かれた正数は負数，負数は正数である．掛け算などによって，ゼロである．〈ゼロで〉割られたものは，ゼロ分母である．/6/[1]

···Note···

SŚ 14.6. ゼロの六則.「ゼロの加減」: $a^{\pm} \pm 0 = a^{\pm}$,「ゼロから」の引き算: $0 - a^{\pm} = a^{\mp}$.「掛け算など」: $0 \times a^{\pm} = a^{\pm} \times 0 = 0$, $0 \div a^{\pm} = 0$, $0^2 = 0$, $\sqrt{0} = 0$.「ゼロ分母」: $a^{\pm} \div 0 = \frac{a^{\pm}}{0}$. ここには，正数・負数がゼロに加えられるケース，$0 + a^{\pm} = a^{\pm}$, が明示されていないが，最初の文章によって暗示されているのかもしれない．またここでは,「掛け算など」の範囲を平方根までと解釈したが，立方根まで含む可能性もある．実際，シュリーパティは『ガニタティラカ』では，平方根と立方根は含めないが，立方を含めている (GT 52)．また，バースカラは,『ビージャガニタ』では平方根までの「六則」だが (BG 5, E5),『リーラーヴァティー』では立方根までの八則を与えている (L 45-46)．BSS 18.30bcd, 32ab, 33cd, 34b, 35abd, BG 5 参照.「ゼロ分母」については，BG 6 参照．インドのゼロについては，林 2018 参照.

···

〈5. カラニーの六則〉

〈カラニーの定義〉

その根が本当に得られない量には，カラニーという名前が付与されている．/7ab/[2]

···Note···

SŚ 14.7ab. カラニーの定義．正整数 a が平方数でないとき，$\sqrt{a}$ の a をカラニーと呼ぶ．カラニーの計算において，シュリーパティがカラニーをどのように表記していたか不明であるが，以下の Note では，バースカラたちの表記法に従って，ka a と表す．そのとき，根をとる必要のない数 b は，rū b とする．ka と rū はそれぞれ karaṇī と rūpa（単位）の頭文字である．

···

〈単項カラニーとルーパの乗除〉

それ（カラニー）の除数も乗数も，平方が採用される，カラニーは平方数だから．/7cd/[3]

---

[1] vikāramāyānti dhanarṇakāni
na śūnyasaṃyogaviyogatastu/
śūnyādviśuddhaṃ svamṛṇaṃ kṣayaṃ svaṃ
vadhādinā khaṃ khaharaṃ vibhaktam//6//

[2] grāhyaṃ na mūlaṃ khalu yasya rāśestasya pradiṣṭaṃ karaṇīti nāma//7ab//

[3] vibhājako vā guṇako 'thavāsyāḥ kṛtirniyuktā kṛtibhiḥ karaṇyāḥ//7cd//

···Note ···

SŚ 14.7cd. 単項カラニーとルーパの乗除. ka c = ka $a \times$ rū b, ka c = rū $a \times$ ka b, ka c = ka $a \div$ rū b, ka c = rū $a \div$ ka b, のとき，それぞれ，$c = ab^2$, $c = a^2b$, $c = a \div b^2$, $c = a^2 \div b$. これらはそれぞれ，$\sqrt{c} = \sqrt{a} \cdot b = \sqrt{ab^2}$ などに対応. 同じ規則が BG 13d にある.

···

〈足し算・引き算〉

和と差においては，カラニーに，工夫して〈任意数を〉掛けるべきである，それによって平方数になるように．その根の和と差の平方をその任意乗数で割るべきである．/8/[1]

···Note ···

SŚ 14.8. 足し算・引き算. ka c = ka $a \pm$ ka b のとき，ある数 m を選んで $am = A^2$, $bm = B^2$ となれば，

$$c = \frac{(A \pm B)^2}{m}.$$

この m が「任意乗数」(iṣṭa-guṇa) である. BSS 18.38ab では，$a/m = A^2$, $b/m = B^2$ のとき，$c = (A \pm B)^2 \times m$, とする. BG 13abc, 14 参照. 和の条件については，次の詩節 9d 参照.

···

〈多項カラニーの掛け算〉

被乗数と乗数をカパータ連結の手順で配置し，〈既知数学で〉述べられたように掛けるべきである．ただし，〈可能なら〉述べられたようにそれらのカラニーの和をとる．積が平方数になる二つ〈のカラニー〉に和があるだろう．/9/[2]

···Note ···

SŚ 14.9. 多項カラニーの掛け算. シュリーパティは，カパータ連結乗法を SŚ 13.2 = GT 17 で述べている. 多項カラニーの掛け算にカパータ連結乗法を用いるのは珍しい. ブラフマグプタ (BSS 18.38cd) もバースカラ (BG 10) も部分乗法を用いる. 最後の文章（和の条件）: ab が平方数なら，ka a + ka b は一つのカラニーにできる（和がとれる）. BSS 18.37d:「積が平方数になるものは縮約できる（和がとれる）.」BG 14d:「もし〈積に〉根が存在しなければ，別置する.」

···

〈多項カラニーの割り算〉

除数にある望みのカラニー一個の正負を逆にして，被除数と除数のそれぞれに掛け，〈それぞれで可能なら〉和をとる．除数にカラニーが一つになるように，〈この操作を〉繰り返す．// それ（一つになったカラニー）で，上にある被除数を割るべきである．カラニーの割り算はこの通りである．/10-11ab/[3]

---

[1] yoge viyoge karaṇīṃ svabuddhyā santāḍayettena yathā kṛtiḥ syāt/
tanmūlasaṃyogaviyogavargau vibhājayediṣṭaguṇena tena//8//

[2] saṃsthāpya guṇyaṃ guṇakaṃ kapāṭasandhikrameṇoktavadeva hanyāt/
kintūktavattatkaraṇīsamāsastayoryutiryannihatiḥ kṛtiḥ syāt//9//

[3] chede karaṇyāḥ samabhīpsitayāḥ kṛtvā viparyāsamṛṇasvayośca/

···Note ···

SŚ 14.10-11ab. 多項カラニーの割り算．これはいわゆる分母の有理化による割り算である．同じ規則が，BSS 18.39abc, BG 16-17ab にある．

···

⟨ 多項カラニーの平方 ⟩

双方とも同じ二つの量の積が作られたとき，⟨ 結果を ⟩ カラニーの平方とも呼ぶ．/11cd/ [1]

···Note ···

SŚ 14.11cd. 多項カラニーの平方．ここでは，平方を掛け算に帰す．BSS 18.39d も同じ．バースカラは，位取り用平方計算法 (L 19) をカラニー用に読み換えた方法と部分乗法 (BG 10) の二つを多項カラニーの平方計算に用いている (BG E14abp1).

···

⟨ 多項カラニーの平方根 ⟩

⟨ 多項カラニーから成る平方数にある ⟩ ルーパの平方から ⟨ いくつかの適当な ⟩ カラニーを引き，⟨ 残りの ⟩ 根を加減したルーパ乗数を半分にする．⟨ もし平方数にカラニーが残っていれば ⟩ 一番目をルーパ乗数，他方をカラニーの根として，繰り返す．/12/ [2]

···Note ···

SŚ 14.12. 多項カラニーの平方根．rū r_0 + ka k_1 + ka $k_2 + \cdots +$ ka k_n を平方数とする．1) あるいくつかの k_j に対して $r_0^2 - \sum_j k_j = p_1^2$ となるような p_1 を見つけ，$r_1 = (r_0 + p_1)/2$ と $\ell_1 = (r_0 - p_1)/2$ を計算する．2) もし k_i が残っていたら，同様にして r_1 (ルーパと名づける) と残りの k_i から p_2 を見つけ，$r_2 = (r_1 + p_2)/2$ と $\ell_2 = (r_1 - p_2)/2$ を計算する．3) 与えられたカラニー k_i が尽きるまで同様に繰り返す．最後のペアを r_m と ℓ_m とすると，ka ℓ_1 + ka $\ell_2 + \cdots +$ ka ℓ_m + ka r_m が求める平方根である．ここで，r_0, r_1 などを「ルーパ乗数」(rūpa-guṇa) と呼んでいるが，なぜ「乗数」なのか不明．同じ規則が BSS 18.40, BG 19-20 にあるが，この「ルーパ」に「乗数」はつけない．おそらくこれは，rūpa–gaṇa（単位の集合＝整数）の誤記．同じ誤記が出版本の Tr 24ab にもある．SGT 37.1 に引用されている Tr 24ab 参照．なお，林 2016, 131-32 の BG 19-20 に対する Note では，誤って r_1 と ℓ_1, r_2 と ℓ_2 が逆になっているので注意.

···

⟨6. 並立算・不等算 ⟩

⟨ 並立算 (和差算)⟩

---

guṇyau pṛthak bhājyaharau yutau tau chede 'sakṛtsyātkaraṇī yathaikā//10//
tayā bhajedūrdhvagabhājyarāśimevaṃ karaṇyāḥ khalu bhāgahāraḥ//11ab//
10c: pṛthak > pṛthag.

[1] samānarāśyorubhayośca ghāte kṛte karaṇyāḥ kṛtimapyuśanti//11cd//

[2] rūpakṛteḥ karaṇīrahitāyā mūlayutonitarūpaguṇārdhe/
rūpaguṇaḥ prathamaṃ hi tadanyatsyātkaraṇīpadamityasakṛcca//12//

和を差で減加し，二で割る．これが，並立 (saṃkramaṇa) と呼ばれる計算であると云われる．/13ab/ [1]

···Note·····

SŚ 14.13ab. 並立算 (和差算). $x+y=a$, $x-y=b$ のとき，

$$x=\frac{a+b}{2}, \qquad y=\frac{a-b}{2}.$$

BSS 18.36ab 参照．バースカラ II は既知数学でこの規則を述べる (L 56).

·····

⟨ 不等算 (差差算)⟩

平方の差を自分の差で割り，加減し，結果を二で割る．不等 (viṣama) と呼ばれる計算である．/13cd/ [2]

···Note·····

SŚ 14.13cd. 不等算 (差差算). $x-y=b$, $x^2-y^2=c$ のとき，

$$x=\frac{c/b+b}{2}, \qquad y=\frac{c/b-b}{2}.$$

BSS 18.36cd 参照．バースカラ II は既知数学でこの規則を述べる (L 58).

·····

⟨7. 四つの種子⟩

⟨ 未知数等式 ⟩

未知数の差で，逆向きのルーパの差を割れば，両 ⟨ 翼にあった ⟩ 未知数の値になるだろう．あるいは，⟨ 等式を変形するために，一方の翼に対して ⟩ 加えたり引いたり掛けたり割ったりしたいときは，他方の翼にも同じようにしてから，そのようにするべきである．/14/ [3]

···Note·····

SŚ 14.14. 未知数等式 (avyakta-sadṛśīkaraṇa). $ax+b=cx+d$ のとき，

$$x=\frac{d-b}{a-c}.$$

AB 2.30, BSS 18.43ab, BG 57 参照．なお，ここに等式の表現法は明示されていないが，おそらくブラフマグプタ (BSS18.43cd), バースカラ I (BAB 2.30), バースカラ II (BG E 36p) と同じように，両翼を上下に置いたと思われる．ブラフマグプタとバースカラ I は，

a	b
c	d

バースカラ II は，

yā a	rū b
yā c	rū d

この yā は，yāvattāvat の頭文字．上の 14.2ab 参照． rū は単位を意味する rūpa の頭文字．上の 14.7ab 参照．

·····

[1] yogo 'ntareṇonayuto dvibhaktaḥ karmoditaṃ saṃkramaṇākhyametat//13ab//

[2] vargāntaraṃ svāntarahṛdyutonaṃ yogo dvibhaktaṃ viṣamākhyakarma//13cd//
13d: yogo > labdhaṃ.

[3] avyaktaviśleṣahṛte pratīparūpāntare 'vyaktamitī bhavetām/
syādvā yutonāhatabhaktamicchettadānyapakṣe vihite tathaiva//14//

〈色等式〉

最初の色をどちらかの翼から引き，残りを他方から引き，最初で割ったとき，それに精通した人々は，それら（商）が値（揚値）であると云う．同様に（同じ操作が），等分母化 (tulya-cchedanā) により，繰り返し行われるべきである，と彼らは云う．// 〈最後に〉一つの揚値 (unmāna) においてクッタカ〈が適用され〉，量 (pramāṇa, sg.) が生ずるだろう．他のそれら（量）は，それから逆向きに生ずるだろう．クッターカーラにおいて〈得られる乗数が〉被除数の色の値であり，その（クッタカの）商が除数の色の〈値〉である，と彼らは云う．/15-16/ [1]

···Note···

SŚ 14.15-16. 色等式 (varṇa-sadṛśīkaraṇa). 現代的にいえば，多元連立一次方程式である．同じ規則のより簡略な表現が BSS 18.51 に，より詳細な表現が BG 65-68 にある．規則の詳細については，林 2016, 381-83 参照．クッターカーラ (kuṭṭākāra) はクッタカに同じ．詩節 22-25 参照.

···

〈未知数等式の中項除去，算法 1〉

平方と未知数の乗数が引かれる方（翼）とは異なる方（翼）からルーパを引き，ルーパに平方と四を掛けるべきである．〈それに〉未知数の平方を加え，根をとり，〈未知数を引き〉，平方の二倍で割ったものは未知数である，と彼らは云う．/17-18/ [2]

···Note···

SŚ 14.17-18. 未知数等式の中項除去 (madhyama-āharaṇa)，算法 1. この規則と次の規則は，いわゆる 2 次方程式の解の公式である.「未知数の乗数」(avyakta-guṇa) は 1 次の項の係数を,「平方」(varga) は未知数の平方の個数，すなわち 2 次の項の係数を,「未知数の平方」の「未知数」は未知数の個数，すなわち 1 次の項の係数を表すことに注意．この算法は，等式を未知数のみの翼と定数のみの翼に整理して，

$$ax^2 + bx = c,$$

としたとき，

$$x = \frac{\sqrt{4ac + b^2} - b}{2a},$$

というもの．同じ算法が BSS 18.43cd-44 にある．バースカラ II は中項除去で,「解の公式」ではなく，$ax^2 + bx = c$ と整理したあと,「完全平方化」のアルゴリズムと根の正負の評価法を与える (BG 59-61). 上の整理された等式は，バースカラ II にならえば，

yāva a	yā b	rū 0
yāva 0	yā 0	rū c

と表される．va は varga（平方）の頭文字.

なお，出版本の詩節 18ab は，欠損を意味する点線で表されているが，17d 末の「根を

[1] ādyaṃ varṇaṃ projjhya pakṣātkuto 'pi tyaktvā śeṣānanyataścādyabhakte/
prāhustadjñāstā mitīrāhurevaṃ kāryāstulyacchedanābhiśca bhūyaḥ//15//
ekonmāne kuṭṭakaḥ syātpramāṇaṃ tānyanyāni syuḥ pratīpāttataśca/
kuṭṭākāre bhājyavarṇasya mānaṃ tasmin labdhaṃ hāravarṇasya cāhuḥ//16//

[2] vargo yato 'vyaktaguṇaṃ ca śodhyaṃ samujjhya rūpāṇi tadanyatastu/
rūpāṇi vargairguṇayeccaturbhiravyaktavargaṃ ca nidhāya mūlam//17//
···　　　　　···　　　　　··· /
[avyaktahīnaṃ] dviguṇaiśca vargairvibhaktamavyaktamudāharanti//18//

とり」と18c冒頭の「未知数を引き」の間に演算は不要だから，本来その1行は存在しなかった可能性がある．ただし，18c冒頭の「未知数を引き」(avyaktahīnaṃ) も出版本に欠けていたので補った．注釈者 Babuāji Miśra は，avyaktahīnaṃ ではなく madhyena hīnaṃ を補う．確かに，madhya（中央）も一次の項を指すが（‘madhyamāharaṇa’ の ‘madhyama’ 参照），シュリーパティはこの規則の前後では madhyama も madhya も用いず，すべて avyakta（未知数）を用いているので，ここでも avyakta だった可能性が高い．

⟨ 未知数等式の中項除去，算法 2⟩

あるいは，平方とルーパから成る積に未知数の半分の平方を加え，根をとり，そこで，未知数の半分を引き，平方で割れば，それ（商）が未知数である，と彼らは云う．/19/ [1]

···Note···

SŚ 14.19. 未知数等式の中項除去，算法 2. これは，算法 1 と同じように両翼を整理したとき，

$$x = \frac{\sqrt{ac + (b/2)^2} - (b/2)}{a},$$

という算法．もちろん「式」としては算法 1 と同値であるが，これらはアルゴリズムであり，b が偶数のときは算法 2 を，そうでなければ算法 1 を用いたものと思われる．同じ算法が BSS 18.45 にある．

⟨ バーヴィタ ⟩

一方の翼からバーヴィタ (bhāvita) を引くべきである．他方からは色とルーパが ⟨ 引かれるべきである ⟩．色の積が，ルーパを掛けたバーヴィタに付加される．⟨ 結果を ⟩ 任意数で割り，商と除数が適用される，// 大小の色に対して，望み通りに，あるいは逆順に．⟨ その二つの結果を ⟩ バーヴィタで割ったものが両色である．同様に，任意数によってそれぞれに対する両色が生ずるだろう．⟨ あるいは，一方の ⟩ 量の ⟨ 仮定された ⟩ 諸値により，この計算を行うべきである．/20-21/ [2]

···Note···

SŚ 14.20-21. バーヴィタ．現代的にいえば，二元二次の方程式の一種．等式を整理したとき，一翼がバーヴィタの項のみとなる等式，すなわち

$$axy = bx + cy + d,$$

という等式を想定したアルゴリズム．このとき，$ad + bc = pq$ となる p, q（p が任意

---

[1] abhyāsato vā kṛtirūpakādvāvyaktārdhavargādiyutācca mūlam/
tatronite 'vyaktadalena vargairvibhājite 'vyaktamidaṃ vadanti//19//
19b: vargādi > vargeṇa.

[2] jahyātpakṣādekato bhāvitāni varṇo rūpāṇyanyato varṇaghātaḥ/
kṣipto rūpaistāḍite bhāvite ca bhaktveṣṭena prāptihārau niyojyau//20//
jyeṣṭhālpābhyāṃ varṇakābhyāṃ yathecchaṃ vyatyāsādvā bhāvitāptau ca varṇau/
syātāmevaṃ svasvavarṇau tvabhīṣṭairmānaiḥ karmaitatpramāṇasya kuryāt//21//

数=除数，q が商）を選べば，

$$x = \frac{c \pm p}{a}, \qquad y = \frac{b \pm q}{a},$$

および

$$x = \frac{c \pm q}{a}, \qquad y = \frac{b \pm p}{a},$$

が解である．規則中「色の積」の「色」は，色の個数，すなわち色 (x, y) それぞれの係数 (b, c) を指すことに注意．2 番目と 3 番目の「バーヴィタ」も同じ．BSS 18.60 に同じ規則がある．BG 92-93 は，等式の両翼を a で割り，バーヴィタの係数を 1 にしてから，規則を与える．最後の文は．二つの未知数の一方を任意に設定することにより，バーヴィタの式を未知数等式 (SŚ 14.14) に帰す方法に言及する．これは，BSS 18.62-63 や BG 91 でも述べられている．

··

〈8. クッタカ〉

〈余りを伴わないクッタカ〉

被除数・除数・付数を，もし可能なら最初に自分たちの除数（すなわち最大共約数），あるいは〈他の数でも〉同一のものによって共約し，〈その後で〉被除数と除数を互いに割るべきである，余りが単位 (1) になるように．// 商を下へ下へと順に置くべきである．〈互除を途中でやめた場合は〉その下に理知数を，さらにその下にそのときの商も〈置くべきである．その理知数とは〉これ（その段階での余り）に何を掛け，〈付数を〉加え，あるいは引き，除数で割ったとき余りがないか〈という問いに応えるその乗数である〉．// 商が偶数個か奇数個か，また付数が正数か負数かに応じて，〈理知数を求める計算で付数を〉引くか足すかする，と，理知数をよく検討しそれに精通した者たちは云う．それを，〈商の列で〉その上にあるものに掛け，〈下にある〉商を加えるべきである．// この計算を，逆向きに何度も繰り返して，量が二つだけになったら，一番目（下の数）を〈元の式の〉除数で割ったものが乗数であり，二番目（上の数）を被除数で〈割ったものが〉商である．/22-25/[1]

···Note···

SŚ 14.22-25. 余りを伴わない (niragra) クッタカ (kuṭṭaka)．この規則は，

$$y = \frac{ax + c}{b},$$

のタイプの不定方程式を扱う．これに対して，詩節 28-29 は余りを伴う (sāgra) クッタカを扱う．ただし，本書にはそれらを区別する言葉が見あたらない．

[1] vibhājyahāraṃ ca yutiṃ nijacchidā samena vādāvapavarttya sambhave/
vibhājyahārau vibhajetparasparaṃ tathā yathā śeṣakameva rūpakam//22//
phalānyadho 'dhaḥ kramaśo niveśayenmatiṃ tathādhastadadhaśca tatphalam/
idaṃ hataṃ kena yutaṃ vivarjitaṃ hareṇa bhaktaṃ sadaho niragrakam//23//
sameṣu labdheṣvasameṣvṛṇaṃ dhanaṃ dhanaṃ tvṛṇaṃ kṣepamuśanti tadvidaḥ/
matiṃ vicintyeti tadūrdhvagaṃ tayā nihatya labdhaṃ ca tathā niyojayet//24//
punaḥ punaḥ karma yathotkramādidaṃ yadā tu rāśidvayameva jāyate/
hareṇa bhaktaḥ prathamo guṇo bhavetphalaṃ dvitīyaṃ tu vibhājyarāśinā//25//
22a: -hāraṃ > -hārau.

a, b, c を被除数，除数，付数と呼び，x, y を乗数，商と呼ぶ．詩節 22 では，まず a と b の最大共約数（詩節 27ab 参照）を用いて a, b, c を互いに素の状態にした後，a と b に余りが 1 になるまで互除を行う，とするが，次の詩節 23 では「理知数」(mati) を求める手順を与え，それを用いて解を求めている．理知数は，互除を途中で，すなわち，互除の余りが 1 になる前にやめたときに必要なものである．互除を最後まで（余りが 1 になるまで）行ったときは，それらの商と付数 (c) および 0 を上から順に並べる．互除の途中で理知数を得た場合は，互除の商と理知数およびその商を上から順に並べる．いずれの場合も，その数列に対して，「下から 2 番目をその上に掛け，そこに最下数を加え，その最下数を消す」という操作を繰り返し施すと，最後に二つの数が得られる．そこで，それらをそれぞれ除数 (b) と被除数 (a) で割ったときの余りを求めると，それらが最小解である．

バースカラ II はこの最後の計算（割って余りを求める）を「切りつめる」を意味する動詞 √takṣを用いて表すが，シュリーパティはここ（詩節 25c）で，通常の割り算（分割）を意味する動詞 √bhaj を用いている．しかし彼はまた，GT 107 で，その動詞 √takṣを通常の割り算の意味で用いている．したがってシュリーパティは，√bhaj も √takṣも，商をとるか余りをとるかにかかわりなく，「割る」という意味で用いていると考えられる．

同じ規則が BG 27-29 にある．BSS 18.9-11, 13 は $c = -1$ のときの規則を与える．これを固定クッタカ (sthira-kuṭṭaka) と呼ぶ．BG 36cd-37ab 参照．クッタカのアルゴリズムの詳細は，林 1988a, 174-80, 林 2016, 166-68 参照．

⟨ 不可解性 ⟩

被除数と除数に共約数 (apavartana) があるのに，⟨ それが ⟩ 付数の ⟨ 共約数 ⟩ でなければ，それは不毛 (khila) である．/26ab/ [1]

···Note

SŚ 14.26ab. 不可解性．a, b の共約数（詩節 27ab 参照）は c の約数でなければならない．そうでなければ，そのクッタカに解はない．BG 26cd 参照．

⟨ 付数がない場合 ⟩

付数がない場合，乗数は除数に等しい，と数学の極意を知る人たちによって云われている．/26cd/ [2]

···Note

SŚ 14.26cd. 付数がない場合．$c = 0$ なら，$y = \frac{ax}{b}$ だから，$x = b$ $(y = a)$ となる．バースカラ II は，$c = 0$ のとき $x = 0$ とする (BG 35).

⟨ 最大共約数 ⟩

[1] vibhājyahṛtyorapavarttanaṃ yadā bhavedyutau naiva khilaṃ hi tattadā//26ab//

[2] yuterabhāve guṇako nigadyate hareṇa tulyo gaṇitārthavedibhiḥ//26cd//

二つ〈の数〉を互いに割ったとき，〈最後のゼロでない〉余りが，それら二つ〈の数〉に対する〈最大〉共約数 (apavartana) となろう．/27ab/[1]

…Note…

SŚ 14.27ab. 最大共約数．いわゆるユークリッドの互除法である．BSS 18.9, BG 27ab 参照.

…

〈一般解〉

それ（最大共約数）で割った除数と被除数に望みの数を掛け，それぞれ，乗数と商に加えるべきである．〈その結果も解である．〉/27cd/[2]

…Note…

SŚ 14.27cd. 一般解．上（詩節 22-25）の手順で得られた最小解を $(y, x) = (\beta_0, \alpha_0)$ とする．a と b の互除の最後の余り（最大共約数）で割った a と b をあらためて a と b とすれば，k を任意数として，$(y, x) = (\beta_0 + ak, \alpha_0 + bk)$ も解である．BG 36ab 参照.

…

〈余りを伴うクッタカ〉

小さい余りを持つ除数で大きい余りを持つ除数を割り，さらに〈その割り算の〉余りを互いに割るべきである．そこで（互除の途中で），〈問題に与えられた〉余りの差を付数と考えて〈理知数を求め〉，前のように（商と理知数の列に下から操作を加えて）乗数が生ずるだろう．大きい余りを持つ除数に//それを掛け，自分の余りを加えれば，それら（二つの除数）に対する余りである．除数の積，それが二つのもの（惑星）の合であり，また，〈得られた〉余りは二つの惑星の合から経過したもの（時間）であると教示されている．三つなどの惑星の〈余り〉もクッタカによって〈得られる〉．/28-29/[3]

…Note…

SŚ 14.28-29. 余りを伴うクッタカ．これは，複数個の正の整数 a_i で割ると余りがそれぞれ r_i になるような正の整数 n は何か，

$$n = a_i x_i + r_i,$$

という形の不定方程式を対象とするアルゴリズムである．アールヤバタはその一般解を与えている (AB 2.32-33)．注釈者バースカラ I はそれを「余りを伴うクッタカ」(sāgra-kuṭṭaka)，詩節 22-25 で対象にした形のものを「余りを伴わないクッタカ」(niragra-kuṭṭaka) と呼んで区別している．

まず，最初の二つの等式 $(i = 1, 2)$ から $a_1x_1 + r_1 = a_2x_2 + r_2$ だから，

$$x_1 = \frac{a_2x_2 + (r_2 - r_1)}{a_1}.$$

---

[1] parasparaṃ bhājitayostu śeṣakaṃ tayordvayorapyapavarttanaṃ bhavet//27ab//

[2] taduddhṛtacchedavibhājyakau kramād
abhīṣṭanighnau tu guṇāptayoḥ kṣipet//27cd//

[3] alpāgrahṛtyā bṛhadagrahāraṃ chitvāvaśeṣaṃ vibhajenmitho 'taḥ/
agrāntaraṃ tatra yutiṃ prakalpya prāgvadguṇaḥ syādadhikāgrahāraḥ//28//
tenāhataḥ svāgrayutastadagraṃ chedāhatiḥ sā dviyugaṃ tathāgram/
yugādvyatītaṃ grahayoḥ pradiṣṭaṃ tryādigrahāṇāmapi kuṭṭakena//29//

$r_1 < r_2$ と仮定すると，a_1 が「小さい余りを持つ除数」，a_2 が「大きい余りを持つ除数」である．これに余りを持たないクッタカのアルゴリズム（詩節 22-25）を適用して，「乗数」x_2 を求めれば，$n = a_2x_2 + r_2$ によって，除数 a_1, a_2 に対する n が得られる．それを $n_{1,2}$ とすると，これは，n を「除数の積」（正確には最小公倍数）$a_{1,2}$ で割ったときの余りになる．

$$n = a_{1,2}x_{1,2} + n_{1,2}.$$

除数 a_1, a_2 が天球上での二つの惑星の公転周期なら，この $a_{1,2}$ はそれらの「合」すなわち会合周期になる．さらにこれと 3 番目の等式 $n = a_3x_3 + r_3$ とから三つの惑星の余り，$n_{1,2,3}$，が得られ，同様にして，すべての条件を満たす n が得られる，という趣旨．同じ規則が，BSS 18.3-6 にある．余りを持つクッタカの詳細については，Hayashi 2012a, 83-108 参照.

⟨ 積日計算への応用 ⟩

輪（回転），星（宮），部分（度），カリカー（分），ヴィカラー（秒）などの余りを自分の除数で割ったものを ⟨ 大きい ⟩ 余り，⟨ ゼロを ⟩ 回転など ⟨ の一日に生ずる余り ⟩ で割ったものを小さい余りとする．ここで，⟨ 余りを伴うクッタカを適用して得られた ⟩ 結果（余り）を回転など ⟨ の一日に生ずる余り ⟩ で割った商は積日（dina-gaṇa, 積算した日数）になるだろう，⟨ 被除数と除数が ⟩ 共約されているとき． // 合から経過したものの計算も同様である．三つなどの惑星のもクッタカによって.... /30-31/ [1]

···Note···

SŚ 14.30-31. 積日計算への応用．詩節 30 は，その置かれた位置と使用されている術語から，おそらく BSS 18.7 に対応するが，[2] 上の和訳が示すように，たくさんの不可欠な語を補う必要がある．また，詩節 31 は，後半が欠落していることに加えて，前半は詩節 29 の後半に酷似する．BSS 18.8 には対応しない．[3] このように，出版本の詩節 30-31 は乱れているので，別の写本で正しい読みを知る必要がある．

⟨9. 平方始原 ⟩

⟨ 定義 ⟩

平方の乗数が始原数 (prakṛti) と呼ばれる．二，一，海 (4) の加減から，非分数 (abhinna) の小 (laghu)・大 (vṛddha) 二つの根 (mūla) が生ずるようにす

[1] cakrarkṣabhāgakalikāvikalādiśeṣam
agraṃ svahāravihṛtaṃ bhagaṇādibhaktam/
nyūnāgramatra hi phalaṃ bhagaṇādināptaṃ
labdhaṃ bhaveddinagaṇastvapavarttite syāt//30//
yugādvyatītānayanaṃ tathaiva tryādigrahāṇāmapi kuṭṭakena/
... ... //31//

[2] bhagaṇādiśeṣamagraṃ chedahṛtaṃ khaṃ ca dinajaśeṣahṛtam/
anayoragraṃ bhagaṇādidinajaśeṣoddhṛtaṃ dyugaṇaḥ//BSS 18.7//

[3] dinajabhagaṇādiśeṣaṃ yena guṇaṃ maṇḍalādi śeṣakayoḥ/
sadṛśacchedoddhṛtayostadghātamahargaṇādyamataḥ//BSS 18.8//

れば，付数 (kṣipti) は負数または正数でよい．/32/ [1]

···Note···

SŚ 14.32. 定義．平方始原 (varga-prakṛti) は，

$$px^2 + t = y^2,$$

の形の不定方程式を扱う．x^2 の乗数 p が始原数と呼ばれ，x と y がそれぞれ小根，大根，あるいは，短根 (hrasva-mūla)，長根 (jyeṣṭha-) と呼ばれる．ここでは，$px^2 + t = y^2$ を $\mathrm{VP}\,(p)\,[x, y, t]$ で表し，$(x, y, t) = (\alpha, \beta, \gamma)$ が $\mathrm{VP}\,(p)\,[x, y, t]$ の根であることを $\mathrm{VP}\,(p)\,[\alpha, \beta, \gamma]$ で表す．

詩節 32bcd は，最終的に $\mathrm{VP}\,(p)\,[x, y, 1]$ の解を得ることを念頭に，$t = \pm 4, \pm 2, \pm 1$ のときの解を目指すことを勧める．なぜなら，これらの解から，「合成」(bhāvanā) と呼ばれる操作（詩節 34 参照）によって，$t = 1$ の解が得られるからである．(1) $\mathrm{VP}\,(p)\,[\alpha, \beta, 1]$ なら，そのまま．(2) $\mathrm{VP}\,(p)\,[\alpha, \beta, -1]$ なら，その同一の解 2 セットに合成を施して $t = 1$ の解を得る．(3) $\mathrm{VP}\,(p)\,[\alpha, \beta, \pm 2]$ なら，その同一の解 2 セットに合成を施して $t = 4$ の解を得，これに次の (4) を適用する．(4) $\mathrm{VP}\,(p)\,[\alpha, \beta, \pm 4]$ の場合，シュリーパティが念頭においていた計算法は，次の BSS 18.67-68 のアルゴリズムだったと思われる．

BSS 18.67 の規則：$\mathrm{VP}\,(p)\,[\alpha, \beta, 4]$ なら，

$$\mathrm{VP}\,(p)\left[\frac{\beta^2 - 1}{2} \cdot \alpha, \frac{\beta^2 - 3}{2} \cdot \beta, 1\right].$$

BSS 18.68 の規則：$\mathrm{VP}\,(p)\,[\alpha, \beta, -4]$ なら，

$$\mathrm{VP}\,(p)\left[\frac{(\beta^2 + 3)(\beta^2 + 1)}{2} \cdot \alpha\beta, \left\{\frac{(\beta^2 + 3)(\beta^2 + 1)}{2} - 1\right\}(\beta^2 + 3 - 1), 1\right].$$

この最後の長根の計算式で，$\beta^2 + 2$ ではなく $\beta^2 + 3 - 1$ とあるのは，このアルゴリズムでは，最初に $\beta^2 + 1$ と $\beta^2 + 3$ を計算しておいて，それらを後続のステップで活用しているからである．

上述のように，詩節 32bcd は，$t = \pm 4, \pm 2, \pm 1$ のときの解を目指すことを勧めるが，具体的方法は述べない．その方法を教えてくれるのが，ジャヤデーヴァ(Jayadeva) の円環法 (cakravāla) である．彼の書は現存しないが，シュリーパティとほぼ同時代のウダヤディヴァーカラ (Udayadivākara) が，『ラグバースカリーヤ』(*Laghubhāskarīya*) に対する注釈『スンダリー』(*Sundarī*, AD 1073) の中で，円環法に関するジャヤデーヴァの 20 詩節を引用している．円環法に関しては，BG 46cd-55 参照．

···

〈試行錯誤による解〉

ルーパを小根とする．その平方に始原数を掛け，付数を減加したとき，その根が大根である．その二つ〈の根〉から，合成により，無限個の二根〈が得られる〉．/33/ [2]

···Note···

SŚ 14.33. 試行錯誤による解．ルーパは「単位」を意味するが，ここでは単位の集まり (rūpa-gaṇa) としての整数を指すと思われる．$\mathrm{VP}\,(p)\,[\alpha, \beta, \gamma]$ となる α, β, γ をな

[1] kṛterguṇo yaḥ prakṛtiriha soktā kṣiptistathaivarṇadhanātmikā syāt/
dvyekāmbudhikṣepaviśodhanābhyāṃ syātāmabhinne laghuvṛddhamūle//32//

[2] rūpaṃ kanīyaḥpadamasya varge hate prakṛtyā viyute yute vā/
kṣiptyā padaṃ yacca bṛhatpadaṃ tat tābhyāṃ pade bhāvanayā tvanante//33//

んらかの方法で見つければ，他の根が合成（詩節 34）により限りなく得られる，ということ．BG 40 参照.

……………………………………………………………………………………

⟨ 付数 1 に対する解 ⟩

非分数根を求めるために，任意の平方数で始原数を割ったり (?) 掛けたりするべきである，⟨ 結果に ⟩ 付数を加減したものが平方数になるように．⟨ これを二度行う．⟩ そうすれば，⟨ 長短の稲妻積の和が短根，短の積に始原数を掛け ⟩，長の積を加えたものが，⟨ 長 ⟩ 根である．// ⟨ 得られた二根を ⟩ それらの付数の積の根で割れば，単位 (1) を加えた場合の二根，短と他方（長）である．長と短，小根，始原数で，掛けられた，大地 (1) に等しい付数と減数のとき．/34-35/ [1]

…Note……………………………………………………………………………

SŚ 14.34-35. 付数 1 に対する解．VP (p) $[\alpha_1, \beta_1, \gamma_1]$, VP (p) $[\alpha_2, \beta_2, \gamma_2]$ とすると，

$$\mathrm{VP}\,(p)\,[\alpha_1\beta_2 + \alpha_2\beta_1, p\alpha_1\alpha_2 + \beta_1\beta_2, \gamma_1\gamma_2]\,.$$

これは，バースカラ II が合成 (bhāvanā) と呼ぶアルゴリズムである (BG 41-43).

また，VP (p) $[\alpha, \beta, \gamma]$ なら，VP (p) $\left[\alpha/a, \beta/a, \gamma/a^2\right]$ だから，$a = \sqrt{\gamma_1\gamma_2}$ とすれば，

$$\mathrm{VP}\,(p)\left[\frac{\alpha_1\beta_2 + \alpha_2\beta_1}{\sqrt{\gamma_1\gamma_2}}, \frac{p\alpha_1\alpha_2 + \beta_1\beta_2}{\sqrt{\gamma_1\gamma_2}}, 1\right].$$

これと同じ一連の規則が BSS 18.64-65 にある．バースカラ II は，合成とは別に，二根を a で，付数を a^2 で，掛けたり割ったりする規則 (BG 44) を述べている．

詩節 35 の後半（「長と短，小根，…」）は理解不能．英訳者 (Sinha 1986, 33-34) は，34d の jyeṣṭhavadhena を jyeṣṭhavargeṇa, 35c の alpapadaṃを alpavargaṃと読んで，別の解釈を与えるが，どちらの読みも韻律 (Upajāti) を壊すので不可能.

……………………………………………………………………………………

⟨10. 素因数分解 ⟩

⟨ 方法 1⟩

被除数（割られるべき量）を，もし偶数なら二で，その最初の位が五なら五で，割り，⟨ 五以外の ⟩ 奇数になるまで同様にするべきである．⟨ そのあと ⟩ 三などの除数で被除数を割るべきである．/36/ [2]

---

[1] abhinnamūlārthamabhīṣṭakṛtyā chindyānnihanyātprakṛtistatheha/
yathā kṛtiḥ kṣiptiyutonitā syāt tataḥ padaṃ jyeṣṭhavadhena yuktaḥ//34//
tatkṣiptisaṃvargapadena bhakte hrasvetare rūpayutau hi mūle/
jyeṣṭhaṃ laghu tvalpapadaṃ prakṛtyā hatā mahītulyayutau ca śuddhau//35//
34b: prakṛtis > prakṛtiṃ.

[2] hṛtvā tābhyāṃ bhājyarāśiṃ same tadādisthāne pañcake pañcakena/
evaṃ kuryādojaṃ tu tāvattryādyairhārairbhājyarāśiṃ bhajettu//36//
36a: tābhyāṃ > dvābhyāṃ.

···Note ···

SŚ 14.36. 方法 1. 素因数分解を規則として述べる書は珍しい．おそらく本書が最初である．

···

〈方法 2〉

もし平方数なら，その根こそがその除数である．そうでなければ，近い根を二倍し，それに単位 (1) を加え，〈根の〉残りを引いたとき平方なら，その根と，それを加えたもの（被除数）の根をとり，〈両者を〉加減する．/37/[1]

···Note ···

SŚ 14.37. 方法 2. 被除数を n として，もし $n = p^2$ なら，p が除数．もし $n = p^2 + a$ で，$2p + 1 - a = b^2$ なら，$n = (p + 1 + b)(p + 1 - b)$．「その根」は b,「それを加えたもの」は，$n + b^2 = (p + 1)^2$ である．

···

以上，シッダーンタシェーカラの第十四，未知数学の章．

[1] vargaiścettanmūlamevāsya hāraṃ no cedāsannaṃ padaṃ dvighnamasmin/
rūpaṃ yuktvā śeṣahīne kṛtiḥ syāttanmūlaṃ tadyuktamūnaṃ yutone//37//
37a: vargaiś > vargaś. 37d: yuktamūnaṃ > yuktamūlaṃ.

B:『マーナサウッラーサ』2.2.95-125 (国庫の長官)

後期チャールクヤ王朝の王ソーメーシュヴァラ III (1127-38) に帰される帝王学の書『マーナサウッラーサ』2.2.95-125 には国庫の長官に期待されるいくつかの特徴が述べられている．それは，1. 人間的にすぐれていること，2. 取り扱う物品（金属，宝石など）に関する専門知識を持っていること，3. 算術がわかること，の 3 点にまとめることができるが，その算術の記述に比較的多くの詩節が費やされている．その内容は，位取り記数法，掛け算，割り算，三量法，分数表記，分数の掛け算，分数の割り算である．当時のインド数学の水準からすれば初歩的なものばかりだが，数学史的には，1. 一般社会で必要とされていた数学知識の範囲を教えてくれること（整数・分数の四則と比例計算），2. 位取り記数法をゼロ記号を用いて定義していること，3. カパータ連結乗法の手順が他書と少し違っていること，などが興味深い．

筆者はかつて所属研究所の紀要でそれらの詩節を和訳とともに紹介した（林 1988b）．以下はその改訂版である．付録 A 同様，詩節のインデントは行わないが，ここではいくつかの詩節をまとめて和訳するので，元の Skt 詩節との対応がわかりやすいように，詩節番号 n をその詩節の和訳の後に '$//_n$' で示すことにする．使用したテキストは，*Mānasollāsa of King Bhūlokamalla Someśvara*, ed. by G. K. Gondekar, GOS 28/84, Baroda, 1925/39 である．

*　　*　　*　　*　　*　　*

〈国庫の長官〉

[1]金属，織物，毛皮，宝石などに関して違いのわかる人，支出に関してその特性のわかる人，また保存に関して詳しく，正直な人,$//_{95}$ 禁欲的で〈生活に〉十分満足しており，信頼でき，多くの家族を持ち，注意深く，算術のわかる人，〈そういう人を王は国の〉蔵に〈長官として〉起用するべきである.$//_{96}$

〈位取り名称〉

[2]それぞれの形により[3]，一を初めとし九に至る九個だけの数字 (aṅka) がある．これらが点 (bindu) によって増長されるとき，順次後のものが十〈倍〉づつ大きくなる.$//_{97}$〈数字が〉十の位置 (sthāna) にあるとき点は一個であり，百では点二個があるだろう．千では点三個，アユタ（万）では四個があるだ

---

[1]lohavastrājinādīnāṃ ratnānāṃ ca vibhedavit/
vyaye ca tadviśeṣajño rakṣaṇe nipunaḥ śuciḥ//95//
anāhāryaḥ susantuṣṭaścāpto bahukutumbakaḥ/
sāvadhāno gaṇitavidbhāṇḍāgāre niyojayet//96//

[2]ekādyā navaparyantā navaikānkāḥ svarūpataḥ/
daśottarakrameṇaite vardhante binduvardhitāḥ//97//
97b: GOS navaikāṅkāḥ > navaivāṅkāḥ.
bindureko daśasthāne śate bindudvayaṃ bhavet/
bindutrayaṃ sahasre syādayute taccatuṣṭayam//98//

[3]svarūpataḥ.「本性により」とも読める.

ろう.//98

[1]ラクシャでは五個の点，プラユタでは六個の点，コーティでは七個の点，アルブダでは八個の点がある.//99 パドマでは九個の点，カルヴァでは十個の点，ニカルヴァでは十一個，マハーブジャでは十二個があるだろう.//100 シャンカでは十三個，サムドラではマヌ (14) 個の点があると云われる．アントヤと呼ばれる〈位置〉ではティティと云う名 (15) だけの点があると云われる.//101 マドヤでは二倍の八個，パラールダでは十七個の点がある．このように，実用算術は〈数表記で〉十八の位置を持つ.//102 数字が一でもし点が一個なら，それは十と呼ばれる．数字が二番目で前方に点一個があるとき，数は二十と規定される.//103 同様に，数字が三番目などでもし前方に点一個があれば，そのとき数値は三十ないし九十と呼ばれる.//104 百以上パラールダに至るまで，どの数字であれ，前方部分にある点の個数だけの数値を持つだろう.//105

···Note···

MU 2.2.97-105. 位取り名称．ここに述べられているのは，数字は 9 個あること，a をそのどれかとすると，$a \times 10^n$ は a の後（右）に n 個の点（ゼロ記号）を持つこと，十倍ごとの数の名称がパラールダ (10^{17}) まで 18 個（18 桁）あること，数の価値は a と n で決まること，である．ゼロ記号を用いた位取り名称の定義は SGT 2-3 にもあるが，Skt 数学書では単に，後続の数または位が十倍になる，と指摘するだけのことが多い．この MU の数詞リストは 10^{13} を除いて通常のヒンドゥー系数詞リストと同じ．GT 2-3 参照．10^{13} は通常 śaṅku であるが，ここでは śaṅkha．同じ語は GSS 1.67 の 24 桁の数詞リストにも含まれるが，そこでは 10^{18} を意味する．

···

〈掛け算〉

[2]掛けられるべきもの（被乗数）として存在するいくつかの数字を置き，最

---

[1]bindavaḥ pañca lakṣe syuḥ prayute bindavastu ṣaṭa/
bindavaḥ sapta koṭau syurarbude cāṣṭabindavaḥ//99//
99b: GOS ṣaṭa > ṣaṭ.
bindavo nava padme syuḥ kharve syurdaśa bindavaḥ/
ekādaśa nikharve tu dvādaśa syurmahāmbuje//100//
śaṅkhe trayodaśa priktāḥ samudre manubindavaḥ/
antyasaṃjñe samākhyātā bindavastithisaṃjñayā//101//
dviraṣṭabindavo madhye parārdhe daśa sapta ca/
evamaṣṭādaśasthānaṃ gaṇitaṃ vyāvahārikam//102//
ekāṅke bindurekaśceddaśakaṃ tatprakīrtitam/
dvitīyāṅke puro bindau saṃkhyā viṃśatiriṣyate//103//
evaṃ tṛtīyādyaṅkeṣu binduḥ syātpurato yadi/
triṃśadādyā tadā saṃkhyā navatyantā prakīrtitā//104//
śatadhike parārdhānte yāvanto bindavaḥ sthitāḥ/
yasyāṅkasya purobhāge tāvatsaṃkhyā tu sā bhavet//105//
[2]aṅkāḥ katipaye sthāpyā guṇanīyatayā sthitāḥ/
adhastātprathamāṅkasya guṇakābhyāṅkamālikhet//106//
106d: GOS guṇakābhyāṅkamālikhet > guṇakāntyāṅkamālikhet.
ekaikaṃ guṇayetsarvairuparisthamadhastanaiḥ/
labdhaṃ niveśayettatra svāṅkasyopari lekhayet//107//
ekādiguṇane yojyā budhairaṅkā viparyayāt/
labdhaṃ tu daśakasthānaṃ pūrveṇāṅkena yojayet//108//

初の数字の下に乗数の最後の数字を書くべきである.//$_{106}$ 上にある一つ一つ〈の数字〉に下にあるすべて〈の数字〉を掛けるがよい．得られたものをそこに入れる，〈すなわち〉自分の数字の上に書くがよい.//$_{107}$〈このように被乗数の〉一〈の位〉を初めとして掛けるとき，賢い者は，〈乗数の高位から逆順に掛けることにより〉数字を逆順に（左から右へ）〈書き〉加えるべきである．ただし，〈各位の計算で〉得られた十位〈の数字〉に前の（既存の）数字を加えるがよい.//$_{108}$

···Note···

MU 2.2.106-08. 掛け算．名称への言及はないが，これは GT 17 などで言及されるカパータ (対) 連結乗法の一種である．その手順は，43×876 を例にとると，上の記述に基づいて次のように復元できる．

1) 被乗数 (43) の一位の下に乗数 (876) の最高位を揃えて書く：

4	**3**		
	8	**7**	**6**

2) 被乗数の一位 (3) に乗数の最高位 (8) を掛けて，結果 (24) を「自分の数字の上に書く」：

2	**4**		
4	3		
	8	7	6

3) 被乗数の一位 (3) に乗数の十位 (7) を掛けて，結果 (21) を「自分の数字の上に書く」が，その「十位」(2) は「前の数字」(4) に「加える」：

2	**6**	**1**	
4	3		
	8	7	6

4) 被乗数の一位 (3) に乗数の一位 (6) を掛けて，結果 (18) を「自分の数字の上に書く」が，その「十位」(1) は「前の数字」(1) に「加える」：

2	6	**2**	**8**
4	3		
	8	7	6

5) 被乗数の一位 (3) を消し，乗数 (876) を 1 桁左に移動する (このステップは規則に明記されていない)：

2	6	2	8
4			
8	**7**	**6**	

6) 被乗数の十位 (4) に乗数の最高位 (8) を掛けて，結果 (32) を「自分の数字の上に書く」：

3	**4**	6	2	8
	4			
	8	7	6	

7) 被乗数の十位 (4) に乗数の十位 (7) を掛けて，結果 (28) を「自分の数字の上に書く」：

3	**7**	**4**	2	8
	4			
	8	7	6	

8) 被乗数の十位 (4) に乗数の一位 (6) を掛けて，結果 (24) を「自分の数字の上に書く」．(規則に明記されていないが) 計算が済んだ被乗数と乗数は消す：

3	7	**6**	**6**	8

〈割り算〉

[1]掛け算の手順でまず〈被除数を構成する〉いくつかの数字を置くべきである．賢い者はそれらの下に，全く同じに（左を揃えて）除数を置くべきである.//$_{109}$ 下の数字（除数）を心に入れて，上にある数字（被除数）〈の中の最初に割る桁〉を考えるがよい．〈すなわち〉それ〈を掛けること〉によって〈被除数の〉部分が得られるようなものによって割ることを考えるべきである.//$_{110}$ このように手順通りに被除数を割るべきである．得られたもの（商）を一カ所に，また残りは他所に，置くがよい.//$_{111}$ さらに，あるがままの部分に沿って，残りを割って，それ（結果）を商〈の列〉に加えるがよい．割り算とはこのようなものである.//$_{112}$

···Note···

MU 2.2.109-12. 割り算．手順は，37668 ÷ 43 を例にとると，上の記述に基づいて次のように復元できる．

1) 被除数 (37668) の下に除数 (43) を左揃えで書く：

3	**7**	**6**	**6**	**8**
4	**3**			

2) 被除数の最後の 2 桁 (37) は除数 (43) で割れないので，除数を 1 桁右へ移動：

3	7	6	6	8
	4	**3**		

3) 商 (8) を推測して，書板上のどこか「一カ所に置く」(ここでは二本線の右)：

3	7	6	6	8	‖	**8**
	4	3			‖	

4) この商 (8) を除数の各位に掛けて上から引く ($37-4\cdot 8=5$, $56-3\cdot 8=32$)：

3	**2**	6	8	‖	8
4	3			‖	

5) 除数 (43) を 1 桁右へ移動：

3	2	6	8	‖	8
	4	**3**		‖	

6) 次の商 (7) を推測して，前の商 (8) の右に置く：

3	2	6	8	‖	8	**7**
	4	3		‖		

7) この商 (7) を除数の各位に掛けて上から引く ($32-4\cdot 7=4$, $46-3\cdot 7=25$)：

2	**5**	8	‖	8	7
4	3		‖		

8) 除数 (43) を 1 桁右へ移動：

2	5	8	‖	8	7
	4	**3**	‖		

9) 次の商 (6) を推測して，前の商 (7) の右に置く：

2	5	8	‖	8	7	**6**
	4	3	‖			

---

[1]guṇākārakrameṇādāvaṅkānkatipayānnyaset/
vibhājakānadhasteṣāṃ susamaṃ vinyasedbudhaḥ//109//
adho 'ṅkaṃ hṛdaye kṛtvā tarkayedaṅkamūrdhvagam/
vibhāgo labhyate yena tena bhāgaṃ prakalpayet//110//
anena kramayogeṇa bhajanīyaṃ vibhājayet/
ekatra sthāpayellabdhamavaśiṣṭaṃ tathānyataḥ//111//
avaśṣṭaṃ punarbhaṅktvā yathābhāgānusārataḥ/
labdhe tu melayettattu bhāgahāro 'yamīdṛśaḥ//112//

10) この商 (6) を除数の各位に掛けて上から引く $(25-4\cdot 6=1,\ 18-3\cdot 6=0)$：

	0	8	7	6
4	3			

規則の冒頭の「掛け算の手順で」あるいは「乗数の順序で」(guṇākāra-krameṇa) の意図不明.

〈三量法〉

[1]三つの量が，基準値 (pramāṇa)，果 (phala)，要求値 (icchā) と云われる．要求値が掛けられた物 (vastu)（すなわち果）を基準値で割るべきである.//$_{113}$ 基準値が物 (dravya) と呼ばれ，果が財 (draviṇa) であることが望まれる〈ときもある．そのときは〉要求値が物 (dravya) の種の区分から生ずることを師（スーリ）たちは要求する.//$_{114}$ これが数に精通した者たちによって三量法と呼ばれる算術である．五量法，七量法,//$_{115}$ 九量法もまた，この三量法において知るがよい．〈トピック上の〉関連があるので，整数に関する計算 (sakalaṃ gaṇitaṃ) が〈ここに〉略述された.//$_{116}$

···Note

MU 2.2.113-16. 三量法．三量法の 3 項 (基準値，基準値果，要求値) と未知の項 (要求値果) のうち，基準値と要求値，基準値果と要求値果はそれぞれ単位も含めて同種の量でなければならない，という条件はほとんどの算術書で述べられているが，ここではそれが,「財」(金額) と「物」(重量または体積)，あるいはその逆，とされている．これは，ここでの三量法の主たる用途が国庫の算術だからと思われる．類似の語法が『ガニタサーラサングラハ』の掛け算にも見られる．§1.7.3.3 参照.

〈分数表記〉

[2]問題には分割されたものがあるから，分数に関する計算 (gaṇitaṃ bhinnaṃ) を私は述べよう．整数 (rūpa)，分子 (aṃśa)，分母 (cheda) というのが通例の名称である.//$_{117}$ 全体 (saṃpūrṇa) が整数と呼ばれる．抽出されたもの (uddhārita) が分子となる．その分子の分割〈数〉が分母と呼ばれる.//$_{119}$ 上に整数，下に分子，その下に分母が望まれる.//$_{118ab}$

---

[1]pramāṇaṃ phalamiccheti rāśitrayamucyate/
icchayā guṇitaṃ vastu pramāṇena vibhājayet//113//
pramāṇaṃ dravyamākhyātaṃ phalaṃ draviṇamiṣyate/
dravyajātivibhāgotthāmicchāmicchanti sūrayaḥ//114//
trairāśikamidaṃ proktaṃ gaṇitaṃ gaṇakovidaiḥ/
pañcarāśikamatraiva saptarāśikameva ca//115//
navarāśikamapyasmiñjñeyaṃ trairāśike vidhau/
sakalaṃ gaṇitaṃ proktaṃ saṅkṣepeṇa prasaṅgataḥ//116//

[2]vakṣyāmi gaṇitaṃ bhinnamuddeśe khaṇḍitaṃ hi yat/
rūpamaṃśastathā cchedo nāmaitadvyāvahārikam//117//
rūpamūrdhvamadhaścāṃśastasyādhaḥ cheda iṣyate/118ab/
saṃpūrṇaṃ kathyate rūpamaṃśa uddharito bhavet/
tasyāṃśasya vibhāgo yaḥ sa cchedaḥ parikīrtitaḥ//119//
詩節 119 は 118ab の前に置くべき; 119b: GOS uddharito > uddhārito.

···Note ···
MU 2.2.117-19-18ab. 分数表記．いわゆる帯分数 $\left(a+\frac{c}{b}\right)$ は，a, c, b の順序で縦に列挙される．

表記	名称	意味
a	rūpa (単位・整数)	saṃpūrṇa (満・全)
c	aṃśa (部分・分子)	uddhārita (抽出されたもの)
b	cheda (除数・分母)	vibhāga (分割)

それが計算に使われるときは，分数の割り算 (MU 2.2.121-23) でも述べられるように，部分付加類により同色化（通分）する．GT 57 の部分付加 1 参照．ただし，MU は「部分付加」という言葉も「同色化」という言葉も用いない．語 rūpa については，SGT 16.1 に出る「単位」の脚注参照．

〈分数の掛け算〉

[1]二つの量を被乗数と乗数とすべきである.//$_{118cd}$ 賢い者は，分子を分子に，分母を分母に掛けるがよい．それに通じた者は，結果の分子を，分母から生じた結果で割るがよい.//$_{120}$

···Note ···
MU 2.2.118cd, 120. 分数の掛け算．

$$\boxed{\begin{matrix} b \\ a \end{matrix}} \times \boxed{\begin{matrix} d \\ c \end{matrix}} \quad \rightarrow \quad \boxed{\begin{matrix} bd \\ ac \end{matrix}} \quad \rightarrow \quad bd \div ac.$$

〈分数の割り算〉

[2]分数の掛け算が述べられた．分数の割り算が〈これから〉述べられる．整数，分子，分母という順序で，割られるべき量（被除数）が置かれる.//$_{121}$ また，もう一つの量も同様に，賢い者は除数として書くがよい．〈どちらも〉分母を整数に掛け，結果に分子を加えるべきである.//$_{122}$〈それら〉二量において，分母を互いの分子に掛けるがよい．除数で被除数を割るがよい．分数の割り算とはこのようなものである.//$_{123}$

以上，数学 (gaṇita) である．//$_{123p}$

···Note ···
MU 2.2.121-23. 分数の割り算．被除数と除数が帯分数のとき，まずそれらを部分付加類により同色化（通分）し，その後，分母を互いの分子に掛け，被除数の分子を除

[1]rāśidvayaṃ prakartavyaṃ guṇyaṃ guṇakameva ca//118cd//
guṇayedaṃśamaṃśena cchedaṃ chedena buddhimān/
phalāṃśaṃ vibhajettajjñaḥ phalena cchedajanmanā//120//

[2]guṇanaṃ bhinnamākhyātaṃ bhinnabhāgo 'bhidhīyate/
rūpāṃśacchedamārgeṇa bhājyo raśirvidhīyate//121//
bhājakaśca tathā anyo rāśirlekhyo vipaścitā/
chedena guṇayedrūpaṃ labdhamaṃśena melayet//122//
chedenāṃśaṃ viparyāsādguṇayedrāśiyugmake/
bhājakena bhajedbhājyaṃ bhinnabhāgo 'yamīdṛśaḥ//123//
iti gaṇitam//

数の分子で割る.

$$\begin{array}{|c|}a\\c\\b\\\hline\end{array} \div \begin{array}{|c|}d\\f\\e\\\hline\end{array} \rightarrow \begin{array}{|c|}ab+c\\b\\\hline\end{array} \div \begin{array}{|c|}de+f\\e\\\hline\end{array}$$

$$\rightarrow \begin{array}{|c|}(ab+c)e\\b\\\hline\end{array} \div \begin{array}{|c|}(de+f)b\\e\\\hline\end{array} \rightarrow (ab+c)e \div (de+f)b.$$

この手順は通常の分数の割り算と異なる．ほとんどの算術書は，除数の分子と分母を上下逆にして，分数の掛け算に帰す．BSS 12.4, PG 33cd = Tr 20cd, GSS 3.8ab, GT 42 参照.

....

〈国庫の計算士〉

[1]このような，掛け算，割り算，それに三量法の規則を正しく確実に知る者,//$_{124}$ 無欲で注意深く，好悪を離れている者，そういう者を，思慮深き王は，国庫の計算士にすべきである.//$_{125}$

以上，蔵を監督する計算士の〈持つべき〉特徴である．//$_{125p}$

...Note..

MU 2.2.124-25. 国庫の計算士. 結語の「蔵を監督する計算士」(kośa-adhyakṣa-gaṇaka) は国庫の長官であり，直前の詩節に出る「国庫の計算士」(rāṣṭra-kośa-gaṇaka) はこれと同じものを指すと思われる.

....

[1]īdṛśaṃ guṇakāraṃ ca bhāgahāraṃ ca tattvataḥ/
trairāśikavidhānaṃ ca yo jānāti viniścitam//124//
alubdhaḥ sāvadhānaśca rāgadveṣavivarjitaḥ/
sa rājñā gaṇakaḥ kāryaḥ kośe rāṣṭre ca dhīmatā//125//
iti kośādhyakṣagaṇakalakṣaṇam//

C:『ブラーフマスプタシッダーンタ』12.55-56（掛け算）とプリトゥーダカ・スヴァーミン注

『ブラーフマスプタシッダーンタ』(BSS) で整数の掛け算を扱う 12 章詩節 55-56 とそれに対するプリトゥーダカ・スヴァーミン (864 頃) の注釈 (PBSS) をここに和訳する．テキストは，C.2 参照．

C.1:和訳

(93a) 〈分数の〉掛け算の規則で「分子の積が分母の積で割られる」(BSS 12.3d) と述べられたが，その「積」(vadha) の定義 (lakṣaṇa) が知られていない．だから，掛け算の方法を示すために，アールヤー詩節を述べる．/PBSS 12.55.0/ 93a

···Note···

PBSS 12.55.0. BSS 12 章は「足し算に始まる二十の基本演算 (parikarmāṇi) と影に終わる八つの手順 (vyavahārāḥ) をそれぞれ良く知る者は計算士 (gaṇaka) である」という詩節で始まるが，詩節 2 以降の基本演算は，まず分数の足し算など六則 (12.2-5) があり，それに整数の立方・開立 (12.6-7) が続き，そのあと三量法などが扱われる．BSS 12.54 が最後の「手順」影を扱う．その後の 55-65 は補遺的部分である．

···

乗数部分 (guṇaka-khaṇḍa) と〈個数が〉等しい被乗数が牛綱 (go-sūtrikā) の形に配列され，〈それらの部分によって〉掛けられ，加えられると，積 (pratyutpanna) である．あるいは，乗数割分 (guṇaka-bheda) と〈個数が〉等しい．/BSS 12.55/

···Note···

BSS 12.55. 最後の「等しい」の後は，前文の「等しい」の後と同じなので省略されている．ダッタとシンは，コールブルックの英訳 (Colebrooke 2005, 319) を引用しつつ (Datta & Singh 2001, vol.1, p.135)，彼の go-sūtrikā（牛綱）という読みは誤りであり，go-mūtrikā（牛尿）が正しいとする (p.147, fn.4)．ダッタとシンがこの詩節に, go-mūtrikā, khaṇḍa（部分）, bheda（割分）の 3 つの乗法を読み取ろうとしているのは間違いである．khaṇḍa と bheda はここでは牛綱 (go-sūtrikā) の二つの種類を特徴付ける概念と解釈できる．次のプリトゥーダカ・スヴァーミンの注釈もこの解釈を支持する．ダッタとシンは go-sūtrikā を否定する理由を述べていないが，この詩節にふさわしいのは go-mūtrikā（牛尿）ではなく go-sūtrikā（牛綱）である（牛尿については，序説 §1.7.3.9 参照）．なぜなら，コールブルックも説明しているように (Colebrooke 2005, 319, fn.2),「牛綱」とは，複数の牛の手綱を繋いだ一本のロープ,あるいはその繫いだ状態を指す（下図参照）.「乗数部分」による乗法が後世の「位置分割部分乗法」(L 15d, sthāna-vibhāga-khaṇḍa-guṇana),「乗数割分」による乗法が後世の「整数分割部分乗法」(L 15abc, rūpa-vibhāga-khaṇḍa-guṇana) とすれば（下図参照），牛が被乗数に，ロープが乗数部分または乗数割分の列に相当し,「牛綱」という名称はそれらの乗法にうってつけといえる.

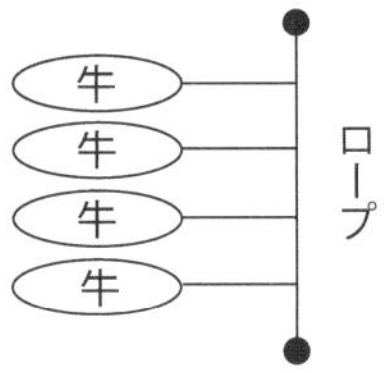

牛綱の模式図（上から見た状態）

1196	1	→	1196
1196	2	→	2392
			14352

位置分割 (sthāna-vibhāga)

1196	2	→	2392
1196	4	→	4784
1196	6	→	7176
			14352

整数分割 (rūpa-vibhāga)

二種の部分乗法 (khaṇḍa-guṇana) の例 ($1196 \times 12 = 14352$)

…………………………………………………………………………

乗数の部分 (khaṇḍa) が乗数部分であり，それらに等しく，被乗数が牛綱の形に配列され (gosūtrikākṛta)，それら乗数部分によって別々に掛けられ，位置に応じて加えられると，積になる．あるいは，乗数の望みの割分 (bheda) を想定し，それと同じ数だけの位置にある被乗数がそれらによって別々に掛けられ，加えられると，積になる，ということである．例題．それは次の通り．被乗数：矢・原質・対，235．乗数：ヴァス神群・ヴァス神群・アシュヴィン双神，288．この場合，被乗数が，乗数部分と等しく牛綱の形に配列されたものが (93b) これである

93b

235
235
235

乗数部分，すなわち 2，8，8，によって順に掛けられて生ずるのは

470
1880
1880

位置に応じて加えられて生ずるのは，すなわち，67680．/PBSS 12.55.1/

…Note…………………………………………………………………

PBSS 12.55.1. 通常「部分」一般を意味する語 khaṇḍa を，プリトゥーダカはここで位取りの各位と解釈し,「分離・分割」を意味する bheda を，整数和に分割したときの部分（ここでは「割分」と訳す）としている.

例題. 235×288. 乗数部分の牛綱による計算. $235 \times 288 = 235 \times (200 + 80 + 8) = 47000 + 18800 + 1880 = 67680$. プリトゥーダカは，被乗数だけを

235
235
235

と縦に並

べて，これに乗数の各位，2, 8, 8 を別々に掛けて，$\begin{array}{|r|}470\\1880\\1880\\\hline\end{array}$ を得て，位ごとに加える．しかし，牛綱という名称から推測すると，BSS 12.55 が意図した最初の数字配列は，乗数の各位も含む $\begin{array}{|rr|}235 & 2\\235 & 8\\235 & 8\\\hline\end{array}$ だったと思われる．前 Note 参照．

…………………………………………………………………………

あるいは，乗数割分 (guṇakāra-bheda)，すなわち〈例えば〉9, 8, 151, 120. これらにより別々に，それと同じ数だけの位置にあるこの被乗数，235, 235, 235, 235, が掛けられて生ずるのは，2115, 1880, 35485, 28200. 加えられると，その同じ積の量，67680 である．/PBSS 12.55.2/

…Note…………………………………………………………………

PBSS 12.55.2. 乗数割分の牛綱による例題の計算．$235 \times 288 = 235 \times (9+8+151+120) = 2115 + 1880 + 35485 + 28299 = 67680$. プリトゥーダカ（あるいは写字生）は数字を横に並べるだけで表にしないが，BSS 12.55 が意図していたのは，

$$\begin{array}{|rr|}235 & 9\\235 & 8\\235 & 151\\235 & 120\\\hline\end{array} \rightarrow \begin{array}{|r|}2115\\1880\\35485\\28200\\\hline\end{array} \rightarrow 67680$$

だったと思われる．

…………………………………………………………………………

あるいは，乗数割分は別様に〈行われる〉．例えば，9, 8, 4. これらの積 (ghāta) は乗数に等しい．他の割分でも，それらの積が乗数に等しいとき，被乗数がそれらによって繰り返し掛けられると，積になる．すなわち，被乗数 235 が九を掛けられて 2115. さらにこれが八を掛けられて 16120. さらに四を掛けられて，その同じ 67680 が生ずる．この部分〈乗〉法は，スカンダセーナ (Skandasena) たちによって述べられた．同様に，定位置，カパータ連結などの乗法が，自分の理知（頭）によって用いられるべきである．/PBSS 12.55.3/

…Note…………………………………………………………………

PBSS 12.55.3. Skandasena の乗数割分．$288 = 9{\cdot}8{\cdot}4$ と積に「割分」して，$235 \times 288 = ((235 \cdot 9) \cdot 8) \cdot 4 = (2115 \cdot 8) \cdot 4 = 16120 \cdot 4 = 67680$.

Skandasena への言及は fols. 43b, 50a にもあるが，この人物の詳細は不明．定位置，カパータ連結と呼ばれる乗法は，プリトゥーダカ (864 頃活躍) に少し先行するシュリーダラ (800 頃) 以降の多くの著者が言及する．序説 §1.7.3 参照．

…………………………………………………………………………

次に，被乗数が，誤って (bhrāntyā)，小さくあるいは大きくなった乗数によって掛けられたとき，〈正しい積を〉復元するためにアールヤー詩節を述べる．/PBSS 12.56.0/

被乗数が，任意数を加えた，あるいは引いた乗数によって掛けられる．〈そして，掛けた〉乗数が〈本来の乗数より〉大きいか小さ

いかに応じて，被乗数と任意数の積を引くか加えるかする．/BSS 12.56/

···Note ···

BSS 12.56. $xy = x(y \pm a) \mp xa$. プリトゥーダカのイントロには「誤って」とあるが，ブラフマグプタは速算法として与えたのではないかと思われる．

···

94a 被乗 (94a) 数が，任意数を加えた乗数によって掛けられた場合，被乗数にその任意数を掛けただけ減らすべきである．また，被乗数が，任意数を引いた乗数によって掛けられた場合，被乗数と任意数の積だけその量を増やすべきである．このようにすれば，被乗数と乗数の積が正しく (sphuṭa) なる．〈例えば〉それは次の通りである．被乗数：15．乗数：20．これ（乗数）に四を加えた 24 によってこの被乗数 15 が掛けられると，誤って 360 が生ずる．ここで，任意数は 4，被乗数は 15 である．この二つの積は 60．掛けられた〈結果の〉この数 360 がそれだけ減らされる，掛け算が超過だったから．そのようにすれば，被乗数と乗数の正しい積であるこの 300 が生ずる．/PBSS 12.56.1/

···Note ···

PBSS 12.56.1. 例題：被乗数 15，乗数 20．$15 \times 20 = 15 \times 24 - 15 \times 4 = 360 - 60 = 300$. この例も次の例も，プリトゥーダカがこの Skandasena の乗数割分法を速算法と考えていなかったことを示している．

···

あるいは，乗数 20 を四だけ減らしたもの，16，によって被乗数が掛けられると 240 が生ずる．ここで，被乗数と任意数の積であるこの 60 が加えられる，掛け算が不足だったから．そのようにすれば，正しい積 300 が生ずる．他の場合も同様に〈BSS 12.56 が〉適用されるべきである．/PBSS 12.56.2/

···Note ···

PBSS 12.56.2. あるいは，$15 \times 20 = 15 \times 16 + 15 \times 4 = 240 + 60 = 300$.

···

C.2: テキスト

このテキストは，写本 IOL, Eggeling 2769, fols. 93a-94a に基づく．これは，H.T. Colebrooke が使用した写本．Eggeling 1896, 993-95 参照．

93a (93a) [1]yad uktaṃ pratyutpa(ṃ)nnasūtre 'chedavadhenoddhrito[2] 〈'〉ṃśavadha' [BSS 12.3d] iti tadvadhalakṣaṇaṃ na jñāyate tadarthaṃ guṇanāprakārapradarśanāyāryām āha//〈PBSS 12.55.0〉//

[1] 'x] y' proposes to read x for y in the manuscript. 'x] y (cor.)' means that the written error y has been corrected by a scholiast to x, which is acceptable. A pair of parentheses, (x), means that the letter(s) x should be removed. A pair of angular brackets, 〈x〉, means that the letter(s) x has been supplied by me.

[2] -ddhrito] -cchrito.

guṇakārakhaṃḍatulyo guṇyo gosūtrikākṛto guṇitaḥ⟨/⟩
sahitaḥ pratyutpanno guṇakārakabhedatulyo vā// ⟨BSS 12.55//⟩

guṇakārasya khaṃḍāni guṇakārakhaṃḍāni teṣāṃ tulyo guṇyo gosūtrikākṛtas tair[1] eva guṇakārakhaṃḍaiḥ pṛthak pṛthak guṇito yathāsthānaṃ sahitaḥ pratyutpanno bhavati// athavā[2] guṇakārasyeṣṭān bhedān[3] prakalpya taiḥ pṛthak pṛthag guṇyas tāvatsaṃkhyāsthānagato guṇitaḥ sahitaś ca pratyutpanno bhavatīti// udāharaṇam/[4] tad yathā⟨/⟩ guṇyarāśiḥ[5] śaraguṇayamāḥ 235 guṇarāśir vasuvasudasrāḥ[6] 288⟨/⟩ evaṃsthite guṇyarāśir[7] guṇakārakhaṃḍatulyo gosūtrikā(93b)kṛto ⟨'⟩yaṃ

235
235
235

guṇakārakhaṃḍair a- 93b

mībhiḥ 2/ 8/ 8/ yathākramaṃ guṇito jātaḥ

470
1880
1880

[8] yathāsthānaṃ sahitaś ca jātaḥ yathā 67680⟨//PBSS 12.55.1//⟩

athavā guṇakārabhedair amībhiḥ 9/ 8/ 151/ 120⟨/⟩ etaiḥ pṛthak[9] tāvatsthānagato ⟨'⟩yaṃ guṇyarāśiḥ 235/ 235/ 235/ 235/ guṇito jātaḥ 2115/[10] 1880/ 35485/ 28200⟨/⟩ sahitaḥ sa eva pratyutpannarāśiḥ 67680⟨//PBSS 12.55.2//⟩

athavānyathā guṇakārabhedo[11] yathā 9/ 8/ 4/ eteṣāṃ ghāto guṇakāratulyaḥ 288⟨/⟩ evam anyeṣām api yeṣāṃ bhedānāṃ vadho guṇakāratulyas [12] tair abhyāsena guṇito guṇyo rāśiḥ pratyutpanno bhavati⟨/⟩ tad yathā⟨/⟩ guṇyarāśiḥ[13] 235 navaguṇaḥ 2115⟨/⟩ punar apy ayam[14] evāṣṭaguṇaḥ 16120⟨/⟩ punar api caturguṇas sa eva jātaḥ 67680⟨/⟩ ayaṃ khaṃḍaprakāraḥ skaṃdasenā⟨di⟩bhir abhihitaḥ/[15] evaṃ tatsthakapāṭasaṃdhyādayo[16] guṇanāprakārās[17] svadhiyā yojyā iti// ⟨PBSS 12.55.3⟩//

---

[1] -kākṛtas tair] -kākṛtester (cor.).
[2] bhavati// athavā] bhavatyathavā//.
[3] -kārasyeṣṭān bhedān] -kārasyeṣṭācakedāt.
[4] bhavatīti// udāharaṇam/] bhavatītyudāharaṇam//.
[5] guṇya-] guṇa-.
[6] vasuvasu-] vasurvasu-.
[7] guṇyarāśir] guṇaṃkārarāśir.
[8] 470 / 1880 / 1880] 470 / 1880 / 1880
[9] pṛthak] pṛthago.
[10] 2115/] 3115 ('3' cor.).
[11] guṇakārabhedo] guṇakāro bhedo.
[12] bhedānāṃ vadho guṇakāratulyas] guṇakāratulyo bhāgahāras.
[13] guṇyarāśiḥ] guṇakāraḥ
[14] ayam] apram.
[15] abhihitaḥ/] abhihitā.
[16] ādayo] ānayo.
[17] prakārās] prakārāt.

atha[1] yatra guṇyarāśir guṇakārarāśinā bhrāntyā[2] nyū⟨ne⟩nādhikena vā guṇitas tatra pratisamādhānārtham[3] āryām āha/⟨PBSS 12.56.0/⟩

> guṇyo rāśir guṇakārarāśineṣṭādhikonakena[4] guṇaḥ[5]/
> guṇyeṣṭavadhonayuto[6] guṇake 'bhyadhikonake[7] kāryaḥ//⟨BSS 12.56//⟩

94a yadā guṇya(94a)rāśir guṇakārarāśineṣṭādhikena guṇitas tadā guṇyena tenaiveṣṭ⟨e⟩na hatenona⟨ḥ⟩ kāryo ⟨'⟩tha guṇyarāśir iṣṭonena[8] guṇakena guṇitas tadā guṇyeṣṭavadhenādhikas sa rāśiḥ kāryaḥ⟨/⟩ evaṃ kṛte guṇyaguṇakavadhaḥ sphuṭo bhavati⟨/⟩ tad yathā⟨/⟩ guṇyarāśiḥ 15 guṇakaḥ 20⟨/⟩ anena caturadhikena 24 guṇyo ⟨'⟩yaṃ 15 guṇito bhrāṃtyā jātaḥ 360⟨/⟩ atreṣṭarāśiḥ 4 guṇyaś ca 15⟨/⟩ anayor vadhaḥ 60⟨/⟩ anena guṇito rāśir ayaṃ ⟨360⟩ ūnīkriyate ⟨'⟩dhikaguṇanāt/ tathā[9] kṛte jātaḥ sphuṭo[10] guṇyaguṇakavadho ⟨'⟩yam(//) 300⟨//PBSS 12.56.1//⟩

athavā guṇakena 20 caturūnena[11] 16 guṇyarāśir guṇito[12] jātaḥ 240⟨/⟩ atra guṇyeṣṭavadho ⟨'⟩yam[13] 60[14] saṃyojyate nyūnaguṇanāt⟨/⟩ tathā kṛte jāta⟨ḥ⟩ sphuṭaḥ pratyutpannaḥ 300⟨/⟩ evam anyatrāpi[15] yojya iti//⟨PBSS 12.56.2⟩//

[1]atha] athā.
[2]bhrāntyā] rbhāntyā.
[3]pratisamādhānārtham] pratisamāyanārtham.
[4]rāśineṣṭādhikonakena] rāśijyeṣṭhādhikena.
[5]guṇaḥ] guṇyaḥ.
[6]guṇyeṣṭa] guṇyeccha.
[7]'bhyadhikonake] bhādhikovake ('va' cor.).
[8]iṣṭonena] iṣṭotena.
[9]guṇanāt/ tathā] guṇinātvayā.
[10]jātaḥ sphuṭo] jātaṃ sphaṭo.
[11]catur] catuḥ.
[12]guṇito] guṇitau (cor.).
[13]⟨'⟩yam] paṃm.
[14]60] 20.
[15]anyatrāpi] antatrāpi.

D:『パーティーガニタ』18-22（掛け算・ゼロ・割り算）と古注

『パーティーガニタ』18-22 は，掛け算，ゼロ，割り算を扱う．それらの詩節 (PG 18-22+E3) と散文古注 (PGT 18-22+E3) を Shukla 編テキスト (pp. 13-14)（脚注では Sh と略す）に基づいて以下に和訳する．GT の和訳同様，詩節部分のみをインデントする．なお，Shukla 編テキストのこの部分では，書置 (nyāsa/sthāpana) の数字がむき出しのままだが，この和訳では書置が二行以上にわたる場合，上に開いた箱に入れる．Shukla のテキストでも後の方ではそうしている．和訳中の [　] は，写本に欠けているため，編者 Shukla が補った部分を示す．

* * * * * *

⟨ 掛け算 ⟩

> (p.13) **カヴァータ連結の手順で乗数の下に被乗数を置き，ステップごとに，逆行で，または順行で，掛けるべきである，// ⟨ 乗数を ⟩ 繰り返し移動しながら．だから，この方法がカヴァータ連結である．⟨ 乗数が ⟩ そこに留まるというので定位置積である．// 整数と位置の分割によって部分と名づけられる方法には二通りあるだろう．積の実行（掛け算）にはこれら四つの方法がある．/PG 18-20/** [1] p.13

···Note ···
PG 18-20. 規則：掛け算．GT 17-18 参照．
···

[2][例題.

> **九十六・二と一に一・二を掛けたもの，六・九・八に七・三を掛けたもの，五・六・ゼロ・八に六十を掛けたものを作りなさい．/PG E 3/** [3]]

···Note ···
PG E3. 例題：掛け算．(1) 1296×21. (2) 896×37. (3) 8065×60.
···

---

[1] vinyasyādho guṇyaṃ kavāṭasandhikrameṇa guṇarāśeḥ/
guṇayedvilomagatyānulomamārgeṇa vā kramaśaḥ//PG 18// (= Tr 5)
utsāryotsārya tataḥ kavāṭasandhirbhavedidaṃ karaṇam/
tasmiṃstiṣṭhati yasmātpratyutpannastatastatsthaḥ//PG 19// (= Tr 6)
rūpasthānavibhāgāddvidhā bhavetkhaṇḍasaṃjñakaṃ karaṇam/
pratyutpannavidhāne karaṇānyetāni catvāri//PG 20// (= Tr 7)

[2] この導入句と例題 E3 の詩節は，編者 Shukla が Tr から補う．

[3] ṣaṇṇavatidvikamekaṃ caikadviguṇāni ṣaṇṇavāṣṭau ca/
saptatriguṇānpañcakaṣaṭkhāṣṭau ca kuru ṣaṣṭiguṇān//PG E3// (= Tr E3)

⟨ カヴァータ連結乗法による (1) の解 ⟩

単位に対して (prati-rūpam) 生じた量は (utpanno rāśiḥ)，提示された単位の集合 (rūpa-vṛnda) に対してはどれだけになるだろうか，というので，乗数と被乗数[1][である二十一と九十六大きい十二百をカヴァータ連結の手順で書置する．

			2	1
1	2	9	6	

⟨ 被乗数の ⟩ 一の位にある六に単位を掛けたものは六である，というので，一の下の位に六．それから，二を六に掛けると十二，というので，二の下の位に二．単位もまた九の下に生ずる．書置．

			2	1
1	2	9	2	6
		1		

それから，十の位にある九に掛けるために，乗数が移動する (sarpati).

		2	1	
1	2	9	2	6
		1		

今度は九と二十一とに被乗数と乗数の状態 (guṇya-guṇaka-bhāva) が生じた．単位を九に掛けて九．自分の下にある二を加えて，その位には単位が生ずる．単位もまた二の下にある単位が加えられて，二が生ずる．二を九に掛けて十八．] 前と全く同様に，その下に置く．⟨ すなわち ⟩ 八には自分の下にある二を加えて，その位にはゼロ．二の下にある単位（積 18 の ‘1’）もまた単位（繰り上がった ‘1’）が加えられて，二が生ずる．それから，百の位の二に掛けるために乗数が移動する．書置．

	2	1		
1	2	0	1	6
	2			

今度は二と二十一とに被乗数と乗数の状態が生じた．一を二に掛けて二のまま．一の下にある [ゼロ] に二を投じて二が生ずる．二を二に掛けて四．自分の下にある二を加えて六．

[

	2	1		
1	6	2	1	6

]

それから，千の位にある単位に掛けるために，乗数が移動する．書置．

[

2	1			
1	6	2	1	6

]

今度は一と二十一とに被乗数と乗数の状態が生じた．そのとき，単位を掛けた単位は単位のままである．六に投じて七．二を一に掛けて二．以上，被

[1]和訳の以下の十数行,「二を九に掛けて十八.」まで (Sh, p.13, lines 12-18)，は Shukla が補った部分.

乗数の残りがなくなったら (niḥśeṣita)，乗数は除去され (nivṛtta)，果はそのまま，27216 である．/PGT E3.1/

···Note···

PGT E3.1. カヴァータ連結乗法による (1) の解.「順行」の場合．上の古注の記述にいくつかの書置を補って説明する．

1) 乗数 (21) の最高位の下に被乗数 (1296) の一位を揃えて書く：

			2	**1**
1	**2**	**9**	**6**	

2) 被乗数の一位 (6) に乗数の一位 (1) を掛けて，結果 (6) を ‘1’ の下に書く：

			2	1
1	2	9	6	**6**

3) 被乗数の一位 (6) に乗数の十位 (2) を掛けて，結果 (12) を ‘2’ の下に書くが，そのとき，‘6’ は用済みなので消して ‘2’ を書き，左の ‘9’ はまだ必要なので，その下に ‘1’ を書く：

			2	1
1	2	9	**2**	6
		1		

4) 乗数を 1 桁左に移動する：

		2	**1**	
1	2	9	2	6
		1		

5) 被乗数の十位 (9) に乗数の一位 (1) を掛けて，結果を ‘1’ の下に加える ($9\cdot 1 = 9$, $9 + 12 = 21$)：

		2	1	
1	2	9	**1**	6
		2		

6) 被乗数の十位 (9) に乗数の十位 (2) を掛けて，結果を ‘2’ の下に加える ($9\cdot 2 = 18$, $18 + 2 = 20$)：

		2	1	
1	2	**0**	1	6
	2			

7) 乗数を 1 桁左に移動する：

	2	**1**		
1	2	0	1	6
	2			

8) 被乗数の百位 (2) に乗数の一位 (1) を掛けて，結果を ‘1’ の下に加える ($2\cdot 1 = 2$, $2 + 0 = 2$)：

	2	1		
1	2	**2**	1	6
	2			

9) 被乗数の百位 (2) に乗数の十位 (2) を掛けて，結果を ‘2’ の下に加える ($2\cdot 2 = 4$, $4 + 2 = 6$)：

	2	1		
1	**6**	2	1	6

10) 乗数を 1 桁左に移動する：

2	**1**			
1	6	2	1	6

11) 被乗数の千位 (1) に乗数の一位 (1) を掛けて，結果を ‘1’ の下に加える ($1\cdot 1 = 1$, $1 + 6 = 7$)：

2	1			
1	**7**	2	1	6

12) 被乗数の千位 (1) に乗数の十位 (2) を掛けて，結果を ‘2’ の下に書く：

2	1			
2	7	2	1	6

13)「乗数は除去される」：

2	7	2	1	6

PGT E3.1 の冒頭の文「単位に対して... どれだけになるだろうか」は，掛け算 $a \times b$ を三量法，$1 : a = b : x$，によって説明している.「単位の集合」(rūpa-vṛnda) は整数のことで，rūpa-gaṇa も同義語である．序説 §1.6.3 の rūpa 参照.

……………………………………………………………………

〈 整数分割部分乗法による (1) の解 〉

また整数分割では，数値的に分割した場所 (parimāṇa-vibhāga-sthāna) ご
p.14 とに，別々に乗数を (p.14) 掛けて，果の和を作るべきである．すなわち，五・二・七に二十一を掛けたものは 15225．単位・七・五に二十一を掛けたものは 11991．和は 27216． /PGT E3.2/

…Note ……………………………………………………………

PGT E3.2. 整数分割部分乗法による (1) の解． $1296 \times 21 = (725 + 571) \times 21 = 15225 + 11991 = 27216$.

……………………………………………………………………

〈 位置分割部分乗法による (1) の解 〉

また位置ごとの分割では，すなわち，千に二十一を掛けて 21000．二百に二十一を掛けて 4200．九十に二十一を掛けて 1890．六に二十一を掛けて 126．すべて加えて 27216． /PGT E3.3/

…Note ……………………………………………………………

PGT E3.3. 位置分割部分乗法による (1) の解． $1296 \times 21 = 1000 \cdot 21 + 200 \cdot 21 + 90 \cdot 21 + 6 \cdot 21 = 21000 + 4200 + 1890 + 126 = 27216$. 書板上での操作を推測すれば，

$$\begin{array}{lcccccc} 21 \cdot 1 & \rightarrow & 2 & 1 & & & \\ 21 \cdot 2 & \rightarrow & & 4 & 2 & & \\ 21 \cdot 9 & \rightarrow & & 1 & 8 & 9 & \\ 21 \cdot 6 & \rightarrow & & & 1 & 2 & 6 \\ \hline & & 2 & 7 & 2 & 1 & 6 \end{array}$$

あるいはこれに類する方法で行われたと思われる．SGT 17-18.6, 17-18.7 参照.

……………………………………………………………………

〈 掛け算のまとめ 〉

同様に，六・九・八掛ける三十七，五・六・ゼロ・八掛ける六十の書置・計算・果 (sthāpana-karma-phalāni) が示されるべきである．逆行のカヴァータ連結が行い易いというので，〈 詩節 18-20 の規則では 〉 それが先に述べられた． /PGT E3.4/

···Note···

PGT E3.4. 掛け算のまとめ．上では例題 (1) の場合のみが解説されたが，(2)(3) の場合も同様である，ということ．PGT E3 は「定位置積」を説明しない．最後に「逆行のカヴァータ連結が行い易い」というが，注釈 (PGT E3.1) が解説したのは「順行」の場合だけである.「逆行のカヴァータ連結」を復元すれば次の通り．これは計算途中で補助的な第３行を作る必要がなく，最初から最後まで２行ですむので，確かに「行い易い」(sukara).

1) 乗数 (21) の一位の下に被乗数 (1296) の最高位を揃えて書く：

2	**1**			
	1	**2**	**9**	**6**

2) 被乗数の千位 (1) に乗数の十位 (2) を掛けて，結果を ‘2’ の下に書く：

2	1			
2	1	2	9	6

3) 被乗数の千位 (1) に乗数の一位 (1) を掛けて，結果を ‘1’ の下に書く：

2	1			
2	**1**	2	9	6

4) 乗数を 1 桁右に移動する：

	2	**1**		
2	1	2	9	6

5) 被乗数の百位 (2) に乗数の十位 (2) を掛けて，結果を ‘2’ の下に加える ($2 \cdot 2 = 4$, $4 + 1 = 5$)：

	2	1		
2	**5**	2	9	6

6) 被乗数の百位 (2) に乗数の一位 (1) を掛けて，結果を ‘1’ の下に書く ($2 \cdot 1 = 2$)：

	2	1		
2	5	**2**	9	6

7) 乗数を 1 桁右に移動する：

		2	**1**	
2	5	2	9	6

8) 被乗数の十位 (9) に乗数の十位 (2) を掛けて，結果を ‘2’ の下に加える ($9 \cdot 2 = 18$, $18 + 52 = 70$)：

		2	1	
2	**7**	**0**	9	6

9) 被乗数の十位 (9) に乗数の一位 (1) を掛けて，結果を ‘1’ の下に書く ($9 \cdot 1 = 9$)：

		2	1	
2	7	0	**9**	6

10) 乗数を 1 桁右に移動する：

			2	**1**
2	7	0	9	6

11) 被乗数の一位 (6) に乗数の十位 (2) を掛けて，結果を ‘2’ の下に加える ($6 \cdot 2 = 12$, $12 + 9 = 21$)：

			2	1
2	7	**2**	**1**	6

12) 被乗数の一位 (6) に乗数の一位 (1) を掛けて，結果を ‘1’ の下に書く ($6 \cdot 1 = 6$)：

			2	1
2	7	2	1	**6**

13) 「乗数は除去される」(PGT E3.1 末尾の表現)：

2	7	2	1	6

···

〈ゼロの四則〉

ゼロは和においては付加数に等しい．量はゼロを加えたり引いたりしても不変である．ゼロの〈数による〉掛け算などではゼロ．ゼロによる掛け算でもゼロに他ならない/PG 21/[1]

···Note ···

PG 21. 規則：ゼロの四則. $0+a=a$, $a \pm 0 = a$, $0 \times a = 0$, $0 \div a = 0$, $a \times 0 = 0$.

···

「ゼロ」(kha: śūnya) は投じられる「付加数」に等しくなるのであり，〈それより〉大きな果は生じない．いつ？「和においては」(yoge: yutau)．例えば，十に五が投じられるとき，ゼロの位には五が生ずるのであり，いかなる部分 (kalā) も超過しない．超過 (atireka) が結合に由来する (yaugika) ことは当然である〈から〉．また，ある量にゼロが投じられるとき，あるいはある量からゼロが引かれるとき，その量は変化しない．超過は結合に由来し，減少 (apakṣaya) は分離に由来する (vaiyogika) ことは当然である〈から〉．例えば，十五に十が投じられるとき，あるいは〈それから〉引かれるとき．五の上に投じられたゼロは超過を作らず，また〈それから〉引かれるゼロは減少を作らない．十の位置にある二つの単位を足せば二十五．引けば五である．また，ゼロの掛け算または割り算ではゼロのままである．例えば，ゼロと単位に五を掛けると，ゼロはゼロのままであり，単位は五になる．また，ゼロによって量が掛けられたり割られたりするとき，それは他ならぬゼロの形を持つ．例えば，ゼロを掛けられた十はゼロである．/PGT 21.1/

···Note ···

PGT 21.1. ゼロの四則の解説．注釈者は例をあげて規則を説明する．

$0+a=a$: $10+5=15$ $(0 \xrightarrow{+5} 5)$

$a+0=a$: $15+10=25$ $(5 \xrightarrow{+0} 5)$

$a-0=a$: $15-10=5$ $(5 \xrightarrow{-0} 5)$

$0 \times a = 0$: $10 \times 5 = 50$ $(0 \xrightarrow{\times 5} 0,\ 1 \xrightarrow{\times 5} 5)$

$0 \div a = 0$: 例なし

$a \times 0 = 0$: $10 \times 0 = 0$ $(10 \xrightarrow{\times 0} 0)$

$a \div 0 = 0$: 例なし．

注釈者は，ゼロの加減が超過（増加）も減少も引き起こさないのは，それが何らかの量の結合や分離ではないから，とする．「ゼロによって量が掛けられたり割られたりするとき，それは他ならぬゼロの形を持つ」は，$a \times 0 = 0$ と $a \div 0 = 0$ を意味する．後者は（GT 52 にはあるが）PG 21 の規則にはない．注釈者も例をあげない．この注釈者は PG 21 (= Tr 8) の「など」が指すものとして割り算だけを考えているが，『トリシャティカー』の著者年代未詳の注によれば，割り算から開立までを指す．付録 E,

---

[1] kṣepasamaṃ khaṃ yoge rāśiravikṛtaḥ khayojanāpagame/
khasya guṇanādike khaṃ saṅguṇane khena ca khameva//PG 21// (= Tr 8)

TrC 5-8.8 参照.

……………………………………………………………………………………

「『和』(yoga)〈という言葉があること〉によって減数 (vikṣepa) は生じないし,「付加数に等しい」というこれによって〈考えている演算が〉和である〈ことは自明だ〉から,『和』〈という言葉〉の採用は [無意味] である」というなら,〈次のように〉云われる．付加数 (kṣepa) には二種類ある．負数からなるものと正数からなるものである．そのうち正数からなる付加数のときの同等性を規定するために「和」〈という言葉〉を採用したのである．実際，負数付加数のときは，付加数との同等性は存在しない．例えば，二十から八が落とされる（引かれる）とき，十二が生ずるので，負数付加数との同等性は生じない．/PGT 21.2/

···Note ……………………………………………………………………………

PGT 21.2. PG 21 の「和」という言葉について.「和 $\longleftrightarrow$ 付加数」であり，規則には「付加数」という言葉があるから，あえて「和においては」(yoge) という言葉は不要なのではないか，という疑問を否定するために負数付加数の例をあげる. $20+(-8) = 20-8 = 12$ だから，負数付加数の場合，一の位のゼロは付加数 (-8) と同じにはならない，という理屈.

……………………………………………………………………………………

〈割り算〉

> **もし可能なら等しい量で除数と被除数を割ってから，逆順に，順序通りに，部分が取り除かれるべきである．〈これが〉割り算である．/PG 22/**[1]

···Note ……………………………………………………………………………

PG 22. 規則：割り算.「割り算」と訳した語 bhāga-hāra は「部分を取り除くこと」の意味．規則としては決して十分とは云えないが，どの数学書でも割り算の規則は大差ない．具体的手順は，下の PGT 22.2, 22.3 参照．また GT 21 の割り算規則参照.

……………………………………………………………………………………

ある量で除数が割られる (chidyate) とき,〈すなわち〉余りなく部分を与える（分割できる）とき，その同じ量でもし被除数も割られるなら，そのときは，それで両者をそのようにしてから，共約された除数で共約された被除数から部分が取り除かれるべきである．ここにも「もし可能なら」という〈言葉〉が繰り返される（有効である）．もし除数より大きい被除数が存在しなければ，商 (bhāga-lābha) はない，それ自体がその果だから．除数が被除数より小さいとき〈でも〉，被除数のすべての位を割ることはできない〈場合もある〉，というので,「順序通りに」という．部分を与える位 (bhāga-pradāna-sthāna) から始めて，数に応じて被除数と除数の位置関係 (sthāna-sambandha) がある.

[1] tulyena sambhave sati haraṃ vibhājyaṃ ca rāśinā chittvā/
bhāgo hāryaḥ kramaśaḥ pratilomaṃ bhāgahāravidhiḥ//PG 22// (= Tr 9)

p.15 だから，可能なら[1](p.15) 部分を取る（すなわち割る）．商 (bhāga-labdhaka) は別にして脇に置き，除数を移動すべきである．〈そして〉可能性に応じて〈行われる〉部分を取る（割る）ことから生じた商 (bhāga-labdhaka) は，前の商の列に置かれるべきである．そしてこの割り算は,「逆順に」: 最後の位置から始めて〈行うの〉であり，一・十・百を初めとする移動順序で〈行うの〉ではない，そのように割られると果（商）がなくなる（得られない）から．また，〈割り算には，掛け算のような〉整数や位置による分割も，カヴァータ連結もない．/PGT 22.1/

···Note···

PGT 22.1. 割り算の手順の一般的説明.「もし可能なら」という言葉が，除数と被除数の共約だけでなく，割り算の実行手順の各ステップでも生きているという解釈は，この注釈者の独自な解釈である.「商」と訳した bhāga-lābha と bhāga-labdhaka はどちらも「分割による獲得物〈の個数〉」の意味.

··

例題.〈前の例題の〉積果を自分の乗数を除数として書置:

2	7	2	1	6
2	1			

また

3	3	1	5	2
3	7			

また

4	8	3	9	0	0
6	0				

その内最初の例題の計算．除数 21，被除数 27216．両者を [等しい三] で割ることが可能である．だから，三で共約して

9	0	7	2
7			

それから，順序通りに部分が取られるべきである．そしてそれは逆順にである．すなわち〈被除数〉9072．〈最後の位〉九から，七に何かを掛けたものが引けるとき，それを掛けたものが引かれるべきである．ここでは一を掛けたものが引ける．引くと，2072 が生ずる．割り手[2]が目的を達成したら，その位からもう一つの位に，〈それを〉割るために，移動する．商 (labdha) は上の位の上に置かれる．書置

1			
2	0	7	2
	7		

ここでは，二十から七に二を掛けたものが引ける，というので，商は二．二を掛けた七は十四．二十から引いて残りは 672．商は，前のように，割る位の上の量の位に[3]置かれるべきである．書置

1	2	
	6	7	2
	7		

今度は七の下に割り手がある．書置

1	2		
	6	7	2
		7	

七大きい六十から七に九を掛けた

[1]Sh sambhavāda > sambhavād.
[2]bhāga-hartṛ.「部分を取る者」すなわち除数.
[3]bhāgasthānād uparimarāśisthāne.

ものが引ける，というので，商九が七の位の上に置かれる．商を掛けた除数 63 を六十七から引いて生ずるのは

1	2	9	
		4	2
		7	

今度は割り手が二の位の下に行く．すなわち書置

1	2	9	
		4	2
			7

二を伴う四十から七に六を掛けたものが引ける．商六は，商の列の[1]九の先，割る位の上に置かれる．商を掛けた七 [42] を被除数から引くと，残りは [0]．被除数は残りがなくなった．商は一カ所で 1296． /PGT 22.2/

···Note···

PGT 22.2. PG E3 の掛け算の例題の逆．(1) $27216 \div 21$．(2) $33152 \div 37$．(3) $483900 \div 60$. 注釈はここでまず (1) の計算手順を述べる．それは次のように整理できる．

1) 被除数の下に左を揃えて除数を書く：

2	**7**	**2**	**1**	**6**
2	**1**			

2) 被除数と除数を 3 で共約する：

9	**0**	**7**	**2**
7			

3) 除数 (7) で上を割り $(9 - 7 \cdot 1 = 2)$，商を上に書く：

1			
2	0	7	2
7			

4) 除数 (7) を 1 桁右に移動する：

1			
2	0	7	2
	7		

5) 除数 (7) で上を割り $(20 - 7 \cdot 2 = 6)$，商を上に書く：

1	**2**		
	6	7	2
	7		

6) 除数 (7) を 1 桁右に移動する：

1	2		
	6	7	2
		7	

7) 除数 (7) で上を割り $(67 - 7 \cdot 9 = 4)$，商を上に書く：

1	2	**9**	
		4	2
		7	

8) 除数 (7) を 1 桁右に移動する：

1	2	9	
		4	2
			7

9) 除数 (7) で上を割り $(42 - 7 \cdot 6 = 0)$，商を上に書く：

1	2	9	**6**
			0
			7

したがって，商は 1296 である．

···

等しい量で割ることができない場合，あるがままの除数であるがままの被除

[1]Sh labdhaṃ ṣaṭ labdhaṃ paṅktau > labdhaṃ ṣaḍ labdhapaṅktau.

数を割るべきである．例えば，⟨二番目の例題の⟩二つの量

3	3	1	5	2
3	7			

ここでは除数と被除数を共約することができない，というので，三十七で三十一大きい三百を割るとき，前のように，何かを掛けたものが引けるというそれが商である，というので，商八が除数の最初の位の上の量の上に置かれる．そして，商を掛けた除数 296 が上の量から引かれて，残りは

	8		
3	5	5	2
3	7		

割り手はもう一つの位に行き，上の量を前のように割り，商九，9，を作る．そしてそれは，八の先，除数の最初の位の上，に置かれる．商を掛けた除数が被除数から引かれて，残りは

8	9	
2	2	2
3	7	

さらに，除数がもう一つの位に移動し，前のように⟨被除数が⟩割られて，商六は．商の列の[1]九の先，除数の最初の位の上に置かれる．商を掛けた除数 222 が被除数から引かれて，残りは 0．商は一カ所で 896．/PGT 22.3/

···Note···

PGT 22.3. 例題 (2) $33152 \div 37$ の計算手順.

1) 被除数の下に左を揃えて除数を書く：

3	**3**	**1**	**5**	**2**
3	**7**			

2) 除数 (37) で上 (33) を割れないので，除数を 1 桁右に移動する（このステップは明記されていない）：

3	3	1	5	2
	3	**7**		

3) 除数 (37) で上 (331) を割り ($331 - 37 \cdot 8 = 35$)，商を除数の一位の上に書く：

	8		
3	**5**	5	2
3	7		

4) 除数 (37) を 1 桁右に移動する：

	8		
3	5	5	2
	3	**7**	

5) 除数 (37) で上 (355) を割り ($355 - 37 \cdot 9 = 22$)，商を上に書く：

8	**9**	
2	**2**	2
3	7	

6) 除数 (37) を 1 桁右に移動する：

8	9	
2	2	2
	3	**7**

7) 除数 (37) で上 (222) を割り ($222 - 37 \cdot 6 = 0$)，商を上に書く：

8	9	**6**
		0
	3	7

したがって，商は 896 である．

···

同様に，三番目の⟨例題の⟩二つの量 ⟨

4	8	3	9	0	0
6	0				

⟩

[1]Sh labdhaṃ ṣaṭ/ labdhaṃ paṅktau > labdhaṃ ṣaṭ labdhapaṅktau.

⟨ ここでは ⟩ 被除数と除数を等しい量十で割ることが可能となる，というので，両者をそれで割って，六，6，を除数として，被除数 48390 が割られる．商は 8065.「逆順に」という言葉 ⟨ が規則にある ⟩ から，正順の方法による割り算は存在しない．/PGT 22.4/

···Note···

PGT 22.4. 例題 (3) $483900 \div 60$ の説明．10 による共約に言及し，商 8065 を与える．また,「正順」の割り算はないことを確認.

··

⟨ 以下，PG 23-24（平方の規則）が続く．⟩

E:『トリシャティカー』5-8 (掛け算・ゼロ) と サンスクリット注

LD Institute (Ahmedabad) は，著者も年代も未詳の注釈を伴う『トリシャティカー』の写本 (No. 6967) を所有する．ここでは，その注釈から掛け算とゼロの規則に関する部分 (fols. 4b-5b) を和訳する．テキストは E.2 参照.

E.1: 和訳

4b (4b) 積に関する術則，四アールヤー詩節．/TrC 5-8.0/

> **カパータ連結の手順で乗数の下に被乗数を置き，ステップごとに，逆行で，または順行で，掛けるべきである．// 〈乗数を〉繰り返し移動しながら．だから，この方法がカパータ連結である．〈乗数が〉そこに留まるというので定位置積である．// 整数と位置の分割によって部分と名づけられる方法には二通りあるだろう．積の実行（掛け算）にはこれら四つの方法がある．// ゼロは和においては付加数に等しい．量はゼロを加えたり引いたりしても不変である．ゼロの〈数による〉掛け算などではゼロ．ゼロによる掛け算でもゼロに他ならない．/Tr 5-8 (= PG 18-21)/**

···Note···

Tr 5-8. 掛け算 (Tr 5-7 = PG 18-20) とゼロ (Tr 8 = PG 21) の規則．付録 D, PG 18-20 & PG 21 参照.

···

これら（詩節）の意味.「被乗数」(guṇya: guṇanīya) を「乗数の下に置き」,「掛けるべきである.」どんなふうに〈置くのか〉.「カパータ連結の手順で.」カパータ（扉）の連結が「カパータ連結」である．その手順が「カパータ連結の手順」である．どういう意味か．乗数の最初の数字を，被乗数の最後〈の数字〉の上に置くべきである．これが,「カパータ連結の手順」である．このように配置してから「掛けるべきである.」どのようにか.「逆行で」(vilomagati: vaiparītya)．自分たちにとっての（書いたり読んだりするときの）順行が数字たちにとっての（位取りの）逆行である．あるいは「順行で.」それは自分たちにとっては逆行である．どちらでも掛けることができる．どのようにか.「ステップごとに.」最初は一番目〈の数字〉，次は二番目，次は三番目というのが「ステップごとに」である．何をしてか.「繰り返し移動しながら」掛けるべきである．だからこの方法はカパータ連結という名である．/TrC 5-8.1/

···Note···

TrC 5-8.1. カパータ連結乗法の説明．演算の進行方向の表現は一位から始まる位取りの順序に従うので，右から左が「順行」，左から右が「逆行」と呼ばれる．それは，

「自分たちにとっての」(ātmanām) 順序，すなわち読み書きの順序，とは逆である．

そこにある (tasmiṃs tiṣṭhati) という理由で，⟨ すなわち ⟩ 乗数を固定したまま，被乗数が掛けられる,「繰り返し移動しながら」は行わない，その掛け算が「定位置」である．/TrC 5-8.2/

···Note

TrC 5-8.2. 定位置乗法の説明.

[...] /TrC 5-8.3/

···Note

TrC 5-8.3. この数行は tatstha という語形の説明らしいが，未解読.

「整数と位置の分割によって」，部分 ⟨ 乗法 ⟩ は二通りあるだろう．⟨ すなわち，二つの方法が?⟩ 生ずる，その整数分割と位置分割から．整数分割はたくさん可能である．⟨ 例題の?⟩ 二十一を初めとする数字は [...] 数（乗数?）である．被乗数もまたその（乗数の）下に書いて，掛けられる．(5a) それから ⟨ 各 5a
ステップの結果を ⟩ 一つにすれば，それが ⟨ 求める ⟩ 量になる．/TrC 5-8.4/

···Note

TrC 5-8.4. 整数分割部分乗法の説明.「二十一を初めとする数字」は，次の詩節 (Tr E3) で与えられる例題の 3 つの乗数，21, 37, 60，あるいは，その次の詩節 (Tr E4) で与えられる例題の 2 つの乗数，753, 8702 も加えて，5 つの乗数を指す．それらの乗数を整数の和に分割する方法は「たくさん」あるということ.「被乗数もまたその（乗数の）下に書いて」という表現は，乗数の部分と被乗数の掛け算はカパータ連結乗法で行うということを示唆する．下の TrC E4.4 参照.

位置分割は次の通り．その同じ乗数を二倍，三倍，⟨ または ⟩ 四倍し，被乗数を半分，三分の一，四分の一にしてから，それぞれ掛けるべきである．それから数字の和がとられる．それが ⟨ 求める ⟩ 量になる.「積の実行には」，⟨ 掛け算の ⟩ 実行には，これら四つの方法が知られるべきである．/TrC 5-8.5/

···Note

TrC 5-8.5. 整数分割部分乗法の説明（続）．段落の最初に「位置分割は次の通り」とあるが，ここに述べられているのは，被乗数を積に分割する，$nm = \frac{n}{a} \cdot ma$ のタイプの整数分割部分乗法である．注釈者の勘違いか.

「付加数に等しい」云々.「和においては」：一などとの結合においては,「ゼロ (kha: śūnya) は」付加される数字と等しく (sama: tulya) なる．大きくはならない．/TrC 5-8.6/

…Note…

TrC 5-8.6. ゼロに数を加える場合. $0 + a = a$.

……

例えば，十一の中に十が加えられる場合のように，〈 十一の一の位の 〉一は〈 十の一の位の 〉ゼロを加えても大きくならない.「和においては」「量は不変である.」ゼロの足し算と引き算がゼロを足すことと引くことである．その (loc. sg. が)「ゼロを加えたり引いたりしても」である.「ゼロ (kha: śūnya) の」「足し算」(yojana: mīlana) でも「引き算」(apagama: pātana) でも,「量は」「不変である」(avikṛta)：変化を欠く (vikārarahita). 数字 (aṅka) は，ゼロが加えられても大きくならないし，ゼロが引かれても小さくならない，という意味である．/TrC 5-8.7/

…Note…

TrC 5-8.7. ゼロの足し算と引き算. $a \pm 0 = a$. 段落の冒頭に例が与えられている．すなわち，$11 + 10 = 21$ の一位の計算で，$1 + 0 = 1$. 注釈者はここで，Tr 8a の 'yoge'（和においては）を後続の 'rāśir avikṛtaḥ'（量は不変である）にもかけて読んでいることに注意.「和」の意味の mīlana に関しては，SGT 13 参照.

……

また,「ゼロの掛け算などではゼロ」になる.「など」という言葉から,〈 ゼロの 〉割り算，平方，平方根，立方，立方根では，ゼロ (kha: śūnya) に他ならない．同様に,「ゼロ (kha: śūnya) による」数字の「掛け算でも」「ゼロに他ならない.」〈 すなわち 〉数字もまた〈 ゼロを掛けられると 〉ゼロになる．/TrC 5-8.8/

…Note…

TrC 5-8.8. ゼロの掛け算など. $0 \times a = 0$, $0 \div a = 0$, $0^2 = 0$, $\sqrt{0} = 0$, $0^3 = 0$, $\sqrt[3]{0} = 0$; $a \times 0 = 0$. ここでは Tr 8 の「など」に割り算から開立まで含まれると解釈していることに注意.『パーティーガニタ』の同じ詩節 (PG 21) に対する古注は割り算のみと解釈．付録 D, PGT 21.1 参照.

……

例題．/TrC E3.0/

> **九十六・二と一に一・二を掛けたもの，六・九・八に七・三を掛けたもの，五・六・ゼロ・八に六十を掛けたものを作りなさい．/Tr E3 (= PG E3)/**

…Note…

Tr E3. 例題：掛け算. (1) 1296×21. (2) 896×37. (3) 8065×60.

……

書置.

1296	乗 21	896	乗 37	8065	乗 60

九十六大きい十二百の書置.

2	1		
	1	2	9	6

それぞれ〈の数字に対し

て〉「繰り返し移動しながら」掛けて生ずるのは

			2	1
2	1	2	9	6
	4	8	2	
	1	1		

「それによって掛けられたものは消される」，〈すなわち，ここでは〉上にある二十一単位のものが消される．それから〈残った〉数字を足すと，得られるのは 27216 /TrC E3.1/

···Note···

TrC E3.1. 例題 (1) のカパータ連結乗法による解.「それによって掛けられたものは消される」(vinaṣṭaṃ yena guṇitaṃ) という句は,「それによって〈被乗数が〉掛けられたもの（すなわち，被乗数に掛けられた乗数）は消される」(tad vinaṣṭaṃ yena guṇyaṃ guṇitaṃ) という文の一部，あるいはその簡略な表現．これは，掛け算が済んで不要になった書板上の乗数を消すことを意味する．この後の例題でも繰り返し引用されるが，Tr と PG の規則ではない．典拠未詳．乗数の消去は SGT でもしばしば言及されるが，表現は異なる．序説 §1.6.5 参照.

『パーティーガニタ』古注の手順（付録 D, PGT E3.4 に対する Note 参照）と異なり，ここでは途中の部分積を前の結果に加えず，乗数を消す直前までそのまま残していることに注意．その手順を復元すれば，次の通り．

1) 初期配列：

2	**1**			
	1	**2**	**9**	**6**

2) $1 \times 2 = 2$：

2	1			
2	1	2	9	6

3) $1 \times 1 = 1$：

2	1			
2	**1**	2	9	6

4) 乗数 21 を移動：

	2	**1**		
2	1	2	9	6

5) $2 \times 2 = 4$：

	2	1		
2	1	2	9	6
	4			

6) $2 \times 1 = 2$：

	2	1		
2	1	**2**	9	6
	4			

7) 乗数 21 を移動：

		2	**1**	
2	1	2	9	6
	4			

8) $9 \times 2 = 18$：

		2	1	
2	1	2	9	6
	4	**8**		
	1			

9) $9 \times 1 = 9$：

		2	1	
2	1	2	**9**	6
	4	8		
	1			

10) 乗数 21 を移動：

			2	**1**
2	1	2	9	6
	4	8		
	1			

11) $6 \times 2 = 12$：

			2	1
2	1	2	9	6
	4	8	**2**	
	1	**1**		

12) $6 \times 1 = 6$：

			2	1
2	1	2	9	**6**
	4	8	2	
	1	1		

13) 乗数 21 を消す：

2	1	2	9	6
	4	8	2	
	1	1		

14) 位ごとに足す：

2	**7**	**2**	**1**	6

九十六大きい八百の書置.

3	7		
	8	9	6

「繰り返し移動しながら」掛けて生ずるのは

			3	7
2	4	6	3	2
	5	7	8	
	2	6	4	
		1		

「それによって掛けられたものは消される.」〈残った〉数字を足すと，得られるのは 33152 /TrC E3.2/

···Note

TrC E3.2. 例題 (2) のカパータ連結乗法による解.

六十五大きい八十百の書置.

6	0			
	8	0	6	5

それぞれ〈の数字に対して〉「繰り返し移動しながら」掛けて生ずるのは

				6	0
4	8	0	0	0	0
		3	6	0	
			3		

「それによって掛けられたものは消される.」〈すなわち〉六十が去る (gatāḥ). 〈残った〉数字を足すと，得られるのは 483900 /TrC E3.3/

···Note

TrC E3.3. 例題 (3) のカパータ連結乗法による解.

〈例題.〉/TrC E4.0/

5b **(5b) 一に始まり九に終わる〈九桁の数〉に三・五・七を掛けたも**

のをすぐに云いなさい．また，三に始まり六に終わる〈四桁の数〉に二・ゼロ・七・八を掛けたものを．/Tr E4/

···Note···

Tr E4. 例題：掛け算．(1) 987654321 × 753. (2) 6543 × 8702.

書置．

987654321	乗数 753	6543	乗 8702

「一に始まり九に終わる」ものの書置．

7	5	3								
		9	8	7	6	5	4	3	2	1

「繰り返し移動しながら」掛けて

									7	5	3
6	3	5	7	4	1	8	5	2	9	6	3
4	2	0	5	0	5	0	5	0	5		
5	6	2	2	1	1	1	4	7			
	4	9	2	5	8	1	1				
	4	3	3	2	2	1					
		4	3	2	2	1					

「それによって掛けられたものは消される.」〈すなわち〉乗数が消される．〈残った〉数字を足すと，得られるのは 743703703713 /TrC E4.1/

···Note···

TrC E4.1. 例題 (1) のカパータ連結乗法による解.

「三に始まり六に終わる」ものの書置．

8	7	0	2			
			6	5	4	3

「繰り返し移動しながら」掛けて生ずるのは

				8	7	0	2
4	8	2	0	2	0	8	6
	4	0	1	0	0	0	
	4	3	5	1	1		
		3	2	8			
			2	4			
			2	2			

「それによって掛けられたものは消される.」〈すなわち〉乗数が消される．〈残った〉数字を足すと，得られるのは 56937186 /TrC E4.2/

···Note···

TrC E4.2. 例題 (2) のカパータ連結乗法による解.

次に，定位置〈乗法〉が示される．九十六大きい十二百の書置．

1	2	9	6
	2	1	

〈ここでは〉「繰り返し移動しながら」は行われない．この同じところに位置する乗数 (21) によって〈被乗数 1296 の〉すべての数字が掛けられる．だか

ら「定位置〈乗法〉」である．この方法で掛けると，前の結果になる．/TrC E4.3/

···Note···

TrC E4.3. Tr E3 の例題 (1) の定位置乗法による解．具体的手順が与えられていないので，下に復元を試みる．付録 F, BBA 8.7 参照．BBA の「定位置乗法の頭種」では乗数を被乗数の上に置き，部分積を被乗数の下に配置するが，ここでは乗数を被乗数の下に置くので，部分積は被乗数の上に配置したと思われる．ただし，下に置くことも不可能ではない．

1) 初期配列：

1	**2**	**9**	**6**
	2	**1**	

2) $1 \times 2 = 2$：

2			
1	2	9	6
	2	1	

3) $2 \times 2 = 4$：

2	**4**		
1	2	9	6
	2	1	

4) $9 \times 2 = 18$：

	1		
2	4	**8**	
1	2	9	6
	2	1	

5) $6 \times 2 = 12$：

	1	**1**	
2	4	8	**2**
1	2	9	6
	2	1	

6) $1 \times 1 = 1$：

	1		
	1	1	
2	4	8	2
1	2	9	6
	2	1	

7) $2 \times 1 = 2$：

	1	**2**	
	1	1	
2	4	8	2
1	2	9	6
	2	1	

8) $9 \times 1 = 9$：

	1	2	
	1	1	**9**
2	4	8	2
1	2	9	6
	2	1	

9) $6 \times 1 = 6$：

	1	2		
	1	1	9	
2	4	8	2	**6**
1	2	9	6	
	2	1		

10) 乗数 21 と被乗数 1296 以外の数字の和をとる：

2	7	2	1	6

···

次は,「部分」と呼ばれるもの（乗法）である．〈そのうちまず〉整数分割．四つに分割すると，〈例えば〉これである．

4	5	9	3
1296	1296	1296	1296

あるいは，二部分または三部分にすべきである．二部分は，例えば

10	11
1296	1296

三部分は，例えば

7	7	7
1296	1296	1296

このように，何通りにも乗数を分割し，〈それらの部分で乗数を〉満たしてから（つまり，和がちょうど乗数になるように分割して）掛けるべきである．〈結果は〉その同じ量になる．/TrC E4.4/

···Note···

TrC E4.4. Tr E3 の例題 (1) の整数 (和) 分割部分乗法による解．乗数を分割．$21 = 4+5+9+3$，あるいは，$21 = 10+11$，あるいは，$21 = 7+7+7$. 部分ごとの掛け算はカパータ連結乗法で行う．

···

あるいは，〈被乗数を〉三通りに〈分割すると〉

21	21	21
400	300	596

このように掛けてから，一つにすると，その同じ量になる．/TrC E4.5/

···Note···

TrC E4.5. Tr E3 の例題 (1) の整数 (和) 分割部分乗法による解．被乗数を分割．$1296 = 400 + 300 + 596$.

···

あるいは，その，二十一を徴 (lakṣaṇa) とする数字（乗数）を二倍，三倍，〈あるいは〉四倍し，それから，掛けられる数字はそれだけの分数が掛けられる．〈すなわち〉半分，三分の一，四分の一によって掛けられる．〈それは〉次のように示される．

42	63	84
648	432	324

これら三つの場所で，それぞれ〈の乗数によって〉掛けられるとき，その同じ量，27216 になる．三カ所とも同じ結果が得られる．/TrC E4.6/

···Note···

TrC E4.6. Tr E3 の例題 (1) の整数 (積) 分割部分乗法による解．$1296 \times 21 = \frac{1296}{2} \cdot (21 \cdot 2)$，あるいは，$\frac{1296}{3} \cdot (21 \cdot 3)$，あるいは，$\frac{1296}{4} \cdot (21 \cdot 4)$.

···

次は位置分割．千などの位置が示される．すなわち

21	21	21	21
1000	200	90	6

それぞれ，千などの位置に掛けてから，〈結果が〉足し合わされ，その同じ量になる．/TrC E4. 7 /

···Note·····

TrC E4.7. Tr E3 の例題 (1) の位置分割部分乗法による解. $1296 \times 21 = 1000 \cdot 21 + 200 \cdot 21 + 90 \cdot 21 + 6 \cdot 21$.

·····

このように，積が完結した. /TrC E4.8/

E.2: テキスト

このテキストは，写本 LDI 6967, fols. 4b-5b に基づく. 同写本は，写本カタログでは，Gaṇitapāṭīsāra と呼ばれているが，この書名は写本の中には現れず，書名にあたるものとしては，miśraka-vyavahāra の末尾 (fol.34a) と śreḍhī-vyavahāra の末尾 (fol.35b) に Gaṇitasāra とあるのみ. これは，Triśatikā の別名. Fol.1a は欠損. Fol.36a は白紙. Fol.47a が最後の頁. rāśi-vyavahāra（堆積物の手順）の結語に続いて筆写生の奥書で終わっている. chāyā-vyavahāra（影の手順）はない. 全体にわたり随所に虫食いによるダメージがある.

4b (4b) [1]pratyutpanne karaṇasūtram āryācatuṣṭayam/⟨/TrC 5-8.0//⟩

vinyasyādho guṇyaṃ kapāṭasaṃdhikrameṇa guṇarāśeḥ/ [2]
guṇayed vilomagatyā'nulomamārgreṇa vā kramaśaḥ// 1 ⟨//Tr 5//⟩
utsāryotsārya tataḥ (/) kapāṭasaṃdhi⟨r⟩ bhaved idaṃ karaṇaṃ/
tasmiṃs tiṣṭhati yasmāt ⟨pratyut⟩pannas tatas tatsthaḥ// [3] 2 ⟨//Tr 6//⟩
rūpasthānavibhāgāt(/) dvidhā bhavet khaṃḍasaṃjñakaṃ karaṇaṃ/
pratyutpannavidhāne(/) karaṇāny etāni catvāri// [4] 3 ⟨//Tr 7//⟩
kṣepasamaṃ khaṃ yoge(/)
rāśir avikṛtaḥ (/) khayojanāpagame ⟨/⟩[5]
khasya(/) guṇanādike khaṃ
saṃguṇane khena ca kham eva// [6] 4 ⟨//Tr 8//⟩

āsām arthaḥ/ guṇyaṃ guṇanīyaṃ rāśiṃ guṇakāra(kaḥ/)rāśer adho vinyasya guṇayet/ [7] kena⟨/⟩ kapāṭasaṃdhikrameṇa/ kapāṭasya saṃdhi⟨ḥ⟩ kapāṭa-

[1] 'x] y' proposes to read x for y in the manuscript. A pair of parentheses, (x), means that the letter(s) x should be removed. A pair of angular brackets, ⟨x⟩, means that the letter(s) x has been supplied by me. A pair of square brackets, [x], means that the letter(s) x has been restored from damage to the manuscript. Phonological irregularities such as vargreṇa, pratyeṃkaṃ, etc. have been left in this edition just as they are in the manuscript.

[2] guṇyaṃ] gaṇyaṃ; kapāṭa] kepāṭa.

[3] tiṣṭhati] tiṣṭati (hereafter also); tatsthaḥ] taṃsthaḥ.

[4] vidhāne] vidhāranan.

[5] kṣepa] kheva; khaṃ yoge] saṃyoge; apagame] apagamo.

[6] saṃguṇane] khaṃguṇane; ca kham eva] bhavemeva.

[7] vinyasya] vijyasya; guṇayet] gaṇayet.

saṃdhiḥ/ tasya krama⟨ḥ⟩ kapāṭasaṃdhikramaḥ/ ko 'rtha⟨ḥ⟩/ guṇarāśer ādyāṃkaṃ guṇyarāśer aṃtyasyopari nyaset/ [1] eṣa kapāṭasaṃdhikramaḥ/ itthaṃ racanaṃ kṛtvā guṇayet/ [2] kayā⟨/⟩ vilomagatyā vaiparītyena/ yā(/) ātmanāṃ anulomagatiḥ(/) sā aṃkānāṃ vilomagatiḥ/ athavā anulomamārgreṇa sa ātmanāṃ vilomamārgaḥ/ dvābhyām api guṇayet/ [3] kathaṃ⟨/⟩ kramaśaḥ/ prathamaṃ ādyaṃ(/) tato dvi[tī]yaṃ tatas tṛtīyaṃ(/) iti kramaḥ/ kiṃ kṛtvā/ utsāryotsārya guṇayet/ tata idaṃ karaṇaṃ kapāṭasaṃdhir n[ā]ma bhavet[/]⟨/TrC 5-8.1//⟩

[ya]smāt kāraṇāt tasmiṃs tiṣṭhati(/) sati guṇarāśau(/) sthirībhūte sati yo guṇyo guṇyate(/) utsāryotsārya na kriya[te](/) sa pratyutpannas tatsthaḥ/ ⟨/TrC 5-8.2//⟩ [4]

tad agreṣṭāṃgati°ṣṭādhātvādeṣaḥ saḥ sthe [ta]smi⟨m⟩stiṣṭhatīti tata⟨s tat⟩sthaḥ/ ato '-u – sargāt kaḥ kaḥ pratyaya⟨ḥ⟩/ ālo-ye sārvadhānukekānā ābhāvu-i – tītyādyaṃtaṃ padaṃ rasanṛdaṃtaṃ vā/ ubhayathāpi ghaṭate/ ⟨/TrC 5-8.3//⟩

rūpasthānavibhāgāt(/) khaṃḍakaṃ(/) dvidhā bhavet/ [5] -i – – raṃ jāyate(/)
tasmāt rūpavibhāgāt [s]thānavibhā⟨gā⟩c ca⟨/⟩ rūpavibhāgavidhi⟨r⟩ bahudhā
saṃbhavati/ sa – – -i bā(?) ekaviṃśatiprabhṛtiko ⟨'ṃ⟩ka⟨ḥ⟩ pūrya – – vat
saṃkhyā⟨/⟩ guṇyāṃko 'pi(/) tadadho likhitvā gu(5a)ṇyate/ [6] tataḥ [e]k[īk]ṛ- 5a
tya sa eva rāśir bhavati/⟨/TrC 5-8.4//⟩

sthānavibhā[gaṃ ya]thā/ tam eva guṇarāśiṃ dviguṇīkṛtya triguṇīkṛtya(/) caturguṇ[īkṛtya]/ [7] tato guṇyarāśiṃ(/) arddhīkṛtya tribhāgīkṛtya(/) caturbhāgīkṛtya pratyekaṃ guṇayet⟨/⟩[8] tato aṃkānāṃ yuti[ḥ kri]yate/ sa eva rāśir bhavati/ pratyutpan[na]vidhāne nirmāṇ[e](/) etāni catvāri karaṇāni(/) jñātavyāni/ ⟨/TrC 5-8.5//⟩

kṣepasama[m i]tyādi/ yoge ekādisaṃbaṃdhe kha[ṃ] śū[nyaṃ] kṣepeṇa aṃkena samaṃ tulyaṃ bhavati/ na adhikaṃ/⟨/TrC 5-8.6//⟩

yathā daśa(madhye/) ekādaśamadhye mīlyaṃte(/) eka[ḥ] śūnyayu[to] 'pi nādhikaḥ⟨/⟩ yoge rāśir avikṛtaḥ/ khayojanaṃ ca apagamaś ca khayojanāpagamaḥ/ tasmin khayogāpagame/ [9] khasya śūnyasya yojane mīlane(/) apagame pātane ⟨'⟩pi rāśir avikṛto vikārarahito bhavati/ śūnyena saha yojyamāno (/) aṃko na varddhate/ pātyamāne(/) śūnye na hrasatīty arthaṃ/⟨/TrC 5-

[1] ādyāṃkaṃ] ādyoṃ; guṇya] guṇa.
[2] racanaṃ kṛtvā] ramuktvā; guṇayet] gaṇayet.
[3] api] aṣi.
[4] kāraṇāt tasmiṃs] karaṇāṃstismis; sati] sani; sthirī] stharī; utsāryotsārya] utsargrotsar[gra]; tatsthaḥ] tasthaḥ (hereafter also).
[5] vibhāgāt] vibhāgān.
[6] guṇyāṃko] guṇyaṃko.
[7] triguṇīkṛtya] triguṇīkṛtvā.
[8] tribhāgīkṛtya] vi[bhā]gīkṛtya.
[9] khayogāpagame/] khayoge//[apa]game.

8.7//⟩ [1]

tathā khasya śūnyasya guṇanādike kham eva bhvati/ [2] ādiśabdād bhāgahāre varge vargamūle ghane ghanamūle(/) kham eva śūnyam eva bhavati/ tathā khena śūnyena(/) aṃkānāṃ guṇane sati(/) kham eva bhavati/ aṃko 'pi śūnyaṃ bhavati/⟨/TrC 5-8.8//⟩

udāharaṇāni/⟨/TrC E3.0//⟩

> ṣaṇṇavakadvikam ekaṃ caikadviguṇāni ṣaṇṇavāṣṭau ca/
> saptatriguṇān(/)paṃca⟨ka⟩ṣaṭkhāṣṭau ca kuru(ta) ṣaṣṭiguṇān ⟨//Tr E3//⟩

nyāsaḥ

1296	gu 21	896	gu 37	8065	gu 60

[3] ṣaṇṇavatyadhikadvādaśaśatā(ṣṭā)nāṃ nyāsaḥ

2	1			
	1	2	9	6

[4] pratyekaṃ utsārya utsārya guṇite jātam//

			2	1
2	1	2	9	6
	4	8	2	
	1	1		

[5] vinaṣṭaṃ yena guṇitaṃ/ uparisthaṃ ekaviṃśatirūpaṃ naṣṭaṃ⟨/⟩ tataḥ aṃkayojanā⟨l⟩ labdhaṃ 27216 ⟨//TrC E3.1//⟩

ṣaṇṇavatyadhikāṣṭaśatānāṃ nyāsaḥ[6]

3	7		
	8	9	6

[7] utsāryotsārya guṇanāj jātaṃ

		3	7	
2	4	6	3	2
	5	7	8	
	2	6	4	
		1		

[8] vinaṣṭaṃ yena guṇitaṃ/ aṃkayojanā⟨l⟩ labdhaṃ 33152 ⟨//TrC E3.2//⟩

---

[1] śūnye] śūnyān/; hrasatīty] hrasatir ity.

[2] kham eva bhavati] khame bhavavi.

[3] 896] om.; 37] 73.

[4] 310 / 1298

[5] 1129621 / 2482 / 11

[6] adhikāṣṭa] adhikāṣṭau.

[7] 37 / 896

[8] 24632 / 578 / x64 / 1

paṃcaṣaṣṭyadhikāśīti(/)śatānāṃ nyāsa⟨ḥ⟩

6	0			
	8	0	6	5

[1] pratyeṃkaṃ utsāryotsārya guṇanāj jātaṃ

				6	0
4	8	0	0	0	0
		3	6	0	
			3		

[2] vina[ṣṭa]ṃ yena gu[ṇ]i[ta]ṃ/ ṣaṣṭir gatāḥ/ aṃkayojanā⟨j⟩ jātaṃ | 483900 |[3] ⟨//TrC E3.3//⟩

(5b) ekādinavāntāni(/) tri[paṃ]casaptā[ha]tāni [katha]yāśu/ 5b
tryādiṣaḍaṃtāni tathā dviśūnyasaptāṣṭaguṇi[t]ā⟨ni//Tr E4//⟩

nyāsaḥ//

987654321	guṇa 753	6543	gu° 8702

ekā(rā)dinavāṃtānāṃ nyāsaḥ/

7	5	3								
		9	8	7	6	5	4	3	2	1

[4] utsāryotsārya guṇanāt

									7	5	3
6	3	5	7	4	1	8	5	2	9	6	3
4	2	0	5	0	5	0	5	0	5		
5	6	2	2	1	1	1	4	7			
	4	9	2	5	8	1	1				
	4	3	3	2	2	1					
		4	3	2	2	1					

[5] vinaṣṭaṃ yena guṇitaṃ/ guṇarāśir naṣṭaḥ/ aṃkayojanā⟨l⟩ labdhaṃ | 743703703713 |[6] ⟨//TrC E4.1//⟩

tryādiṣaḍaṃtānāṃ ⟨nyāsaḥ⟩

8	7	0	2			
			6	5	4	3

[7] utsāryotsārya

---

[1] 60
8056

[2] 4800
x060
300

[3] 483900
753
987654321

[4] This *nyāsa* has been wrongly coupled with the result of the previous example, 483900.

[5] 2753
63575185963
4205050505
562211147
4925812
433221
43221

[6] | 7437 | 0373713 |

guṇanā⟨j⟩ jātaṃ

				8	7	0	2
4	8	2	0	2	0	8	6
	4	0	1	0	0	0	
	4	3	5	1	1		
		3	2	8			
			2	4			
			2	2			

[1] vinaṣṭaṃ yena guṇitaṃ⟨/⟩ guṇarāśir naṣṭaḥ/ aṃkayojanā⟨l⟩ labdhaṃ | 56937186 | [2] ⟨//TrC E4.2//⟩

atha tatsthaḥ pradarśyate/ ṣaṇṇa(ṃ)⟨va⟩tyadhikadvādaśaśatānāṃ nyāsaḥ

1	2	9	6
	2	1	

[3] utsāryotsārya iti na kriyate/ atraiva sthitena guṇarāśinā sarve aṃkā guṇyaṃte/ iti tatsthaḥ/[4] anayā rītyā guṇite pūrvalabdhaḥ/ ⟨/TrC E4.3//⟩

atha khaṃḍasaṃjñaḥ/ rūpavibhāgaḥ/[5] caturdhā khaṃḍite 'yaṃ⟨/⟩[6]

4	5	9	3
1296	1296	1296	1296

[7] athavā kha⟨ṃ⟩ḍadvayaṃ trayaṃ vā karaṇīyaṃ⟨/⟩[8] dvayaṃ yathā

10	11
1296	1296

[9] trayaṃ yathā(//)[10]

7	7	7
1296	1296	1296

[11] ittha⟨ṃ⟩ a[ne]kadhā guṇakāraṃ khaṃḍayitvā(/) pūrayitvā guṇayet⟨/⟩[12] sa eva rāśir bhavati/⟨/TrC E4.4//⟩

---

[7] 87x
6543
[1]
48202886
40100
43511
328
24

[2]3] 6.

[3]
2196
12

[4]tatsthaḥ] tasthaḥ (hereafter also).

[5]vibhāgaḥ] tribhāgā. After this sentence, the Ms. mistakenly puts the following ten combined boxes. These, except the last, should be divided into three groups of four, two and three boxes, and each group, with the place of '96' adjusted in each box, should be properly located as shown above. The last box is superfluous.

4	5	9	3	10	1196	796	796	7	796
1296	12 96	12 96	12 96	12 96	12	12	12	12 96	12

[6]khaṃḍite 'yaṃ] khaṃḍḍetoyaṃ.

[7]This *nyāsa* has been misplaced.

[8]athavā] 'thavā.

[9]
10
496

[10]trayaṃ] dvayaṃ.

[11]This *nyāsa* has been misplaced.

[12]kāraṃ] kākaṃ.

athavā ⟨guṇyāṃkaṃ⟩ tridhā

21	21	21
400	300	596

[1] evaṃ guṇayitvā ekīkṛtya sa eva rāśir bhavati⟨//TrC E4.5//⟩

athavā tam evāṃkaṃ ekaviṃśatilakṣaṇaṃ dvi[g]u[ṇaṃ] triguṇaṃ catur-guṇaṃ kṛtvā(/) tato guṇyaṃ aṃka⟨ṃ⟩ tāvadbhir ⟨aṃśair⟩ guṇyate/ arddha-tryaṃśacaturthāṃśaprabhṛtibhiḥ(/) [xx] guṇya[te/] [2] pradarśyate yathā

42	63	84
648	432	324

[3] ebhiḥ tri⟨bhi⟩ḥ(//) sthānaiḥ pratyekaṃ guṇitaiḥ sadbhiḥ sa eva rāśir bhavati 2721[6]⟨/⟩ sthānatraye 'pi(/) samalabdhi⟨r⟩ labhyate/⟨/TrC E4.6//⟩[4]

atha sth[āna]vibhāgaḥ/ sthānaṃ sahasrādi pradarśyat[e/ ya]thā

21	21	21	21
1000	200	90	6

[5] pratyekaṃ sahasrādisthānāni guṇayitvā [eka]-tra mīlya⟨ṃ⟩te⟨/⟩ sa eva rāśir bhavati/⟨/TrC E4.7//⟩

evaṃ pra[ty]utpanna⟨ḥ⟩ samā[p]taḥ//⟨TrC E4.8//⟩

---

[1]

21	21	21
400	300	5

[2] arddha] rarddha.

[3]

42	63	84
0648	432	324

[4] sama] daya.

[5]

21	21	21	21
1000	200	90	8

F:『パンチャヴィンシャティカー』4-8（掛け算）と シャンブダーサ注

著者年代未詳のサンスクリット算術教科書『パンチャヴィンシャティカー』に対して古グジャラーティーで書かれたシャンブダーサの注『バーラボーダアンカヴリッティ』(AD 1428/29) から，掛け算の部分をここに和訳する．テキストは，2 つの写本 (OIB 5283, RORI J8039) に基づいて編集した Hayashi 2017b である．そこでは，非正規の音を意図的に残してあるが，ここではそれらの正規の音を注記する．

* * * * * *

第 3 スートラ，掛け算./BBA 4.0/

> **カパータ連結〈乗法〉は 2 種類，牛尿〈乗法〉も 2 種類ある．定位置〈乗法〉も 2 種類あると言明されている．また，部分〈乗法〉には 3 種類が規定されている．/PV 4/** [1]

···Note···

PV 4. 掛け算. 掛け算は大きく分けて 4 種類，細分して 9 種類ある，とされる.

1. カパータ連結〈乗法〉(kapāṭa-saṃdhi) → PV 5.
   - 正順 (anuloma) → BBA 8.5.
   - 逆順 (viloma) → BBA 8.5.
2. 牛尿〈乗法〉(go-mūtrikā) → PV 6.
   - 正順 (anuloma) → BBA 8.6.
   - 逆順 (viloma) → BBA 8.6.
3. 定位置〈乗法〉(tat-stha) → PV 7.
   - 頭 (śīrṣa) → BBA 8.7.
   - 箱 (koṣṭha) → BBA 8.7.
4. 部分〈乗法〉(khaṇḍa) → PV 8.
   - 整数分割 (rūpa-vibhāga) → BBA 8.8.
   - 位置分割 (sthāna-bhāga) → BBA 8.8.
   - 減増分割 (hīna-adhika-bhāga) → BBA 8.8.

···

カパータ連結〈乗法〉./BBA 5.0/

> **問題〈の項〉の上に価格を置き，〈問題の項の各位に〉順に価格を掛けるべきである．正順と逆順により，カパータと呼ばれるもの**

---

[1] dvidhā kapāṭasaṃdhiśca tathā gomūtrikā dvidhā/
tatstho dvidhā punaḥ proktastathā ṣaṃḍastridhā smṛtaḥ//PV 4//
4c: tastho > tatstho. 4d: ṣaṃḍas > khaṇḍas.

は二種ある．/PV 5/[1]

カパータ連結には二つの方法がある．一つ目は正順に進行するものである．正順に進行する場合，問題の項の上に，カパータ連結の要領で，最初に（すなわち，問題の項の最高位の上に）価格が書かれる．そして，価格を順に問題の項〈の各位〉に掛け，〈それらの部分果が〉加えられる．〈このようにして〉果（積）が得られる．/BBA 5.1/

···Note ···

BBA 5.1. カパータ連結–正順. BBA 8.5 の演算例参照. 位取りの順序に関する注釈者シャンブダーサの用語「正順」「逆順」「最初」「最後」は，通常の用法とは逆であることに注意.

···

同様に，二つ目は逆順に進行するものである．逆順に進行する場合，問題の項の上に，カパータ連結の要領で，最後に（すなわち，問題の項の一位の上に）価格が書かれる．そして，価格を順に問題の項〈の各位〉に掛け，〈それらの部分果が〉加えられる．〈このようにして〉果が得られる．/BBA 5.2/

···Note ···

BBA 5.2. カパータ連結–逆順. BBA 8.5 の演算例参照.

···

次は，牛尿〈乗法〉./BBA 6.0/

問題〈の項〉の下に価格を置き，まっすぐ，交互に，掛けるべきである．正順と逆順により，牛尿と呼ばれるものは二種ある．/PV 6/[2]

牛尿には二つの方法がある．一つ目は正順に進行するものである．正順に進行する場合，問題の項の下に一緒に，最初に（すなわち，問題の項の最高位の下に）価格が書かれる．そして，それら（両数の各位）を，まっすぐ，そして交互に，そして更に，最後にまっすぐ，掛け，〈それらの部分果が〉加えられる．〈このようにして〉果が得られる．/BBA 6.1/

···Note ···

BBA 6.1. 牛尿–正順. BBA 8.6 の演算例参照.

···

二つ目は逆順に進行するものである．逆順に進行する場合，問題の項の下に一緒に，最後に（すなわち，問題の項の一位の下に）価格が書かれる．そし

---

[1] prasnopari nyasenmūlyaṃ mūlyena guṇayetkramāt/
anulomavilomābhyāṃ kapāṭākhyaṃ dvidhā bhavet//PV 5//
5a: prasnopari > praśnopri.

[2] praśnādadho nyasenmūlyaṃ guṇayetsaralaṃ mithaḥ/
anulomavilomābhyāṃ gomūtrākhyaṃ dvidhā bhavet//PV 6//

て，まっすぐ，そして交互に，掛け，〈それらの部分果が〉加えられる．〈このようにして〉果が得られる．/BBA 6.2/

···Note ·····

BBA 6.2. 牛尿–逆順．BBA 8.6 の演算例参照．

·····

次は，定位置〈乗法〉の種類./BBA 7.0/

> **〈被乗数の上に置かれた，移動しない乗数である〉量の一つ一つ〈の数字〉によって〈被乗数の〉掛け算が行われるので，〈この掛け算は〉頭種と呼ばれる．さらに，箱種も〈定位置乗法の一種と〉云われる．〈だから〉定位置〈乗法〉も二種定められている．/PV 7/**[1]

定位置〈乗法〉には二つの方法がある．まず，頭種では，問題の項の上に，価格が，頭に，書かれる．そして，価格の一つ一つの数字をとり，〈それで〉問題の項が掛けられる．それぞれ（位ごとに）加えられる．〈このようにして〉果が得られる．/BBA 7.1/

···Note ·····

BBA 7.1. 定位置乗法–頭種．BBA 8.7 の演算例参照.「頭に」は「問題の項の上に」と同義と思われる．

·····

二つ目は箱種である．箱種では，箱（マス目）を描き，〈各箱が対角線で〉分割される．問題の項が頭（箱の上）に書かれる．そして価格の項が先方（箱の右）に書かれる．そして，価格の一つ一つの数字をとり，〈それに〉問題の項を掛け，〈結果が〉箱の中に書かれる．そして，〈それらの部分果は，斜めに〉加えられる．〈このようにして〉果が得られる．/BBA 7.2/

···Note ·····

BBA 7.2. 定位置乗法–箱種．いわゆる格子乗法である．BBA 8.7 の演算例参照．

·····

次は，部分〈乗法〉の種類./BBA 8.0/

> **場合によって，整数分割，位置分割，減増分割がある．〈だから〉部分〈乗法〉もまた三種定められている．/PV 8/**[2]

部分〈乗法〉には三つの方法がある．一つ目は整数分割である．整数分割では，問題の項を二つ，三つ，四つ〈など〉に分割し，〈それぞれの部分に〉

---

[1] ekaikaguṇanādrāśeḥ śīrṣabhedo nigadyate/
koṣṭābhedaḥ punaḥ proktastastho 'pi dvividhaḥ smṛtaḥ//PV 7//
7c: koṣṭā- > koṣṭha-. 7d: tastho > tatstho.

[2] kvacit rūpavibhāgaśca sthānabhāgaḥ kvacidbhavet/
kvacit hīnādhiko bhāgaḥ ṣaṃḍo pi trividhaḥ smṛtaḥ//PV 8//
8a: kvacit rūpa- > kvacidrūpa-. 8c: kvacit hīnā- > kvaciddhīnā-.
8d: ṣaṃḍo pi > khaṇḍo 'pi.

価格の項を掛け,〈それらの部分果が〉一カ所で加えられる.〈このようにして〉果が得られる.同様に,価格の項を分割し,〈各部分に〉問題の項を掛ける〈ことも可能である〉.そこから,同じように果が得られる./BBA 8.1/

···Note···

BBA 8.1. 部分乗法–整数分割. BBA 8.8 の演算例参照.

··

二つ目は位置分割である.位置分割では,問題の項を,一,十,百,千などの位置に分割し,〈各位置に〉価格を掛け,〈それらの部分果が〉一カ所で加えられる.〈このようにして〉果が得られる.同様に,価格の項を位置に分割し,〈各位置に〉問題の項を掛ける〈ことも可能である〉.そこから,同じように果が得られる./BBA 8.2/

···Note···

BBA 8.2. 部分乗法–位置分割. BBA 8.8 の演算例参照.

··

三つ目は減増分割である.減増分割では,問題の項が半分,三分の一,四分の一〈など〉にされる.同様に,価格の項を二倍,三倍,四倍〈など〉にして,〈それが前者により〉掛けられる.〈このようにして〉果が得られる.同様に,価格の項を〈何分の一かに〉割り,〈同倍した〉問題〈の項〉を掛ける〈ことも可能である〉.そこから,同じように果が得られる.すなわち,掛け算には九つの方法がある./BBA 8.3/

···Note···

BBA 8.3. 部分乗法–減増分割. BBA 8.8 の演算例参照.

··

他者の規則:

> **〈量が〉ゼロによって掛けられるとゼロ.前方にはゼロを用いる(置く)べきである.〈量が〉一によって掛けられるとそのまま.どこでもこの通りである./S2/** [1]

ゼロがゼロによって掛けられるとゼロのままである.そして,価格の項のためのゼロは,〈問題の項の各位を掛けたとき〉,問題の項の前方にある〈位の数〉だけ書かれる.そして,〈量が〉一によって掛けられるとそのままである.掛け算はこの通りである./BBA 8.4/

···Note···

BBA 8.4. 注釈者シャンブダーサは,上の詩節 (S2) を「他者の規則」(para-sūtra) と云って導入し,詩節番号を与えないが,もう一人の注釈者シャンブナータのテキスト

---

[1] śūnyena guṇitaṃ śūnyaṃ śūnyamārgre niyojayet/
tadevaikena guṇitaṃ bhavedevaṃ hi sarvataḥ//S2//

S2b: mārgre > mārge. Hayashi 2017b では,シャンブダーサが補ったと思われる詩節の番号には 'S' (= supplement) を付してある.

では詩節番号 10 が与えられているから，元の PV に属していた可能性もある．この規則は，掛け算におけるゼロと一の取り扱いに関するものである．Tr と PG でも，掛け算のための詩節の直後にゼロのための詩節 (Tr 8 と PG 21) がある．本書付録 D, E 参照．1) $a \cdot 0 = 0$．BBA 8.4 冒頭の $0 \cdot 0 = 0$ は，著者または筆写生の誤記と思われる．2) 位置分割部分乗法で，価格の項が問題の項の各数字によって掛けられたとき，その数字の前方にある位の数だけゼロを置く．BBA 8.8 参照. 3) $a \cdot 1 = a$.

…………………………………………………………………………………

一番目の例題．銀 (rūpa)，一千一百九十六ガディーヤーナ (gadīyāṇa), 対十八，18 ドランマ (dramma)．果（値段）はいくらか．書置．カパータ連結の正順進行：

1	8			
	1	1	9	6

掛けると，⟨ 最後から二番目の ⟩ 形は，

1	8	8	2	8
	1	9	6	
		7	4	

得られるのは，21528 ドランマ．

同様に，カパータ連結の逆順進行：

			1	8
1	1	9	6	

掛けると，⟨ 最後から二番目の ⟩ 形は，

1	1	9	6	8
	8	7	4	
		8	2	

得られるのは，21528 ドランマ．/BBA 8.5/

…Note……………………………………………………………………………

BBA 8.5. 掛け算の例題 1：銀の単位価格 18 ドランマ/ガディーヤーナのとき，銀 1196 ガディーヤーナの値段はいくらか．

カパータ連結による解．正順と逆順のそれぞれの手順は下のように復元できる．各ステップで新たに書かれた数字を太字で表す．これらのステップのうち，BBA 8.5 で正順・逆順それぞれに与えられた 3 つのステップは，最初の数字配列 …1), 和を取る直前の部分積の配列 … すなわち，乗数 (18) を消した 12), それに最終結果（積）…13) である．

1. 正順 (cf. BBA 5.1):

1) 乗数 (18) の第一位が被乗数 (1196) の最高位の真上に来るように両者を書く：

1	**8**			
	1	**1**	**9**	**6**

2) $1 \cdot 1 = 1$:

1	8			
1	1	1	9	6

3) $1 \cdot 8 = 8$:

1	8			
1	**8**	1	9	6

4) 乗数 '18' を 1 桁右へ移動:

	1	**8**		
1	8	1	9	6

5) $1 \cdot 1 = 1$:

	1	8		
1	8	1	9	6
	1			

6) $1 \cdot 8 = 8$:

	1	8		
1	8	**8**	9	6
	1			

7) 乗数 ‘18’ を 1 桁右へ移動:

		1	**8**	
1	8	8	9	6
	1			

8) $9 \cdot 1 = 9$:

		1	8	
1	8	8	9	6
	1	**9**		

9) $9 \cdot 8 = 72$:

		1	8	
1	8	8	**2**	6
	1	9		
		7		

10) 乗数 ‘18’ を 1 桁右へ移動:

			1	**8**
1	8	8	2	6
	1	9		
		7		

11) $6 \cdot 1 = 6$:

			1	8
1	8	8	2	6
	1	9	**6**	
		7		

12) $6 \cdot 8 = 48$:

			1	8
1	8	8	2	**8**
	1	9	6	
		7	**4**	

13) 乗数 (18) 以外を桁ごとに加える:

2	**1**	**5**	**2**	**8**

2. 逆順 (cf. BBA 5.2):

1) 乗数 (18) の最高位が被乗数 (1196) の第一位の真上に来るように両者を書く：

			1	**8**
1	**1**	**9**	**6**	

2) $6 \cdot 8 = 48$:

			1	8
1	1	9	6	**8**
			4	

3) $6 \cdot 1 = 6$:

			1	8
1	1	9	**6**	8
			4	

4) 乗数 ‘18’ を 1 桁左へ移動:

		1	**8**	
1	1	9	6	8
			4	

5) $9 \cdot 8 = 72$:

		1	8	
1	1	9	6	8
		7	4	
			2	

6) $9 \cdot 1 = 9$:

		1	8	
1	1	**9**	6	8
		7	4	
			2	

7) 乗数 '18' を 1 桁左へ移動:

	1	**8**		
1	1	9	6	8
		7	4	
			2	

8) $1 \cdot 8 = 8$:

	1	8		
1	1	9	6	8
		7	4	
		8	2	

9) $1 \cdot 1 = 1$:

	1	8		
1	**1**	9	6	8
		7	4	
		8	2	

10) 乗数 '18' を 1 桁左へ移動:

1	**8**			
1	1	9	6	8
		7	4	
		8	2	

11) $1 \cdot 8 = 8$:

1	8			
1	1	9	6	8
	8	7	4	
		8	2	

12) $1 \cdot 1 = 1$:

1	8			
1	1	9	6	8
	8	7	4	
		8	2	

13) 乗数 (18) 以外を桁ごとに加える:

2	**1**	**5**	**2**	**8**

この方法の名称「カパータ連結」については序説 §1.7.3.2 参照.『パンチャヴィンシャティカー』のもう一人の注釈者シャンブナータ (AD 1562 と 1730 の間) はこの方法を「定位置〈乗法〉」(tatstha) とし，逆順をその「頭種」(śīrṣa-bheda)，正順をその「背種」(pṛṣṭha-bheda) と呼ぶ．背種では乗数を被乗数の下に置く．Cf. Hayashi 1991, 420.

……………………………………………………………………

次は，牛尿の正順進行:

1	1	9	6
1	8		

まっすぐ，交互に，掛けると，〈最後から二番目の〉形は，

1	9	7	8	8
	1	7	4	

得られるのは，21528 ドランマ.

同様に，牛尿の逆順進行:

1	1	9	6
		1	8

まっすぐ，交互に，掛けると，〈最後から二番目の〉形は，

1	1	7	4	8
	9	7	8	

得られるのは，21528

ドランマ. /BBA 8.6/

···Note···

BBA 8.6. 牛尿による例題 1 の解. 正順と逆順のそれぞれの手順は下のように復元できる. これらのステップのうち, BBA 8.6 で正順・逆順それぞれに与えられた 3 つのステップは, 最初の数字配列 ···1), 和を取る直前の部分積の配列 ··· すなわち, 乗数 (18) と被乗数 (1196) を消した 8), それに最終結果（積）···9) である.

1. 正順 (cf. BBA 6.1):

1) 乗数 (18) の最高位が被乗数 (1196) の最高位の真下になるように両者を書く:

1	**1**	**9**	**6**
1	**8**		

2) $1 \cdot 1 = 1$ (まっすぐ):

1	1	9	6
1	8		
1			

3) $1 \cdot 8 + 1 \cdot 1 = 9$ (交互に):

1	1	9	6
1	8		
1	**9**		

4) 乗数 ‘18’ を 1 桁右へ移動:

1	1	9	6
	1	**8**	
1	9		

5) $1 \cdot 8 + 9 \cdot 1 = 17$ (交互に):

1	1	9	6
	1	8	
1	9	**7**	
	1		

6) 乗数 ‘18’ を 1 桁右へ移動:

1	1	9	6
		1	**8**
1	9	7	
	1		

7) $9 \cdot 8 + 6 \cdot 1 = 78$ (交互に):

1	1	9	6
		1	8
1	9	7	**8**
	1	**7**	

8) $6 \cdot 8 = 48$ (まっすぐ):

1	1	9	6	
		1	8	
1	9	7	8	**8**
	1	7	**4**	

9) 得られた数を足す（乗数と被乗数は消す）:

2	**1**	**5**	**2**	**8**

2. 逆順 (cf. BBA 6.2):

1) 乗数 (18) の一位が被乗数 (1196) の一位の真下になるように両者を書く:

1	**1**	**9**	**6**
		1	**8**

2) $6 \cdot 8 = 48$ (まっすぐ):

1	1	9	6
		1	8
		4	**8**

3) $6 \cdot 1 + 9 \cdot 8 = 78$ (交互に):

1	1	9	6
		1	8
	7	4	8
		8	

4) 乗数 '18' を 1 桁左へ移動:

1	1	9	6
	1	**8**	
	7	4	8
		8	

5) $9 \cdot 1 + 1 \cdot 8 = 17$ (交互に):

1	1	9	6
	1	8	
1	7	4	8
	7	8	

6) 乗数 '18' を 1 桁左へ移動:

1	1	9	6
1	**8**		
1	7	4	8
	7	8	

7) $1 \cdot 1 + 1 \cdot 8 = 9$ (交互に):

1	1	9	6
1	8		
1	7	4	8
9	7	8	

8) $1 \cdot 1 = 1$ (まっすぐ):

	1	1	9	6
	1	8		
1	1	7	4	8
	9	7	8	

9) 得られた数を足す（乗数と被乗数は消す）：

2	**1**	**5**	**2**	**8**

この方法の名称「牛尿」については序説 §1.7.3.9 参照.

……………………………………………………………………………

次は,〈定位置乗法の〉頭種:

	1	8	
1	1	9	6

一つ一つ掛けて,〈最後から二番目の〉形の書置：

1	1	9	6	8
	8	8	2	
		7	4	

得られるのは, 21528 ドランマ.

同様に, 定位置〈乗法〉の箱種：

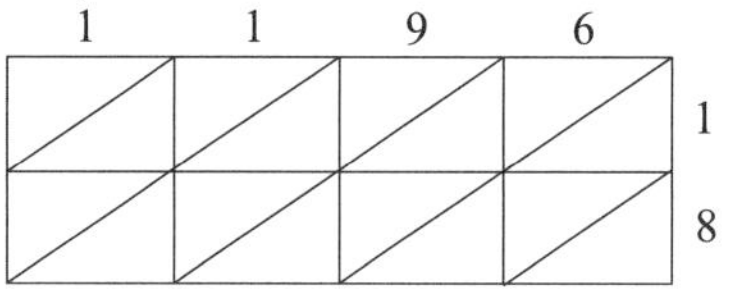

一つ一つ掛けて,〈最後から二番目の〉形：

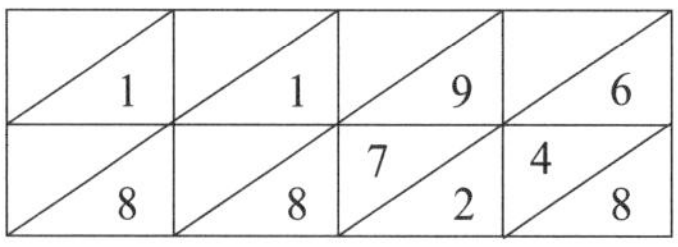

〈結果を斜めに〉加えて得られるのは, 21528 ドランマ. /BBA 8.7/

…Note……………………………………………………………………

BBA 8.7. 定位置乗法による例題 1 の解. 二種類の定位置乗法の手順は下のように復元できる.

1. 頭種 (cf. BBA 7.1).

1) 被乗数 (1196) の上に乗数 (18) を書く:

	1	**8**	
1	**1**	**9**	**6**

2) $1 \cdot 1 = 1$:

	1	8	
1	1	9	6
1			

3) $1 \cdot 1 = 1$:

	1	8	
1	1	9	6
1	**1**		

4) $9 \cdot 1 = 9$:

	1	8	
1	1	9	6
1	1	**9**	

5) $6 \cdot 1 = 6$:

	1	8	
1	1	9	6
1	1	9	**6**

6) $1 \cdot 8 = 8$:

	1	8	
1	1	9	6
1	1	9	6
	8		

7) $1 \cdot 8 = 8$:

	1	8	
1	1	9	6
1	1	9	6
	8	**8**	

8) $9 \cdot 8 = 72$:

	1	8	
1	1	9	6
1	1	9	6
	8	8	**2**
		7	

9) $6 \cdot 8 = 48$:

	1	8		
1	1	9	6	
1	1	9	6	**8**
	8	8	2	
		7	**4**	

10) 得られた数を足す（乗数と被乗数は消す）:

2	**1**	**5**	**2**	**8**

BBA 7.1 は乗数 (18) を書く位置を,「問題の項の上に」(prasnapada ūpari) と述べると同時に「頭に」(māthai) とも云うが，この「頭に」は被乗数の位の「頭に」ではなく,「問題の項の上に」と同義と思われる．BBA 8.7 で与えられた 3 つのステップは，上の復元の中の，1) 最初の数字配列, 9) 和を取る直前の部分積の配列（乗数と被乗数は消す）, 10) 最終結果（積），である．なお，このシャンブダーサの計算例は掛け算を左から実行した場合だが，それはシンハティラカのいう逆順に当たる．シンハティラカの正順，すなわち右から実行した場合，最後から二番目のステップは，

		1	8	
	1	1	9	6
	8	7	4	8
1	1	8	2	
		9	6	

となる．SGT 17-18.3 参照.

2. 箱種 (cf. BBA 7.2).

1)（被乗数の位の数）×（乗数の位の数）だけのマス目を持つ長方形を描き，それぞれのマス目に対角線を引く．被乗数を長方形の上に，乗数を右に（縦に）書く：

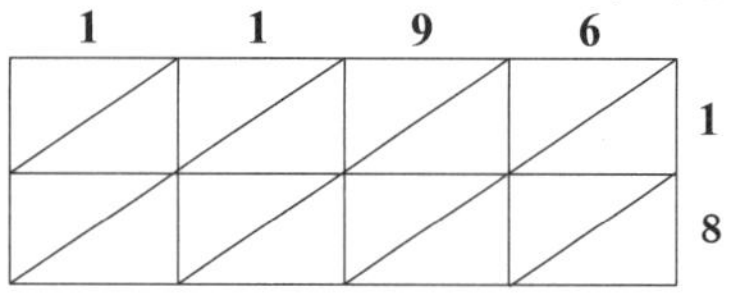

2) 被乗数の各数字と乗数の各数字の積を，対応するマス目に入れる:

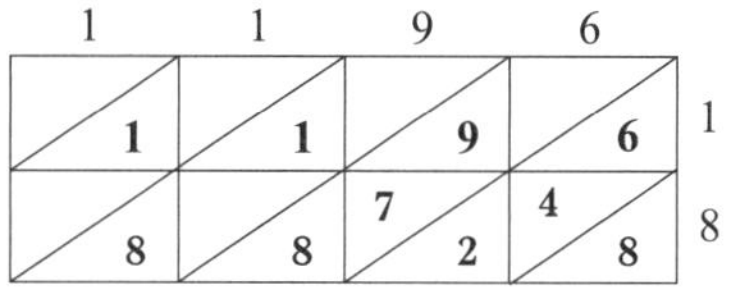

これに対応する BBA 8.7 の図は被乗数 (1196) と乗数 (18) を略す．

3) 右下から始めて，得られた数字を斜めに加える: **2 1 5 2 8**

シャンブナータ (AD 1562 と 1730 の間) は，二人のガネーシャ（『リーラーヴァティー』の注釈者と『ガニタマンジャリー』の著者，二人とも 16 世紀）と同様，この「箱種」をカパータ連結 (kapāṭa-sandhi) と呼ぶ．Cf. Hayashi 1991, 417.

……………………………………………………………………………………

次は，部分〈乗法〉の整数分割二種．〈一つ目は，問題の項を，例えば二等分し〉，両者を〈価格により〉カパータ連結のように掛けると，半分の形は，

10764
10764

得られるのは，21528 ドランマ．二番目は価格の分割．〈例えば二等分し〉，それぞれ〈問題の項を〉掛けると，形は，

10764
10764

得られるのは．21528 ドランマ．〈価格を十八の単位に分割すれば〉，

1	1196	1	1196
1	1196	1	1196
1	1196	1	1196
1	1196	1	1196
1	1196	1	1196
1	1196	1	1196
1	1196	1	1196
1	1196	1	1196
1	1196	1	1196

〈得られるのは，21528 ドランマ.〉

同様に，部分〈乗法〉の位置分割．一，十，百，千など．〈第一ステップ

の〉形.

1 8
1 0 0 0
1 8
1 0 0
1 8
9 0
1 8
6

カパータ連結のように，すべて〈の部分〉を掛けると，

〈得 られる〉形は，

18000
1800
1620
108

得られるのは， | 21528 | ドランマ.

また，減増分割．半分〈と二倍の形〉:

36
598
9
2392

両者をカパータ連結のように掛けて，得られるのは同一の果， | 21528 | ドランマ.

同様に，〈一方を〉三分の一，四分の一〈などとし，他方を三倍，四倍など〉にして，〈両者が〉掛けられる．そこから，同様にして，果（積）が得られる.

次に，一番目の例題の方法が，〈以下の例題の〉すべてで〈用いられるべきである〉. /BBA 8.8/

···Note ···

BBA 8.8. 部分乗法による例題 1 の解.

1. 整数分割. 被乗数を二等分して, $1196 \cdot 18 = (598 + 598) \cdot 18 = 10764 + 10764 = 21528$. あるいは，乗数を二等分して, $1196 \cdot 18 = 1196 \cdot (9 + 9) = 10764 + 10764 = 21528$. あるいは十八等分して，$1196 \cdot 18 = 1196 \cdot (1 + 1 + \cdots + 1) = 1196 + 1196 + \cdots + 1196 = 21528$. これはいわば究極の整数分割である.

2. 位置分割. 被乗数を位置で分割して, $1196 \cdot 18 = 1000 \cdot 18 + 100 \cdot 18 + 90 \cdot 18 + 6 \cdot 18 = 18000 + 1800 + 1620 + 108 = 21528$. BBA 8.4 で引用された詩節 S2 の第 2 規則がここに適用されている.

3. 減増分割. $1196 \cdot 18 = \frac{1196}{2} \cdot (18 \cdot 2) = 598 \cdot 36 = 21528$. あるいは, $1196 \cdot 18 = (1196 \cdot 2) \cdot \frac{18}{2} = 2329 \cdot 9 = 21528$

これらすべてで，各部分の掛け算はカパータ連結によって行う.

···

二番目の例題. 金 (hema)，八百六十五トーラ (tolas), 対三十二タンカ (ṭaṅkas). 書置: 865，乗数 32. 得られるのは，27680 タンカ. /BBA 8.9/

···Note··

BBA 8.9. 掛け算の例題 2: 金の単位価格 32 タンカ/トーラのとき，865 トーラの金の値段はいくらか．答え: 27680 タンカ.

··

三番目の例題．あかね (maṃjīṭha)，百九十六マナ (maṇas), 対三十五タンカ．書置: 196，乗数 35. 得られるのは，6860 タンカ．/BBA 8.10/

···Note··

BBA 8.10. 掛け算の例題 3: あかね（染料）の単位価格 35 タンカ/マナのとき，196 マナのあかねの値段はいくらか．答え: 6860 タンカ.

··

四番目の例題．象牙 (dāṃta)，四千八百六十五マナ，対三十六タンカ．書置：4865，乗数 36. 得られるのは，175140 ロイヤルタンカ．/BBA 8.11/

···Note··

BBA 8.11. 掛け算の例題 4: 象牙の単位価格 36 タンカ/マナのとき，4865 マナの象牙の値段はいくらか．答え: 175140 ロイヤルタンカ.

··

五番目の例題．砂糖 (ṣāṃḍa)，三十八千三百二十七マナ，対八十一ドランマ．書置: 38327，乗数 81. 得られるのは，3104487 ドランマ．/BBA 8.12/

···Note··

BBA 8.12. 掛け算の例題 5. 砂糖の単位価格 81 ドランマ/マナのとき，38327 マナの砂糖の値段はいくらか．答え: 3104487 ドランマ．38327 は素数.

··

六番目の例題．白檀 (sūkaḍi)，一千七百六十七マナ，対六十四タンカ．書置: 1767，乗数 64. 得られるのは，113088 タンカ．/BBA 8.13/

···Note··

BBA 8.13. 掛け算の例題 6: 白檀の単位価格 64 タンカ/マナのとき，白檀 1767 マナの値段はいくらか．答え: 113088 タンカ.

··

七番目の例題．アーチー (āchī)，三千七百と三マナ，対百八十八ドランマ．書置: 3703，乗数 188. 得られるのは，696164 ドランマ．/BBA 8.14/

···Note··

BBA 8.14. 掛け算の例題 7: アーチー（未詳）の単位価格 188 ドランマ/マナのとき，アーチー 3707 マナの値段はいくらか．答え: 696164 ドランマ.

··

八番目の例題．織物用糸 (paḍa-sūtra)，一千八百五十九マナ，対三百八タンカ．書置: 1859，乗数 308. 得られるのは，572572 タンカ．/BBA 8.15/

···Note ···
BBA 8.15. 掛け算の例題 8: 織物用糸の単位価格 308 タンカ/マナのとき，織物用糸 1859 マナの値段はいくらか．答え: 572572 タンカ．
···

九番目の例題．一ラーシャ(lāṣa) 五十二千二百七，乗数七十三．書置: 152207，乗数 73．得られるのは，一の列 (ekāvali) の形を持つ: 11111111．/BBA 8.16/

···Note ···
BBA 8.16. 掛け算の例題 9: 純数量的問題．$152207 \cdot 73 = 11111111$．この例題は数値的に GSS 2.15 と同じ．そこではこの積を「ネックレス」(kaṇṭhābharaṇa) と呼ぶ．
···

十番目の例題．三シャルヴァ(ṣarva) 三十三アルヴァ(arva) 三十三コーディ(koḍi) 三十六ラーシャ六十六千六百六十七，乗数三十三．書置: 333333666667，乗数 33． 得られるものは，ネックレス (kaṇṭhābharaṇa) の形をしている: 11000011000011．/BBA 8.17/

···Note ···
BBA 8.17. 掛け算の例題 10: 純数量的問題．$333333666667 \cdot 33 = 11000011000011$．この例題は数値的に GSS 2.11 と同じ．GSS 2.11 もこの積をネックレス (kaṇṭhā-bharaṇa) と呼ぶ．この BBA 8.17 で 10^{11} と 10^{9} を表すために使われている古グジャラーティー数詞ṣarva と arva に対応するサンスクリット数詞 kharva と arbuda は，標準的ヒンドゥー系数詞システムでは 10^{10} と 10^{8} を意味し，ジャイナ系数詞システム (GSS 1.65-66) では 10^{12} と 10^{10} を意味するが，タックラ・ペールー (ca. AD 1315) は，ṣarva と arva に対応するアパブランシャ数詞 khavva と avva を BBA 8.17 の ṣarva/arva と同じ意味で使う．GSK 1.12-13 参照．
···

十一番目の例題．十四コーディ二十八ラーシャ五十七千一百四十三，乗数七．書置: 142857143，乗数 7．得られるものは，ネックレス (hāra) の形をしている: 1000000001．/BBA 8.18/

···Note ···
BBA 8.18. 掛け算の例題 11: 純数量的問題．$142857143 \cdot 7 = 1000000001$．この例題は数値的に GSS 2.13 と同じである．そこではこの積を王のネックレス (rāja-kaṇṭhikābharaṇa) と呼ぶ．
···

このように，掛け算は完結した．/BBA 8.19/

···Note ···
BBA 8.19. 結語．ここで掛け算は終わり，次に割り算が始まる．BBA 8.5-18 で与えられた掛け算の例題 11 個も含めて，シャンブダーサが BBA で補う四則演算の例題はすべて，著者年代未詳の算術書『パリカルマチャトゥシュタヤ』(PC) のそれらと数値的に完全に一致する．ただし，BBA の例題は古グジャラーティーの散文，PC のそれらはサンスクリットの韻文で与えられている．また，例題で用いられている重量単位と貨幣単位も両者で異なる．詳しくは，Hayashi 2017b, 3-5 参照.

⋯⋯⋯⋯⋯⋯⋯⋯⋯⋯⋯⋯⋯⋯⋯⋯⋯⋯⋯⋯⋯⋯⋯⋯⋯⋯⋯⋯⋯⋯⋯⋯⋯⋯⋯

G:『リーラーヴァティー』14-17（掛け算）とガネーシャ注

ここでは『リーラーヴァティー』14-17（掛け算）とそのガネーシャ注『ブッディヴィラーシニー』を和訳する．テキストは，Ānandāśrama Sanskrit Series 107, vol.1, pp.14-17 である．『リーラーヴァティー』の和訳は既に林・矢野 1983, pp.208-10 にあるが，ここでは，より原文に即して逐語和訳する．略号：GL = Gaṇeśa's commentary *Buddhivilāsinī* on the L; L = *Līlāvatī* of Bhāskara II; VP = *Vākyapadīya* of Bhartṛhari.

*　*　*　*　*　*

(p.14) さて，乗法である．掛け算に関する術則，二詩節半．/L 14-16p0/ p.14

(p.14) さて，平方等は掛け算によって得られるものだから，まず掛け算を，インドラヴァジュラー詩節一つとウペーンドラヴァジュラー詩節一つ半で述べる，「被乗数の最後の数字に」(L 14),「割られてきれいになる」(L 15),「任意数を引くか加えるかした」(L 16) と．/GL 14-16.0/ p.14

> **被乗数の最後の数字に乗数を掛けるべきである．移動した〈乗数〉によって，最後から二番目等に，同じように〈掛けるべきである〉．あるいは，被乗数が，乗数の部分と等しく，下へ下へと〈置かれ〉，それらの部分によって掛けられ，加えられる．// あるいは，乗数があるもの（数）によって割られてきれいになる（すなわち，割りきれる）とき，それと商とによって被乗数が掛けられて果（積）になる．このように，二種類の整数分割〈乗法〉があるだろう．あるいは，〈被乗数が〉位置によって掛けられ，加えられる．// あるいは，〈被乗数が〉任意数を引くか加えるかした乗数によって掛けられ，任意数を掛けた被乗数が加えられるか引かれる．/L 14-16/** [1]

···Note···

L 14-16. 5 種の掛け算．1. シュリーダラ等がカパータ連結と呼ぶ方法．本書付録 D, E, F 参照．L では名前がないが，ガネーシャは「整数乗法」と呼ぶ．GL 14.1 末尾参照．2. 整数分割部分乗法 1．乗数を和に分解．3. 整数分割部分乗法 2．乗数を積に分解．4. 位置分割部分乗法．乗数を位に分解．5. 任意数を用いる乗法．2, 4, 5 の初出は BSS 12.55-56．本書付録 C 参照．また，序説 §1.7.3 参照．

···

[1] guṇyāntyamaṅkaṃ guṇakena hanyādutsāritenaivamupāntimādīn/
guṇyastvadho 'dho guṇakakhaṇḍatulyastaiḥ khaṇḍakaiḥ saṃguṇito yuto vā//L 14//
bhakto guṇaḥ śudhyati yena tena labdhyā ca guṇyo guṇitaḥ phalaṃ vā/
dvidhā bhavedrūpavibhāga evaṃ sthānaiḥ pṛthagvā guṇitaḥ sametaḥ//L 15//
iṣṭonayuktena guṇena nighno 'bhīṣṭaghnaguṇyānvitavarjito vā//L 16//

掛け算 (guṇana) にふさわしいもの，あるいは掛けられる (guṇyate) もの，それが「被乗数」(guṇya, 掛けられるべきもの) である．最後 (anta) に生ずるもの，それが「最後の」(antya) である．〈語 anta は〉，dik 等〈の語群に含まれる語〉だから，[1]〈「そこに生ずる」という意味を付加する接辞〉yat〈をとり，antya となる〉.[2] 掛ける（guṇayati, 増幅させる）というので「乗数」(guṇaka) である．被乗数の位の順序で最後にある数字を乗数で殺すべきである (hanyāt)，すなわち，掛けるべきである (guṇayet).「殺す」(vadha) を意味する言葉によって，昔の人たちは掛け算を認識したから．最後に生ずるもの，それが「最後の」(antima) である.「anta の後でも〈云われる（すなわち，適用される）べきである〉」[3] というので，ḍimap 接辞〈が anta に付いて antima になる〉．最後のもの (antima) の近くにあるもの (upagata)，それが「最後から二番目」(upāntima) である.「ati 等は，通過した等の意味の第二格〈の語〉と」[4]〈結合して〉，タットプルシャ〈複合語を作る，という規則により，upa も antimam と結合して upāntima になる〉．最後から二番目 (upāntima) が最初 (ādi) であるようなものたち，それらが「最後から二番目等」である (bahuvrīhi 複合語)．それらの数字に,「移動した」乗数を，すなわち，隣の位に動かしたものを，掛けるべきである．このように，すべての被乗数〈の位〉に掛ければ，果（積）があるだろう．これが整数乗法 (rūpa-guṇana) である．/GL 14.1/

···Note···

GL 14.1. 「整数乗法」という名称は珍しい．15 世紀までは「カパータ連結」という名で呼ばれていた．序説 §1.7.3, 表 1-1, 1-2 参照.

···

これの正起次第.「guṇa は繰り返しと糸〈等〉の意味で〈用いられる〉」[5]という言葉により，guṇa という語はここでは繰り返しの意味で存在している．だから，二度の繰り返しが二倍 (dvi-guṇa)，三度の繰り返しが三倍 (tri-guṇa)，などと云われる．かくして，乗数一によって一は一 (ekena guṇenaika ekaḥ)，二掛ける一は二 (dvābhyāṃ guṇa eko dvau)，三〈掛ける一〉は三 (tribhis trayaḥ)，
p.15 四〈掛ける一〉は四 (caturbhiś catvāraḥ)，等々．一掛ける二は (p.15) 二 (ekena guṇau dvau dvau)，二〈掛ける二〉は四 (dvābhyāṃ catvāraḥ)，三〈掛ける二〉は六 (tribhiḥ ṣaṭ)，四〈掛ける二〉は八 (caturbhir aṣṭau)，等々，一を初めとする数字に，一を初めとし十を終わりとするものを掛けて，すべての人々に暗唱される (paṭhyante)．それはすなわち，

---

[1] *Gaṇapāṭha* 116.

[2] digādibhyo yat/ (*Aṣṭādhyāyī* 4.3.54) を念頭に置いている

[3] antāc ceti vaktavyam/ *Vārttika* on *Aṣṭādhyāyī* 4.3.23.

[4] atyādayaḥ krāntādyarthe dvitīyayā/ *Vārttika* on *Aṣṭādhyāyī* 2.2.18.

[5] guṇas tv āvṛttitantuṣu/ ここで，āvṛtti と tantu の 2 語から成る複合語に複数於格語尾 -ṣu が付くのは不自然．Yādavaprakāśa（11 世紀）の Skt 辞書 *Vaijayantī* に

guṇas tv āvṛttiśabdādijyendriyāmukhyatantuṣu// *Vaijayantī* 6.1.20cd

とある．この途中を省略したものか（結果はアヌシュトゥブ韻律の偶数パーダになる）．

1	2	3	等々.
2	4	6	
3	6	9	
4	8	12	
5	10	15	
6	12	18	
7	14	21	
8	16	24	
9	18	27	
10	20	30	

このように，よく知られた暗唱 (pāṭha) によって位ごとに (pratisthānaṃ) 被乗数が掛けられ，位に応じて (yathāsthānaṃ) 加えられると，掛け算の果（積）が生ずるだろう．以上，正起次第である．/GL 14.2/

···Note ···

GL 14.2. 暗唱される掛け算表への言及は，サンスクリットの数学書では珍しい．掛け算は日常的に必要な知識だったので，学術用語であるサンスクリットではなく，日常的に用いる地方語で暗唱したためと考えられる．序説 §1.7.3.11 参照.

別の方法を述べる,「被乗数が,〈乗数の部分と等しく〉, 下へ下へと」と.「被乗数が」[1],「下へ下へと」，乗数の二部分あるいは三部分と等しく置かれるべきである．そして，それら二つあるいは三つの部分によって掛けられ，加えられる．このようにしても，掛け算による果（積）が生ずるだろう．これは整数分割乗法[2]である．これに関する正起次第は容易に理解される．/GL 14.3/

···Note ···

GL 14.3. 整数分割乗法 (rūpa-vibhāga-guṇana) 1. $m = a_1 + a_2 + \cdots + a_k$ のとき，$nm = na_1 + na_2 + \cdots + na_k$. 「整数分割乗法」は他書では「整数分割部分乗法」.

別の規則を述べる,「乗数が〈あるものによって〉割られて」と．乗数が，ある数字によって割られてきれいになる，すなわち，余りがないとき，その数字とその商とによって，被乗数が掛けられても，果（積）が生ずるだろう．これはもう一つの整数分割乗法である．/GL 15.1/

···Note ···

GL 15.1. 整数分割乗法 (rūpa-vibhāga-guṇana) 2. $nm = (na) \cdot \frac{m}{a}$.

これに関する正起次第．ある量が，二つの数字によって掛けられたものと，その同じ量が，それらの数字の積によって掛けられたものは，まったく同じに

[1] guṇas > guṇyas.
[2] ASS 本は，rūpavibhāgaguṇanāntaram と読むが，‘antara’ は不要.

なるだろう．〈 更に 〉掛け算が行われるべき積は乗数に他ならないから,「乗数が〈 あるものによって 〉割られて」云々が理解されるべきである．/GL 15.2/

···Note···

GL 15.2. 整数分割乗法 2 の正起次第．$(n \cdot a) \cdot \frac{m}{a} = n \cdot \left(a \cdot \frac{m}{a}\right) = nm.$

···

整数の分割が「整数分割」(rūpa-vibhāga) である．それによる掛け算は，このように二通りあるだろう.「被乗数が,〈 乗数の部分と等しく 〉, 下へ下へと」というのが一つ,「乗数が〈 あるもの（数）によって 〉割られて」が二番目である．/GL 15.3/

···Note···

GL15.3. 整数分割乗法のまとめ．

···

p.16 (p.16) 次に，位置乗法ともう一つの方法の二つを述べる,「位置によって」と．被乗数が,「別々に」，乗数の「位置によって掛けられ」，位置に応じて「加えられ」ても，掛け算の果（積）が生ずるだろう．一の位置で掛けられたものは一の位置に加えられ，十等の位置で掛けられたものは，十等の位置に加えられるべきである，という意味である．これに関する正起次第は，整数分割乗法の応用によって容易に理解される．/GL 15.4/

···Note···

GL 15.4. 位置乗法 (sthāna-guṇana). これは他書で「位置分割部分乗法」と呼ばれるもの．ここで言及されている「整数分割乗法」はもちろん 1 番目のもの．GL 14.3 に対する Note の式で，$a_i = 10^{k-i} \cdot a'_i$ $(a'_i \leq 9)$ と置くと，$nm = 10^{k-1} \cdot (na'_1) + 10^{k-2} \cdot (na'_2) + \cdots + na'_k$. na'_i が 9 を超えたら繰り上げる．

···

被乗数が,「任意数を引くか加えるかした乗数によって掛けられ，任意数を掛けた[1]被乗数が」順に「加えられるか引かれ」ても，掛け算の果（積）が生ずるだろう．任意数を引いた乗数の場合は加え，加えた場合は引く，という意味である．/GL 16.1/

···Note···

16.1. 任意数を用いる乗法．$nm = n(m \mp a) \pm na.$

···

これの正起次第．任意数を引くか加えるかした乗数によって被乗数が[2]掛けられると，任意数を掛けた被乗数に等しい減増が生ずるだろう．だから，それによる加減が行われる．/GL 16.2/

···Note···

GL 16.2. 任意数を用いる乗法の正起次第．$n(m \mp a) = nm \mp na$ だから，$n(m \mp a) \pm na = nm \mp na \pm na = nm.$

···

[1]'bhīṣṭaguṇyena > 'bhīṣṭaghnaguṇyena.

[2]guṇyo > guṇye.

これに関する例題．/L 17p0/

ここで，掛け算とこの後すぐに語られる割り算の例題をシャールドゥーラ・ヴィクリーディタ詩節で述べる,「幼い娘よ，子鹿のように」(L 17) と．/GL 17.0/

> **幼い娘よ，子鹿のように震える目を持つリーラーヴァティーよ，〈あなたによって〉云われるべきである，五・三・一で量られた数字 (135) が太陽 (12) を掛けられたら，いくつになるだろうか，もしあなたが，整数 (rūpa) と位置 (sthāna) の分割による部分乗法に堪能なら，幸運に恵まれた女子よ．また，その乗数で，それらの掛けられて生じたものが割られたら，どれだけになるか，云いなさい．/L 17/** [1]

···Note ···

L 17. 掛け算と割り算の例題．掛け算：135 × 12. 割り算：その積 ÷12.

···

書置：被乗数 135，乗数 12．(p.17)**「被乗数の最後の数字に乗数を掛けるべきである」というのでそうすると，1620 が生ずる．/L 17p1/** p.17

あるいは，乗数の整数分割を行えば，二部分は〈例えば〉4 と 8．この両者をそれぞれ被乗数に掛けて加えれば，その同じ 1620 が生ずる．/L 17p2/

あるいは，乗数を三で割ると，商は 4．これ (4) と三を被乗数に掛ければ，その同じ 1620 が生ずる．/L 17p3/

あるいは，〈乗数の〉位置分割を行えば，二部分は，1, 2．これらをそれぞれ被乗数に掛けて，位に応じて加えれば，その同じ 1620 が生ずる．/L 17p4/

あるいは，二を引いた乗数，10，と二，2，をそれぞれ被乗数に掛け，加えれば，その同じ 1620 が生ずる．/L 17p5/

あるいは，八を加えた乗数，20，を被乗数に掛け，八を掛けた被乗数を引けば，その同じ 1620 が生ずる．/L 17p6/

···Note ···

L 17p1-p6. それぞれの乗法による計算プロセスを復元すれば，次の通り．

17p1（ガネーシャによれば「整数乗法」，かつてのカパータ連結乗法）:

1) 乗数 (12) の一位が被乗数 (135) の最高位の真上に来るように両者を書く:

1	**2**		
	1	**3**	**5**

2) $1 \cdot 1 = 1$:

1	2		
1	1	3	5

3) $2 \cdot 1 = 2$. この 2 で乗数 2 の下の 1 を書き替える:

1	2		
1	**2**	3	5

[1] bāle bālakuraṅgalolanayane līlāvati procyatāṃ
pañcatryekamitā divākaraguṇā aṅkāḥ kati syuryadi/
rūpasthānavibhāgakhaṇḍaguṇane kalpāsi kalyāṇini
cchinnāstena guṇena te ca guṇitā jātāḥ kati syurvada//L 17//

4) 乗数を 1 桁右へ移動する: $\left|\begin{array}{cccc} & \mathbf{1} & \mathbf{2} & \\ 1 & 2 & 3 & 5 \end{array}\right|$

5) $1 \cdot 3 = 3,\ 2+3=5$: $\left|\begin{array}{cccc} & 1 & 2 & \\ 1 & \mathbf{5} & 3 & 5 \end{array}\right|$

5) $2 \cdot 3 = 6$. この 6 で乗数 2 の下の 3 を書き替える: $\left|\begin{array}{cccc} & 1 & 2 & \\ 1 & 5 & \mathbf{6} & 5 \end{array}\right|$

6) 乗数を 1 桁右へ移動する: $\left|\begin{array}{cccc} & & \mathbf{1} & \mathbf{2} \\ 1 & 5 & 6 & 5 \end{array}\right|$

7) $1 \cdot 5 = 5,\ \ 6+5=11,\ 5+1=6$: $\left|\begin{array}{cccc} & & 1 & 2 \\ 1 & \mathbf{6} & \mathbf{1} & 5 \end{array}\right|$

8) $2 \cdot 5 = 10,\ \ 1+1=2$: $\left|\begin{array}{cccc} & & 1 & 2 \\ 1 & 6 & \mathbf{2} & \mathbf{0} \end{array}\right|$

17p2（整数分割乗法 1）: $\left|\begin{array}{cc} 135 & 4 \\ 135 & 8 \end{array}\right| \to \left|\begin{array}{r} 540 \\ 1080 \end{array}\right| \to \lfloor 1620 \rfloor$

17p3（整数分割乗法 2）: $135 \times 12 = (135 \times 4) \times 3 = 540 \times 3 = 1620$.

17p4（位置分割乗法）: $\left|\begin{array}{cc} 135 & 1 \\ 135 & 2 \end{array}\right| \to \left|\begin{array}{r} 135 \\ 270 \end{array}\right| \to \lfloor 1620 \rfloor$

17p5-p6（任意数を用いる乗法）: $135 \times 12 = 135 \times (10+2) = 135 \cdot 10 + 135 \cdot 2 = 1350 + 270 = 1620$. あるいは，$135 \times 12 = 135 \times (20-8) = 135 \cdot 20 - 135 \cdot 8 = 2700 - 1080 = 1620$.

……………………………………………………………………

「幼い娘よ」は呼格である．幼くて同時に鹿であるもの，⟨が「子鹿」であるが（カルマダーラヤ複合語）⟩，それと同じように，震える目を持つ女性がそれ（幼い娘）である．すなわち，幼い鹿の目を持つ女性である．両者の目には一種の類似性がある．リーラー（遊び）を持つ女性，その呼格がそれ（「リーラーヴァティーよ」）である．幸運 (kalyāṇa: maṅgla) を持つ女性，その呼格がそれ（「幸運に恵まれた女子よ」）である．/GL 17.1/

「五・三・一で量られた」「数字」が「太陽」12 を「掛けられたら，いくつになるだろうか」ということが云われる（答えられる）べきである．もしあなたが,「整数」すなわち掛けられるままの数字と「位置」すなわち一・十・百等の分割によって ⟨生じた⟩ 部分 (khaṇḍa: śakala) を掛ける「部分乗法」，すなわち，整数と位置の分割による部分乗法，その分野に「堪能なら」: 精通しているなら．/GL 17.2/

ここで rūpa という単語は二つの形を終わり（後続）とすると見るべきである.[1] バルトリハリによっても ⟨『ヴァーキヤパディーヤ』で⟩ 云われている．

> 意味が反復 (āvṛtti) と能力 (śakti) で区別されるとき，⟨そういう意味を持つ⟩ 文章 (vākya) には，一度聞かれただけでも，徴 (liṅga) により，あるいは無分節化の性質 (tantra-dharma) により，⟨意

[1] atra rūpapadaṃ dvirūpāntaṃ draṣṭavyam/ (GL, p.16) 次に引用される VP の詩節から見て，dvirūpāntaṃ より dvirūpārthaṃ（二つの rūpa を目的とする）のほうがふさわしい．

味の〉分割 (vibhāga) が定まる．/VP 2.473/[1]

(p.17) だから，〈L 17c の「もし...」は〉次の意味である．整数乗法と整数分割乗法と位置分割乗法にあなたが詳しいなら，と．/GL 17.3/ p.17

···Note ···

GL 17.3. 注釈者ガネーシャは，L 17c の複合語 rūpa-sthāna-vibhāga-khaṇḍa-guṇana の冒頭の rūpa を 2 度読むことによって，この複合語が，rūpa-vibhāga と sthāna-vibhāga の 2 つだけではなく rūpa-guṇana を加えた 3 つの意味を持つと解釈する．

rūpa-guṇana (整数乗法),

rūpa-vibhāga-khaṇḍa-guṇana (整数分割部分乗法),

sthāna-vibhāga-khaṇḍa-guṇana (位置分割部分乗法).

Vākyapadīya からの引用は，rūpa を 2 度読むことの正当化のためと思われる．引用された詩節の意図は，文は，多義語を含むなどの一定の条件下で，同時に複数の意味を持つ場合がある，ということ．しかし，バースカラ II の時代に「整数乗法」(rūpa-guṇana) という呼称があったか疑問．序説 §1.7.3，表 1-1, 1-2 参照.

···

次に割り算の例題 (L 17d) では，掛け算から「生じた」数字が「その」十二で量られた「乗数」で「割られたら」(chinnāḥ: bhaktāḥ),「どれだけになるか」ということを「云いなさい」．/GL 17.4/

整数分割などの掛け算は，先生 (Bhāskara II) ご自身によって〈自注 (17p1-p6) で〉明解に説明された．同様に，カパータ連結乗法 (kapāṭa-saṃdhi-guṇana), タットスターナ乗法 (tat-sthāna-guṇana) などの他の掛け算法が，賢い者により理解されるべきである．/GL 17.5/

···Note ···

GL 17.5. 注釈者ガネーシャはここで，L にない 2 つの乗法，カパータ連結乗法とタットスターナ乗法，を補う．前者が指すものは通常のそれとは異なる．また後者は定位置乗法（タットスタ）と名前は似ているが，手順は牛尿に近い．

···

二つのカパータの結合 (saṃdhi) のような掛け算が，カパータ連結乗法である．すなわち，斜行 (tiryag-gati) により，箱（すなわちマス目, koṣṭha）に応じて加えると，その同じ 1620 が生ずる．/GL 17.6/

···Note ···

GL 17.6. カパータ連結乗法.「斜行」「箱（マス目）」という言葉が示唆するこの乗法は，15 世紀以前のカパータ連結乗法ではなく，PV 7 が「定位置〈乗法〉の箱種」と呼ぶ格子乗法である．本書付録 F, BBA 7.2, 8.7 参照．それを，135×12 の例で復元

[1]āvṛttiśaktibhinne 'rthe vākye sakṛdapi śrute/
liṅgādvā tantradharmādvā vibhāgo vyavatiṣṭhate//VP 2.473//
異読：-bhinne 'rthe G.] -bhinnārthe A-L., P., R.; vibhāgo vyavatiṣṭhate G., R.] vibhāgenāvatiṣṭhate A-L., P.　(ここだけの略号：G. = Gaṇeśa, A-L. = Abhyankar & Limaye, P. = Pillai, R. = Rau.) 上の和訳は，Rau のテキストを底本とする赤松 1998, 2, 143 (詩節 2.478) の和訳の用語を参考にしたが，一部直訳調にした．誤りがあれば，わたしの誤解による．

すると，次のようになる．

1)（被乗数の位の数）×（乗数の位の数）だけのマス目を持つ長方形を描き，それぞれのマス目に対角線を引く．被乗数を長方形の上に，乗数を右に（縦に）書く：

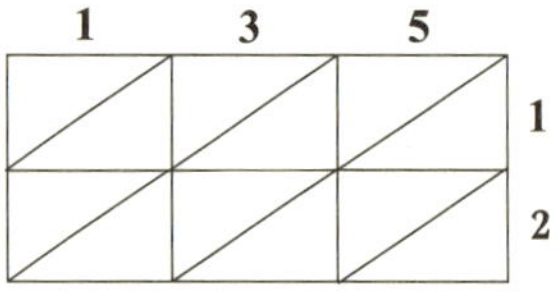

2) 被乗数の各数字と乗数の各数字の積を，対応するマス目に入れる:

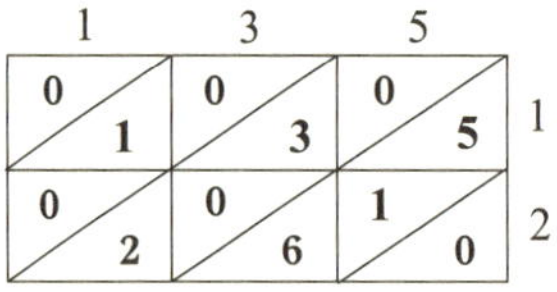

ただし，各マス目の斜線の左上の ‘0’ は書かなかった可能性もある．

3) 得られた数字を斜めに加える： **1 6 2 0**

『ガニタマンジャリー』の著者であるガネーシャもこの格子乗法を「カパータ連結乗法」と呼ぶが（付録 H, GM 17-18 参照），なぜこの掛け算法をそう呼ぶようになったのか不明．本来の「カパータ連結乗法」には長い歴史がある（序説 §1.7.3.2 参照）．この格子乗法のヨーロッパでの名称の一つ，Gelosia は，ヴェネチアの格子窓に由来すると考えられている (cf. Chabert 1999, 20)．観音開きの扉（カパータ）と格子窓では意味の開きがあるので，二つの名称の間に歴史的つながりはなさそうだが，二人のガネーシャの「カパータ連結乗法」の由来がはっきりするまでは，完全には否定できない．

…………………………………………………………………………

その同じ位置にある，その位置 (tat-sthāna) の数字，それらの掛け算がタットスターナ乗法（「その場掛け算」）である．すなわち，被乗数の下に乗数を置き，両者の一位を一位に掛けて下に置くべきである．それから，稲妻積 (vajra-abhyāsa) のように，十位を一位に掛け，加え，前に置いた〈数字〉の列 (paṅkti) に置くべきである．それから，百位を一〈位〉に，一位を百〈位〉に，十位を十位に，掛け，加え，前のように置くべきである．他の位置も同様である．このようにすれば，列が掛け算の果（積）になるだろう．これは，大変に奇抜なもの (mahad-āścarya-rūpa) であり，頭が鈍い人たちには，代々の教え (pāramparya-upadeśa) なしには，理解できない．賢い者たちは，他の乗法も同様に思慮すべきである． /GL 17.7/

…Note…………………………………………………………………

GL 17.7. タットスターナ乗法．この掛け算は「稲妻積」(vajra-abhyāsa) を特徴とする点で「牛尿乗法」と同じである（付録 F, BBA 8.6 参照）．ただし，乗数の移動はない．「タットスターナ乗法」(tatsthāna-guṇana) という名前は「定位置乗法」(tatstha-guṇana) に似ているが，手順は異なる．135×12 の例で復元すると，次のようになる．

1) 乗数 (12) の一位が被乗数 (135) の一位の真下に来るように両者を書く:

1	**3**	**5**
	1	**2**

2) $5 \cdot 2 = 10$:

1	3	5
	1	2
	1	**0**

3) $3 \cdot 2 + 1 \cdot 5 = 11$ (稲妻積)，$1 + 11 = 12$:

1	3	5
	1	2
1	**2**	0

4) $1 \cdot 2 + 3 \cdot 1 = 5$，$1 + 5 = 6$:

1	3	5
	1	2
6	2	0

5) $1 \cdot 1 = 1$:

	1	3	5
		1	2
1	6	2	0

なお，交差する掛け算を意味する「稲妻積」という用語は，平方始原（二次の不定方程式の一種）の「合成」(bhāvanā) と呼ばれるアルゴリズムでも用いられる．BSS 18.65 の vajra-vadha, BG 42 & 43 の vajra-abhyāsa 参照．クリシュナは BG の注で「稲妻積とは斜積 (tiryag-guṇana) のことである．稲妻は斜めに撃つこと (tiryak-prahāra) を本性とするから」という．林 2016, 237 参照．

. . . .

H:『ガニタマンジャリー』16-18 & 20 (掛け算)

ガネーシャ(AD 1570 頃活躍) が著した算術書『ガニタマンジャリー』の掛け算に関する部分 (詩節 16-18 & 20) をここに和訳する．使用テキストは，*Gaṇitamañjarī of Gaṇeśa*, ed. by Takao Hayashi, New Delhi 2013, である．このガネーシャは,『リーラーヴァティー』の注釈 (AD 1545) を書いたガネーシャ (Keśava の息子，付録 G 参照) とは別人であり，天文書 *Siddhānta-sundara* などの著者 Jñānarāja (AD 1503 頃活躍) の甥Ḍhuṇḍhirāja の息子である．

* * * * * *

掛け算に関する術則，三詩節． /GM 16-18.0/

> **被乗数が，位ごとに乗数を掛けられる．あるいは，〈被乗数が〉，下へ下へと〈置かれ〉，その（乗数の）部分を掛けられ，加えられる．それからまた，〈被乗数が〉，〈各〉位を掛けられ，位別に加えられると，果（積）はまったく同じになる．// 被乗数の数字から生ずる位置に等しいだけのマス目 (koṣṭha) が順に乗数の位置に等しいだけ下へ下へと〈並ぶようにマス目を作る〉．最初の半線（ardha-rekhā，すなわち対角線）は底辺 (tala) から，他の半線は最初の半線の先端から，作られる（描かれる）．// 被乗数が，位ごとに，下へ下へと，乗数の位によって掛けられ，マス目に入れられるべきである．そして，線の両側で斜めに和をとっても果（積）である．これはカパータ連結である． /GM 16-18/** [1]

···Note···

GM 16-18. 4 種の掛け算．1. 整数乗法 (akhaṇḍa-guṇana, この名称は GM 20.1 冒頭に出る)．『リーラーヴァティー』の注釈者ガネーシャも同義語 (rūpa-guṇana) を用いるが（本書付録 G, GL 14.1 参照），15 世紀以前はカパータ連結と呼ばれた乗法である．ここでは 4 種の掛け算の筆頭にあげられていることがその重要性を，にもかかわらず，わずか四分の一詩節 (GM 16a) しか費やしていないことはそれが説明の不要なほど普及していたことを示唆する．2. 整数分割乗法 (GM 16b)．3. 位置分割乗法 (GM 16cd)．4. カパータ連結乗法 (GM 17-18)．マス目を用いる格子乗法．「カパータ連結」という名称は『リーラーヴァティー』の注釈者ガネーシャと同じ（本書付録 G, GL 17.6 参照）．1 とは逆に，2 詩節を費やしてマス目の作り方から説明しているのは，この乗法があまり普及していなかったことを示唆する．それぞれの乗法の具体的

[1] guṇyaḥ pratisthānamatho guṇaghnastatkhaṇḍakairvā guṇitastvadho 'dhaḥ/
yutastataḥ sthānahataḥ sametaḥ sthānāntaratvena phalaṃ tathaiva//GM 16//
guṇyāṅkajasthānasamāḥ krameṇa koṣṭhā guṇasthānasamāstvadho 'dhaḥ/
ādyārdharekhāstalato 'nyarekhā ādyārdharekhagragatā vidheyāḥ//GM 17//
guṇyaḥ pratisthānamadho 'dha eva sthānairguṇasyābhihato niveśyaḥ/
koṣṭheṣu rekhobhayataśca tiryagyogaḥ phalaṃ veti kapāṭasaṃdhiḥ//GM 18//

手順に関しては，次の例題の自注 (GM 20.1) とそれに対する Note 参照.

[GM 19 (割り算の規則) は省略]

掛け算と割り算の例題. /GM 20.0/

原理・冷光 (=月) (125) が，矢・目 (25) によって掛けられると，どれだけになるか．すぐに云いなさい．また，矢・手・大地・原質 (3125) が，原理 (25) によって割られると，どれだけか．よく考えて〈云いなさい〉．/GM 20/ [1]

···Note

GM 20. 例題. 掛け算：125×25. 割り算：$3125 \div 25$.

書置：被乗数 125，乗数 25.「被乗数が，位ごとに」(GM 16a) を行うと，整数乗法 (akhaṇḍa-guṇana) で生ずる果は 3125．あるいは，二十五の部分，12, 8, 5．これらによって，下へ下へと，被乗数が掛けられ，加えられて生ずる果は，それと同じ 3125．あるいは，二十五の部分，20, 5．これらによって，下へ下へと，被乗数が掛けられ，加えられて生ずる果は，それと同じ 3125．また，二十五の二つの位置は，2, 5．これらによって被除数が別々に掛けられ，位別に加えられて生ずる果は，それと同じ 3125．また，カパータ連結乗法における書置：

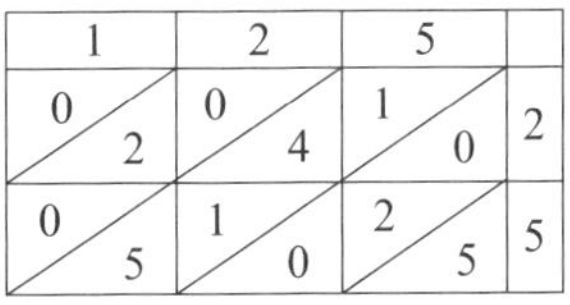

斜めの道にそって (tiryag-mārgeṇa) 加えて生ずる果は，それと同じ 3125．以上，掛け算．/GM 20.1/

···Note

GM 20.1. 125×25 の 5 通りの計算（内 2 つは整数分割）. 1. 整数乗法. 付録 G, L 17p1 参照. 2. 整数分割乗法. $25 = 12 + 8 + 5$ と $25 = 20 + 5$. 付録 G, L 17p2 参照. 3. 位置分割乗法. 付録 G, L 17p4 参照. 4. カパータ連結乗法. 付録 G, GL 17.6 参照.

次は割り算．… 以上，割り算．/GM 20.2/

[1] tattvaśītakiraṇāḥ śaranetraiḥ saṃguṇāḥ kati bhavanti vadāśu/
bāṇapāṇikuguṇā api tattvairbhājitāḥ kati ca cāruvicāre//GM 20//

I:『ガニタティラカ』とシンハティラカ注に引用された詩節

下のリストでは，出版本（K 本）に採用された読みをそのまま用いる．異読と修正案については，それぞれの引用箇所参照．

I.1:『ガニタティラカ』に引用された詩節

著者の言明はないが，典拠不明の 1 詩節（規則），*Triśatikā* の 3 詩節（すべて例題），*Brāhmasphuṭasiddhānta* の半詩節（規則）が引用（借用）されていると思われる．

Anonymous:

- dravyaṃ māsaguṇaṃ kṛtvā vṛddhiguṇaṃ punaḥ/
  śatena ca hṛte bhāge samāyātaṃ phalaṃ viduḥ//
  = GT 122

Triśatikā of Śrīdhara:

- ardhaṃ toye karddame dvādaśāṃśaḥ
  ṣaṣṭo bhāgo vālukāyāṃ nimagnaḥ/
  sārdho hasto dṛśyate yasya tasya
  stambhasyāśu brūhi mānaṃ vicintya//Tr E25//
  = GT 65

- pūrvārdhaṃ satribhāgaṃ girivaraśikhare kuñjarāṇāṃ prana(ṇa)ṣṭaṃ
  ṣaḍbhāgaścāpi nadyāṃ pibati ca salilaṃ saptamāṃśena yuktaḥ/
  padminyāmaṣṭamāṃśaṃ svanavamaka iha krīḍate padmakhaṇḍe
  nāgendro hastinībhistisṛbhiranugate kā bhavedyūthasaṃkhyā//Tr E27//
  = GT 66

- śatasyābhāvyake yatra ṣaḍbhavanti pṛthaksakhe/
  tatra rūpasahasrasya madhyataḥ kiṃ bhavedvada//Tr E37//
  = GT 98 (identified by Alessandra Petrocchi)

Brāhmasphuṭasiddhānta of Brahmagupta:

- kālaguṇitaṃ pramāṇaṃ
  phalabhaktaṃ vyekaguṇahataṃ kālaḥ//BSS 12.14ab//
  = GT 124

I.2: シンハティラカ注に引用された詩節

シンハティラカは，*Kāvyālaṅkārasūtra* と *Pāṭīgaṇita* からそれぞれ 1 詩節，*Triśatikā* から 8 詩節，*Līlāvatī* から 16 詩節を引用する．典拠を明示するときもあるが，しないときもある．次のリストの各項目で，最後の SGT– は引用されている段落を示す．⟨ ⟩ は引用箇所の前後を表す．

Kāvyālaṅkārasūtra of Vāmana:

- sarvanāmnānusandhirvṛtticchannasya//KA 5.1.11//
  SGT 63.1 (identified by Alessandra Petrocchi)

Triśatikā of Śrīdhara:

- ṣoḍaśapaṇaḥ purāṇaḥ ⟨paṇo bhavetkākiṇīcatuṣkeṇa/
  pañcāhataiścaturbhirvarāṭakaiḥ kākiṇī hyekā⟩//Tr Pb4// (= PG 9)
  SGT 63.1
- sadṛśadvirāśighāto rūpādidvicayapadasamāso vā/
  ⟨iṣṭonayutavadho vā tadiṣṭavargānvito vargaḥ⟩//Tr 11// (= PG 24)
  11a in SGT 24b.5, 11b in SGT 24b.4 and 28-29.5
- ⟨sthāpyo 'ntyaghano 'ntyakṛtiḥ sthānādhikyaṃ tripūrvaguṇitā ca/
  ādyakṛtirantyaguṇitā triguṇā ca ghanastathādyasya⟩//Tr 14// (= PG 27)
  niryuktarāśirantyastasya ghano 'sau ⟨samatrirāśihatiḥ/
  khaikādicayenāntye tryādihate vā yutiḥ saike⟩//Tr 15// (= PG 28)
  SGT 28-29.2
- ghanapadamaghanapade ⟨dve ghanapadato 'pāsya ghanamato mūlam/
  saṃyojya tṛtīyapadasyādhastādanaṣṭavargeṇa⟩//Tr 16// (= PG 29)
  SGT 50
- ⟨bhāgānubandhajātau⟩
  rūpaguṇacchedasaṅguṇaḥ sāṃśaḥ/Tr 24ab/ (= PG 39ab)
  SGT 37.1
- ⟨nītaphale 'nyaṃ pakṣaṃ⟩
  vibhajedbahurāśipakṣamitareṇa//Tr 31ab// (= PG 45ab)
  SGT 108.2, 111.5, 111.6
- dvikavyāso 'ṣṭakāyāmaḥ kambalo labhate daśa/
  anyau dvau trinavāyāmau kimāpnutaḥ kathyatām//Tr E51// (= PG E45)
  SGT 111.3

- āyāma 9 vyāsa 5 piṇḍena 1 navapañcaikahastikā/
labhate 'ṣṭau śilānye dve daśasaptadvihastikā//Tr E52// (= PG E46)
SGT 111.4

Pāṭīgaṇita of Śrīdhara:

- adharahareṇordhvāṃśānūrdhvahareṇādharaṃ haraṃ hanyāt/
madhyāṃśaharābhyāsaṃ vinikṣipeduparimāṃśeṣu//PG 37//
SGT 54.2

Līlāvatī of Bhāskara II:

- samadvighātaḥ kṛtirucyate 'tha
sthāpyo 'ntyavargāddviguṇāntyanighnāḥ/
⟨svasvopariṣṭācca tathāpare 'ṅkās
tyaktvāntyamutsārya punaśca rāśim⟩//L 19//
SGT 24b.2

- khaṇḍadvayasyābhihatirdvinighnī tatkhaṇḍavargaikyayutā kṛtirvā/
⟨iṣṭonayugrāśivadhaḥ kṛtiḥ syādiṣṭasya vargeṇa samanvito vā⟩//L 20//
SGT 24b.3

- samatrighātaśca ghanaḥ pradiṣṭaḥ sthāpyo ghano 'ntyasya ⟨tato 'ntyavargaḥ/
āditrinighnastata ādivargastryantyāhato 'thādighana'sca sarve⟩//L 24//
SGT 28-29.9

- yoge khaṃ kṣepasamaṃ vargādau khaṃ khabhājito rāśiḥ/
khaharaḥ syātkhaguṇaḥ khaṃ khaguṇaścintyaśca śeṣavidhau//L 45//
śūnye guṇake jāte khaṃ hāraścettadā punā rāśiḥ/
avikṛta eva jñeyastathaiva khenonitaśca yutaḥ//L 46//
SGT 52.5

- khaṃ pañcayugbhavati kiṃ vada khasya varge(gaṃ)
mūlaṃ ghanaṃ ghanapadaṃ khaguṇāṃśca pañca/
khenoddhṛtāndaśa ca kaḥ khaguṇo nijārdha-
yuktastribhiśca guṇitaḥ khahṛtastriṣaṣṭiḥ//L 47//
SGT 52.6

- chedaṃ guṇaṃ guṇaṃ chedaṃ vargaṃ mūlaṃ padaṃ kṛtiḥ (? tim)/
ṛṇaṃ svaṃ svaṃ ṛṇaṃ kuryāddṛśyarāśiprasiddhaye//L 48//
SGT 94.3

- atha svāṃśe 'dhikone tu lavāḍhyono haro haraḥ/
  aṃśastvavikṛtastatra vilome śeṣamuktavat//L 49//
  SGT 94.3

- yastrighnastribhiranvitaḥ svacaraṇairbhaktastataḥ saptabhiḥ
  svatryaṃśena vivarjitaḥ svaguṇito hīno dvipañcāśatā/
  tanmūle 'ṣṭayute hṛte ca daśabhirjātaṃ dvayaṃ brūhi taṃ
  rāśiṃ vetsi hi cañcalākṣi vimalāṃ bāle vilomakriyām//L 50//
  SGT 94.4

- uddiṣṭakālāpavadiṣṭarāśiḥ kṣuṇṇo hṛto 'ṃśai rahito yuto vā/
  iṣṭāhataṃ dṛṣṭamanena bhaktaṃ rāśirbhavetproktamitīṣṭakarma//L 51//
  SGT 65.2

- jīvānāṃ vayaso mūlye taulye varṇasya hemani/
  bhinnahāre ca rāśīnāṃ vyastatrairāśikaṃ bhavet//L 78//
  SGT 95.2, 117.2

- pañcasaptanavarāśikādike–ṣva(? 'nyo)nyapakṣanayanaṃ phalacchidām/
  saṃvidhāya bahurāśije vadhe svalparāśivadhabhājite phalam//L 82//
  SGT 111.2

- piṇḍe arkamitāṅgulāḥ kila caturvargāṅgulā vistṛtau
  paṭṭā dīrghatayā caturdaśa karāstriṃśallabhante śatam/
  etā vistṛtidīrgha(?dairghya)piṇḍamitayo yeṣāṃ caturvarjitāḥ
  paṭṭāste vada me caturdaśa sakhe mūlye(?lyaṃ) labhante kiyat//L 86//
  SGT 111.5

- paṭṭā ye prathamoditapramitayo gavyūtimātre gate
  teṣāmānayanāya cet śakaṭināṃ drammāṣṭakaṃ bhāṭakam/
  anye ye tadanantaraṃ nigaditā māne caturvarjitās
  teṣāṃ kā bhavatīha bhāṭakamitirgavyūtiṣaṭke vada//L 87//
  SGT 111.6

- tathaiva bhāṇḍapratibhāṇḍake 'pi
  vidhirviparyasya harāṃśca mūlye//L 88//
  SGT 112

- atha pramāṇairguṇitāśca kālā
  vyatītakālaghnaphaloddhṛtāste/
  svayogabhaktāśca vimiśranighnāḥ
  prayuktakhaṇḍāni pṛthagbhavanti//L 92//
  SGT 132-33.3

文献

1. 一次資料

Abhidharmakośa of Vasubandhu.

Abhidharmakośabhāṣyam of Vasubandhu, edited by P. Pradhan. 2nd revised ed. by Aruna Haldar. Tibetan Sanskrit Work Series 8. Patna: K. P. Jayaswal Research Institute, 1975.

Arthaśāstra of Kauṭilya.

The Kauṭilīya Arthaśāstra, edited by R. P. Kangle. 3 vols. 2nd ed. Reprinted, Delhi: Motilal Banarsidass, 1986.

Aṣṭādhyāyī of Pāṇini.

1. *Pâṇini's Grammatik*, herausgegeben, übersetzt, erläutert, und mit verschiedenen Indices vergeeben, von Otto Böhtlingk. 2 Abteilungen. Zweite Auflage. Leipzig, 1887.
2. *The Aṣṭādhyāyī of Pāṇini*, English translation with Sanskrit text, vivṛti, notes, etc., by Rama Nath Sharma. New Delhi: Munshiram Manoharlal, 1987-2003.
3. *Vyākaraṇamahābhāṣya of Patañjali*, edited with *Bhāṣyapradīpa* of Kaiyaṭa Upādhyāya and *Bhāṣyapradīpoddyota* of Nāgeśa Bhaṭṭa by Bhargava Sastri Bhikaji Josi et al. 6 vols. Bombay: Nirnaya Sagar Press, 1857-72. Reprinted, Delhi: Chaukhambha Sanskrit Pratishthan, 1987-88. Also reprinted, 1991-92.

Āryabhaṭīya of Āryabhaṭa I.

1. *Āryabhaṭīya of Āryabhaṭa*, edited with Introduction, English Translation, Notes, Comments and Indexes by Kripa Shankar Shukla in collaboration with K. V. Sarma. Āryabhaṭīya Critical Edition Series, Part 1. New Delhi: Indian National Science Academy, 1976.
2. *Āryabhaṭīya of Āryabhaṭa with the Commentary of Bhāskara I and Someśvara*, edited with Introduction and Appendices by Kripa Shankar Shukla. Āryabhaṭīya Critical Edition Series, Part 2. New Delhi: Indian National Science Academy, 1976.
3. *Āryabhaṭīya of Āryabhaṭa with the Commentary of Sūryadeva Yajvan*, edited with Introduction and Appendices by K. V. Sarma. Āryabhaṭīya Critical Edition Series, Part 3. New Delhi: Indian National Science Academy, 1976.
4. 和訳：矢野 1988.

Karaṇakutūhala of Bhāskara II.

Karaṇakutūhalam of Bhāskarācārya, edited with the *Gaṇakakumudakaumudī* of Sumatiharṣa, the *Vāsanāvibhūṣaṇa* of Sudhākara Dvivedī, and the editor's own Hindī translation by Satyendra Mishra. Krishnadas Sanskrit Series 129. Vārāṇasī: Krishnadas Academy, 1991.

Kāvyālaṅkārasūtra of Vāmana.

The Kâvyâlankāra-sûtras of Vâmana with his own vṛtti, edited by Durgāprasada and Kâs'înâth Pâṇḍurang Parab. Kāvyamālā 15. Bombay: Tukârâm Jâvajî, 1895.

Kuṭṭākāraśiromaṇi of Devarāja.

1. Edited with the auto-commentary by Karūru Śeṣācārya, *Maharaja's Sanskrit College Magazine* 5, 1929, 145-48 and 181-84; 6, 1930, 17-24, 57-64, and 111-16; 7, 1931, 2-8, 66-84, 137-46, and 188-92; and 8, 1932, 18-22 and 75-77.

2. Edited with the auto-commentary by Balavantarāya Dattātreya Āpaṭe, Ānandāśrama Sanskrit Series 125, Poona: Ānandāśrama Press, 1944. Reprinted, 1981.

3. Edited with the auto-commentary, an introduction, English translation of the verses with notes, and appendices by Takao Hayashi, 'Kuṭṭākāraśiromaṇi of Devarāja,' *Indian Journal of History of Science* 46(1, 2, 3, 4), 2011, supplements; and 47(1), 2012, supplement. Reprinted in one volume, New Delhi: Indian National Science Academy, 2012.

Gaṇakakumudakaumudī of Sumatiharṣa.

See Karaṇakutūhala of Bhāskara II.

Gaṇitakaumudī of Nārāyaṇa Paṇḍita.

1. *The Gaṇitakaumudī*, edited by Padmākara Dvivedī. The Princess of Wales Saraswati Bhavana Texts 57. 2 parts. Benares: Government Sanskrit Library, 1936 (part 1) and 1942 (part 2).

2. Chapters 13 and 14 have been edited with English translation and commentary by Takanori Kusuba in his dissertation, 'Combinatorics and Magic Squares in India: A Study of Nārāyaṇa Paṇḍita's "Gaṇitakaumudī", Chapters 13-14,' submitted to the Brown University, 1993.

3. 14 章の和訳：林 1986.

Gaṇitatilaka of Śrīpati.

1. *Gaṇitatilaka by Śrīpati with the Commentary of Siṃhatilaka Sūri*, edited with Introduction and Appendices by H. R. Kāpadīā. Gaekwad's Oriental Series 78. Baroda: Oriental Institue, 1937.

2. Translated into English in Sinha 1982.

3. The *Gaṇitatilaka* with Siṃhatilaka's commentary has been translated into English in Petrocchi 2019.

Gaṇitapañcaviṃśī attributed to Śrīdhara.

1. 'The Gaṇitapañcaviṃśī of Śrīdhara,' edited by David Pingree. *Ṛtam: Ludwik Sternbach Felicitation Volume*, Lucknow: Akhila Bharatiya Sanskrit Parishad, 1979, pp. 887-909.

2. Pingree's edition has been revised with English translation and commentary by Takao Hayashi, 'The *Gaṇitapañcaviṃśī* attributed to Śrīdhara,' *Revue d'Histoire des Mathématiques* 19(2), 2013, 245-332.

3. '*Gaṇitapañcaviṃśī:* Introduction, English Translation with Edited Sanskrit Text,' by Kripa Shankar Shukla, *Indian Journal of History of Science*, 52(4), 2017, S1-S22.

Gaṇitamañjarī of Gaṇeśa.

Edited with an introduction and appendices by Takao Hayashi, 'Gaṇitamañjarī of Gaṇeśa: Critically Edited,' *Indian Journal of History of Science* 48(1, 2, 3), 2013. Reprinted in one volume, New Delhi: Indian National Science Academy, 2013.

Gaṇitasārakaumudī (alias Gaṇitasāra) of Ṭhakkura Pherū.

1. *Gaṇitasāra*, edited in Agaracanda and Bhaṃvaralāla Nāhatā, *Ratnaparīkṣādisaptagranthasaṅgraha*, Rājasthāna Purātana Granthamālā 60 (2 parts in a sigle volume), Jodhpur: Rājasthāna Prācyavidyā Pratiṣṭhāna, 1961, part 2, pp. 41-74. Reprinted, 1996.

2. *Gaṇitasārakaumudī: The Moonlight of the Essence of Mathematics by Ṭhakkura Pherū*, edited with Introduction, translation, and mathematical commentary by SaKHYa. New Delhi: Manohar, 2009.

Gaṇitasārasaṃgraha of Mahāvīra.

1. *The Gaṇitasārasangraha of Mahāvīrācārya*, edited with English translation and notes by M. Raṅgācārya. Madras: Government Press, 1912. Reprinted, New Delhi: Cosmo Publications, 2011.

2. *Mahāvīrācārya's Gaṇitasāra-Saṁgraha: An Ancient Treatise on Mathematics*, edited with a Hindi translation and Introduction etc. by L. C. Jain. Jīvarāja Jaina Granthamālā 12. Sholapur: Jaina Saṃskṛti Saṃrakshaka Saṃgha, 1963.

Caturacintāmaṇi of Giridharabhaṭṭa.

Edited with an English translation and a mathematical commentary by Takao Hayashi, 'The Caturacintāmaṇi of Giridharabhaṭṭa: A Sixteenth-Century Sanskrit Mathematical Treatise,' *SCIAMVS* 1, 2000, 133-208.

Jātakapaddhati of Śrīpati.

Śrīpatipaddhati, edited by V. Subrahmanya Sastri. Bangalore, 1939.

Jyotiṣaratnamālā of Śrīpati.

1. Edited with the commentary of Mahādeva by Rasik Mohan Chattopadhyaya. Benares, 1884. 2nd edition, Calcutta, 1915, 1929.

2. *Jyotiṣaratnamālā of Śrīpati Bhattācārya*. Edited with his own Hindi commentary *Mohanabodhinī* by Śrīkṛṣṇa Juganū. Delhi: Parimala Publications, 2004.

Jyotiṣaratnamālā (Marāṭhī commentary) of Śrīpati.

Jyotiṣa-Ratna-Mālā of Śrīpati Bhaṭṭa: A Marathi ṭīkā on his own Sanskrit work, ed, by Murlidhar Gajanan Panse. Poona: Deccan College, 1957. Reprinted from the *Bulletin of the Deccan College Research Institute* 17, 1956, 237-502.

Tattvārthādhigamasūtrabhāṣya of Umāsvāti.

Tattvârthâdhigama by Umâsvâti, being in the original Sanskrit with the bhāṣya by the author himself, edited by Mody Keshavlal Premchand. Vol.1, fasc.1. Bibliotheca Indica 1044. Calcutta: Asiatic Society, 1903.

Triśatikā (alias Triśatī and Gaṇitasāra) of Śrīdhara.

1. Manuscript with an anonymous commentary: LD Institute, Ahmedabad, No. 6967.

2. *Triśatiká by Śrídharácárya*. edited by Sudhákara Dvivedí. Káśí: Pandit Jagannátha Śarmá Mehtá, 1899.

Daivajñavallabha of Śrīpati.

Edited with Nārāyaṇa's Hindi commentary. Bombay, 1937.

Dhīkoṭida of Śrīpati.

Dhīkoṭida-Karaṇa of Śrīpati, edited with introduction, English translation, notes and illustrative examples by Kripa Shankar Shukla. Lucknow: Akhila Bharatiya Sanskrit Parishad, 1969.

Dhruvamānasa of Śrīpati.

Not published.

Natvāśivam (alias Vṛddhanatvāśivam, Natvāgaṇitasāram and Gaṇitasāram, anonymous).

At least nine manuscripts are extant. I used Oriental Institute, Baroda, No. 4660: Natvāgaṇitasāraṃ, copied on Saṃvat 1449 (current) Vaiśākha vadi 11 ravi (= Sunday 30 April 1391).

Pañcaviṃśatikā (anonymous).

1. Manuscripts with Śambhudāsa's commentary: Oriental Institute, Baroda, No. 5283; Rajasthan Oriental Research Institute, Jaipur, No. 8039.

2. Manuscript with Śambhunātha's commentary: LD Institute, Ahmedabad, No. 5352.

3. Edited with Śambhudāsa's commentary. See Bālabodhāṅkavṛtti of Śambhudāsa below.

Pañcasiddhāntikā of Varāhamihira.

1. *The Panchasiddhāntikā, the astronomical work of Varāha Mihira*, edited with an original commentary in Sanskrit and an English translation and introduction by G. Thibaut and Sudhākara Dvivedī. Lahore: Panjab Sanskrit Book Depot, 1930.

2. *The Pañcasiddhāntikā of Varāhamihira*, edited with an English translation and a commentary by O. Neugebauer and D. Pingree. Köbenhavn: Munksgaard, 1970/71.

3. *Pañcasiddhāntikā of Varāhamihira with translation and notes by T.S. Kuppanna Sastry*, edited with introduction and appendices by K. V. Sarma. Madras: P.P.S.T. Foundation, 1993.

Parikarmacatuṣṭaya (anonymous).

Edited with an English translation and notes by Takao Hayashi, 'A Sanskrit arithmetical work in a fourteenth-century manuscript,' *The Journal of Oriental Research*, Madras 74-77, 2003-2006, 19-58.

Pāṭīgaṇita of Śrīdhara.

The Patiganita of Sridharacarya with an Ancient Sanskrit Commentary, edited with English translation and notes by Kripa Shankar Shukla. Lucknow: Lucknow University, 1959.

Pāṭīsāra of Munīśvara.

1. Manuscript: Oriental Institute, Baroda, Central Library, No. 11856.

2. English translation: See P. Singh and B. Singh 2004-05 below.

Bakhshālī Manuscript.

The Bakhshālī Manuscript: An Ancient Indian Mathematical Treatise, edited by Takao Hayashi. Groningen Oriental Studies 11. Groningen: Egbert Forsten, 1995.

Bālabodhāṅkavṛtti of Śambhudāsa.

Edited with an English translation and notes by Takao Hayashi, 'The *Bālabodhāṅkavṛtti*: Śambhudāsa's Old-Gujarātī Commentary on the Anonymous Sanskrit Arithmetical Work *Pañcaviṃśatikā*,' *SCIAMVS* 18, 2017, 1-132.

Bījagaṇita of Bhāskara II.

1. *Bījagaṇita: Elements of Algebra of Śrī Bhāskarācārya, with Expository Notes and Illustrative Examples by M. M. Pandit Śrī Sudhākara Dvivedī*, edited with further notes by Mahāmahopadhyāya Pandit Śrī Muralīdhara Jhā. Benares Sanskrit Series 159. Benares: Krishna Das Gupta, 1927.

2. *Bhāskrarīya-bījagaṇitam*, edited with Kṛṣṇa's *Navāṅkura* by Dattātreya Āpaṭe et al. Ānandāśrama Sanskrit Series 99. Poona: Ānandāśrama Press, 1930.

3. *Bījagaṇitam*, edited with Durgāprasāda Dvivedī's Sanskrit and Hindi commentaries by Girijāprasāda Dvivedī. 3rd ed. Lakṣmaṇapura: Kesarīdās Seṭh, 1941.

4. *The Bījagaṇita: Elements of Algebra of Śrī Bhāskarācārya*, edited and compiled with the *Subodhinī* Sanskrit Commentary of Jīvanātha Jhā and the *Vimalā* Exhaustive Sanskrit & Hindi commentaries, Notes, Exercises, Proofs, etc. by Acyuthānanda Jhā. Kashi Sanskrit Series 148. Benares: Chowkhamba Sanskrit Office, 1949.

5. *Bījapallavam: A Commentary on Bījagaṇita, the Algebra in Sanskrit*, edited with Preface by T. V. Radhakrishna Sastri. Madras Government Oriental Series 67 (Tanjore Saraswathi Mahal Series 78). Tanjore: TMSSM Library, 1958.

6. *Bījagaṇitam*, edited with the Sanskrit commentary *Bījāṅkura* of Kṛṣṇadaivajña by Vihārīlāl Vāsiṣṭha. Jammu: Śrī Raṇavīra Kendrīya Saṃskṛta Vidyāpīṭha, 1982.

7. Partially edited with Sūryadāsa's commentary. See item 2 under Siddhāntaśiromaṇi below.

8. Partially edited with Sūryadāsa's commentary. See Sūryaprakāśa below.

9. Edited with an introduction and appendices by Takao Hayashi, 'Bījagaṇita of Bhāskara,' *SCIAMVS* 10, 2009, 3-301.

10. 和訳：林 2016.

Bījagaṇitāvataṃsa of Nārāyaṇa Paṇḍita.

1. Edited by Kripa Shankar Shukla: 'Nārāyaṇa Paṇḍita's Bījagaṇitāvataṃsa: Part I,' *Ṛtam* 1(2), 1969/70, supplement. Reprinted, Lucknow: Akhila Bharatiya Sanskrit Parishad, 1970.

2. Edited with an English translation, introduction, and a commentary by Takao Hayashi, 'Two Benares Manuscripts of Nārāyaṇa Paṇḍita's Bījagaṇitāvataṃsa,' *Studies in the History of the Exact Sciences in Honour of David Pingree*, edited by Charles Burnett et al., Leiden: Brill, 2004, pp. 386-596.

Bṛhatsaṃhitā of Varāhamihira.

Bṛhat Saṃhitā by Varāhamihirācārya, edited with the commentary of Bhaṭṭotpala by Avadha Vihārī Tripāṭhī. Sarasvatībhavaba Granthamālā 97. 2 vols. Vārāṇasī: Vārāṇaseya Saṃskṛta Viśvavidyālaya, 1968.

Brāhmasphuṭasiddhānta of Brahmagupta.

1. Ms. of chapter 12 (gaṇitādhyāya) with Pṛthūdakasvāmin's commentary: India Office Library, Eggeling 2769.

2. Mss. of chapter 18 (kuṭṭakādhyāya) with an anonymous commentary: Nāgarī Pracāriṇī Sabhā, Vārāṇasī, 6135, Śaka 1531 = AD 1609; India Office Library, Eggeling 2771.

3. *Brāhmasphuṭasiddhānta of Brahmagupta*, edited with the editor's own commentary in Sanskrit by Sudhākara Dvivedī. Benares: Medical Hall Press, 1902.

4. *Brāhmasphuṭasiddhānta with Vāsanā, Vijñāna and Hindi Commentaries*, edited by Ram Swarup Sharma et al., v4 vols. New Delhi: The Indian Institute of Astronomical and Sanskrit Research, 1966.

5. Chapter 21 has been edited with English translation and notes by Setsuro Ikeyama, *Brāhmasphuṭasiddhānta (Ch.21) of Brahmagupta with Commentary of Pṛthūdaka.* New Delhi: Indian National Science Academy, 2003.

6. 12 章と 18 章の部分和訳：楠葉 1987a, 1987b.

Mantrarājarahasya of Siṃhatilaka Sūri.

Mantrarāja Rahasyam of Śrī Siṃhatilakasūri, edited by Acharya Jina Vijaya Muni, Bombay: Bharatiya Vidya Bhavan, 1980.

Mahāsiddhānta of Āryabhaṭa II.

1. *Mahāsiddhānta (A Treatise on Astronomy) of Āryabhaṭa*, edited with his own commentary by Sudhakara Dvivedi. The Vrajajivan Prachya Granathamala 81. Delhi: Chaukhama Sanskrit Pratishthan, 1995 (reprint of the 1910 edition, Benares: Braj Bhushan Das & Co.).

2. Part I (the first 13 chapters) has been edited with an English translation by Sreeramula Rajeswara Sarma, *The Pūrvagaṇita of Āryayabhaṭa's (II) Mahāsiddhānta.* 2 parts. Marburg: Erich Mauersberger, 1966.

Mānasollāsa of Someśvara.

Mānasollāsa of King Bhūlokamalla Someśvara, edited by G. K. Gondekar. 2 vols. Gaekwad's Oriental Series 28 and 84. Baroda: Oriental Institute, 1925 (vol.1) and 1939 (vol.2). Reprinted, 1967 and 2001.

Līlāvatī of Bhāskara II.

1. *Līlāvatī* of Bhāskara, edited with Gaṇeśa's *Buddhivilāsinī* and Mahīdhara's *Līlāvatīvivaraṇa* by Dattātreya Āpaṭe et al. Ānandāśrama Sanskrit Series 107, 2 vols. Poona: Ānandāśrama Press, 1937.

2. *Līlāvatī* of Bhāskara, edited with Śaṅkara and Nārāyaṇa's *Kriyākramakarī* by K. V. Sarma. Vishveshvaranand Indological Series 66, Hoshiarpur: Vishveshvaranand Vedic Reasearch Institute, 1975.

3. See item 2 under Siddhāntaśiromaṇi.

4. 和訳：林・矢野 1988.

Vākyapadīya of Bhartṛhari.

1. *Vākyapadīya of Bhartṛhari*, edited by K. V. Abhyankar & V. P. Limaye, University of Poona Sanskrit and Prakrit Series 2. Delhi: Motilal Banarsidass, 1965.

2. *Studies in the Vākyapadīya*, vol.1: Critical text of Cantos I and II, edited by R. Pillai. Delhi: Motilal Banarsidass, 1971.

3. *Bhartṛharis Vākyapadīya*, edited by W. Rau. Abhandlungen für die Kunde des Morgenlandes, Bd. 42,4. Wiesbaden: Franz Steiner, 1977.

4. 和訳：赤松 1998.

Vārttikas of Kātyāyana.

See item 3 under Aṣṭādhyāyī.

Vaijayantī of Yādavaprakāśa.

Vaijayantīkoṣa of Śrī Yādavaprakāśācārya, edited by Haragovinda Śāstrī. Jayakṛṣṇadāsa-Kṛṣṇadāsa Prācyavidyā Granthamālā 2. Varanasi: The Chowkhamba Sanskrit Series Office, 1971.

Siddhāntaśiromaṇi of Bhāskara.

1. *Siddhāntaśiromaṇi of Bhāskarācārya*, edited with the auto-commentary *Vāsanābhāṣya* and *Vārtika* of Nṛsiṃha Daivajña by Murali Dhara Chaturvedi. Library Rare Text Publication Series 5. Varanasi: Sampurnanand Sanskrit University, 1981.

2. *Le Siddhāntaśiromaṇi I-II: Édition, traduction et commentaire*, par François Patte avec une préface de Pierre-Sylvain Filliozat. Hautes Études Orientales 38. Volume I: Text et Volume II: Traduction. Genève: Librairie Droz, 2004.

Siddhāntaśekhara of Śrīpati.

Siddhāntaśekhara of Śrīpati: A Sanskrit Astronomical Work of the 11th Century, edited with Makkibhaṭṭa's *Gaṇitabhūṣana* and the editor's *vivaraṇa* by Babuāji Miśra. 2 parts. Calcutta: University of Calcutta, 1932/47.

Sūryaprakāśa of Sūryadāsa.

1. *The Sūryaprakāśa of Sūryadāsa: A Commentary on Bhāskarācārya's Bījagaṇita, Volume 1: A Critical Edition, English Translation and Commentary for the Chapters, Upodghāta, Ṣaḍvidhaprakaraṇa and Kuṭṭakādhikāra*, by Pushpa Kumari Jain. Gaekwad's Oriental Series 182. Vadodara: Oriental Institute, 2001.

2. See item 2 under Siddhāntaśiromaṇi.

2. 二次資料

Abraham, George. 1981.
'The Gnomon in Early Indian Astronomy,' *Indian Journal of History of Science* 16(2), 215-18.

赤松明彦 1998.
『古典インドの言語哲学』Vol.1: ブラフマンと言葉. Vol.2: 文について. 東京：平凡社 1998.

Bag, A. K. 1979.
Mathematics in Ancient and Medieval India. Varanasi/Delhi: Chaukhambha Orientalia, 1979.

Chabert, Jean-Luc (ed.). 1999.
A History of Algorithms: From the Pebble to the Microchip. Berlin: Springer, 1999. Translated by Chris Weeks from the French, *Histoire d'algorithmes. Du caillou à la puce*, Paris: Éditions Belin, 1994.

Colebrooke, Henry Thomas. 2005.
Algebra with Arithmetic and Mensuration from the Sanscrit of Brahmegupta and Bha'scara. London: John Murray, 1817. Reprinted under the title, *Classics of Indian Mathematics*, with a foreword by S. R. Sarma. Delhi: Sharada Publishing House, 2005.

Dundas, Paul. 1998.
'Becoming Gautama: Mantra and History in Śvetāmbara Jainism,' *Open Boundaries: Jain Communities and Cultures in Indian History*, edited by John E. Cort, Albany: State University of New York Press, 1998, pp. 31-52.

Dvivedī, Sudhākara. 1986.
Gaṇakataraṅgiṇī. Originally published in *The Pandit*, NS 14, 1892. Edited by Sadanand Shukla. Varanasi 1986.

Eggeling, Julius. 1896.
Catalogue of the Sanskrit Manuscripts in the Library of the India Office, Part V. Sanskrit Literature: A. Scientific and Technical Literature. IX. Medicine, X. Astronomy and Mathematics, XI Architecture and Technical Science. London 1896.

Folkerts, Menso. 2001.
'Early Texts on Hindu-Arabic Calculation,' *Science in Context* 14(1/2), 2001, 13-38.

Gough, Ellen. 2015.
'The Ṇamokār Mantra's Forgotten Brother,' *Jaina Studies* (Newslet-

ter of the Centre of Jaina Studies, SOAS), March 2015, Issue 10, pp. 32-34.

Gough, Ellen. 2017.
'Sūrimantra and Tantricization of Jain Image Consecration,' chapter 11 in: *Consecration Rituals in South Asia*, edited by István Keul, Leiden: Brill, 2017.

Gupta, Radha Charan. 1988.
'Volume of a Sphere in Ancient Indian Mathematics,' *Journal of Asiatic Society*, 30, 1988, 128-40.

Gupta, Radha Charan. 1990.
'The *lakṣa* Scale of the *Vālmīki Rāmāyaṇa* and Rāma's Army,' *Gaṇita Bhāratī* 12(1-2), 1990, 10-16.

Gupta, Radha Charan. 2001.
'World's Longest Lists of Decuple Terms,' *Gaṇita Bhāratī* 23(1-4), 2001, 83-90.

林 隆夫・楠葉隆徳 1993.
「インドにおける数列」『科学史研究』32(185), 1993, 2-42.

林 隆夫・矢野道雄（訳）1988.
「リーラーヴァティー」矢野道雄編『インド天文学・数学集』科学の名著 1. 東京：朝日出版社 1980, pp. 197-372. 第 3 刷 1988.

林 隆夫 1986.
「和訳 ナーラーヤナの方陣算」『エピステーメー』II, 3, i-xxxiv.

林 隆夫 1987.
「第 3 節 バースカラ II の『ビージャガニタ』」伊東俊太郎編『中世の数学』数学の歴史 2. 東京：共立出版 1987, pp. 429-65.

林 隆夫 1988a.
「バースカラ二世の数学」矢野道雄編『インド天文学・数学集』科学の名著 1. 東京：朝日出版社 1980, pp. 141-96. 第 3 刷 1988.

林 隆夫 1988b.
「インド中世の国庫の算術—「マーナサウッラーサ」2.2.95-125. 『同志社大学理工学研究報告』29(1), 1988, 38-56.

Hayashi, Takao. 1991.
'The *Pañcaviṃśatikā* in Its Two Recensions: A Study in the Reformation of a Medieval Sanskrit Mathematical Treatise,' *Indian Journal of History of Science* 26(4), 399-448. 'Erratum' in 27(4), 521-23.

林 隆夫 1993.
『インドの数学：ゼロの発明』中公新書 1155. 東京：中央公論社 1993.

Hayashi, Takao. 1995a.
See Bakhshālī Manuscript above.

Hayashi, Takao. 1995b.
'Śrīdhara's Authorship of the Mathematical Treatise Gaṇitapañcaviṃśī,' *Historia Scientiarum* 4(3), 233-50.

Hayashi, Takao. 2000a.
See Caturacintāmaṇi of Giridharabhaṭṭa above.

Hayashi, Takao. 2000b.
'Govindasvāmin's Arithmetic Rules Cited in the Kriyākramakarī of Śaṅkara and Nārāyaṇa,' *Indian Journal of History of Science* 35(3), 2000, 189-231.

林 隆夫 2001.
「インド数字の誕生」. 印刷博物誌編集委員会編『印刷博物誌：artes imprimendi』東京：凸版印刷株式会社, 2001, pp. 118-21.

Hayashi, Takao. 2002.
Review of Patwardhan et al. 2001. *Historia Scientiarum* 12(2), 2002, 168-74.

Hayashi, Takao. 2004.
See item 2 under Bījagaṇitāvataṃsa of Nārāyaṇa Paṇḍita above.

Hayashi, Takao. 2006.
'A Sanskrit Mathematical Anthology,' *SCIAMVS* 7, 2006, 175-211.

Hayashi, Takao. 2009.
See item 9 under Bījagaṇita of Bhāskara above.

Hayashi, Takao. 2012a.
See item 3 under Kuṭṭākāraśiromaṇi of Devarāja above.

Hayashi, Takao. 2012b.
'A Hitherto Unknown Commentary on the *Bījagaṇitādhyāya* of Jñānarāja,' *Souvenir of the International Seminar on History of Mathematics, November 19-20, 2012, Ramjas College*, University of Delhi and Indian Society for History of Mathematics, 2012, pp. 51-53.

Hayashi, Takao. 2013a.
See item 2 under Gaṇitapañcaviṃśī above.

Hayashi, Takao. 2013b.
'Authenticity of the Verses in the Printed Edition of the *Gaṇitatilaka*,' *Gaṇita Bhāratī* 35(1-2), 2013, 55-74.

Hayashi, Takao. 2013c.
See Gaṇitamañjarī of Gaṇeśa above.

Hayashi, Takao. 2016.
'Bakhshālī Manuscript,' *Encyclopaedia of the History of Science, Technology and Medicine in Non-Western Cultures*, edited by Helaine Selin. Netherlands: Springer Science+Buisiness Media Dordrecht,

2016. Revised from the 2008 edition.

林 隆夫 2016.

『インド代数学研究：ビージャガニタ＋ビージャパッラヴァ　全訳と注』東京：恒星社厚生閣 2016.

Hayashi, Takao. 2017a.

'The Units of Time in Ancient and Medieval India,' *History of Science in South Asia* 5(1), 2017, 1-116.

Hayashi, Takao. 2017b.

See Bālabodhāṅkavṛtti of Śambhudāsa above.

林 隆夫 2018.

「インドのゼロ」『数学文化』30, 2018, 19-52.

Jhavery, Mohanlal Bhagwandas. 1944.

Comparative and Critical Study of Mantrasatra, with special treatment of Jain Mantravada, being the introduction to Sri Bhairava Padmavati Kalpa. Ahmedabad: Sarabhai Manilal Nawab, 1944.

Keller, Agathe. 2006.

Expounding the Mathematical Seed: A Translation of Bhāskara I on the Mathematical Chapter of the Āryabhaṭīya. 2 vols. Basel: Birkhäuser, 2006.

楠葉隆徳・林 隆夫・矢野道雄 1997.

『インド数学研究―数列・円周率・三角法―』東京：恒星社厚生閣 1997.

楠葉隆徳 1987a

「第 1 節 ブラフマグプタのパーティーガニタ」伊東俊太郎編『中世の数学』数学の歴史 2. 東京：共立出版株式会社 1987, pp.381-407.

楠葉隆徳 1987b

「第 2 節 ブラフマグプタのビージャガニタ」伊東俊太郎編『中世の数学』数学の歴史 2. 東京：共立出版株式会社 1987, pp.408-28.

Levey, Martin and Marvin Petruck. 1965.

Principles of Hindu Reckoning: A Translation with introduction and notes of the Kitāb fī uṣūl ḥisāb al-hind. Madison and Milwaukee: The University of Wisconsin Press, 1965.

Nau, F. 1910.

'Notes d'astronomie syrienne,' *Journal Asiatique* 10, 1910, 209-28.

Ôhashi, Yukio. 1993.

'Development of Astronomical Observation in Vedic and Post-Vedic India,' *Indian Journal of History of Science* 28(3), 185-251.

Patwardhan, K. S., S. A. Naimpally, and S. L. Singh. 2001.

Līlāvatī of Bhāskarācārya: A Treatise of Mathematics of Vedic Tradition. Delhi: Motilal, 2001. Cf. Hayashi 2002 above.

Peterson, Indira Viswanathan. 2003.
Design and Rhetoric in a Sanskrit Court Epic: The Kirātarjunīya of Bhāravi. Albany: State University of New York Press, 2003.

Petrocchi, Alessandra. 2016.
'Siṃhatilakasūri's Mathematical Commentary (13th c. CE) on the Gaṇitatilaka,' *Jaina Studies* (Newsletter of the Centre of Jaina Studies, SOAS), March 2016, Issue 11, p.8.

Petrocchi, Alessandra. 2019.
The Gaṇitatilaka and its Commentary: Two Medieval Sanskrit Mathematical Texts. London: Routledge, 2019.

Pingree, David. 1970-94.
Census of the Exact Sciences in Sanskrit. Ser. A, 5 vols. Memoire of the American Philosophical Society 81, 86, 111, 146, and 213. Philadelphia: American Philosophical Society, 1970, 71, 76, 81, 94.

Pingree, David. 1976.
'The Indian and Pseudo-Indian Passages in Greek and Latin Astronomical and Astrological Texts,' *Viator: Medieval and Renaissance Studies* 7, 1976, 141-95.

Pingree, David. 1981.
Jyotiḥśāstra: Astral and Mathematical Literature. Jan Gonda (ed.), A History of Indian Literature, Vol. VI, Fasc. 4. Wiesbaden: Harrassowitz, 1981.

Pischel, R. 1981.
A Grammar of the Praākrit Languages. Translated from the German by Subhadra Jhā. 2nd revised edition. Delhi: Motial Banarsidass, 1981.

Plofker, Kim. 2009.
Mathematics in India. Princeton: Princeton University Press.

Plofker, Kim, Agathe Keller, Takao Hayashi, Clemency Montelle, and Dominik Wujastyk. 2017.
'The Bakhshālī Manuscript: A Response to the Bodleian Library's Radiocarbon Dating,' *History of Science in South Asia*, 5(1), 2017, 134-50.

Ram, Sita Sundar. 2012.
Bījapallava of Kṛṣṇa Daivajña: Algebra in Sixteenth Century India—A Critical Study. Chennai: The Kuppuswami Sastri Research Institute, 2012.

Raṅgācārya 1912.
See item 1 under Gaṇitasārasaṃgraha of Mahāvīra.

Ruegg, D. S. 1978.
'Mathematical and Linguistic Models in Indian Thought: The Case of Zero and śūnyatā,' *Wiener Zeitschrift für die Kunde Südasiens* 22, 1978, 171-81.

Saidan, A. S. 1978.
The Arithmetic of Al-Uqlīdisī: The Story of Hindu-Arabic Arithmetic as told in Kitāb al-Fuṣūl fī al-Ḥisāb al-Hindī by Abū al-Ḥassan Aḥmad ibn Ibrāhīm al-Uqlīdisī written in Damascus in the year 341 (AD 952/3), translated and annotated. Dordrecht/Boston: D. Reidel Publishing Company, 1978.

SaKHYa. 2009.
See Gaṇitasārakaumudī of Ṭhakkura Pherū above.

Sarasvati, T.A. 1961/62.
'The Mathematics in the First Four Mahādhikāras of the Trilokaprajñapti,' *Journal of the Ganganatha Jha Research Institute* 18, 1961/62, 27-51.

Sarma, K. V. 2003.
'Word and Alphabetic Numeral Systems in India,' A. K. Bag and S. R. Sarma (eds.), *The Concept of śūnya*, New Delhi: Indira Gandhi National Centre for the Arts and the Indian National Science Academy, 2003, pp. 37-71.

Sarma, Sreeramula Rajeswara. 1983.
'*Varṇamālikā* System of Determining the Fineness of Gold in Ancient and Medieval India,' B. Datta et al. (eds.), *Aruṇa Bhāratī: Professor A. N. Jani Felicitation Volume—Essays in Contemporary Indological Research.* Baroda: Oriental Institute, 1983, pp. 369-89.

Sarma, Sreeramula Rajeswara. 1985.
'Writing Material in Ancient India,' *Aligarh Journal of Oriental Studies*, 2(1-2), 1985, 175-96.

Sarma, Sreeramula Rajeswara. 1987.
'The Pāvulūrigaṇitamu: The First Telugu Work on Mathematics,' *Studien zur Indologie und Iranistik* 13/14, 1987, 163-76.

Sarma, Sreeramula Rajeswara. 1997.
'Some Medieval Arithmetical Tables,' *Indian Journal of History of Science* 32(3), 191-98.

Sarma, Sreeramula Rajeswara. 1999.
'Kaṭapayādi Notation on a Sanskrit Astrolabe,' *Indian Journal of History of Science*, 34(4), 273-87. Reprinted in Sarma 2008, 257-72.

Sarma, Sreeramula Rajeswara. 2002.

'Rule of Three and its Variations in India,' Yvonne Dold-Samplonius et al. (eds.), *From China to Paris: 2000 Years Transmission of Mathematical Ideas*. Stuttgart: Franz Steiner, pp. 133-56.

Sarma, Sreeramula Rajeswara. 2008.
The Archaic and the Exotic: Studies in the History of Indian Astronomical Instruments. New Delhi: Manohar.

Sarma, Sreeramula Rajeswara. 2012.
'The Kaṭapayādi System of Numerical Notation and its Spread outside Kerala,' *Revue d'Histoire des Mathématiques*, 18(1), 37-66.

Shukla, Kripa Shankar. 1954.
'Ācārya Jayadeva, the Mathematician,' *Gaṇita* 5, 1954, 1-20.

Singh, Paramanand, and Balesvara Singh. 2004-05.
'Pā-īsāra of Munīśvara, Chapters I & II, English Translation with Rationales and Mathematical and Historical Notes,' *Gaṇita Bhāratī* 26, 2004, 56-104; 'Pā-īsāra of Munīśvara, Chapter III: Kṣetra-vyavahāra, English Translation with Rationales and Mathematical and Historical Notes,' *Gaṇita Bhāratī* 27, 2005, 64-103.

Sinha, K. N. 1982.
'Śrīpati's Gaṇitatilaka: English Translation with Introduction,' *Gaṇita Bhāratī* 4(3-4), 1982, 112-33.

Sinha, K. N. 1985.
'Śrīpati: An Eleventh-Century Indian Mathematician,' *Historia Mathematica* 12(1), 1985, 25-44.

Sinha, K. N. 1986.
'Algebra of Śrīpati: An Eleventh Century Indian Mathematician,' *Gaṇita Bhāratī* 8(1-4), 1986, 27-34.

Sinha, K. N. 1988.
'Vyaktagaṇitādhyāya of Śrīpati's *Siddhāntaśekhara*,' *Gaṇita Bhāratī* 10(1-4), 1988, 40-50.

Sircar, D. C. 1971.
Studies in the Geography of Ancient and Medieval India. Delhi: Motilal Banarsidass, 1971.

Smith, David Eugene. 1958.
History of Mathematics. Vol.1: General survey of the history of elementary mathematics. New York: Dover, 1958. Reprint of the 1951 edition. Vol.2: Special Topics of Elementary Mathematics. New York: Dover, 1958. Reprint of the 1953 edition.

Srinivasan, Saradha. 1979.
Mensuration in Ancient India. Delhi: Ajanta Publications, 1979.

Srinivasiengar, C. N. 1967.
The History of Ancient Indian Mathematics. Calcutta: The World Press Private Ltd., 1967.

立川武蔵 2008.
『ヨーガと浄土』東京：講談社 2008.

Tatia, Nathmal. 1994.
Tattvārtha Sūtra: That Which Is. English translation, with an introduction, of the *Tattvārthasūtra* with the combined commentaries of Umāsvāti/Umāsvāmī, Pūjyapāda and Siddhasenagaṇi. London etc.: HarperCollins, 1994.

Taylor, Walter. 1849.
The Indian Juvenile Arithmetic: Mental Calculator. Bombay: The American Mission Press, 1849.

徐 澤林 (Xu Zelin) 2008.
『莉拉沃帶』北京：科学出版社 2008.

山田樹人 1990.
『シルクロードの仏たち—図説釈尊伝』東京：里文出版 1990.

山下博司 2009.
『ヨーガの思想』東京：講談社 2009.

矢野道雄 1988.
「アールヤバティーヤ」矢野道雄編『インド天文学・数学集』科学の名著 1. 東京：朝日出版社 1980, pp. 85-138. 第 3 刷 1988.

矢野道雄 2011.
『インド数学の発想：IT 大国の源流をたどる』NHK 出版新書 348. 東京：NHK 出版 2011.

サンスクリット単語索引

この索引は次の 3 部から成る．

1.『ガニタティラカ』
2.『シッダーンタシェーカラ』13-14 章
3. シンハティラカ注．

数字は，1, 2 では詩節番号，3 では段落番号を表す．代名詞，疑問詞，接続詞は原則として省く．den. = denominative.

1.『ガニタティラカ』

aṃśa, 37, 38, 39, 42, 44, 45, 46, 48, 49, 53, 54, 55, 57, 59, 62, 65, 66, 68, 69, 71, 74, 77, 78, 79, 80, 84, 86, 88, 89, 90, 96, 102, 104, 130, 131
aṃśaka, 36, 39, 49, 54, 57, 60, 71, 75, 80, 84, 85, 86(?), 99, 121
aṃhri, 39, 63, 68
akṣi, 77
aga, 91
aguru, 114
agra, 88
aghana, 32
aṅka, 13, 16, 45, 61
aṅgula, 8, 103
adya, 85
adhas, 17, 32, 57, 62
adhastana, 60
adhika, 28, 31, 49, 59, 70, 71, 94, 109
adhunā, 75
anantara, 2,
anugata, 66
anubandha, 57
anuloma, 17
anu-√sṛ
  anusarati, 81
anta, 25
antara, 91
antarikṣa, 52
antya, 3, 23, 28, 29, 31, 33
anya, 81, 88, 90, 95, 116
anyat, 83
anvita, 37, 39, 90
anveṣamāṇa, 79
apa-√ās
  apāsya, 70
apagama, 52
apa-√nī
  apanayati, 68
  apanayet, 33, 60
apara, 69, 107
apavartana, 42
apavāhana, 60, 61
apa-√vṛt
  apavartya, 21
abda, 117(-ika), 119
abdhi, 27
abhitas, 79
abhimata, 76
abhilaṣamāṇa, 78
abhīpsā, 95
abhyāsa, 34, 55
abhyupeta, 81
ayuta, 2,
arka, 20
ardha, 36, 37, 39, 43, 45, 58, 62, 65, 66, 69, 71, 76, 79, 80, 82, 85, 87(-ī), 90, 96, 97, 102, 103, 109, 126
ardhita, 26
arbuda, 2,
ali, 82
alpa, 107
ava-√āp
  avāpyate, 96, 114
ava-√i
  avaihi, 108
avataṃsī, 74
avaśeṣa, 15
avaśeṣaka, 16
avikārin, 52
aśīti, 43, 101
aśri, 9
aṣṭaka, 100, 105, 110
aṣṭan, 5, 14, 19, 39, 45, 71, 79, 88, 89, 92, 94, 100, 109, 111, 116, 117, 128

aṣṭama, 66
aṣṭādaśan, 31, 36, 88
√as
  asti, 34, 88, 116, 121
  syāt, 4, 7, 20, 28, 55, 84, 87, 123, 127
  syur, 22, 113
√ah
  āhur, 3, 8, 38, 46, 50
ahan, 102, 110
ahorātra, 11

ā-√karṇ (den.)
  ākarṇya, 88
ākāra, 88
ākhya, 17, 55, 57, 64, 67
ā-√cakṣ
  ācakṣva, 16, 49, 101
āḍhya, 99, 104
ātman, 1
ādi, 25, 28, 29, 95, 120, 128
ādika, 31
ādima, 28
ādya, 29, 57, 60, 121
ā-√nī
  ānīya, 107
√āp
  āpnuyāt, 100, 116
  āpyate, 104, 117
  āpyante, 97
āpad, 75
āpta, 87, 90
āpya, 113
ā-√mnā
  āmananti, 7
āmra, 71, 75, 113
ā-√raṭ,
  āraṭan, 68
ārdra, 88
ārya, 86
āvali, 102
āśu, 22, 47, 65, 72, 78, 85, 86, 91, 103, 117
āśrita, 71, 75
āsakta, 78
āhata, 30, 87, 89, 90, 111
āhati, 24a, 24b, 80
ā-√han
  āhanyate, 57
āhūta, 97

indra, 66, 68, 97
indriya, 11
ibha, 81
iṣu, 69, 81
iṣṭa, 24a, 80

ukta, 16, 61, 70
ujjhita, 1
uḍ-√ḍī
  uḍḍīya, 69, 75
utkrama, 13
uttara, 3, 121
uttha, 75
utpala, 74
ut-√sṛ
  utsārayet, 23
  utsārya, 17
udara, 92
uddhṛta, 90
un-√mā
  unmitvā (irregular), 105
uṣṭra, 117

ūna, 24a, 45, 60, 63, 67, 76, 84, 90, 91, 94, 102, 119
ūnita, 43, 90, 104, 109

ṛṇa, 62

eka, 2, 7, 19, 25, 29, 31, 35, 39, 63, 70, 99, 121, 123, 124, 127, 128, 129, 130, 131
ekaka, 121
ekaviṃśati, 14
ekādaśan, 106

aikya, 30, 64, 70, 80, 127

kaṭa, 82
kaṇṭha, 20
kaṇḍū, 68
√kath
  kathaya, 41, 58, 69, 85, 91, 100
  kathayes, 72
  kathyatām, 75
kathita, 7
kadambaka, 82
kanaka, 104
kandara, 68
kapardikā, 63
kapāṭa, 17
kapi, 78
kapola, 102
kara, 103
karaṭin, 68
karaṇī, 76
karin, 81, 82, 97

kareṇu, 81
kareṇukā, 102
karṇa, 74
kardama (karddama), 65
karpūra, 97
karmakāra, 110
kalā, 54
kalāntara, 108, 118, 119
kalpya, 35
kavala, 77
kastūrikā, 96
kākiṇī/kākiṇikā, 4, 63
kāñcana, 106
kānana, 92
kānta, 74
kāntāra, 77, 123
kāla, 108, 118, 120, 124, 125, 126, 127
kīdṛśa, 22
kīra, 75
kuṅkuma, 99
kuñjara, 66
kunda, 71
kuraṅganābhi, 114
kuraṅgī, 77
kula, 75, 78, 79, 89
kuliśa, 42
√kṛ
  karomi, 1
  kartum, 68
  kuru, 130
  kurute, 79
  kuryāt, 18, 118
  kṛtvā, 29, 42, 58, 107, 122
  kriyate, 44, 95
kṛta, 38, 73, 74, 87, 91, 92, 112, 121, 129
kṛti, 25, 26, 28, 32, 33, 44, 46, 47, 76, 90, 93, 94
kṛtin, 26, 44
√kḷp
  kalpayat, 69
koṭi, 2,
kovida, 34, 121
kauśala, 54, 121
krama, 13, 15, 21, 118
kramaśas, 17, 120, 128
√krīḍ
  krīḍati, 91, 92
  krīḍate, 66
krīḍana, 74
krīḍā, 68, 81
kroḍa, 79
krośa, 10, 111
√kvaṇ
  kvaṇat, 82
kṣaya, 93
√kṣip
  kṣipet, 29, 57
kṣipra, 43, 45, 79
kṣetra, 75
kṣepa, 52

kha, 20
khaṇḍa, 18, 30, 66, 132
khaṇḍaka, 131, 133
√khan
  khanati, 79
kharva, 2

gagana, 52
gaja, 88
√gaṇ
  gaṇaya, 88
gaṇa, 92
gaṇaka, 19, 43, 78, 79, 94, 99, 103, 113
gaṇita, 1, 21, 41, 50, 58, 77, 88, 116
gaṇḍa, 68, 88, 97
gata, 71, 74, 75, 82, 89, 127, 132
gadyāṇaka, 5, 104, 106
√gam
  gantum, 102
  jagāma, 82
gamita, 76
gāṇitika, 48, 132
giri, 66, 81
gīta, 77
√guṇ
  guṇayet, 60, 62
guṇa, 4, 22, 71, 73, 75, 86, 92, 93, 122, 124, 125, 126
guṇaka, 17, 33
guṇana, 19
guṇanā, 40
guṇanīya, 23
guṇita, 19, 22, 26, 41, 124
guṇya, 17
√gai
  jagur, 10
go, 27

ghaṭikā, 11
ghaṭī, 11, 103
ghana, 28, 29, 30, 31, 32, 33, 34, 48, 49, 50, 51, 52
ghāta, 52, 67, 84, 107

ghna/ghnī, 3, 19, 26, 30, 71, 75, 88, 89, 94

cakita, 81
cañcarīka, 71
catur, 4, 7, 73, 92, 119, 132
caturdaśa, 104
caturviṃśati, 8
catuṣka, 4, 10, 128, 132
catuṣṭaya, 7, 9, 129
candra, 27
caya, 74
√car
  carati, 81
caraṇa, 41, 43, 49, 54, 58, 99, 101
cala, 71
citta, 78
cūta, 71
cyuta, 26

chada, 74
chavi, 97
chid, 46, 48, 67, 107
cheda, 22, 53, 55, 57, 60, 62, 90, 97
chedaka, 35
chedana, 53, 57

√jan
  jāyate, 8, 105
jana, 10, 110
jala, 69, 88
jaladhara, 88
jāta, 22, 94
jāti, 55, 57, 64, 70, 95
jātī, 71
jīva, 115
jña, 4, 9, 50, 60
√jñā
  jānāsi, 19, 45, 79
jñāta, 38
jñāna, 21

takṣaṇa, 107
taṭa, 81
tattva, 86
tatstha, 17
taralita, 77
tala, 62
talpa, 74
tāḍana, 40, 74
tāḍita, 73, 118, 127
tādṛś, 129
tāraka, 20
tilaka, 72
turaṅga, 20
turīya, 121
tulā, 6
tulya, 24b, 54, 86
tūrṇa, 77
tṛtīya, 32
toya, 65
√tyaj
  tyaktvā, 39
traya, 103, 117
tri, 19, 25, 29, 30, 31, 32, 33, 36, 37, 39, 41, 43, 45, 49, 54, 58, 59, 66, 68, 69, 71, 74, 75, 77, 83, 89, 91, 92, 94, 96, 97, 99, 100, 101, 102, 103, 104, 109, 110, 111, 113, 125, 130, 132
triṃśat, 12
trika, 28, 128, 132
tritaya, 41, 69
trinavati, 14, 19, 25
tripañcāśat, 86
triṣaṣṭi, 111
tris, 89
trisaptati, 31
trairāśika, 97
-tva, 28, 76

dakṣa, 5
daṇḍa, 9, 10
daṇḍaka, 9
danta, 97
dantin, 68
dala, 41, 43, 54, 59, 68, 74, 83, 90, 92(-ī), 99, 100, 101, 102, 103, 104, 109, 121
dalita, 73
daśaka, 6, 7, 72
daśan, 2, 3, 19, 43, 58, 75, 78, 85, 117, 132
√dā
  adāt, 83
  dattvā, 106
dāḍima, 113
dāna, 88
dina, 102
√dṛś
  dṛśyate, 65, 93
dṛśya, 64, 70, 76, 80, 84, 87, 90
dṛśyaka, 73
dṛṣṭa, 68, 69, 72, 74, 77, 78, 79, 81, 82, 86, 88, 89, 91, 119, 133
deha, 20
dolana, 78

dyu, 89
dramma, 4, 39, 63, 96, 97, 101, 104, 121, 123, 125
draviṇa, 127
dravya, 122
drāk, 37, 45, 63
druta, 62
drutatara, 14
druma, 72, 75
dvandva, 32, 78
dvaya, 9, 17, 63, 100, 114, 125, 126, 132
dvātriṃśat, 14
dvādaśa, 65
dvādaśan, 12, 25, 96, 113, 121, 123, 128
dvāsaptati, 25
dvi, 19, 21, 23, 24b, 26, 45, 61, 76, 80, 86(?), 89, 94, 102, 132
dvika, 19, 128, 132
dvija, 83
dvitaya, 5, 58, 109
dvidhā, 90
dvipañcāśaka, 86(?)
dvirepha, 102
dvis, 116

dhaṭaka, 6, 99
dhana, 62, 83, 93, 108, 125, 126, 128
dhanin, 83
dharaṇa, 5, 104
dhānya, 101
dhārā, 88
dhīra, 10, 128
dhvani, 81
dhvāna, 88

nadī, 66
nayana, 77
nava, 82
navaka, 19, 31
navati, 104, 106
navan, 14, 20, 25, 36, 37, 41, 49, 89, 94, 114, 117, 121
navama, 78
navamaka, 66
naṣṭa, 89
nāga, 66
nābhi. Cf. kuraṅga-.
nikharva, 3
ni-√gad
    nigadyatām, 114
nighna/nighnī, 23, 28, 32, 33, 57, 60, 71, 80, 118, 120
nicaya, 71
nija, 61, 73, 79, 107, 118, 120
nidhi, 69
nipatita, 74
nibandha, 38
nimagna, 65
niyata, 40, 42, 94
niyojya, 32
nir-, 80, 83
nirukta, 6
nivartana, 9
ni-√viś
    niveśya, 26
niviṣṭa, 72, 91
niścita, 105
niṣpāva, 5, 6(-ka)
nistuṣa, 8
ni-√han
    nihatya, 95
√nī
    nayet, 32
    nīyante, 111
nīla, 74

pakṣa, 13, 107
paṅkeli, 79
paṅkti, 26, 33
pañcaka, 108, 110, 119, 128
pañcadaśan, 14
pañcan, 4, 14, 19, 45, 54, 63, 71, 78, 86(?), 91, 94, 99, 121, 123, 126
pañcama, 68
pañcarāśika, 108, 112
pañcāśat, 14
paṭiṣṭha, 6
paṭu, 11
paṇa, 4, 63, 99, 100, 110, 111, 113, 126
paṇḍita, 10, 110
pati, 68, 88, 102
patita, 75
patra, 74, 127(-ī), 129, 130
pada, 23, 26, 32, 50, 51, 73, 75, 76, 80, 82, 90, 93
padma, 2, 66, 71, 82
padminī, 66
panasa, 78
payorāśi, 87
para, 118
parama, 1
paraspara, 107
parāga, 82
parārdha, 3

parikarman, 34, 47
paridṛṣṭa, 85
paribhāṣaṇīya, 12
parīvartana, 42
parvata, 92
pala, 6, 96, 97, 99, 114
pallava, 81
palvala, 79
√pā
pātum, 68
pibati, 66
pāṭī, 1, 6, 11, 38, 45, 49, 79, 94
pāṇi, 9
pāthas, 68
pāda, 37, 45, 59, 69, 81, 83, 96, 109, 130
pādikā, 7
pāśa, 75
piśaṅkita, 82
pīlu, 102
punar, 33, 73, 122
pūrva, 34, 61, 62, 66, 115
pūrṣa, 11
pṛthak, 98, 131, 133
pota, 79
potriṇī, 79
pra-√āp
prāpnoti, 110, 116
prāpyate, 97, 99, 100, 101
pra-√ujjh
projjhya, 16, 39
prakaṭa, 67
pra-√kīrt
prakīrtayanti, 9
pra-√cakṣ
pracakṣva, 22, 31, 47, 54, 79, 110, 117
pracaya, 29
pra-√ṇam
praṇamya, 1
praṇaṣṭa, 66, 68, 77
prati, 123
pratiloma, 21
pratīpaka, 93
pradiṣṭa, 5, 21
pra-√pat
prapātya, 32
prapanna, 94, 101
prabhāga, 55
prabhūta, 51
pramāṇa, 12, 75, 77, 85, 91, 95, 104, 118, 120, 124, 130, 133
prayukta, 90, 125, 128, 131, 132
prayuta, 2,
pra-√vad
pravada, 19, 68, 113
pravālaka, 12
praviṣṭa, 68
pravṛtta, 68, 102
pra-√śaṃs
praśaṃsanti, 10
praśasta, 11
prasiddha, 4
prahati, 29
prāc, 27, 47, 62
prācīna, 51
prāṇa, 11
prāpita, 94
prāpta, 47

phaṇin, 27
phala, 26, 40, 75, 78, 84, 95, 107, 108, 109, 113, 118, 119, 120, 121, 122, 124, 127, 130, 133
phalaka, 102

baddha, 9
bila, 103
√budh
bobudhīṣi, 63
budha, 8
√brū
bruvanti, 6, 11
brūhi, 19, 39, 43, 45, 51, 59, 61, 65, 74, 77, 81, 111, 126

bhakta, 43, 50, 52, 67, 80, 94, 124, 127
√bhaj
bhajet, 26, 95
√bhaṇ
bhaṇanti, 4
bhaya, 68, 81
bhava, 42, 74
bhāga, 36, 39, 40, 43, 54, 57, 59, 60, 61, 62, 64, 65, 66, 70, 71, 76, 81, 83, 85, 86, 87, 90, 91, 92, 97, 100, 109, 122
bhāj, 31
bhājita, 22
bhājya, 21, 67
bhāṭaka, 111
bhāva, 94, 101, 127
bhāvyaka, 98, 121
bhinna, 47, 48
bhīta, 88
bhīti, 77
bhujaṅga, 20, 103

√bhū
babhūva, 83
bhavat, 34, 47
bhavatas, 118
bhavati, 40, 43, 52, 80, 94, 108, 127
bhavanti, 98, 120, 123, 131
bhavet, 9, 19, 36, 41, 52, 66, 76, 98, 125, 129
bhūmi, 74
bhūṣaṇa, 20
bhṛṅga, 71
bhṛt, 75, 105
bhoga, 103
√bhram
bhramat, 77
bhramati, 88
bhramara, 72, 82
bhraṣṭa, 77, 79
bhrātṛ, 82
bhrānta, 102
bhrū, 74

mañjarī, 72
mati, 41, 51, 69, 101, 102
matta, 68
madhukara, 82
madhuliṭ, 72
madhuvrata, 97
madhya, 3, 95, 98
manasvin, 7
marāla, 69
mallikā, 82
mahāsaroja, 3,
maheśvara, 20
māna, 9, 10, 65, 78, 81, 87
mānaka, 7
mānikā, 100, 111
mānī, 101, 111
mārga, 21
māsa, 12, 108, 109, 121, 122, 123, 125, 126, 127, 128, 130, 132
miti, 27
mitra, 51, 61, 63, 94, 129
mithuna, 82
milana, 52
milita, 14, 28
miśra, 120, 121
miśraka, 121
mīlita, 77
muktā, 20
mukha, 29
musala, 97
mustā, 79
mūla, 27, 32, 33, 34, 46, 47, 50, 51, 73, 74, 76, 77, 78, 79, 80, 81, 83, 87, 88, 89, 94, 108, 118, 119, 120, 121
mūlaka, 73
mūlya, 112
meya, 6

yava, 5, 8
√yā
yāyāt, 102
yāta, 69
yādṛś, 129
yukta, 14, 24a, 58, 59, 66, 78, 80, 96, 99
yukti, 17
yuga, 74, 82
yugala, 6, 69
yugma, 10, 101
√yuj
yojaya, 37
yuj, 30
yuta, 1, 41, 58, 59, 71, 73, 87, 96, 103
yuti, 13, 36, 119, 120, 127
yuddha, 78
yūtha, 66, 68, 69, 77, 78, 79, 82, 87, 88, 91
yoga, 52, 118, 131
yojana, 10, 35, 102, 111

rajju, 9,
rasa, 25
rahita, 71, 100
rāśi, 17, 21, 22, 29, 30, 35, 38, 44, 51, 52, 60, 67, 76, 80, 94, 107, 118, 120, 131
rudra, 27
rūpa, 1, 18, 29, 57, 58, 59, 60, 64, 73, 76, 80, 84, 94, 98, 116, 117, 131

lakṣa, 2,
lakṣaṇa, 22
latā, 71
labdha, 27, 32, 34
labdhi, 15, 33
√labh
labhate, 99, 104
labhante, 96, 110, 117
labhyate, 101, 114
lava, 35, 41, 43, 49, 50, 58, 60, 62, 67, 69, 73, 87, 101, 103
lavaka, 77

lābha, 127, 131
lubdha, 77
lekhaka, 121
loka, 1, 12

vaṃśa, 86
√vac
ucyatām, 97
vatsara, 108
√vad
vada, 14, 25, 27, 34, 78, 82, 86, 94, 98, 103, 104, 105, 108, 109, 121, 123, 129
vadanti, 26, 48, 60
vadha, 40
vana, 91
vayas, 115
vara, 66, 82
varāṭaka, 4,
varga, 23, 24a, 26, 27, 44, 45, 46, 52, 80, 91(-ī),
vargita, 87
varṇa, 106(-ika), 116
vartula, 20
varṣa, 116
vallī, 62
√vaś
uśanti, 5, 12
vaśa, 75
vasu, 27
vasundharā, 10
vānara, 78
vāma, 95
vārṣika, 116, 117
vālukā, 65
vāsara, 110
vi-, 39, 73, 124
viṃśati, 9, 109, 110, 116, 126
vikraya, 115
vi-√gal
vigalat, 88
vigalita, 77
vicakṣaṇa, 47, 72
vi-√car
vicaranti, 92
vicitra, 1,
vi-√cint
vicintya, 31, 65, 86
vi-√jñā
vijānāsi, 14, 16
viṭapi, 78
√vid
viduḥ, 122
vidyate, 58
vetsi, 27, 41, 49, 61, 72, 75, 77, 94, 97
vid, 3, 88
vidita, 43, 47
vidvat, 14, 39, 45, 49, 75, 97, 101, 108, 111
vi-√dhā
vidadhyāt, 62
vidhāya, 23, 107
vidhīyate, 112
vidhāna, 10, 23, 33, 38, 51, 108, 127
vidhi, 42, 43, 50, 57, 60, 70, 73, 77, 95, 107, 112, 113, 115
vidheya, 13, 33, 42
vināḍī, 11
vinimaya, 112, 113
vindhya, 102
vi-ny-√as
vinyasya, 17
viparyaya, 107
vibhakta, 48, 90, 127
vi-√bhaj
vibhajet, 21, 64, 107
vibhajya, 18
vibhāga, 70
vibhinna, 44, 46
vibhū, 86
vimiśra, 118, 131
viyat, 52
viyojana, 15
virama, 95
virahita, 35
vilasita, 102
viloma, 17
vivara, 71
vivarjita, 49, 61, 64, 92
√viś
viśati, 103
viśet, 103
viśārada, 21
vi-√śudh
viśodhya, 26, 70
viśodhana, 15, 16
viśka, 92
viśleṣa, 38, 70
viśva, 20, 86
viṣama, 26
vi-√han
vihanyāt, 53
vihita, 115
vihīna, 70, 132
vihṛta, 44, 76, 84, 120
vṛtta, 1
vṛtti, 121

vṛddhi, 122, 125, 126, 127, 128
vega, 117
veṇu, 86
veda, 27
vyatīta, 120
vyatyaya, 115
vyavakalita, 38
vyavahāra, 1, 4, 6
vyavahṛti, 121
vyasta, 95, 131
vyāghra, 77
vyādha, 75
vy-ā-√varṇ
  vyāvarṇayanti, 5
  vyāvarṇyatām, 63, 116
vyoman, 52
√vraj
  vrajet, 102

śaṅku, 3
śata, 2, 25, 31, 97, 98, 100, 108, 109, 113, 117, 119, 121, 122, 123, 125, 127, 128, 132
śatī, 121
śara, 43, 89
śallakī, 81
śākhā, 78
śāli, 75, 111
śāstra, 101
śikṣita, 22
śikhara, 66
śikhin, 91
śiśu, 88
śīghra, 101, 133
śuka, 75
śūnya, 52
śeṣa, 12, 23, 26, 32, 39, 68, 69, 70, 74, 75, 81, 82, 83, 89
śeṣaka, 74
śaila, 20, 88
śrama, 58, 88, 116

ṣaṭka, 39
ṣaṭsaptati, 14, 108
ṣaṇṇavati, 19
ṣaṣ, 5, 8, 11, 19, 37, 39, 43, 49, 54, 59, 66, 71, 81, 89, 91, 98, 101, 105, 111, 114, 125, 128
ṣaṣṭi, 11, 14, 68
ṣaṣṭha, 65, 81
ṣoḍaśan, 4, 14, 92, 97, 105, 106, 113

sa-, 29, 37, 39, 41, 43, 45, 57, 58, 59, 65, 66, 79, 82, 87, 88, 96, 97, 100, 101, 103, 104, 109, 126
saṃkhyā, 4, 14, 66, 72, 86, 88, 101, 105
saṃkhyāka, 16
saṃguṇa, 29, 33, 92
saṃguṇanā, 42
saṃguṇita, 41
saṃjñā, 3, 18
saṃdhi, 17
saṃ-pra-√āp
  saṃprāpyate, 106
saṃbhava, 21
saṃyuta, 14
saṃvatsara, 12
saṃvarga, 55, 87
sakhi, 31, 58, 68, 79, 85, 89, 98, 100, 104, 105, 117, 119, 121, 129, 130
saṅkalita, 13
saṅgati, 69
sat, 10, 12, 21, 102, 112
satya, 85
satvara, 129
sadṛśa, 35, 52
santāḍana, 18
santāḍita, 85
saptaka, 82
saptati, 102, 116
saptadaśan, 31
saptan, 6, 14, 19, 20, 37, 79, 96, 114, 128
saptama, 54, 66, 85
saprtāviṃśati, 14
sama, 9, 21, 24b, 29, 38, 69, 116, 133
samanvita, 43, 117, 130
samaya, 103, 127
samāyāta, 122
samāhata, 20, 131
samicchā, 95
samīpa, 73
sam-ut-√sṛ
  samutsārya, 23
samudra, 3
sam-upa-√i
  samupaiti, 14
samūha, 72
sampradiṣṭa, 35
samyak, 34
saras, 81
sarva, 28, 81, 83, 89
salila, 66
savarṇa, 54, 60
savarṇana, 58, 62

√savarṇaya (den.)
savarṇayitvā, 59, 61, 63
sahakāra, 113
sahasra, 2, 10, 16, 98
sahita, 76,, 77, 97, 99, 100, 101, 130
sādṛśya, 53
sāraṅga, 77
siṃha, 81
siddha, 12
siddhi, 6
sindhura
su-, 11, 41, 69, 74, 79
suvarṇa, 5
sūkara, 79
setikā, 7, 105
stamba, 81
stamberama, 81
stambha, 65, 84, 85
strī, 116
√sthā
tasthau, 81
sthāna, 2, 3, 18, 26, 28
sthāpya, 28
sthita, 62, 71, 77, 81
spardhin, 97
sphāra, 101
sphuṭa, 20
√smṛ
smṛtvā, 102
smṛta, 9
sva, 1, 13, 22, 59, 66, 71, 73, 77, 79, 80, 83, 87, 90,, 92, 120, 131
svakīya, 59, 131

haṃsa, 69, 89
hata, 19, 86, 87, 118, 120, 124
√han
hatvā, 57
hanyāt, 17, 60
haret, 32, 70
hara, 21, 35, 38, 40, 42, 43, 44, 50, 54, 57, 60, 62, 93
hariṇa, 68, 88
hasta, 8, 65
hastinī, 66
hāṭaka, 104
hāra, 42, 67, 131
hārī, 7
hīna, 37, 94
hīraka, 105
hīrā, 105
√hṛ
jihīrṣat, 42
hṛta, 40, 43, 46, 73, 118, 122, 131
hṛd, 76
hetu, 1, 23, 53
heman, 106

2.『シッダーンタシェーカラ』13-14章

テキストは付録 A の脚注にある.
‘13:’ 以下が 13 章, ‘14:’ 以下が 14 章.

aṃśa, 13: 8-12, 19, 36, 50
aṃśaka, 13: 11, 12
akṣetra, 13: 27
akhila, 13: 20, 26, 30
agra, 14: 23, 28-30
agraṇī, 13: 1
aghana, 13: 6
aṅga, 13: 39, 51
aṅgula, 13: 48, 49
aṅgulaka, 13: 54
atulya, 13: 32, 33
adhas, 13: 2, 3, 6, 11, 12; 14: 23
adhastana, 13: 11, 12
adhika, 13: 26, 42; 14: 28
adhunā, 13: 33
ananta, 14: 33
anuloma, 13: 2
anta, 13: 34
antar, 13: 52
antara, 13: 29, 39, 54, 55; 14: 3, 13, 14, 28
antya, 13: 3, 7, 20
anya, 13: 14; 14: 15-17, 20
anvita, 13: 20, 53
apa-√i
apaiti, 13: 3
apa-√nī
apanayet, 13: 7
apama, 14: 2
apara, 13: 15
apavartana, 13: 10; 14: 26, 27
apavartita, 14: 30
apavāha, 13: 10
apa-√vṛt
apavartya, 14: 22
abhāva, 14: 26
abhighāta, 13: 4, 12
abhidhāna, 13: 44
abhinna, 14: 32, 34
abhihata, 13: 21, 50
abhīcchā, 13: 14
abhīṣṭa, 13: 54, 55; 14: 21, 27, 34
abhyāsa, 14: 19
ambudhi, 14: 32

ayuta, 13: 36
artha, 13: 43; 14: 26, 34
ardha, 13: 23, 24, 26, 31, 37, 37, 40; 14: 12, 19
ardhita, 13: 5, 20, 25, 41
alpa, 13: 15; 14: 21, 28, 35
alpaka, 13: 42
avakra, 13: 26
avadhā, 13: 29
avanī, 13: 50
avarga, 14: 5
avaśeṣa, 14: 28
avyakta, 14: 1, 2, 14, 17-19
aśri, 13: 4
aṣṭama, 13: 1
aṣṭādaśan, 13: 46
√as
    sat, 13: 16, 54; 14: 23
    staḥ, 13: 8, 38
    syāt, 13: 3, 4, 8, 11, 22, 26, 30, 36, 37, 43, 44, 49, 50, 53; 14: 2-4, 8-10, 12, 14, 16, 28, 32, 34, 37
    syātām, 13: 33, 35; 14: 21, 32
    syuḥ, 13: 45, 48; 14: 16
asakṛt, 14: 10, 12
asama, 14: 24
√ah
    āhuḥ, 13: 21, 24, 55; 14: 15, 16

ā, 13: 3
ākhya, 13: 2, 34, 47; 14: 13
ā-√gṝ
    āgṛṇanti, 13: 30
ātmaka, 13: 49
ātmika, 14: 32
ādāna, 13: 3
ādi, 13: 11, 14, 18, 20, 21; 14: 6, 22, 29-31, 36
ādya, 13: 1; 14: 15, 36
ānana, 13: 26
ānayana, 14: 31
ā-√nī
    ānīya, 13: 15
āpta, 13: 24, 52; 14: 21, 27, 30
āpti, 13: 19
āyata, 13: 41
ā-√yā
    āyānti, 14: 6
āyāma, 13: 48
āvara, 13: 33
āsanna, 14: 37
āsya, 13: 23
āhata, 13: 30, 40, 45, 51; 14: 14, 29
āhati, 13: 34, 43; 14: 29
āharaṇa, 14: 1
āhṛta, 13: 36

icchā, 14: 21
itara, 13: 27; 14: 35
√iṣ
    icchet, 14: 14
iṣu, 13: 39, 40
iṣṭa, 13: 21, 36, 37, 41; 14: 8, 20
iṣṭakā, 13: 47

ukta, 13: 45; 14: 3, 9, 32
ucchraya, 13: 54, 55
ucchrāya, 13: 51
ucchriti, 13: 47
utkrama, 13: 25; 14: 25
uttara, 13: 21, 24
ut-√sṛ
    utsārya, 13: 2
udaya, 13: 47
udāra, 13: 27
ud-ā√hṛ
    udāharanti, 14: 18
udita, 14: 13
udgata, 14: 2
uddhṛta, 13: 23, 38, 44, 45; 14: 27
udbhava, 13: 44
unmāna, 14: 16
ubhaya, 14: 11

ūna, 13: 23, 27, 37, 38; 14: 13, 14, 37
ūnita, 13: 23, 29, 53; 14: 12, 18, 34
ūrdhva, 13: 12, 48; 14: 11, 24

ṛkṣa, 14: 30
ṛṇa, 13: 11; 14: 1, 3-6, 10, 24, 32

eka, 13: 20, 21, 23, 25(?); 14: 10, 16, 20, 32
ekaka, 13: 21, 25

aikya, 13: 21, 32, 33, 46; 14: 3

oja, 14: 36

kaṅgu, 13: 51
kanīyas, 14: 33
kapāṭa, 13: 2; 14: 9
kara, 13: 48, 49
karaṇa, 14: 1
karaṇī, 14: 7-12
karṇa, 13: 34
karman, 14: 13, 21, 25

kalāntara, 13: 17
kalikā, 14: 30
kalpya, 14: 2
kārya, 14: 15
kāla, 13: 17, 18
kālaka, 14: 1
kāṣṭha, 13: 48
ku, 13: 30
kuṭṭaka, 14: 1, 16, 29, 31
kuṭṭākāra, 14: 16
kulatthaka, 13: 51
kuliśa, 13: 10
√kṛ
kuryāt, 13: 17; 14: 21, 36
kṛtvā, 13: 10, 15; 14: 10
kriyate, 13: 9, 14
kṛta, 13: 16, 24, 28, 35; 14: 11
kṛti, 13: 5, 6, 7, 9, 13, 22, 24(-ī), 25, 37, 40, 41, 50; 14: 1, 7-9, 11, 12, 19, 32, 34, 37
kṛtin, 13: 5, 9
koṭi, 13: 41, 42
koṇa, 13: 52
krama, 13: 17; 14: 9, 27
kramaśas, 13: 2, 18, 28, 52; 14: 23
kṣaya, 13: 3, 13; 14: 3-6
√ kṣip
kṣipa, 13: 12
kṣipet, 14: 27
kṣipta, 14: 20
kṣipti. 14: 32-35
kṣuṇṇa, 13: 3, 37
kṣetra, 13: 4, 41, 42, 43, 44, 45, 49
kṣepa, 14: 24, 32
kṣmā, 13: 22

kha, 14: 1, 6
khāta, 13: 43, 44
khārikā, 13: 50
khila, 14: 26

-ga, 13: 52; 14: 11, 24
gaccha, 13: 20, 21, 23, 24
gaṇa, 14: 30
gaṇaka, 13: 1
gaṇita, 13: 1, 24, 44, 48, 49, 55; 14: 26
gata, 13: 24, 53
gati, 13: 26ab
√guṇ
guṇayet, 13: 34, 49; 14: 17
guṇa, 13: 13, 22, 25, 36, 51, 52; 14: 8, 12, 17, 18, 25, 27, 28, 32
guṇaka, 13: 2, 7; 14: 7, 9, 26
guṇanā, 13: 9
guṇita, 13: 5, 39, 48
guṇya, 13: 2; 14: 9, 10
guru, 14: 1
godhūma, 13: 51
gola, 13: 46
goṣṭhī, 13: 1
graha, 14: 29, 31
grāsa, 13: 38
grāhya, 14: 7

ghana, 13: 4, 6, 7, 22, 44, 45, 46, 47, 50; 14: 5
ghāta, 13: 4, 15, 23, 36, 48; 14: 11, 20
-ghna, 13: 5, 20, 23, 35, 36, 51, 52; 14: 37

cakra, 14: 30
catur, 13: 4, 26, 28, 30, 31, 33, 34, 45, 52; 14: 17
caturtha, 13: 35
caturviṃśati, 13: 49
caya, 13: 20, 23, 24, 26
carama, 13: 14
cāpa, 13: 39, 40
citi, 13: 47
cyuta, 13: 5

chāyā, 13: 1
√chid
chitvā, 14: 28
chindyāt, 14: 34
chid, 13: 8, 11, 15; 14: 22
cheda, 13: 8, 36, 48, 49; 14: 10, 27, 29
chedana, 14: 15

-ja, 13: 10(?), 22, 25, 29, 50
√ jan
jāyate, 14: 25
jāti, 13: 11, 12, 14
jātya, 13: 41, 42
jīva, 13: 16
jīvā, 13: 37, 38, 39, 40
-jña, 14: 15
√jñā
jānāti, 13: 1
jñeya, 13: 27
jyā, 13: 37, 39
jyeṣṭha, 14: 21, 34, 35

takṣaṇa, 13: 15
tatstha, 13: 2

tāḍana, 13: 9
tāḍita, 13: 17, 25, 48; 14: 20
tāvat, 14: 1, 36
tiryak, 13: 49
tila, 13: 51
tulya, 13: 33; 14: 2, 15, 26, 35
tṛtīya, 13: 6
√tyaj
    tyaktvā, 14: 15
tri, 13: 6, 7, 21, 22, 28, 30, 31, 43, 52; 14: 29, 31, 36
tritaya, 13: 4

dala, 13: 28, 29, 30, 32, 53; 14: 19
daśan, 13: 35, 51
dāru, 13: 49
dina, 13: 53; 14: 30
dīpa, 13: 54
dṛśyaka, 13: 13
dṛṣad, 13: 45, 46
dairghya, 13: 43
daiva, 14: 1
dos, 13: 42
dvandva, 13: 6
dvaya, 13: 2, 42; 14: 25
dvādaśan, 13: 4, 48
dvi, 13: 4, 5, 21, 22, 29, 30, 32, 33, 40, 46, 48, 52, 53; 14: 13, 18, 27, 29, 32, 37
dvitīya, 14: 25
dvidhā, 13: 34

dhana, 13: 10, 13, 19, 20, 23; 14: 3-6, 24, 32
dhanus, 13: 40
dhānya, 13: 50
dhānyaka, 13: 51
dhī, 13: 27, 41
dhīra, 13: 43

navan, 13: 45, 51
nāman, 14: 7
nikaṭa, 13: 36
ni-√gad
    nigadyate, 14: 26
nigadita, 13: 43
nighna/-ī, 13: 6, 7, 17, 18, 19, 29, 36, 37, 38, 53, 54, 55; 14: 27
nija, 13: 15, 17, 18, 19, 28, 46; 14: 22
nitya, 13: 26ab
ni-√dhā
    nidadhyāt, 13: 24
    nidhāya, 14: 17
niyata, 13: 9, 45
niyukta, 14: 7
ni-√yuj
    niyojayet, 14: 24
    niyojya, 13: 6
niyojya, 14: 20
nir-, 13: 23; 14: 1, 23
nirukta, 13: 41
ni-√viś
    niveśayet, 14: 23
    niveśya, 13: 5, 6
nihati, 14: 9
ni-√han
    nihatya, 13: 14; 14: 24
    nihanyāt, 13: 11; 14: 34
√nī
    nayet, 13: 6
nīlaka, 14: 1
nyūna, 14: 30

pakṣa, 13: 15, 21; 14: 14, 15, 20
paṅkti, 13: 5, 7
pañcaka, 14: 36
pañcarāśika, 13: 16
paṇya, 13: 19
pada, 13: 5, 6, 13, 20, 22, 23, 24, 25, 28, 29, 34, 35, 36, 37, 39, 43; 14: 12, 33-35, 37
para, 13: 17
paraspara, 13: 8, 15, 28, 34, 42; 14: 22, 27
parikarman, 13: 1
paridhi, 13: 35, 50, 51, 52
parīvartana, 13: 10
pāṭī, 13: 55
pāṇi, 13: 45
pārśva, 13: 31
pāṣāṇa, 13: 45, 46
piṇḍa, 13: 45, 48
punar, 13: 7, 16; 14: 25
pūrvaka, 13: 51
pṛthak, 13: 19, 28
pṛthutā, 13: 43
pra-√ah
    prāhuḥ, 14: 15
pra-√ujjh
    projjhya, 14: 15
pra-√ūh
    prohya, 13: 37
prakṛti, 14: 1, 32-35
pra-√kḷp
    prakalpya, 14: 28
prakṣepaka, 13: 19

pra-√jan
prajāyate, 13: 36, 49
pratibāhu, 13: 32
pratibhujā, 13: 34
pratīpa, 14: 14, 16
pratīpaka, 13: 13
pratībāhu, 13: 33
prathama, 14: 12, 25
pradiṣṭa, 13: 32; 14: 7, 29
pradīpa, 13: 54, 55
prapañca, 13: 55
pra-√pat
prapātya, 13: 6
prabhā, 13: 53, 54
prabhāga, 13: 11
prabheda, 14: 1
pramāṇa, 13: 14, 17, 18, 39, 54; 14: 16, 21
pra-√vac
pravakṣye, 13: 33
pra-√vad
pravadanti, 13: 54
pravīṇa, 13: 1
prāc, 13: 11, 19, 24, 41, 46, 52; 14: 28
prāpti, 14: 20

phala, 13: 5, 9, 14, 15, 17, 18, 19, 25, 28, 30, 35, 43, 44, 45, 46, 47, 49, 50, 52; 14: 23, 25, 30

bahir, 13: 32
bāṇa, 13: 37, 40
bāhu, 13: 26, 27, 29, 31, 32, 33, 42
bāhya, 13: 52
bīja, 14: 1
buddhi, 14: 8
√budh
buddhvā, 14: 1
bṛhat, 14: 28, 33

bha, 14: 30
bhakta, 13: 19, 21, 24, 29, 31, 34, 39, 41, 47, 49, 53; 14: 13-15, 23, 25, 30, 35
√bhaj
bhaktvā, 14: 20
bhajate, 13: 1
bhajet, 13: 5, 14; 14: 11, 36
bhava, 13: 32
bhā, 13: 53, 55
bhāga, 13: 9, 12, 35, 46, 52; 14: 11, 30
bhājaka, 13: 3, 41
bhājita, 13: 23; 14: 27
bhājya, 13: 3; 14: 10, 11, 16, 36
bhāvanā, 14: 33
bhāvita, 14: 2, 20, 21
bhāvitaka, 14: 1
bhitti, 13: 52
bhuja, 13: 4, 26, 28, 30, 31, 33, 34
bhujā, 13: 29, 31, 41
√bhū
bhavataḥ, 13: 17, 29
bhavati, 13: 9, 20; 14: 1
bhavanti, 13: 18, 45, 47
bhavet, 13: 20, 21, 23, 37, 40, 52, 53; 14: 3, 25-27, 30
bhavetām, 14: 5, 14
bhū, 13: 29, 44
bhūmi, 13: 42
bhūyas, 14: 15

mati, 14: 23, 24
madhya, 13: 14
madhyama, 13: 20; 14: 1
manasvin, 13: 21
mahī, 14: 35
māgadha, 13: 50
māna, 13: 54, 55; 14: 2, 16, 21
mārga, 13: 48, 49
miti, 13: 48; 14: 14, 15
mithas, 14: 28
miśra, 13: 18, 19
miśrita, 13: 1
mukha, 13: 20, 23, 24, 30, 42
mudga, 13: 51
mūla, 13: 6, 7, 17, 18, 24, 32, 33, 36, 37, 39, 40
mūlya, 13: 16, 19; 14: 5, 7, 8, 12, 17, 19, 32, 34, 35, 37

yava, 13: 51
yāta, 13: 53
yāvattāvat, 14: 1
yukta, 13: 21, 38, 39; 14: 34, 37
yukti, 13: 2
yuga, 14: 29, 31
√yuj
yuktvā, 14: 37
yuta, 13: 20, 29; 14: 10, 12-14, 19, 23, 29, 33, 34, 37
yuti, 13: 18, 19, 26, 34, 38, 44; 14: 3, 9, 22, 26, 28, 35
yeya, 13: 53
yoga, 13: 8, 17, 27, 30, 43, 44; 14: 3, 8, 13

yojya, 13: 6

rajju, 13: 31, 32
rasa, 13: 40
rahita, 14: 12
rāśi, 13: 2, 3, 4, 8, 9, 15, 17, 18, 19, 24, 48, 50; 14: 7, 11, 25, 36
rudra, 13: 51
rūpa, 13: 8; 14: 12, 14, 17, 19, 20, 33, 35, 37
rūpaka, 14: 22

laghu, 14: 32, 35
labdha, 13: 6; 14: 16, 24, 30
labdhi, 13: 3, 7
lamba, 13: 30, 31
lambaka, 13: 29
lava, 13: 11

√vad
  vadanti, 13: 5; 14: 19
vadara, 13: 51
vadha, 13: 9, 12, 20, 31, 33, 34; 14: 2, 4, 6, 34
vayas, 13: 16
varga, 13: 4, 5, 9, 25, 29, 32, 35, 36, 38, 39, 40, 48, 49; 14: 5, 8, 13, 17-19, 33, 37
varjita, 13: 23, 29
varṇa, 14: 1, 2, 15, 16, 20, 21
√vaś
  uśanti, 13: 4, 38; 14: 11, 24
vasumatī, 13: 30
vāma, 13: 14
vāsara, 13: 53
vi-, 13: 20, 25, 54
viṃśati, 13: 1
vikalā, 14: 30
vikāra, 14: 6
vikraya, 13: 16
vikhyāta, 13: 43
vi-√cint
  vicintya, 14: 24
vijñāta, 13: 55
√vid
  vetti, 13: 1
-vid, 14: 1, 24
vi-√dhā
  vidadhyāt, 13: 12
  vidhāya, 13: 15
  vidhīyate, 13: 16
vidhāna, 13: 7, 19
vidhi, 13: 14, 15, 16, 41; 14: 5
vidheya, 13: 7; 14: 5
vinighna, 13: 30, 35
vinimaya, 13: 16
vi-ny-√as
  vinyasya, 13: 2
viparyaya, 13: 15
viparyāsa, 14: 10
vibhakta, 13: 22, 48, 53, 54; 14: 6, 18
vi-√bhaj
  vibhajet, 13: 15, 19; 14: 22, 28
  vibhājayet, 14: 8
vibhājaka, 14: 7
vibhājita, 13: 46; 14: 4, 19
vibhājya, 14: 22, 25-27
vibhinna, 13: 9
vimiśra, 13: 17
viyuta, 14: 33
viyuti, 13: 55
viyoga, 13: 8; 14: 6, 8
viloma, 13: 2, 3
vivara, 13: 29
vivarjita, 14: 23
viśuddha, 14: 6
vi-√śudh
  viśodhya, 13: 5, 40
viśeṣa, 13: 37
viśodhana, 14: 32
viśleṣa, 14: 14
viṣama, 13: 5, 25, 34, 42, 43; 14: 13
viṣamatā, 13: 43
viṣkambha, 13: 35
vistāra, 13: 46
vihita, 13: 16; 14: 14
vihīna, 13: 24, 38
vihṛta, 13: 9, 18, 38, 43; 14: 30
vṛtta, 13: 32, 37, 38
vṛddha, 14: 32
vṛnda, 13: 4
veda, 13: 37
vedin, 14: 26
vedha, 13: 43, 44
vyakta, 13: 1
vyatīta, 13: 18; 14: 29, 31
vyatyaya, 13: 16
vyatyāsa, 14: 21
vyavahṛti, 13: 1
vyasta, 13: 14
vyāsa, 13: 32, 37, 38, 40

śaṅku, 13: 53, 54, 55
śara, 13: 26, 37, 38
śāli, 13: 51
śikha, 13: 54

śuddhi, 14: 35
śūnya, 14: 6
śeṣa, 13: 5, 6, 53; 14: 15, 30, 37
śeṣaka, 13: 42; 14: 22, 27
śodhya, 14: 17
śyāma, 13: 51
śrama, 13: 43
śravaṇa, 13: 41
śruti, 13: 31, 33, 42

ṣaṣ, 13: 39, 44, 50

sa-, 13: 52
saṃkalita, 13: 21, 22
saṃkramaṇa, 14: 13
saṃkhyā, 13: 47
saṃguṇa, 13: 7
saṃguṇana, 13: 10(?); 14: 4
saṃjñaka, 13: 30
saṃdhi, 13: 2; 14: 9
saṃyuti, 13: 34
saṃyoga, 14: 6, 8
saṃvarga, 14: 2, 35
saṃśaya, 14: 1
saṃśrita, 13: 34
saṃsthita, 13: 50
saṅkalita. See saṃkalita.
sadṛśa, 13: 4, 8; 14: 1
sama, 13: 8, 25, 26, 27, 33, 43, 50; 14: 22, 24, 36
samabhīpsita, 14: 10
samāna, 13: 4; 14: 11
samāsa, 13: 28; 14: 9
samāhata, 13: 28, 44
samāhati, 13: 11, 36
samicchā, 13: 14
samīpa, 13: 36
samucchraya, 13: 50
sam-√ujjh
  samujjhya, 14: 17
samutthā, 13: 45
sameta, 13: 41
sam-√taḍ
  santāḍayet, 14: 8
sam-√bhaj
  sambhajet, 13: 43
sambhava, 14: 22
sam-√śudh
  saṃśodhyamāna, 14: 3
sam-√sthā
  saṃsthāpya, 14: 9
sarva, 13: 23, 33
sarṣapa, 13: 51
savarṇana, 13: 11
sahita, 13: 22
sāmya, 13: 43
su-, 13: 35, 41, 44
sūkṣma, 13: 35, 44
sūcī, 13: 43
stara, 13: 47
√sthā
  sthāpayet, 13: 3, 25
sthāna, 13: 5; 14: 36
sthita, 13: 28, 50
sphuṭa, 13: 44
sva, 13: 11, 18, 19, 23, 29, 36, 52; 14: 1-4, 6, 8, 10, 13, 21, 29, 30
svayam, 13: 26ab

hata, 13: 7, 17, 18, 22, 32, 42; 14: 23, 33, 35
√han
  hanyāt, 13: 2, 12; 14: 9
hara, 13: 8, 9, 10, 11, 12, 13; 14: 6, 10, 23, 25, 26
hasta, 13: 45
√hā
  jahyāt, 14: 20
hāni, 13: 10
hāra, 13: 10; 14: 11, 16, 20, 22, 28, 30, 36, 37
hīna, 13: 40, 41; 14: 18, 37
√hṛ
  haret, 13: 6
  hṛtvā, 14: 36
hṛta, 13: 17, 26, 30, 55; 14: 14
hṛti, 14: 26, 28
hṛd, 14: 13
hṛdaya, 13: 31, 32
hetu, 14: 5
hrasva, 14: 35

3. シンハティラカ注

和訳で言及した単語と箇所に限るので，網羅的ではない．また，他書 (L など) からの引用は対象としない．

aṃ (= aṃśa), 94.4
aṃśa, 35, 37.1, 47.3, 53, 62, 67, 73, 87
aṃśaka, 26
akṛta, 76
aṅka, 13, 14.1, 15, 17-18.0, 17-18.2, 17-18.5, 19-20.2, 19-20.4, 21, 28-29.5, 32-33.2, 36.2, 38,

39.1, 41.2, 47.2, 49.2, 52.0,
53, 54.3, 111.5
ajñāta, 52.7, 108.2
adṛśya, 84
adhara, 54.2
adhas, 54.2, 62, 132-33.1
adhika, 17-18.6, 17-18.7, 23, 94.4
adhyāhāra, 28-29.2
anupadiṣṭa, 90
anubandha, 39.3, 41.3
antarikṣa, 52.4
antya, 23
anya, 51.3, 107
anyatra, 49.2
anyonya, 36.2, 53
anvita, 37.1
apa-√īkṣ
apekṣate, 38
apagama, 52.2
apavarta, 37.1
apavartana, 47.3, 51.3
apavṛtti, 47.3, 51.3
apahāra, 32-33.2
abhidhāna, 27.2
abhihati, 24b.3
abhīpsā, 95.1
abhyāsa, 56.1, 56.2
abhyupeta, 81.3
artha, 23, 32-33.1
ardha, 41.1, 73(-ī), 74.1(-ī), 83.2
ardhita, 75.1
alpa, 111.5
avasthā, 49.2
√as
syāt, 28-29.4

ākarṣaṇa, 52.2, 94.5
ā-√kṛṣ
ākṛṣya, 94.3
ākṛṣṭa, 24a
ākhya, 64
ā-√cakṣ
ācakṣva, 16.1
ādi, 120
ādya, 23
ā-√dhā
ādhātum, 32-33.1
āpta, 87, 90
āmnāya, 32-33.2
āya, 38, 66.1
āhata, 30, 66.1, 90
āhati, 24a
ā-√han
āhanyate, 57

icchā, 95.1
iṣu, 69.2

ukta, 23, 32-33.1, 90
ukti, 47.2
uttara, 25.1, 27.2, 34.1
ut-√sṛ
utsārya, 17-18.2
udāharaṇa, 25.0
ud-√diś
uddiśati, 93
uddeśaka, 25.0, 93
uddhṛta, 132-33.3
upacaya, 17-18.0, 52.2
upajīvin, 120.0
upadiṣṭa, 66.1, 90
upari, 49.2, 51.2, 51.4
upāya, 35

ū (= ūna), 92.2, 94.1
ūna, 32-33.1
ūrdhva, 54.2, 132-33.1

eka, 17-18.6, 23, 32-33.1, 36.2, 79.1,
128-29

aikya, 82.1

ka (= karmakāra), 110
kaṇa, 7.0
√kath
kathayati, 64
kathayanti, 26
kaparda, 4.0
karaṇa, 22.2, 32-33.1
karaṇī, 76, 77.1, 78.1
kalāntara, 121.2
kalita, 59.2
kalpanā, 66.1
kalpya, 37.1
kākiṇī, 56.5
kārya, 95.2
kāla, 11-12.0, 128-29, 130.6
kuliśa, 42, 51.3
√kṛ
kṛtvā, 28-29.5, 42
kṛt, 28-29.5
kṛta, 38, 73, 74.1, 87, 128-29
kṛti, 24b.3, 25.1, 26, 28-29.1, 28-29.4,
32-33.1, 44, 46, 47.1, 49.2,
90, 93, 94.1
krama, 17-18.2
kramaśas, 17-18.2
kriyā, 17-18.3, 28-29.4, 40

kro (= krośa), 111.1
kṣaṇa, 107
kṣaya, 93
kṣuṇṇa, 66.1
kṣepa, 52.2
kṣepya, 93

kha, 19-20.2
khaṇḍa, 27.1
√khyā
khyāti, 64

gagana, 52.3, 52.4
gaṇita, 2-3.0, 14.3, 26, 48
gata, 36.2, 47.3, 51.2, 51.4, 128-29, 130.6
gati, 54.2
gadya, 27.2
√gam
gacchanti, 28-29.5
gamya, 14.3
gāṇitika, 48, 132-33.3
gu/gu° (= guṇa), 94.1, 94.4, 125
√guṇ
guṇayitvā, 57, 95.1
guṇayet, 17-18.2
guṇyate, 57
guṇa, 2-3, 32-33.1, 87, 131
guṇaka, 22.1, 52.2
guṇakāra, 19-20.5
guṇana, 17-18.4, 40, 41.3, 52.3, 56.1, 56.2, 68.1, 84, 107, 132-33.1
guṇanā, 17-18.0, 24a, 28-29.7
guṇita, 19-20.2, 28-29.6, 30, 66.1, 90, 118, 120, 121.1, 127
gṛhīta, 22.1, 108.2
go, 27.1
√grah, 21
grāhaka, 21, 131.0

ghaṭanā, 22.2, 66.2
ghana, 34.2
ghāta, 52.3, 68.1, 84, 107

ca (= caraṇa), 94.4
√caṭ
caṭanti, 128-29
catur, 63.3, 78.1, 126
√cal
cālayitvā, 17-18.2
cārin, 48
ced, 14.3

chid, 46, 47.2, 49.2, 107
cheda, 35, 36.2, 37.1, 38, 47.2, 49.2, 53, 54.2, 56.1, 56.2, 62, 63.2, 79.1, 94.3, 107
chedana, 46, 53

jāti, 41.3, 64, 80
jña, 14.3, 26
√jñā
jānāsi, 14.3

tattva, 22.2, 24b.4, 39.4, 45.2, 94.3, 123, 130.1, 132-33.3
tala, 62
tāḍana, 17-18.4
tāḍita, 127
tātparya, 111.6
tṛtīya, 39.1
tri, 32-33.1, 37.1, 41.1, 43.3, 63.3, 94.4

datta, 40, 44, 47.3, 48, 108.2, 120, 132-33.3
dala, 41.1, 83.2
dalita, 73, 74.1, 75.1
daśan, 2-3
dāyin, 51.3, 78.1, 93
dāridra, 83.1
di (= dina), 102, 110
dina, 128-29
dṛ (= dṛśya), 75.1, 77.1, 78.1, 79.1, 81.2, 82.1, 83.1, 85.1, 89.2, 91.1, 92.2
√dṛś
dṛśyate, 17-18.5
dṛśya, 52.7, 64, 74.1, 76, 82.1, 84, 88.1, 94.1, 94.2, 94.4
deha, 19-20.2
dra (= dramma), 97, 104, 108.1
dramma, 39.1
draviṇa, 127
drutatara, 14.3
dvaya, 42
dvi, 79.1, 92.2
dvitīya, 112.0

dha (= dhana), 94.1, 94.4
dhana, 38, 39.2, 93, 108.2, 108.5, 127
dhanin, 128-29

navaka, 78.1
navan, 27.1
nighna, 32-33.1, 118, 121.1
nimitta, 47.1
niyata, 42

ni-√yuj
niyojya, 32-33.1, 51.2
nir-√gam
nirgamya, 26
ni-√viś
niveśya, 32-33.1
nivṛtta, 37.1
niścaya, 15
niścala, 71-72.1
niścita, 42
niṣ-√kāś
niṣkāśyate, 15
ni-√han
nihatya, 95.1
niḥsva, 83.1
nīta, 15
neya, 54.1
nyāya, 47.3, 51.4, 63.1, 87, 96, 130.7
nyāsa, 17-18.6, 19-20.0, 51.4

pa (= paṇa), 110, 111.1
pa (= pala), 97
pakṣa, 42, 107, 111.5, 111.6
paṭṭaka, 14.1
paṇa, 56.5
√pat
pātayitvā, 26
pātyate, 15
patra, 127.0, 128-29
pada, 15, 23, 26, 50, 51.1, 56.2, 73, 76, 90, 93
paraspara, 36.2
paricchinna, 95.2
parijñāta, 66.1
paribhāṣā, 11-12.2
paryanta, 95.1
pāta, 38
pātana, 15, 16.1
pūrṇa, 36.1, 56.5
pṛcchaka, 66.1, 90, 93
pṛthivī, 27.1
pra-√ujjh
projjhya, 16.1
prakāra, 28-29.8
prakriyā, 28-29.2, 51.3, 54.1, 61.4, 94.3, 132-33.3
pra-√cakṣ
pracakṣva, 22.1
pracaya, 28-29.5
pratibhāṇḍa, 112.0
pratīta, 66.1
pratyakṣa, 64
pratyaya, 47.1
pratyutpanna, 17-18.0, 52.3, 131, 132-33.1
prathama, 108.2
pradatta, 131
pra-√dā
pradāpyate, 21
pra-√pañc (or den. prapañcaya)
prapañcayiṣyate, 41.1
prabhāga, 80
prabhṛti, 128-29
pramāṇa, 27.1, 108.4, 108.5
prayukta, 131
pra-√viś
praveśayati, 122.0
praśna, 25.1, 27.2
prasiddha, 32-33.2
prastāvanā, 97
prahati, 28-29.7
prahāṇi, 21
prāpita, 26
prāpta, 47.1
prāpti, 15

phala, 108.4

bahu, 111.5, 111.6
bāṇa, 69.2
bīja, 46
budha, 46
√budh
budhyase, 63.1
bobudhīṣi, 63.1
√brū
bravīti, 64
brūhi, 14.3, 39.2

bhakta, 87, 118
bhagna, 68.1, 69.1
bhajanīya, 67
√bhaj
bhajet, 32-33.1
bhajyate, 37.1
bhañjanīya, 32-33.1, 36.2, 71-72.1, 94.3
bhā (= bhāga), 77.1, 94.4
bhāga, 21, 22.1, 32-33.2, 37.1, 39.1, 39.3, 40, 41.1, 41.3, 44, 47.3, 48, 51.3, 53, 60, 62, 63.3, 73, 78.1, 93, 94.1, 94.4, 120, 132-33.3
bhāgahāra, 22.5, 42, 43.1, 52.3
bhājya, 67
bhāṇḍa, 112.0
bhāvyaka, 120, 121.2
bhinna, 35.0, 38.0, 44, 46, 79.1

bhūmi, 14.1

√maṇḍ
maṇḍayitvā, 65.1, 91.1
maṇḍanīya, 24b.4, 51.3
madhya, 93
manas, 28-29.5
Manobhava, 69.2
mā (= mānikā), 111.1
mā (= māsa), 102, 108.1
māna, 7.0
māsya, 126
miti, 27.1
mithas, 53
milana, 52.2
milita, 28-29.4, 90
mīlana, 17-18.6
muktavat, 51.7
mū (= mūla), 74.1, 75.1, 77.1, 78.1, 79.1, 81.2, 82.1, 83.1, 88.1, 89.2, 93, 94.1, 94.4
mū (mūlya), 96, 97
mūla, 26.0, 26, 27.3, 34.2, 46, 49.2, 50, 51.1, 52.7, 73, 76, 90
mūlya, 95.1
meya, 6.0
meru, 28-29.5
melanīya, 17-18.6
maulakya, 118

√yā
yāti, 51.2
yukta, 81.3
yukti, 36.1, 39.3, 41.2, 85.1
yuta, 94.4
yuti, 127
yū (=yūtha), 78.1, 79.1
yo (= yojana), 102
yoga, 24b.4, 52.1, 127
yojana, 35
yojanā, 14.3
yojita, 28-29.4

rāśi, 13, 17-18.5, 28-29.7, 39.1, 66.1, 107, 111.5, 111.6
rīti, 17-18.1, 17-18.2, 19-20.2, 32-33.2, 36.2, 49.2, 132-33.1
rū (= rūpa), 77.1, 78.1
√rūp
rūpyate, 17-18.5
rūpa, 17-18.5, 19-20.2, 28-29.5, 36.1, 36.2, 37.1, 39.1, 41.3, 43.3, 47.2, 47.3, 54.1, 56.5, 57, 62, 66.1, 67, 71-72.2, 94.1, 94.2, 111.3
rūpaka, 39.1

la (= lava), 74.1
lakṣaṇa, 16.1, 17-18.9, 37.1, 95.2
labdha, 43.3, 47.1, 47.3, 47.5, 49.2, 90
labdhi, 15
lava, 35, 36.3, 41.1, 60, 67, 73, 74.1, 75.1, 87
lābha, 131
likhanīya, 95.1
likhita, 14.1, 53
lekhaka, 121.2
loka, 64

va (= varṣa), 102
va (= vastu), 96
vajra, 42
√vad
vada, 14.3, 16.1, 22.1, 39.2
vadanti, 26
vadha, 40, 41.3
varga, 24b.2, 24b.3, 25.1, 25.2, 26, 27.3, 28-29.1, 28-29.4, 32-33.1, 44, 46, 47.1, 47.3, 49.2, 76, 78.1, 87, 90, 93
vargita, 87
vastu, 95.1, 112.0
vākya, 52.3
vācya, 42
vāma, 95.2
viṃśati, 126
vikalpa, 17-18.2
vi-√dhā
vidhitsat, 42
vidhi, 13, 19-20.5, 22.5, 23, 24b.2, 25.2, 28-29.3, 28-29.5, 32-33.1, 34.2, 36.2, 41.2, 41.3, 42, 43.1, 52.3, 95.2, 132-33.1
vinaṣṭa, 23, 58
viparīta, 93
viparyaya, 131
vibhakta, 48, 76
vibhājita, 46
vibhinna, 44, 46
viyojana, 15
virama, 95.1
viśuddhi, 15
vi-√śudh
viśodhya, 16.1, 26
viśeṣaṇa, 17-18.3

viśodhita, 15
viśleṣa, 38
viṣama, 21, 26, 32-33.1
vihita, 38
vihṛta, 44
vṛtta, 19.0
vṛtti, 45.1, 52.7, 120.0, 121.2
vṛddhi, 17-18.0
vaiparītya, 95.2
vyaya, 38, 39.1
vyavakalita, 15.0, 38.0, 38, 39.2
vyavahāra, 4.0, 39.4, 41.2, 41.3
vyasta, 95.2, 132-33.1
vyā (= vyāja), 108.1
vyāja, 107, 118, 120.0, 120, 131
vyājayin, 108.2
vyāpti, 52.8
vyoman, 52.3

śabda, 36.2
śāstra, 1, 2-3.0, 2-3, 14.3
śiṣya, 47.1
śīghra, 14.3
śuddha, 57
śūnya, 2-3.0, 19-20.2, 39.1, 51.2, 52.0, 52.3, 60, 75.1
śṛṅkalā, 59.2
śe (= śeṣa), 74.1, 75.1, 81.2, 82.1, 83.1
śeṣa, 38, 47.2, 47.3, 89.2
śreṇi, 13, 14.1, 54.3

ṣoḍaśatā, 26

sa-, 41.1
saṃkhyā, 95.1
saṃjñā, 4.0
saṃmīlana, 35
saṃyata, 41.2
saṃyoga, 36.1, 36.2
saṃyojita, 39.1
saṃvarga, 56.1, 56.2, 87
saṃvādana, 130.7
saṅkalita, 13.0, 35.0
saṅguṇa, 28-29.6
sañ-√car
    sañcārya, 32-33.2
saṇṭaṅka, 42
sat, 76
sadṛśa, 35
sama, 21, 26, 32-33.1, 38
samaya, 127, 128-29, 130.6
samāna, 38
samāsa, 24b.4
samāhata, 19-20.2
samīkṛta, 128-29
samuccaya, 15, 28-29.5, 28-29.8
sambandha, 13
sammīlana, 13 See also saṃmīlana.
sammelana. See sammīlana.
savarṇita, 47.2
sahacārin, 52.0
suvarṇa, 5.0
sūtra, 39.2, 41.2, 47.2, 52.5, 90
stha, 92.2
√sthā
    sthāpyamāna, 49.2
    sthīyate, 17-18.4
sthāna, 15, 17-18.4, 17-18.7, 23, 32-33.1, 49.2, 53
sthānatā, 23
sthāpya, 73
sthita, 32-33.2, 62
spaṣṭa, 132-33.3
sva, 94.4
svarūpa, 19-20.2, 52.0, 130.1
svalpa, 17-18.0

hata, 118, 120, 121.1
√han
    hatvā, 57
    hanyāt, 17-18.2
    haret, 32-33.1
hara, 35, 36.3, 37.1, 38, 40, 43.1, 51.3, 52.2, 54.2, 62, 63.2, 93, 94.3
hīna, 93, 94.1, 94.4
√hṛ
    jihīrṣat, 42
hṛta, 40, 46, 118, 120
hṛdaya, 41.2

Contents（英文目次）

Frontispiece iii

Preface v

Contents vii

Abbreviations xi

Chapter One Introduction 1

1.1 Śrīpati 3
1.1.1 Date and place 3
1.1.2 Works 3
1.2 The *Gaṇitatilaka* 5
1.2.1 Manuscript 5
1.2.2 Contents 6
1.2.3 Technical terms 8
1.2.4 Word numerals (*bhūta-saṃkhyā*) 9
1.3 The *Siddhāntaśekhara*, Chapters 13 and 14 (synopsis) 10
1.3.1 Chapter 13—Mathematics of known numbers 10
1.3.2 Chapter 14—Mathematics of unknown numbers 13
1.4 Siṃhatilaka Sūri 16
1.5 Siṃhatilaka's commentary on the *Gaṇitatilaka* 19
1.5.1 Introduction 19
1.5.2 Characteristic features 21
1.5.3 Quotations 24
1.5.4 Sanskrit of Siṃhatilaka 26
1.6 Mathematical terms of Siṃhatilaka 27
1.6.1 Mathematics in general 28
1.6.2 Rules 29
1.6.3 Number, quantity, and numerals 29
1.6.4 Place-value notation 30
1.6.5 Operations on calculating board 30
1.6.6 Eight kinds of arithmetical operations 33
1.6.7 Fractions 36
1.6.8 Abbreviations 40
1.7 Arithmetical operations in medieval India 41
1.7.1 Introduction 41
1.7.2 Addition and subtraction 43
1.7.3 Multiplication 46

1.7.4 Division 67
1.7.5 Square 71
1.7.6 Square root 77
1.7.7 Cube 81
1.7.8 Cube root 86
1.8 Type problems 91
1.9 Conventions and signs for the Japanese translations 102

Chapter Two Japanese translations of the *Gaṇitatilaka* and Siṃhatilaka's commentary 105

2.1 Invocation (GT 1) 107
2.2 Definitions (GT 2-12) 108
2.3 Fundamental operations 114
(Eight rules for integers)
2.3.1 Addition (GT 13-14) 114
2.3.2 Subtraction (GT 15-16) 117
2.3.3 Multiplication (GT 17-20) 118
2.3.4 Division (GT 21-22) 126
2.3.5 Square (GT 23-25) 128
2.3.6 Square root (GT 26-27) 135
2.3.7 Cube (GT 28-31) 139
2.3.8 Cube root (GT 32-34) 146
(Eight rules for fractions)
2.3.9 Addition (GT 35-37) 154
2.3.10 Subtraction (GT 38-39) 161
2.3.11 Multiplication (GT 40-41) 166
2.3.12 Division (GT 42-43) 169
2.3.13 Square (GT 44-45) 172
2.3.14 Square root (GT 46-47) 175
2.3.15 Cube (GT 48-49) 178
2.3.16 Cube root (GT 50-51) 182
Supp. (unnumbered): General rule for zero (GT 52) 187
(Homogenization of fractions)
2.3.17 Part class (GT 53-54) 192
2.3.18 Multi-part class (GT 55-56) 199
2.3.19 Partial-addition class (GT 57-59) 202
2.3.20 Partial-subtraction class (GT 60-61) 207
2.3.21 Homogenization of creeper (GT 62-63) 214

(Type problems)
2.3.22 Visible-number type (GT 64-66) 218
2.3.23 Remainder type (GT 67-69) 226
2.3.24 Difference type (GT 70-72) 230
2.3.25 Remainder-root type (GT 73-75) 235
2.3.26 Root-end-part type (GT 76-79) 240
2.3.27 Both-end-visible type (GT 80-83) 248
2.3.28 Fraction-part-visible type (GT 84-86) 257
2.3.29 Part-root type (GT 87-89) 261
2.3.30 Less-square type (GT 90-92) 266
(Other rules)
2.3.31 Inverse operation (GT 93-94) 272
2.3.32 Three-quantity operation, 33 Inverse three-quantity operation (GT 95-106) 277
2.3.34 Five-quantity operation (GT 107-111) 291
2.3.35 Goods vs goods, i.e., barter (GT 112-114) 305
2.3.36 Selling of living beings (GT 115-117) 307
2.4 Procedure for mixture 310
2.4.1 Separation of principal and interest (GT 118-119) 310
2.4.2 Commission of surety etc. (GT 120-121) 312
2.4.3 Interest (GT 122-123) 316
2.4.4 Time for making the principal double, triple, etc. (GT 124-126) 317
2.4.5 Unification of bonds (GT 127-130) 319
2.4.6 Division of the principal into parts having the same interest in different rates and times (GT 131-133) 327

Appendices 335

A: The *Siddhāntaśekhara*, Chapters 13 and 14 (Japanese translation) 337
A1: Chapter 13—Mathematics of known numbers 337
A2: Chapter 14—Mathematics of unknown numbers 354
B: *Mānasollāsa* 2.2.95-125 (secretary of the treasury) 370
C: *Brāhmasphuṭasiddhānta* 12.55-56 (multiplication) with Pṛthūdakasvāmin's commentary 377
C1: Japanese translation 377
C2: Text 380
D: *Pāṭīgaṇita* 18-22 (multiplication, zero, and division) with an anonymous *ṭīkā* 383

E: *Triśatikā* 5-8 (multiplication and zero) with an anonymous Sanskrit commentary 394
E1: Japanese translation 394
E2: Text 402
F: *Pañcaviṃśatikā* 4-8 (multiplication) with Śambhudāsa's commentary 408
G: *Līlāvatī* 14-17 (multiplication) with Gaṇeśa's commentary 423
H: *Gaṇitamañjarī* 16-18 & 20 (multiplication) 432
I: The verses cited in the *Gaṇitatilaka* and Siṃhatilaka's commentary 434
I1: The verses cited in the *Gaṇitatilaka* 434
I2: The verses cited in Siṃhatilaka's commentary 435

Bibliography 439
1. Primary sources 439
2. Secondary sources 447

Indices of Sanskrit words 455
1. The *Gaṇitatilaka* 455
2. The *Siddhāntaśekhara*, Chapters 13 and 14 464
3. Siṃhatilaka's commentary 470

Table of contents in English 476

Postscript 480

あとがき

日本には昔から，中国経由で伝わった仏教を通して「天竺」や「仏国」への興味とあこがれがあった．それを背景として，明治以降の日本では，仏教以外のインドの宗教や哲学への関心も高まり，やがて，漢訳という二次資料ではなく，インドの言語で伝えられてきた一次資料に基づいて，それらの分野の研究がさかんになる．

いっぽう，インドの数学や精密科学に関しては少し事情が異なる．もともと仏教を通して「天竺」を見ていた人たちにとって，数学はあまり興味の持てる対象ではなかったようだ．江戸時代末期から明治時代にかけて，西洋伝来の宇宙論に対して，インド古来の宇宙論の一つである仏教宇宙論を擁護する運動（梵暦運動）があったが，インドの数学とは無縁のものだった．昭和時代には「零の發見」，平成時代には「インド式計算法」が人々の好奇心を惹くこともあったが，残念ながらどちらも一次資料に基づくインド数学史の研究とは無縁のものだった．

数学史の研究はともすれば宝探しに陥りやすい．しかし，数学史研究者の目指すべきは宝石ハンターや宝石商ではなく地道な地質学者である．また，数学史の研究はナショナリズムと結びつきやすい．しかし，数学史研究者は他の分野の研究者同様，ナショナリズムからも反ナショナリズムからも，どんなバイアスからも，自由でなくてはならない．

およそ 40 年前にインド数学の研究を志したときの私の夢は，いつかインド数学史がインド哲学史や宗教史などと並んでインド文化史の一翼を担う分野になることだった．このささやかな研究が前書『インド代数学研究：ビージャガニタとビージャパッラヴァ，全訳と注』（恒星社厚生閣 2016）とともにそのための一歩となることを願う．

本書の口絵のために，平山郁夫シルクロード美術館（山梨県北杜市）からその所蔵する仏伝浮彫「勉学」の画像データを使用する許可をいただきました．深く感謝します．

最後に，『インド代数学研究』に続いて本書の出版を快く引き受けてくださった恒星社厚生閣と，お世話になった同社編集部，小浴正博氏に心から謝意を表します．

2018 年 9 月
嵯峨　　　　林　隆夫

◆著者紹介

林　隆夫（はやし たかお）

1949年新潟県生まれ，74年東北大学理学部数学科卒，76年東北大学大学院文学研究科印度学仏教史専攻修士課程了，77年から京都大学大学院文学研究科梵語学梵文学科に在籍，79年ブラウン大学大学院数学史科に留学，82-83年アラーハーバード大学メータ数理物理学研究所研修員，85年ブラウン大学大学院数学史科 Ph.D.

1986年同志社大学工学部講師，89年同助教授，93年同理工学研究所に移籍，95年同教授，2015年3月同志社大学退職，同年4月同志社大学名誉教授

専門：数学史，科学史，インド学

受賞：フランス学士院サロモン・レイナー基金賞 (2001)，日本数学史学会第25回桑原賞 (2004)，日本数学会第1回出版賞 (2005)

著　書：*The Bakhshālī Manuscript* (Egbert Forsten, Groningen 1995)，『インド数学研究』（共著，恒星社厚生閣 1997），『インド代数学研究』（恒星社厚生閣 2016）他

インド算術(さんじゅつ)研究(けんきゅう)
『ガニタティラカ』+シンハティラカ注　全訳と注

2019年7月10日　初版第1刷発行

林(はやし)　隆夫(たかお)　著

発行者　　片岡一成

発行所　　株式会社 恒星社厚生閣
〒160-0008　東京都新宿区四谷三栄町3-14
TEL　03-3359-7371　FAX　03-3359-7375
http://www.kouseisha.com/

印刷・製本　株式会社シナノ

ISBN978-4-7699-1639-0 C3041

（定価はカバーに表示）